U0187157

WILEY

干酪加工技术
（第二版）

Technology of Cheesemaking
(Second Edition)

[澳]巴瑞 · A. 劳（Barry A. Law）
[英]阿德南 · Y. 塔米（Adnan Y. Tamime） 主编

黄 锐 等 编译

中国农业科学技术出版社

图书在版编目（CIP）数据

干酪加工技术：第二版 /（澳）巴瑞·A. 劳（Barry A. Law），（英）阿德南·Y. 塔米（Adnan Y. Tamime）主编；黄锐等编译. --北京：中国农业科学技术出版社，2023.5

书名原文: Technology of Cheesemaking（Second Edition）

ISBN 978-7-5116-6267-5

Ⅰ. ①干…　Ⅱ. ①巴… ②阿… ③黄…　Ⅲ. ①干酪—食品加工　Ⅳ. ①TS252.53

中国国家版本馆CIP数据核字（2023）第074414号

责任编辑　金　迪
责任校对　贾若妍　李向荣
责任印制　姜义伟　王思文

出 版 者　中国农业科学技术出版社
北京市中关村南大街12号　邮编：100081
电　　话　（010）82106625（编辑室）　（010）82109704（发行部）
（010）82109709（读者服务部）
网　　址　https://castp.caas.cn
经 销 者　各地新华书店
印 刷 者　北京地大彩印有限公司
开　　本　185 mm×260 mm　1/16
印　　张　28.5
字　　数　697千字
版　　次　2023年7月第1版　2023年7月第1次印刷
定　　价　132.00元

《干酪加工技术（第二版）》
译者名单

主编译 黄　锐

单　　位 中垦华山牧乳业有限公司

中垦华山牧乳业“优质乳工程”专家工作站

翻译人员（按姓氏拼音排序）

曹晓倩（渭南职业技术学院）

曹艳妮（中垦华山牧乳业有限公司）

陈祖国（重庆市天友乳业股份有限公司）

高晓峰（中垦华山牧乳业有限公司）

贾　丹（云南农业大学）

琚艳君（新疆农业科学院）

李丙子（中垦华山牧乳业有限公司）

李莉蓉（昆明理工大学）

林树斌（广东省农垦总局）

刘　强（北京勤诚永盛国际贸易有限公司）

刘晓雪（中垦华山牧乳业有限公司）

王梦璇［礼蓝（四川）动物保健有限公司］

徐勤峰（陕西科技大学）

赵多勇（新疆农业科学院）

张　凤（重庆市天友乳业股份有限公司）

周　颖（中垦华山牧乳业有限公司）

审　　稿 陈历俊

统　　稿 曹晓倩

顾　　问 顾佳升　王千六　邱太明　胡　刚

本书编写人员

主编

Dr. A.Y. Tamime
24 Queens Terrace
Ayr KA7 1DX
UK
Tel. +44 (0)1292 265498
Fax +44 (0)1292 265498
Mobile +44 (0)7980 278950
E-mail: adnan@tamime.fsnet.co.uk

参编人员

Dr. F. Berthier
INRA
UR 342 URTAL, Technologie et Analyses Laitières
39801 Poligny
France
Tel. +33 (0)3 84 37 63 13
Fax: +33 (0)3 84 37 37 81
E-mail: francoise.berthier@poligny.inra.fr

Dr. W. Bockelmann
Federal Research Centre for Nutrition and Food (BFEL)
Location Kiel
Hermann Weigmann Straße 1
P.O. Box 6069
24121 Kiel
Germany
Tel. +49 (0)431 609 2438
Fax +49 (0)431 609 2306
E-mail: wilhelm.bockelmann@bfel.de

Ms M.W. Børsting
Chr. Hansen A/S
10-12 Bøge Allé
DK-2970 Hørsholm
Denmark
Tel. +45 (0)45 74 85 38 (direct)
Fax +45 (0)45 74 88 16
E-mail: dkmew@chr-hansen.com

Dr. E. Brockmann
Chr. Hansen A/S
10-12 Bøge Allé
DK-2970 Hørsholm
Denmark
Tel. +45 (0)45 74 85 16 (direct)
Fax +45 (0)45 74 89 94
E-mail: dkebr@chr-hansen.com

Mr. M.L. Broe
Chr. Hansen A/S
10-12 Bøge Allé
DK-2970 Hørsholm
Denmark
Tel. +45 (0)45 74 85 04 (direct)
Fax +45 (0)45 74 88 16
E-mail: dkmbe@chr-hansen.com

Dr. V. Gagnaire
INRA
Agrocampus Rennes
UMR 1253 Science et Technologie du Lait et de l'Oeuf
65 Rue de Saint Brieuc
35042 Rennes Cedex
France

Tel. +33 (0)2 23 48 53 46
Fax +33 (0)2 23 48 53 50
E-mail: valerie.gagnaire@rennes.inra.fr

Dr. T.P. Guinee
Moorepark Food Research Centre
Teagasc Moorepark
Fermoy
Co. Cork
Ireland
Tel. +353 (0)25 42204
Fax: +353 (0)25 42340
E-mail: Tim.Guinee@teagasc.ie

Dr. M. Harboe
Chr. Hansen A/S
10-12 Bøge Allé
DK-2970 Hørsholm
Denmark
Tel. +45 (0)45 74 85 25 (direct)
Fax +45 (0)45 74 88 16
E-mail: dkmh@chr-hansen.com

Dr. A.J. Hillier
CSIRO Food and Nutritional Sciences
Private Bag 16
Werribee
Victoria 3030
Australia
Tel. +61 (0)3 9731 3268
Fax +61 (0)3 9731 3322
E-mail: alan.hillier@csiro.au

Mr. E. Høier
Chr. Hansen A/S
10-12 Bøge Allé
DK-2970 Hørsholm,
Denmark
Tel. +45 (0)45 74 85 13 (direct)
Fax +45 (0)45 74 88 16
E-mail: dkeh@chr-hansen.com

Dr. T. Janhøj
Department of Food Science
Faculty of Life Sciences
Rolighedsvej 30
1958 Frederiksberg C
Denmark
Tel. +45 (0)3533 3192
Mobile +45 (0) 2089 3183
Fax +45 (0)3533 3190
E-mail: tj@life.ku.dk

Dr. T. Janzen
Chr. Hansen A/S
10-12 Bøge Allé
DK-2970 Hørsholm
Denmark
Tel. +45 (0)45 74 84 63 (direct)
Fax +45 (0)45 74 89 94
E-mail: dkthj@chr-hansen.com

Dr. E. Johansen
Chr. Hansen A/S
10-12 Bøge Allé
DK-2970 Hørsholm
Denmark
Tel. +45 (0)45 74 84 64 (direct)
Fax +45 (0)45 74 89 94
E-mail: dkejo@chr-hansen.com

Dr. M. Johnson
Wisconsin Centre for Dairy Research
Wisconsin University
1605 Linden Drive
Madison, WI 53562
USA
Tel. +1 (0)608 262 0275
Fax +1 (0)608 262 1578
E-mail: jumbo@cdr.wisc.edu

Dr. J.R. Kerjean
Actilait – Pôle Ouest
P.O. Box 50915
35009 Rennes Cedex
France
Tel. +33 (0)2 23 48 55 88
Fax +33 (0)2 23 48 55 89
E-mail: jr.kerjean@actilait.com

Dr. P.S. Kindstedt
Department of Nutrition and Food Science
University of Vermont
253 Carrigan Wing
Burlighton
Vermont 05405-0086
USA
Tel. +1 802 656 2935
E-mail: pkindste@uvm.edu

Dr. C. Kluge
Institute of Food Technology and Bioprocess Engineering
Technische Universität Dresden
Bergstraße 120
D-01069 Dresden
Germany
Tel. +49 (0)351 32585
Fax +49 (0)351 37126
E-mail: christoph.kluge@tu-dresden.de

Professor B.A. Law
15 Dover Place
Parkdale
Victoria 3195
Australia
Tel. +61 (0)3 9587 4702
Fax +61 (0)3 9587 4695
Mobile +61 (0)405 791138
E-mail: bazlaw@ozemail.com.au

Dr. C. Lopez
INRA
Agrocampus Rennes
UMR 1253 Science et Technologie du Lait et de l'Oeuf
65 Rue de Saint Brieuc
35042 Rennes Cedex
France
Tel. +33 (0)2 23 48 56 17
Fax +33 (0)2 23 48 53 50
E-mail: christelle.lopez@rennes.inra.fr

Dr. J.J. Mayes
CSIRO Food and Nutritional Science
Private Bag 16
Werribee
Victoria 3030
Australia
Tel. +61 (0)3 9731 3456
Fax +61 (0)3 9731 3322
E-mail: jeff.mayes@csiro.au

Professor D.D. Muir
DD Muir Consultants
26 Pennyvenie Way
Girdle Toll
Irvine KA11 1QQ
UK
Tel. +44 (0)1294 213137
Fax (not available)
E-mail: Donald@ddmuir.com

Dr. P. Neaves
Williams & Neaves
The Food Microbiologists
28 Randalls Road
Leatherhead
Surrey KT22 7TQ
United Kingdom
Tel. +44 (0)1372 375483
Fax +44 (0)1372 375483
E-mail: wilnea@globalnet.co.uk

Dr. Y. Noël
INRA
Délégation au Partenariat avec les Entreprises
P.O. Box 35327
Domaine de la Motte
35653 Le Rheu
France
Tel. +33 (0)2 23 48 70 18
Fax +33 (0)2 23 48 52 50
E-mail: yolande.noel@rennes.inra.fr

Dr. B. O'Brien
Dairy Production Research Centre
Teagasc Moorepark
Fermoy
Co. Cork
Ireland
Tel. +353 (0)25 42274
Fax: +353 (0)25 42340
E-mail: Bernadette.OBrien@teagasc.ie

Dr. D.J. O'Callaghan
Moorepark Food Research Centre
Teagasc Moorepark
Fermoy
Co. Cork
Ireland
Tel. +353 (0)25 42205
Fax: +353 (0)25 42340
E-mail: Donal.OCallaghan@teagasc.ie

Dr. K.B. Qvist
Chr. Hansen A/S
10-12 Bøge Allé
DK-2970 Hørsholm
Denmark
Tel. +45 (0)45 74 8553
Fax +45 (0)45 74 8816
E-mail: dkkbq@chr-hansen.com

Dr. F. Rattray
Chr. Hansen A/S
10-12 Bøge Allé
DK-2970 Hørsholm
Denmark
Tel. +45 (0)45 74 85 45 (direct)
Fax +45 (0)45 74 89 94
E-mail: dkfpr@chr-hansen.com

Professor H. Rohm
Institute of Food Technology and
Bioprocess Engineering
Technische Universität Dresden
Bergstraße 120
D-01069 Dresden
Germany
Tel. +49 (0)351 463 34985
Fax +49 (0)351 463 37126
E-mail: harald.rohm@tu-dresden.de

Dr. Y. Schneider
Institute of Food Technology and
Bioprocess Engineering
Technische Universität Dresden
Bergstraße 120
D-01069 Dresden
Germany
Tel. +49 (0)351 32596
Fax +49 (0)351 37126
E-mail: yvonne.schneider@tu-dresden.de

Dr. K. Sørensen
Chr. Hansen A/S
10-12 Bøge Allé
DK-2970 Hørsholm
Denmark
Tel. +45 (0)45 74 83 54 (direct)
Fax +45 (0)45 74 89 94
E-mail: dkksr@chr-hansen.com

Dr. A. Thierry
INRA
Agrocampus Rennes
UMR 1253 Science et Technologie du Lait
et de l'Oeuf
65 Rue de Saint Brieuc
35042 Rennes Cedex
France
Tel. +33 (0)2 23 48 53 37
Fax +33 (0)2 23 48 53 50
E-mail: anne.thierry@rennes.inra.fr

Dr. U. Weiß
Institute of Processing Machines Engineering and Agricultural Technology
Technische Universität Dresden
Bergstraße 120
D-01069 Dresden
Germany
Tel. +49 (0)351 35101
Fax +49 (0)351 37142
E-mail: uta.weiss@tu-dresden.de

Mr. A.P. Williams
Williams & Neaves
The Food Microbiologists
28 Randalls Road
Leatherhead
Surrey KT22 7TQ
United Kingdom
Tel. +44 (0)1372 375483
Fax +44 (0)1372 375483
E-mail: wilnea@globalnet.co.uk

译者简介

黄锐，西北农林科技大学食品学院食品科学与工程专业学士（2003年），马来西亚思特雅大学MBA（2022年）。从业20年来，主要从事乳制品的研发、工艺创新、质量管理，开展技术培训和授课、项目建设、技术攻关等工作，积累了丰富的实践经验并具有相关的理论基础。2015年负责中垦华山牧乳业年产30万吨新工厂项目建设，担任技术负责人，成为渭南市当年开工、当年竣工的高质量、高速度项目典范；2017年带领华山牧乳业技术团队通过巴氏杀菌乳国家优质乳工程的验收，成为西北地区首家通过优质乳工程验收的企业和全国第十家通过优质乳工程验收的乳制品加工企业，同年获得国家优质乳工程青年创新奖，2021年获得渭南市“科技创新领军人才”称号；2022年获得“渭南市有突出贡献的拔尖人才”称号，同年带领团队再次通过国家UHT乳国家优质乳工程验收，使华山牧乳业成为全国第二家、西北地区首家同时通过UHT乳和巴氏杀菌乳优质乳工程验收的企业；2022年陕西省工信厅关键核心技术产业化“揭榜挂帅”项目负责人，2022年省科技厅厅市联动项目——特色农产品精深加工关键技术开发与示范项目负责人。

2018年带领华山牧乳业技术团队获陕西省农业科技创新创业大赛项目农业初创企业组三等奖等荣誉，2020年获得陕西省科技工作者创新创业大赛三等奖；2020年8月中共渭南市委授予中垦华山牧乳业“优质乳工程”专家工作站，2023年7月被授予陕西省“优质乳工程”专家工作站。

2018年以来，先后在*Food Chemistry*、*International Journal of Food Microbiology*、中国乳业、中国乳品工业等杂志发表论文，授权发明专利1项。2022年主译出版《膜技术在乳品成分分离中的应用》《乳品加工新兴技术》等专著。2021年担任第十四届全运会渭南市44棒火炬手。

专家寄语

干酪是世界上乳制品中研究得最广泛、最深入的品类之一，但我国有关干酪的书籍和资料相对较少，新的研究进展和生产实践也少，无论是普通消费者还是从事干酪加工的技术人员都需要了解更多的专业知识。中垦华山牧乳业有限公司黄锐等翻译的第二版《干酪加工技术》，对干酪的加工技术介绍得比较全面，并且着重强调了干酪加工者对原料安全和生产过程控制的需求。该书对我国从事奶酪加工和研究的技术和科研人员具有一定的参考价值。

国家奶业科技创新联盟理事长 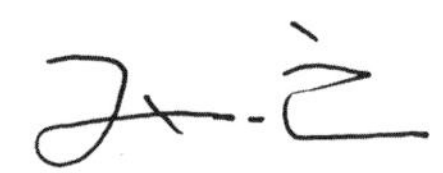

译者的话

经过近一年时间的努力，终于完成了《干酪加工技术》第二版的翻译工作，在此，我对参与本次翻译的老师和每一位辛勤工作的同仁以及他们出色的工作表示衷心的感谢。

在萌发翻译这本书的想法时，思考良久，这项工作是否有价值和意义？最终经过慎重考虑，下决心翻译本书。一是基于国内干酪的发展远远落后于欧美国家；二是干酪无论是从营养价值还是口感方面，都称得上是世界上最接近完美的食物；三是国内熟悉干酪加工工艺的专家和老师比较少，遇到困难和问题，不易寻找咨询专家；四是自己也不懂干酪，只在实验室做过简单的试验，没在生产实际当中体验过干酪加工的规模化生产过程，不了解实际生产要求；五是干酪的品种太多，就像原书在第一版序言中描述的那样，“即使在今天，虽然许多曾经不稳定的加工阶段已经被技术所简化，但干酪加工仍然是一门艺术”，可见其难度和琳琅满目的品类；六是原书中一些专业词汇，除了有英文外，还有法文、德文、意大利文。翻译之初低估了本书翻译的难度，翻译工作开始后才发现，难度非常大，工作量也大。

关于本书的内容介绍，原书第一版和第二版的序写得都非常精彩，在此不再重述有关内容，读者可以自行阅读。

在此仅谈谈在翻译过程中个人的两点体会。

1. 国内出版的关于干酪加工的书也有不少，以干酪鉴赏居多，全面介绍加工技术的干酪书籍也有，但不多，覆盖面也不一样。我们原以为干酪名称可以统一，但是在翻译的过程中和查阅了相关资料才发现，不同的书籍对同一干酪品种的翻译都不一样，比如：“Camembert”干酪的翻译有卡门贝尔、卡门培尔、卡蒙贝尔、卡蒙培尔等。最后咨询行业专家解卫星博士，才对本书的干酪名称本着发音接近原文的原则进行了统一，解卫星博士毕业于法国蒙彼利埃大学法学院获法学博士学位，在法国和德国生活15年，精通英、法、德、意、拉丁5种语言，在法国知名香料公司担任高管多年，对干酪行业比较了解。也聘请了西北农林科技大学微生物方面知名专家王新教授对本书中的各类微生物、细菌的名称进行了审核，在此，对两位教授的付出表示衷心感谢！

2. 本人由于没有国外生活经历和体验，对干酪中的一些国外习惯用语的翻译不易把握，比如形容干酪风味缺陷的单词“catty”，本义是“阴险的、狡猾的、如猫的”意思，但在形容干酪风味缺陷时译为“猫的尿骚味、猫酮、持久的硫化味”；类似的情况比较多，再比如“body”，译为“口感”。我们在参阅其他中文干酪书籍时也发现部分书籍也有类似的翻译误区，希望我们的努力能够把原文的意思尽可能地表达出来。

参与全书翻译的老师和专家如下：

原书序	曹晓倩、黄锐；
第一章　原料乳质量对干酪加工的影响	高晓峰、黄锐；
第二章　干酪加工技术的起源、发展及基本制作步骤	林树斌；
第三章　凝乳酶和凝固剂的生产、作用及应用	李莉蓉、黄锐；
第四章　干酪凝乳的形成	李丙子、刘晓雪、高晓峰；
第五章　干酪乳酸发酵剂的生产、应用及其效果	陈祖国、林树斌；
第六章　干酪的次级发酵剂	王梦璇、黄锐；
第七章　干酪的成熟和干酪的风味技术	徐勤峰、黄锐；
第八章　干酪加工和成熟过程中品质特性的控制和预测	曹艳妮、黄锐；
第九章　帕斯塔菲拉塔干酪 / 披萨干酪的工艺、生物化学和功能	张凤、李莉蓉、黄锐；
第十章　瑞士干酪及其孔眼的形成	贾丹、曹艳妮；
第十一章　干酪加工的微生物监测与控制	周颖、黄锐；
第十二章　包装材料和设备	曹艳妮、刘晓雪、刘强；
第十三章　干酪的感官特性与等级	赵多勇、琚艳君、黄锐。

干酪有机会成为国内未来乳品行业发展的一片蓝海，有广阔的应用前景，真诚地希望《干酪加工技术》中文版的出版能为行业做出一些贡献。也希望本书可以为国内干酪加工技术从业人员和大中专院校的老师和同学以及高层次消费者提供参考。全书由渭南职业技术学院曹晓倩统稿。在此感谢重庆农投集团总经理王千六对本书翻译工作的支持和帮助；感谢上海市奶业行业协会高级工程师顾佳升为本书提供的宝贵意见；感谢广东省农垦总局高级畜牧师林树斌博士、东北农业大学许晓曦教授为本书翻译提供的建议；感谢国家母婴乳品健康工程技术研究中心主任教授级高级工程师陈历俊为本书审稿。

虽然大家付出了辛勤的努力，但基于专业的不同和知识积累的限制，书中难免还有很多不当之处和不完善的地方，希望广大读者积极指出，我们将予以纠正。联系邮箱：370760234@qq.com。

黄　锐
2022.11.26

原书序

60 多年来，国际乳品技术学会（the Society of Dairy Technology，SDT）一直致力于通过多种专题讲座、学术研讨会、专业课程、出版物、论文以及《国际乳品技术期刊》(前身为《乳品技术协会期刊》) 等形式为全球乳品领域提供教育和培训，传播知识及促进人才培养。

近年来，随着人们对乳全面性、系统性认识的显著提高，乳可能是人类可以获得的最为复杂的天然食物之一。与此同时，许多乳制品及其相关产品的规模化生产和生产工艺也发生了改良。

国际乳品技术学会已经开始与 Wiley–Blackwell 合作，出版了一系列与乳制品相关的书籍，为从事乳制品研究的科学家和技术人员提供宝贵的技术信息来源，这些人员可能来自从事乳制品及相关产品生产经营的小型企业，也可能来自现代规模化企业。本书为该系列书籍的第九本，是 Barry Law 和 Adnan Tamime 联合编写的《干酪加工技术》的第二版，内容及时、全面地更新了涉及干酪生产的原理和实践。书中还介绍了用于干酪生产的生乳的预防性控制、干酪包装技术和硬质干酪的整个生产过程。

在干酪加工的过程中，如何理解影响干酪品质方面的知识，以及如何将其应用于生产中从而生产出质地均一的产品，本书提供了相关知识的回顾及思考。

Andrew Wilbey

国际乳品技术学会出版委员会主席

第二版序言

《干酪加工技术》的第一版旨在批判性地评估这一领域的知识储备，这些知识后来被干酪加工行业用作工艺和产品创新、品质改进和安全提升的工具。此外，我们还希望提供一本书，帮助那些接受过高等教育的人理解战略层面和应用研究中的知识以用于干酪的生产和分销方面的商业创新。出版本书第二版的目的就是根据已经成熟的产业对新数据和技术的需求，谋求进一步改进产品和提升技术而更新知识储备。本书涵盖了凝固剂、发酵剂和一系列通用干酪品种的加工/成熟方面的进展，以更新第一版的章节内容，并且引入了新的章节，这些章节介绍的内容针对10年前出版的第一版的内容来说取得了巨大的进步。

新领域覆盖对乳的预处理科学和技术，着重强调了干酪加工者对原料安全和均匀稳定的特定需求。10年前还局限于试验研究的新兴技术，现在已被广泛应用于为改善干酪质量所选用的原料乳的特性方面。

我们还引入了干酪生产中控制和维持干酪质量和品质一致性方面的评价。尽管这与我们对干酪制作中原料乳质量覆盖范围有一些重复，但我们认为是合理的，因为它强调了原料乳在生产实践中要考虑用户对干酪品质追求的重要性。我们也承认，这些技术已经被干酪加工者掌握和使用了很多年，但直到最近，基础科学才对它们的基本原理有了一定程度的认识。这推进了干酪配方和在线生产工艺的改良并产生了新的机遇，相关内容我们也已纳入本书。

第一版没有把与干酪加工业包装相关的科学和技术投入作为一个单独的内容。为了让大家认识到这个内容在行业中的重要作用，以及基于包装知识的包装方法的进步，尤其是这些进步特别适用于像奶酪这样的“活的”和多样化的产品，所以第二版增加了专门介绍干酪包装材料、设备知识和应用的章节，包括了从干酪技术的一般原理和具体应用的相关知识。

我们要感谢专家及投稿者为编写第二版所付出的时间和努力。许多人也是第一版的原作者，我们感谢他们为他们自己已经很出色的工作又增添了新的内容；我们也很幸运地迎来了一些新的作者，希望他们也会像我们一样对他们自己的努力和成果感到兴奋，因为这一更新的版本反映了该行业的基础科学与技术又一个10年的进步。

在回顾完成这本书的满意之处的同时，还必须特别向我们的同事 Tony Williams 致敬，因为他在本书出版的最后筹备期间去世了。Tony 和他的合作伙伴 Paul Neaves

都是杰出的食品微生物学家，也是团队的重要成员，他们通过对食品行业基础知识的及时收集和应用，为保障食品质量和安全带来了巨大的实际意义；开启了生产者和零售商 / 消费者之间的交流。Tony 不仅会被他身边的人所怀念，也会被全世界的食品一线微生物研究专业人士所铭记。

Barry Law 和 Adnan Tamime

2009 年 10 月

第一版序言

即使是在今天，干酪加工仍然是一门艺术，许多曾经不稳定的加工阶段已经被技术所简化。出版本书的目的是为展示该艺术的现状和说明如何提高艺术，并通过利用基础科学和技术来实现进一步改善干酪加工工艺的目标。本书是介绍干酪生产技术的，我希望读者能够感受到干酪工艺不确定性带来的兴奋和理解成功带来的满足感，就像干酪生产者所经历的由不解到理解并感到满足的过程。正如他们所说，当他们的技术和设备结合起来的产品出现时，干酪销售商和消费者都会喜欢。

我并非认为干酪加工业已经完美，实际上这是一个艰苦的行业，有时还会出错。然而，我坚信干酪工艺冠有世界上最先进的食品制造行业之一的美誉，克服了乳多样性、微生物控制和培养失败等问题，这些问题在过去给消费者造成了如此多的浪费和潜在危害。在本书中，我们首先从干酪生产者的角度来描述和讨论干酪生产工艺。作者一步一步地交代了如何通过工艺设计和培养技术将乳中常见元素经过生物转化形成差异，从而生产出如此众多美妙口味的干酪品种。本书将干酪加工技术视为传统、务实发展和一线科学应用的产物，在这方面本书是独一无二的，增加了现有书籍和综述的知识范围。

本书在详细介绍了蓝纹干酪制作的知识后，作者带领读者了解凝乳酶和凝固剂是如何制作、标准化和用于凝乳的，以及它们在形成所有干酪凝乳的基础上的协同作用（与乳酸发酵剂）。紧接着按照渐进的顺序，介绍了乳酸菌培养基、无乳酸菌和添加霉菌培养基，以及可形成气孔的细菌是如何以不同的方式在干酪成熟的过程中发挥作用的，将口味清淡的凝乳转化为我们所熟悉的切达干酪、披萨干酪、蓝纹干酪、卡蒙贝尔干酪、瑞士型干酪和各种芳香涂抹干酪。干酪加工商不断地生产传统干酪和新品种干酪，加速和控制干酪成熟和平衡，寻求新的干酪加工工艺，本书全面深入地讨论了这一主题。

干酪生产者最终要对消费者负责，也要依赖消费者来维持生计。本书既包括了食品安全方面的保障以及干酪分级和感官评估的内容，也展示如何确保工艺既达到干酪生产者的目的，又满足消费者的期望和诉求。

本书对广大的潜在读者具有启发和支持作用，有助于对长期好奇的干酪生产者理解他们每天所从事的干酪生产和制作过程。对想从干酪基础工艺学中深刻理解干酪生产和制作的工艺流程并寻求技术创新的产品研发人员，以及对受过食品科学与技术的高等教育且希望获得超越干酪基础教科书知识的学生来说，将同样具有参考价值。有经验的科研人员将在书稿中发现许多研究和应用领域之间相互联系的例子，通过这些例子使产品研发技术人员之间建立交流通道。其中关于凝固剂、培养基和成熟系统章节的内容，涉及乳品原料企业的利益，拓宽了这本书的价值。

我谨向这本书的参编者表示感谢。因为想出版一本整合干酪生产实践、技术和基础科学的新方法的书当然很好，但如果没有这些专家的帮助，这个想法是无法实现的。谢谢大家！本书质量上的任何不足之处都是我个人的责任。

Barry A. Law

目 录

1 原料乳质量对干酪加工的影响

T. P. Guinee 和 B. O′Brien

1.1 引言

2008 年全球产乳量预计可达 5.76×10^4 万 t（ZMP，2008），其主要产地为印度、巴基斯坦、美洲和欧洲。而牛乳、水牛乳、山羊乳、绵羊乳、骆驼乳和其他泌乳动物的产乳量分别为 84.0%、12.1%、2.0%、1.3%、0.2% 和 0.2%（国际乳业联合会 IDF，2008）。干酪加工的主要原料是牛乳；然而，在一些欧盟（EU）国家，如法国、意大利和西班牙，用山羊乳、绵羊乳和水牛乳制作的干酪非常多。

按 10 kg 原料乳产 1 kg 干酪计算，用于加工干酪的原料乳占总产乳量的 25%，但差异很大，比如从欧洲部分国家（意大利、法国、丹麦和德国）的 70% ～ 90% 到中国的 0.5%。虽然世界上大多数地方都生产干酪，但主要产地还是欧洲、北美和大洋洲。在过去的 20 年的时间里，干酪产量以年均 1.5% 的速度增长。正如第 8 章所讨论的那样，这可能归因于许多因素，包括全球人口和人均收入的增加、生活方式的改变、饮食习惯和全球化的趋势，干酪作为一种配料在餐饮（披萨类菜肴、干酪汉堡和沙拉菜肴）和工业（蓝带主菜、干酪与脆皮烙菜挤压产品）中的增长也很显著。

当今在干酪消费量增加的同时，人们更加看重干酪品质的改善和营养特性（脂肪、蛋白质、钙离子和钠离子）、物理特性（质地和烹饪特性）、感官特性和加工性能（尺寸减小，如可切割性；二次加工属性）的一致性。因此，这就需要提高所有投入品（乳成分 / 质量、酶的活性 / 纯度、发酵剂培养物特性，例如产酸、抗噬菌体性、自溶特性和风味特性）的质量和品质稳定，以及稳定的加工工序标准化（参见第 8 章）。总体而言，用于干酪加工的原料乳质量可定义为其是否适合转化为干酪，并提供所需干酪的品质和产量。本章探讨了用于干酪加工的原料乳质量及其影响因素，以及提高质量和稳定性的普遍方案。

1.2 乳成分概述

乳汁由蛋白质（酪蛋白和乳清蛋白）、脂肪、乳糖、矿物质（可溶性和不溶性）、微量成分（酶、游离氨基酸、肽）和水组成（表 1.1）。

部分酪蛋白与不溶性的矿物质以磷酸钙 – 酪蛋白复合物的形式存在。水及其可溶性成分（乳糖、天然乳清蛋白、一些矿物质、柠檬酸和微量成分）被称为乳清。在干酪的加工过程中，乳汁会经过部分脱水，排放乳清和浓缩脂肪、酪蛋白（在某些情况下，还有变性的、聚集的乳清蛋白）和一些矿物质。在排放乳清的过程中，影响脱水的因素包括特定酶对酪蛋白的水解、酸化（添加发酵剂将乳糖发酵为乳酸）、高温和各种机械操作，使乳汁中酪蛋白磷酸钙的稳定性降低和聚集，并包裹乳中的脂肪和乳清，如第 8 章所述。其中，酪蛋白的聚集程度和脱水程度是控制最终干酪特性和品质的关键参数。

尽管大多数干酪品种的加工工序在技术以及对原料乳的要求（参见第 8 章）方面都非常明确（至少在大型干酪加工厂），但干酪品质确实存在明显差异。导致干酪品质不一致的关键因素是乳成分和质量的季节性变化。因此，下文概述了与干酪加工相关的指标。本章的重点是牛乳，估计占干酪加工乳总量的 95%；其他乳的特性将在其他章节讨论（Anifantakis，1986；Juarez，1986；Remeuf 和 Lenoir，1986；Muir 等，1993a,b；Garcia–Ruiz 等，2000；Bramanti 等，2003；Huppertz 等，2006；Kucht 等，2008；Caravaca 等，2009）。

表 1.1　牛乳成分和凝胶特性

特性	平均值	范围
总成分		
干物质（g/100 g）	12.04	11.52 ～ 12.44
脂肪（g/100 g）	3.55	3.24 ～ 3.90
乳糖（g/100 g）	4.42	4.21 ～ 4.56
总蛋白（g/100 g）	3.25	2.99 ～ 3.71
真蛋白（g/100 g）	3.06	2.77 ～ 3.47
酪蛋白（g/100 g）	2.51	2.29 ～ 2.93
乳清蛋白（g/100 g）	0.54	0.48 ～ 0.64
非蛋白氮（N）（g/100 g N）	5.33	4.79 ～ 6.16
尿素（mg/100 g）	27.60	22.00 ～ 37.50
灰分（g/100 g）	0.74	0.71 ～ 0.77
钙（mg/100 mL）	118	108 ～ 137
铁（mg/100 mL）	976	460 ～ 1 490
镁（mg/100 mL）	107	96 ～ 117
氯化物（mg/100 mL）	100	95 ～ 116
维生素 / 维生素成分		
β – 胡萝卜素（μg/g 脂肪）	3.18	0.48 ～ 8.37

续表

特性	平均值	范围
硫胺素（μg/mL）	0.18	0.09 ～ 0.35
核黄素（μg/mL）	0.88	0.19 ～ 1.85
维生素 A（μg/g 脂肪）	9.41	2.18 ～ 27.85
维生素 E（μg/g 脂肪）	25.56	6.84 ～ 42.15
碘（I）（μg/mL）	0.28	0.20 ～ 0.51
钴（Co）（μg/mL）	0.96	0.44 ～ 1.70
凝胶特性 [a]		
RCT（min）	6.15	4.50 ～ 7.44
A_{30}（mm）	46.80	43.00 ～ 51.38
$1/k_{20}$（mm^{-1}）	0.23	0.3 ～ 0.19
其他成分		
游离脂肪酸总量（mg/kg 脂肪）	3 769	2 629 ～ 5 108

资料来源：改编自 O′Brien 等（1999b–d），Mehra 等（1999）和 Hickey 等（2006b），用于生产乳品。

[a] 用 Formagraph（1170 型，FOSS 分析仪，丹麦）对 pH 值为 6.55 并用 0.18 mL/L 皱胃酶（Chymax Plus，辉瑞公司，威斯康星州密尔沃基）处理的生乳进行指标分析；RCT，酶凝乳（凝胶化）时间；A_{30}，凝乳 30 min 后的硬度；$1/k_{20}$，凝胶固化率。

1.2.1　酪蛋白

牛乳中的氮来源于酪蛋白、乳清蛋白和非蛋白氮（尿素、蛋白胨和肽），分别占总氮的 78%、18% 和 4%（表 1.1）。

酪蛋白的含量通常为 2.5%，是皱胃酶和酸诱导乳凝胶的主要结构蛋白（表 1.1）。主要有：α_{s1}–、α_{s2}–、β – 和 κ – 四种类型，分别约占酪蛋白总量的 38%、10%、35% 和 15%（Fox 和 McSweeney，1998；Fox，2003；Swaisgood，2003）。稀释分散体的研究模型表明，每种酪蛋白的磷酸盐含量和分布存在差异（表 1.2）；每摩尔的 α_{s1}–、α_{s2}–、β – 和 κ – 酪蛋白（丝氨酸）磷酸残基数分别为 8，10 ～ 13，5 和 1。丝氨酸磷酸盐可以结合钙和磷酸钙，因此，不同的酪蛋白具有不同的钙结合特性。通常，α_{s1}–、α_{s2}– 和 β – 酪蛋白与钙结合的能力较强，并在相对较低的钙浓度（0.005 ～ 0.1 mmol/L $CaCl_2$ 溶液）下沉淀，包括乳中的钙含量（30 mmol/L）；相比之下，κ – 酪蛋白对钙的浓度不敏感，事实上，κ – 酪蛋白对钙浓度的稳定性是敏感酪蛋白的 10 倍。

乳中的酪蛋白以球形胶粒（直径 40 ～ 300 nm）的形式存在，称为酪蛋白胶束（Fox 和 Brodkorb，2008；McMahon 和 Oommen，2008）。根据单个酪蛋白（对钙敏感的反应）和磷酸钙的位置，已经提出了不同的酪蛋白胶束的结构模型。

• 亚胶束模型（Schmidt，1982），其中亚胶束和胶体磷酸钙（colloidal calcium phosphate，CCP）“胶合”在一起，富含 κ – 酪蛋白的亚胶束主要集中在胶束表层；κ – 酪蛋白的亲水端伸向乳清，处于恒定的流动状态，空间斥力维持胶束的稳定性。

表 1.2　与干酪加工相关的牛乳蛋白质特性

蛋白	脱脂乳中含量（g/100 g 蛋白质）	变体型	每摩尔氨基酸	每摩尔谷氨酸残基	每摩尔天冬氨酸残基	每摩尔－SH 基团	每摩尔二硫键（S–S）	每摩尔磷酸盐残基	糖基化残基	温度 >18℃对 Ca^{2+} 的敏感性	近似等电点 pH 值	乳中的近似等电点 pH 值	凝乳过程中对皱胃酶水解的敏感性
酪蛋白													
α_{s1}－酪蛋白	38	α_{s0}	199	24	7	0	0	9	否	>4 mmol/L 高	–	4.6	低
		α_{s1}				0	0	8			4.96		
α_{s2}－酪蛋白	10	α_{s2}	207	25	4	2	0	10	否	>4 mmol/L 高	5.4		低
		α_{s3}				2	0	11			5.3		
		α_{s4}				2	0	12			5.3		
		A_{s6}				2	0	13			5.2		
β－酪蛋白	35		209	11	4	0	0	5	否	高	5.3		低
κ－酪蛋白	15		169	12	4	2	0	1	含半乳糖、乙酰半乳糖胺、唾液酸	非常低	5.5		高
γ－酪蛋白	3	γ_1	183	11	4	0		1	否	–	–	–	低
		γ_2	103	4	2	0		0			–	–	
		γ_3	1 001	4	2	0		0			–	–	
乳清蛋白													
β－乳球蛋白	55	–	162	–	–	1	2	0	否	–	5.4	5.13	非常低
α－乳白蛋白	21	–	123	–	–	0	4	0	否	–	–	4.4	非常低
血清白蛋白	7	–	34	–	–	1	17	0	否	–	5.1	4.8	非常低
其他	16	–	–	–	–	–	–	–	–	–	–	–	–
免疫球蛋白													
乳铁蛋白													

资料来源：改编自 Mulvihill 和 Donovan（1987），Fox 和 McSweeney（1998），Fox（2003）和 Swisgood（2003）。

• 双键模型（Horne，1998），其中胶束内部由 α_s–、β – 酪蛋白组成，它们通过疏水区域（疏水诱导）和含有磷酸丝氨酸簇（连接到胶体磷酸钙簇）的亲水区域之间的相互作用形成晶格，而位于表面的 κ – 酪蛋白分子与其他酪蛋白（α_s– 或 β –）疏水相互作用，并将它们的亲水区域（发状）引导到乳清中。

• 复杂的交联网络模型（Holt 和 Horne，1996），由磷酸钙纳米团簇交联的流变酪蛋白链组成的复杂团块，类似整个酪蛋白的组成，但在胶束边缘的链变得更加分散（从密集的中心向外移动）。

• 互锁模型（McMahon 和 Oomen，2008），具有一个由锚定磷酸钙纳米团簇（每胶束几百个）组成的互锁位点系统，其结合 α_s– 和 β – 酪蛋白的磷酸丝氨酸结构域；这些酪蛋白的疏水末端远离磷酸钙纳米簇，并与其他 α – 酪蛋白和 β – 酪蛋白产生疏水作用，而 κ – 酪蛋白主要位于表面，因为它缺乏磷酸丝氨酸结构域（与磷酸钙纳米团簇结合）和高电荷的 C– 末端区域（防止强静电相互作用）而具有亲水作用。

在上述所有模型中，酪蛋白在胶束中的排列方式主要是由对钙敏感的酪蛋白（α_s– 和 β –）占据，而 κ – 酪蛋白主要位于表面，其亲水 C– 端区（酪蛋白巨肽）以突出的带负电荷的边毛形式伸向外部的乳清中，产生约 –20 mV 的电势，并通过静电斥力、布朗运动和随之产生的空间排斥作用赋予胶束稳定性（de Kruif 和 Holt，2003；Horne 和 Banks，2004）。从胶束表面突出的 κ – 酪蛋白 C– 末端被认为是一个延伸的聚电解质刷，该区域含有 14 个羧基，浸没在高离子强度（例如钾、钠、氯化物、磷酸盐和柠檬酸盐）的乳清中（0.08 mol/L）。因此，在生理条件下（C– 末端区域之间）的静电作用，时间非常短暂且高度屏蔽（通过高离子强度）。这有利于 κ – 酪蛋白 C– 末端边毛的高度“溶解”和延伸以及胶束整体的稳定性。此外，κ – 酪蛋白的 C– 末端区域有不同程度的糖基化（表 1.2；Saito 和 Itoh，1992；Molle 和 Leonil，1995；Fox 和 McSweeney，1998；Mollé 等，2006），含有半乳糖、*N*- 乙酰半乳糖胺（*N*–acetylgalactosamine，GalNAc）和 / 或 *N*– 乙酰神经氨酸（唾液酸）[*N*-actetylneuraminic (sialic) acid，NANA]（Dziuba 和 Minkiewicz，1996）。κ – 酪蛋白糖基化增加了水合力（碳水化合物部分）和负电荷羧基基团（NANA 分子上）的贡献，可进一步增强 κ – 酪蛋白通过空间阻抗和静电排斥增加胶束稳定性的能力。O′ Connell 和 Fox（2000）发现，κ – 酪蛋白糖基化水平和蛋白质表面疏水性，随着胶束的增大而增加。

虽然大部分 κ – 酪蛋白位于酪蛋白胶束表层，并赋予鲜乳天然良好的稳定性，但它在加工的过程中易于聚集 / 絮凝，会降低 κ – 酪蛋白的溶解力（折叠 / 压扁），从而使疏水性更强的胶核之间能够接触成为可能，例如，通过酸性蛋白酶裂解 κ – 酪蛋白，通过酸化降低负电荷，常规 pH 值下通过微滤 / 洗滤降低离子强度。然而，许多因素会影响胶核之间的相互作用，例如 pH 值、乳清组成、离子强度、蛋白质浓度和乳所处的条件（热处理、酸化、超滤 / 透滤均质、剪切）。

酪蛋白胶束干重灰分约占 7%（主要是钙和磷）、酪蛋白约占 92%、微量元素（包括镁和其他盐）约占 1%。其在乳中的浓度为 10^{14} ～ 10^{16}/mL、高度水合（每克蛋白质含有 3.7 g 水），呈球形，直径约为 80 nm（100 ～ 500 nm），表面积约为 8×10^{-10} cm^2，密度约为 1.063 g/cm^3（Fox 和 McSweeney，1998）。

1.2.2 乳清蛋白

牛乳中乳清蛋白含量为0.6%～0.7%，主要由4种类型组成：β－乳球蛋白（β－lactoglobulin，β－Lg）、α－乳白蛋白（α－lactalbumin，α－La）、免疫球蛋白［immunoglobulin(s)，Ig］和牛血清白蛋白（bovine serum albumin，BSA），分别约占总量的55%，21%，14%和7%（表1.2）。每种乳清蛋白的性质已被广泛综述（表1.2；Mulvihill和Donovan，1987；Brew，2003；Fox，2003；Hurley，2003；Sawyer，2003）。它们以可溶性球状形式存在于乳汁中，分子内二硫键水平相对较高，且每摩尔β－Lg和BSA含有一个半胱氨酸残基。在热诱导变性时，乳清蛋白可以通过硫基－二硫键与其他乳清蛋白和κ－酪蛋白发生相互作用。后者导致在酪蛋白胶束表面或乳清中或两者中形成κ－酪蛋白/β－Lg聚合物（见第8章）。这些聚合物的大小和其所处的位置（乳清/胶束表面）受乳热处理的严重程度、pH值、离子强度、钙含量和酪蛋白与乳清蛋白比率的影响。聚合物的相互作用程度和大小/位置对皱胃酶和酸诱导的乳凝胶体结构和物理特性有深远的影响，因此对于干酪也有影响（见第8章）。乳汁经过高温处理（例如95℃处理≥1～2 min，乳清蛋白变性≥40%，Guinee等，1995）后引起酪蛋白和乳清蛋白剧烈相互作用，在生产酸奶和加工质地光滑、具有高水分蛋白质比的干酪（如奶油干酪和超滤生产的夸克干酪）时非常受青睐。在这些产品中，它可以提高蛋白质回收率和水合率（减少脱水），有助于提高产量和改善品质（Guinee等，1993）。相比之下，乳在高温下处理不适宜于具有颗粒状结构的酸凝干酪（农家干酪）或使用分离机加工的夸克干酪，因为它会在分离过程中阻碍乳清的排出并难以获得所需要的干物质含量和质地特征。对于酶凝干酪来说，乳的高温处理通常是不可取的，因为变性的蛋白质≥25%（在82℃热处理26 s或更长时间）时会阻碍皱胃酶的凝胶能力（Rynne等，2004），导致干酪的熔融特性显著恶化，并降低乳中脂肪在干酪中的回收率（见第8章）。然而，可以采用比正常热处理更高的温度，使乳清蛋白适度变性，作为调节低脂干酪质地的一种方法，例如降低硬度等（Guinee，2003；Rynne等，2004）。

1.2.3 矿物质

牛乳中灰分含量约为0.75%，包括K^+、Ca^{2+}、Cl^-、P^{5+}、Na^+和Mg^{2+}，浓度分别为140 mg/100 g、120 mg/100 g、105 mg/100 g、95 mg/100 g、58 mg/100 g和12 mg/100 g（表1.2）；White和Davies，1958a；Chapman和Burnett，1972；Keogh等，1982；Grandison等，1984；O′Brien等，1999c）。室温下，这些矿物质在天然乳（pH值6.6～6.7）中的乳清（可溶）和酪蛋白（胶体或不溶）之间有不同程度的分布。Na^+、K^+、Cl^-、Mg^{2+}、P^{2+}和Ca^{2+}在乳清浓度占每种矿物质总浓度的百分比分别为100、100、100、66、43和34。天然乳中Ca^{2+}和P^{2+}在胶态和可溶态之间的浓度分配主要由酪蛋白（胶束）的电离程度控制，酪蛋白在牛乳中可被视为一个非常大的主导阴离子，调节钙离子结合度的平衡，在一定程度上受钙本身浓度以及柠檬酸和磷酸盐浓度的影响。柠檬酸钙盐［柠檬酸钙$Ca_3(C_6H_5O_7)_2$］

和磷酸钙盐［磷酸三钙 $Ca_3(PO_4)_2$］之间的主要区别在于它们的溶解度，与柠檬酸钙盐（25℃，3.23×10^{-3} mol/L）相比，磷酸钙盐（25℃，2.07×10^{-33} mol/L）的溶解度非常低。

牛乳中钙含量通常为 120 mg/100 mL（30 mmol/L），以胶体无机钙（12.5 mmol/L）、酪蛋白酸钙（8.5 mmol/L）、可溶性结合钙（6.5 mmol/L）和乳清钙离子（2.5 mmol/L）形式存在。附着在酪蛋白胶束上的钙被称为胶体磷酸钙，由胶体无机钙（通常被称为 CCP）和酪蛋白酸钙组成。胶体无机钙以磷酸钙复合物的形式间接附着在有机丝氨酸磷酸基团上，而酪蛋白酸钙则通过天冬氨酸（pK_a 3.9）和谷氨酸（pK_a 4.1）等酸性氨基酸解离的 ε－羧基直接与酪蛋白结合。由于牛乳（酪蛋白含量为 2.5%）中谷氨酸和天冬氨酸的摩尔浓度较高（25 mmol/L 和 7 mmol/L），可以推断，只有 26% 的 ε－羧基可被钙滴定，这些基团可能与添加的钙结合，以增加酪蛋白对聚合的敏感性，尤其是在皱胃酶处理时。从稀溶液中的模型研究中发现，单个酪蛋白对钙沉淀的敏感性不同，且随着每摩尔酪蛋白中磷酸盐和谷氨酸摩尔数的增加而增加。因此，使单个酪蛋白沉淀的 Ca^{2+} 浓度最低的是 α_{s2}－酪蛋白（<2 mmol/L），中间值的是 α_{s1}－酪蛋白（3 ～ 8 mmol/L）和 β－酪蛋白（8 ～ 15 mmol/L），最高的是 κ－酪蛋白，在所有浓度下都保持可溶，并且可以抑制其他酪蛋白的沉淀（Aoki 等，1985）。

在乳盐体系背景下，乳可以被看作是一种“汤汁”，由分散在含有各种可溶性盐和离子（柠檬酸钙、磷酸钠、钾和钙离子）的乳清中的大胶体阴离子（酪蛋白磷酸肽）组成。不溶性（与酪蛋白相关的胶体盐）和可溶性（乳清）的盐平衡存在。当可溶性柠檬酸盐和磷酸盐与酪蛋白竞争钙离子时（导致柠檬酸钙和不溶性磷酸钙的形成），控制盐平衡浓度的主要因素是多价酪蛋白。然而，pH 值和乳清盐浓度的微小变化（例如，由于自然变化或强化）会影响平衡，进而影响酪蛋白的电荷和活性。

1.2.4 乳脂类

牛乳中脂肪含量一般约为 3.7%，但其含量因乳牛品种、饲料、健康状况、泌乳阶段和畜牧业的不同而有显著差异（3.0% ～ 5.0%）。甘油三酯，表示为乳脂，约占脂类的 96% ～ 99%。其余成分（1% ～ 2%）是磷脂（0.8%）、甘油二酯、固醇类（0.3%）、微量类胡萝卜素、脂溶性维生素和微量游离脂肪酸（free fatty acids，FFA）（Jensen，2002；Huppertz 等，2009）。乳中的脂肪被脂蛋白膜包围（乳脂肪球膜，milk fat globule membrane，MFGM）（Keenan 和 Maher，2006）并以分散的球体（平均球径为 2 ～ 6 μm）（Wiking 等，2004）形式存在。乳脂肪球膜封闭脂肪使其稳定，防止聚集和融合（因此互相分离），并防止天然乳中脂蛋白脂肪酶（lipoprotein lipase，LPL）或污染微生物（如假单胞菌）的脂肪酶接触脂肪（Ward 等，2006）。干酪加工中极不希望因人为处理牛乳（如过度剪切、湍流、气蚀；见第 1.5.4 节）等造成膜的意外破损。而导致乳中有游离脂肪，乳脂在干酪中的回收率较低，通过巴氏杀菌后未失活的脂肪酶继续分解脂肪，产生高浓度的游离脂肪酸和不良的风味（例如苦味、肥皂味、金属味），特别是在某些干酪品种（例如埃曼塔尔干酪、高达干酪、切达干酪）中。在切达干酪中，只需要较低的或中等水平的游离脂肪酸就能获得令人满意的风味（Cousin 和 Marth，1977；Woo，1983；Gripon，1993；

Brand 等，2000；Collins 等，2004；Ouattara 等，2004；Deeth 和 FitzGerald，2006；见第 8 章）。然而，在干酪加工中有许多工序，其中均质会导致乳脂球膜的物理破坏，取而代之的是由酪蛋白和乳清蛋白组成的新膜和形成更小的脂肪球（Huppertz 和 Kelly，2006）。由于重组后的脂肪球体积较小（1.0 μm），对絮凝和乳化的稳定性较强，但不能将封闭的脂肪与脂肪水解酶分离。在加工干酪时应充分应用这些特性（见第 8 章）。

• 高脂肪含量的酸凝干酪，如奶油干酪，在相对较长的发酵 / 凝胶过程中，较小的脂肪球防止了絮凝和乳化的发生，重组后的脂肪球膜使脂肪球表现出含有脂肪的蛋白质颗粒，在酸凝过程中成为凝胶网络的组成部分，并有助于获得所需的质地特征（Guinee 和 Hickey，2009；见第 8 章）；

• 需要大量脂肪水解的酶凝干酪（蓝纹干酪），添加脂肪酶或次级发酵剂培养物中的脂肪酶可以更容易接触脂肪，实现甘油三酯的选择性水解，并释放游离脂肪酸，从而产生所需的风味。

表 1.3　乳脂甘油三酯的游离脂肪酸属性

脂肪酸 / 通用名	碳原子数	双键数	乳脂的典型水平	
			mol/mol 脂肪	g/100 g 脂肪 [a]
饱和的				
丁酸	4	0	10.1	3.9（2 ~ 5）
己酸	6	0	4.9	2.5（1 ~ 5）
辛酸	8	0	2.4	1.5（1 ~ 3）
癸酸	10	0	4.3	3.2（2 ~ 4）
月桂酸	12	0	4.1	3.6（2 ~ 5）
肉豆蔻酸	14	0	11.1	11.1（8 ~ 14）
棕榈酸	16	0	24.9	27.9（22 ~ 35）
硬脂酸	18	0	9.8	12.2（9 ~ 14）
不饱和的				
肉豆蔻烯酸	14	1	0.8	0.8（0.5 ~ 1.1）
软脂酸	16	1	1.4	1.5（1 ~ 3）
油酸	18	1	17.1	21.1（20 ~ 30）
亚油酸	18	2	2.0	2.5（1 ~ 3）
亚麻酸	18	3	0.8	1.0（0.5 ~ 2）

资料来源：改编自 Jensen（2002）、MacGibbon 和 Taylor（2006）。

[a] 括号中的数值表示文献中报道的数值范围。

乳脂中以总重量计，主要的脂肪酸依次为 $C_{16:0}$（棕榈酸）、$C_{18:1}$（油酸）和 $C_{14:0}$（肉豆蔻酸）（表 1.3）。虽然短链脂肪酸（$C_{4:0}$ ~ $C_{12:0}$）的重量较低，但它们是意大利硬质干酪（如帕玛森干酪和罗马诺干酪）辛辣味或软质山羊乳干酪浓郁的羊膻味的主要来源。脂肪酸是在干酪加工和成熟过程中因为乳脂球膜的破坏，脂肪酶水解乳脂中的甘油三酯引起的。脂肪酶的主要来源是添加的外源酶（皱胃酶糊、胃前酯酶）、次生菌群（亚麻短杆菌、娄地青霉、白地霉；见第 6 章）、乳酸菌发酵剂和发酵助剂（乳球菌属，瑞士乳杆菌）（Collins 等, 2004；Hickey 等, 2006b；Santillo 等, 2007；Hashemi 等, 2009；Jooyandeh 等, 2009）。

1.3 干酪加工原理

干酪是一种浓缩的蛋白质凝胶，可以包裹脂肪和水分。其加工过程主要包括乳的凝胶化，凝胶脱水形成凝乳，以及凝乳的处理（例如干式搅拌、堆积、质构化、盐渍、成型、挤压）。成型的凝乳可以新鲜食用（加工后不久，例如 1 周内），也可以成熟约 2 周到 2 年的时间，形成成熟的干酪。乳的凝胶化可能是由以下因素引起：

• 通过添加酸性蛋白酶（通常称为皱胃酶、胃蛋白酶）在苯丙氨酸 $_{105}$– 甲硫氨酸 $_{106}$ 肽键处选择性水解 κ – 酪蛋白所致。

• 在 20 ～ 40℃的温度下酸化（使用发酵剂或食品级酸或产酸剂），使 pH 值接近酪蛋白等电点，即 pH 值 4.6。

• 酸和热的结合，例如，将 pH 值为 5.6 的原料乳加热到 90℃。

1.3.1 皱胃酶诱导的凝胶化

皱胃酶处理原料乳时，κ – 酪蛋白被水解，主要裂解点为 Phe105–Met106 之间的肽键，并将高度带电亲水性的 Met106–Val169 酪蛋白巨肽释放到乳清中。这导致胶束表面的毛状层被有效地“剥除”，表面负电荷显著降低至约 –10 mV，增加了副酪蛋白胶束表面之间的吸引力或“黏性”。因此，当 κ – 酪蛋白充分水解时（总量的 80% ～ 90%；Green 等, 1978；Dalgleish，1979），副酪蛋白胶束开始聚集，从而形成副酪蛋白胶束簇 / 聚集体逐渐融合，最终“编织”成一个受限的、周期性重复的、固体状黏弹性凝胶网络（图 1.1）。皱胃酶的酶催化凝乳和酶切割副酪蛋白胶束聚集发生重叠。虽然钙对皱胃酶凝乳的确切作用尚不清楚，但酪蛋白酸钙（实际上可能被认为是预结合钙离子）可能是诱导副酪蛋白胶束交联和聚集成凝胶的主要因素。乳清中钙离子与酪蛋白钙处于平衡状态。因此，乳清钙离子除了反映酪蛋白结合钙的水平外，对皱胃酶诱导酪蛋白聚集和乳凝胶化可能几乎没有作用或没有直接作用。同样，在保持 pH 值（图 1.2）不变的情况下加入氯化钙（钙离子），皱胃酶处理过的乳凝胶硬度逐渐增加，这可能反映酪蛋白钙和胶体磷酸钙水平的增加，而不是乳清钙离子本身的增加。因此，值得注意的是，蒸发浓缩乳时，钙离子活性从 1.0 mmol/L 略微降低到 0.75 mmol/L，而胶束钙的水平会增加（Nieuwenhuijse 等，1988）。皱胃酶诱导乳凝胶化受到多种因素的阻碍，这些因素包括：

• 限制皱胃酶与其底物（κ – 酪蛋白）的接触，例如，乳的高温热处理，变性的乳清蛋白与胶束表面的 κ – 酪蛋白络合（图 1.1；Guinee，2003）。

• 阻碍皱胃酶处理酪蛋白胶束的聚集和融合，例如胶束表面的 κ – 酪蛋白 / β – 乳球蛋

白附属物或乳清中 κ－酪蛋白 / β－乳球蛋白颗粒（Guyomarc′h，2006）。

•降低皱胃酶改酪蛋白胶束的“黏性”，例如增加离子强度（例如在多米亚蒂干酪乳中添加 NaCl）（Awad，2007；Huppertz，2007），负电荷（高 pH 值）。

•降低接触胶束之间的结合程度，例如，通过添加乙二胺四乙酸（ethylenediaminetetraacetic acid，EDTA）或其他螯合剂（Shalabi 和 Fox，1982；Mohammad 和 Fox，1983；Choi 等，2007）、离子交换（Mei-Jen-Lin 等，2006）或透析（Wahba 等，1975）来降低钙水平，或自然降低 Ca^{2+} 水平，如泌乳后期或患有亚临床乳腺炎乳牛的牛乳（White 和 Davies，1958a）。

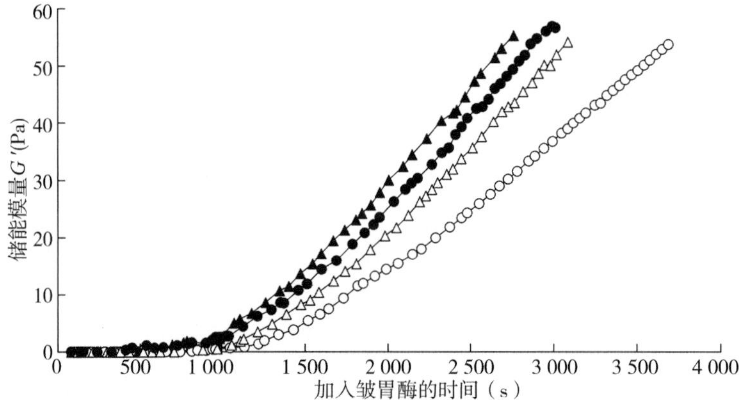

图 1.1　巴氏杀菌温度对乳凝胶过程中储能模量 G' 变化的影响。注：添加皱胃酶之前，用不同的温度对乳进行 26 s 的热处理：72℃（●），74.6℃（▲），75.9℃（○），78.5℃（△）；将乳冷却至 31℃，必要时用 5% 乳酸溶液将 pH 值调至 6.55，每升乳用 0.18 mL 的未稀释皱胃酶（Chymax Plus，辉瑞公司，威斯康星州密尔沃基）处理，所有乳指标相似，蛋白质含量为 3.3%，脂肪含量为 3.4%，用低振幅应变振荡流变仪对 G' 进行动态测量（受控应力流变仪）。

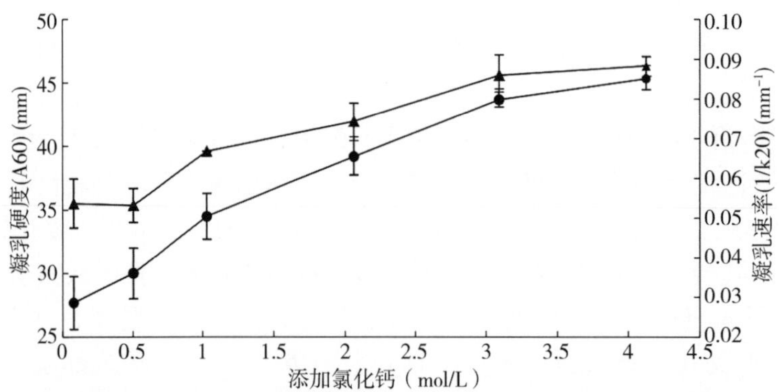

图 1.2　脱脂乳在 60 min 时的凝乳硬度（A60；●）和凝乳速率（$1/k_{20}$；▲）随氯化钙添加水平的变化。注：在使用 Formagraph（1170 型，FOSS 分析仪，丹麦）测量 31°C 的皱胃酶凝胶特性之前，将所有乳样品（蛋白质为 3.45%）的 pH 值调至 6.55；测量以下参数：k_{20}（从开始凝胶到输出信号宽度为 20 mm 的时间）和 A60（添加皱胃酶后输出信号在 60 mm 处的宽度）。

凝胶形成后，生成的乳凝胶经过一系列的操作促进了乳清的释放，酪蛋白、脂肪和胶体磷酸钙成分大约浓缩了 10 倍，并转化为干物质很高的凝乳（切达干酪释放 45% 的乳清）。这些操作包括将凝胶切成小块（称为凝乳颗粒，0.5 ～ 1.5 cm^3），搅拌并加热颗粒排放出乳清，通过将乳糖发酵成乳酸来降低凝乳颗粒内水相的 pH 值（将乳酸菌发酵剂添加到原料乳后再添加皱胃酶），以及通过将凝乳颗粒 - 乳清混合物泵送至多孔筛上，用物理方法排出凝乳颗粒中的乳清（见第 8 章）。乳清排出后，凝乳颗粒结合在一起形成黏性凝乳块，经处理后进一步增强乳清的排出和浓缩，使其达到加工干酪品种所需的干物质；这些处理因品种的不同而异，但通常包括乳糖进一步的发酵和 pH 值的降低、将凝乳块切成块（片）、将切块塑造成成品干酪所需的形状和重量，加盐后挤压。在凝胶脱水过程中，蛋白质通过各种类型的分子内和分子间相互作用继续进行浓缩和聚集（Lucey 等，2003），包括钙离子桥接（谷氨酸 / 天冬氨酸残基之间，磷酸丝氨酸残基与胶体磷酸钙的钙桥）、亲脂结构域之间的疏水作用和静电作用（钙桥接除外）。这些相互作用强度通过离子强度、pH 值、钙和温度以及蛋白质水解成肽来调节，从而改变蛋白质组分的亲水 / 亲脂平衡。

加工之后，酶凝乳干酪通常会在特定的温度和湿度条件下成熟，软质干酪的成熟期为 2 ～ 4 周（卡蒙贝尔型干酪），一些硬质干酪的成熟期为 2 年（帕玛森型干酪）。在此期间发生了一系列物理化学变化，将“有橡胶 / 耐嚼”质地的新鲜干酪凝乳转变为具有所需品种品质特征的成品干酪，例如，卡蒙贝尔干酪质地松软、光滑、松散而黏稠，带有蘑菇般的风味和奶油般的口感，或者莱达姆干酪有弹性质构，可切成薄片，味道温和甜美。这些物理化学变化包括：

- 糖酵解，通过发酵剂将残余乳糖转化为乳酸，并将乳酸转化为其他化合物，例如埃曼塔尔型干酪通过次级发酵剂费氏丙酸杆菌谢氏亚种转化为乙酸和丙酸。

- 蛋白质水解，通过干酪中的蛋白酶和肽酶（残余皱胃酶、纤溶酶、发酵剂和非发酵剂乳酸菌细胞中的蛋白酶和肽酶）将酪蛋白水解为多肽和游离氨基酸。

- 脂肪水解，通过各种来源的脂肪酶和酯酶将甘油三酯水解为游离脂肪酸、甘油二酯和甘油酯，包括天然乳中脂蛋白脂肪酶，添加胃前酯酶或次级发酵剂。

第 8 章讨论成熟过程中发生的物理化学和生化变化，并提供了几篇综合评论（Collins 等，2004；McSweeney 和 Fox，2004；Upadhyay 等，2004；Kilcawley，2009）。

与干酪品质有关的乳成分是完整 α_{s1}– 酪蛋白含量的占比，其对酪蛋白聚集、皱胃酶诱导的乳凝胶强度和最终干酪的质地有影响。氨基酸残基 14–24 位序列是一个强疏水性结构域，赋予完整的 α_{s1}– 酪蛋白在干酪环境中具有很强的自结合和聚集倾向（Creamer 等，1982）；有趣的是，该结构域还含有 3 mol 的谷氨酸，有助于形成分子内和分子间的钙桥。有研究表明干酪中 α_{s1}– 酪蛋白通过这些疏水“斑块”的自结合，导致副酪蛋白分子的广泛交联，从而有助于干酪凝乳中酪蛋白基质整体的连续性和完整性（de Jong，1976，1978；Creamer 等，1982；Lawrence 等，1987）。干酪加工后残留的皱胃酶（添加量为 10%）在 phe_{23}–phe_{24} 肽键上对 α_{s1}– 酪蛋白进行早期水解，导致副酪蛋白基质显著减弱，并在成熟过程中降低干酪的断裂应力和硬度（de Jong，1976，1977；Creamer 和 Olson，1982；Malin 等，1993；Tunick 等，1996；Fenelon 和 Guinee，2000）。这种水解是将新鲜的橡胶凝乳转化为具有所需质地和烹饪特性（可融性）的成熟干酪的关键步骤（见第 7 ～ 10 章）。

1.3.2 酸诱导凝胶化

当原料乳温度 >8℃时，酪蛋白在其等电点（pH 值为 4.6）时不溶（Mulvihill，1992）。这一特性被用于形成酸凝干酪，例如农家干酪、夸克干酪和奶油干酪，其加工过程涉及在 20 ～ 30℃温度下通过发酵剂或产酸剂（葡萄糖酸 – δ – 内酯）将干酪乳缓慢静止酸化至 pH 值 4.6 ～ 4.8（Guinee 等，1993；Lucey 和 Singh，1997；Fox 等，2000；Farkye，2004；Lucey，2004；Schulz–Collins 和 Zenge，2004）。酸化会导致一系列物理化学变化，促进酪蛋白胶束的水化 / 分散或脱水 / 聚集效应，这些效应的比例随着酸化（发酵）过程中 pH 值的下降而变化。由于 H^+ 滴定负电荷，pH 值从 6.6 降到 5.2 ～ 5.4 会导致胶束的负电荷减少。然而，这通常不会伴随凝胶化的开始，因为：

• 胶束“胶凝”剂胶体磷酸钙的增溶作用（在 20℃，pH 值为 5.2 时完全溶解）。

• 所有酪蛋白从胶束扩散到乳清中（由于 α_s– 和 β – 酪蛋白的磷酸丝氨酸残基与胶体磷酸钙纳米簇之间的静电相互作用程度降低）。

• 乳清相离子强度增加。

• 酪蛋白胶束的水合作用。

然而，pH 值在 5.2 ～ 4.6 范围内进一步降低会导致酪蛋白聚集和凝胶的形成，这是因为酪蛋白的负电荷和水合作用急剧减少（所产生的作用力超过促进酪蛋白胶束分散的力），以及与 κ – 酪蛋白 C– 末端“毛发”相关的空间效应瓦解和疏水相互作用增加导致的。凝胶化通常发生在 pH 值为 5.1 时，当 pH 值进一步降到 4.6 时，最终形成具有足够硬度的连续凝胶结构，可以通过物理方法将乳清从凝乳中分离出来（例如切割、搅拌、乳清排放或离心）。凝胶硬度的增加与乳凝胶的弹性剪切模量呈 S 形增加相一致，因为在乳糖发酵为乳酸过程中，pH 值会持续下降至 4.6（图 1.3）。

乳经过高温处理（例如，95℃持续≥ 1 min）会导致开始凝胶的 pH 值（从 4.7 到 5.3）和所获得的凝胶的硬度增加（Vasbinder 等，2003；Anema 等，2004；见第 8 章）。这些变化与乳清蛋白变性水平的增加及其通过硫醇 – 二硫化物与 κ – 酪蛋白的共价作用一致。这种作用既发生在胶束表面，导致形成从胶束表面突出的丝状附属物，也发生在乳清中，当 κ – 酪蛋白从胶束解离进入乳清，并与 β – 乳球蛋白相互作用，形成可溶性的复合物时，随着发酵和 / 或皱胃酶处理期间 pH 值降低而沉淀。不同类型的作用受 pH 值和乳清蛋白水平的影响（Donato 和 Guyomarc'h，2009；见第 8 章）。原位变性乳清蛋白增加了形成凝胶蛋白的浓度、凝胶基质空间均匀性以及基质中承受应力链的数量。变性乳清蛋白，无论是以丝状附属物（κ – 酪蛋白 / β – 乳球蛋白）的形式出现在胶束表面，并在 pH 值降低时“变平”，还是在乳清中以可溶性 κ – 酪蛋白 / β – 乳球蛋白颗粒的形式出现，都在 pH 值降低（和 / 或皱胃酶处理）时沉淀，充当物理上的障碍物阻碍 / 阻止天然酪蛋白胶束的高水平相互作用，从而形成连续、硬度更高的凝胶结构。由于与变性乳清蛋白的络合导致胶束尺寸变大（Anema 和 Li，2003），所以有助于在酸化 / 胶凝过程中更早地接触到酪蛋白胶束，并在 pH 值较高下开始胶凝。乳经过高温处理引起的凝胶结构变化，会导致酸性凝胶硬度（G'）和视觉平滑度（图 1.3）显著增加。在酸奶的加工中长期应用这一原理。

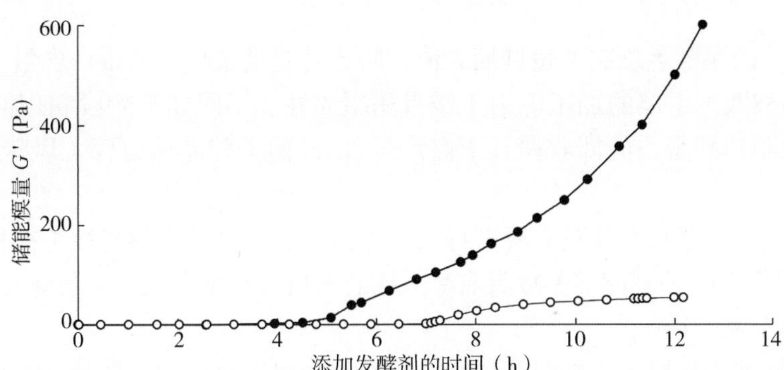

图 1.3 处理乳的方式（90℃，30 min 热处理●或非热处理○）对酸凝胶过程中模量 G' 变化的影响。注：乳（脂肪 1.5%，蛋白质 3.2%）冷却至 40℃，然后以 2.5% 的比例添加嗜热发酵剂（嗜热链球菌）；G' 用低振幅应变振荡流变仪动态测量（受控应力流变仪）。

在酸凝干酪的加工过程中，乳凝胶被切割或破碎，并通过各种方法排放乳清，包括离心、超滤和 / 或将破碎的凝胶在细棉布干酪袋中过滤。某些品种（奶油干酪）通过在离心前将破碎的凝胶加热到 80℃或在超滤或过滤前加热到 50℃，可以进一步促进乳清分离。凝乳的处理因干酪种类的不同而异。在夸克加工过程中，浓缩凝乳（干物质 18%）的温度通过适当的热交换器迅速冷却至 8℃以下，以限制蛋白质之间的疏水作用，从而最大限度地降低成品干酪中与蛋白质过度作用有关缺陷的可能性，例如砂质、白垩或颗粒口感和 / 或乳清析出。相比之下，奶油干酪的加工涉及对凝乳进行高温处理（80℃），添加 NaCl（0.5%）和亲水胶体（黄原胶 / 瓜尔胶混合物：0.3%），混合、均质和冷却。添加的亲水胶体在高温下水合和分散，增加热融干酪凝乳的黏度，减少蛋白质聚集体的增长和白垩 / 颗粒状质地的出现。

乳清分离和浓缩前的凝胶属性（硬度、结构）对最终酸凝干酪特性的影响程度受凝胶形成后操作的类型和程度（乳清分离方法，热处理，水胶体类型 / 水平）的影响；这个主题超出了本章的范围，读者可以参考之前的评论（Guinee 等，1993；Lucey 等，2003；Farkye，2004；Schulz-Collins 和 Zenge，2004；Guinee 和 Hickey，2009）。

1.4 乳质量的定义

总体而言，干酪用乳的质量可以定义为满足用户需求的特性——直接（干酪工厂）和间接（干酪用户、消费者）（Peri，2006）。质量要求可定义为：

• 安全性，表示乳中不存在因食用干酪而产生风险（例如病原微生物、“有毒”残留物）。

• 成分 / 营养，表明特定成分（脂肪、蛋白质、酪蛋白、钙）符合最低水平，使其适合干酪生产，例如，添加皱胃酶后，使乳在一定时间内形成适合切割的凝胶；提供所需的加工效率（脂肪和酪蛋白的回收率；产品产量）、成分（蛋白质、钙、水分含量）和感官特征。

• 微生物，确保菌落总数不超过最大值，防止乳质量影响（酪蛋白含量、不存在与乳脂水解有关的酸败）干酪的加工能力（皱胃酶凝固性、不同加工阶段 pH 值的变化）、干酪产出率（脂肪和酪蛋白的回收率、干酪产量），或使干酪品质方面（风味和物理特性）受到的影响。

• 感官和功能，意味着其具有所需特征（无污染）和物理化学特性（在特定条件下通过皱胃酶的凝固性），使其能够制成具有令人满意的所需特征（滋味、气味）、用途（技术功能）和营养特性的干酪。

• 道德，就其天然性（非掺假）和生产标准的合规性而言，包括与动物育种、动物福利和农业 / 畜牧业系统相关的内容。

前四个方面的要求可以通过干酪工厂或监管机构直接进行检测量化（微生物、化学、物理），也可以由工厂和用户感知，因为它们可能会影响原料乳的干酪加工能力、产量效率或产品品质。通常，用户无法直接检测和 / 或感知道德要求（掺假除外），例如，对乳的分析或食用由此加工的干酪不能证实乳是按照有机要求生产的。通常认为原料乳生产商符合道德要求，此外，政府机构（EU，1992，2004）和组织（如乳制品合作社和有机原料乳供应商组织）制订的规范可确保遵守道德要求。

在本章中，用于干酪加工的原料乳质量将根据以下标准进行讨论，每个标准都涉及不同类型的子标准或特征。

1.4.1 安全 / 公共卫生（病原体包括结核分枝杆菌、布鲁氏菌属、有毒残留物和污染物）

EU 第 92/46 号指令（EU，1992）规定生乳必须来自健康的动物，不应通过乳传染给人类或外来物质危害人类健康。最近的一项研究将 9% 的食源性疾病病例归因于乳制品消费（Adak 等，2005）。

致病菌

生乳中存在潜在的致病菌已得到充分证明（Rea 等，1992；Jayarao 和 Henning，2001）。与乳源性疾病有关的最常见病原体包括沙门氏菌、弯曲杆菌和大肠杆菌（Gillespie 等，2003），但在乳中发现的其他病原体也可能对公共卫生产生影响，如结核分枝杆菌和单核细胞增生李斯特菌（Jayarao 和 Henning，2001）。Reed 和 Grivetti（2000）对加利福尼亚州牧场的调查报告显示，生乳中存在多种可能导致人类生病的细菌，而食用生乳通常与病原体引起的食源性流行病有关，例如弯曲杆菌、李斯特氏菌和都柏林沙门氏菌。这些微生物可能在挤乳过程中或挤乳间隔从外部环境通过动物乳头进入乳腺，从而进入原料乳。乳头外表面被粪便或环境中其他生物污染是不可避免的，但通过遵守最高的挤乳卫生标准可以将污染程度降至最低。然而，如果初始的污染程度较低，且随后乳的储存条件正确（卫生和温度），那么细菌的进一步繁殖将被最小化。

牛分枝杆菌

这种生物宿主范围非常广泛，是野生和家养动物结核病的主要病原体。这种生物还可以感染人类，引起人畜共患结核病。de la Rua–Domenech 报道了在英国食用未经巴氏杀菌的原料乳将结核病传染给人类的事件（2006）。布鲁氏菌属是一种高传染性的病原体，可在动物和人类中引起疾病。流产布鲁氏致病菌株更多地与乳牛有关，而羊布鲁氏菌更常见于绵羊和山羊。可以通过乳和乳制品（以及其他途径）传播给人类（Gupta 等，2006）。

EU 第 853/2004 号法规（EU，2004）（附件 3，第 9 节）规定，生乳必须来自没有通过乳给人类传染疾病的动物。尤其是关于肺结核和布鲁氏菌病，本法规规定，生乳必须来自属于第 64/432 法规（EU，1964）所指的没有肺结核和布鲁氏菌病的乳牛群（或水牛），如果不是，则生乳只能在主管部门的授权下使用。除了遵守有关乳质量规定外，从公共卫生角度确保乳安全的最有效方法可能是对奶农及其员工进行饲养管理、牛乳处理和贮存方法、毒素和疾病传播基本原理以及病原体对人类健康的影响等方面的持续培训。此外，巴氏杀菌可能是对乳的安全性最重要和最成功的贡献（Holsinger 等，1997）。

有毒残留物 / 污染物

动物体内的这些化合物可能会释放到乳中，从而对人类健康构成威胁。化学残留物是有意添加到食物链中的残留物（见第 1.5.5 节），而污染物是指任何生物或化学制剂以及任何其他可能进入乳中的异物（如二噁英、杀虫剂），从而危及食品安全或使用的适宜性。乳中最常见的化学残留物是抗生素，用于治疗乳腺炎。EU 第 853/2004 号法规（EU，2004）（附件 3，第 9 节）规定，生乳必须来自未使用过未经授权药物的动物，如果使用了授权产品或药物，则必须遵守这些产品的休药期。控制有毒残留物 / 污染物的最有效方法是通过立法、执行行业标准、监测和监督动物饲料以及谨慎使用动物饲料来实现（Buncic，2006）。

1.4.2　乳成分（蛋白质、酪蛋白、脂肪、总固体、乳糖和矿物质）

EU 第 2597/97（EU，1997）概述了非标准化全脂乳质量的市场标准，包括最低脂肪和蛋白质浓度分别为 3.5% 和 2.9%（基于脂肪含量 3.5%）。干酪所需原料乳特性的具体组合取决于所加工的干酪类型。例如，羊乳比牛乳更适合生产辛辣味的干酪，比如佩科里诺罗马诺干酪，因为其乳脂中的短链脂肪酸（$C_{4:0}$，$C_{6:0}$，$C_{8:0}$，$C_{10:0}$ 和 $C_{12:0}$）浓度较高，有助于产生这种风味（Nelson 等，1977；Lindsay，1983；Woo 和 Linday，1984；Medina 和 Nunez，2004）。与牛乳相比，绵羊乳和山羊乳的类胡萝卜素含量较低，更适合生产白色干酪品种，例如曼彻格干酪和洛克福干酪（Anifantakis，1986；Fox 等，2000）。然而，根据品种、饲料类型和泌乳阶段的不同，牛乳中类胡萝卜素的含量差异很大，每克脂肪中含 4 ～ 13 μg 不等（Noziere 等，2006；Calderon 等，2007）。相比之下，羊乳由于上述特点，不太可能适合生产切达干酪。切达干酪的关键品质标准是其丰富的稻草色、相对较低的脂肪水解水平（Hickey 等，2006a,b，2007）和无酸败味。由于山羊乳中 α_{s1}– 酪蛋白与 α_{s2}– 酪蛋白的比例较低，在添加皱胃酶后凝胶速度比牛乳慢得多，形成的凝胶和凝乳明显较弱，因此更适合加工软质干酪（Storry 等，1983；Juarez 和 Ramos，1986；Medina 和 Nunez，2004），但不适合大规模加工硬质干酪（如埃曼塔尔干酪、高达干酪、马苏里拉干酪和切达干酪）。除了个别酪蛋白比例的改变外，其他因素，如钙和总酪蛋白含量（通常）较低，也可能是导致羊乳凝乳性能较差的原因。

不同乳成分加工工艺的优化

酶凝干酪是一种通过控制酶促去稳定化和胶体磷酸钙酪蛋白胶束聚集而成的产品，以磷酸钙副酪蛋白凝胶的形式包裹脂肪和水分。凝胶经过各种操作（例如破裂 / 切割、降低 pH 值、升高温度）诱导乳清排出，使凝乳从低固形物过渡到高固形物。在脱水过程中，包括凝胶的破裂和收缩，凝胶 / 基质结构不断重新排列，导致副酪蛋白进一步聚集和融合。用于加工所有干酪的优质乳组合性特征是：在最佳的干酪加工条件下增强这种受控聚集性，从而获得可接受的加工时间、具有所需的成分、高产出和高品质的干酪。

然而，一组给定的乳成分特征可能无法同时满足所有 3 个条件，除非加工工艺得到优化。例如，如果制订标准作业程序（standard operating procedure，SOP）要求使用的原料乳酪蛋白含量较低，当乳中含有高于正常水平的完整酪蛋白，则可能无法生产出具有理想成分和高品质的高产出率干酪。对于任何干酪配方，SOP 中的一个关键步骤是切割凝胶时的硬度，这可能会影响干酪水分、pH 值、盐分、产量和品质（见第 8 章）。然而，在大多数现代干酪加工工艺中，皱胃酶是以体积为基础添加到乳中的（而不是基于酪蛋白负荷：体积 × 浓度），添加皱胃酶后，凝胶在固定时间切割（而不是建立在硬度的基础上）。虽然这样的工艺可能看起来是标准化的（每体积乳固定的皱胃酶添加量，固定的切割时间），但当提供的干酪乳发生季节性变化时（例如酪蛋白数量、酪蛋白含量、pH 值、钙含量），切割时的凝乳硬度自然不同。此类 SOP 通常是由生产技术人员调查制订的，他们在相对较短的时间内对成分参数范围很窄的原料乳进行研究。然而，乳成分的季节性变化可能相对较大；例如，在爱尔兰，牧场饲养的春季产犊牛群的乳蛋白质含量从 3.1% 到 3.8% 不等（Mehra 等，1999；O′Brien 等，1999d；Guinee 等，2006）。乳成分的季节性显著变化在其他地方也很常见，包括英国（Grandison，1986；Banks 和 Tamime，1987）、法国（Martin 和 Coulon，1995）、新西兰（Auldist 等，1998；Nicholas 等，2002）、澳大利亚（Auldist 等，1996；Broome 等，1998a；Walker 等，2004）和加拿大（Kroeker 等，1985）。因此，需要对基本成分进行标准化，如蛋白脂肪比、酪蛋白含量（理想情况下）、发酵剂添加量、皱胃酶和酪蛋白负荷的比例、发酵剂活性、切乳时的硬度和不同生产阶段的 pH 值（例如在现场），以获得优质乳的最佳生产特性。使用这种方法制订标准作业程序，尽量减少干酪成分、生产效率、成熟过程中的生化变化和质量的季节性变化（参见第 8 章）。使用最新技术（包括乳酪蛋白标准化）、过程建模与在线监控相结合（槽内凝乳硬度传感器），被视为进一步优化过程控制和提高干酪品质的一种方法。

不同成分参数变化的影响

Okigbo 等研究了原料乳许多成分参数对干酪加工（酶凝乳特性）、干酪产量和 / 或干酪品质的影响（Okigbo 等，1985；Guinee 等，1994，1997，2006；Broome 等，1998；Auldist 等，2004；Mei-Jen-Lin 等，2006；Wedholm 等，2006；Joudu 等，2008），并总结

在表 1.4 中。通常，以下变量的数值越高，酶凝乳特性越强（凝乳速度越快，凝乳硬度越高，生产过程中切割时间越短）、干酪产量越高：酪蛋白数量、总酪蛋白含量、单个酪蛋白（α_{s1}–、β–、κ–）、β–乳球蛋白、钙含量以及 κ–酪蛋白与总酪蛋白和单个酪蛋白（α_{s2}– 和 β–）的比值。对于给定的皱胃酶与酪蛋白比例，上述乳特性的提高对酶凝乳和/或干酪产量的积极影响与较高浓度的酪蛋白凝胶和/或通过钙桥、钙磷酸盐桥和疏水相互作用增强聚集一致。κ–酪蛋白/总酪蛋白比率高的积极影响是可以预期的，因为：

• 在副 κ–酪蛋白的 N 端（AA_{1-20}）区域存在 3 个疏水结构域和高水平的天冬氨酸（4 mol）。

• 酪蛋白胶束大小的减小通常伴随着 κ–酪蛋白与总酪蛋白比率的增加（Dalgleish 等，1989；Umeda 和 Aoki，2002）。

• 副 κ–酪蛋白具有相对较高的疏水性，会增强皱胃酶改变胶束的聚集。

表 1.4　干酪加工中关键生乳特性要求

特性	建议值	注释
视觉/感官特性		
外观		应该是典型的牛乳（乳白色，均匀，无游离脂肪或泡沫）
气味		具有典型气味和无异味
生化/物理特性		
颜色（仪器测量）	ND[a]	理想情况下应该有仪器测量（颜色坐标 L^*、a^*、b^* 值；有关更多详细信息，请参见第 8 章）
pH 值	6.5 ～ 6.7	
蛋白质含量（g/100 g）	3.3	
酪蛋白（g/100 g）	≥ 2.55	
酪蛋白数	≥ 77	
非蛋白氮（N）（g/100 g 总 N）	<6	
乳清酪蛋白（g/100 g 总酪蛋白）	<4	理想情况下，乳清酪蛋白占总酪蛋白的百分比应该非常低
κ–酪蛋白（g/100 g 总酪蛋白）	>15	
γ–酪蛋白（g/100 g 总酪蛋白）	<3	
脂肪含量（g/100 g）	>3.6	应保持相对稳定，以避免干酪中液固脂肪比和脂肪相流变学的大幅度变化
游离脂肪酸（mg/kg）	<3500	应该是低的，以避免酸败和异味
乳糖含量（g/100 g）	>4.3	
体细胞数（个/mL）	≤ 1×10^5	
菌落总数（cfu/mL）	≤ 3×10^4	
纤溶酶（AMC/mL）[b]	<0.18	
纤溶酶原（AMC/mL）[b]	<0.18	

续表

特性	建议值	注释
残留物		
抗生素	不得检出	
碘（μg/kg）	<250	
三氯甲烷（μg/kg）	<2	
加工特性		
凝胶硬度		
流变仪（G'，Pa）	31℃下 60 min 内达到 50 Pa[a]	
格式图（A60，mm）	>45 mm	
脱水收缩	ND	凝胶在切割时应易于脱水（可通过经验测量，例如，在规定条件下离心，或 μg/ kg）

注：[a]ND, 未定义。

[b]氨甲基香豆素。

然而，值得注意的是，虽然已发现增加 κ－酪蛋白占总酪蛋白的比例可以增强乳的酶凝胶特性，但已发现它对实验室规模干酪的产量没有显著的降低（Wedholm 等，2006）；这与 κ－酪蛋白和 β－乳球蛋白遗传变异影响的研究结果相反，这表明，除了其他因素外（酪蛋白胶束大小），这些蛋白质的 B 等位基因中，κ－酪蛋白占总酪蛋白的百分比更高。虽然 κ－酪蛋白占总酪蛋白的比例较高，可能与酪蛋白巨肽损失较高相一致，但由于间接变量的混杂效应，在解释干酪产量的结果时必须谨慎，因为任何参数都会影响干酪产量（例如，切割时凝胶硬度，凝乳含水量的变化）。

κ－酪蛋白的遗传变异体对干酪加工特性有重大影响，与具有 κ－酪蛋白 AB 基因乳相比，κ－酪蛋白 BB 变异体具有良好的酶凝乳特性、脂肪回收率和干酪产率，而 κ－酪蛋白 AB 基因乳的上述性能又优于 κ－酪蛋白 AA 或 AE 基因乳（van den Berg 等，1992；Walsh 等，1995，1998a；Ng-Kwai-Hang 和 Grosclaude，2003；Wedholm 等，2006）。据报道，与 κ－酪蛋白 AA 变体相比，κ－酪蛋白 BB 变体的水分调节干酪产量增加了 3% ～ 8%，具体取决于乳成分和干酪类型。通常，κ－酪蛋白 AB 变体表现出的酶凝乳和干酪产量特性，介于 κ－酪蛋白 AA 和 BB 之间。与 AA 变体相比，κ－酪蛋白 BB 变体具有更好的酶凝乳和干酪产量特性，这似乎与其较高的酪蛋白含量、较高的 κ－酪蛋白含量（占总酪蛋白的百分比）、较小的胶束和较低的负电荷有关。这些特性有利于酪蛋白聚集程度更高和副酪蛋白胶束排列得更紧凑，这反过来又有利于在凝胶形成过程中形成更多的胶束间键。实际上，使用酶凝乳模型研究表明，在一定的酪蛋白浓度下，皱胃酶处理胶束悬浮液的凝乳速率与胶束直径的立方成反比（Horne 等，1996）。

乳中乳糖与氯化物的浓度成反比关系，这是凯斯特勒值（Koestler number）测试的基础，用于区分正常和异常（例如乳腺炎）乳（Ferreiro 等，1980；Horvath 等，1980；Fox 和 McSweeney，1998）。

$$凯斯特勒值=\frac{100\times 氯化物（g/100\ g）}{乳糖（g/100\ g）}$$

其中<2 为正常值，>2.8 ～ 3.0 为异常值。乳腺炎增加了乳中 Na^+、K^+、Cl^- 的浓度，但降低了乳糖的浓度，这是维持乳腺系统内渗透压的一种反应。而高浓度的 Cl^-（或 Na^+，K^+）本身可能对副酪蛋白聚集和凝乳形成没有直接的负面影响，除了使离子强度略有增加外，它的生成表明体细胞数（somatic cell count，SCC）较高（亚临床型和临床型乳腺炎分别为 250 ～ >4×10^5 个 /mL 和 >1×10^6 个 /mL）。体细胞数升高导致 γ-酪蛋白、蛋白胨细胞生长液、可溶性酪蛋白与胶束酪蛋白的比例显著增加（Anderson 和 Andrews，1977；Ali 等，1980a,b；Schaar，1985a；Saeman 等，1988）。这些变化是由于乳中纤溶酶（可能还有其他蛋白酶）活性升高而水解 β-和 α_{s2}-酪蛋白所致；纤溶酶水解 κ-酪蛋白速度比 β-和 α_{s2}-酪蛋白慢。随后完整酪蛋白水平的降低使酪蛋白聚集程度降低，这表现在酶凝胶特性、协同特性和干酪产量的显著下降（Donnelly 等，1984；Okigbo 等，1985a；Mitchell 等，1986；Politis，1988；Barbano 等，1991；Barbano，1994；Auldist 等，1996；Klei 等，1998）。体细胞数从 1×10^5 个 /mL 增加到 5×10^5 个 /mL 通常会导致切达干酪的水分调节（至 37%）产量降低 3% ～ 7%。然而，值得注意的是，当体细胞数从 1×10^5 个 /mL 增加到 2×10^5 个 /mL 时，切达干酪产量下降幅度也相对较大（0.4 kg 切达干酪 /100 kg 乳），这个范围对于优质散装乳来说是相对较低的。体细胞在 1×10^5 个 /mL 到 1×10^6 个 /mL 范围内，切达干酪加工过程中脂肪和蛋白质损失分别以近似线性的方式增加了 0.7% 和 2.5%（Politis 和 Ng-Kwai-Hang，1988a,c）。

1.4.3 微生物（菌落总数）

原料乳的微生物污染可能在挤乳前或挤乳过程中因动物的感染发生，也可能发生在挤乳后，因为直接接触环境或乳处理设备（如挤奶设备、牧场储存、运输）中的细菌。自 1994 年 1 月 1 日起生效的 EU 第 92/46 号指令（EU，1992）包含了生乳的动物健康要求、注册牧场以及挤乳、收集和运输到奶站的卫生要求。2004 年 4 月，欧洲议会和理事会通过了一系列新的卫生条例（第 853/2004 号条例）（EU，2004）。这些规定从 2006 年 1 月开始实施，对于乳和乳制品，这些规定取代了第 92/46 号指令（EU，1992）。新法规对欧盟成员国具有约束力，无须通过国家立法来实施其规定。然而，并非所有的卫生要求都被纳入一项立法中，乳制品行业的要求包含在 3 个主要法规中。一项具体的 EU 条例 853/2004（EU，2004）规定了动物源食品的具体卫生规则，附件Ⅲ（第Ⅸ节）包含对生乳和乳制品的具体要求。具体而言，关于平板计数标准，工厂必须确保生乳符合以下标准：

• 30℃时每毫升牛乳菌落总数≤ 1×10^5 cfu/mL，计算两个月的几何平均数，每月至少两个样本。

• 30℃时每毫升其他动物乳菌落总数≤ 1.5×10^6 cfu/mL，计算两个月的几何平均数，每月至少两个样本。

• 除乳牛外的其他种动物的生乳用于加工乳制品，加工过程没有巴氏杀菌，30℃时每毫升菌落总数≤ 5×10^5 cfu/mL，计算两个月的几何平均数，每月至少两个样本。

1.4.4 感官（外观、颜色、气味和滋味）

感官分析可用于测试乳的特性，并被视为控制产品整体质量的一部分。外观和香气的感官属性是决定乳质量的重要因素。牛乳感官评价的影响因素包括乳牛健康和饲料以及挤乳后对异味的吸收（Ishler 和 Roberts，1991）。化学诱发的风味缺陷（酸败——特定的化学风味）无法消除或无法改善，在储存时可能会变得更加明显（Mounchili 等，2005）。例如，乳中的异味可能是由于不当的挤乳操作（挤乳前未充分去除乳头消毒剂）和乳处理工艺（过度搅拌出现游离脂肪）引起的，并降低消费者的接受度。因此，可以通过以下方式保持乳的良好感官特性：（a）控制乳牛采食；（b）优化挤乳操作；（c）优化乳处理 / 泵送工艺；（d）改善储存条件；（e）缩短加工前的储存时间。

1.4.5 真实性（不掺入残留物或其他乳 / 乳成分）

乳的掺假可以通过特定的方法来检测，通常在专业实验室使用先进的仪器和方法；例如，使用差示扫描量热法或气相色谱法检测羊乳中的牛乳脂肪。欧盟目前用于检测山羊或绵羊乳中牛乳的参考方法是基于通过纤溶酶消化样品后分离 γ－酪蛋白肽（EU，1996）。其他欺诈性添加成分的例子包括水、乳清蛋白或非乳蛋白（植物来源或动物来源的）。

1.5 干酪乳的质量影响因素

干酪加工用乳质量受 5 个关键参数的影响，即乳成分、微生物、体细胞数、酶活性和残留 / 污染物水平。

1.5.1 乳成分

研究表明乳成分会随季节变化而变化（Chapman 和 Burnett，1972；Phelan 等，1982；Auldist 等，1998；O′Brien 等，1999c,d）。乳成分，尤其是蛋白质、酪蛋白和脂肪的浓度，对干酪加工有重大影响，包括皱胃酶凝固性、凝胶强度、凝乳脱水收缩、干酪成分、产量和品质（Chapman，1974；Grandison 等，1984；Fox 和 Guinee，2000；Guinee 等，2006b；见第 8 章）。

蛋白质在 3.0% ～ 4.5% 范围内，同时保持蛋白质与脂肪的比例恒定在 0.96，其他条件不变，乳蛋白每增加 0.1%，切达干酪产量就会增加 0.25 ～ 0.30 kg/100 kg 乳（Guinee 等，1994，1996，2006）；乳脂在 3.4% ～ 4.7% 范围内，同时保持蛋白质水平恒定在 3.7%，其他条件不变，乳脂每增加 0.1%，切达干酪产量就会增加 0.11 kg/100 kg 乳（Guinee 等，2007a）。酪蛋白和乳脂对干酪产量的影响通过干酪产量通用预测公式反映：

$$Y=aF+bC$$

其中 Y 是产量（kg 干酪 /100 kg 乳），F 和 C 是乳中乳脂（F）和酪蛋白（C）的浓度

（g/100 g），a 和 b 是系数，其大小取决于脂肪和酪蛋白对产量的贡献。对于切达干酪，*a* 和 *b* 的值分别在 1.47 ～ 1.6 和 1.44 ～ 1.9（Emmons，1991）。酪蛋白的贡献相对较高，因为它形成了连续的副酪蛋白基质，像海绵一样包裹脂肪和水分（乳清）。包裹的水分直接影响干酪产量，而乳酸和可溶性盐等溶解性固体的存在则间接影响干酪产量。虽然乳脂本身几乎没有保水能力，但它存在于副酪蛋白基质中会影响基质的收缩程度，从而影响水分含量和干酪产量。包裹的脂肪球在物理上限制了周围副酪蛋白网络的收缩和聚集，从而减少了脱水收缩的程度。因此，随着凝乳中脂肪含量的增加，就更难排出；除非对干酪加工工艺进行改进，增强酪蛋白的聚集，否则水分与酪蛋白的比例通常会增加，例如，通过降低切割时凝胶的硬度，减小凝乳颗粒的大小，较慢地烹饪和 / 或提高热烫温度（Gilles 和 Lawrence，1985；Fenelon 和 Guinee，1999）。然而，如果非脂肪物质中的水分含量保持不变（例如通过工艺改进），则乳脂对干酪产量的贡献小于其自身重量（约 0.9 kg/kg），因为 8% ～ 10% 的乳脂通常会在干酪乳清中流失。

干酪中的脂肪、蛋白质和水分含量相互依赖，蛋白质和脂肪含量随着水分含量的增加而按比例下降（Fenelon 和 Guinee，1999；Guinee 等，2006b）。降低乳中蛋白质与脂肪的比例（通过增加脂肪含量，同时保持蛋白质水平不变）会导致水分和蛋白质含量降低，而脂肪含量和脂肪在干物质中的占比会提高。对于给定的蛋白质与脂肪的比例，增加蛋白质含量对干酪成分的影响可能会由于加工过程中采用的 SOP 而变化。在没有工艺干预的情况下，它会增加干酪的含水量，其中皱胃酶以酪蛋白负荷为基础添加到原料乳中（单位体积的酪蛋白千克数），并根据时间对皱胃酶诱导的乳凝胶进行切割（参见第 8 章），这在生产规模为 10 ～ 15 t/h 的大型干酪工厂中很常见。较高水分与磷酸钙 – 副酪蛋白凝乳基质在切割和搅拌 / 烹饪乳清中凝乳颗粒的早期阶段重新排列和收缩的能力减弱相吻合，这是由于切割时凝胶硬度 / 刚度较高的结果。相反，当凝胶在规定的硬度切割时，增加干酪乳的蛋白质含量会导致水分含量减少（Bush 等，1983；Guinee 等，1994，1996；Broome，1998a），蛋白质每增加 0.1% 会导致水分含量减少 0.29%（Guinee 等，2006）。后一种影响可能与搅拌过程中蛋白质与乳清中钙的比例以及干酪槽中凝乳颗粒碰撞频率的增加有关，这是因为凝乳在干酪槽中的体积分数随之增加（见第 8 章）。

生乳中脂肪含量的变化通常没有什么实际意义，因为加工干酪用乳很容易通过机械分离除去脂肪（脱脂）（用于低水分、部分脱脂的马苏里拉干酪）或用添加奶油的方式（用于奶油干酪），将其标准化为规定范围内的蛋白质脂肪比（切达干酪为 0.85 ～ 0.90）作为 SOP 的一部分（见第 8 章）。同样，对生乳蛋白质含量，或更具体地说，酪蛋白含量几乎没有影响，例如干酪乳通过生乳的低浓缩系数（1 ～ 1.5×）超滤或通过添加牛乳蛋白质补充剂将蛋白质含量标准化至规定水平。然而，蛋白质标准化并不是一种普遍的做法，因此，乳中蛋白质水平的变化可能会对干酪成分、产量和品质产生重大影响（Banks 和 Tamime，1987；Kefford 等，1995；Auldist 等，1996；Guinee 等，2007a）。在这种情况下，以下措施应有助于最大限度地减少水分含量和其他成分参数的变化。

- 通过研究切割时凝胶硬度与特定干酪配方的水分含量之间关系的信息，优化切割凝胶时的硬度。
- 标准化单位重量酪蛋白的发酵剂和皱胃酶水平，以及不同加工阶段的 pH 值（凝乳、排乳清和盐渍）。

乳中钙含量随泌乳阶段和季节的变化而变化。单头乳牛牛乳中的平均浓度在泌乳的前 16 d 内显著下降（150 ～ 155 mg/100 g），而在泌乳 300 d（days in lactation，DIL）后则有所上升（115 ～ 170 mg/100 g）（White 和 Davies，1958a）；然而，在泌乳期的两个极端之间，钙浓度通常在 105 ～ 130 mg/100 g 之间波动，随着泌乳期的不同，钙浓度很少或没有变化趋势。春季和秋季产犊牛群原料乳中总钙的季节性变化具有类似趋势（White 和 Davies，1958a；O′Brien 等，1999a）。同样，随着哺乳期和季节的不同，钙离子和可溶性结合钙的浓度分别在 10 ～ 14 mg/100 g（2.5 ～ 3.5 mmol/L）和 20 ～ 34 mg/100 g（4 ～ 8 mmol/L）之间变化（White 和 Davies，1958b）。其他因素也影响不同形态钙的浓度，随着春季从牛棚到牧草放牧的过渡，导致总钙和钙离子、柠檬酸盐和 Mg^{2+} 的浓度降低（Grimley 等，2008），而 Na^+ 和酪蛋白的浓度增加。虽然关于乳中钙含量的自然（季节性）变化对其干酪加工特性直接影响的信息很少，但现有结果表明，钙浓度是成分相关参数（例如完整酪蛋白水平、柠檬酸盐、pH 值、酪蛋白胶束大小、离子强度）中的一个因素，这些参数交互影响原料乳的皱胃酶凝胶化和干酪加工效率（Chapman 和 Burnett，1972；Grandison 等，1984）。Keogh 等（1982）研究发现，3 月至 9 月期间，春季产犊牛乳和规模牛群乳中的胶体钙含量保持相对稳定，并略有增加（65 ～ 70 mg/100 g），在 10 月 /11 月恢复到基线值 65 mg/100 g（Keogh 等，1982）。

同批乳牛牛乳的酪蛋白含量从 7 月（2.4 g/100 g）到 10 月 /11 月（3 g/100 g）逐渐增加，之后逐渐下降（Phelan 等，1982）。对这些数据（Keogh 等，1982；Phelan 等，1982）的进一步分析表明，由于泌乳中期到后期，酪蛋白增加的比例高于钙增加的比例，因此胶体钙和钙离子的含量从泌乳中期（7 月）的 26 mg/g 和 4.8 mg/g 酪蛋白下降到泌乳后期（11 月）的 23 mg/g 和 3.9mg/g 酪蛋白。同样，White 和 Davies（1958a）的数据表明，在泌乳中期和后期，钙离子和可溶性结合钙与酪蛋白的比例也降低，但胶体钙与酪蛋白的比例增加。除其他因素（如牛乳 pH 值升高和纤溶酶和 / 或 SCC 蛋白酶水解酪蛋白增加）外，前者比率的降低可能会导致皱胃酶凝固性下降和凝乳特性受损，泌乳后期牛乳中通常会观察到这种现象（见第 1.2 和 1.3 节），尤其是来自春季产犊牛群（O′Keeffe，1984；O′Keeffe 等，1982）。乳中钙离子（10 ～ 14 mg/100 g）和可溶性结合钙（19 ～ 28 mg/100 g）的季节性增加与皱胃酶凝胶化时间的缩短相一致（White 和 Davies，1958b）。这一趋势与试验研究的结果一致，在泌乳中期（图 1.2）和泌乳后期乳中添加 0 ～ 2 mmol/L $CaCl_2$ 可改善皱胃酶凝胶特性（Lucey 和 Fox，1992）。对市售的瑞士型干酪研究表明，$CaCl_2$（0.1 g/L）的添加对乳脂（85.3% 和 84.7%）和非脂乳固体（85.3% 和 84.7%）的平均回收率无显著提高，但对干酪产量（0.038 kg/100 kg）有显著提高（Wolfschoon–Pombo，1997）。添加 $CaCl_2$ 后，大凝乳颗粒（即 5.5 ～ 7.5 mm）的比例增加，而小颗粒（<3.5 mm）的比例降低。这些趋势表明，$CaCl_2$ 对回收率和干酪产量的积极影响可能源于酪蛋白聚集程度的增强，导致凝乳在切割和搅拌初始阶段对破裂的敏感性降低（见第 8 章）。

除了成分水平变化外，蛋白质的“质量”也可能发生季节性变化，因为它能够形成具有令人满意的弹性凝乳和脱水收缩（排乳清）特性的凝胶，并生产出水分含量令人满意的干酪凝乳。泌乳后期乳通常凝固性差（凝乳硬度低）、凝乳脱水受损、切达干酪水分高、乳脂在干酪中回收率低（O′Keeffe，1984；Banks 和 Tamime，1987；Auldist 等，1996）。这些缺陷与乳中乳糖水平低（<4.3 g/100 g）、酪蛋白数量少（<72%，酪蛋白占真正蛋白质的百分比）、乳清酪蛋白（>40 g/100 g 总蛋白质）水平升高相一致，在 30000×g 离心时不发生沉淀（O′Keeffe，1984）。在这种情况下，值得注意的是，乳中乳糖水平低通常与 SCC 高和纤溶酶活性水平相吻合（Somers 等，2003），并且可能表明乳房感染和血液成分向乳中排泄增加。同样，Lucey 等（1992）研究发现，与秋季犊牛泌乳中期乳相比，春季犊牛泌乳后期乳（10 月 258 ～ 280 DIL）会损害皱胃酶的凝固性，并导致马苏里拉干酪含水率更高、更柔软，表观黏度更低。相比之下，Kefford 等（1995）研究发现由泌乳早期或后期乳加工切达干酪的成分没有差异；与泌乳中期乳相比，泌乳后期的乳在干酪中乳脂的回收率更高。上述研究之间的差异可能是由于饮食、SCC 和泌乳后期乳定义的不同有关，爱尔兰研究（O′Keeffe，1984；Lucey 等，1992）通常指 >250 DIL 乳牛的乳，而澳大利亚（Kefford 等，1995；Auldist 等，1996）和新西兰（Auldist 等，1998；Nicholas 等，2002）研究通常指 200 ～ 220 DIL 乳牛的乳。O′Keeffe（1984）发现，在爱尔兰，当乳牛的营养水平和干乳期的产乳量都较低时，干酪的这些缺陷在春季产犊牛群泌乳后期就更加严重［例如 10 月和 11 月牧场放养密度高，不添加膳食补充剂，<6 L 牛乳 /（头 · d）］。因此，Guinee 等（2007a）报告了用保持较高营养水平和较高产乳量［>6 L 牛乳 /（头 · d）］的春季产犊乳牛泌乳后期牛乳（266 ～ 284 DIL）制成的令人满意的、低水分马苏里拉干酪。

乳牛营养对乳成分的影响

乳牛的营养也会影响牛乳的加工潜力，影响程度因泌乳阶段的不同而异。

• 泌乳早期：在牧草饲养系统中，产犊日期的目标是从牧草生长季节开始。该系统的目的是让放牧的牧草在乳牛的总日粮中尽可能占比更大。从产乳角度来看，建议乳牛在 2 月中下旬放牧，此时土壤条件允许（脚下坚实）且牧草量充足（Dillon 等，1995）。然而，在 2 月下旬至 4 月下旬给春季产犊的乳牛（每天在牧场上放牧 2 ～ 4 h）补充青贮饲料和牧草精料可以显著改善牛乳的凝胶化特性（Dillon 等，2002），同时蛋白质含量也会随之增加（3.06 ～ 3.17 g/100 g）。

• 泌乳中期：在泌乳中期，将牧草干物质供给量从 16 kg/d 增加到 24 kg/d，可显著提高总蛋白（3.2 ～ 3.4 g/100 g）、酪蛋白（3.2 ～ 3.4 g/100 g）和乳糖（4.60 ～ 4.65 g/100 g）的浓度和产量。然而，乳中钙和磷的浓度、酶凝胶特性及酒精稳定性没有受到影响（O′Brien 等，1997）。Guinee 等（1998）在一项补充性研究中发现，增加牧草供给量可提高低水分马苏里拉干酪的水分，但对总成分、流变学特性或烹饪特性没有显著影响。乳中酪蛋白每增加 0.1%，每 100 kg 乳中水分调节干酪产量提高 0.5 kg 以上。Kefford 等（1995）对切达干酪也观察到了类似的趋势。进一步研究发现（O′Brien 等，1999a），将饲养密度提高到标准限值（定义为放牧后草高 60mm）以上会导致乳中脂肪和蛋白质产量显著降低，总蛋白（3.22 g/100 g 和 3.40 g/100 g）、酪蛋白（2.48 g/100 g 和 2.58 g/100 g）和乳清蛋白浓度显著降低，皱胃酶凝固性下降。在标准体系上添加精料可提高总蛋白（3.40 g/100 g 和 3.49 g/100 g）、酪蛋白（2.58 g/100 g 和 2.65 g/100 g）和乳清蛋白水平，但一般不影响加工特性；在 76 ～ 79 g/100 mL 的酒精浓度下非常稳定。从爱尔兰的研究可以推断

（O′Brien 等，1997a；Dillon 等，2002），充足的牧草是优质乳的必要条件，如果无法保证，建议对草饲料进行营养强化以增加奶牛的能量供应。然而，在牧草足够的情况下，营养强化会增加乳成分含量，但对乳的加工特性（皱胃酶凝固性、酒精稳定性）几乎没有影响。

• 泌乳后期：O′Brien 等（2006）和 Guinee 等（2007a）研究发现，对接近泌乳后期（261 ～ 307 DIL）的春季产犊乳牛进行良好的管理，可以获得良好的乳成分（乳糖≥ 4.3 g/100 g，蛋白 3.6 g/100 g，酪蛋白 2.8 g/100 g）、皱胃酶凝乳（Formagraph 1170 型，FOSS 分析仪，丹麦，凝乳硬度，A60=42.1 mm，60 min）（Auldist 等，2001）和马苏里拉干酪加工特性。这些做法包括将产乳量维持在 >6 kg/（牛 · d），并饲喂营养强化的草料和 / 或青贮饲料。

泌乳阶段对乳成分的影响

与泌乳早期乳牛相比，泌乳后期乳牛的乳中酪蛋白占真蛋白质的百分比较低，而游离脂肪酸含量较高（Sapru 等，1997）。在同一项研究中，由泌乳后期乳加工的干酪水分含量更高，Broome 等（1998a）也报道了这一趋势。泌乳阶段也会影响干酪的 pH 值和干酪成熟过程中 α_{s1}– 酪蛋白的降解，且泌乳后期，牛乳到干酪的脂肪和蛋白质的回收率都较低（Auldist 等，1996；Sapru 等，1997）。此外，Auldist 等（1996）发现泌乳后期牛乳体细胞数较高对切达干酪的产量和质量有不利影响，并认为，泌乳阶段的影响因牛乳体细胞数的升高而放大，此时通过控制乳腺炎可以解决加工泌乳后期牛乳的许多问题。

通过保持高水平的营养并结合应用严格的干乳牛政策，可以减少泌乳后期牛乳对干酪品质的不利影响，即当个别乳牛产乳量下降到每天 8 ～ 9 kg 或以下或干乳牛群平均日产量为 10 ～ 11 kg 时停止挤乳（Guinee 等，2007a；O′Brien，2008）。这种做法将在产品加工过程中可以消除泌乳后期对牛乳的影响，并有助于在泌乳后期（276 DIL）保持马苏里拉干酪加工所需的特性（形成凝胶和凝胶脱水收缩）。

乳蛋白遗传变异对成分的影响

乳中主要蛋白质［α_s– 酪蛋白、β – 酪蛋白、κ – 酪蛋白、β – 乳球蛋白（β –Lg）、α – 乳白蛋白（α –La）］均表现出遗传的多样性（Ng–Kwai–Hang 和 Grosclaude，2003）。关于基因变异对乳的酶凝胶和干酪加工特性影响最彻底的是 κ – 酪蛋白和 β –Lg。与 AA 变体相比，κ – 酪蛋白和 β –Lg 的 BB 基因型通常与更高浓度的酪蛋白和优质的酶凝乳特性有关，反映在给定的凝乳时间后凝乳速度和凝胶硬度更高（Schaar，1985b；Green 和 Grandison，1993；Walsh 等，1998a,b）。κ – 酪蛋白和 β –Lg 的 BB 变体也与优越的干酪加工性能有关，反映在脂肪回收率较高、干酪乳清中凝乳颗粒水平较低，并且在实际中可以通过水分调节干酪产量，包括切达干酪，斯韦西亚干酪，帕马森干酪，埃达姆干酪和高达干酪，低水分马苏里拉干酪和卡蒙贝尔干酪（Aleandri 等，1990；van den Berg 等，1992；Walsh 等，1998a,b；Ng–Kwai–Hang 和 Grosclaude，2003）。据报道，κ – 酪蛋白 BB 变体可通过水分使干酪的产量增加 3% ～ 8%，具体取决于乳的成分和干酪类型。与 AA 乳相比，κ – 酪蛋白 BB 乳具有更好的乳凝胶和干酪加工能力，可能与较高的酪蛋白含量、κ – 酪蛋白与其他酪蛋白比例、酪蛋白与乳清蛋白比例、酪蛋白胶束小、带负电荷低，影响了酪蛋白的相互作用（由于氨基酸替换）有关。同样值得注意的是，与相应的A、C或E等位基因（Lodes等，1996）相比，κ－酪蛋白B等位基因诱导的非糖基化κ－酪蛋白水平更高，并且κ－酪蛋白糖基化水平较低与胶束体积小、疏水性强有关（O′Connell和Fox，2000）。预计后一种因素更有利于使皱胃酶形成更坚实的乳凝胶，因为皱胃酶对κ－酪蛋白的水解速度更快（Dziuba和Minkiewicz，1996），它能使副酪蛋白胶束排列得更加紧密，从而形成凝胶基质的基本组分（副酪蛋白聚集体）。与AA变体相比，κ－酪蛋白BB乳中酪蛋白含量通常较高，这也有助于提高皱胃酶的凝固性和干酪产量。κ－酪蛋白AB变体表现出的皱胃酶凝固性和干酪产量特征，常常介于κ－酪蛋白AA和BB之间。

还发现β－Lg的不同基因型在干酪加工中很重要，尽管它本身在酶凝干酪的形成过程中没有直接作用。含有β－Lg BB的牛乳比含有AA或AB变体的牛乳产生的凝乳更坚硬（Marziali和Ng-Kwai-Hang，1986）。同样，Schaar等报道（1985），与β－Lg AA牛乳相比，β－Lg BB牛乳的干酪产量（9.25 g/100 g和8.94 kg/100 kg）和干物质含量（53.1 g/100 g和50.8 g/100 g）更高。因此，干酪行业似乎有可能将牛乳蛋白基因型的选择纳入育种计划。Auldist等（2002）研究了爱尔兰牧场放牧条件下传统乳牛品种（荷斯坦－弗里斯兰）和兼用品种（贝利亚尔山和诺曼底）牛乳的成分和皱胃酶凝胶特性。后两个品种的κ－酪蛋白B变体的频率较高，与较高浓度的蛋白质和酪蛋白（分别为3.49 g/100 g和3.20 g/100 g及2.77 g/100 g和2.50 g/100 g）、较小的酪蛋白胶束尺寸（直径为151 nm和158 nm）以及改善的皱胃酶凝胶特性（48.0 mm和35.0 mm凝乳硬度，A30）有关。

季节对乳成分的影响

季节对乳成分的影响通常与气候、泌乳期和天然饲料的变化有关。一般来说，环境因素对乳中蛋白质含量的影响与对脂肪含量的影响相同，但影响不大。冬季乳中蛋白质含量往往高于夏季的。

胎次（泌乳次数）对乳成分的影响

由于牛群结构常常包括不同畜龄的乳牛，因此畜龄不太可能是散装乳影响干酪产量的重要因素。加拿大的一项研究表明（NgKwai-Hang等，1987），乳牛从2岁增长到3岁期间，总蛋白和乳清蛋白的浓度略有增加，而酪蛋白含量基本不变。3岁后，酪蛋白水平开始下降，乳清蛋白保持不变。保持牛群结构青年化通常被认为是优化乳汁成分的重要因素。Sheldrake等（1983）报道称如果乳牛在哺乳期间没有感染疾病，那么乳的体细胞数随胎次的变化就很小。然而，Schutz等（1990）报道称体细胞数随着胎次的增加而增加。Fuerst-Waltl等（2004）发现，乳牛畜龄与体细胞数之间的关系不一致，而Valde等（2004）、Carlen等（2004）和Walsh等（2007）均发现体细胞数随胎次增加而增加。虽然胎次可能通过乳成分的浓度直接影响乳汁的质量或通过乳中的体细胞数间接影响乳汁质量，但与乳牛的胎次对其营养或对传染性/环境性乳腺炎病菌的影响相比，胎次的影响可以忽略不计。

挤乳频率对乳成分的影响

牧场一天一次（Once-a-day，OAD）挤乳可以节省劳力。Stelwagen和Lacy-Hulbert（1996）认为，一天挤乳一次可能通过破坏腺泡细胞之间的连接来改变乳腺的通透性，从而通过增加乳清蛋白和离子的流入和增加乳糖和钾的流出导致乳成分的改变。Kelly 等（1998）的一项研究报道称，一天挤乳一次可降低乳糖含量，提高纤溶酶浓度和体细胞数的增加。O′Brien 等（2005）报道称，一天挤乳一次乳的脂肪和蛋白质含量（4.41 g/100 g 和 3.65 g/100 g）显著高于一天挤乳两次（Twice-a-day，TAD）的（4.09 g/100 g 和 3.38 g/100 g）。然而，由于一天挤乳一次的产量显著下降，乳固体（脂肪 + 蛋白质）总量降低。仅以体细胞数 <2.50×10^5 个 /mL 的乳牛进行试验发现，挤乳频率对体细胞数无显著影响。由于一天一次乳中酪蛋白含量较高，因此其凝胶强度显著高于一天挤乳二次的乳（105 Pa 和 85 Pa）。总体而言，只要乳牛具有良好的营养和健康的乳房，一天挤乳一次会增加乳中的蛋白质、酪蛋白和脂肪浓度，改善乳的凝胶特性，并不会对乳中的体细胞数或纤溶酶活性造成影响。

1.5.2 乳的微生物活性

从两个角度来看，乳的微生物污染很重要：（a）如上所述的公共卫生（见第 1.4 节）；（b）乳制品加工。

牧场乳的卫生控制

从生产效率和产品质量两个方面来看，挤乳时的卫生控制对乳制品后期加工至关重要。例如，卫生条件差会导致乳中体细胞和菌落总数增加，从而使乳蛋白质发生不良水解和产量损失（见第 1.4.2、1.5.1 和 1.5.3 节）。根据法律法规，在消费者对高品质产品的需求和产品的高效生产的驱动之下，加工者们提高了对牧场生乳的质量要求（Vissers，2007；Vissers 和 Driehuis，2009）。因此，他们建立并实施了按质论价制度。目前根据 EU 第 92/46（EU，1992）和 EU 第 853/2004（EU，2004）（附件Ⅲ，第Ⅸ节）的有关安全、质量和卫生条件的法规要求。生乳必须来自健康的动物，生产设备和生产条件必须满足某些最基本的要求。牛乳的菌落总数也必须满足特定的卫生标准，例如，30℃时生牛乳菌落总数 $\leq 1\times10^5$ cfu/mL，该标准采用连续 2 个月的菌落总数滚动平均数，每月不少于两个样品。

乳汁从乳房腺泡被分泌时几乎是无菌的。在这个阶段之外，微生物常常来自 3 个方面：乳房内、乳房外部环境以及乳的处理和储存设备的表面。乳牛的健康和卫生，牛圈舍和挤乳环境，挤乳过程、存储设备和消毒工艺，以及储存的温度和时间，都是影响生乳微生物污染水平的关键因素。

来自乳腺内的微生物

健康动物乳房内的微生物对乳中的菌落总数没有显著影响。然而，患有乳腺炎的乳牛有可能向乳中释放大量细菌，例如金黄色葡萄球菌，这通常是导致乳腺炎的原因。如果细菌进入乳头并在乳腺中增殖诱发炎症，从而产生乳房炎乳。导致乳牛患乳腺炎有许多因素，包括乳头管防御机制受损、乳牛环境卫生、挤奶设备设施维护不善或故障，以及细菌在牛群之间的传播。乳房炎对散装牛乳菌落总数的影响程度取决于感染的细菌菌株、感染阶段和感染群体的占比。受感染的乳牛可能排出超过 1×10^7 cfu/mL 的细菌。

来自乳腺外部的微生物

乳房外部的污染主要有两个来源，即乳牛和乳汁接触面的环境。牧场乳牛在一般环境中挤乳，会被潜在的微生物污染。微生物可能通过饲料、粪便、垫料和土壤等转移到乳汁中，如果在挤乳前没有清洁干净，细菌就会在挤乳的过程中进入。不卫生的乳牛对乳汁中菌落总数的影响取决于乳头表面的污染程度和挤乳前的清洁工序。乳牛挤乳被严重污染会导致散装乳菌落总数超过 1×10^4 cfu/mL。例如，不干净的乳头可能会使乳受到耐热细菌孢子的污染，避免这种可能对乳制品行业来说是个难点，尤其是在乳粉加工的过程当中，这些微生物会在巴氏杀菌后继续存活，在后续的蒸发过程中繁殖。蜡样芽孢杆菌的存在是巴氏杀菌乳保质期受限的潜在因素（te Giffel 等，1997），有引起食物中毒的潜在风险。蜡样芽孢杆菌常见于土壤中，在放牧季节，乳头被土壤污染的风险最大，经常在乳汁中被发现（Slaghuis 等，1997；Christiansson 等，1999）。此外，梭状芽孢杆菌（酪丁酸梭菌）产生的孢子可能会导致某些类型的干酪后期出现产气问题（见第 8 章）。牛乳中梭状芽孢杆菌的主要来源是因为饲喂了劣质的青贮饲料（Stadhouders 和 Spoelstra，1990）。此后在动物的粪便中发现孢子，并通过乳头转移到乳汁中（Stadhouders 和 Jorgensen，1990；Herlin 和 Christiansson，1993）。

乳汁中微生物的另一个来源是挤乳设备中沉积污染物的聚集，这常常是导致乳汁菌落总数持续偏高的主要原因。多种细菌可以在设备接触面上繁殖（微球菌、链球菌和芽孢杆菌属）（Bramley 和 McKinnon，1990）。挤奶间隔期间，除了严寒天气和空气特别干燥外，细菌都会在这些设备接触面繁殖。这种风险只能采用适当的清洗工序来预防。对于耐热细菌采用热水除菌尤其重要。清洗不彻底便可能导致耐热细菌在设备表面持续繁殖（Vissers，2007；Vissers 和 Driehuis，2009）。在下一次挤乳时，黏附在设备接触面的微生物可能会进入乳汁中。因此，彻底清洁与乳汁接触的所有表面，包括贮存罐，对于减少细菌污染至关重要。

乳汁的储存条件

乳汁的冷藏储存有利于嗜冷菌的繁殖。这些细菌通常来自乳牛的养殖环境，例如泥土和粪便。乳汁在储存期间的菌落总数增加的程度取决于乳汁在储存时的温度和储存时间，以及乳汁中存在的细菌类型和数量。乳汁在牧场冷藏储存结束时的菌落总数也受乳汁在初始挤乳结束时细菌数的影响。鲜乳储存在 4℃条件下，2 d 和 3 d 后细菌的繁殖分别可增加 1 倍和 2 倍（O′ Brien，2008）。如在不卫生的条件下挤乳，原料乳进入贮存罐时的初始菌落总数可能更高（2×10^4 cfu/mL），然后在冷藏温度下继续储存 2 ～ 3 d 后菌落总数就非常高了（4×10^4 ～ 1.2×10^5 cfu/mL）（O′ Brien，2008）。因此，冷藏不能替代挤乳时的卫生控制。牧场在设备卫生及储乳罐保障良好的条件下，挤乳后及时将鲜奶冷却至 4℃或以下，鲜乳储存可达 2 ～ 3 d。

嗜冷菌繁殖常常与牧场冷藏罐清洁不够彻底有关（Thomas 等，1966；MacKenzie，1973；Murphy 和 Boor，2000）。生乳在加工前冷藏时间越长，嗜冷菌增加的机会就越大。虽然在理想条件下生产的鲜乳初始嗜冷菌数占菌落总数可能 <10%，但在 4℃条件下贮存 2 ～ 3 d 后，嗜冷菌将成为乳汁中的主要细菌（Gehringer，1980）。

奶罐车（用于将鲜乳从牧场运输到工厂）在运输过程中鲜乳的温度不太可能显著升高。每天从牧场收集的鲜乳初始嗜冷菌数平均为 1×10^4 cfu/mL（到达工厂时），在工厂 5℃条件下储存 3 d 后，牛乳的嗜冷菌数平均增加到 1×10^6 cfu/mL 以上（Cousins 和 Bramley，1984）。乳汁在收集和运输的过程中由于与运输罐车、软管、泵、计量器和自动采样器接触，很可能受到细菌污染。虽然污染程度难以评估，但鲜乳的收集 / 运输可能会增加乳中的菌落总数，并将这些细菌转移到加工厂的贮存罐中。在进入加工厂后对鲜乳进行热处理（预热、巴氏杀菌）会破坏嗜冷菌（见第 8 章），但并不一定破坏它们的代谢产物（FFA）或者酶，这些代谢产物会对乳汁的酶凝特性、干酪产量和品质产生不利影响（见第 8 章）。嗜冷菌常常能够产生水解乳和乳制品蛋白质和脂肪的胞外酶。因此，它们会使产品增加产生异味和臭味的可能，并导致干酪质构、纹理和颜色发生变化。Weatherup 和 Mullen（1993）指出，乳汁在 3℃下储存 3 d 或更长时间，会导致干酪产量显著降低，干酪工厂的收益也会遭受相当大的损失。Mullen 还发现，用储存 3 d 的原料乳制成的干酪品质显著下降，储存 5 d 后的原料乳品质下降得更加明显。

1.5.3 体细胞数

体细胞和乳腺炎对乳成分的影响及其对干酪加工的影响已被广泛研究。体细胞主要有 3 种类型，即淋巴细胞（lymphocytes，L）、吞噬细胞和乳腺上皮细胞（epithelial cells，E）（Burvenich 等，1995）。淋巴细胞在体液免疫和细胞介导免疫中发挥作用，而吞噬细胞有多形核白细胞（plymorphonuclear leucocytes，PMN）和巨噬细胞（macrophages，Mø）两种，吞噬并杀死侵入乳腺的病原微生物。在泌乳中期，健康动物正常乳中的体细胞含量较低（$<1\times10^5$ 个 /mL），Mø、L、PMN 和 E 细胞的比例通常约为 2.1∶1.0∶0.4∶0.2。众所周知，体细胞从血液中释放出来以对抗乳房被感染，从而预防或减轻炎症（乳腺炎）。导致批量牛乳体细胞数增加的因素包括亚临床乳腺炎、泌乳期提前、泌乳次数、应激和营养不良。在临床乳腺炎期间，主要由于 PMN 导致体细胞数迅速增加。根据细菌感染的类型和程度，受感染乳房部位的乳汁体细胞数可能为 2×10^5 ～ 5×10^6 个 /mL。然而，患有临床乳腺炎的动物的乳汁不在商业乳供应范围内。体细胞和乳蛋白经常在乳房内沉淀混合形成凝块；乳腺炎严重时，这些凝块会阻塞乳腺内的引流小管和导管，从而阻止乳汁排出。乳腺炎感染的初始阶段是亚临床的，炎症非常轻微，肉眼无法识别。因此，患有亚临床乳腺炎奶牛的乳成为规模牛群乳和大量加工乳的一部分，除非在牧场对每头乳牛进行例行亚临床乳腺炎检测（通过监测体细胞数），但这不是常规检测。虽然填充剂稀释了牛乳，但亚临床乳腺炎可能会导致乳中的体细胞数增加，从而对乳汁加工干酪的适宜性产生负面影响。

牛乳中体细胞数的增加与牛乳成分浓度、牛乳成分状态（水解度）和干酪加工特性的显著变化有关（Kosikowski 和 Mistry，1988；Klei 等，1998；Cooney 等，2000；Kalit 等，2002；Franceschi 等，2003；Jaegg 等，2003；Albenzio 等，2004；Mazal 等，2007）。通常体细胞数在 1×10^5 ～ 1×10^6 个 /mL 范围内增加。

- 降低牛乳中乳糖、脂肪和酪蛋白含量、酪蛋白占真蛋白质的百分比、凝胶硬度、从牛乳到干酪的蛋白质回收率以及干酪产量。

• 提高牛乳 pH 值和氯化物、乳清蛋白、非蛋白氮水平，以及干酪乳清中的凝乳颗粒、干酪水分、成熟过程中的初级和次级蛋白质水解率（通过尿素－聚丙烯酰胺凝胶电泳监测水溶性氮和三氯乙酸可溶性氮的水平）。

SCC 在 1×10^5 ～ 6×10^5 个 /mL 范围内增加，酶凝乳时间延长，凝乳固化率（k_{20} 的倒数，使用 Formagraph 1170 型 FOSS 测量）和凝乳硬度降低（Politis 和 Ng-Kwai-Hang，1988b）。SCC 在 1×10^5 ～ 1×10^6 个 /mL 范围内，切达干酪在加工过程中脂肪和蛋白质损失分别呈线性增加 0.7% 和 2.5%（Politis 和 Ng-KwaiHang，1988a, c）。SCC 从 1×10^5 个 /mL 增加到 6×10^5 个 /mL，导致切达干酪水分调节（至 37.0 g/100 g）产量减少约 6%（图 1.4）。值得注意的是，当 SCC 从 1×10^5 个 /mL 增加到 2×10^5 个 /mL 时，产量也有相对较大的下降（即 0.4 kg/100 kg 牛乳），对于优质散装牛乳而言，该范围被认为相对较低。因此，Barbano 等（1991）得出结论，当所有牛群的乳汁具有相似的 SCC 时，散装乳的 SCC 值增加到 >1×10^5 个 /mL，将对干酪产出率产生负面影响。Auldist 等（1998）发现，泌乳后期（220 DIL）SCC 从 >3×10^5 个 /mL 增加到 >5×10^5 个 /mL 会导致切达干酪的水分调节（至 35.5 g/100 g）产量降低 9.3%，并降低脂肪（从 90.1 g/100 g 到 86.6 g/100 g 脂肪）和蛋白质（从 78.3 g/100 g 到 74.4 g/100 g 蛋白质）的回收率。据报道，当 SCC 从 8.3×10^4 个 /mL 增加到 8.72×10^5 个 /mL 时，未加奶油的农家干酪产量显著下降，产量效率降低了 4.3%（Klei 等，1998）。

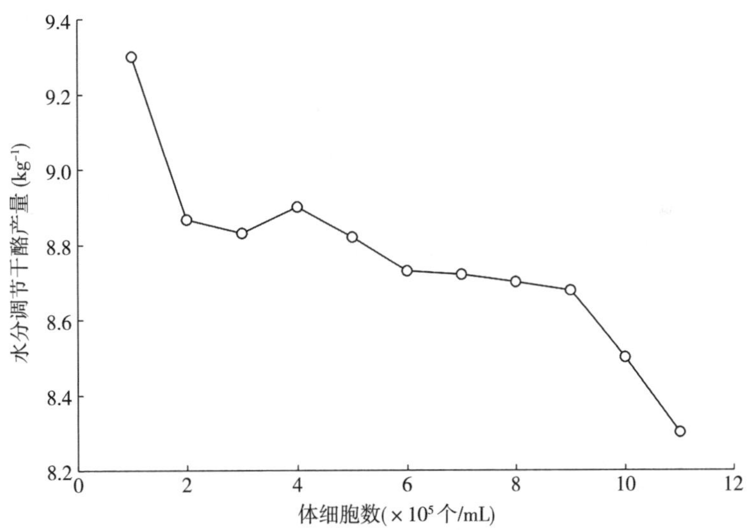

图 1.4 单头乳牛乳中体细胞数对切达干酪水分调节产量的影响（改编自 Politis 和 Ng-Kwai-Hang，1988a）。

SCC 对产量和回收率的负面影响在很大程度上是由于 α_s－和 β－酪蛋白水解增加引起的，生成可溶于乳清而不能在干酪中回收的产物（γ－酪蛋白、蛋白胨和其他肽）。这种蛋白水解源于乳中纤溶酶（可能还有其他蛋白酶）、纤溶酶原、纤溶酶原激活剂的活性升高，这与 SCC 的增加相对应（Mijacevic 等，1993；Rogers 和 Mitchell，1994；Gilmore 等，1995；Kennedy 和 Kelly，1997）。此外，形成凝胶的蛋白浓度越低，凝乳速率越慢，因此，在切割后（在给定的硬度下）和搅拌初期，凝胶中酪蛋白－酪蛋白相互作用程度越低。具有后一种特性的凝胶表现为：

- 在切割和搅拌的初期阶段更容易破碎，导致凝乳颗粒和乳脂的损失更高。
- 脱水能力受损，导致水分含量增加。

较高的SCC也可能会抑制干酪加工过程中某些乳球菌的活性，这种效果预计会进一步削弱凝乳速率，降低切割时的硬度。在商业实践中，凝乳的切割通常不是基于硬度，而是基于预设的凝乳时间，这使正常牛乳的凝乳硬度在可接受范围内。在规模化工厂中，由于操作规模大（通常 >1×10^6 L/d）且使用预先编程的干酪槽，操作人员的权限受限，因此以上条件不利于测试单独乳仓的凝乳硬度。在这样的操作中，SCC增加的影响可能会更加突出，由于比正常凝乳速率慢，切割时低于最佳硬度。

总之，较高的SCC不利于干酪的产出率和干酪加工盈利能力。据估计，当SCC从1×10^5个/mL增加到5×10^5个/mL时，干酪产量下降2%，对于日处理1×10^6 L乳的切达干酪工厂所造成的经济损失约达4 000欧元/d（新鲜凝乳价值约为2.0欧元/kg）。因此，正在进行协调一致的努力，通过使用良好的牧场规范来减少SCC，例如减少畜群中患有亚临床乳腺炎动物的比例，满足法规和引入降低SCC的激励措施。欧盟已将SCC ≤ 4×10^5个/mL作为立法限制，超过该值的乳汁不能被牧场销售或用于进一步加工（EU，2004）。国际上允许的限制计数有所不同，例如新西兰SCC ≤ 4×10^5个/mL，美国SCC ≤ 7.5×10^5个/mL。然而，值得注意的是，Hamann（2003）建议当SCC>1×10^5个/mL时，牛乳成分“偏离了它们的生理范围”。

1.5.4 乳中的酶活性

乳中的酶是具有生物学功能的蛋白质，来源多种，例如牛乳本身、细菌污染和牛乳中存在的体细胞。在干酪加工过程中，蛋白酶和脂肪酶对干酪加工性能、产量和品质有显著的影响。

蛋白水解活性

天然牛乳含有多种来源的蛋白酶，如原生乳胰蛋白酶、纤溶酶（EC 3.4.21.7）、体细胞的溶酶体蛋白酶和细菌的蛋白酶（特别是嗜冷细菌，如假单胞菌属或芽孢杆菌属）。这些蛋白酶系统水解酪蛋白，其调节过程复杂且活性根据泌乳阶段和乳腺炎状态等因素的变化而变化（Kelly等，2006）。过度的蛋白水解活性是不可取的，因为它会将酪蛋白水解成水溶性肽，这些肽会在乳清中丢失，并且在酪蛋白或干酪等产品的加工过程中无法回收。此外，水解改变了剩余（回收）蛋白质的化学性质和相互作用，从而改变了所得产品的功能特性，例如所得干酪切碎或磨碎的能力，或酪蛋白水合、形成凝胶或将其作为成分添加到其他产品中赋予产品结构/质地的能力（例如烘焙产品、仿干酪和再制干酪产品中的麸质替代品）。

纤溶酶

牛乳的天然蛋白酶系统包括作为活性酶的纤溶酶，其酶原（纤溶酶原）和酶激活剂/抑制剂（Verdi和Barbano，1991；Bastian和Brown，1996；Nielsen，2002）。虽然纤溶酶原、纤溶酶原激活剂和纤溶酶具有良好的热稳定性（Lu 和 Nielsen，1993；Bastian 和 Brown，1996），但纤溶酶抑制剂不耐热（Richardson，1983）。乳中的纤溶酶和纤溶酶原在 pH 值 6.8 的巴氏杀菌温度下完全存活（Dulley，1972；Driessen 和 van der Waals，1978；Richardson，1983；Metwalli 等，1998）。纤溶酶与酪蛋白胶束结合，容易水解 α_{s1}–、α_{s2}– 和 β – 酪蛋白，导致 γ – 酪蛋白增加（Ali 等，1980a,b；Le-Bars 和 Gripon，1989；McSweeney 等，1993）。κ – 酪蛋白也可以通过纤溶酶进行一定程度的水解，但关于水解程度的报道有所不同，这可能与环境或所使用的酶和底物的浓度有关（Grufferty 和 Fox，1988）。

关于纤溶酶对牛乳加工干酪特性的影响，不同研究之间存在差异（Pearse 等，1986；Bastian 等，1991；Farkye 和 Fox，1992；Mara 等，1998），这可能与许多因素有关，例如评估方法（基于天然纤溶酶或添加纤溶酶）、纤溶酶活性、添加纤溶酶的牛乳储存变化、添加皱胃酶时酪蛋白水解程度、存在不同程度的细菌蛋白酶、测定 pH 值和加工工艺（排乳清时凝乳的 pH 值）。然而，在牛乳中添加纤溶酶后，高水平的纤溶酶活性和相应的蛋白质水解（>40% ～ 50% 的总 α_{s1}– 和 β – 酪蛋白）通常会延长皱胃酶的凝胶时间，凝胶的硬度显著降低（Grufferty 和 Fox，1988；Mara 等，1998；Srinivasan 和 Lucey，2002）。受损的酶凝胶特性与更多孔眼的开放结构凝胶以及构成凝胶基质的颗粒和簇之间连通性降低相吻合（Srinivasan 和 Lucey，2002）。尽管对皱胃酶凝胶有不利影响，但将纤溶酶（1.2 Sigma 单位 /L 牛乳）添加到牛乳中并在 4℃下培养 48 h，再用皱胃酶处理，发现对低水分、部分脱脂的马苏里拉干酪的组成、流变学或烹饪特性几乎没有影响（Somers 等，2002）。这表明高纤溶酶活性对凝胶结构存在不利影响，可被认为等同于形成凝胶的蛋白质减少，在加工过程的脱水阶段（切割、搅拌、排乳清）凝胶基质持续收缩，收缩在很大程度上克服了这一影响。Farkye 和 Fox（1992）和 Farkye 和 Landkammer（1992）将纤溶酶添加到牛乳中用于加工切达干酪，导致实验切达干酪中的含量是对照干酪的 1.5 ～ 6 倍。添加纤溶酶可促进 β – 酪蛋白水解，提高 γ – 酪蛋白和水溶性 N 的水平，但不影响干酪的成分。富含纤溶酶干酪的感官品质优于对照干酪的，成熟速度明显加快；纤溶酶水平为原值的 3 ～ 4 倍似乎是最佳的。O′Farrell 等（2002）报告称，向牛乳中添加纤溶酶（0.125 mg/L 或 0.25 mg/L）会增加干酪中初级蛋白质水解速率，这是通过干酪中 pH 值为 4.6 的可溶性 N 和尿素 – 聚丙烯酰胺凝胶电泳测定的。将 10% ～ 20% 的乳腺炎乳（SCC 为 $>1\times10^6$ 个 /mL）添加到对照乳中获得了类似的效果，反映出乳腺炎乳中的纤溶酶或纤溶酶原激活剂含量较高。然而，Kelly 和 O′Donnell（1998）报道，在牛乳中添加纤溶酶（6 mg/L）并在 37℃下培养 6h 用于加工夸克干酪，会导致更高的水分含量、更低的蛋白质水平和更低的水分调节干酪产量。

牛乳的纤溶酶活性受泌乳期的影响显著。Nicholas 等（2002）发现，纤溶酶原活性的增加与泌乳期的提前有关。这与 Politis 等（1989）和 Bastian 等（1991）的研究一致。纤溶酶活性也被证明随着泌乳期的延长而增加（Donnelly 和 Barry，1983；Gilmore 等，1995），但这在所有研究中并不一致（Richardson，1983），这可能是由于乳牛的个体差异。营养状况和挤奶频率（Lacy–Hulbert 等，1999）、乳房健康（Auldist 和 Hubble，1998）和退化的发生（Politis 等，1989）等也可能导致研究间的差异。Stelwagen 等（1994）认为，在泌乳后期，纤溶蛋白活性增加的一个可能机制是由于血液系统的细胞旁渗漏，辅助破坏了乳腺上皮细胞之间的紧密连接。作者认为，乳腺连接的松弛与乳中的纤溶酶和纤溶酶原的活性呈正相关。这种现象通常与产乳量和乳汁乳糖水平的降低有关（Kelly 等，1998）。Nicholas 等（2002）得出结论，在泌乳后期的乳汁中，蛋白酶活性的增加是因为更多的纤溶酶和纤溶酶原进入乳中所致，而不仅仅是因为增加了纤溶酶原的激活。然而，在泌乳后期维持乳牛的营养水平和产乳量有助于显著限制纤溶酶的蛋白水解活性（O′ Brien 等，2006）。

体细胞溶酶体蛋白酶

乳汁中体细胞溶酶体是蛋白酶的重要来源，例如组织蛋白酶 D（Larsen 等，1996）。体细胞溶酶体还含有许多丝氨酸蛋白酶（组织蛋白酶 B），它们也参与了蛋白质的水解。乳汁中组织蛋白酶 D 的水平与 SCC 显著相关（O′ Driscoll 等，1999），组织蛋白酶 D 的活性升高是由于组织蛋白酶 D 原水平的增加而不是组织蛋白酶 D 成熟的原因（Larsen 等，2006）。乳中的 SCC 是乳牛细胞免疫防御强度的指标。当发生乳腺感染时，感染部位的细胞损伤会引发化学信号，将白细胞吸引到感染区域。一些白细胞被转移到牛乳中，因此在乳腺炎期间牛乳的 SCC 会增加。许多研究表明，SCC 低的和 SCC 高的乳汁样品具有不同的蛋白水解活性（Le Roux 等，1995；Larsen 等，2004）。结合大量研究，Kelly 等（2006）指出，一致认为低的 SCC 乳中的蛋白水解主要由纤溶酶控制，组织蛋白酶 D 的作用较小，而在 SCC 高的牛乳中，纤溶酶的重要性相对降低，其他酶（例如组织蛋白酶 D、组织蛋白酶原 D）的活性增加。

Leitner 等（2006）研究了 4 种与亚临床乳腺炎具有密切关系的病原体（金黄色葡萄球菌、产色葡萄球菌、大肠杆菌和停乳葡萄球菌）对牛乳质量的影响。感染这些病原体会增加 SCC 和酪蛋白的蛋白水解。无论病原体类型如何，来自受感染腺体的乳中纤溶酶活性比来自未受感染区域的增加了 2 倍。这些变化与感染腺体的乳汁凝乳时间增加和凝乳硬度降低相一致，这表明感染对乳的质量产生了负面影响。学者得出的结论是，酪蛋白水解指数比单用 SCC 能更好地预测牛乳质量。

患有乳腺炎或 SCC 高的乳牛产的乳与健康乳牛产的乳具有不同的干酪加工特性（Barbano，1994）。欧洲牛乳质量标准规定了散装牛乳的 SCC $\leqslant 4\times10^5$ 个 /mL，现在许多加工厂对于 SCC $\leqslant 2\times10^5$ 个 /mL 的牛乳给予奖励，这减少了乳腺炎和 SCC 高对产品品质的影响。然而，Barbano 等（1991）报道，当牛乳 SCC 达到 1×10^5 个 /mL 以上时，产品的品质便会受到影响。

牛乳中 SCC 的增加与蛋白水解活性的增加相一致（Politis 和 Ng-Kwai-Hang，1988c；Mijacevic 等，1993；Rogers 和 Mitchell，1994），如前所述（见第 1.4.2 和 1.5.3 节），这对干酪加工会产生负面影响，包括导致干酪水分增加，成分回收率和干酪产量降低。水分增加是不可取的，它很容易使产品不符合标准。此外，干酪水分升高常常会导致凝乳硬度和断裂应力降低、黏性增加、可切性变差和烹饪特性改变（一种液体状的、黏稠的、失去延展性的融化的干酪）（Guinee，2003；Guinee 和 Kilcawley，2004）。因此，与 SCC 高的相关缺陷迫使加工厂以 SCC 低乳汁供应为目标——因此，目前趋势是对 SCC 高的乳的生产者进行处罚或对 SCC 低的乳的生产者进行奖励。

来自嗜冷细菌的蛋白酶

虽然生乳的冷藏可延长保质期并减少嗜温细菌的腐败，但它有利于嗜冷微生物的繁殖，这些微生物会产生耐热的胞外酶，如蛋白酶和脂肪酶（Ali 等，1980a–c；Cromie，1992；Shah，1994；Guinot–Thomas 等，1995；van den Berg 等，1996；Haryani 等，2003）。这些蛋白酶水解乳中酪蛋白的程度取决于冷藏的温度（2 ～ 7℃）和时间长短（Celestino 等，1996；Haryani 等，2003）。由于胶体磷酸钙的溶解、疏水性诱导的酪蛋白相互作用程度较低、胶束结构松散以及所有酪蛋白（尤其是 β – 酪蛋白）的溶解和解离进入乳清，因此酪蛋白在低温下特别容易水解（见第 8 章，Fox，1970；Dalgleish 和 Law，1988，1989；Roupas，2001）。

嗜冷菌的蛋白酶水解酪蛋白导致牛乳质量（例如异味）和加工特性（蛋白质回收率较低）产生相关缺陷，尤其是在嗜冷菌数量较高的情况下，这种情况是不期望发生的（Shah，1994）。研究发现，冷藏乳中酪蛋白的水解会导致酶凝乳时间延长、凝乳硬度降低、干酪乳清中的蛋白质损失增加、干酪产量降低和 / 或干酪水分增加（McCaskey 和 Babel，1966；Ali 等，1980c；Hicks 等，1982）。这些影响程度通常随着储存温度在 1 ～ 10℃范围内和时间的增加而增加，尽管在最初的 24 ～ 48 h 内变化最高。Kumaresan 等（2007）发现，与生乳在 4℃和 7℃下储存长达 14 d 相比，生乳在 2℃下储存可显著降低嗜冷菌的繁殖、蛋白水解和脂肪水解的活性，并具有更好的感官品质。他们得出的结论是，生乳加工前应在 2℃条件下储存，以保持生乳的营养和感官品质。相反，由于在 20℃下长期储存，大量水解会导致细菌数量非常高（$>10^7$ cfu/mL），酪蛋白大量水解，凝胶时间非常短，自发凝胶以及干酪产量显著下降（Ali 等，1980c）；很可能伴随 pH 值的降低和蛋白水解诱导的唾液酸从 κ – 酪蛋白（Zalazar 等，1993）的酪蛋白大肽区释放而加速这种缺陷。

脂解活性

脂肪酶将甘油三酯水解为单甘油酯、甘油二酯和游离脂肪酸，被称为脂肪水解。生乳和干酪中的脂肪水解会产生异味（酸败、肥皂味、苦味）和风味的不稳定。因此，它在所有干酪中都是不可取的，即使在那些通过添加外源脂肪酶 / 酯酶和 / 或脂解培养物（蓝纹干酪）来促进水解的干酪也是如此（见 1.2.4 节）。

乳中大多数脂肪水解通常是由乳中天然存在的脂蛋白脂肪酶（EC 3.1.1.3.4）引起的（Olivecrona 等，2003）。传统的巴氏杀菌处理（72℃，15s）可以使脂蛋白脂肪酶基本完全失活，因此它对乳或干酪中的脂肪水解几乎没有贡献，除非生乳中的乳脂球被物理破坏，从而使脂蛋白脂肪酶与乳脂甘油三酯接触（Deeth 和 Fitz–Gerald，1976）。除了固有的脂肪水解活性外，生乳还可能含有来自污染细菌的脂肪酶 / 酯酶（Shah，1994；Celestino 等，1996；Ouattara 等，2004）。

乳中的脂肪水解可以大致分为两种类型，即诱导脂肪水解和自发脂肪水解，取决于起因 / 激活因素。

诱导脂肪水解

它被定义为由生乳的机械损伤和温度变化导致的脂肪水解（Deeth，2006）。脂肪水解的程度常常取决于酶和脂肪之间接触或结合的程度。因此，鲜乳因为存在完整的天然乳脂球膜，使酶无法与乳脂接触，所以常常很少发生脂肪水解（ 见第 1.2.4 节）。然而，乳脂球膜受损或其被酪蛋白和乳清蛋白重组膜替代（均质过程），会增强甘油三酯对脂肪水解和酯解活性的敏感性。对乳进行物理处理和 / 或冷热循环（冷却 / 再加热）可能会加速这种损坏。导致脂肪水解的物理作用包括搅拌和泵送（尤其进入空气）、均质以及生乳的冷冻和解冻等（Deeth，2006）。

搅拌会影响脂肪水解的程度。在低速搅拌下，脂肪球会聚结，而在高速搅拌下，脂肪球会分散并形成更小的球，类似于均质的效果（Deeth 和 Fitz–Gerald，1977）。虽然两种情况下球膜损伤的程度可能相似，但高速搅拌导致的脂肪水解程度要大得多，因为脂肪酶可接触脂肪的表面积更大（Deeth，2006）。一旦被搅拌诱导，脂肪水解会在短时间内快速发生，随后游离脂肪酸不会进一步积累。Downey（1980a）将其归因于游离脂肪酸在脂肪球界面的积累，以及酶未能从界面解吸所致。然而，如果重复剧烈的搅拌，累积的游离脂肪酸会从界面中清除，形成新的酶底物复合物且会导致脂肪水解恢复，直到界面再次被阻塞。搅拌 / 泵送乳汁的过程中进入空气，比没有空气的乳汁脂肪水解得更严重。

乳的均质会将脂肪球均质成体积更小、更均匀的脂肪球体，并可能导致非常强烈的脂肪水解活性。新形成的酪蛋白和乳清蛋白膜（见第 1.2.4 节）对脂肪酶的渗透性更强，因此，脂肪更容易受损（Deeth 和 Fitz–Gerald，1976）。均质后脂肪水解得非常快，5 ～ 10 min 内可能会出现明显的酸败。理想情况下，乳汁应及时进行巴氏杀菌，以尽量减少脂蛋白脂肪酶或其他脂肪酶 / 酯酶引起的脂肪水解。

冷冻和解冻会破坏乳脂肪的天然球膜，促使脂肪酶与脂肪接触（Willart 和 Sjostrom，1966）。反复冻融会加速破坏程度。缓慢冷却比速冷对脂肪球造成的损害更大。

温度激活脂肪水解是由于乳汁反复冷热循环引起的，这可能发生在牧场以及工厂的乳汁收集和标准化的过程当中。刚挤出的乳汁温度约为 37℃。Kitche 和 Aston（1970）认为脂蛋白脂肪酶在 30℃时活性最强，当温度 >37℃和 <12℃时活性显著降低。温度的变化也可以促进脂肪的分解，如冷却到 5℃，再升温到 25 ～ 37℃，再冷却，这样反复（Kon 和 Saito，1997）。当乳被加热到 30℃，然后再冷却到 10℃时，会发生最大程度的脂肪水解（Deeth 和 Fitz–Gerald，1976；Kon 和 Saito，1997）。温度激活似乎与脂肪球膜释放脂蛋白脂肪酶抑制成分有关，生乳加热至 30℃时，增加了脂肪酶与脂肪球之间的关联性；将冷却的牛乳加热到 37℃以上时脂肪水解减少，可能与脂肪球相关的脱脂乳成分的抑制作用有关。

自发性脂肪水解

在没有任何物理处理的情况下，乳汁发生的脂肪水解被称为自发性脂肪水解。乳中的这些脂肪水解是在牛乳从离开牛体后迅速冷却而开始的。不同乳牛的乳汁有不同的酸败倾向（Frankel 和 Tarassuk，1955；Sundheim 和 Bengtsson–Olivecrona，1987）。这种现象是人们对脂肪水解最不了解的。乳汁产生这种高水平游离脂肪酸的敏感性是高度可变的，它取决于乳中的生化变化和动物体内的几个敏感因素（Jellema，1975）。主要因素包括脂肪酶活性、脂肪球膜的完整性以及脂肪水解激活和抑制因子的平衡（Deeth 和 Fitz-Gerald，1975；Sundheim，1988；Cartier 和 Chilliard，1990）。乳牛自发脂肪水解的主要易感因素是泌乳后期（Chazal 和 Chilliard，1986）、饲料质量差（Jellema，1980）和乳腺炎的影响（Downey，1980b）。

细菌脂肪酶对脂肪水解的作用

现代的牧场能够保证乳汁在挤奶后迅速冷却至 8℃以下，并且从牧场运输乳汁的频率也相对较低，例如 2 d 或 3 d 拉运一次。此外，由于牧场距离的原因牛乳往往需要长途运输，并在干酪工厂冷藏 1 ～ 3 d，具体取决于季节性和生产计划，所以，一般牛乳在加工前可以冷藏 2 ～ 5 d。嗜冷菌在牛乳冷藏过程中繁殖并产生脂肪酶，对产品质量产生不利影响（Shah，1994；Sorhaug 和 Stepaniak，1997）。这些脂肪酶非常耐热，通常在巴氏杀菌和超高温处理后仍能存活（Cogan，1977；Shipe 和 Senyk，1981）。尽管嗜冷细菌会被破坏，但细菌脂肪酶没有被巴氏杀菌灭活（与天然的脂蛋白脂肪酶不同）。这意味着细菌脂肪酶可能会被带到被加工的干酪中，在干酪成熟过程中会产生异味（酸败、肥皂味、苦味），尤其是在乳汁中存在大量菌群（$>1\times10^6$ ～ 1×10^7 cfu/mL）的情况下（Chapman 等，1976；Cousin 和 Marth，1977；Law 等，1979）。

乳制品工业中脂肪的水解和预防

乳和乳制品中发生脂肪水解是行业一直关注的问题。搅拌 / 泵送对脂肪水解速率的影响取决于物理处理的强度和严重程度、脂肪酶被激活过程中的温度和牛乳的特性。挤乳设备的设计、安装和操作等对脂肪的水解都有很大的影响。乳汁的搅拌或泵送，尤其是当进入空气和乳的温度较高时（>30℃），是脂肪水解的主要因素。牧场挤乳设备的设计和维护应尽量避免减少产生泡沫或搅拌，从而减少对乳脂的物理破坏和促使游离脂肪酸的生成。重要的是，输乳管线以层流为主，泵不会在“没有物料”的条件下运行，这样的目的是减少空转防止游离脂肪酸增加。输乳管线的高度也可能影响脂肪水解，特别是在有空气泄漏的情况下（O′Brien 等，1998）。此外，贮存罐设计应尽量保持轻缓转移和处理，从而最大限度地减少游离脂肪酸的生成。虽然牛乳的快速冷却对抑制脂肪水解很重要，但反复升温降温非常容易造成脂肪水解，一般每天发生两次，将鲜乳从 35℃的贮存罐转移到 4℃的大罐中，与已有的乳混合后温度上升到 15℃。如果贮存罐能够快速冷却到 4℃，这种影响可能会很小。然而，当乳汁很少时速冷，要避免乳汁在罐体表面结冰（例如直接膨胀罐）。减少由嗜冷菌引起脂肪水解的最有效方法首先是控制挤乳时的卫生，减少细菌被带入，其次是最大限度地减少挤乳与加工之间的储存时间。加工厂还负责确保牛乳在收集 / 运输和分配到贮存罐以及干酪槽期间的搅拌、空穴效应和温度变化最小化，并避免均质乳和生乳交叉混合和污染（Reuter，1978）。

多项研究报告称（Deeth 和 Fitz-Gerald，1976；Sapru 等，1997；O′Brien 等，2006），泌乳后期乳汁中的游离脂肪酸高于泌乳早期乳汁的。这可能是由于牛乳和脂肪球膜的完整性发生了变化，或者过多的空气进入少量的牛乳中，特别是季节性乳，在晚上挤乳时，脂肪球膜遭到破坏所致。乳牛的采食也会影响乳汁中的脂肪水解，营养不良乳牛的乳中游离脂肪酸水平相对较高（Jellema，1980）。

1.5.5 化学残留物

乳中的化学残留物和污染物是公众健康关注的问题，也是造成行业经济损失的一个原因。乳很容易受到污染有许多客观因素，包括抗生素在内的一系列兽药常常用于动物的各种疾病治疗，其中最常见的是乳腺炎；此外，乳中其他污染物来源包括清洁剂和消毒剂［三氯甲烷（trichloromethane，TCM）、碘］和复合动物饲料（真菌毒素）等。

抗生素

抗菌药物常被用于治疗细菌感染或预防疾病的传播。所有给乳牛注射或喂的抗菌药物都在一定程度上会进入乳汁中，每种药物都有一定的停药期，在此期间，药物在动物机体组织中的浓度逐渐下降最终被排出体外。最常用的抗菌药物是抗生素，用于治疗乳腺炎。其他传染病如蹄叶炎和呼吸道疾病也用抗菌药物治疗，但重要性相对较小（Fisher 等，2003）。

乳中抗菌药物残留的出现对乳制品行业产生经济和技术两方面的影响。它会导致抑制发酵剂部分或完全产酸，干酪成熟和老化不充分，以及产品出现风味和质地缺陷（Honkanen–Buzalski 和 Reybroeck，1997）。另一个与牧场抗菌药物滥用有关的潜在问题是导致病原体的抗药性。这使人们对动物治疗变得复杂化，并可能导致在肠道中出现耐抗生素的细菌。更令人担忧的是，个别敏感个体可能对抗生素表现出过敏反应（Lee 等，2001）。1993 年至 1994 年间在美国（USA）进行的一项调查报告称，约 6% 的乳汁样本（2495）的抗生素检测呈阳性（Anonymous，2005）。由于乳腺炎是非常常见的疾病，高发的抗生素残留可能是由于泌乳牛与干乳牛注入剂的混用引起。此外，没有丢弃在停药期内乳牛产的乳也是抗生素残留的主要原因。即便对问题乳牛挤乳过程进行了处理，设备受到污染也会导致乳汁中抗生素残留。挤奶设备上的抗生素残留，最后可以通过对有问题的病牛或后续健康乳牛挤乳之前对设备进行清洗来避免。因此，乳的停药期（从销售开始）和污染抗生素的设备与正常设备的分离对于消除抗生素残留至关重要。

加工厂发现乳中检测含有抗生素残留会拒收，对涉事牧场进行经济处罚，并限制在一段时间内不得销售牛乳。因此，乳制品行业面临的挑战是开发一种消除抗生素污染的方法。这种方法在不同国家的应用细节有所不同，但国际原则是相似的。对乳中抗生素的控制方案通常包括对乳汁供应者的日常监测、对运输受污染乳的人进行处罚，以及兽医对抗生素治疗的监督。

真菌毒素

真菌毒素是霉菌的代谢产物，可导致人类或动物的病理变化。在食品中存在真菌毒素会引起人类和其他动物的毒性反应（肾或肝功能恶化）（O′Brien 等，2004），因此是不可取的。欧盟规定乳中的黄曲霉毒素 M_1 最高水平为 0.5 μg/kg（van Egmond 和 Dekker，1995）。真菌毒素存在于干酪中（Sengun 等，2008；Rahimi 等，2009），是从乳汁中转移或由霉菌产生的结果（青霉属和曲霉属）（Erdogan 和 Sert，2004；O′Brien 等，2004；

Sengun 等，2008）。

乳汁中的真菌毒素通常是乳牛采食饲料间接污染而产生的。在这方面最重要的是黄曲霉毒素 M_1，即黄曲霉毒素 B_1 的代谢物。黄曲霉毒素 M_1 出现在乳汁和乳制品中，是乳牛摄入受黄曲霉毒素 B_1 污染饲料的直接结果。由于储存不当和适宜真菌繁殖的有利气候条件，黄曲霉毒素 B_1 可能存在于饲料中。黄曲霉和寄生曲霉在一定的温度、湿度和营养物质可利用的条件下可以产生黄曲霉毒素 B_1。由曲霉和青霉以外的真菌产生的真菌毒素对乳制品影响不大。虽然近年来人们对乳汁中是否存在黄曲霉毒素 M_1 表示担忧，但乳中通常含有的黄曲霉毒素 M_1 水平极低（Blanco 等，1988）。乳牛的黄曲霉毒素转化效率低；Frobish 等（1986）报告称，在哺乳动物饲料中有意添加黄曲霉毒素 B_1，有 <2% 转化为羟基化形式（M_1）。

其他残留物

一些国家的零售商在某些乳制品的规范中，对其他乳汁残留物的要求限制越来越明显，例如，酸奶油中 TCM 低于 0.03 mg/kg 和婴儿配方食品中的乳中碘含量低于 250 ug/kg。TCM，也被称为氯仿，被归类为 2B 类致癌物，并已被证明会导致实验动物致癌（国际癌症研究机构，1999），而人类饮食过量的碘会导致甲状腺活动改变（Castillo 等，2003）。牛乳中 TCM 的形成是乳中的有机物与洗涤剂溶剂中的活性氯发生反应的结果（Resch 和 Guthy，2000）。TCM 在洗涤剂溶剂中形成，然后由于溶剂残留在与乳接触的表面（例如牛乳管道）而转移到乳中。通过在洗涤剂洗涤前后充分冲洗挤乳设备以及正确地使用具有适当氯含量的清洁产品，可以最大限度地减少 TCM 的形成。

乳中过量的碘是由于含碘高的动物饲料转移到乳中或在挤奶前后对乳牛的乳头消毒造成的。因此，监测动物饲料中的碘含量并减少乳头消毒剂（含碘）从乳头到乳中的残留，将最大限度地降低乳中的碘含量。

1.6 优质乳战略

干酪是一种浓缩乳凝胶产品，其由酪蛋白 / 副酪蛋白基质组成，包裹脂肪和水分。是通过控制原料乳蛋白（特别是酪蛋白）的凝胶化（聚集）和通过对凝胶进行各种处理（例如凝胶切割、搅拌、加热）和排除乳清而使凝胶脱水到所需程度而形成的。在酶凝干酪中用皱胃酶处理原料乳，在酸凝干酪中用酸酸化（pH 值 4.8 ～ 4.6）处理原料乳，从而诱导乳凝胶化。在这两种情况下，凝胶的基本构成都是聚集体（酶凝干酪中的副酪蛋白和酸凝干酪中的酪蛋白），由相互作用的酪蛋白胶束组成。这些聚集体随后融合在一起，在整个原料乳中形成一个有限的、周期性重复的蛋白质连续结构。干酪在这种方法的形成过程中，乳汁的主要质量特性如下：

- 酪蛋白聚集能够形成足够坚固的凝胶，可以在一定的时间范围内切割（通常酶凝干酪为 30 ～ 50 min，酸凝干酪为 4 ～ 14 h）；
- 干酪在凝胶化后续的加工过程中，继续聚集并排放乳清；
- 凝胶结构和凝乳流变学的发展，在干酪加工的所有阶段坚固性良好，能最大限度地保留凝乳中的脂肪、酪蛋白和凝乳的产量。

这些属性是形成具有所需成分、结构、质地和产量的新鲜凝乳的先决条件。通常与增强酶凝乳作用呈正相关的原料乳特征包括：

• 优质酪蛋白含量、完整无损的酪蛋白含量、酪蛋白总量、个别（α_{s1}–、β–和 κ–）酪蛋白、钙与酪蛋白的比例以及 κ–酪蛋白与酪蛋白总量和个别酪蛋白（α_{s2}–和 β–酪蛋白）的比例；

• 血清酪蛋白、胶束大小和 κ–酪蛋白糖基化程度。

这些特征取决于许多因素，包括乳牛的品种、健康状况、畜龄、营养水平和泌乳阶段、乳汁的体细胞数和菌落总数、相关酶的活性、季节和产乳习惯。除了这些特性之外，原料乳特性对于开发出令人满意的感官特性的干酪也很重要，例如，味道清淡的，没有异味，如酸败、污染和残留物的化学味道，并符合消费者/用户期望的安全和卫生要求。表1.4列出了用于干酪加工的优质乳的一些建议属性。

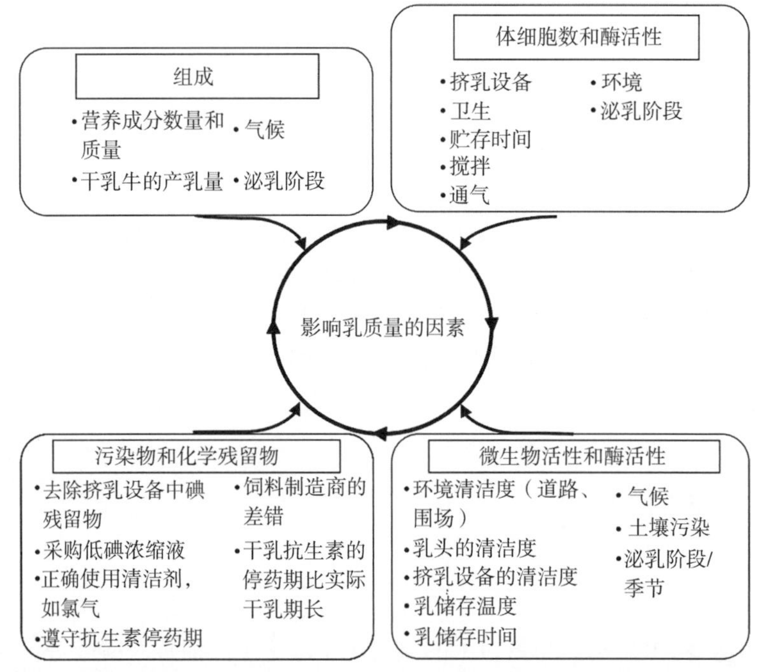

图 1.5　影响牧场原料乳质量的因素。注：有 4 个关键参数直接或间接影响干酪用乳的质量：（a）组成；（b）体细胞数和酶活性；（c）微生物活性和酶活性；（d）残留物/污染物。对于每个参数，都有可以控制或无法控制的因素，这些因素分别由各参数文本框左右两列的项目符号表示。

图 1.5 总结了影响牧场原料乳整体质量的因素。其中一些可以短期控制（在挤乳前实施适当的清洁工艺）或长期控制（实施选择/育种计划以获得所需的成分特征——蛋白质含量、遗传变异的频率）；其他不可控制因素（气候、环境）。通过“牧场乳牛最佳的管理和实践”可以更天然、更经济地获得干酪原料乳。在干酪加工之前，干酪工厂内的一些技术干预可以改变一些原料乳的特性，使其更适合于干酪加工（例如通过超滤提高原料乳酪蛋白含量，见第 8 章）。然而，原料乳一些其他特性无法改变，如体细胞数、微生物和酶

活性的影响。离开牧场（并由加工厂收购）的原料质量至关重要，也是最难控制的。因此，采用最佳的泌乳方法获得“定制化”的原料乳用于加工干酪非常重要。良好的原料乳生产管理的关键要素概述如下：

• 为特定干酪进行乳牛育种 / 饲喂；
• 保持高质量的动物营养；
• 减少乳中的菌落总数；
• 控制乳汁体细胞数；
• 最大限度地减少与体细胞和细菌污染相关的酶活性；
• 尽量减少化学残留物和污染物；
• 最大限度地减少破坏脂肪和游离脂肪酸水平。

附录 1.1 中概述了每个步骤的实施细节。

总之，用于干酪加工的原料乳确保质量稳定，在牧场应按照最佳的动物健康、挤乳卫生、动物饲养、动物福利和环境的控制为原则组织生产。还应包括各种记录保存（乳的储存温度和对个别动物的兽药或药物治疗）。为了使牧场达到卓越的牛乳生产效果，日常指导还额外包括设定绩效目标、快速识别乳腺炎、挤奶工序的标准化、员工的培训（其中每项都有标准操作规范）等，有足够的时间来执行管理原料乳的质量管控。

1.7 总结

始终如一地高效生产优质干酪是一个高度复杂的生物技术过程，包括乳蛋白凝胶化的控制，乳糖发酵成乳酸，凝胶脱水获得干酪凝乳，凝乳成熟为消费者所需的成熟的干酪品质属性（感官、美学、使用、安全、便利、健康、物有所值）（见第 8 章）。生产优质干酪的一个关键先决条件是从高质量的原料乳开始。本章研究了影响普通干酪加工的原料乳质量因素。包括成分的组成、状态（球状脂肪与游离脂肪的比率；酪蛋白或脂肪的水解程度）、固有酶和污染酶（来自细菌、体细胞）的活性水平以及污染物和化学残留物的水平。近年来，用于生产干酪的原料乳质量有了很大提高，这是因为：（a）对影响乳成分的因素以及这些因素如何受动物繁殖、饲养和处理的影响有更深入的科学知识；（b）在牧场层面实施质量控制措施，例如对农民培训和教育、改善卫生、应用测量系统、完善文件记录和提高可追溯性。然而，原料乳质量概念是一个动态的实体，并且需要持续的质量改进方法来满足包括干酪工厂和消费者在内的不同利益相关者的要求。目前，消费者的需求似乎越来越重要，而且由于消费者对食品、健康和安全问题的认识不断提高，这种情况很可能会持续下去，因此干酪工厂需要对食品质量有更多的保证。以下措施将有助于进一步改善用于生产干酪乳的质量：

• 从干酪生产到最终成品特性的实现，需要更好地理解乳成分和化学成分之间的关系，以及干酪品质和生产效率的各个方面，例如生乳的脂肪水解和游离脂肪酸对干酪中游离脂肪酸水平与感官方面的影响；κ－酪蛋白糖基化程度对皱胃酶水解速率以及副 κ－酪蛋白絮凝 / 凝胶的影响，例如，比较天然酪蛋白胶束与经糖苷酶原位处理以去除 κ－酪蛋白中的唾液酸和其他多聚糖的酪蛋白胶束的特性；pH 值、离子强度、乳清蛋白类型和浓度等因素对高温处理乳中 κ – 酪蛋白与变性乳清蛋白相互作用的影响，以及由此形成的聚集体被同化到酶诱导的乳凝胶中及它们对最终干酪物理性质的影响；饲料对乳脂风味、物理性质以及最终干酪特性的影响。

• 通过乳牛育种和选择，以获得最理想的乳汁品质（蛋白质水平和蛋白质的遗传变异）。

• 蛋白质组学的持续发展，即作为阐明牛乳凝胶特性中乳牛间差异的分子基础的一种手段（Tyriseva 等，2008）。

• 分析能力的提高，如高压液相色谱法，有助于量化单个蛋白质，并有助于我们理解对干酪重要的蛋白质相互作用（Donato 和 Guyomarc′h，2009），或不同唾液酸含量的胶束聚集。

• 通过涵盖干酪等产品的优质乳生产的所有基本方面（育种、饲养、卫生、牛乳处理 / 储存、乳与乳制品之间的关系、消费者需求、可追溯性 / 文件）的综合培训计划，提高农场的优质乳生产（附录 1.1）。

此外，在牧场的质量管理预案中，风险识别与预防是很重要的。该预案类似于在干酪工业中实施危险分析与关键控制点体系。该体系将监测贯穿整个牛乳生产过程的关键点（饲喂、乳牛、牛乳、牛乳储罐，病原体、生物污染物、抗生素、毒素、化学污染物）。

附录 1.1　优质乳生产方案

• 目标干酪加工特性的育种 / 选择。

○ 选择酪蛋白和 / 或脂肪含量高的乳牛品种，或 κ – 酪蛋白和 β – 乳球蛋白的 BB 基因变体。

• 维持高水平的动物营养。

○ 充足且高质量的牧草可以提高优质乳的生产效率。

○ 在牧草系统中添加精料，以在牧草供应不足时增加乳牛的能量供应。

○ 在泌乳后期实施良好的乳牛管理制度，如保持产乳量（乳牛在干乳期产乳量 8 ～ 9 kg/d 时，补充牧草、青贮和精料）。

• 尽量减少乳中的菌落总数。

○ 在牛乳生产的各个阶段保持良好的卫生标准。

○ 为乳牛提供一个卫生的活动场地，并尽量减少细菌对乳牛乳房的影响（良好的放牧条件或牛床垫料）。

○ 挤乳前的工序必须完整执行，以确保乳房和乳头表皮上的细菌最少。

○ 每次挤乳后，挤乳场所须实施有效的清洁。

○ 鲜乳必须速冷至 4℃或以下。

• 保持乳汁较低的体细胞数。

○ 通过保持乳牛清洁和挤乳后乳头的消毒，降低细菌污染乳牛乳头和乳房的风险。

○ 冬季为乳牛提供干净、干燥、舒适的牛舍。

○ 防止导致乳牛乳腺炎的微生物在挤乳过程中不同乳牛之间的交叉污染，或同一头牛乳头间的交叉污染。

○ 确保每头牛的挤乳设备适宜，从而在挤乳前有足够的时间准备，避免过度挤乳。

○ 确保挤乳设备正确安装，定期维护、测试和保养，并能正常运行。

○ 在收集、记录、检查和解释牛群和个体乳牛 SCC 数据以及临床乳腺炎发病率方面留出时间来控制牛乳 SCC 和乳腺炎发病率。

● 购买来自健康牛群的牛，例如，牛群平均体细胞数小于 1.5×10^5 个 /mL。

● 实施乳牛干乳期治疗。

● 淘汰 SCC 高和 / 或临床乳腺炎发病率高的乳牛。

• 减少与体细胞和细菌污染相关的酶活性。

○ 保持良好的采食来维持乳牛在泌乳后期的产乳量。

○ 尽量减少乳腺炎的发生和牛乳中较高的体细胞数。

○ 通过降低乳中的细菌水平、微生物繁殖程度和储存时间来降低嗜冷菌的蛋白水解活性。

○ 保持良好的卫生条件（低细菌水平），快速冷却（尽量减少微生物繁殖）和缩短储存时间。

• 尽量减少对脂肪球的破坏和游离脂肪酸含量。

○ 确保原料乳输送设备的合理设计和及时维护设备，以最大限度地减少气蚀、起泡或搅拌，并促进层流条件。

○ 确保能够温和地转移和处理牛乳的贮存罐设计。

○ 在降温特别快的速冷罐中，要避免初始挤的牛乳冻结到容器表面。

○ 确保将鲜乳转移到乳仓和干酪槽中时最小的搅拌和温度变化，同时避免工厂内均质乳和生乳之间的接触。

○ 保证乳牛良好的采食，特别是在泌乳后期，防止营养不足。

• 尽量减少化学残留物和污染物。

○ 在推荐的停药期内丢弃有抗生素残留的乳。

○ 在挤完含有抗生素的乳后冲洗挤乳设备，以防止交叉污染。

○ 确保饲料的质量、可追溯性和储存条件。

参考文献

Adak, G.K., Meakins, S.M., Yip, H., Loopman, B.J. & O′Brien, S.J. (2005) Disease risks from foods, England and Wales, 1996–2000. *Emerging Infectious Disease*, 11, 365–372.

Albenzio, M., Caroprese, M., Santillo, A., Marino, R., Taibi, L. & Sevi, A. (2004) Effects of somatic cell count and stage of lactation on the plasmin activity and cheese-making properties of ewe milk. *Journal of Dairy Science*, 87, 533–542.

Aleandri, R., Buttazzoni, L.G., Schneider, J.C., Caroli, A. &Davoli, R. (1990) The effects of milk protein polymorphisms on milk components and cheese–producing ability. *Journal of Dairy Science*, 73, 241–255.

Ali, A.E., Andrews, A.T. &Cheeseman, G.C. (1980a) Influence of elevated somatic cell count on casein distribution and cheese–making. *Journal of Dairy Research*, 47, 393–400.

Ali, A.E., Andrews, A.T. & Cheeseman, G.C. (1980b) Influence of storage of milk on casein distribution between the micellar and soluble phases and its relationship to cheese–making parameters. *Journal of Dairy Research*, 47, 371–382.

Ali, A.E., Andrews, A.T., Gordon, C. & Cheeseman, C. (1980c) Factors influencing casein distribution in cold–stored milk and their effects on cheese–making parameters. *Journal of Dairy Research*, 47, 383–391.

Anderson, M. & Andrews, A.T. (1977) Progressive changes in individual milk protein concentrations associated with high somatic cell counts. *Journal of Dairy Research*, 44, 223–230.

Anema, S.G. & Li, Y. (2003) Association of denatured whey proteins with casein micelles in heated reconstituted skim milk and its effect on casein micelle size. *Journal of Dairy Research*, 70, 73–83.

Anema, S.G., Lee, S.K., Lowe, E.K. & Klostermeyer, H. (2004) Rheological properties of acid gels prepared from heated pH–adjusted skim milk. *Journal of Agricultural and Food Chemistry*, 52, 337–343.

Anifantakis, E.M. (1986) Comparison of the physico–chemical properties of ewes′ and cows′ milk. *Production and Utilisation of Ewes' and Goats' Milk*, Document No. 202, pp. 42–53, International Dairy Federation, Brussels.

Anonymous (2005) National Milk Drug Residue Database, Fiscal Year 2004 Annual Report, October 1, 2003–September 30, 2004, GLH, Incorporated, Florida.

Aoki, T., Toyooka, K. & Kako, Y. (1985) Role of phosphate groups in the calcium sensitivity of α_{s2}–casein. *Journal of Dairy Science*, 68, 1624–1629.

Auldist, M.J., Coats, S., Sutherland, B.J.Mayes, J.J.M., McDowell, G. & Rogers, G.L. (1996) Effects of somatic cell count and stage of lactation on raw milk composition and the yield and quality of Cheddar cheese. *Journal of Dairy Research*, 63, 269–280.

Auldist, M.J. & Hubble, I.B. (1998) Effects of mastitis on raw milk and dairy products. Australian Journal of Dairy Technology, 53, 28–36.

Auldist, M.J., Johnston, K.A., White, N.J., Fitzsimons, W.P. & Boland, M.J. (2004) A comparison of the composition, coagulation characteristics and cheesemaking capacity of milk from Friesian and Jersey dairy cows. *Journal of Dairy Research*, 71, 51–57.

Auldist, M., Mullins, C., O′ Brien, B. & Guinee, T. (2001) A comparison of the Formagraph and low amplitude strain oscillation rheometry as methods for assessing the rennet coagulation properties of bovine milk. *Milchwissenschaft*, 56, 89–92.

Auldist, M., Mullins, C., O′ Brien, B., O′ Kennedy, B.T. & Guinee, T. (2002) Effect of cow breed on milk coagulation properties. *Milchwissenschaft*, 57, 140–143.

Auldist, M.J., Walsh, B.J. & Thomson, N.A. (1998) Seasonal and lactational influences on bovine milk composition in New Zealand. *Journal of Dairy Research*, 65, 401–411.

Awad, S. (2007) Effect of sodium chloride and pH on the rennet coagulation and gel firmness. *Libensmittel Wissenschaft und Technologie*, 40, 220–224.

Banks, J.M. & Tamime, A.Y. (1987) Seasonal trends in the efficiency of recovery of milk fat and casein in cheese manufacture. *Journal of the Society of Dairy Technology*, 40, 64–66.

Barbano, D.M. (1994) Overview–influence of mastitis on cheese yield and factors affecting its control. Cheese Yield and Factors Affecting Its Control, Special Issue No. 9402, pp. 48–54, International Dairy Federation, Brussels.

Barbano, D.M., Rasmussen, R.R. & Lynch, J.M. (1991) Influence of somatic cell count and milk age on cheese yield. *Journal of Dairy Science*, 74, 369–388.

Bastian, E.D. & Brown, R.J. (1996) Plasmin in milk and dairy products:an update. *International Dairy Journal*, 6, 435–457.

Bastian, E.D., Hansen, K.G. & Brown, R.J. (1991) Activation of plasmin with urokinase in ultrafiltered milk for cheese manufacture. *Journal of Dairy Science*, 74, 3669–3679.

Blanco, J.L., Dominguez, L., Gomez–Lucia, E., Garayzabal, J.F.F., Garcia, J.A. & Suarez, G. (1988) Presence of aflatoxin M1 in commercial ultra–high–temperature–treated milk. *Applied and Environmental Microbiology*, 54, 1622–1623.

Bramanti, E., Sortino, C., Onor, M., Beni, F. & Raspi, G. (2003) Separation and determination of denatured α_{s1}–, α_{s2}–, β – and –caseins by hydrophobic interaction chromatography in cows′, ewes′ and goats′ milk, milk mixtures and cheeses. *Journal of Chromatography A*, 994 (1–2), 59–74

Bramley, A.J. & McKinnon, C.H. (1990) The microbiology of raw milk. *Dairy Microbiology* (ed. R.K.Robinson), vol. 1, pp. 163–208, Elsevier Science Publishers, London.

Brand, E., Liaudat, M., Olt, R. & Linxweiler, W. (2000) Rapid determination of lipase in raw, pasteurised and UHT–milk. *Milchwissenschaft*, 55, 573–576.

Brew, K. (2003) α–Lactalbumin. Advanced Dairy Chemistry, Volume 1:Proteins (eds P.F. Fox and P.L.H.McSweeney), 3rd edn, Part A, pp. 387–421, Kluwer Academic/Plenum Publishers, New York.

Broome, M.C., Tan, S.E., Alexander, M.A. & Manser, B. (1998a) Low–concentration–ratio ultrafiltration for Cheddar cheese manufacture. I:Effect on seasonal cheese composition. *Australian Journal of Dairy echnology*, 53, 5–10.

Broome, M.C., Tan, S.E., Alexander, M.A. & Manser, B. (1998b) Low–concentration–ratio ultrafiltration for Cheddar cheese manufacture. Ⅱ : Effect on maturation. *Australian Journal of Dairy Technology*, 53, 11–16.

Buncic, S. (2006) On–farm phase in the context of the food chain. *Integrated Food Safety and Veterinary Public Health* (ed.S.Buncic), pp. 26–31, CABI, Oxford.

Burvenich, C., Guidry, A.J. & Paape, M.J. (1995) Natural defence mechanisms of the lactating and dry mammary gland. *Proceedings of the Third IDF International Mastitis Seminar* (eds A.Saran and S.Soback), pp. 3–13, Beit–Dagan, The National Mastitis Reference Centre, Kimron Veterinary Institute, Tel Aviv.

Bush, C.S., Caroutte, C.A., Amundson, C.H. & Olson, N.F. (1983) Manufacture of Colby and brick cheeses from ultrafiltered milk. *Journal of Dairy Science*, 66, 415–421.

Calderon, F., Chauveau–Duriot, B., Martin, B., Graulet, B., Doreau, M. & Noziere, P. (2007) Variations in carotenoids, vitamins A and E, and color in cow′ s plasma and milk during late pregnancy and the first three months of lactation. *Journal of Dairy Science*, 90, 2335–2346.

Caravaca, F., Carrizosa, J., Urrutia, B., Baena, F., Jordana, J., Amills, M., Badaoui, B., Sanchez, A., Angiolillo, A. & Serradilla, J.M. (2009) Effect of α s1–casein (CSN1S1) and κ –casein (CSN3) genotypes on milk composition in Murciano–Granadina goats. *Journal of Dairy Science*, 92, 2960–2964.

Carlen, E., Strandberg, E. & Roth, A. (2004) Genetic parameters for clinical mastitis, somatic cell score, and production in the first three lactations of Swedish holstein cows. *Journal of Dairy Science*, 87, 3062–3070.

Cartier, P. & Chilliard, Y. (1990) Spontaneous lipolysis in bovine milk: combined effects of nine characteristics in native milk. *Journal of Dairy Science*, 73, 1178–1186.

Castillo, V.A., Rodriguez, M.S., Lalia, J.C. & Pisarev, M.A. (2003). Morphologic changes in the thyroid glands of puppies fed a high–iodine commercial diet. *International Journal of Applied Research in Veterinary Medicine*, 1, 45–50.

Celestino, E.L., Iyer, M. & Roginski, H. (1996) The effects of storage on the quality of raw milk. Australian *Journal of Dairy Technology*, 51, 59–63.

Chapman, H.R. (1974) The effect the chemical quality of milk has on cheese quality. *Dairy Industries International*, 39, 329–334.

Chapman, H.R. & Burnett, J. (1972) Seasonal changes in the physical properties of milk for cheesemaking. *Dairy Industries International*, 37, 207–211.

Chapman, H.R., Sharpe, M.E. & Law, B.A. (1976) Some effects of low–temperature storage of milk on cheese production and Cheddar cheese flavour. *Dairy Industries International*, 41, 42–45.

Chazal, M.P. & Chilliard, Y. (1986) Effect of stage of lactation, stage of pregnancy, milk yield and herd management on seasonal variation in spontaneous lipolysis in bovine milk. Journal of Dairy Research, 53, 529–538.

Choi, J., Horne, D.S. & Lucey, J.A. (2007) Effect of insoluble calcium concentration on rennet coagulation properties of milk. *Journal of Dairy Science*, 90, 2612–2623.

Christiansson, A., Bertilsson, J. & Svensson, B. (1999) Baccillus cereus spores in raw milk:factors affecting the contamination of milk during the grazing period. *Journal of Dairy Science*, 82, 305–314.

Cogan, R.M. (1977) A review of heat resistant lipase and proteinases and the quality of dairy products. *Irish Journal of Food Science and Technology*, 4, 95–105.

Collins, Y.F., McSweeney, P.L.H. & Wilkinson, M.G. (2004) Lipolysis and catabolism of fatty acids in cheese. *Cheese:Chemistry, Physics and Microbiology, Volume 1:General Aspects* (eds P.F. Fox, P.L.H. McSweeney, T.M.Cogan and T.P.Guinee), 3rd edn, pp. 373–389, Elsevier Academic Press, Amsterdam.

Cooney, S., Tiernan, D., Joyce, P. & Kelly, A.L. (2000) Effect of somatic cell count and polymorphonuclear leucocyte content of milk on composition and proteolysis during ripening of Swiss–type cheese. *Journal of Dairy Research*, 67, 301–307.

Cousin, M.A. & Marth, E.H. (1977) Cheddar cheese made from milk that was precultured with psychrotrophic bacteria. *Journal of Dairy Science*, 60, 1048–1056.

Cousins, C.M. & Bramley, A.J. (1984) The microbiology of raw milk. *Dairy Microbiology* (ed.R.K.Robinson), vol. 1, pp. 119–163, Elsevier Science Publishers, London.

Creamer, L.K. & Olson, N.F. (1982) Rheological evaluation of maturing Cheddar cheese. *Journal of Food Science*, 47, 631–636, 646.

Creamer, L.K., Zoerb, H.F., Olson, N.F. & Richardson, T. (1982) Surface hydrophobicity of α_{s1}–I, α_{s1}–casein A and B and its implications in cheese structure. *Journal of Dairy Science*, 65, 902–906.

Cromie, S. (1992) Psychrotrophs and their enzyme residues in cheese milk. *Australian Journal of Dairy Technology*, 47, 96–100.

Dalgleish, D.G. (1979) Proteolysis and aggregation of casein micelles treated with immobilized or soluble chymosin. *Journal of Dairy Research*, 46, 653–661.

Dalgleish, D.G., Horne, D.S. & Law, A.J.R. (1989) Size–related differences in bovine casein micelles. *Biochimica et Biophysica Acta*, 991, 383–387.

Dalgleish, D.G. & Law, A.J.R. (1988) pH–induced dissociation of bovine casein micelles. – Ⅰ : Analysis of liberated caseins. *Journal of Dairy Research*, 55, 529–538.

Dalgleish, D.G. & Law, A.J.R. (1989) pH–induced dissociation of bovine casein micelles. – Ⅱ : Mineral solubilization and its relation to casein release. *Journal of Dairy Research*, 56, 727–735.

Deeth, H.C. (2006) Lipoprotein lipase and lipolysis in milk. *International Dairy Journal*, 16, 555–562.

Deeth, H.C. & Fitz–Gerald, C.H. (1975) Factors governing the susceptibility of milk to spontaneous lipolysis. *Proceedings of the Lipolysis Symposium*, Document No. 86, pp. 24–34, International Dairy Federation, Brussels.

Deeth, H.C. & Fitz–Gerald, C.H. (1976) Lipolysis in dairy products:a review. *Australian Journal of Dairy Technology*, 31, 53–64.

Deeth, H.C. & Fitz–Gerald, C.H. (1977) Some factors involved in milk lipase activation by agitation. *Journal of Dairy Research*, 44, 569–583.

Deeth, H.C. & FitzGerald, C.H. (2006) Lipolytic enzymes and hydrolytic rancidity. *Advanced Dairy Chemistry, Volume 2*:Lipids (eds P.F.Fox and P.L.H.McSweeney), 3rd edn, pp. 481–556, Springer Science+Business Media, Inc, New York.

Dillon, P.G., Crosse, S., O′ Brien, B. & Mayes, R.W. (2002) The effect of forage type and concentrate supplementation on the performance of spring–calving dairy cows in early lactation. *Grass and Forage Science*, 57, 1–12.

Dillon, P., Crosse, S., Stakelum, G. & Flynn, F. (1995) The effect of calving date and stocking rate on the performance of spring–calving dairy cows. *Grass and Forage Science*, 50, 26–29

Donato, L. & Guyomarc′ h, F. (2009) Formation and properties of the whey protein/ α –casein complexes in heated skim milk–a review. *Lait–Dairy Science and Technology*, 89, 3–29.

Donnelly, W.J. & Barry, J.G. (1983) Casein compositional studies. Ⅲ :Changes in Irish milk for manufacturing and role of milk proteinase. *Journal of Dairy Research*, 50, 433–441.

Donnelly, W.J., Barry, J.G. & Buchheim, W. (1984) Casein micelle composition and syneretic properties of late lactation milk. *Irish Journal of Food Science and Technology*, 8, 121–130.

Downey, W.K. (1980a)Flavour impairment from pre– and post–manufacture lipolysis in milk and dairy products. *Journal of Dairy Research*, 47, 237–252.

Downey, W.K. (1980b) Risks from pre– and post–manufacture lipolysis. *Flavour Impairment of Milk and Milk Products due to Lipolysis*, Document No. 118, pp. 4–18, International Dairy Federation, Brussels.

Driessen, F.M. & Van Der Waals, C.B. (1978) Inactivation of native milk proteinase by heat treatment. *Netherlands Milk and Dairy Journal*, 32, 245–254.

Dulley, J.R. (1972) Bovine milk protease. *Journal of Dairy Research*, 39, 1–9.

Dziuba, J. & Minkiewicz, P. (1996). Influence of glycosylation on micelle–stabilizing ability and biological properties of C–terminal fragments of cow′ s κ –casein. *International Dairy Journal*, 6, 1017–1044.

van Egmond, H.P. & Dekker, W.H. (1995) Worldwide regulations for mycotoxins in 1994. *Natural Toxins*, 3, 332–336.

Emmons, D.B. (1991). Yield formulae. Factors Affecting the Yield of Cheese, Special Issue No. 9301, pp. 21–47. *International Dairy Federation*, Brussels.

Erdogan, A. & Sert, S. (2004) Mycotoxin–forming ability of two Penicillium roqueforti strains in blue moldy

Tulum cheese ripened at various temperatures. *Journal of Food Protection*, 67, 533–535.

EU (1964) Council Directive 64/432/EEC of 26 June 1964 on animal health problems affecting intra community trade in bovine animals and swine. *Official Journal of the European Commission*, 121, 1977–2012.

EU (1992) Council Directive 92/46/EEC of 16 June 1992 laying down health rules for the production and placing on the market for raw milk, heat-treated milk and milk-based products. *Official Journal of European Commission*, L1268, 1–32.

EU (1996) Commission Regulation (EC) No. 1081/96 of 14 June 1996 establishing a reference method for the detection of cows milk and caseinate in cheeses made from ewes milk, goats milk or buffalos milk or mixtures of ewes, goats, and buffalos milk and repealing Regulation (EEC) No. 690/92. *Official Journal of European Communities*, L142, 15–25.

EU (1997) Council Regulation (EC) No 2597/97 of 18 December 1997 laying down additional rules on the common organization of the market in milk and milk products for drinking milk. *Official Journal of European Communities*, L351, 13–15.

EU (2004) Regulation (EC) No. 853/2004 of 29 April 2004 laying down specific rules for food of animal origin. *Official Journal of the European Commission*, L226, 22–82.

Farkye, N.Y. (2004) Acid-and acid/rennet-curd cheeses. Part C:Acid-heat coagulated cheeses. *Cheese:Chemistry, Physics and Microbiology, Volume 2:Major Cheese Groups* (eds P.F. Fox, P.L.H.McSweeney, T.M.Cogan and T.P.Guinee), 3rd edn, pp. 343–348, Elsevier Academic Press, Amsterdam.

Farkye, N. & Fox, P.F. (1992) Contribution of plasmin to Cheddar cheese ripening: effect of added plasmin. *Journal of Dairy Research*, 59, 209–216.

Farkye, N.Y. & Landkammer, C.F. (1992) Milk plasmin activity influence on Cheddar cheese quality during ripening. *Journal of Food Science*, 57, 622–624, 639.

Fenelon, M.A. & Guinee, T.P. (1999) The effect of milk fat on Cheddar cheese yield and its prediction, using modifications of the Van Slyke cheese yield formula. *Journal of Dairy Science*, 82, 2287–2299.

Fenelon, M.A. & Guinee, T.P. (2000) Primary proteolysis and textural changes during ripening in Cheddar cheeses manufactured to different fat contents. *International Dairy Journal*, 10, 151–158.

Ferreiro, L., de Souza, H.M. & Heineck, L.A. (1980) Effect of subclinical bovine mastitis on composition of milk from crossbred cattle. *Revista do Instituto de Laticinios Candido Tostes*, 35, 19–24.

Fisher, W.J., Trischer, A.M., Schiter, B. & Standler, R.J. (2003) Contaminants of milk and dairy products (A) Contaminants resulting from agricultural and dairy practices. *Encyclopaedia of Dairy Sciences* (eds H.Roginski, J.W.Fuquay & P.F.Fox), pp. 516–525, Academic Press, Oxford.

Fox, P.F. (1970) Influence of aggregation on the susceptibility of casein to proteolysis. *Journal of Dairy Research*, 37, 173–180.

Fox, P.F. (2003) Milk proteins:General and historical aspects. *Advanced Dairy Chemistry, Volume 1:Proteins* (eds P.F.Fox & P.L.H.McSweeney), 3rd edn Part A, pp. 1–48, Kluwer Academic/Plenum Publishers, New York.

Fox, P.F. & Brodkorb, A. (2008) The casein micelle:historical aspects, current concepts and significance. *International Dairy Journal*, 18, 677–684.

Fox, P.F. & Guinee, T.P. (2000) Processing Characteristics of Milk Constituents, Occasional Publication No. 25 (eds R.E.Agnew and A.M. Fearon), pp. 29–68, *British Society of Animal Science*, Edinburgh.

Fox, P.F., Guinee, T.P., Cogan, T.M. & McSweeney, P.L.H. (2000) *Fundamentals of Cheese Science*, Aspen Publishers, Gaithesburg.

Fox, P.F. & McSweeney, P.L.H. (1998) *Dairy Chemistry and Biochemistry*, Blackie Academic & Professional, London.

Franceschi, P., Formaggioni, P., Malacarne, M., Summer, A., Fieni, S. & Mariani, P. (2003) Variations of nitrogen fractions, proteolysis and rennet-coagulation properties of milks with different somatic cell values. *Scienza e Tecnica Lattiero-Casearia*, 54, 301–310.

Frankel, E.N. & Tarassuk, N.P. (1955) Technical notes on the mechanism of activation of lipolysis and the stability of lipase systems in normal milk. *Journal of Dairy Science*, 38, 438.

Frobish, R.A., Bradley, D.D., Wagner, D.D., Long-Bradley, P.E. & Hairston, H. (1986) Aflatoxin residues in milk of dairy cows after ingestion of naturally contaminated grain. *Journal of Food Protection*, 49, 781–785.

Fuerst-Waltl, B., Reichl, A., Fuerst, C., Baumung, R. & Solkner, J. (2004) Effect of maternal age on milk production traits, fertility and longevity in cattle. *Journal of Dairy Science*, 87, 2293–2298.

Garcia-Ruiz, A., Lopez-Fandino, R., Lozada, L., Fontecha, J., Fraga, M.J. & Juarez, M. (2000). Distribution of nitrogen in goats' milk and use of capillary electrophoresis to determine casein fractions. *Journal of Dairy Research*, 67, 113–117.

Gehringer, G. (1980) Multiplication of bacteria during farm storage. *Factors Influencing the Bacteriological Quality of Raw Milk*, Document No. 120, pp. 24–31, International Dairy Federation, Brussels.

te Giffel, M.C., Beumer, R.R., Granum, P.E. & Rombouts, F.M. (1997) Isolation and characterization of Bacillus cereus from pasteurized milk in household refrigerators in the Netherlands. *International Journal of Food Microbiology*, 34, 207–318.

Gilles, J. & Lawrence, R.C. (1985) The yield of cheese. *New Zealand Journal of Dairy Science and Technology*, 20, 205–214.

Gillespie, I.A., Adak, G.K., O' Nrien, S.J. & Bolton, F.J. (2003) Milkborne general outbreaks of infectious intestinal disease in England and Wales, 1992–2000. *Epidemiology and Infection*, 130, 461–468.

Gilmore, J.A., White, J.H., Zavizion, B. & Politis, I. (1995) Effects of stage of lactation and somatic cell count on plasminogen activator activity in bovine milk. *Journal of Dairy Research*, 62, 141–145.

Grandison, A. (1986) Causes of variation in milk composition and their effects on coagulation and cheesemaking. *Dairy Industries International*, 51 (3), 21, 23–24.

Grandison, A.S., Ford, G.D., Owen, A.J. & Millard, D. (1984) Chemical composition and coagulating properties of renneted Friesian milk during the transition from winter rations to spring grazing. *Journal of Dairy Research*, 51, 69–78.

Green, M.L. & Grandison, A.S. (1993) Secondary (non-enzymatic) phase of rennet coagulation and post-coagulation phenomena. Cheese:Chemistry, Physics and Microbiology, Volume 1:General Aspects (ed. P.F. Fox), pp. 101–140, *Elsevier Applied Science*, London.

Green, M.L., Hobbs, D.G., Morant, S.V. & Hill, V.A. (1978) Inter-micellar relationships in rennettreated separated milk. Ⅱ: Process of gel assembly. *Journal of Dairy Research*, 45, 413–422.

Grimley, H., Grandison, A. & Lewis, M. (2008) Changes in milk composition and *processing properties during the spring flush period. Proceedings of the IDF/INRA 1st International* Symposium on Minerals and Dairy products, Saint-Malo France, 1–2 October 2008, p. 1.

Gripon, J.C. (1993) Mould-ripened cheeses. *Cheese Chemistry, Physics and Microbiology, Volume 2:Major Cheese Groups* (ed.P.F.Fox), 2nd edn, pp. 207–259, Chapman & Hall, London.

Grufferty, M.B. & Fox, P.F. (1988) Milk alkaline proteinase. *Journal of Dairy Research*, 55, 609.

Guinee, T.P. (2003) Role of protein in cheese and cheese products. *Advanced Dairy Chemistry, Volume 1: Proteins* (eds Fox P.F. & McSweeney, P.L.H.), pp. 1083–1174, Kluwer Academic Publishers/Plenum, New York.

Guinee, T., Connolly, J.F., Beresford, T., Mulholland, E., Mullins, C., Corcoran, M., Mehra, R., O′Brien, B., Murphy, J., Stakelum, G. & Harrington, D. (1998) The influence of altering the daily herbage allowance in mid–lactation on the composition, ripening and functionality of low–moisture, part–skim Mozzarella cheese. *Journal of Dairy Research*, 65, 23–30.

Guinee, T.P., Gorry, C.B., O′Callaghan, D.J., O′Kennedy, B.T., O′Brien, N. & Fenelon, M.A. (1997) The effects of composition and some processing treatments on the rennet coagulation properties of milk. *International Journal of Dairy Technology*, 50, 99–106.

Guinee, T.P. & Hickey, M. (2009) Cream cheese and related products. *Dairy Fats and Related Products* (ed.A.Y. Tamime), pp. 195–256, Wiley–Blackwell, Oxford.

Guinee, T.P. & Kilcawley, K.N. (2004) Cheese as an ingredient. *Cheese:Chemistry, Physics and Microbiology, Volume 2:Major Cheese Groups* (eds P.F.Fox, P.L.H.McSweeney, T.M.Cogan and T.P. Guinee), 3rd edn, pp. 395–428, Elsevier Academic Press, Amsterdam.

Guinee, T.P., Mulholland, E.O., Kelly, J. & O′Callaghan, D.J. (2007b) Effect of protein–to–fat ratio of milk on the composition, manufacturing efficiency, and yield of Cheddar cheese. *Journal of Dairy Science*, 90, 110–123.

Guinee, T.P., O′Brien, B. & Mulholland, E. (2007a) The suitability of milk from a spring calved dairy herd during the transition from normal to very late lactation for the manufacture of low–moisture Mozzarella cheese. *International Dairy Journal*, 17, 133–142.

Guinee, T.P., O′Callaghan, D.J., Mulholland, E.O. & Harrington, D (1996) Milk protein standardization by ultrafiltration for Cheddar cheese manufacture. *Journal of Dairy Research*, 63, 281–293.

Guinee, T.P., O′Kennedy, B.T. & Kelly, P.M. (2006) Effect of milk protein standardization using different methods on the composition and yields of Cheddar cheese. *Journal of Dairy Science*, 89, 468–482.

Guinee, T.P., Pudja, P.D. & Farkye, N.Y (1993) Fresh acid–curd cheese varieties. *Cheese:Chemistry, Physics and Microbiology, Volume 2:Major Cheese Groups* (ed. P.F. Fox), 3rd edn, pp. 363–419, Elsevier Academic Press, Amsterdam.

Guinee, T.P., Pudja, P.D. & Mulholland, E.O. (1994) Effect of milk protein standardization, by ultrafiltration, on the manufacture, composition and maturation of Cheddar cheese. *Journal of Dairy Research*, 61, 117–131.

Guinee, T.P., Pudja, P.D., Reville, W.J., Harrington, D., Mulholland, E.O., Cotter, M. & Cogan, T.M. (1995) Composition, microstructure and maturation of semi–hard cheeses from high protein ultrafiltered milk retentates with different levels of denatured whey protein. *International Dairy Journal*, 5, 543–568.

Huppertz, T., Kelly, A.L. & Fox, P.F. (2006). High pressure–induced changes in ovine milk. 2:Effects on casein micelles and whey proteins. *Milchwissenschaft*, 61, 394–397.

Huppertz, T., Kelly, A.L. & Fox, P.F. (2009) Milk lipids—composition, origin and properties. *Dairy Fats and Related Products* (ed.A.Y.Tamime), pp. 1–27, Wiley–Blackwell, Oxford.

Hurley, W.L. (2003) Immunoglobulins in mammary secretions. *Advanced Dairy Chemistry, Volume 1: Proteins* (eds P.F.Fox and P.L.H.McSweeney), 3rd edn, Part A, pp. 422–448, Kluwer Academic/Plenum Publishers, New York.

International Agency for Research in Cancer (1999) Chloroform. *Monographs on the Evaluation of Carcinogenic Risks to Humans*, 73, 131–182.

International Dairy Federation (2008) *The World Dairy Situation 2008*, Document No. 432, International Dairy Federation, Brussels.

Ishler, V. & Roberts, B. (1991) *Guidelines for Preventing Off-Flavours in Milk*, Guideline No. 38, The Dairy Practices Council, Pennsylvania.

Jaeggi, J.J., Govindasamy–Lucey, S., Berger, Y.M., Johnson, M.E., McKusick, B.C., Thomas, D.L. & Wendorff, W.L. (2003) Hard ewe′ s milk cheese manufactured from milk of three different groups of somatic cell counts. *Journal of Dairy Science*, 86, 3082–3089.

Jayarao, B.M. & Henning, B.R. (2001) Prevalence of foodborne pathogens in bulk tank milk. *Journal of Dairy Science*, 84, 2157–2162.

Jellema, A. (1975) Note on the susceptibility of bovine milk to lipolysis. *Netherlands Milk and Dairy Journal*, 29, 145–152.

Jellema, A. (1980) Physiological factors associated with lipolytic activity in cows milk. Flavour Impairment of Milk and Milk Products due to Lipolysis, Document No. 118, pp. 33–40, *International Dairy Federation*, Brussels.

Jensen, R.G. (2002) The composition of bovine milk lipids:January 1995 to December 2000. *Journal of Dairy Science*, 85, 295–350.

de Jong, L. (1976) Protein breakdown in soft cheese and its relationship to consistency. 1:Proteolysis and consistency of ′Noordhollandase Meshanger′ cheese. *Netherlands Milk and Dairy Journal*, 30, 242–253.

de Jong, L. (1977) Protein breakdown in soft cheese and its relation to consistency. 2:The influence of rennet concentration. *Netherlands Milk and Dairy Journal*, 31, 314–327.

de Jong, L. (1978) Protein breakdown in soft cheese and its relation to consistency. 3:The micellar structure of Meshanger cheese. *Netherlands Milk and Dairy Journal*, 32, 15–25.

Jooyandeh, H., Amarjeet–Kaur & Minhas, K.S. (2009) Lipases in dairy industry:a review. *Journal of Food Science and Technology*, 46, 181–189.

Joudu, I., Henno, M., Kaart, T., Pussa, T. & Kart, O. (2008) The effect of milk protein contents on the ˜rennet coagulation properties of milk from individual dairy cows. *International Dairy Journal*, 18, 964–967.

Juarez, M. (1986) Physico–chemical properties of goat′ s milk as distinct from those of cow′ s milk. *Production and Utilization of Ewe′ s and Goat′ s Milk*, Document No. 202, pp. 54–67, International Federation, Brussels.

Juarez, M. & Ramos, M. (1986) Physico–chemical characteristics of goats′ milk as distinct from ′those of cows′ milk. *Productions and Utilisation of Ewes′ and Goats′ Milk*, Document No. 202, pp. 42–53, International Dairy Federation, Brussels.

Kalit, S., Lukac–Havranek, J. & Kaps, M. (2002) Plasminogen activation and somatic cell count (SCC) in cheese milk:influence on Podravec cheese ripening. *Milchwissenschaft*, 57, 380–382.

Keenan, T.W. & Maher, I.H. (2006) Intracellular origin of milk fat globules and the nature of the milk fat globule membrane. *Advanced Dairy Chemistry, Volume 2:Lipids* (eds P.F.Fox and McSweeney, P.L.H.), 3rd edn, pp. 137–171, Springer Science & Business Media, New York.

Kefford, B., Christian, M.P., Sutherland, J., Mayes, J.J. & Grainger, C. (1995) Seasonal influences on Cheddar cheese manufacture:influence of diet quality and stage of lactation. *Journal of Dairy Research*, 62, 529–537.

Kelly, A.L. & O′ Donnell, H.J. (1998) Composition, gel properties and microstructure of quarg as affected by processing parameters and milk quality. *International Dairy Journal*, 8, 295–301.

Kelly, A.L., O′ Flaherty, F. & Fox, P.F. (2006) Indigenous proteolytic enzymes in milk:a brief overview of the present state of knowledge. *International Dairy Journal*, 16, 563–572.

Kelly, A.L., Reid, S., Joyce, P., Meaney, W.J. & Foley, J. (1998) Effect of decreased milking frequency of cows in late lactation on milk somatic cell count, polymorphonuclear leucocyte numbers, composition and proteolytic activity. *Journal of Dairy Research*, 65, 365–373.

Kennedy, A. & Kelly, A.L. (1997) The influence of somatic cell count on the heat stability of bovine milk plasmin activity. *International Dairy Journal*, 7, 717–721.

Keogh, M.K., Kelly, P.M., O′Keeffe, A.M. & Phelan, J.A. (1982) Studies of milk composition and its relationship to some processing criteria. 2:Seasonal variation in the mineral levels of milk. *Irish Journal of Food Science and Technology*, 6, 13–27.

Kilcawley, K.N. (2009). Determination of lipolysis. *Handbook of Dairy Foods and Lipolysis* (eds F.Toldra and Nollet, L.), Book 4, pp. 431–452, CRC Press, Boca Raton.′

Kitchen, B.J. & Aston, J.W. (1970) Milk lipase activation. Australian Journal of Dairy Technology, 25, 10–13.

Klei, L., Yun, J., Sapru, A., Lynch, J., Barbano, D., Sears, P. & Galton, D. (1998) Effects of milk somatic cell count on Cottage cheese yield and quality. *Journal of Dairy Science*, 81, 1205–1213.

Kon, H. & Saito, Z. (1997) Factors causing temperature activation of lipolysis in cow milk. *Milchwissenschaft*, 52, 435–440.

Kosikowski, F.V. & Mistry, V.V. (1988) Yield and quality of cheese made from high somatic cell milks supplemented with retentates of ultrafiltration. *Milchwissenschaft*, 43, 27–30.

Kroeker, E.M., Ng–Kwai–Hang, K.F., Hayes, J.F. & Moxley, J.E. (1985) Effect of β–lactoglobulin variant and environmental factors on variation in the detailed composition of bovine milk serum proteins. *Journal of Dairy Science*, 68, 1637–1641.

de Kruif, C.G. (1999) Casein micelle interactions. *International Dairy Journal*, 9, 183–188.

de Kruif, C.G. & Holt, C. (2003) Casein micelle structure, functions, and interactions. *Advanced Dairy Chemistry, Volume 1:Proteins* (eds P.F.Fox and P.L.H.McSweeney), 3rd edn, Part A, pp. 233–276, Kluwer Academic/ Plenum Publishers, New York.

Kuchtik, J., Sustova, K., Urban, T. & Zapletal, D. (2008) Effect of the stage of lactation on milk composition, its properties and the quality of rennet curdling in East Friesian ewes. *Czech Journal of Animal Science*, 53 (2), 55–63.

Kumaresan, G., Annalvilli, R. & Sivakumar, K. (2007) Psychrotrophic spoilage of raw milk at different temperatures of storage. *Journal of Applied Sciences Research*, 3, 1383–1387.

Lacy–Hulbert, S.J., Woolford, M.W., Nicholas, G.D., Prosser, C.G. & Stelwagen, K. (1999) Effect of milking frequency and pasture intake on milk yield and composition of late lactation cows. *Journal of Dairy Science*, 82, 1232–1239.

Larsen, L.B., Benfeldt, C., Rasmussen, L.K. & Petersen, T.E. (1996) Bovine milk procathepsin D and cathepsin D: coagulation and milk protein degradation. *Journal of Dairy Research*, 63, 119–130.

Larsen, L.B., McSweeney, P.L.H., Hayes, M.G., Andersen, J.B., Ingvartsen, K.L. & Kelly, A.L. (2006) Variation in activity and heterogeneity of bovine milk proteases with stage of lactation and somatic cell count. *International Dairy Journal*, 16, 1–8.

Larsen, L.B., Rasmussen, M.D., Bjerring, M. & Nielsen, J.H. (2004) Proteases and protein degradation in milk from cows infected with Streptococcus uberis. *International Dairy Journal*, 14, 899–907.

Law, B.A., Andrews, A.T., Cliffe, A.J., Sharpe, M.E. & Chapman, H.R. (1979) Effect of proteolytic raw milk psychrotrophs on Cheddar cheese-making with stored milk. *Journal of Dairy Research*, 46, 497–509.

Lawrence, R.C., Creamer, L.K. & Gilles, J. (1987) Texture development during cheese ripening. *Journal Dairy Science*, 70, 1748–1760.

Le-Bars, D. & Gripon, J.C. (1989) Specificity of plasmin towards α_{s2}-casein. *Journal of Dairy Research*, 56, 817–821.

Lee, M.H., Lee, H.J. & Ryu, P.D (2001) Public health risks: chemical and antibiotic residues. Review. *Asian-Australasian Journal of Animal Sciences*, 14, 402–413.

Leitner, G., Krifucks, O., Merin, U., Lavi, Y. & Silanikove, N. (2006) Interactions between bacteria type, proteolysis of casein and physico-chemical properties of bovine milk. *International Dairy Journal*, 16, 648–654.

Le Roux, Y., Colin, D. & Laurent, F. (1995) Proteolysis in samples of quarter milk with varying somatic cell counts. I:Comparison of some indicators of indigenous proteolysis in milk. *Journal of Dairy Science*, 78, 1289–1297.

Lindsay, R.C. (1983) Analysis of free fatty acids in Italian cheese. *Dairy Field*, 166 (5), 20–21.

Lodes, A., Krause, I., Buchberger, J., Aumann, J. & Klostermeyer, H. (1996) The influence of genetic variants of milk protein on the compositional and technological properties of milk. I:Casein micelle size and the content of non-glycosylated κ -casein. *Milchwissenschaft*, 51, 368–373.

Lu, D.D. & Nielsen S.S. (1993) Heat inactivation of native plasminogen activators in bovine milk. *Journal of Food Science*, 58, 1010–1016.

Lucey, J.A. (2004) Formation, structural properties and rheology of acid-coagulated milk gels. *Cheese: Chemistry, Physics and Microbiology, Volume 1:General Aspects* (eds P.F.Fox, P.L.H.McSweeney, T.M.Cogan and T.P.Guinee), 3rd edn, pp. 105–122, Elsevier Academic Press, Amsterdam.

Lucey, J.A. & Fox, P.F. (1992) Rennet coagulation properties of late-lactation milk:effect of pH adjustment, addition of $CaCl_2$, variation in rennet level and blending with mid lactation milk. *Irish Journal of Agricultural and Food Research*, 31, 173–184.

Lucey, J.A., Johnson, M.E. & Horne, D.S. (2003) Invited review:perspectives on the basis of the rheology and texture properties of cheese. *Journal of Dairy Science*, 86, 2725–2743.

Lucey, J.A., Kindstedt, P.S. & Fox, P.F. (1992) Seasonality:its impact on the production of good quality Mozzarella cheese. *Third Cheese Symposium* (ed. T.M. Cogan), pp. 41–47, National Dairy Products Research Centre, Teagasc Moorepark, Fermoy, Co. Cork, Ireland.

Lucey, J.A. & Singh, H. (1997) Formation and physical properties of acid milk gels. *Food Research International*, 30, 529–542.

MacGibbon, A.K.H. & Taylor, M.W. (2006) Composition and structure of bovine milk lipids. *Advanced Dairy Chemistry, Volume 2:Lipids* (eds P.F.Fox and P.L.H.McSweeney), 3rd edn, pp. 1–42, Springer Science & Business Media, New York.

MacKenzie, E. (1973) Thermoduric and psychrotrophic organisms on poorly cleaned milking plants and farm bulk tanks. *Journal of Applied Bacteriology*, 36, 457–463.

Malin, E.L., Banks, J.M., Tunick, M.H., Law, A.J.R., Leaver, J. & Holsinger, V.H. (1993) Texture enhancement of low-fat Mozzarella cheese by refrigerated storage. *International Dairy Journal*, 3, 548.

Mara, O., Roupie, C., Duffy, A. & Kelly, A.L. (1998) The curd-forming properties of milk as affected by the action of plasmin. *International Dairy Journal*, 8, 807–812.

Martin, B. & Coulon, J.B. (1995). Facteurs de production du lait et characteristiques des fromages. I:′Influence des facteurs de production sur l′ aptitude ala coagulation des laits de troupeaux. *Lait*, 75, 61–80.

Martin, D., Linxweiler, W., Tanzer, D., Vormbrock, R., Olt, R., Kiesner, C. & Meisel, H. (2005) Use of the Reflectoquant rapid tests for determination of thermal inactivation of the indigenous milk enzymes lipase, alkaline phosphatase and lactoperoxidase. *Deutsche Lebensmittel-Rundschau*, 101, 281–286.

Marziali, A.S. & Ng–Kwai–Hang, K.F. (1986) Effects of milk–composition and genetic–polymorphism on coagulation properties of milk. *Journal of Dairy Science*, 69, 1793–1798.

Mazal, G., Vianna, P.C.B., Santos, M.V. & Gigante, M.L. (2007) Effect of somatic cell count on Prato cheese composition. *Journal of Dairy Science*, 90, 630–636.

McCaskey, T.A. & Babel, F.J. (1966) Protein losses in whey as related to bacterial growth and age of milk. *Journal of Dairy Science*, 49, 697.

McMahon, D.J. & Oommen, B.S. (2008) Supramolecular structure of the casein micelle. *Journal of Dairy Science*, 91, 1709–1721.

McSweeney, P.L.H. & Fox, P.F. (2004) Metabolism of residual lactose and of lactate and citrate. *Cheese: Chemistry, Physics and Microbiology, Volume 1:General Aspects* (eds P.F.Fox, P.L.H.McSweeney, T.M.Cogan and T.P.Guinee), 3rd edn, pp. 361–371, Elsevier Academic Press, Amsterdam.

McSweeney, P.L.H., Oslon, N.F., Fox, P.F., Healy, A. & Højrup, P. (1993) Proteolytic specificity of plasmin on bovine α_{s1}–casein. *Food Biotechnology*, 7, 143–158.

Medina, M. & Nunez, M. (2004) Cheeses made from ewes′ and goats′ milk. *Chemistry, Physics and Microbiology, Volume 2:Major Cheese Groups* (eds P.F.Fox, P.L.H.McSweeney, T.M.Cogan and T.P.Guinee), 3rd edn, pp. 279–299, Elsevier Academic Press, Amsterdam.

Mehra, R., O′ Brien, B., Connolly, J.F. & Harrington, D. (1999) Seasonal variation in the composition of Irish manufacturing and retail milks. 2:Nitrogen fractions. *Irish Journal of Agriculture and Food Research*, 38, 65–74.

Lin, M.–J., Grandison, A., Chryssanthou, X., Goodwin, C., Tsioulpas, A., Koliandris, A. & Lewis, M. (2006) Calcium removal from milk by ion exchange. *Milchwissenschaft*, 61, 370–374.

Metwalli, A.A.M., de Hongh, H.H.J. & van Boekel, M.A.J.S. (1998) Heat inactivation of bovine plasmin. *International Dairy Journal*, 8, 47–56.

Mijacevic, Z., Ivanovic, D. & Stojanovic, L. (1993) Changes of quality of semihard cheese depending on the somatic–cell count (SCC). *Acta Veterinaria–Beograd*, 43, 323–328.

Mitchell, G.E., Fedrick, I.A. & Rogers, S.A. (1986) The relationship between somatic cell count, composition and manufacturing properties of bulk milk. 2:Cheddar cheese from farm bulk milk. *Australian Journal of Dairy Technology*, 41, 12–14.

Mohammad, K.S. & Fox, P.F. (1983) Influence of some polyvalent organic acids and salts on the colloidal stability of milk. *Journal of the Society of Dairy Technology*, 36, 112–117.

Molle, D., Jean, K. & Guyomarch, F. (2006) Chymosin sensitivity of the heat–induced serum protein aggregates isolated from skim milk. *International Dairy Journal*, 16, 1435–1441.

Molle, D. & Leonil, J. (1995) Heterogeneity of the bovine κ–casein caseinomacropeptide, resolved by liquid chromatography on–line with electrospray ionization mass spectrometry. *Journal of Chromatography A*, 708, 223–230.

Mounchili, A., Wichtel, J.J., Bosset, J.O., Dohoo, I.R., Imhof, M., Altien, D., Mallia, S. & Stryhn, H. (2005)

HS–SPME gas chromatographic characterization of volatile compounds in milk tainted with off–flavour. *International Dairy Journal*, 15, 1203–1215.

Muir, D.D., Horne, D.S., Law, A.J.R. & Steele, W. (1993a) Ovine milk. I:Seasonal changes in composition of milk from a commercial Scottish flock. *Milchwissenschaft*, 48, 363–366.

Muir, D.D., Horne, D.S., Law, A.J.R. & Sweetsur, A.W.M. (1993b) Ovine milk. II:Seasonal changes in indices of stability. *Milchwissenschaft*, 48, 442–445.

Mulvihill, D.M. (1992) Production, functional properties and utilization of milk protein products. *Advanced Dairy Chemistry, Volume 1:Proteins* (ed.P.F.Fox), pp. 369–404, Elsevier Science Publishers, Barking.

Mulvihill, D.M. & Donovan, M. (1987) Whey proteins and their thermal denaturation–a review. *Irish Journal of Food Science and Technology*, 11, 43–75.

Murphy, S.C. & Boor, K.J. (2000) Trouble–shooting sources and causes of high bacteria counts in raw milk. *Dairy Food Environmental Sanitation*, 20, 606–611.

Nelson, J.H., Jensen, R.G. & Pitas, R.E. (1977) Pregastric esterase and other oral lipases–a review. *Journal of Dairy Science*, 60, 327–362.

Ng–Kwai–Hang, K.F. & Grosclaude, F. (2003) Genetic polymorphism of milk proteins. *Advanced Dairy Chemistry, Volume 1:Proteins* (eds P.F.Fox and P.L.H.McSweeney), 3rd edn, pp. 739–816, Kluwer Academic/ Plenum Publishers, New York.

Ng–Kwai–Hang, K.F., Hayes, J.F., Moxley, J.E. & Monardes, H.G. (1987) Variation in milk protein concentrations associated with genetic polymorphism and environmental factors. *Journal of Dairy Science*, 70, 563–570.

Nicholas, G.D., Auldist, M.J.Molan, P.C.Stelwagen, K. & Prosser, G. (2002) Effects of stage of lactation and time of year on plasmin–derived proteolytic activity in bovine milk in New Zealand. *Journal of Dairy Research*, 69, 533–540.

Nielsen, S.S. (2002) Plasmin system and microbial proteases in milk:characteristics, roles and relationship. *Journal of Agricultural and Food Chemistry*, 50, 6628–6634.

Nieuwenhuijse, J.A., Timmermans, W. & Walstra, P. (1988) Calcium and phosphate partitions during the manufacture of sterilized concentrated milk and their relations to the heat stability. *Netherlands Milk and Dairy Journal*, 42, 387–421.

Noziere, P., Graulet, B., Lucas, A., Martin, B., Grolier, P. & Doreau, M. (2006) Carotenoids for ruminants: from forages to dairy products. *Animal Feed Science and Technology*, 131, 418–450.

O′Brien, B. (2008) *Milk Quality Handbook–Practical Steps to Improve Milk Quality*, Teagasc, Moorepark Dairy Production Research Centre, Fermoy, Co., Cork, Ireland.

O′Brien, B., Dillon, P., Murphy, J., Mehra, R, Guinee, T., Connolly, J.F., Kelly, A. & Joyce, P. (1999a) Effect of stocking density and concentrate supplementation of grazing dairy cows on milk production, composition and processing characteristics. *Journal of Dairy Research*, 66, 165–176.

O′Brien, B., Gleeson, D. & Mee, J.F. (2005) Effect of milking frequency and nutritional level on milk production characteristics and reproductive performance of dairy cows. *Proceedings of the 56th Annual Meeting of the European Association for Animal Production*, EAAP, Uppsala, Sweden, 5–8 June 2005, p. 348, Wageningen Academic Publishers, Wageningen, The Netherlands.

O′Brien, B., Guinee, T.P., Kelly, A. & Joyce, P. (2006) Processability of late lactation milk from a spring–calved herd. *Australian Journal of Dairy Technology*, 61, 3–7.

O′ Brien, B, Lennartsson, T, Mehra, R, Cogan, T.M, Connolly, J.F, Morrissey, P.A. & Harrington, D. (1999b). Seasonal variation in the composition of Irish manufacturing and retail milks. 3:Vitamins. *Irish Journal of Agricultural and Food Research*, 38, 75–85.

O′ Brien, B., Mehra, R., Connolly, J.F. & Harrington, D. (1999c) Seasonal variation in the composition of Irish manufacturing and retail milks. 4:Minerals and trace elements. *Irish Journal of Agriculture and Food Research*, 38, 87–99.

O′ Brien, B., Mehra, R.Connolly, J.F. & Harrington, D. (1999d) Seasonal variation in the composition of Irish manufacturing and retail milks. 1:Chemical composition and renneting properties. *Irish Journal of Agricultural Food Research*, 38, 53–64.

O′ Brien, B., Murphy, J., Connolly, J.F., Mehra, R, Guinee, T.and Stakelum, G. (1997) Effect of altering daily herbage allowance in mid–lactation on the composition and processing characteristics of bovine milk. *Journal of Dairy Research*, 64, 621–626.

O′ Brien, B., O′ Callaghan, E. & Dillon, P. (1998) Effect of various milking systems and components on free fatty acid levels in milk. *Journal of Dairy Research*, 65, 335–339.

O′ Brien, N.M., O′ Connor, T.P., O′ Callaghan, J. & Dobson, A.D.W. (2004) Toxins in cheese. *Cheese:Chemistry, Physics and Microbiology, Volume 1:General Aspects*(eds P.F.Fox, P.L.H.McSweeney, T.M.Cogan and T.P. Guinee), 3rd edn, pp. 562–571, Elsevier Academic Press, Amsterdam.

O′ Connell, J.E. & Fox, P.F. (2000) The two–stage coagulation of milk proteins in the minimum of the heat coagulation time–pH profile of milk:effect of casein micelle size. *Journal of Dairy Science*, 83, 378–386.

O′ Driscoll, B.M., Rattray, F.P., McSweeney, P.L.H. & Kelly, A.L. (1999) Protease activities in raw milk determined using synthetic heptapeptide substrate. *Journal of Food Science*, 64, 606–611.

O′ Farrell, I.P., Sheehan, J.J., Wilkinson, M.G., Harrington, D. & Kelly, A.L. (2002) Influence of addition of plasmin or mastitic milk to cheesemilk on quality of smear–ripened cheese. *Lait*, 82, 305–316.

O′ Keeffe, A.M. (1984) Seasonal and lactational influences on moisture content of Cheddar cheese. *Irish Journal of Food Science and Technology*, 8, 27–37.

O′ Keeffe, A.M., Phelan, J.A., Keogh, K.and Kelley, P. (1982) Studies of milk composition and its relationship to some processing criteria. 4:Factors influencing the properties of a seasonal milk supply. *Irish Journal of Food Science and Technology*, 6, 39–48.

Okigbo, L.M., Richardson, G.H., Brown, R.J. & Ernstrom, C.A. (1985a) Casein composition of cow′ s milk of different chymosin coagulation properties. *Journal of Dairy Science*, 68, 1887–1892.

Okigbo, L.M., Richardson, G.H., Brown, R.J. & Ernstrom, C.A. (1985b) Coagulation properties of abnormal and normal milk from individual cow quarters. *Journal of Dairy Science*, 68, 1893–1896.

Okigbo, L.M., Richardson, G.H., Brown, R.J. & Ernstrom, C.A. (1985c) Effects of pH, calcium chloride and chymosin concentration on coagulation properties of abnormal and normal milk. *Journal of Dairy Science*, 68, 2527–2533.

Olivecrona, T., Vilaro, S. & Olivecrona, G. (2003) Lipases in milk. *Advanced Dairy Chemistry, Volume 1: Proteins* (eds F.Fox and P.L.H.McSweeney), 3rd edn, pp. 473–494, Kluwer Academic Publishers/Plenum Press, New York.

Ouattara, G.C., Jeon, I.J., Hart–Thakur, R.A. & Schmidt, K.A. (2004) Fatty acids released from milk fat by lipoprotein lipase and lipolytic psychrotrophs. *Journal of Food Science*, 69, C659–C664.

Pearse, M.J., Linklater, P.M., Hall, R.J., Phelan, J.A. & McKinlay, A.G. (1986) Extensive degradation of casein by plasmin does not impede subsequent curd formation and syneresis. *Journal of Dairy Research*, 53, 477–480.

Peri, C. (2006) The universe of food quality. *Food Quality and Preference*, 17, 3–8.

Phelan, J.A., O' Keeffe, A.M., Keogh, M.K. & Kelly, P.M. (1982) Studies of milk composition and its relationship to some processing criteria. I:Seasonal changes in the composition of Irish milk. *Irish Journal of Food Science and Technology*, 6, 1–11.

Politis, I., Lachance, E., Block, E. & Turner, J.D. (1989) Plasmin and plasminogen in bovine milk: a relationship with involution, *Journal of Dairy Science*, 72, 900–906.

Politis, I. & Ng–Kwai–Hang, K.F. (1988a) Effects of somatic cell count and milk composition on cheese composition and cheese making efficiency. *Journal of Dairy Science*, 71, 1711–1719.

Politis, I. &NgKwai–Hang, K.F. (1988b) Effects of somatic cell counts and milk composition on the coagulating properties of milk. *Journal of Dairy Science*, 71, 1740–1746.

Politis, I. & Ng–Kwai–Hang, K.F. (1988c) Association between somatic cell count of milk and cheeseyielding capacity. *Journal of Dairy Science*, 71, 1720–1727.

Rahimi, E., Karim, G. & Shakerian, A. (2009) Occurrence of aflatoxin M1 in traditional cheese consumed in Esfahan, Iran. *World Mycotoxin Journal*, 2, 91–94.

Rea, M.C., Cogan, T.M. & Tobin, S. (1992) Prevalence of pathogenic bacteria in raw milk in Ireland. *Journal of Applied Bacteriology*, 73, 331–336.

Reed, B.A. & Grivetti, L.E. (2000) Controlling on–farm inventories of bulk tank raw milk–an opportunity to protect human health. *Journal of Dairy Science*, 83, 2988–2991.

Remeuf, F. & Lenoir, J. (1986) Relationship between the physico–chemical characteristics of goat' s milk and its rennetability. *Production and Utilization of Ewes' and Goats' Milk*, Document No. 202, pp. 68–72, International Dairy Federation, Brussels.

Resch, P. & Guthy, K. (2000) Chloroform in milk and dairy products. Part B:Transfer of chloroform from cleaning and disinfection agents to dairy products via CIP.*Deutsche Lebensmittel-Rundschau*, 96, 9–16.

Reuter, H. (1978) The effect of flow processes on raw milk. *XX International Dairy Congress–Proceedings*, Vol. E, p. 329.

Richardson, B.C. (1983) Variation of concentration of plasmin and plasminogen in bovine milk with lactation. *New Zealand Journal of Dairy Science and Technology*, 18, 247–252.

Rogers, S.A& Mitchell, GE(1994) The relationship between somatic–cell count, composition and manufacturing properties of bulk milk on cheddar cheese and skim–milk yoghurt. *Australian Journal of Dairy Technology*, 49, 70–74.

Roupas, P. (2001) On–farm practices and post farmgate processing parameters affecting composition of milk for cheesemaking. *Australian Journal of Dairy Technology*, 56, 219–232.

de la Rua–Domenech, R. (2006) Human Mycobacterium bovis infection in the United Kingdom:incidence, risks, control measures and review of the zoonotic aspects of bovine tuberculosis. *Tuberculosis (Edinburgh)*, 86, 77–109.

Rynne, N.M., Beresford, T.P., Kelly, A.L. & Guinee, T.P. (2004) Effect of milk pasteurization temperature and in situ whey protein denaturation on the composition, texture and heat–induced functionality of half–fat Cheddar cheese. *International Dairy Journal*, 14, 989–1001.

Saeman, A.I., Verdi, R.J., Galton, D.M. & Barbano, D.M. (1988) Effect of mastitis on proteolytic activity in bovine milk. *Journal of Dairy Science*, 71, 505–512.

Saito, T. & Ito, T. (1992) Variations and distributions of o–glycosidically linked sugar chains in bovine κ –casein. *Journal of Dairy Science*, 75, 1768–1774.

Santillo, A., Quinto, M., Dentico, M., Muscio, A., Sevi, A. & Albenzio, M. (2007) Rennet paste from lambs fed a milk substitute supplemented with Lactobacillus acidophilus:effects on lipolysis in ovine cheese. *Journal of Dairy Science*, 90, 3134–3142.

Sapru, A., Barbano, D.M, Yun, J.J., Klei, L.R., Oltenacu, P.A. & Bandler, D.K. (1997) Influence of milking frequency and stage of lactation on composition and yield. *Journal of Dairy Science*, 80, 437–446.

Sawyer, L. (2003) β –Lactoglobulin. *Advanced Dairy Chemistry, Volume 1:Proteins* (eds P.F.Fox and P.L.H. McSweeney), 3rd edn, Part A, pp. 319–386, Kluwer Academic/Plenum Publishers, New York.

Schaar, J. (1985) Plasmin activity and proteose–peptone content of individual milks. *Journal of Dairy Research*, 52, 369–378.

Schaar, J., Hansson, B. & Pettersson, H.E. (1985) Effects of genetic variants of κ –casein and β –lactoglobulin on cheesemaking. *Journal of Dairy Research*, 52, 429–437.

Schmidt, D.G. (1982) Association of caseins and casein micelle structure. *Developments in Dairy Chemistry–1* (ed. P.F.Fox), pp. 61–80, Applied Science Publishers, London.

Schulz–Collins, D. & Zenge, B. (2004) Acid– and acid/rennet–curd cheeses. Part A:Quark, cream cheese and related varieties. *Cheese Chemistry, Physics and Microbiology, Volume 2:Major Cheese Groups* (eds P.F.Fox, P.L.H.McSweeney, T.M.Cogan and T.P.Guinee), 3rd edn, pp. 301–328, Elsevier Academic Press, Amsterdam.

Schutz, M.M., Hansen, L.B., Steuernagel, G.R. & Kuck, A.L. (1990) Variation of milk, fat, protein and somatic cells for dairy cattle. *Journal of Dairy Science*, 73, 484–493.

Sengun, I.Y., Yaman, D.B. & Gonul, S.A. (2008) Mycotoxins and mould contamination in cheese:a review. *World Mycotoxin Journal*, 1, 291–298.

Shah, N.P. (1994) Psychrotrophs in milk:a review. *Milchwissenschaft*, 49, 432–437.

Shalabi, S.I. & Fox, P.F. (1982) Influence of pH on the rennet coagulation of milk. *Journal of Dairy Research*, 49, 153–157.

Sheldrake, R.F., Hoare, R.J.T. & McGregor, G.D. (1983) Lactation stage, parity, and infection affecting somatic cells, electrical conductivity and serum albumin in milk. *Journal of Dairy Science*, 66, 542–547.

Shipe, W.F. &Senyk. (1981) Effects of processing conditions on lipolysis in milk. *Journal of Dairy Science*, 64, 2146–2149.

Slaghuis, B.A., te Giffel, M.C., Beumer, R.R. & Andre, G. (1997) Effect of pasturing on the incidence of Bacillus cereus spores in raw milk. *International Dairy Journal*, 7, 201–205.

Somers, J.M., Guinee, T.P. & Kelly, A.L. (2002) The effect of plasmin activity and cold storage of cheese milk on the composition, ripening and functionality of mozzarella–type cheese. *International Journal of Dairy Technology*, 55, 5–11.

Somers, J.M., O′Brien, B., Meaney, W.J. & Kelly, A.L. (2003) Heterogeneity of proteolytic enzyme activities in milk samples of different somatic cell count. *Journal of Dairy Research*, 70, 45–50.

Sorhaug, T. & Stepaniak, L. (1997) Psychrotrophs and their enzymes in milk and dairy products:quality aspects. *Treads in Food Science Technology*, 8, 35–41.

Vasbinder, A.J., Alting, A.C., Visschers, R.W. & de Kruif, C.G. (2003) Texture of acid milk gels:formation of disulfide cross–links during acidification. *International Dairy Journal*, 13, 29–38.

Verdi, R.J. & Barbano, D.M. (1991) Effect of coagulants, somatic cell enzymes, and extracellular bacterial enzymes on plasminogen activation. *Journal of Dairy Science*, 74, 772–782.

Vissers, M.M.M. (2007) Modeling to Control Spores in Raw Milk, Ph.D.Thesis, Wageningen University, Wageningen, The Netherlands.

Vissers, M.M.M. & Driehuis, F. (2009) On–farm hygienic milk production. *Milk Processing and Quality Management* (ed.A.Y.Tamime), pp. 1–22, Wiley–Blackwell, Oxford.

Wahba, A., El–Hagarawy, I.S., El–Hawary, M.Y. & Sirry, I. (1975). Role of calcium in the coagulation of dialyzed and heated skim–milk. *Egyptian Journal of Dairy Science*, 3, 176–178.

Walker, G.P., Dunschea, F.R. & Doyle, P.T. (2004) Effects of nutrition and management on the production and composition of milk fat and protein:a review. *Australian Journal of Agricultural Research*, 55, 1009–1028.

Walsh, C.D., Guinee, T., Harrington, D., Mehra, R., Murphy, J., Connolly, J.F. & FitzGerald, R.J. (1995) Cheddar cheesemaking and rennet coagulation characteristics of bovine milks containing κ –casein AA or BB genetic variants. *Milchwissenschaft*, 50, 492–495.

Walsh, C.D, Guinee, T.P, Harrington, D, Mehra, R, Murphy, J, Connolly, J.F. & FitzGerald, R.J. (1998b) Cheesemaking, compositional and functional characteristics of low–moisture part–skim mozzarella cheese from bovine milks containing κ –casein AA, AB or BB genetic variants. *Journal of Dairy Research*, 65, 307–315.

Walsh, C.D., Guinee, T.P., Reville, W.D., Harrington, D., Murphy, J.J., O′Kennedy, B.T. & FitzGerald, R.J. (1998a) Influence of κ –casein genetic variant on rennet gel microstructure, Cheddar cheesemaking properties and casein micelle size. *International Dairy Journal*, 8, 707–714.

Walsh, S., Buckley, F., Berry, D.P., Rath, M., Pierce, K., Byrne, N. & Dillon, P. (2007) Effects of breed, feeding system and parity on udder health and milking characteristics. *Journal of Dairy Science*, 90, 5767–5779.

Ward, R.E., German, J.B. & Corredig, M. (2006) Composition, applications, fractionation, technological and nutritional significance of milk fat globule membrane material. *Advanced Dairy Chemistry, Volume 2:Lipids* (eds P.F.Fox & McSweeney, P.L.H.), 3rd edn, pp. 213–244, Springer Science &Business Media, New York.

Weatherup, W. & Mullan, W.M.A. (1993) Effects of low temperature storage of milk on the quality and yield of cheese. *Proceedings of IDF Seminar on Cheese Yield and Factors Affecting Its Control*, Cork, Ireland, pp. 85–94.

Wedholm, A, Larsen, LB, Lindmark–Mansson, H, Karlsson, A.H. & Andren, A. (2006) Effect of protein composition on the cheese–making properties of milk from individual dairy cows. *Journal of Dairy Science*, 89, 3296–3305.

White, J.C.D. & Davies, D.T. (1958a) The relation between the chemical composition of milk and the stability of the caseinate complex. Ⅰ: General introduction, description of samples, methods and chemical composition of samples. *Journal of Dairy Research*, 25, 263–255.

White, J.C.D. & Davies, D.T. (1958b) The relation between the chemical composition of milk and the stability of the caseinate complex. Ⅲ: Coagulation by rennet. *Journal of Dairy Research*, 25, 267–280.

Wiking, L., Stagsted, J., Bjorck, L. & Nielsen, H. (2004) Milk fat globule size is affected by fat ¨ production in dairy cows. International Dairy Journal, 14, 909–913.

Willart, S. & Sjostrom, G. (1966) The effects of cooling and the lipolysis in raw milk. *Proceedings of the 17th International Dairy Congress*, Munich, Vol. A, pp. 287–295.

Wolfschoon–Pombo, A.F. (1997) Influence of calcium chloride addition to milk on the cheese yield. *International Dairy Journal*, 7, 249–254.

Woo, A.H.Y. (1983) Characterization of the relationships between free fatty acids and dairy flavors. *Dissertation Abstracts International B*, 44, 742.

Woo, A.H. & Lindsay, R.C. (1984). Concentrations of major free fatty acids and flavour development in Italian cheese varieties. *Journal of Dairy Science*, 67, 960–968.

Zalazar, C.A., Meinardi, C.A., Palma, S., Suarez, V.B. & Reinheimer, J.A. (1993) Increase in soluble sialic acid during bacterial growth in milk. *Australian Journal of Dairy Technology*, 48, 1–4.

ZMP (2008) ZMP Martbilanz Milch:Deutschland, EU, Welt, ZMP Zentrale Markt–und Preisberictsstelle HmbH, Bonn.

2 干酪加工技术的起源、发展及基本制作步骤

M. Johnson 和 B. A. Law

2.1 简介

现代干酪加工业是从维持生存的家庭作坊式手工业逐步发展而来，由原始的经济市场调控模式发展成当今的具有高科技水平的发酵产业，是国内及国际食品加工及贸易不可分割的组成部分，无论是酒店餐厅还是在大型超市、商贸市场，均可见到干酪的存在。这一点就足以证明干酪是一种品种丰富且受众稳定的食品。它的加工模式多种多样，但每一种都能给人们创造经济效益、增加就业。为保证给消费者提供更好的营养和感官体验，对其研究的深入也逐渐面临更多的科学技术挑战。因此，各国乳品加工企业越来越多地开始投入到干酪产业中。

以下章节将解释和讨论奶变成干酪的一系列密不可分的过程：凝乳酶凝乳、乳酸菌酸化和排乳清、发酵、压榨成型、干酪成熟和风味形成、产品安全保证，然后对干酪进行评估和分级，由此对加工过程进行品质管理，同时对产品是否符合客户要求进行评判。本章还对干酪生产技术的进化发展过程进行了剖析，阐述了干酪加工过程的共同特性，同时阐明在干酪加工中，科研和生产如何齐头并进，并推动技术进步和生产革新。

2.2 世界干酪市场

尽管对南美洲（特别是巴西和阿根廷）和东南亚地区等干酪和其他乳制品新兴市场，已有很多市场调查报告和政府官方调查报告，但主要的干酪消费地区仍然是欧盟（欧盟 27 个国家）和美国。不算新鲜干酪，欧盟（640 万 t）和美国（450 万 t）2008 年干酪消费量就超过 1 090 万 t（国际乳品联合会，2008；美国农业部，2008）。这大约占世界消费量的 80%，而即便增长很显著的日本和巴西市场，2008 年仍然只有约 30 万 t 和 60 万 t 的干酪消费量。俄罗斯和乌克兰 2008 年干酪消费接近 90 万 t。这并不是说，这些国家总体上并不重要。在努力满足某一国家的口味偏好和适应当地条件的过程中，无论是国内生产商

还是出口商吸取的教训，对干酪技术都产生了广泛的影响；尤其是通过科学的加工工艺和监控程序，并通过不断增加对重要风味缺陷（如苦味）的起因及其消除方法的认识，生产出感官和卫生质量稳定的优质干酪。

尽管 2004—2008 年全球干酪消费量稳步增长（9%），传统上大量消费干酪的美国和欧盟国家趋势逐渐趋于平稳，但巴西（38%）和阿根廷（32%）的干酪消费量却在急剧增长。在可预见的将来，干酪低消费量国家再怎么快速增长估计也不会增长到接近美国和欧盟市场规模的程度。过去 4 年美国和欧盟国家的消费量总共增加了 65 万 t，而巴西和阿根廷的消费量只增加了 52 万 t。虽说干酪消费量增加的机会可能不多，不过，干酪市场增值还是有很多机会的。这一般正通过下面方法来实现，如增加干酪作为食品成分的使用，开发在方便食品中使用干酪的方法，通过钙强化开发更健康的干酪、降低脂肪含量，通过新的菌种增加（天然）维生素含量和使用益生菌种等。此外，干酪公司与包装公司已经结成联盟，开发新型的干酪包装（粒状、特定形状、棒状），为以技术为支撑的干酪营销提供了新的机会。最后，新的风味 / 质地组合可以激发人们对干酪的新兴趣，如果能充分利用目前的科技成果，是可以找到实现这一目标的方法的。

2.3 干酪技术的基本原则

干酪制作技术有两个最重要目标：首先，确定使某一种干酪具有令人满意的品质的参数（风味、口感、质地、熔融和拉伸特性）；其次，制订干酪的生产和成熟程序，使每次制作这种干酪时都能毫无例外地重现这些参数。

干酪制作本身是一个很简单的过程，但它涉及复杂的化学和物理现象。干酪制作实际上是一个浓缩过程，从主要的乳蛋白中酪蛋白的凝固开始，接着是一系列旨在控制酪蛋白分子化学性质的制造步骤。干酪的物理或流变特性由酪蛋白分子之间的相互作用决定（Johnson 和 Lucey，2006）。影响这些相互作用的因素包括：

- pH 值；
- 胶体磷酸钙的溶解；
- 蛋白质水解；
- 温度；
- 干酪成分（尤其是酪蛋白含量以及水分和脂肪的分布）。

虽然每种因素都可以单独考虑，但也必须与所有其他因素一起考虑。

干酪生产商们发现，用描述干酪用途、理想风味和物理特性的方式来定义干酪是一个很好的方法。所有这些要求决定了干酪的成分（脂肪、酪蛋白和水分）和干酪 pH 值（以及脱盐）。反过来，这些物理和化学参数决定了制造的工艺过程。想生产一种干酪，关键的因素是：（a）乳成分（因为这在一定程度上决定了干酪的成分）；（b）生产过程中酸的生成速度和程度（因为这会影响水分的损失、胶体磷酸钙的溶解程度以及所得干酪的最低 pH 值，这些都是决定成品干酪质地的关键因素）。

2.4 干酪制造基本过程

下面概述了干酪制造步骤，以及其可能对干酪产生的影响，从凝乳阶段开始。图 2.1 列出了大多数品种生产中常见的干酪制作步骤，可作为第 2.5 节的说明性参考。图 2.2 中概括了从乳汁至干酪的工艺流程，说明制作各种干酪工艺流程的主要不同点。

为了使乳汁凝结，酪蛋白必须发生凝结。第 3 章和第 4 章从分子和生产层面对这种技术的这一方面进行了详细介绍和讨论。在干酪技术中，有 3 种方法可以使酪蛋白凝固，干酪的类型决定了所采用的方法。

第一种方法，用于大多数干酪品种，是通过添加凝固酶，使酪蛋白胶束胶体悬浮液不稳定，并使其聚集形成凝胶网络，在干酪槽中以凝乳块出现。第 3 章和第 4 章详细描述了这一过程。最早的凝固酶来自小牛的胃，被称为皱胃酶；但现在凝固酶的来源已非常多，包括来自植物和真菌的凝固酶（见第 3 章）。

第二种方法，用于农家干酪和奶油干酪，是通过利用低 pH 值使酪蛋白胶束形成凝块。在这种工艺中，去稳过程纯粹是物理性的，不是酶促的；低 pH 值（4.6）使酪蛋白胶束之间的排斥电荷差降低，使其聚集并形成凝胶或凝块。

第三种方法，用于里科塔干酪和墨西哥白干酪，是通过用酸和高温使酪蛋白和乳清蛋白发生沉淀形成凝块。

无论酪蛋白的凝固（或沉淀）方法如何，当凝块形成时，乳脂就被酪蛋白包围，并与乳清一起被包裹起来。乳清含有水溶性成分，包括乳糖、乳清蛋白和矿物质。后续的加工步骤目的是除去凝乳中的乳清，这些步骤将依酪蛋白的凝固方式的不同而有所不同。

乳汁凝固后，为加速从凝固的酪蛋白中去除乳清，通常是将凝乳切成小块，称凝乳粒或凝块（图 2.1a）；酸沉淀凝块和热沉淀凝块的处理方式不同（如本节下文所述）。凝块很快开始收缩并排出乳清。酪蛋白分子内部发生重新排列并出现收缩。这一过程被称为“脱水”，导致乳清从酪蛋白凝胶网络中被挤出。从此时起，凝块和乳清混合物的处理方式因干酪类型的不同而异。凝块和乳清混合物搅拌、加热（图 2.1b）到一定程度再进行分离（排乳清，图 2.1c）。

凝块可经过质构化、切细和加盐（图 2.1d ～图 2.1f），然后装入容器或模具。软质干酪通常在排水后或在排水时直接装模。可在容器上加压，但加压的压力和时间随干酪类型的不同而异。容器的大小和形状取决于干酪的类型和制作者的意愿。可在无乳清凝块装入容器之前（直接加盐）或在挤压好的干酪块从模具中取出之后加菌。盐可以涂抹在干酪表面（干加盐）或将干酪块浸入盐水中。干酪压榨和加盐后再进行成熟。

（a）

（b）

（c）

图 2.1　切达干酪的传统制作步骤。（a）乳先接种一种乳酸菌菌种；不久后，加入“发酵剂”和凝乳酶。凝乳酶作用于乳形成的凝乳，用装在一个金属框上的几组横竖垂直的金属线模具切割成方状的凝乳块，凝块自然收缩（在热量和发酵剂细菌产生的酸作用下）以乳清的形式排出水分。（b）搅拌和加热（煮或用热水和蒸汽加热）凝块和乳清。加热的时间和最高温度决定着凝块在制成干酪之前的含水量和稠度。（c）在适当的时候，对凝块和乳清进行分离。在制作切达干酪中，则是排干乳清，让凝块缠结在一起。而其他类型的干酪是在排干水后立即将凝块放入模具中成型（大多数软质干酪）。

（d）

（e）

（f）

图 2.1（续）。（d，e）在制作传统切达干酪中，缠结在一起的凝块被切成大块，然后翻转、堆放，以便乳清继续流出，使其质地达到煮熟鸡胸脯的硬度。这个过程被称为“堆垛”。用这种凝块，在 50 ~ 60℃进行拉伸，可制作出可用作披萨饼配料的类似马苏里拉的干酪。（f）将切达凝乳块切成小块，加盐增强风味并停止菌种细菌的发酵作用。将切细、盐腌的凝乳块装入模具中（金属模具或盒子）镇压过夜，再打蜡或真空包装，然后再转移至干酪储存库在 6 ~ 10℃时成熟。

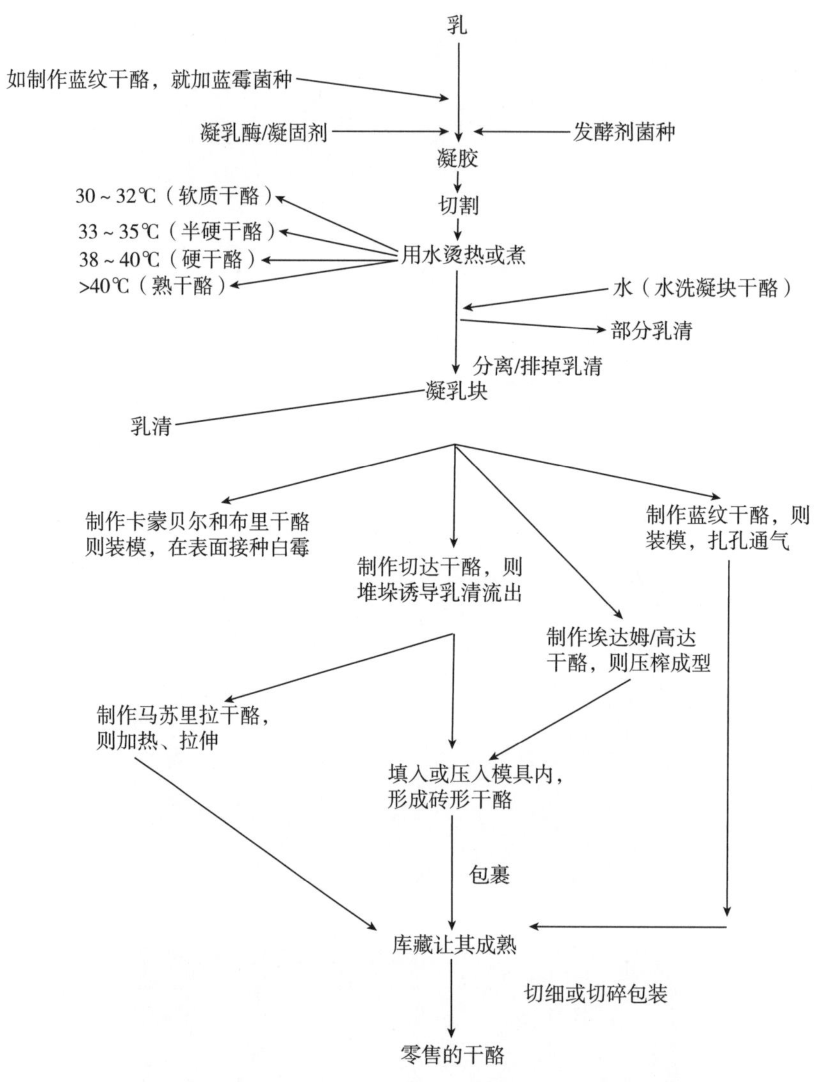

图 2.2　干酪加工主要步骤流程图，说明制作不同品种干酪的一些不同之处。

成熟过程因干酪种类的不同而异。在成熟过程中发生了化学和酶反应，形成风味，并改变了干酪的质地、孔洞性和物理性质（熔融、拉伸）。成熟过程中的温度、干酪的 pH 值、生产工艺以及添加特定的酶和微生物都会影响这些变化（另见第 7 章）。许多干酪的风味特征确实只能通过发酵剂培养物和添加的其他微生物代谢脂肪、酪蛋白、残留乳糖、柠檬酸和乳酸而形成（表 2.1）。这是了解干酪成熟技术的基础，将在第 7 章进一步讨论。有些酶，如脂肪酶（将乳脂水解为脂肪酸）是某些干酪，如罗马诺、菲塔和波罗弗洛干酪产生辛辣味（酸臭味）所必需的，这些酶一般是在制作干酪前加到乳汁中。

干酪出现酸败是细菌污染（在奶或干酪中）或乳中固有的脂肪酶较多的结果。乳腺炎动物的乳酪，即使在制作乳酪之前经过巴氏杀菌（72℃持续 15 s），往往也容易产生酸败。生乳处理不当，包括过度泵送、搅拌或冷冻会破坏乳脂球膜，使乳脂容易与固有的乳脂酶发生反应。虽然巴氏杀菌能显著降低固有乳脂酶的活性，但某些嗜冷菌产生的脂肪酶的活性可能不会降低。乳中有害的脂肪酶通常来源于从挤奶环境进入原奶的革兰氏阴性嗜冷杆菌（通常为假单胞菌属），该菌在高于4℃的温度下可在生乳中可快速生长。然而，它们必须增殖到多于 1×10^6 cfu/mL 才能生产足以使干酪酸败的残留脂肪酶。如能在农场和牛乳处理期间保持良好的卫生，并将乳储存于5℃以下，可确保用于制作干酪的乳中嗜冷菌数永远不会达到这个水平。酸凝和热凝的凝乳块（Ricotta 和 Queso Blanco）不再切割。里科塔凝乳块会浮起来，将浮在乳清表面的凝块舀出来或用筛子过滤。然后通常是将凝块放在容器中，让剩余的乳清从凝块中排出。奎索布兰科干酪（Queso Blanco）的凝乳块则会下沉，排干乳清，凝块加入食盐（或用盐水浸泡）后放入容器中。如制作奶油干酪，则在形成凝乳后，搅拌凝乳（不切割），再离心去除混合物中的乳清。然后将凝块包装（冷包装奶油干酪），或作为稀奶油、脱脂奶粉或浓缩乳、稳定剂和盐的混合物的主要成分，用于制作热包装奶油干酪。在此工艺中，先对混合物进行均质、加热，然后再包装。这种奶油干酪的保质期比冷包装奶油干酪的保质期长。

2.5 干酪加工步骤

2.5.1 乳的标准化

要生产成分一致的干酪，首先要求乳的成分要稳定（有关生乳处理的详述，请参阅第3章和第4章）。如果乳的成分不稳定，后续的标准化生产和成熟过程将不可能得出一样的干酪。乳的成分在各个方面都可能有所不同，这些都跟干酪制作者无法控制的因素（天气、饲养管理、动物品种等）有关系。干酪制作者可以通过添加乳固体（浓缩奶或奶粉）或去除奶油来改变（标准化）乳的成分。酪蛋白与脂肪（casein to fat，C/F）的比率决定干酪的成分，包括干酪总固体（total solids，TS）中脂肪的含量（即干物质中的脂肪，fat-in-dry matter，FDM）。酪蛋白和脂肪的总量在一定程度上决定了乳生产干酪的产量潜力。后者在制造工艺中非常重要，可确保设备在一个干酪槽中处理一定数量的凝乳（切割、搅拌等），对控制水分含量也很重要。

大多数国家的法规对干酪成分都有两个方面的规定：最低 FDM 和最大含水量（有些情况下也包括最低含水量）。然而，并非所有干酪都有标准。制定标准是为了保证即使是由不同厂商生产，某一种干酪的成分也具有一定程度的一致性，既是对消费者的保护，也是对生产工艺的保护。制定标准的方法各国有所不同，例如，最近制定的一些干酪的标准提出了相对于特定脂肪含量的最大含水量。因此，超过 55 g/100 g FDM 的切达干酪不允许含有超过 36 g/100 g 的水分。如果切达干酪的水分小于 55 g/100 g FDM，则允许其含水量为 39 g/100 g。干酪干物质中约 90 g/100 g 为酪蛋白和脂肪；其余固形物主要是乳酸、矿物质、盐和极少量的乳清蛋白，除非有意添加。虽然并非所有干酪［尤其是那些含有至少 50 g/100 g FDM 的干酪，例如切达、科尔比干酪（Colby）、明斯特干酪（Muenster）］都是由标准化乳液制成的，但大型厂商的趋势是朝着这个方向发展的。

表 2.1　干酪的主要种类、发酵剂组成和次生菌群

干酪 类别 / 品种	水分含量（g/100 g）	发酵剂组成	发酵剂的作用	二次发酵菌群	主要风味化合物
未成熟（软）农家干酪	不大于 80	乳酸乳球菌乳酸亚种[a]和明串珠菌属	产酸	无	乳酸、双乙酰和乙醛
马苏里拉	50	嗜热链球菌和德氏乳杆菌保加利亚亚种	产酸	无	乳酸
成熟（软）卡蒙贝尔	48	乳酸乳球菌乳酸亚种和乳酸乳球菌乳脂亚种	产酸	干酪青霉、酵母菌	脂肪酸、氨、芳香烃、1- 辛烯 -3- 醇、双 -（甲基硫甲烷）、苯乙醇和硫酯
布里干酪	55	乳酸乳球菌乳酸亚种和乳酸乳球菌乳脂亚种	产酸	干酪青霉、酵母菌	脂肪酸、氨、芳香烃、1- 辛烯 -3- 醇、双 -（甲基硫甲烷）、苯乙醇和硫酯
半软卡尔菲利干酪	45	乳酸乳球菌乳脂亚种，乳酸乳球菌乳酸亚种和乳酸乳球菌乳酸亚种双乙酰生物突变株	产酸和双乙酰	乳杆菌	乳酸和双乙酰
林堡干酪	45	乳酸乳球菌乳脂亚种和乳酸乳球菌乳酸亚种	产酸	酵母菌、节杆菌、亚麻短杆菌和葡萄球菌属	氨基酸、脂肪酸、氨、甲硫醇、硫酯和甲基二硫化物
半硬高达干酪	40	乳酸乳球菌乳酸亚种，乳酸乳球菌乳酸亚种双乙酰生物突变株和明串珠菌属	产酸和 CO_2		氨基酸和脂肪酸
蓝纹干酪 洛克福干酪、戈贡佐拉蓝纹干酪、斯提尔顿干酪和丹麦蓝纹干酪	40 ～ 45	乳酸乳球菌乳酸亚种，乳酸乳球菌乳酸亚种双乙酰生物突变株，乳酸乳球菌乳脂亚种和明串珠菌属	产酸和 CO_2	娄地青霉、白地霉、酵母和微球菌	脂肪酸、酮、酯、内酯、芳香烃、萜烯和吡嗪
硬切达	35 ～ >40	乳酸乳球菌乳脂亚种、乳酸乳球菌乳酸亚种、乳酸乳球菌乳酸亚种双乙酰生物突变株[b]、明串珠菌属[b]和嗜热链球菌	产酸	乳杆菌和片球菌	氨基酸、脂肪酸、醇、戊酮、硫化氢、甲硫醇和许多未明化合物
埃曼塔尔干酪	38	嗜热链球菌、瑞士乳杆菌、德氏乳杆菌乳酸亚种、德氏乳杆菌保加利亚亚种和谢氏丙酸杆菌[c]	产酸、CO_2 和丙酸	谢氏丙酸杆菌和 D 组链球菌	氨基酸（尤其是脯氨酸）、肽、丁酸、乙酸、甲硫醇、硫酯、二甲基硫醚和烷基吡嗪
格鲁耶尔干酪	38 ～ 40	嗜热链球菌、瑞士乳杆菌、德氏乳杆菌乳酸亚种、德氏乳杆菌保加利亚亚种和谢氏丙酸杆菌[c]	产酸、CO_2 和丙酸	谢氏丙酸杆菌和 D 组链球菌，还有酵母菌和棒状杆菌属，包括亚麻短杆菌属	（同上）

注：[a] 大多数生产商用乳酸乳球菌乳酸亚种进行酸化，用乳酸乳球菌乳酸亚种双乙酰生物突变株进行预处理。

[b] 不总是包括在内，但可用于生产外表有孔洞的干酪品种。

[c] 与发酵剂一起加入，但没有产乳酸作用（作为二次发酵菌群以形成“孔眼”）。

对于含有 FDM<50 g/100 g 或 >57 g/100 g 的干酪，通常必须进行乳的标准化，因为乳的成分一般可以生产出这个范围的干酪。如果要生产 FDM 含量较高的干酪（低 C/F），则须添加稀奶油。如果要生产 FDM 含量较低（较高的 C/F）的干酪（低脂干酪），则须去除奶油或添加脱脂乳粉、超滤（ultrafiltered，UF）脱脂乳、浓缩或蒸发脱脂乳。许多工厂在干酪制作前使用超滤全脂乳去除水分，以提高效率。去除奶油会使干酪产量降低，但添加乳固体有时可能会出现干酪质量下降的现象，这是有些厂商不能接受的。干酪得率随乳固体（脂肪和酪蛋白）的增加而增加，由于有良好的经济价值，增加乳固体就变得非常有吸引力。去除奶油时，不但会去除脂肪，也会去除酪蛋白。稀奶油一般是 30 ～ 45 g/100 g 脂肪，即 55 ～ 70 g/100 g 脱脂乳。添加乳固体的主要问题是，这些乳固体若有任何异味都会被带进干酪中。尤其要注意的是陈腐味或氧化味。而且，脱脂乳粉有时难以完全溶解在乳液中。这是由于乳粉的物理性质，部分是由于乳粉的添加过程不正确的原因造成的。

如果乳在干燥过程中过度加热，所得乳粉的可溶性就比较低。有些干酪制作者将乳粉直接加进奶槽（或筒仓）中，将混合乳保存过夜，以确保乳粉充分水合。然而，即使经过搅拌，乳粉也可能会下沉，慢慢水合。这样可能会导致乳粉沉积在槽底，不溶入乳液中，从而使乳液不能按预期标准化。现在的趋势（大多数生产商都采用这种工艺）是先用乳粉制成浓缩乳，再加入筒仓或干酪槽中与乳液混合。有人用特殊的搅拌装置将乳粉筛入温水（30℃）中。水（和乳粉）在该装置中循环往复，直至所有乳粉加完为止。该混合物的固体含量一般为 20 ～ 30 g/100 g。

要对乳和标准化液进行混合，得到预想的 C/F，两者的成分都必须准确。现在已有很实用的新技术，可在进入干酪槽的连续流（在线标准化）中同时测定乳和标准化液成分，同时计量控制两者的准确比率。

2.5.2 乳的热处理

在收乳并进行标准化后，通常会对乳液进行热处理，但在许多小型干酪工厂中，乳液加热的温度都不会超过奶畜的体温。然而，对于是否需要对要加工成干酪的乳液进行强制性最低热处理，存在相当大的争议。例如，尽管在欧盟国家，这一程序不是强制性的，但生乳干酪必须明确标示。主张巴氏杀菌者是从公共卫生问题方面来考虑的。所有病原菌都不能在巴氏杀菌乳（72℃处理 15 s）中存活，但大多数病原菌也不能在稍弱于巴氏杀菌的热处理下存活（Johnson 等，1990）。反对巴氏杀菌者认为，巴氏杀菌乳制成的干酪与生乳或微热处理乳制成的干酪味道不一样，而且在成熟过程中，原本存在的病原菌都会死亡（这一说法未经干酪微生物实际检测证实）（Donnelly，2001）。另外，在巴氏杀菌后干酪也有可能被病原菌污染。支持者认为，使用无病原菌乳液，如果干酪是在无病原菌环境下生产并妥善处理，干酪将自始至终会保持无病原菌。他们还认为，风味的差异并不一定存在，若有的话也可能是有害的。72 ～ 76℃下 15 ～ 18 s 的巴氏杀菌并不是太强的热处理，在干酪制作中不会有任何问题，除了需添加少量氯化钙外，通常不必对生产工艺进行调整。

Law（1998）从两个角度对解决干酪“安全但乏味”和“危险但撩动心弦”之间的突

出矛盾的办法进行了讨论，一个是从乳的冷灭菌新技术角度，另一个是从生乳 / 工厂的天然微生物菌群中分离出非致病性菌群，制出既能撩人心弦又无风险的干酪的角度。

2.5.3 添加发酵剂

发酵剂是干酪制作中所用的产酸细菌的培养物，但有时也包括人为添加到乳中以影响干酪的滋味、香气和质地的细菌。后者并不用于产酸，而是以形成特定风味化合物或产气为主要目的的特定细菌（见第 6 章和第 7 章）。表 2.1 概述了发酵剂和非发酵剂微生物的差异及其对干酪品种多样性的影响。

发酵剂代谢引起 pH 值降低，提高了凝固剂的酶活性，提高了脱水收缩速率，减缓了某些细菌（包括一些病原菌）的生长，并导致酪蛋白中胶体磷酸钙的溶解。除了磷酸钙的溶解外，酪蛋白分子间的净电荷排斥作用先是增大，然后随着 pH 值接近酪蛋白等电点（4.6）而减小。这两者对酪蛋白网络的化学性质，特别是酪蛋白分子的流动性和凝聚的胶束的最终构型都有很大影响。这些反过来又影响干酪的物理特性，如硬度、口感的顺滑度，甚至是颜色（在第 4 章中详细讨论）。

干酪发酵菌是根据传统，还有预期的干酪风味、生产过程和成品干酪中预期的产酸速率和产酸程度来选择的（第 5 章将详细讨论）。发酵菌株对盐、温度、pH 值的敏感性不同，干酪加工利用了发酵菌株的这些特性。发酵剂会一直发酵乳糖（或者是半乳糖，如果有能力代谢的话），直到干酪中的条件（高盐、低 pH 值、低温和三种因素的叠加效应）使发酵不能再进行下去为止。有时会用高温烧煮来减缓产酸的速度；发酵剂细菌并没死亡，一旦温度降低，又会恢复活动。这种工艺常用于生产瑞士型干酪。高温烧煮有助于去除凝块中的水分，又可抑制酸的快速产生。最为理想的是，大部分酸是在压榨过程中形成的。这样就可使凝块更好融合，更有利于孔眼的形成和保留更多胶体磷酸钙，可对低 pH 值起到缓冲作用（见第 10 章）。

中温发酵菌（主要是乳球菌）一般比嗜热菌株（例如嗜热链球菌）更耐盐。在干酪贮藏温度（8 ～ 12℃）下，中温菌也更有可能发酵残存的糖（乳糖和半乳糖）。例如，在明斯特干酪中，某些菌株的嗜热链球菌的产酸速率随着 pH 值降低而减慢，直至 pH 值到 5.1 ～ 5.3 时产酸几乎停止。将干酪迅速冷却至低于 20℃几乎完全停止产酸，尽管干酪中仍残留着不少乳糖。但是，如果使用中温菌，即使干酪冷却到 8℃，pH 值也会降至 4.9 以下。砖形干酪（Brick）的生产与明斯特干酪非常相似，主要有一点不同，即乳清稀释步骤。砖形干酪是用中温菌发酵的，水分高（44 g/100 g），是用浓盐水处理的。如果不去除部分糖，干酪的最终 pH 值将为 4.6 ～ 4.8，这对砖形干酪来说就太酸了。因此，在砖形干酪和其他采用中温菌的盐水腌制干酪中［高达干酪和瑞士哈瓦蒂干酪（Havarti）］会去除部分乳清（25 ～ 50 g/100 g 乳重），并用温水代替。这样就可排出凝块中的糖。在干酪成型和压榨过程中，中温菌最后将所有残存的糖发酵代谢掉。最终 pH 值为 5.1 ～ 5.3。这种工艺用于生产非传统式马苏里拉干酪，即便在披萨饼表面烧焦了，颜色也不那么深。瑞士类干酪生产商一般是直接向乳中加入少量的水（5 ～ 7 g/100 g 乳重）（不先去除乳清），以免生产的干酪 pH 值太低。

制作干酪时发酵剂的用量取决于产酸的速率和程度以及细菌繁殖的条件（培养介质、pH 值控制和发酵时长）。大型干酪生产商要求每次制作干酪时，产酸速率都是可预测的（见第 5 章）。这样厂家就能对整个生产过程进行标准化。然而，被酸损伤或对噬菌体敏感的发酵菌可能会减缓甚至停止产酸。因此，在干酪加工过程中，厂商采用控制 pH 值条件来控制生产中所用发酵菌的生长，并使用对噬菌体不敏感的发酵剂。但是，如果轮流使用几种与噬菌体无关、来源明确的混合菌株培养物，使其在一种培养物中针对一个或多个菌株的噬菌体无法在干酪车间中日积月累，则使用对噬菌体敏感的发酵剂并不重要（有关控制噬菌体的其他方法详见第 5 章）。

2.5.4 凝结和切割

在慢凝过程中，酪蛋白胶束最初形成一个由细链和小聚集体组成的网络结构（详见第 3 章和第 4 章）。细链之间的空隙里充满了乳清。因为最初细链和聚集体之间的空隙或孔隙很小，所以常称其为“细凝乳”。脂肪球周围也形成这种网络结构，脂肪球比胶束和胶束的聚集体要大得多。随着凝结作用的继续进行，细链开始形成更大的、相互连接的聚集体，聚集体之间的孔隙也变得更大。这种凝乳被称为“粗凝乳”。

细凝乳比粗凝乳更柔软，因为酪蛋白胶束之间和胶束内部的相互作用较少。实际上形成新的相互作用仍有很大的潜力，这可从随后形成更大的聚集体看出。当柔软的凝乳被切割时（图 2.1a），这种潜力得以释放，酪蛋白胶束就继续聚集或发生相互作用。结果是凝乳颗粒开始迅速收缩，特别是在表面，迅速排出大量乳清。乳清被包裹在凝乳颗粒里，但可被挤出。由于脂肪和乳清的流失，凝乳块会形成一层“皮”，即更致密的酪蛋白胶束层。在切割面，脂肪太大，无法被酪蛋白网络所包围或包裹，将随乳清排走。“皮”可以防止脂肪的进一步流失，但其上面有小孔，通过这些小孔，可挤出凝乳颗粒里的乳清。“皮”也使凝乳块更抗压，不太容易破碎或裂开。“皮”的形成通常被称为凝乳块的“愈合”。但凝块在受到足够的应力（搅拌或振荡）时也会破裂，特别是在还未愈合时（凝块太软）。实际上，这就像把凝块切成细小的凝乳颗粒一样。很细小的凝乳颗粒通常被称为“碎粒”。由于其体积小，当后来乳清和凝块分离时，它们可能不能融入大的凝乳块中，因此会导致干酪得率降低。在切割后新暴露的表面脂肪球也会丢失，但会形成一层新“皮”，尽管速度较慢。凝块收缩和形成“皮”的过程，同样也出现在比较结实的粗凝乳中，但速度也更慢。结果是凝块没有那么快形成“皮”，在搅拌时比较容易破碎（造成脂肪流失更多，“碎粒”更多）。因此，凝乳切割不久就搅拌造成的伤害，凝乳结实的要比凝乳较软的大（Johnston 等，1991）。同样，如果凝乳过早切割和搅拌，凝块也容易裂开和折断。因此，切割过早、过晚都会导致碎粒和脂肪流失增加，特别是当后续搅拌速度太快时。

凝乳的硬度传统上是干酪制作者对干酪软硬程度的主观度量。在确定切凝乳的“适当”时间时，同一个干酪工厂不同干酪制作者之间可能存在相当大的（几分钟）差异。因此，干酪制作者已经开始用仪器来确定凝乳的硬度。干酪师会做一系列的试验来确定最佳的切割硬度，即找到一个切割后乳清中的碎粒和脂肪含量最少的硬度。一旦确定了凝乳硬度的最佳值，就可“设置”仪器，让它“告诉”干酪制作者何时可切割凝乳（这在第 4 章中将详细讨论）。

为了使该系统高效运行，每一槽乳的成分都必须相近。对不同干酪，最佳切割硬度有所不同。在生产半脱脂干酪时，在凝乳比较硬时切割可能更划算，尽管碎粒和脂肪损失会比较多。在凝乳较硬时切割，是制作高水分干酪的一种方法。水分和产量的增加将会抵消由于碎粒和脂肪从乳清中流失而导致的得率的损失（Johnson 等，2001）。在乳的 pH 值较低时（预酸化、延长成熟时间和发酵剂产酸速度加快）添加凝固剂，增加乳中的酪蛋白含量，在加入凝固剂时提高乳温，或者仅仅是延长添加凝固剂至切割的时间，都可制得较硬的干酪。

凝块要切多大呢？凝乳切得越细，暴露的表面积就越大，脂肪流失也就越多。凝块的体积也越小（表面积体积比增大）。与大的凝块相比，表面的快速收缩导致乳清损失的数量更大（单位体积凝块）。在搅拌过程中，大凝块也更容易被撕开。制作低水分干酪要在凝乳较软时切割，且要切得比较细。相反，制作高水分干酪则要在凝乳较硬时切割，且要切得大一些。

乳中 C/F 较低时（例如，制作奶油瑞士干酪 C/F 为 0.5），即酪蛋白含量低的乳，会使酪蛋白聚集体比较疏松，形成较软或较弱的凝乳。这样的凝块可能需要稍长的愈合时间才能进行搅拌，而且要温和搅拌。相反，在 C/F 为 2.0，即酪蛋白含量高的乳（超滤乳或浓缩乳）中，凝乳形成速度则更快（单位乳中酪蛋白含量更多）。然而，在浓缩乳中，虽然凝乳形成速度更快，但酪蛋白之间的实际相互作用程度，可能要比酪蛋白含量较低的乳液形成的比较硬的凝乳中的小。因此，在用超滤乳加工干酪时，尽管凝乳表面看起来足够硬，可以切割，通常也要等凝乳静置较长时间后再切割。

2.5.5 搅拌、加热和脱水收缩（水分控制）

切割凝乳后，接着就是搅拌和加热（图 2.1b）。此时发酵剂继续产酸，搅拌、加热与产酸三者叠加，对水分（脱水收缩）和磷酸钙的溶解产生巨大影响。这些反过来也对干酪的特性有很大影响。胶体磷酸钙是乳中和干酪中的主要缓冲剂，在干酪制作过程中将它去除（pH 值过低，即在添加凝乳酶，排掉乳清时 pH 值 < 6.2），将会增加干酪 pH 值过低（< 5.0）的可能性（Lucey 和 Fox，1993；Johnson 和 Lucey，2006）。这一原理已应用于半脱脂干酪的制作中，通常是用冲洗凝块或稀释乳清的办法达到此目的。Johnson 和 Chen（1995）没有冲洗凝块就生产了一种半脱脂切达干酪，但 pH 值维持在 5.0 以上，所有残留乳糖都被发酵分解。Lawrence 等（1984）指出，在加盐后发酵残留乳糖使干酪 pH 值降低的过程中，发酵剂菌种的敏感性也起着重要作用。

脱水收缩使酪蛋白分子发生重排，导致酪蛋白网络紧缩。最终的结果是水被挤出酪蛋白网络。影响脱水收缩的主要因素有：（a）温度；（b）凝乳切割后 pH 值下降程度（产酸速率）；（c）压力。凝乳切割后 pH 值下降程度越大，凝块中被挤出的水分就会越多。凝乳切割后用于加热凝块的温度越高，凝块中的水分就越低。其他增加脱水收缩率和“游离乳清”被挤出凝块的速率的因素，与凝块受到的压力有关；这些因素包括：

- 搅拌（搅拌速度和持续时间）；
- 搅拌时增加凝块与乳清的比例；
- 乳清分离后搅拌凝块（“搅拌凝块”工艺）；
- 在干搅拌时保持凝乳温热；
- 在干搅拌时直接加盐。

此外，施加低速、高强度和持久的压力，可增加凝块排出的乳清量。然而，随着凝块变冷，脱水收缩速度也会减慢；实际上，一个用于增加半脱脂干酪水分的加工步骤是向凝块中加入冷水。如果凝块的 pH 值 < 5.4，则此方法更有效；低 pH 值凝块（5.0 ～ 5.3）在冷却时，比温度或 pH 值较高（>5.4）的凝块更容易重新吸收被包裹的水分。本章后面将更详细地讨论干酪中水分的保持和吸收（压榨和成熟过程中的干酪）。

干酪中的水大部分都是游离水，即不与酪蛋白或其他成分结合，只是物理性包裹在酪蛋白网络中（Van Vliet 和 Walstra，1994）。如果有足够的“力”驱动，水就会从干酪中自由流出。足以使水从酪蛋白网络中流出的力包括：（a）低 pH 值（< 4.95）；（b）低湿或干燥；（c）压榨后的干酪块干抹盐（水分往加盐的位置移动）；（d）酪蛋白网络发生蛋白质酶解或降解，尤其是对干酪进行加温时（使干酪出汗）。

即使在加盐后，水分仍会附着在凝块上，但当干酪放入容器 / 模具并施加压力后，一部分水就会迅速从干酪中压出。凝块上的压力会使外层的凝块融合，把部分水分锁在干酪块里面。锁在里面的水最后被凝块所吸收。

凝块中的残留乳糖会渗入局部的水滴中，乳糖发酵后，会导致局部区域的 pH 值较干酪块其他地方的 pH 值低。结果是出现脱色或浅色的区域。这在乳中添加胭脂树橙（以生产橘色干酪）的干酪中尤为明显。其他种类的干酪都会发生类似的情况，但可能没有那么明显。

2.5.6 去除乳清、填模和加盐

乳清和凝块的分离方式可影响干酪的质地，也可影响干酪的色泽和风味。去除乳清大体有三种方法。在制作软质干酪时，乳清是从干酪模具的孔洞排出。在制作大多数硬质和半硬质干酪时，乳清则从干酪槽中排走，凝块被隔板截留，在凝乳堆中挖一条沟，让乳清流出（图 2.1c）。在大规模生产中，是将乳清和凝块的浆液泵入底部装有筛网的干酪槽中，乳清从筛孔流出，凝块留在槽中。乳清排出后，凝块沉结在槽底形成一层厚“垫”，把“垫子”切成条，一条条翻转过来，互相叠放（图 2.1d 和 2.1e）。这个过程被称为“堆叠”。堆码速度越快，锁在凝块中的水分就会越多。一旦达到预定的 pH 值，就将凝乳条切（或磨）成拇指大小或更细的小块，称“凝乳片”。乳清和脂肪会从新暴露的表面释放出来。可用喷雾器向凝块喷入温水，再行搅拌以促进乳清排出。在凝块上撒盐（图 2.1f），也可从凝块排出更多水分。撒盐后再不断搅拌或不搅拌，等咸乳清排出。然后将凝块放入容器 / 模具中进行挤压。

切达和马苏里拉干酪自动生产系统一般是用一条可截留凝块的穿孔带，让凝块沉结成厚厚的垫子。皮带（和凝乳团）继续向前移动，但最后翻转一次（马苏里拉干酪）或两

次（切达干酪）。凝块结成一团固体干酪。输送带按设定的速度移动，当凝块团走到切片机（位于输送带一端）的位置时，凝块恰好达到预定的 pH 值。如制作切达干酪，凝块在切碎后，可能会稍稍喷一点温水，再加盐。喷水可去除聚集在新切割表面附近的乳清。如果不去除这些乳清，干酪可能会出现有“接缝”的缺陷。出现这种现象时，每个凝乳小块边缘的干酪都呈白色，pH 值稍低。这种缺陷在酸性或低 pH 值干酪中较常见，但往往会自动消失。盐通过自动计量从料斗投到装有切碎的凝乳块的移动皮带上。计量通常是基于机械传感器，可测量皮带上凝块厚度的变化。加盐后翻动凝块使盐均匀分布，利于乳清排出。搅拌后，将凝块装入容器中进行压榨。或者将凝块吸入真空塔中，真空塔是通过立柱形凝块的重力产生负压的。在塔里，干酪垂直堆叠，乳清继续排出。积在塔里的乳清不断被抽走，塔底有一个切割系统，每隔一定的时间就从干酪柱切出一块干酪，推开进行包装。

在这种系统中，干酪不需再进行直接压榨，但干酪是真空包装，真空对凝块产生一定的压力。如果游离乳清未完全从凝块中排出，部分可能会积在包装袋里，最后又会被吸收到干酪中。乳清中含有乳糖，如果发酵，将产生局部区域高酸性。这些区域的干酪颜色会变浅。

马苏里拉凝乳团的处理跟切达凝乳一样，也可以加盐，但不包装，而是在热水（或热盐水）中进行搅拌混合。然后将熔融的干酪团从热水中取出，可加盐（或香料），再将凝乳团放入容器中冷却。如果凝块不加盐，则在干酪冷却后用盐水浸渍。马苏里拉干酪的制作方法将在第 9 章详细介绍。

大多数用于制作再制干酪的切达或马苏里拉干酪都可通过“搅拌凝块”工艺制造。为了加快乳清排出，不是让凝块沉结成团，而是不断搅拌。当达到所需的 pH 值时，就加盐（切达），如制作马苏里拉干酪，则如前述把凝块投入热水中。如不采用搅拌凝块工艺，也可用冷水冷却凝块的工艺。该工艺用于生产科尔比干酪和半脱脂干酪。这样可减缓凝块脱水收缩速度，使更多水融入凝块中。在压榨过程中，水会被锁在凝乳团内，最终会被干酪吸收，从而使干酪水分含量增加。水洗工艺还可去除部分乳糖、乳酸（使凝块 pH 值稍高）和水溶性磷酸钙。因为凝块是冷却和加盐的，所以在压榨过程中可能只会慢慢变形。这样干酪中的机械性孔洞就比较小。

制作瑞士干酪和高达干酪（有孔眼的干酪）时，将乳清和凝块泵入一个专用的槽中，槽中有一个稍小一些的穿孔模具，也可将凝块和乳清泵入一个塔中。在这两种工艺中，乳清并不会立即与凝块分离，凝块会沉到乳清下面。然后压榨凝乳团，排出乳清。在塔式系统中，堆叠的凝乳被切割刀切成块，再放入容器中进行压榨。在传统的瑞士干酪制作中，则用布袋将整个凝乳团包起来，放入干酪模（压榨凝块的模具）中。在这两种工艺中，都不能让空气进入凝块中。如果是使用带孔模具，则只形成一大块干酪，并且是在槽中进行压榨。大块干酪被切成细块（这与其他系统一样），然后再用盐水处理。有孔洞干酪的制作将在第 10 章详细介绍。

制作明斯特干酪、砖形干酪及类似的干酪，则是将凝块和乳清混合物直接泵入带孔的容器或模具中（图 2.1）使凝块与乳清分离。凝块可能要压榨也可能不压榨。这种工艺制出的干酪孔眼（称为机械性孔眼）往往比较小。模具要定期翻转，使乳清能均匀排出，这样干酪表面就会比较平滑。凝块投入模具时必须是温热的，否则表面就不能很好胶合。为了使表面光滑有时也用热水冲洗。如果凝块投入模具时 pH 值比较高，且 pH 值继续下降，则机械性孔眼可能会非常小，甚至凝块可能完全融为一体。如果 pH 值不下降，凝块就不会胶合或融合在一起，机械性孔眼就会保留下来。如果希望孔眼又大又多（瑞士和蓝纹干酪），则必须先将乳清分离干净，再将凝块装入模具中。也可以加盐。干酪在模具中放置达到适当的 pH 值，再用盐水处理。

2.5.7 盐水处理和/或表面干抹盐

如果盐不在压榨前加入凝块中，则要在成熟过程中通过干酪浸泡盐水或将盐抹在干酪表面的方式加入干酪中。盐水通常为饱和盐溶液（约 23 g/100 g 盐；但有些仅为 15 g/100 g），盐水与干酪的 pH 值大致一样，温度在 40 ～ 50℃。盐水中也会添加氯化钙（0.2 ～ 0.3 g/100 g）。如果盐水钙含量太低，钙会从酪蛋白中渗出，酪蛋白水化程度和溶解度会更高。干酪表面可能会变得太软或太黏，如果细菌滋长，就会导致包装干酪出现“外皮腐败”的现象。这种现象也会出现在直接加盐于干酪的内部，是被锁在凝块中的乳清在成熟的头几天内被吸收造成的。只要钙不再与酪蛋白结合，酪蛋白分子之间的电荷排斥力高，酪蛋白网络就会吸收水分。酪蛋白分子由于带负电而相互排斥，使酪蛋白网络结构得以打开，形成一条条微管道，微管道中充满乳清，使网络结构膨胀增大。当水被吸引到带电的部位时，酪蛋白也会变成水合酪蛋白。然而，在 pH 值非常低的干酪，如农家干酪凝块（pH 值 4.6 ～ 4.7）或高 pH 值和高盐干酪［奎索壁画干酪（Queso Fresco），pH 值 6.3 ～ 6.5］，随着酪蛋白分子之间的电荷排斥力被中和，酪蛋白网络会收缩，形成大的聚集体。因此，酪蛋白网络的物理结构会更加开放，聚集体之间形成较大的乳清池。酪蛋白网络不容易吸收或保持水分，且会迅速失去乳清，尤其是在干酪加温时。

在干酪上干抹盐后就会形成外皮。外皮水分低，盐含量高，酪蛋白形成非常致密的网络结构。脂肪可能被挤出，使表面变得很油。如果干抹盐干酪在低湿下成熟，蒸发增大会加剧这种情况。但外皮实际上减缓了干酪其余部分的水分损失，干酪内部不会变得太干。水分不容易通过致密的酪蛋白网络，盐也是这样。因此，干抹盐的干酪也可能原先经过盐水浸泡或在压榨前已加了盐。在干酪上抹盐是一种传统的使干酪成熟的方法，家庭农场干酪制作者多采用此法。这些干酪制作者会让微生物（通常是酵母菌和霉菌，因为它们能够在高盐和干燥条件下生长）在干酪上生长（详见第 5 章）。外皮可对干酪内部起到保护作用。但酵母和霉菌的代谢物可通过外皮向内移动，产生或好或坏的干酪风味，这就看品尝者的评判标准了。干酪外观看起来很“传统”，具有某些天然、朴实的吸引力。

盐水处理会导致干酪中产生盐的梯度。水分也会被吸引到盐含量高的表面。如果干酪在空气中成熟，就会形成一层皮，因为水分很容易散失。如果干酪水分高且采用真空包装，则干酪外层往往又会变得非常软，因为水分不会散失。所以，被盐水处理的干酪，同一块干酪不同部位的成分可能有较大差异。这可能会对成熟过程产生正面或负面影响，因为水分和盐（水相的盐）和 A_w 在酶的活性和微生物活动中起着重要作用。干酪中的成分可达到平衡状态（但不是同质），但这可能需要几个月。目前的趋势是直接在干酪中加盐，用盐水处理的越来越少。主要是因为有关废盐水处理的法规越来越严格，加上维持盐水的化学和微生物成分的费用也比较高。不过对高盐干酪，比如“帕玛森干酪”，直接加盐的确有不良影响。在这种直接加盐的干酪中，高盐抑制了发酵剂的代谢，从而导致乳糖和半乳糖残留增加，在成熟过程中，可能会发生非酶褐变，而且风味形成也会受阻。

2.5.8 压榨

压榨的目的有 3 个：一是使凝块形成所需的形状，二是挤出乳清，三是使凝块在压力下更快地黏合在一起。压榨的时间、压力和效率与压榨时凝块的状况和压榨期间 pH 值降低的程度（胶体钙损失）有关。

凝块的融合需要两个条件:（a）凝乳颗粒必须会流动，使相邻凝乳颗粒之间的接触面积增加;（b）相邻颗粒之间必须形成新的键（Luyten 等，1991）。当将松散的凝块装入容器中时，各个凝乳颗粒之间的接触面积比较小。压力会使凝块变形，使凝乳颗粒之间的接触面积增大。温度越高，凝块变形幅度越大，酪蛋白胶束中溶解的胶体磷酸钙越多，pH 值越低，酪蛋白网络内的水分和脂肪含量也越高。

如果凝乳颗粒之间的接触区域被游离脂肪覆盖的面积过大，则凝块就不会黏合。酪蛋白之间必须发生相互作用。当温热的凝块搅拌太久，特别是加了盐、粉碎的凝块，凝块表面会出现游离脂肪。可以用热水冲洗凝块以去除脂肪。每个凝乳颗粒外层都覆盖着酪蛋白，而不是脂肪，因为当凝乳刚被切分时，表面的脂肪没被包在酪蛋白网络内，会随乳清流失。同样，如果凝块被切开（或粉碎），就有新的表面露出，脂肪也会释出。另外，当在粉碎或刚破碎的凝块中加盐时，水分会从凝块渗出，酪蛋白网络将会收缩，表面附近的脂肪会被挤出，特别是在凝块受到挤压时。每个凝乳颗粒表面的酪蛋白分子实际上与相邻凝乳颗粒的酪蛋白分子相结合。酪蛋白分子可变性越大（化学键更容易断裂和重新形成），凝块的融合效果就越好。酪蛋白分子在较低的 pH 值（5.0 ～ 5.3）下可变性更大。如果在压榨过程中凝块的 pH 值下降，酪蛋白分子的可变性增加会增加凝块的融合速率。下降程度越大，凝块就融合得越好。

乳清分离和加盐工艺对干酪的质地有重要影响。在搅拌型干抹盐干酪中，凝块更硬实。即使 pH 值下降和压力很大，凝块融合也很慢，甚至不能充分融合。凝块融合不充分会导致干酪在咀嚼时容易碎成原来的凝乳颗粒。这种情况多见于在 pH 值较高（5.5 ～ 5.8）时加盐，且 pH 值不下降，凝块被冷却，凝块中脂肪和水分含量较低的干酪。在成熟过程中，酪蛋白发生水解，使酪蛋白分子发生重排，从而使凝块融合得更好，至少会使干酪变得更柔软，口感更为顺滑。

2.6 干酪的成熟

干酪经过成熟过程后之所以能成为各具特色的品种，一方面是因为干酪工厂所用的工艺使其外形各异（如上所述），另一方面是因为在干酪制造过程中所用的微生物发酵剂不同。

2.6.1 成分不同，品种多样

脱盐和 pH 值在蛋白质水解和酪蛋白相互作用中起着重要作用，而这些反过来又影响干酪的物理性质。随着蛋白质的初步水解（完整蛋白质分子的初步水解），肽被释放与溶解，蛋白质网络重新排列。干酪中残留的凝固剂是蛋白质初级水解的关键分解酶。蛋白质水解的影响在各种干酪中各不相同，取决于干酪成分，或者更准确地说，取决于酪蛋白与水 + 脂肪的比率；比率越低，蛋白水解作用对干酪的影响就越大，就越倾向于软、腻、滑、黏（脂肪降低时尤甚）、易脆、乏味（高脂肪干酪）。

如果比率高，则干酪往往会变得松脆（黏性较低），在受压时易破碎或折断。后者是英国本土干酪的一个特征，但出现在瑞士干酪中则是一种缺陷。如果在大量蛋白质水解后产生气体，则会造成干酪开裂。切片性能会降低（薄片断裂），虽然干酪可以切碎，但往往非常松碎。这种现象可见于帕玛森干酪和罗马诺干酪。总地来说，酪蛋白 / 水 + 脂肪占比高的干酪比占比低的干酪更容易被消费者接受。当然也有例外，有时也要求霉菌成熟的干酪（卡蒙贝尔干酪）和一些表面成熟的干酪（林堡干酪）有稀奶油状或几乎流体状的质地。但瑞士干酪、明斯特干酪或马苏里拉干酪变成糊状是不行的。

2.6.2 发酵剂和干酪中偶然性微生物区系不同，品种多样

干酪凝块形成，经过加盐、压榨并存放在成熟区之后，凝乳团里面或表面上存在的微生物开始发挥作用，将发酵阶段平淡的半成品变成具备一定风味、质地和外观的干酪。其中有些微生物是作为发酵剂、成熟的蓝色或白色霉菌培养物，或作为细菌和酵母表面涂抹剂人为添加的。其他主要是非发酵剂乳酸菌（non-starter lactic acid bacteria，NSLAB）（乳酸杆菌和片球菌），是从乳中或工厂环境中或作为辅助发酵剂添加进干酪，并在干酪中通过其生物质（酶和底物）及其代谢作用促进干酪成熟的。

因此，最初制造过程生产出的各式各样的干酪，又进一步添加各种不同的微生物，使其品种繁多，包括霉菌成熟干酪（内部蓝色和表面白色分别为罗氏青霉和干酪青霉）；表面涂抹成熟的干酪（橙色到红色的涂抹剂，含棒状杆菌属、非致病性葡萄球菌和酵母菌；见第 6 章）；由内部的乳酸菌（lactic acid bacteria，LAB）菌群（发酵剂的酶和生长不定 NSLAB）成熟的干酪和有孔洞的干酪（由添加在发酵剂中的产 CO_2 的丙酸菌形成）（见第 10 章）。当然，有些干酪根本不经过成熟过程，而是在生产后几天内就以又湿、又酸的干酪销售，如农家干酪。

这些干酪的种类及其特性概述见表 2.1。其中大部分微生物的选择、使用和其影响是第 5、第 6、第 9 和 10 章讨论的主题，详情请读者参阅相关章节。对控制和加速干酪成熟技术中培养物和酶的使用感兴趣的，可参阅第 7 章。作为对风味控制技术的解释和综述的一部分，第 7 章还综述了成熟干酪风味形成的生化基础。

2.7 减脂型传统干酪

2.7.1 背景

自 20 世纪 80 年代初以来，由于消费者担心干酪会增加膳食脂肪摄入，所以基于传统干酪的减脂型干酪的生产一直颇受关注。但是，除了马苏里拉干酪外，半脱脂或低脂干酪可能占不到干酪销售总量的 10%。半脱脂干酪消费量之所以低于预期，主要是因为质量欠佳，价格又高。因此，目前正针对这些问题进行半脱脂干酪方面的研究。为了实现质量方面的目标，目前的行业趋势是使用辅助发酵剂或添加酶系（见第 7 章）。要实现第二个目标，则必须增加从给定数量的牛奶产出干酪的数量。

通过提高乳的蛋白含量，添加廉价的填充料，如颗粒性或变性乳清蛋白，可提高工业生产的得率。通过蒸发、超滤或添加脱脂奶粉、浓缩乳或超滤乳可提高乳固体含量。另一种提高干酪得率的方法是增加水分含量，但这样会限制干酪的保质期。

生产物理特性与高脂干酪相仿的半脱脂干酪有多种办法，但其难度依品种不同而异。例如，切达干酪的脂肪可减少 25% ～ 50%，这可满足所有人群的要求，除了特别挑剔的消费者之外。但是目前还不存在一种算得上是令人满意的低脂或零脂肪切达干酪。但零脂肪马苏里拉干酪在用作其他食品的成分时，在颜色、融点、拉伸和咀嚼等方面则与高脂肪的马苏里拉干酪相仿。在专门的热风披萨炉中烘烤时，零脂肪马苏里拉干酪失水太多，导致干酪表面形成一层皮或有烧焦斑。要解决这个问题，可在披萨饼表面喷些植物油，或在将干酪切丝切条时加入植物油（Rudan 和 Barbano，1998）。

2.7.2 半脱脂干酪的制造

早期就有一种美味的低脂干酪，即农家干酪（4% 脂肪）。但消费者希望有更多的品种，这样，业界便采取两种不同办法来满足消费者的需求。一是生产出一种尽可能与相应的全脂品种相近的干酪，另一种是生产出一种风味和口感特征不令人反感，但不一定模仿对应的全脂干酪的减脂干酪。这种干酪本身就是一种好干酪，并不希望人们把它当成传统切达、瑞士、高达等干酪。

对一些半脱脂干酪，消费者反映的问题主要是干酪太硬。其原因有两个：第一，酪蛋白网络过于稠密或紧实；第二，酪蛋白分子之间的相互作用太强；即酪蛋白胶束（或分子）相互结合的“断裂”太少。决定任何干酪口感（硬度和咀嚼性）的关键参数是酪蛋白的浓度，这取决于与水结合，以及被脂肪、pH 值、电荷斥力破坏的程度和酪蛋白的完整程度（蛋白质分解）。降低酪蛋白浓度有一种方法是增加水分含量。还有一种方法是添加填充料，例如变性乳清蛋白、淀粉、树胶或低热量脂肪。填充料往往也会使干酪含水量比较高（McMahon 等，1996；Lobato Calleros 等，2008）。其他东西，如单甘油酯和二甘油酯（Lucey 等，2007）、卵磷脂（Drake 等，1996）和蔗糖聚酯（Crites 等，1997）也可能会与酪蛋白分子相互作用，并使酪蛋白分子间的结合键断裂。第三种方法是将脂肪打碎，使其成为更小的小球（均质化）。均质的是稀奶油而不是奶，然后将稀奶油和脱脂奶混合，得到制作干酪所需的脂肪含量（Metzger 和 Mistry，1994）。均质也可能会使干酪的水分较高，但加热时融化率或流动性降低。无论采用哪种方法来破坏酪蛋白网络结构，必须也能减少酪蛋白分子之间的相互作用。这是通过蛋白水解和溶解胶体磷酸钙（通常通过降低加凝乳酶之前乳的 pH 值）和降低干酪的 pH 值来实现的。结果是酪蛋白分子之间电荷排斥力增高（Johnson 和 Lucey，2006），干酪变软，咀嚼性较差。

添加经过热处理的乳制品（浓缩乳或脱脂乳粉）或对乳进行高于正常巴氏杀菌温度对牛乳进行杀菌，可使乳清 / 乳清蛋白变性，特别是 β－乳球蛋白。由含变性乳清蛋白的乳制成的干酪脱水收缩率降低，因而水分也更高。其他用于增加干酪水分的更常用的方法包括降低凝乳时的 pH 值，减缓加热过程中的产酸速度；缩短搅拌凝块的时间（特别是乳清从凝乳中排出后）；增加凝块颗粒尺寸和切割时的硬度，并在加盐前用冷水冲洗。如果是采用凝块粉碎工艺制成的切达干酪或马苏里拉干酪，凝块越早堆叠或码堆，水分含量就越高。虽然在制造全脂干酪时不如在制造半脱脂干酪时明显，但切割时凝乳更硬，或凝固速度更快，会使干酪含水量略高一些。

提高干酪含水量的另一种方法是使用能分泌胞外多糖荚膜的发酵菌（Low 等，1998；Awad 等，2005；Dabour 等，2006）。胞外多糖似乎能保持或吸收水分。

随着低脂干酪含水量的增加，干酪中乳糖含量也相应增加，特别是添加脱脂乳粉或浓缩乳对乳进行标准化时。因为以乳清蛋白为主的配料也可能含有乳糖。如果乳糖发酵，可能会使制得的干酪过酸（低 pH 值）。为避免出现这个问题，干酪制作者通常会冲洗凝块，或排掉部分乳清，加水稀释剩余的乳清，使乳糖从凝块中渗出。另一种防止出现干酪过酸或 pH 值过低的方法是增加干酪的缓冲能力，但这有局限性。水分较高的干酪（> 48 g/100 g）可能含有太多乳糖，如果乳糖发酵，可能会超过其缓冲能力。胶体磷酸钙是一种很好的缓冲剂。随着发酵菌产酸，部分胶体磷酸钙开始从酪蛋白中缓慢溶解。如果在乳清排出之前发生这种情况，磷酸钙将随乳清丢失；但如果在形成大量的酸之前将乳清从凝块中分离出来，那么胶体磷酸钙将留在凝块中，并将在随后压榨干酪时起到缓冲作用。因此，为了防止成品干酪 pH 值过低，要求在分离凝块和乳清及加盐时 pH 值比较高。在脂肪非常低的干酪中，在添加凝乳酶时 pH 值可能需比较低，以去除胶体磷酸钙，改善干酪质地。因此，必须去除乳糖。当添加凝乳酶时的 pH 值较低时，也会损失大部分缓冲能力，使制得的干酪 pH 值也低。为此，有人对凝块进行冷水冲洗或浸泡。降低凝块温度也会导致水分含量较高。凝块温度降低不仅减缓了游离乳清从凝块中排出的速度，而且被锁住的乳清随后都会被迅速吸收和结合在酪蛋白网络中，使干酪变软。

漂洗或排去乳清和稀释乳清也会改变干酪的化学成分。如果漂洗时凝块的 pH 值较低或者乳清中也加入盐时，则影响最为明显。当加入水时，不仅乳糖被稀释，而且溶解的矿物盐也被稀释。此外，矿物盐，如钙，会从酪蛋白中释出，以平衡乳清的低矿物质含量。通过去除与酪蛋白结合的钙，凝块有吸收乳清的倾向（特别是当存在少量氯化钠和 / 或 pH 值介于 5.4 ～ 5.0 时）。随着成熟过程的进行，干酪硬度变小，形成更顺滑的口感，似乎比未漂洗的干酪更容易发生蛋白质水解。脂肪较低的干酪通常不会产生与其对应的全脂干酪一样的浓郁风味，或者形成的风味不理想。脂肪较低的干酪环境通常具有如下特征：干酪的水相水分活性高、含盐低、酸度低，从而影响微生物和酶的反应。许多全脂、低盐、低酸的高 Aw 干酪与低脂肪干酪相似，往往不能形成特征性风味或不能形成预定的风味。有些不良风味近似于低脂干酪成熟几个月后产生的味道（肉味、肉汤味和不洁味）。

2.8 干酪商的乳清工艺

现在乳清不再被视为干酪生产的废弃物，被人们撒到地里，倒入下水道或用作无价值或低值的动物饲料。事实上，除了少量的飞溅乳清和 / 或切达干酪厂的咸乳清之外，倒进下水道的做法早就不用了，由于乳清固体（主要是乳糖）生物需氧量高。另外，喷洒到地里的处理方法会造成严重的恶臭问题。现代乳清生产技术本身就是一个庞大的学科，本书不打算进行全面讨论，只是给出了乳清加工过程的概述，这些加工过程可以整合到干酪生产中。

表 2.2 干酪生产中淡乳清的成分（g/100 g）

成分	百分比 / 含量
水	93.2
总固体	6.8
蛋白质	0.8
脂肪	0.5
乳糖	4.6
矿物质（灰分）	0.5
乳酸	< 0.1
小颗粒干酪	0.1 ～ 0.3

2.8.1 乳清的成分

表 2.2 中列出了淡乳清（pH 值 5.9 ～ 6.3）的固体成分，由此表可清楚看出，占乳清大部分的是水。因此，尽管乳清含有一些潜在有价值的有用成分，以功能性蛋白、乳糖、维生素和矿物质的形式存在，但由于含水量高且成分混杂，使其在整个乳清中的价值受到限制。如果潜在有价值的固体物能被浓缩和分离，它们作为副产品才具有实际价值。过去

二三十年来工业膜技术的发展为干酪行业提供了浓缩和分离这些成分的手段，乳清回收现在是干酪加工技术的一个盈利部分。

2.8.2　膜过滤技术

以下内容仅为一般原则的通用指南，详细信息可在生产厂家的技术资料以及国际乳制品联合会（International Dairy Federation，IDF）/（Federation Internationale de Laiterie，FIL）简报中找到。所有这些组织在互联网上都有自己的网站，现在访问非常容易（匿名，2000，2003）。乳清蛋白膜技术方面最近最详尽、最新的综述有 Maubis 和 Ollivier（1997）及 Smith（2008）撰写的综述。Maubis 等（1987）还有一篇很好的综述，仍然值得一读。

各个厂家生产的膜的结构各不一样，依膜的材料不同有陶瓷的和聚合物的。由旋绕模块化元件做成的聚合物膜是一种高效、常见的膜。显然，膜装置的具体性能取决于进料速率、压力、温度、固体含量和清洗频率。这些都可在调试期间与设备制造商一起确定。因此，下面概述了各种膜技术的广义定义和主要应用领域，作为理解后续讨论乳清技术应用的指南。

超滤使溶解的盐、维生素和乳糖可以自由通过，进入滤液中，而截住（在截留物中）大分子（这里是乳清蛋白）和脂肪球。其主要用途是从脱脂乳清中制备初级的乳清蛋白浓缩物（whey protein concentrate，WPC）。

反渗透（reverse osmosis，RO）可用于除去乳清的水，从另一个角度看，是从乳清中回收可重复使用的水。反渗透甚至可保留最小的溶解分子和离子，但需要比较高的能量输入，以高压的形式来克服截留物和滤液之间的正常（正向）渗透压的自然力。主要优点是，这种工艺可对乳清或乳清成分进行浓缩，不会改变乳清成分的化学成分或相成分。

纳滤（nanofiltration，NF）介于超滤和反渗透之间，“松散”反渗透实际上是一种薄膜复合膜，可让盐通过，但能截住乳清中的所有蛋白质和大部分乳糖。纳滤的运行通量高于反渗透，是在结晶回收乳糖之前对超滤液进行脱盐处理的一个极佳选择。但纳滤在对乳清进行预浓缩，以便通过离子交换或电渗析分离乳清蛋白的同时，也可对乳清本身进行部分脱盐，乳清蛋白分离物是附加值开发策略的一部分。在过滤过程中（“膜洗滤”）通过加水可达到脱盐的目的，不过要以牺牲高浓缩率为代价。纳滤可去除切达咸乳清中的盐，不然则要将咸乳清送到废水处理厂。脱盐乳清截留物可再送入主乳清流中，滤液可蒸馏回收固体盐。

微滤（microfiltration，MF）是乳品厂较常用于替代热处理的一种方法，可减少细菌载量，特别是对易被孢子形成细菌污染引起变质的干酪。利用这种技术，可保持干酪盐水不含细菌。在乳清加工中，它可用于对乳清进行预处理以去除脂肪，因为脂肪球被截留，而蛋白质（大部分）则可通过，从而进入滤液中。微滤脱脂乳清优于离心脱脂乳清，因为它几乎不含脂肪，可减少超滤膜的堵塞，使乳清蛋白浓缩物更加“纯净”，具有更好的蛋白质功能。因此，乳清蛋白浓缩物价值更高，可以弥补微滤阶段的乳清蛋白得率的部分损失。

因此，膜过滤技术的出现为开发干酪乳清高值副产品开辟了许多途径（图 2.3）。然而，对于大多数干酪生产商来说，图 2.3 左下角的方法将会是最具吸引力的。实际上，目前乳清蛋白浓缩物的“微调”本身就是一个商业性生产活动，因为可以对原料的预处理、超滤时间 / 温度条件，还有干燥条件进行调整，以优化一系列价值和用途所决定的功能特性，例如水结合作用、乳化作用、泡沫稳定作用、胶凝作用等和成品口感的控制。这方面是专利技术，由研发供应商持有，他们利用先进的胶体科学、蛋白质化学和数学建模技术，加上实际生产工艺，为干酪公司开发可直接应用的生产技术。

以下是对乳清加工和升级方面的最新技术的一般指南，重点介绍了用于食品中蛋白质的回收和提纯。

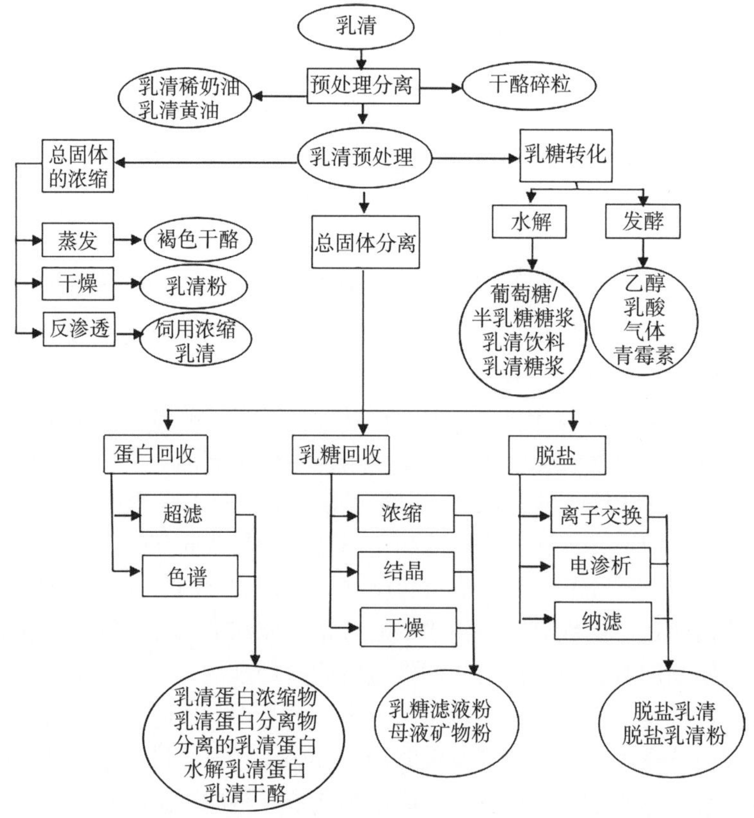

图 2.3　通过浓缩、膜加工和分离技术生产高附加值乳清产品的技术选项

2.8.3　乳清预处理

在拉伸阶段离开干酪缸后，乳清通过钢丝网滤出凝乳碎粒。将这些碎粒放回凝乳块中，乳清则进入贮存罐中，再进入离心澄清器或经过非常细的筛网，以去除第一道筛网不能截留的细微颗粒。如果在进一步加工之前需要保存乳清，则冷却至 10℃以下；节能的工厂在巴氏杀菌前用回收的热量加热冷藏的牛奶。现在，乳清已不含颗粒性物质，但仍然含有大量球状脂肪，这些脂肪会被随后的超滤浓缩，会干扰蛋白质的回收。要去除脂肪，可把乳清加热到 50 ～ 55℃，使脂肪全部液化。然后，通过离心分离脂肪，使乳清中只含脂肪约 0.05 g/100 g。此时，乳清即可通过蒸发和 / 或膜过滤进行浓缩，但首先要通过板式热交换（plate heat exchange，PHE）巴氏杀菌［通常是高温短时（72 ～ 74℃，17 ～ 20 s）］对乳清进行杀菌。巴氏杀菌后澄清乳清的冷却方式取决于其下一个加工步骤。如果要保存超过几个小时，则应冷却至 <10℃，但也可直接送去浓缩和通过超滤回收蛋白质，在这种情况下，冷却过程取决于超滤膜装置的操作温度（10 ～ 55℃不等）。请注意，如果没有超滤车间，有些工厂通过蒸发或反渗透对澄清乳清进行预浓缩，以节省运输成本。此外，如果超滤车间生产的乳清蛋白浓缩物需要具有最佳的发泡性能（脂肪限制了 α－乳白蛋白和 β－乳球蛋白的发泡作用），可用微滤装置去除几乎所有的脂肪。然而，尽管微滤去除了高达 80 g/100 g 的残留脂肪，但此时，乳清蛋白已有损失，损失的数量取决于微滤装置的运行温度。

在大部分乳清已经进行加工后，切达干酪工厂的咸乳清可以每天一次进行分离，回收脂肪，也可送至污水处理厂。在对高盐分废水处理有严格许可规定的国家，咸乳清可通过纳滤来脱盐。

2.8.4 乳清蛋白浓缩物的生产

WPC 产品有许多品种，从最基本的“WPC–35”到特殊的低脂产品，包括富含特定功能性乳清蛋白和低灰分产品的品种。表 2.3 列出了最常见的 WPC 的名称及与全乳清粉的成分比较。

表 2.3 最常见乳清蛋白浓缩物的名称及与全乳清粉的成分比较（g/100 g）

成分	WPC–35	WPC–60	WPC–80	WP
真蛋白	29.9	54.0	71.2	9.7
NPN	3.4	3.0	4.8	3.3
总蛋白	33.3	57.0	76.0	13.0
脂肪	3.1	5.5	7.6	1.0
乳糖	51.0	25.8	5.3	72.9
灰分	6.3	4.4	3.1	8.1
总固体	95.0	95.0	95.0	95.0
固体中蛋白质	35.0	60.0	80.0	13.7

注：WPC，乳清蛋白浓缩物；WP，乳清蛋白；NPN，非蛋白氮。

制造 WPC 时，将预处理的乳清通过商用超滤装置模块，让乳糖、矿物质和水渗透进入滤液，蛋白质（以及所有残余脂肪）在膜的截留物侧得以浓缩。影响 WPC 截留物总固体和超滤整体处理能力的因素是：进料容量（kg/h）、运行温度（10 ～ 55℃）和每天除了“就地清洗”之外的运行时间。超滤的乳清蛋白截留物在进一步处理前通常会进行热处理，以杀灭微生物，如果原料中存在微生物，则会被浓缩 50 ～ 130 倍。热处理的方法很多，无法在此一一列举，但一般会用板式热交换系统，运行温度在 70℃左右；但也可变动，目的是通过部分变性，选择性地增强不同乳清蛋白的功能，以匹配不同的最终用途。热处理后，液态 WPC 可通过常规喷雾干燥进行干燥，可采用或不采用蒸发工艺。立式干燥塔是生产 WPC 的首选类型。

乳清蛋白可进一步分离，得到有特殊用途的产品。Pearce（1992）、Maubois 和 Ollivier（1997）、Zydney（1998）、Smith（2008）和 Vivekanand 等（2004）已经从专家的角度，对这方面进行了全面综述。

2.8.5 乳糖的回收

超滤浓缩乳清的滤液是生产乳糖的最好原料，特别是当乳清是先通过纳滤除盐和脱矿时。纳滤还可将乳糖浓缩在截留物中，如果最终产品为结晶乳糖，则需进一步浓缩至总固体 60 ～ 70 g/100 g。目前市场上已有乳糖结晶设备供应。其工艺优化的详情不在本章论述的范围，最好是由干酪工厂 / 乳清工厂经营者与设备供应商商定。更多的一般性信息在商业性出版物和简报中也可找到，如 APV 系统就是一个好例子（匿名，2000）。

2.9 研究和开发在未来干酪生产技术中的作用

随着各国政府越来越多地利用科技前瞻来预测将来产业对科学和技术的需求，人们似乎普遍认为干酪加工研发的主要挑战是：

- 提高干酪加工的产出效率，以增加利润（在奶价受政治控制的经济区域尤其重要）；
- 通过开发传感器、自动化和专家系统，提升干酪加工者对加工过程的控制；
- 通过开发基于案例知识的危害分析关键控制点（hazard analysis critical control points，HACCP）体系来减少变质和污染事件的发生；
- 将干酪成熟的生物化学 / 微生物学的科学知识发展为多样化技术，以保持产品的改进和创新源源不断进入市场。

尽管许多大型乳品公司拥有强大的研发能力，但它们往往选择与学术机构合作，以增加其可用知识存量的价值。在公共和私人部门之间各种形式的合作关系或联盟相关的项目和计划中，在公共卫生与安全的商业创新和进步方面，已开展了大量富有成效的研发工作。它们可以是一对一的安排、高度结构化的由行业税资助的研发中心和公司，也可以是政府资助的、行业主导的竞争前瞻性研究项目，英国的“链接（LINK）”计划就是典型的例子。

这些行业主导的研发目标的类型包括所有现有的科学学科，尤其是数据处理、化学计量学、计算机建模和风味化学。有关干酪技术方面的科学支持的最新综述见 Law（1998）。

本书以下章节揭示了从乳转化到成熟和分级的各个阶段，研发对干酪加工技术的价值的许多其他例子。

2.10 致谢

表 2.2、表 2.3 和图 2.3 的复制已经英国 APV 有限公司同意。

参考文献

Anonymous (2000) *Membrane Filtration – A Related Molecular Separation Technologies*, APV System, Silkeborg.

Anonymous (2003) *Dairy Processing Handbook*, 2nd and revised edition of G. Bylund (1995), Tetra Pak Processing Systems AB, Lund, Sweden.

Awad, S., Hassan, A.N. & Muthukumarappan, K. (2005) Application of exopolysaccharide producing cultures in reduced–fat Cheddar cheese: texture and melting properties. *Journal of Dairy Science*, 88, 4204–4213.

Crites, S.G., Drake, M.A. & Swanson, B.G. (1997) Microstructure of low–fat Cheddar cheese containing varying concentrations of sucrose polyesters. *Lebensmittel- Wissenschaft and Technology*, 30, 762–766.

Dabour, N., Kheadr, E., Benhamou, N., Fliss, I. & Lapoint, G. (2006) Improvement of texture and structure of reduced–fat Cheddar cheese by exopolysaccharide–producing lactococci. *Journal of Dairy Science*, 89, 95–110.

Donnelly, C.W. (2001) Factors associated with hygienic control and quality of cheeses prepared from rawmilk: a review. *Cheeses in all their Aspect – Detection of Antibiotic Residues in Liquid Whey and Demineralized Whey Powders – Safety Performance Criteria for Microbiocidal Step (Treatment)*, Document No. 369, pp. 16–27, International Dairy Federation, Brussels.

Drake, M.A., Boylston, T. D. &Swanson, B. G. (1996) Fat mimetics in low fat Cheddar cheese. *Journal of Food Science*, 61, 1267–1271.

International Dairy Federation (2008) *The World Dairy Situation – 2008*, Document No. 432, pp. 90, International Dairy Federation, Brussels.

Johnson, E.A., Nelson, J.H. & Johnson, M.E. (1990) Microbiological safety of cheese made from heat–treated milk – Part Ⅱ: Microbiology. *Journal of Food Protection*, 53, 519–251.

Johnson, M.E. & Chen, C.M. (1995) Technology of manufacture of reduced fat cheddar cheese. *Chemistry of Structure –Function Relationships in Cheese* (eds E.L. Malin and M.H. Tunick), pp. 331–339, Plenum Press, New York.

Johnson, M.E. &Lucey, J.L. (2006) Calcium: a key factor in controlling cheese functionality. *Australian Journal of Dairy Technology*, 61, 147–153.

Johnson, M.E., Chen, C.M. & Jaeggi, J.J. (2001) Effect of rennet coagulation time on composition, yield and quality of reduced–fat Cheddar cheese. *Journal of Dairy Science*, 84, 1027–1033.

Johnston, K.A., Dunlop, F.P. & Lawson, M.F. (1991) Effects of speed and duration of cutting in mechanised Cheddar cheesemaking on curd particle size and yield. *Journal of Dairy Research*, 58, 345–354.

Law, B.A. (1998) Research aimed at improving cheese quality. *Australian Journal of Dairy Technology*, 53,

48–52.

Lawrence, R.C., Heap, H.A. & Gilles, J. (1984) A controlled approach to cheese technology. *Journal of Dairy Science*, 67, 1632–1645.

Lobato–Calleros, C., Sosa–P′erez, A., Rodr′ıguez–Tafoya, J., Sandoval–Castilla, O., P′erez–Alonso, C. and Vernoncarter, E.J. (2008) Structural and textural characteristics of reduced–fat cheese–like products made from W1/O/W2 emulsions and skim milk. *Lebensmittel-Wissenschaft and Technologie*, 41, 1847–1856.

Low, D., Ahlgren, J.A., Horne, D., McMahon, D.J., Oberg, C.J. & Broadbent, J.F. (1998) Influence of *Streptococcus thermophilus* MR–1C capsular exopolysaccharide on cheese moisture levels. *Applied and Environmental Microbiology*, 64, 2147–2151.

Lucey, J.A., Brickley, C.A., Govindasamy–Lucey, S., Johnson, M.E. & Jaeggi, J.J. (2007) Low–fat and fat–free cheese with improved texture and baking properties. United States Patent Application, P07144US.

Lucey, J.L. & Fox, P.F. (1993) Importance of calcium and phosphate in cheese manufacture: a review. *Journal of Dairy Science*, 76, 1714–1724.

Luyten, H., van Vliet, T. & Walstra, P. (1991) Characterization of the consistency of Gouda cheese: rheological properties. *Netherlands Milk and Dairy Journal*, 45, 33–53.

Maubois, J.–L. & Ollivier, G. (1997) Extraction of milk proteins. *Food Proteins and Their Applications* (eds S. Damodaran & A. Paraf), pp. 575–595, Marcel Dekker, New York.

Maubois, J.–L., Pierre, A., Fauquant, J. &Piot, M. (1987) Industrial fractionation of main whey proteins. *Trends in Whey Utilization*, Document No. 212, pp. 154–159, International Dairy Federation, Brussels.

McMahon, D.J., Alleyne, M.C., Fife, R.L. & Oberg, C.J. (1996) Use of fat replacers in low fat Mozzarella cheese. *Journal of Dairy Science*, 79, 1911–1921.

Metzger, L.E. &Mistry, V.V. (1994)Anewapproach using homogenization of cream in the manufacture of reduced–fat Cheddar cheese – 1: Manufacture, composition and yield. *Journal of Dairy Science*, 77, 3506–3515.

Pearce, R.J. (1992) Whey protein recovery and whey protein fractionation. *Whey and Lactose Processing* (ed. G. Zadow), pp. 271–316, Elsevier Applied Science Publishers, New York.

Rudan, M.A. & Barbano, D.M. (1998) A model of Mozzarella cheese melting and browning during pizza baking. *Journal of Dairy Science*, 81, 2312–2319.

Smith, K.E. (2008) *Dried Dairy Ingredients Handbook*, pp. 25–55, Wisconsin Center for Dairy Research, Madison.

USDA (2008) *Dairy: World Markets and Trade*, p. 13, Foreign Agriculture Services, Office of Global Analysis, Washington, DC. Available at http://ffas.usda.gov/dairy arc.asp.

Van Vliet, T. &Walstra, P. (1994)Water in casein gels; how to keep it out or keep it in. *Journal of Food Engineering*, 22, 75–88.

Vivekanand, V., Kentish, S.E., O′ Conner, A.J., Barber, A.R. & Stevens, G.W. (2004) Microfiltration offers environmentally friendly fractionation of milk proteins. *Australian Journal of Dairy Technology*, 59, 186–188.

Zydney, A.L. (1998) Protein separations using membrane filtration: new opportunities for whey fractionation. *International Dairy Journal*, 8, 243–250.

3 凝乳酶和凝固剂的生产、作用及应用

M. Harboe, M. L. Broe 和 K. B. Qvist

3.1 历史背景和命名

皱胃酶和凝固剂是蛋白质水解酶的制剂，一些酶已经在干酪加工中使用了几千年，至今似乎是人们已知的最古老的应用。而最早关于干酪加工的图像记载要追溯到公元前5000年左右的洞穴壁画上。过去，大多数用于干酪的酶制剂都是从反刍动物的胃中提取的，但是也有来自微生物和植物的凝固剂，在很早以前就被人们应用过。游牧民族在热天里放牧时，牧民将乳汁盛装在用反刍动物的胃制成的口袋里（最有可能是骆驼），偶然的机会发明了干酪。生乳若不进行搅拌，会因为细菌生长而导致酸度增加和来源于反刍动物的胃制作的袋子的凝乳酶的作用而发生凝固。最终，一些乳的液态成分（乳清）被动物皮毛吸收，或渗出袋子蒸发流失（Tamime，1993）后，形成了软的乳凝块。之后，凝块发生部分浓缩，并通过手工挤压和晾晒进一步浓缩。然而，在1874年凝乳酶的标准化规范被引入后，丹麦的Chr. Hansen成为了全球第一个销售商业凝乳酶产品的商人。

酶的命名有着悠久的历史，在这个过程当中，随着人们对酶的特性和多样性的认识不断增加，对它的性质也有了更多的了解。起初，人们从反刍动物幼崽的胃中提取酶并进行其特性的研究。乳凝固酶的第一个名称是凝乳酶，出自希腊语胃液“食糜”一词，由Deschamps（1840）提出，是小牛犊第四个胃中酶的主要成分。1890年，由rennet衍生而来的rennin一词也被推荐代表相同的酶，许多年里被英语国家（Foltmann，1966）和国际酶命名组织统一采用。由于乳凝固酶与相关的蛋白水解血管紧张肽原酶（肾素）相混淆，乳凝固酶再次被命名为凝乳酶（国际生物化学和分子生物学联盟–IUBMB，1992）。

干酪由不同来源的乳凝固酶制成。目前所有来源于能够成功生产干酪的皱胃酶和凝固剂中的活性酶，都是IUBMB编号为EC 3.4.23的天冬氨酸蛋白酶。按照定义，最初的凝乳酶制剂是反刍动物皱胃的提取物（Andrén，1998），通常被称为动物“皱胃酶”。这个定义现在已经被普遍接受，并且“凝乳酶”这个名字应该保留用于来自反刍动物胃的酶制剂，而其他牛乳凝固酶应该命名为“凝固剂”，常见的命名分别为微生物凝固剂和植物凝固剂。人们普遍认为，由转基因生物（genetically modified organism，GMO）产生的凝乳

酶称为“发酵产生的凝乳酶”（fermentation-produced chymosin，FPC）。

3.2 皱胃酶和凝固剂的种类

许多不同类型的皱胃酶和凝固剂用于或已经用于生产干酪。一些人对皱胃酶和凝固剂的类型及其特性进行了综述（Harboe，1985，1992b；Guinee 和 Wilkinson，1992；Garg 和 Johri，1994；Wigley，1996）。根据皱胃酶和凝固剂的来源对它们进行了有效分类。表 3.1 显示了目前用于生产干酪的主要凝固剂类型以及酶的活性成分。

3.2.1 动物皱胃酶和凝固剂

在动物酶源中，犊牛皱胃酶被认为是加工干酪最理想的产品，它天然含有大量的凝乳酶。在动物皱胃组织提取物中，皱胃酶和胃蛋白酶这两种酶之间的比例变化取决于动物的畜龄和喂养方式（Andrén，1982）。犊牛胃提取物中的凝乳酶含量较高，通常为 80～95 IMCU（International milk clotting units，国际凝乳单位）/100 IMCU 皱胃酶和 5～20 IMCU/100 IMCU 胃蛋白酶。从畜龄较大的成年牛中提取的皱胃酶，它的胃蛋白酶含量较高，通常为 80～90 IMCU/100 IMCU，但巴西人饲养的牛体中，皱胃酶的含量明显较高，约 97 IMCU/100 IMCU。世界各地，不同品种和畜龄的动物被屠宰后，畜体中的各种提取物混合存在，导致了商业凝乳酶的成分多种多样。

表 3.1 最常用的皱胃酶和凝固剂及其酶

组	来源	皱胃酶和凝固剂例子	活性酶成分
动物	牛胃	犊牛皱胃酶、成年牛皱胃酶	牛凝乳酶 A、B 和 C， 胃蛋白酶 A 和胃泌素
		凝乳素	同上，加脂肪酶
	羊胃	羔羊凝乳酶，绵羊凝乳酶	羊凝乳酶和胃蛋白酶
	山羊胃	小山羊凝乳酶，山羊凝乳酶	山羊凝乳酶和胃蛋白酶
微生物	米黑根毛霉	米黑凝固剂类型 L、TL、XL、XLG/XP	米黑根毛霉天冬氨酸蛋白酶
	栗疫病菌	寄生虫促凝剂	栗疫病菌天冬氨酸蛋白酶
发酵产生的凝乳酶	黑曲霉	CHY-MAX™ CHY-MAX™ M	牛凝乳酶 B 牛凝乳酶 B
	克鲁维酵母 马夏努斯变种乳酸菌	Maxiren®	骆驼凝乳酶 B
蔬菜	刺苞菜蓟	刺菜蓟	天冬氨酸肽酶 1、2、3 和 / 或 cardosin A、B

传统的犊牛皱胃酶一直是衡量替代酶类的参考标准。成年牛的皱胃酶作为犊牛皱胃酶的替代品，被广泛使用，因为它们含有相同的活性酶，所以这并不奇怪。成年牛皱胃

酶中的胃蛋白酶含量较高，这使得它对 pH 值非常敏感性，并具有较强和广泛的蛋白水解活性。

几种小羊羔 / 绵羊和小山羊 / 山羊皱胃酶等小众酶类，与犊牛 / 成年牛皱胃酶非常相似，但它们最适合凝固它们自己物种的乳汁（Foltmann，1992）。动物皱胃酶有时候与脂肪酶混合使用，特别在生产意大利南部干酪的过程中，它们会产生一种独特的风味。比如凝乳素，指犊牛、小绵羊或者小山羊刚泌完乳，胃中充满乳汁，然后乳汁在胃中被充分浸渍和干燥后而制得的。因此，凝乳素是一个含有凝乳酶和脂肪酶（胃前脂酶或胃内脂酶）的非标混合物。猪和鸡的胃蛋白酶几乎不再被使用。

3.2.2 微生物凝固剂

所有用来加工干酪的知名微生物凝固剂都来源于真菌。把大多数细菌蛋白酶说成是乳凝固酶是不合适的，因为它们的蛋白水解活性太高。在用于生产干酪的两种微生物凝固剂中（表 3.1），米黑根毛霉占主导地位。它存在四种类型，每一种都比凝乳酶有更强的蛋白水解性。第一种，是“L 型”，其特点是热稳定性好；第二种，是“TL 型”，其特点热稳定性较差，对 pH 值的依赖性强，且它的蛋白水解活性略低于 L 型，经过天然酶氧化而成；第三种，是“XL 型”，它的特点是热稳定性更差、更依赖于 pH 值和蛋白水解活性略低于 TL 型，天然酶经过更强的氧化作用而形成；第四种，称为“XLG 型或 XP 型”，XL 型经过层离法纯化而成，具有与 XL 型相似的功能特性，但含有较少的非酶促杂质。

栗疫病菌凝固剂特点是有广泛和较高的蛋白水解活性，同时具有较低的 pH 值依赖性和热不稳定性，并可产生良好的凝乳结构。由于其特性，该产品仅用于高温热煮的干酪，如埃曼塔尔干酪。

微小根毛霉凝固剂与米黑根毛霉相似，过去使用过，但与米黑根毛霉凝固剂相比没有优势，不再商业化生产。

3.2.3 发酵产生的凝乳酶

发酵凝乳酶（fermentation-produced chymosin，FPC）是通过转基因生物发酵产生的凝乳酶（表 3.1）。此类产品含有与动物来源相同的凝乳酶，这意味着它们与相应的动物胃中的凝乳酶氨基酸序列相同，只是通过更有效的生产方式产生。FPC 产品自 1990 年以来一直在市场上销售。主要的 FPC 含有牛凝乳酶 B，目前被认为是理想的凝乳酶，其他所有的乳凝固酶都可以根据它进行测定。曾有多位学者对牛型 FPC 的生产和应用进行过综述（Harboe，1992a，1993；Repelius，1993）。

最近，已经开发出了与骆驼凝乳酶同样的新一代 FPC。并发现它对牛乳的凝固作用比 FPC（牛）更有效，并且其特征之一是对酪蛋白具有非常高的特异性，这导致了在提高干酪产量的同时还不会产生任何苦味。

3.2.4 植物凝固剂

表 3.1 中显示的最后一组酶来自植物。已经发现来自植物的许多酶可以凝固乳（Garg 和 Johri，1994），但从刺苞菜蓟中提取的一种酶（Heimgartner 等，1990）似乎特别适合。自古以来，刺苞菜蓟的花就被用于手工制作干酪，特别是在葡萄牙，它被认为是塞拉（Serra）和塞尔帕（Serpa）等干酪的上乘原料。刺菜蓟凝固剂没有被广泛使用，但它们在地中海一些国家被生产和使用。

3.3 皱胃酶和凝固剂中酶的分子结构

3.3.1 简介

了解皱胃酶和凝固剂中乳凝固酶的分子结构对于认识它们之间的差异非常重要。大多数生产干酪的酶都属于天冬氨酸蛋白酶的家族，它们具有相同的催化机制，在催化位点有两个天冬氨酸残基（Szecsi，1992；Foltmann，1993；Chitpinityol 和 Crabbe，1998）。天冬氨酸蛋白酶的分子结构已在许多论文和专著中进行了全面综述（Kostka，1985；Dunn，1991；James，1998）；因此，这里只做一个简短的总结。

用于生产干酪的天冬氨酸蛋白酶的特性已被人们充分研究，它可产生无活性的天冬氨酸蛋白酶前体（酶原），它们通过 N 端前体的自催化切割转化为具有活性的酶。近年来，人们对酶的活化工艺有了充分的认识，单分子或双分子的活化反应取决于酶本身和发生活化反应的条件（Dunn，1997）。大多数乳凝固酶的分子量在 35000 ～ 40000 Da，它们的等电点和最适 pH 值都是酸性条件。稳定性和溶解性等基本特征仍然非常有用，这在较早的文献中均有详细的论述（Foltmann，1966）。人们已经对许多酶的氨基酸序列和三维（3–D）结构进行了研究。结构同源性非常高，特别是 3–D 结构。在免疫学上，一些酶会发生交叉反应，例如猪胃蛋白酶与牛胃蛋白酶以及米黑根毛霉蛋白酶与微小根毛霉蛋白酶；这表明在大多数情况下，当这种交叉反应发生时至少存在 85 ～ 100 个氨基酸具有类似同一氨基酸特性。这些酶主要具有内肽酶活性和极低的外肽酶活性，由于被延伸结合裂隙能够容纳至少 7 个氨基酸。这使酶的特异性研究变得复杂而不确定。一些天冬氨酸蛋白酶存在于不同的分子变体中；一些产品含有少量酶成分并且所有酶的微异质性或多或少都很明显。微异质性是由 *N*– 糖基化、磷酸化、脱氨基或部分蛋白水解引起的。

3.3.2 特异性

根据凝乳酶对底物的特异性分类如下（Foltmann，1985；IUBMB，1992）：

EC 3.4.23.1– 胃蛋白酶 A（或只是胃蛋白酶）是成年哺乳动物中主要的胃蛋白酶，其特点是特异性较低和 pH 值依赖性比凝乳酶高。

EC 3.4.23.2- 胃蛋白酶 B 是一种存在于猪胃中的次要蛋白酶，其特点是凝乳特性低和一般的蛋白水解活性。

EC 3.4.23.3- 胃蛋白酶是一种独特的天冬氨酸蛋白酶，有许多不同的名称，例如胃蛋白酶 B、C、Ⅰ、Ⅱ、Ⅲ、6 或 7，在牛皱胃中少量存在。

EC 3.4.23.4- 凝乳酶是哺乳动物产后发现的一种新产生的蛋白酶，它有助于哺乳动物幼崽在出生后摄取免疫球蛋白。它的特征在于其具有高特异性的凝乳活性和低蛋白水解活性。在一定程度上，乳汁凝固活性对自身的物种凝乳效果最佳；人们发现凝乳酶对同类乳具有较高的活性。酶原称为凝乳酶原，通过酸处理（活化）被转化为活性酶，即凝乳酶。在 pH 值为 2 时，活化速率较快，这时酶原会通过假凝乳酶的中间形式在 pH 值较高的条件下转化为凝乳酶。犊牛凝乳酶以 A、B 和 C 三种等位基因形式存在，这些形式的主要差别如表 3.2 所示。一种氨基酸的单一差异使凝乳酶 A 的凝乳活性比凝乳酶 B 型高出约 25 IMCU/100 IMCU，并通过切除一个三肽使其自身降解为凝乳酶 A_2，仅剩余 25 IMCU/100 IMCU 的活性。凝乳酶 C 似乎代表了第三种等位基因变体（Rampilli 等，2005），但序列未知。文献中经常将凝乳酶 C 与降解产物 A_2 混在一起，主要是因为通过色谱分析洗脱的两种变体（变种）彼此之间非常接近。凝乳酶 B 在凝乳酶中含量最高。研究表明凝乳酶 A 和 B 对于所有干酪加工的参数反应相同，C 变体似乎具有相似的特性。

EC 3.4.23.22- 栗疫病菌蛋白酶是来自真菌的天然酸性蛋白酶，以前称为栗疫菌。

EC 3.4.23.23 米黑根毛霉蛋白酶与微小根毛霉蛋白酶是来自丝状真菌的天然酸性蛋白酶。这些酶是同源的，但它们具有不同的特异性。它们的特点是具有相当高的蛋白水解活性和热稳定性。

表 3.2　凝乳酶 A、B 和 C，主要差异和同一性

凝乳酶 A	凝乳酶 B	凝乳酶 C
244 号氨基酸为天冬氨酸	244 号氨基酸为甘氨酸	与凝乳酶 A 和 B 有几个氨基酸差异
动物凝乳酶含量较少	动物凝乳酶占主导地位	动物凝乳酶中的微量成分
较不稳定、易降解、在较低 pH 值下自催化为凝乳酶 A_2	更稳定，在相同的 pH 值下不像凝乳酶 A 那样容易降解	更稳定，在低 pH 下不像凝乳酶 A 那样容易降解
比活性比 B 高约 30%，约 290 IMCU[a]/mg	最低比活性，约 223 IMCU/mg	比活性比 B 高约 65%，约 368 IMCU/mg
所有已知的干酪加工特性与凝乳酶 B 和 C 相同	所有已知的干酪加工特性与凝乳酶 A 和 C 相同	所有已知的干酪加工特性与凝乳酶 A 和 B 相同

注：[a]IMCU 即 International milk clotting units，国际凝乳单位。

3.4　酶的生产工艺

3.4.1　背景

生产工艺因酶类型不同而有所不同，但通常包括以下工艺：（a）生产；（b）回收；

（c）纯化;（d）配方;（e）标准化;（f）品质控制。在过去的几十年中，酶加工的发展趋势是将生产合理化，并将小型生产单元合并为一些大而效率更高的工厂。当然，这种趋势确实会对加工工艺产生影响，因为大型设备设施可以承担更为复杂的工序。

3.4.2 酶的生产

过去，动物皱胃酶是采用干胃或有时用新鲜胃生产的，但今天大多数皱胃酶是用冷冻胃生产的。生产过程因加工者而变化，但最常用的步骤如图 3.1 所示。这些酶在皱胃（第四胃）的黏膜中作为无活性的前酶原产生，其中前部分具有将酶原分泌到与胃腔直接相连的通道中的功能。加工和细胞定位已经有详细的研究（Andren，1982，1992）。切开胃主要是为了获得黏膜，将其切碎并用水提取，通常添加盐、缓冲液和 / 或防腐剂，然后通过离心或过滤将组织残留物与提取物分离。粗提物是含有酶原和活性酶的混合物，提取物必须用酸“活化”才能将所有酶原转化为活性酶。此过程需在 pH 值达到 2 时发生的最快，但有时也使用更高的 pH 值进行活化。后续的澄清通常是动物皱胃酶的唯一纯化步骤，主要是通过过滤或离心。然而，为了获得比胃中天然存在的凝乳酶更高的浓度，一些产品会通过采用离子交换色谱法进行进一步纯化。

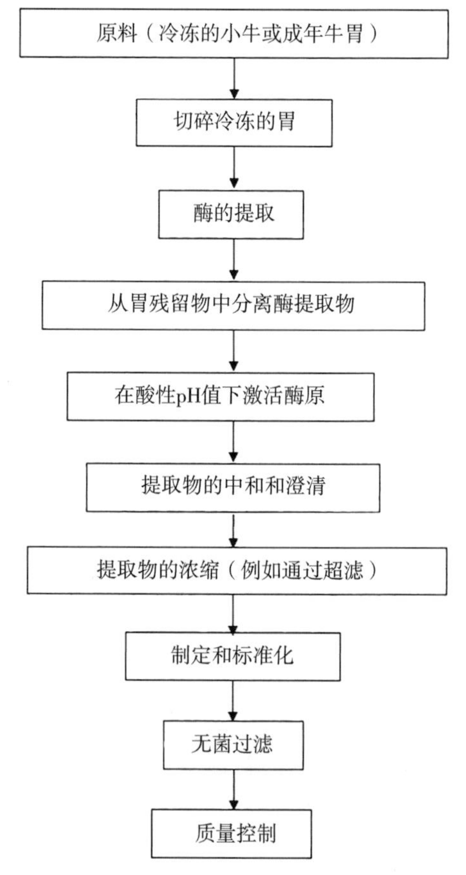

图 3.1 动物凝乳酶生产工艺概要

商用微生物凝固剂都是由真菌发酵生产的。乳凝固酶是无活性前体产生的，但在发酵结束时只发现成熟的酶。这表明酶原可能在发酵过程的低 pH 值环境下被自动激活。发酵最常见的是采用浸没补料分批的模式。通过将优化后的菌株接种到无菌培养基中开始发酵，后者通常是发酵的主要成本部分。发酵通常需要数天时间，并受物理因素（如温度、气流、压力和搅拌）和化学变量（如 pH 值、氧张力、培养基中重要成分的浓度以及酶和副产物的水平）的影响 。通过去除真菌（通过过滤或离心）、浓缩（例如通过超滤）和过滤来回收酶。通常，微生物凝固剂是未经任何纯化的粗发酵产物。用于生产的菌株已经过筛选和改进，以使它们产生较少的不必要的次级酶，例如脂肪酶；但是，例如根毛霉凝固剂含有如淀粉降解酶等次级酶，对于某些产品（XL 型）则需要通过单独的工艺步骤将其去除。

FPC 在商业生产上主要由两种宿主生物产生：（a）丝状真菌黑曲霉；（b）马克斯克鲁维酵母菌乳酸变种。所有的产品都是在特定的条件下通过深层发酵生产的，但具体的酶是如何产生的，提纯的程度随宿主的不同而不同。曲霉生产 FPC 的生产流程如图 3.2 所示。

曲霉属作为生产用的安全食品级酶由来已久，其特点是能够生产和分泌大量蛋白质。这意味着，曲霉属除了会产生凝乳酶，还有其他次级酶，因此如果需要获得没有副活性的纯产物，就必须对发酵液进行纯化。凝乳酶原与葡糖淀粉酶一起结合产生融合蛋白（Harboe，1992a），并自动转化为活性凝乳酶，这意味着不需要活化步骤。可是，酸处理直接发生在发酵罐中，目的是灭活曲霉菌，这也会水解提取物中存在的脱氧核糖核酸（DNA）和核糖核酸（RNA）。失活的曲霉通过离心或过滤除去，含有成熟凝乳酶的液体通过色谱法进一步纯化。

马克斯克鲁维酵母菌乳酸变种具有产生一些次级酶的潜力，但水平低于曲霉属。酶主要以凝乳酶原的形式产生并需要酸活化，发酵产物需要经过回收工艺而不是真正的纯化。

可是，以前用于生产 FPC 的大肠杆菌几乎不会产生任何副活性。大肠杆菌不分泌蛋白质，但会以内涵体的形式存储细胞内过度产生的蛋白质，如前凝乳酶原。通过离心可以很容易地从这些破裂的细菌中分离出这些蛋白质。只含有凝乳酶原的包涵体再通过洗脱去除培养基，并经过酸化处理灭活残留的细菌和水解而存在的 DNA 和 RNA。在这个阶段，酶以错误折叠、惰性的凝乳酶原形式存在，需要通过离子交换层析进行溶解，再重新折叠、活化和纯化。

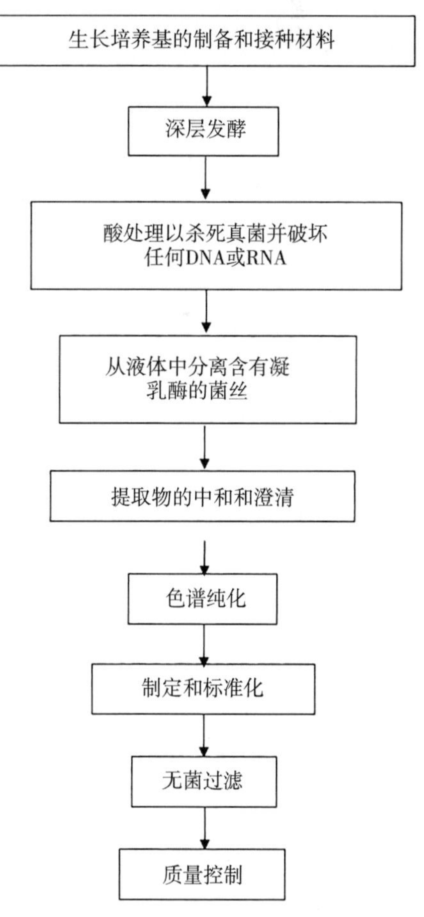

图 3.2 曲霉发酵生产凝乳酶生产工艺概要

3.4.3 配方、标准化和品质控制

制定皱胃酶和凝固剂的配方的目的是使产品稳定便于运输、储存和应用。不同类型产品的配方没有本质区别。这些配方通过添加稳定剂，例如：盐、缓冲物质（通常是一些防腐剂），并在确保稳定的前提下调节 pH 值来制备酶制剂。有时，有些稳定剂的使用，如丙二醇、甘油和山梨糖醇，取决于生产商和产品使用的国家要求，有时添加色料以使外观标准化，同时避免水和凝结剂在乳品工厂错用。防腐剂的目的是阻止微生物在产品中生长，它必须源自获得批准并在产品的 pH 值环境下保持活性的防腐剂。苯甲酸钠是迄今为止最常用的防腐剂。然而，最近消费者对无苯甲酸盐产品的需求趋势在增加，据说是为了最大限度地降低婴儿对苯甲酸盐反应的风险。然而，与其他食品中的苯甲酸盐相比，干酪皱胃酶和凝固剂中的防腐剂浓度极低，不含防腐剂的组分更容易被污染，反而可能对健康构成更大的风险。

商用皱胃酶和凝固剂被配制成液体、粉末或

者片剂。液体的生产成本最低，使用最简单，特别适合短距离运输。粉末状非常适合长距离和温度略高的条件下储运，它比液体产品更稳定。片剂具有与粉末形式相同的优点，并且也很容易分成所需用的批剂量。

皱胃酶和凝固剂的活力单位、酶的成分和酶中的添加剂都有统一工业标准。液体需要过滤；甚至一些生产者会进行无菌过滤处理。所有的皱胃酶和凝固剂都需要按照技术指标进行品质控制。

3.5 凝固剂分析

自 20 世纪 70 年代以来，由于种类繁多的皱胃酶和凝固剂的产品及其混合物投放市场，对皱胃酶和凝固剂的分析需求也在不断增加。尽管用于生产干酪的所有酶都具有相似的乳凝固特性，并同属于一组天冬氨酸蛋白酶，但它们在应用方面仍表现出许多微小而重要的差异。事实上，在分析乳凝固酶时，极大的相似性导致了分析工作极为困难。不同的皱胃酶 / 凝固剂对干酪的制作有不同的价值，从经济性和品质原因方面分析酶制剂产品非常重要。分析方法使加工者和用户更容易比较整个行业的不同产品，并为企业所生产的特定干酪选择符合期望的产品。

对皱胃酶和凝固剂的性能参数分析最重要是它的优势（酶活性）、成分构成、特性和纯度。大多数被用于测量强度方法都受到索氏或贝里奇（Soxhlet 或 Berridge）研究（Andren，1998）的影响。索氏单位被定义为 1 体积酶制剂在 40 min 内，35℃条件下所凝结乳汁的体积。强度以比率表示，例如 1∶15000（意思是 1 mL 的皱胃酶能够凝结 15000 mL 的乳汁）。这个单位对干酪生产者来说很容易理解，但它在很大程度上取决于乳的 pH 值和质量，并且由于没有标准可以参考，它也会有很大的差异。因为 Soxhlet 单位存在许多不同的变体和可能，虽然偶尔仍在使用，但只能用作近似强度的参考使用。

后来，贝里奇单位（Berridge）或皱胃酶活力单位（rennin units，RU）得到了广泛应用。1 个 RU 被定义为 30℃下，100 s 内凝结 10 mL 标准乳的活力。这种方法的主要缺点是贝里奇底物的 pH 值（6.3）远低于大多数干酪加工的 pH 值（6.4 ～ 6.6）。与大多数干酪加工过程中产品的表现相比，贝里奇乳汁的钙含量异常的高，这给人一种误导。每种乳凝固酶都有不同的 pH 值依赖性，这种特性对分析的影响干扰最大。今天，主要根据国际标准化组织（ISO）和国际乳制品联合会（IDF）共同制定和发布的国际标准方法来分析酶的强度。IDF 方法（IDF，2007）是为分析动物皱胃酶的总凝乳活性而开发的，但也可用于 FPC 酶制剂，而 IDF（2002）是用于分析微生物凝固剂的方法。原理是在 pH 值为 6.5 的乳汁中测量凝固时间，样品具有与国际参考标准相同的酶成分。这种方法非常稳定，因为标准会以相同的方式对测试条件的任何变化作出反应。IDF 方法测量的强度用 IMCU 表示。

众多的方法被采用，使得单位强度之间的比较变得困难，这是由于每种酶都有自己的转换因子，使情况变的更加复杂。此外，由于商用酶的品质和成分不同，所以酶的特性也可能会发生变化，每种酶对乳汁的 pH 值依赖性也不同。在法国，传统上强度以酶活性的毫克数表示，通过转换为测量的 RU 来测定。表 3.3 提供了凝乳酶和胃蛋白酶单位之间转换系数的指南。

表 3.3　犊牛凝乳酶和成年牛凝乳酶中主要酶的不同活性单位和毫克之间的近似换算

	IMCU[a]	索氏单位	RU[b]
1mg 凝乳酶 A	291	1 : 244 000	168
1mg 凝乳酶 B	223	1 : 18 750	139
1mg 胃蛋白酶	81	1 : 55 000	59
1IMCU 凝乳酶 A		1 : 85	0.58
1IMCU 凝乳酶 B		1 : 85	0.58
1IMCU 胃蛋白酶		1 : 70	0.73

注：[a] 国际乳汁凝固单位。

[b] Rennin 单位。

多年来，学者们已研究出多种测量酶组分的方法，例如，选择性失活（Mulvihill 和 Fox，1977）、基于酶的不同 pH 值依赖性的活性比（Rothe 等，1977）和火箭免疫电泳（rocket immunoelectrophoresis，RIE；Rothe 等，1977）等方法。尽管这些方法有一些缺点，但是仍然可以使用。目前，牛皱胃酶开发的首选方法是 IDF 标准 110B 的一种色谱法（IDF，1997a）。首先，需要对产品进行检查以确保样品仅含有牛乳凝乳酶和胃蛋白酶（免疫方法），然后通过 IDF 标准 157A 方法（IDF，1997b）测量总强度，最后通过将脱盐样品色谱分离成凝乳酶和胃蛋白酶两部分来测量组成。测量每个部分的凝乳活性并以百分比计算组合物。在法国，法规仍然要求将皱胃酶的酶含量表示为毫克凝乳酶以及两种酶的毫克数之比。

如果乳凝固酶不是来源于纯牛乳来源的混合酶，那么就没有极其准确的方法来测定它们的组成。如果以批判的方式应用，可以使用各种方法，但是免疫学方法对于酶的鉴定是可靠的（分子的——不是活动的）。其中，扩散法是最简单的方法（IDF，1997b），但 RIE 在一次测试中同时给出了鉴定和量化结果，以及“查看”酶是否是相似的。最近通过质谱直接或消化后鉴定酶的方法更准确，但需要更好的设备和更多的工作量。

除了产品中酶成分的鉴定外，人们对干酪和乳清中酶的识别和量化也很感兴趣（Baer 和 Collin，1993）。预计这些方法将在未来得到进一步发展。动物凝乳酶和 FPC 的差异化以及 FPC 起源也引起了人们的兴趣。简单的方法可以用于纯的 FPC 产品（非混合物），如图 3.3 所示的指纹（纯度分布）图谱，但对于纯 FPC 产品和混合物，最可靠的方法可能是 Collin 等开发的方法（1997）。这一原理是基于对产品中含有的有机体杂质进行免疫化学鉴定。

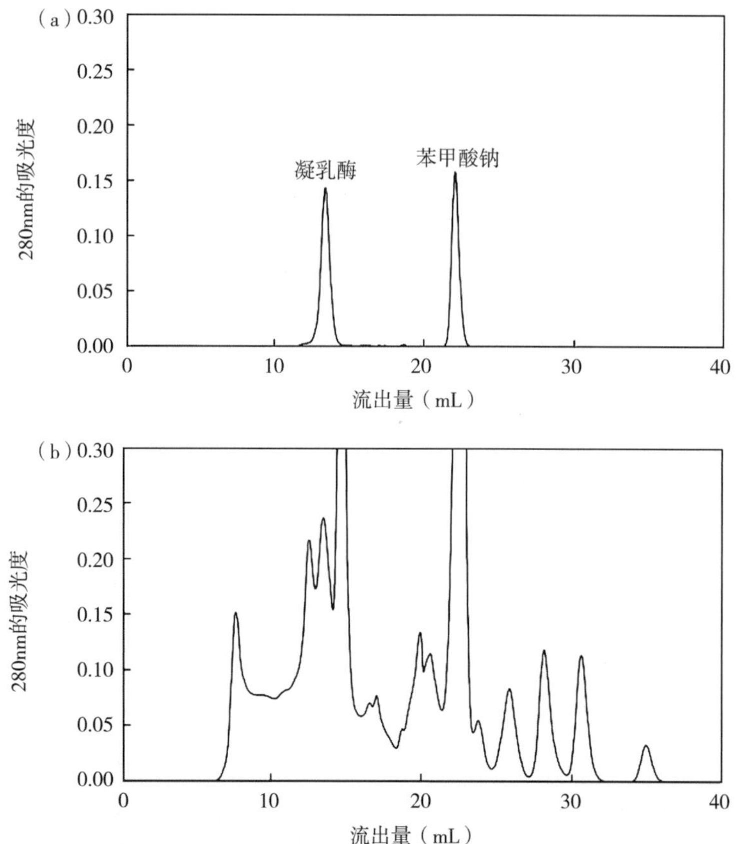

图 3.3　黑曲霉发酵生产的凝乳酶（FPC）（牛）（a）和犊牛皱胃酶（86/14）（b）的指纹 / 纯度图谱。注：用 Superose12HR10/30（FPLC）的色谱柱进行分子层面的（凝胶过滤）色谱分析。缓冲液为 0.05 mol/L 磷酸盐缓冲液 pH 6.0，含 0.15 mol/L NaCl；100 μL 200 IMCU/mL 的样品用于分析，流速为 0.5 mL/min。最大的分子最先被洗脱（左侧）下来，分子量最小的在最右侧。FPC 曲线（a）仅显示了凝乳酶（MW 35000 Da）和防腐剂苯甲酸钠（MW 144 Da）的两个峰。在犊牛皱胃酶曲线（b）中，这两种物质与 FPC 在相同的位置被洗脱。由此可以看出曲霉属生产的凝乳酶纯度高，而犊牛皱胃酶含有大量的非活性物质。IMCU，国际凝乳单位。

纯度是皱胃酶和凝固剂的一个重要方面，但“化学纯度”有别于“酶纯度”。最重要的是产品不含副活性（即“酶纯度”），这可能会在干酪加工或后期使用乳清期间引起不可预知的反应。高纯度的产品仅包含已经确认物质（即“化学纯度”），本身在技术上并不重要，但它们确保了产品不含大量副活性物质，并降低了发生过敏反应的风险。皱胃酶和凝固剂多少是纯净的，但也会有一点来自原料或生产过程带来的杂质。在这些副反应中，只有蛋白水解活性对干酪加工影响比较显著，可能会产生苦味、异味或质地变化。然而，乳清蛋白在后期的使用过程中，间接影响变得越来越重要，因为如今的乳清粉越来越多应用在其他食品领域（见第 3.8.5 节）。测定皱胃酶和凝固剂的纯度的方法有很多种，这里只介绍一部分。

表示化学纯度的主要方法是许多权威机构规定的，比如联合国粮食及农业组织（FAO，2006）和欧盟委员会（ECC，1991）；即成分和纯度表证为：

$$TOS=100-（A+W+D）$$

其中 *TOS*（total organic solid）是总有机固体的百分比（g/100 g），*A* 是灰分的百分比，*W* 是水的百分比，*D* 是其他已知非有机成分的百分比。*TOS* 可进一步分为：（a）蛋白质、酶和其他蛋白质组成；（b）非蛋白质有机材料，包括已知有机成分和其他（未知）有机材料。另一种显示化学纯度的方法是指纹图谱，如图 3.3 中显示的黑曲霉 FPC 和犊牛皱胃酶。很明显曲霉属 FPC 纯度非常高，它不包含任何大量的副活性，而犊牛皱胃酶包含许多（非活性）未知成分。

除了化学纯度之外，用酶法测量副活性也很有趣。可以通过任何众所周知的方法测量普通蛋白的水解活性。然而，这些方法不是特异性的，乳凝固酶的活性也包括在最终的结果中。淀粉降解酶可以通过淀粉酶和葡糖淀粉酶的酶法测定，或也可通过使用淀粉琼脂扩散试验来测定。L 型和 TL 型微生物凝固剂含有高浓度的淀粉降解酶，而这种副活性已从大多数其他类型的微生物凝固剂和 FPC 中去除，这就使得乳清蛋白可以被广泛使用。

3.6 法规与审批

商用皱胃酶和凝固剂应符合国际组织的建议，并且必须符合监管机构的要求和得到客户的认可。我们不可能对监管和审批事项进行全面评论，本节只是对该主题做入门介绍。

存在几个组织，它们致力于研究提高食品用凝乳酶的质量。联合国粮食及农业组织 / 世界卫生组织（2006）和食品化学品法典（2003）下的食品添加剂联合专家委员会，联合为酶和某些食品添加剂制定规范和建议。除了与纯度、特性和安全性等一般参数的相关要求外，它还规定了重金属和微生物污染物的特定限值。欧盟（EU）虽然没有统一的法规，但在丹麦和法国等国家有食品酶的安全评估指南（ECC，1991）可以采用。欧盟理事会议通过了一份关于食品酶的欧盟法规的提案（欧盟，2008）。在美国，食品和药物管理局（FDA）确认主要的皱胃酶和凝固剂是“普遍安全的”，包括但不限于 FPC 产品（Flamm，1991）。目前，FDA 使用所谓的公告程序进行审批。皱胃酶和凝固剂的生产商已经成立了协会，以确保和提高产品质量，例如天然动物源性食品酶制造商协会（the Association of Manufacturers of Natural Animal-derived Food Enzymes，AMAFE）和酶产品制造商和配方商协会（the Association of Manufacturers and Formulators of Enzyme Products，AMFEP）。

根据欧盟法规最新的要求（EU，2003），用基因修饰微生物发酵生产的酶，在封闭条件下保存，不需要转基因标签；包括 FPC。

生产者使用多种工具来保证产品的安全和品质恒定。如今，除了技术参数和品质管控手段外，大多数生产者还使用 ISO 体系来确保每一个可能影响产品质量的活动都必须保持良好的记录，危害分析和关键控制点体系是被用于控制和预防食品安全的方法。

3.7 酶催化凝固的物理化学和动力学

本节的目的是阐述乳的酶凝固或通常称为凝乳动力学。下面描述酪蛋白胶束的稳定性。

3.7.1 酪蛋白胶束的稳定性和不稳定性

酪蛋白占乳蛋白组分的大约 80 g/100 g。由数千个酪蛋白分子组成球形的聚集体称为酪蛋白胶束，直径从 20 到几百纳米不等，平均直径约为 150 nm。由于酪蛋白胶束的大小在胶体颗粒的尺寸范围内，所以它们的稳定性通常使用胶体化学的原理来解释。然而，切记，酪蛋白胶束正如胶体理论中通常假设的那样具有平衡结构的交联胶体，所以它不受整体条件变化的影响。若溶剂的组成、温度、pH 值和 / 或离子强度发生变化，将会导致胶束组成发生变化，从而影响其稳定性。

一般认为，κ－酪蛋白主要位于胶束表面，疏水性使 κ－酪蛋白部分（残基 1 ～ 105）与胶束相连，亲水性和带负电荷的酪蛋白巨肽（caseinomacropeptide，CMP）部分（残基 106 ～ 169）富含碳水化合物，突出到溶液中。像所有其他溶液中的粒子一样，酪蛋白胶束处于持续不断的布朗运动中并不断发生碰撞。碰撞可能导致整体吸引力引起的聚集，或整体排斥力引起的分离。完整的胶束抵御聚集的稳定性表明，排斥力占主导地位，它由两种机制引起：（a）静电排斥；（b）空间排斥。在与干酪加工相关的 pH 值下，酪蛋白总体上通常带负电荷，尤其是 κ－酪蛋白的 CMP 部分带有强的负电荷。然而，静电排斥不能单独解释酪蛋白胶束的稳定性。基于静电排斥和范德华引力效应的 Derjaguin、Landau、Verwey 和 Overbeek 理论计算表明，如果静电排斥是唯一的排斥效应，那么酪蛋白胶束将不会稳定地趋向于聚集（Payens，1979）。额外的稳定性来自 α－酪蛋白的 CMP 部分从胶束表面突出，从而在空间上物理稳定胶束之间的接触（Holt，1975；Walstra，1979）。突出的 CMP 通常被称为“毛状层”，胶束被称为“毛状胶束”（Holt 和 Horne，1996）。

α－酪蛋白被凝固剂水解后，CMP 被释放，副 κ－酪蛋白仍附着在胶束上。从胶束表面去除 CMP 会导致胶束之间的静电排斥力减弱，30℃下，完好无损的胶束达到完全水解，ζ 电位从 −19 mV 下降到 −12 mV（Dalgleish，1984），空间稳定性也下降。静电斥力和空间稳定性的丧失使吸引力发挥作用，胶束便开始聚集。范德华力作用于所有分子和粒子之间，并且它们总是吸引同类粒子。疏水相互作用也很重要，因为所有的酪蛋白都有疏水区域，并且疏水相互作用对于胶束内酪蛋白分子之间的结合也很重要。依赖温度的聚集也表明疏水相互作用的重要性。温度降低会减少聚集，低于 15℃一般不会发生聚集（Dalgleish，1983）。由于蛋白胶束凝结非常依赖于钙离子浓度，所以人们推测钙离子参与了胶束之间的特异性结合，但也可能是钙离子中和了酪蛋白胶束上的负电荷而导致减弱了静电排斥力的结果。

3.7.2　乳的酶凝动力学

图 3.4 显示了酶凝乳过程中不同工序反应发生的时间进程曲线概况。第一个反应，通常称为初级酶促反应，水解使 κ－酪蛋白的 CMP 部分被释放，胶束逐渐不稳定。当水解达到一定程度时，所谓的次级凝聚进程开始，凝固时间（clotting time，CT）被定义为从加入凝固剂到在乳表面薄层中形成第一个可见的絮状物所用的时间。在未搅动的乳样品中，絮状物将继续增长，最终扩展至整个容器；这被标记为凝胶时间（gelation time，GT）。凝胶的硬度将继续增加，切割时间（time to cutting，TC）被定义为从加入凝固剂到凝胶硬度达到可以开始切割的程度所需要的时间。值得注意的是，虽然凝固剂的强度是由基于凝固时间的方法（例如 IMCU）定义，但切割时间具有更实际的意义，因为它标志着启动制作干酪下一工序的恰当时间。

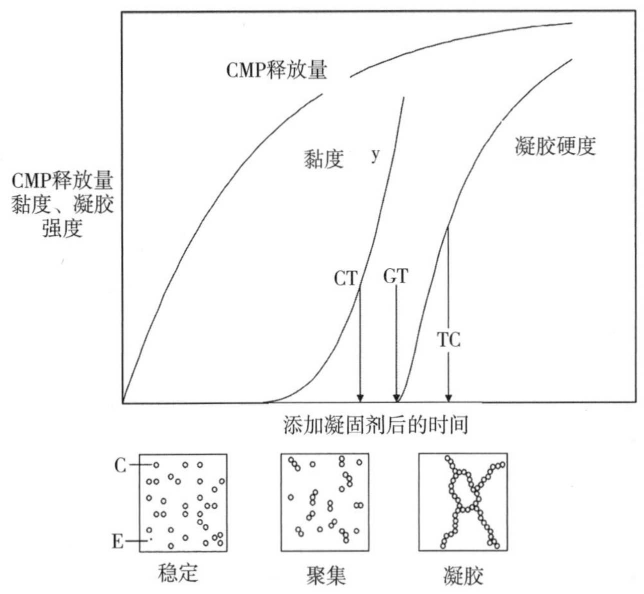

图 3.4　酶凝乳过程各工序的时间进程示意图（CMP 的释放、黏度和凝胶硬度的变化）及其与稳定性、聚集和凝胶化阶段的关系。CMP（酪蛋白巨肽）；C（酪蛋白胶束）；E（酶分子）；CT（凝固时间）；GT（凝胶时间）；TC（切割时间即获得所需的硬度）（改编自 van Hooydonk 和 van den Berg，1988）。

酶浓度和凝固时间之间的关系通常用 Holter–Foltmann 方程（Foltmann，1959）描述：

$$CT([E])=(\frac{K}{[E]})+A$$

其中 CT 是凝固时间，［E］是酶浓度，K 和 A 是常数。当绘制凝固时间与凝固剂浓度的倒数关系，即所谓的 Holter–Foltmann 图时，在纵坐标轴上获得一条带有正截距（A）的直线（图 3.5）。这突出表明，虽然凝固时间高度依赖于酶浓度，但两者之间不存在简单的反比关系。原因是凝固是两个反应的结果：首先，κ－酪蛋白酶促水解；其次，（部分）凝乳酶胶束随后聚集。如果整个过程的速率仅由 κ－酪蛋白的酶促水解速率决定，预计会出现反比例，因为众所周知，在干酪正常制作条件下，牛乳中凝固剂对 κ－酪蛋白的水解速率与凝固剂浓度成正比（van Hooydonk 等，1984；Lomholt 和 Qvist，1997）。根据方程，CT 在［E］无穷大处等于 A；即在酶促反应无限快地进行的条件下。参数 A 被解释为聚集过程达到可以观察到凝结的聚集水平所需的时间量。

$$CT([E])-A=\frac{K}{[E]}$$

因此，必须是酶促过程达到 κ－酪蛋白水解的临界程度所需的时间。将此时间称为 t_c，并注意到一级动力学适用于通常条件下的酶促反应，我们可以写成：

$$t_c=\frac{\ln(1-\alpha_c)}{k_1'}$$

其中 k_1 是一级反应速率常数。通过关键时间将两个表达式等同，使 $k_1=k_1'\times$［E］（k_1' 是酶的周转率），Holter–Foltmann 曲线的斜率为：

$$k=\frac{\ln(1-\alpha_c)}{k_1'}$$

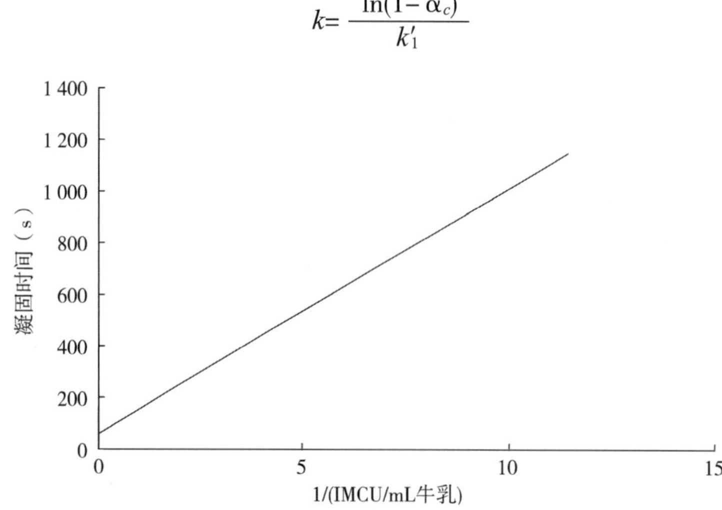

图 3.5　Hoelter–Foltmann 示意图，绘制凝固时间与所用促凝剂量的倒数函数

因此，当水解的临界程度上升或周转率下降时，即在酶促反应需要更多时间的情况下，斜率 k 增加，并且有可能获得有关 Holter–Foltmann 图的酶促和聚集反应的一些迹象。但是，应该谨慎解释它们，因为这是对反应的简化和经验描述。事实证明，Holter–Foltmann 方程仅在受限的酶浓度范围内有效。

Holter–Foltmann 方程表明凝结动力学描述必须同时考虑酶促和聚集反应。更务实的说明必须进一步考虑到这两个工序在时间上是重叠的。从稳定的体系转换为聚集体系不是瞬时发生的，而是随着 κ－酪蛋白水解作用，聚集速率逐渐增加的结果。黏度测量表明可测量的聚集是从酪蛋白水解开始的，一般指在 30℃左右、未稀释、自然 pH 值的乳汁中 60 g/100 g 的 α－酪蛋白开始水解（Lomholt 和 Qvist，1997）。

全面的动力学描述必须说明聚集是如何依赖于水解程度的。虽然乳中 α－酪蛋白的水解可以表示为一级反应，但稀释系统中的聚集反应已经使用 von Smoluchoswski 方程表示，该方程给出了粒子数量的变化率，并允许计算平均聚合程度作为时间的函数。基本方程表示了所谓的快速聚集，其中所有碰撞都会导致聚集，但可以引入稳定因子来解释只有一小部分碰撞导致的所谓的慢速聚集。在反应总体动力学的多个模型中，von Smoluchowski 方程已被用作表示反应聚集部分的基础（Payens，1976；Hyslop 等，1979；Dalgleish，1980，1988；Darling 和 van Hooydonk，1981；Hyslop，1989；Bauer 等，1995）。模型之间的差异很大程度上取决于聚集速率常数是如何建模的，以及它是如何依赖于 α－酪蛋白的酶解。

Hyslop 和 Qvist（1996）以及 Lomholt 等（1998）对一些模型进行了评估和测试。与实验数据最相符的模型是由 Darling 和 van Hooydonk（1981）提出的，基于对抗聚集的能量屏障的理解，该想法后来被几位作者使用。在加入凝固剂之前，屏障非常高，以至于所有碰撞中只有可忽略不计的一部分具有克服屏障的能量，因此聚集可以忽略不计。随着 κ－酪蛋白的 CMP 被部分去除，能垒逐渐降低，因此，具有克服障碍的能量碰撞次数逐渐增加，导致根据 von Smoluchowski 方程的稳定性因子逐渐降低，所以聚集率增加。能垒模型描述了酶促凝固的初始阶段，最多可形成 5 ～ 10 个胶束的聚集体，充分考虑了酶浓度和一定程度的酪蛋白浓度的影响（Lomholt 等，1998）。当聚集体变大时，最终形成凝胶；von Smoluchowski 的方程不再有效。

3.8 皱胃酶和凝固剂的应用

本节概述了皱胃酶和凝固剂在干酪生产过程中的主要作用。

3.8.1 使用趋势

FPC 自 1990 年推出以来一直稳步增长，如今，全球一半以上的酶凝干酪都在使用 FPC。其成功的主要原因是免疫特异性强、纯度高和凝乳坚固，产品的特性能够满足各种消费群体对多项必需的认证（例如宗教或素食主义者）/ 和细分市场的要求。多年来，由于动物胃的供求关系变动很大，或由于如疯牛病的原因导致兽医紧缺，造成从动物胃中提取的传统皱胃酶的价格波动很大。动物凝乳酶的使用逐渐减少，主要用于受到对原产地名称保护的传统干酪和宗教原因只允许使用动物皱胃酶的干酪中，例如 Appellation d′Origine Contrôlée（受原产地标识保护）和 Denominazione di Origine Protetta（受原产地标识保护）干酪，以及对转基因问题感到忧虑的市场中。微生物凝固剂因为价格较低，特别是米黑根毛霉天冬氨酸蛋白酶，占整个市场相当大的份额，今天它们的应用范围比动物皱胃酶大。大多数皱胃酶和凝固剂产品都在 IMCU 进行交易，这使干酪制造商可以轻松地将同类凝固剂的活性和价格进行比较。不同类型的凝固剂不能仅通过 IMCU 进行比较，因为根据干酪加工条件的不同，可能会引起添加剂量、产量和风味的差异。

3.8.2 皱胃酶和凝固剂的处理和使用

虽然商业皱胃酶和凝固剂的配方有助于在运输、储存和处理过程中保护酶活性，但是酶仍然容易被自身消化和被微生物污染。冷藏（0 ～ 8℃）能显著提高产品的稳定性。

凝固剂通常在添加发酵剂后添加到干酪乳中，在干酪乳的 pH 值略有降低后（“预成熟步骤”）。通常建议在添加前用干净优质的饮用水稀释凝固剂，以促进其在乳中均匀分布。搅拌时间一般应少于 5 min。稀释的水应选用冷的不含氯的中性或微酸性水质。如果水中存在氯或 pH 值过高，使用前应进行稀释，或添加少量的牛乳清除水中的氯和改善 pH 值。稀释后的凝固剂在环境温度下保持时间过长可能会导致活性损失，特别是水质较差的情况下。各种自动或半自动配料系统通常被用于促进凝固剂添加到干酪缸中或者一般用于维系凝固剂的稀释状态。过度的搅拌、混合或泵送可能会引起酶的活性损失，所以应该避免。凝固剂的用量因干酪类型、凝固剂类型和所采用的工艺而有很大差异。典型的添加剂量范围是 3 000 ～ 6 000 IMCU/100 kg 干酪乳，添加后 20 ～ 40 min 内获得可切割的凝乳。

3.8.3 乳的质量、加工和添加剂

世界上的一些地区因为乳凝固不充分而影响干酪的生产。除不同奶牛个体差异引起的凝固和凝乳特性的影响之外，与乳汁蛋白质组成、基因多态性（Wedholm 等，2006）及钙的含量和 pH 值也有关系。微生物和体细胞过高也会对凝固特性产生不利影响（Cassandro 等，2008）。有趣的是，未经巴氏杀菌的乳由于存在有抑制米黑根毛霉的酶的抗体，所以会影响凝固剂的作用。

低温下冷藏会增加乳的凝固时间，并引起凝乳变弱，会造成乳清中较多的脂肪、蛋白质和细料的损失。这主要是由于来自嗜冷微生物的纤溶酶和蛋白水解酶逐步把胶束中的磷酸钙和酪蛋白（尤其是 β－酪蛋白）降解出来引起的。酪蛋白胶束的体系结构、凝固特性和凝乳特性在正常的巴氏杀菌后可以部分重建，例如：72℃，15 s（Qvist，1979），或 60 ～ 65℃，30 ～ 60 min（Reimerdes 等，1977）。

乳成分标准化——指通常在制作干酪之前，有时候对乳的脂肪、蛋白质进行调整。脂肪标准化的目的是保证干酪的成分符合法规，并获得所需的干酪特性。结合脂肪标准化将蛋白质含量标准化到更高水平，可以增加每桶干酪的产量，以均衡季节和哺乳期带来的成分差异，从而获得全年稳定的工艺控制。最后，有时候考虑到经济利益，会把各种浓缩乳、乳粉或乳蛋白添加到干酪乳中。大多数这些乳成分的改变都会影响凝乳的形成。高脂肪往往会削弱凝乳的强度，并可导致更多的脂肪流失到乳清中。增加酪蛋白虽不会显著影响凝固时间，但会导致凝胶硬度过快的形成（Thomann 等，2008）。一般来说，当使用普通的干酪生产设备时，乳中的蛋白质含量不应增加到超过约 1.5 倍；否则很难控制切割时的硬度，从而导致脂肪和细粒的过度损失。向干酪乳中补充含有大量变性乳清蛋白的产品会对凝固产生不利影响。如果采用植物油作为替代脂肪，相关的均质工序会对凝固特性产生不利影响。

在 70℃以上的温度下过度加热会导致乳清蛋白变性，延长凝固时间并降低凝乳形成的速度，因为 κ－酪蛋白与变性的 β－乳球蛋白形成的络合物会阻碍胶束的聚集（Lucey 等，1994；Steffl 等，1996）。

均质会引起凝乳和脱水速度减缓，从而导致最终干酪的水分含量高。均质后脂肪球主要被酪蛋白覆盖，在凝固过程中它们成为酪蛋白网状结构的组成部分（Green 等，1983）。所以，低脂干酪凝乳形成受均质的影响比全脂干酪小。

添加钙和钠

在干酪乳中添加氯化钙（$CaCl_2$）会降低 pH 值，减少凝固时间并加速凝乳形成。一个有代表性的干酪生产工序是在干酪乳加入凝固剂之前每 100 kg 乳添加 0 ～ 20 g $CaCl_2$，不会影响干酪的最终品质。在干酪乳中添加氯化钙可以缓解冷热处理对凝固和凝乳硬度的影响，还可以改善因为钙含量低引起的凝固不良的缺陷（图 3.6）。这种影响可能是以下因素共同作用的：（a）钙与酪蛋白胶束的结合方式降低了它们之间的排斥力，从而增强了相互疏水作用；（b）轻微下降的 pH 值促进了凝固剂的作用并提高聚合率。

NaCl 的添加量控制在 0.5 g/100 g 以内，会增加凝乳的形成速度，高的添加量则相反。

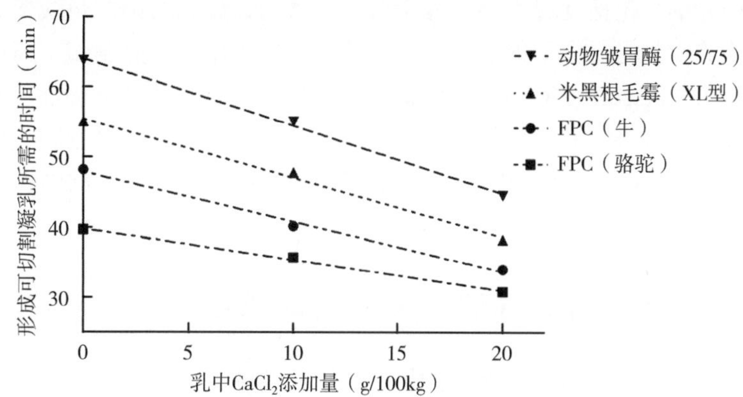

图 3.6　添加钙对四种商业凝固剂凝乳形成的影响（切割牢固程度的时间）。注：动物皱胃酶（25% 凝乳酶、75% 胃蛋白酶）、XL 型米黑根毛霉、发酵凝乳酶（FPC）（牛）和发酵凝乳酶 FPC（骆驼），剂量为 3500 IMCU/100 kg 干酪乳，32°C 时含 2.5% 脂肪和 3.3% 蛋白质，添加氯化钙之前 pH 值 6.55。

温度和 pH 值

酪蛋白胶束的水解、聚集和脱水收缩的速率随温度的升高而增加，直到酶开始被热灭活。对于大多数商用凝固剂来说，在 pH 值 6.5 以下形成凝乳的最佳温度范围为 34 ～ 38℃。实践中通常在 30 ～ 35℃的温度下进行，主要是为了充分控制切割时凝乳的硬度，并为发酵剂培养物提供合适的发酵条件。pH 值对凝乳和凝乳的性质影响很大，因为降低 pH 值会加快 κ – 酪蛋白水解和酪蛋白胶束的聚集。提高正常乳汁（pH 值约 6.6，温度约 31℃）的温度和降低 pH 值，可实现在 κ – 酪蛋白水解程度较低的条件下使乳汁发生凝聚（Guinee 和 Wilkinson，1992）。乳的 pH 值适度降低（例如，pH 值 6.4）会导致酪蛋白胶束中钙的溶解增强，从而引起更快的、更坚硬的凝乳形成。而大量钙的溶解会引发酪蛋白胶束大量去矿化作用，从而导致凝乳出现不牢固和更柔韧（Choi 等，2007）。对于一些软质干酪，在添加凝固剂之前进行大量脱矿质的步骤是必须的，以获得干酪成熟后所需的质构和口感。

3.8.4　凝乳切割时的硬度控制

控制凝乳在切割时的硬度是为了防止干物质流失到乳清中的关键，它能使干酪的产量最大化。切割硬度超出一定程度，乳清中会有更多细粒，最终会使干酪保留的水分更多，并可能导致脂肪和蛋白的回收率降低（Johnson 等，2001）。要注意的是，不存在普遍的最佳切割硬度，最佳硬度取决于所选用的设备、干酪类型和工作条件。切割后，通常需要 5 ～ 10 min 的愈合时间使新形成的干酪颗粒形成新的表皮，获得更稳定性状态，然后再启动与之相应的搅拌力度。

传统习惯上，可用手动凝乳切割测试来评估硬度，但这不能运用于封闭的干酪桶。因此，一般大型干酪工厂根据预设的规程确定开始切割的时间。一些生产者发现确定 CT（凝固时间）很有用，然后根据经验将 TC（切割时间）固定为 CT 值的 1.2 ～ 2.0 倍。O′ allaghan 等（2002）综述了通过在线监测干酪桶中凝乳的凝聚状况来确保切割时硬度保持一致性的可选方案，包括几种类型的光学探头、振动探头和所谓的热线探头。最近的研究表明，一种能够检测光反向散射的在线光学传感器，可用于监测制作干酪过程中的乳凝固和脱水收缩状态（Fagan，2008），这可能会用于控制改善干酪中的水分。

多年来，开发了许多实验室仪器用于客观地测量凝乳的硬度。最近的一个应用案例是基于自由振荡“ReoRox”，可用于实验室或干酪桶的旁边，以监测不同因素和人们感兴趣的条件对凝乳形成的影响。

3.8.5　市场上不同皱胃酶和凝固剂的性能

凝固活性和一般蛋白水解活性之间的比率，即所谓的 C/P 比值，其中 C 代表在 IMCU 中测量的凝固活性，而 P 是对酪蛋白底物的一般蛋白水解活性，是衡量酶特异性的有用指标。因此，C/P 比是一个直接关系干酪加工效率的内在因素，例如添加剂量、凝乳特性的形成、干酪产量和 / 或风味的产生。一般认为，在售的皱胃酶和凝固剂按特异性（C/P 比）降低的排序如下：FPC（骆驼）>FPC（牛）> 小牛凝乳酶 > 牛胃蛋白酶 > 米黑根毛霉（XL 型）> 米黑根毛霉（L 型）> 密毛小毛蕨。

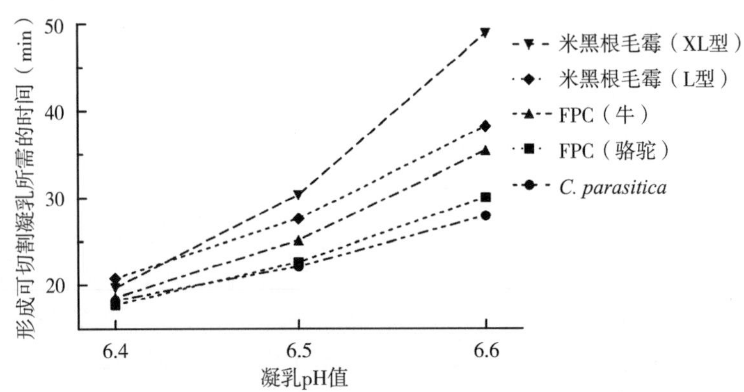

图 3.7　在 32℃ 下使用 5 种商业凝固剂的剂量为每 100 kg（含 3.1% 脂肪和 3.5% 蛋白质）乳中添加 3700 IMCU 时，pH 值对凝乳形成的影响。FPC，发酵产生的凝乳酶；IMCU，国际乳凝固单位。

pH 值是影响凝乳形成的主要工艺因素之一，并且不同类型的皱胃酶和凝固剂之间的 pH 依赖性不同。如图 3.7 所示，与 FPC（骆驼）或密毛小毛蕨相比，不稳定的米黑根毛霉（XL 型）的凝乳形成特性受 pH 值变化的影响更大。在 pH 6.4 ～ 6.6 的典型范围内，pH 值对凝乳紧致特性的影响按降序排列为牛胃蛋白酶 > 米黑根毛霉（XL 型）> 米黑根毛霉（L 型）>FPC（牛）>FPC（骆驼）> 密毛小毛蕨。

向乳中添加钙会使凝乳的形成速度呈线性增长。然而，FPC（骆驼）的凝乳形成受钙添加的影响似乎最小，其次是 FPC（牛）、米黑根毛霉（XL）和高胃蛋白酶水平的凝乳酶（25/75），这可能与 pH 值的影响密切相关。

温度会影响凝乳的形成速度，因为所有酶都倾向于在温度升高时形成凝乳的速度更快，直到接近它们的最佳温度。对温度的依赖性也受 pH 值的影响，pH 值越低（6.3 ～ 6.7），它们越能耐受较高的温度，因为酶在较低的 pH 值下更稳定。在这些凝固剂中，不耐热的 XL 型相对于米黑根毛霉和密毛小毛蕨凝固剂在高温下受影响最大（灭活），而 L 型受影响最小。

皱胃酶和凝固剂之间的剂量差异——凝固剂的用量主要以每 100 L 乳的 IMCU 计算。一般来说，凝固剂的剂量与蛋白水解的特异性有关，较高的特异性导致在特定设定时间内凝固所需的 IMCU 较低。表 3.4 显示在同一给定时间内，相对剂量的不同类型的凝固酶在不同的 pH 值下，产生相同的硬度。例如，以栗疫病菌（*C. parasitica*）为例，有形成凝乳的高效性，而偏离了上面提到的一般规律，同时具有较低的 C/P 比。与凝乳酶相比，胃蛋白酶是一种效率较低的凝乳剂（根据 IMCU），并且受 pH 值变化的影响更大。实际上，这意味着与使用较多的胃蛋白酶相比，较多的凝乳酶只要较少的剂量，便可实现在同一时间内达到相同的凝乳硬度。

表 3.4 在典型 pH 值下，皱胃酶和凝固剂之间 IMCU[a] 的典型相对剂量差异

凝固剂类型	pH 值			
	6.6	6.5	6.4	6.3
FPC[b]（牛）	100	100	100	100
犊牛凝乳酶（75/25）[c]	110 ～ 120	105 ～ 115	100 ～ 110	100
成年牛凝乳酶（25/75）[c]	140 ～ 165	125 ～ 150	110 ～ 120	100 ～ 110
FPC（骆驼）	65 ～ 80	70 ～ 85	75 ～ 90	90 ～ 100
米黑根毛霉（L 型）	110 ～ 120	105 ～ 115	100 ～ 110	100
米黑根毛霉（TL 型）	115 ～ 130	110 ～ 120	105 ～ 115	95 ～ 105
米黑根毛霉（XL 型）	125 ～ 150	115 ～ 140	110 ～ 130	100 ～ 115
栗疫病菌	60 ～ 75	65 ～ 80	70 ～ 90	80 ～ 100

注：FPC（100% 凝乳酶）设置为参考索引值 100。

[a] 国际乳凝固单位。

[b] 发酵产生的凝乳酶。

[c] 凝乳酶 / 胃蛋白酶的比率。

干酪的产量通常被简单地定义为从给定数量的干酪乳中获得的干酪数量，例如数量单位为 kg/100 kg 乳，它受乳清中脂肪、非脂肪固体、凝乳细粉损失的影响；此外，还受干酪中水分和盐分含量的影响。通常，最好以独立于实际水分含量的方式报告干酪产量，例如按照水分调整产量，或按照干物质调整产量。工业化规模的干酪产量试点常常是一个巨大的挑战。虽然大桶之间的产量差异通常与正常的工艺变化相当，但它们可能会产生相当大的经济后果。尽管将脂肪和蛋白质从牛乳转移到干酪和乳清中的完全的物料平衡无疑是进行干酪产量研究最令人满意的方式，但通常很难或不可能足够准确地量化产品流和 / 或确保采样的充分性。幸运的是，当同一牛乳被使用时，分析乳清是更简单方法，可以很好地预测产量的差异。

在干酪桶中，添加的凝固剂作用于酪蛋白胶束和酪蛋白基质经过水解作用，在常规的蛋白水解活性作用下，或多或少有一些酪蛋白质衍生肽将被水解释放进入乳清当中，从而降低了干酪的产量。图 3.8 清楚地表明了由三种凝固剂产生的乳清中肽的浓度顺序按米黑根毛霉 >FPC（牛）>FPC（骆驼）降低。

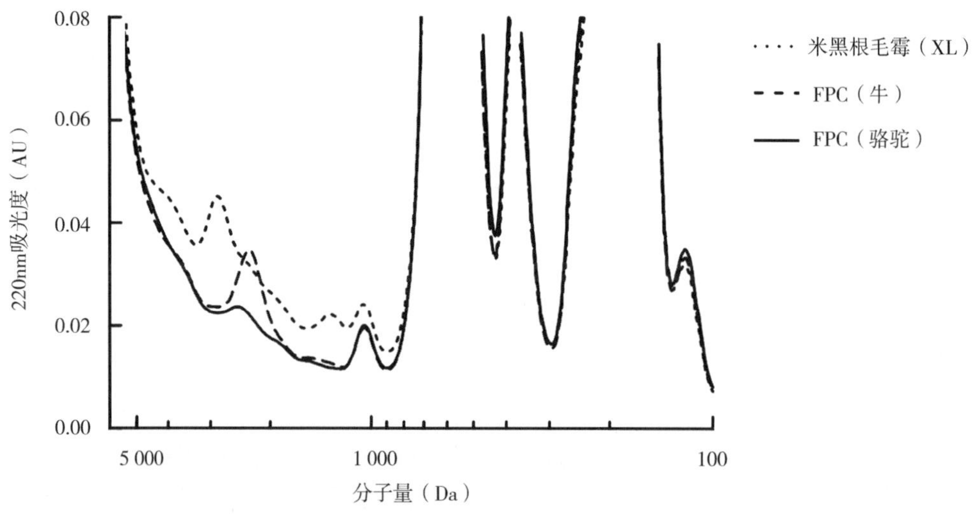

图 3.8　在切割时获得相似硬度的添加剂量下，添加 R. miehei（XL），FPC（牛）和 FPC（骆驼）的切达乳清肽谱尺寸排阻色谱图（Superdex10/300GL：洗脱液，150 mM NaCl，50 mM NaH_2PO_4，pH 5.8）。FPC 为发酵产生的凝乳酶。

不同类型的凝固剂之间的干酪产量差异与它们的蛋白水解特异性有关（参见上面 C/P 的解释），因为特异性高的凝固剂干酪的产量高。这一点已在众多干酪产量试点和质量研究中得到证实，这些研究比较了各种商用皱胃酶和凝固剂类型（Broome 和 Hickey，1990；Emmons 等，1990；Ustunol 和 Hicks，1990；Emmons 和 Binns，1991；Banks，1992；Barbano 和 Rasmussen，1992；Guinee 和 Wilkinson，1992；Quade 和 Rudiger，1998；Emmons 和 Binns，1990；Garg 和 Johri，1995）。为了获得关于不同凝固剂的干酪产量的大量数据，重要的是要确保所供应的不同牛乳平衡分布于凝固剂中，并且它们的剂量都应使切割发生在相似的凝乳硬度下。也就是合理的实验设计必不可少。

表 3.5 基于大量干酪产量的研究，并包括使用不同凝固剂与使用 FPC（牛）时预估的干酪产量差异比较。根据凝固剂价格和用量、干酪产量和价格，以及乳清的成分和价值进行详细测算，常常会发现这种差异对干酪生产者具有重要的经济意义。

表 3.5　使用不同凝固剂与 FPC[a]（牛）的干酪产量差异

凝固剂	与 FPC（牛）相比的产量[b]差异（kg 干酪 /100 kg 干酪）
FPC（骆驼）	+0.2
FPC（牛）	0.0

续表

凝固剂	与 FPC（牛）相比的产量[b]差异（kg 干酪 /100 kg 干酪）
犊牛皱胃酶（95/5）[c]	–0.0
成年牛皱胃酶（25/75）[c]	–0.3
米黑根毛霉（L/XL 型）	–0.7/–0.5
栗疫病菌	–1.2

注：[a] 发酵产生的凝乳酶。

[b] 数据基于 Emmons 等（1990）的研究，Emmons 和 Binns（1990，1991），Banks（1992），Barbano 和 Rasmussen（1992）以及 M.L.Broe（未发表的结果，2007）。

[c] IMCU 中凝乳酶：胃蛋白酶的比率。

凝固剂和乳清加工——在过去的 30 年里，大量乳清衍生产品的市场开发，使得乳清的价值不断提高，例如浓缩乳清蛋白、乳清分离蛋白、浓缩的 β－乳球蛋白或 α－乳白蛋白，高附加值蛋白质，如乳铁蛋白、乳过氧化物酶、免疫球蛋白和 CMP，以及磷脂和乳糖。此外，对医药级产品、清真认证和犹太认证产品的需求也在不断增长。因此，乳清的价值增加到了一定高度，如果乳清的经济潜力得不到充分发挥，干酪生产在许多情况下将无法盈利。因此，考虑干酪加工工艺的所有要素，是否对作为原料被加工的乳清特性发挥的影响变得非常重要。凝固剂的选择也不例外。

人们非常不期望乳清蛋白产品中有凝固活性残留，因此需要通过热处理来灭活凝固剂并不得显著损害乳清蛋白功能，例如 72℃持续 15 s。表 3.6 显示了在 pH 6.0 或更高的巴氏杀菌后，足以将超过 98% 的 FPC（牛）凝固活性破坏。

表 3.6　乳清中凝固剂的热敏感性

凝固剂类型	72℃ 15 s 巴氏杀菌后活性损失（%）		
	pH 值		
	5.0	5.5	6.0
动物皱胃酶（犊牛、成年牛）和 FPC[a]	6	40	>98
L 型凝固剂	1	2	3
TL 型凝固剂	14	41	92
XL、XLG/XP 型凝固剂	17	68	>98

注：[a] 发酵产生的凝乳酶。

酶的副活性也会导致乳清产品出现问题。米黑根毛霉凝固剂和 FPC 这些酶经过巴氏杀菌都可能含有部分存活的淀粉降解酶，引起含淀粉的食品出现问题。脂肪酶是凝固剂中副活性的另一个例子。因此，目前已采取措施消除大多数发酵凝固剂的副活性。鉴于乳清蛋白在食品中的应用不断扩大，层析纯化法是一种有效、方便的方法，它能够去除淀粉降解酶又能去除所有次要副活性。此外，层析纯化因为能降解产品的复杂度而有助于降低人们对凝固剂产生过敏可能性的风险。

即使是凝固剂对酪蛋白的非特异性裂解也被视为可能是次要的副活性，引起乳清在更大程度上含有酪蛋白衍生肽（图 3.8）。由于它们分子尺寸较小，这些肽最终会在多大程度上成为乳清蛋白产品是值得怀疑的，如果它们成为产品，它们对功能特性的贡献可能很小。与此一致，努力实现具有“纯的”产品流的生产系统是有意义的，例如乳清中含有尽可能少的酪蛋白衍生原料或酶的副活性反应产物。当然，具有高纯度和特异性的凝固剂在这方面是有帮助的。

3.8.6 凝固剂和干酪成熟

凝固剂在干酪成熟的过程中，作用是将酪蛋白切割成巨肽，再被来自微生物的蛋白酶和肽酶（发酵剂、加工助剂或非发酵剂乳酸菌）降解，最终转化为氨基酸和风味物质。凝固剂和纤溶酶对酪蛋白的降解常与干酪的早期质地变化有关（Guinee 和 Wilkinson，1992），但最近的研究表明，钙的增溶也起着重要作用（O′Mahony 等，2005；Choi 等，2007）。第 7 章，Fox 和 McSweeney（1997）及 Upadhyay 等（2004）综述了干酪的成熟过程。乳清分离后保留在凝乳中的凝固剂比例大于水的分配比例，表明凝固剂与凝乳结合进入了凝乳中。酪蛋白和凝固剂的相互作用很复杂，但静电引力似乎起了重要作用（Bansal 等，2007）。研究表明，凝乳酶滞留在凝乳中随着 pH 值的降低而增加，而对于米黑根毛霉产生的凝固剂来说，它不依赖于 pH 值的变化（Guinee 和 Wilkinson，1992）。对于凝乳酶（即犊牛皱胃酶），发现有高达 15% ～ 30% 的滞留，但最终干酪中的残留量随酶的类型、热煮的温度和乳清液中的 pH 值等因素而变化（Guinee 和 Wilkinson，1992；Upadhyay 等，2004）。热煮或热烫凝乳会将部分保留的酶失活；在高度煮烫的干酪中，例如埃曼塔尔干酪，只有少量酶留在产品中。一旦以活化形式转移到干酪中，凝固剂将在干酪的整个成熟过程中保持其活性。

大多数类型的干酪都可以采用大部分凝固剂制作出令人满意的产品，但它们的蛋白水解特性的差异会引起质地和干酪风味的不同（Bansal 等，2009）。正如预期的那样，使用高品质凝乳酶（牛皱胃酶）与 FPC（牛）相比，在高达干酪（van den Berg 和 de Koning，1990）或切达干酪（Broome 和 Hickey，1990）中没有明显的感官差异。在切达干酪中，Broome 等（2006）发现，与米黑根毛霉（XL 型）相比，栗疫病菌和 FPC（牛）对 α_{s1}-酪蛋白的活性更高，而 β－酪蛋白被栗疫病菌过度降解，其次是米黑根毛霉和 FPC（牛）。具有最高的常规蛋白水解活性（最低 C/P 比）的凝固剂，蛋白水解速度更快但不太平衡，会由于苦味肽的暂时积累、短的纹理或质地软化引起一时的苦味（Guinee 和 Wilkinson，1992；Garg 和 Johri，1994；Bansal 等，2009）。

FPC（骆驼）对牛乳特异性最高，已被证明适用于切达干酪的生产，它与 FPC（牛）相比，有效地减少了干酪成熟过程中的苦味。用 FPC（骆驼）制成的切达干酪的苦味评分低于 FPC（牛）干酪，这显然是由于 FPC（camelus）干酪中缺乏苦味肽 β–Cn（$f_{193-209}$）和 β–Cn（$f_{190-209}$）（Bansal 等，2009）。

3.8.7 凝固剂的选择

以下是在选择凝固剂时需要考虑的注意事项：

• 满足法律要求，例如与纯度、安全性和不含不需要的成分有关。如果适用，还有犹太认证、清真认证和有机认证。

• 综合考虑干酪产量、质量和价格，以及乳清的价值、凝固剂成本和整体经济效益。

• 凝固和一般蛋白水解活性之间的比率（C/P 比率），高比率是可取的，因为它促进高干酪的产量并防止风味和质地缺陷。

• 在给定剂量 IMCU 产生较高的凝乳硬度的能力，意味着在 IMCU 中使用剂量小，常与 C/P 比率有关。

• 凝固剂在干酪加工的 pH 值和温度下的稳定性；此外，稳定性可承受良好的工艺控制，并有助于最大程度地减少由于切割时凝乳硬度变化而引起乳清中脂肪和凝乳细粒的损失。

• 对 pH 值和温度的稳定性。由于干酪乳的 pH 值和温度不是恒定的，因此凝固剂应有对变化的影响尽可能小的性能，同样，这有利于过程控制。

• 正常干酪风味和质地的动态。

• 巴氏杀菌乳清的过程中酶活性的灭活；凝固剂应在 72℃、15 s 内基本失活。

• 凝固剂的贮存稳定性和使用方便性。

3.9 总结

皱胃酶用于牛乳和干酪的凝固已有几千年，并于 1874 年成为商业产品。由于皱胃酶产量的不足，导致在 20 世纪 60 年代开发了微生物乳凝固酶，而下一代凝固剂 FPC 于 1990 年才推出，最近又开发了基于骆驼凝乳酶的新代 FPC。

本章总结了每种类型的乳凝固酶的生产、分析、特性和在干酪加工中的用途。此外，描述了乳汁在干酪加工过程中被酶促凝固时，凝乳形成和脱水收缩的复杂反应背后的原理。

尽管皱胃酶和凝固剂的历史悠久，但有关乳凝固酶的许多方面，特别是它们的功能仍未被完全了解。未来，对干酪加工过程的详细了解会逐渐增加，人们期望将继续开发和改进新的乳凝固酶。

参考文献

Andrén, A. (1982) *Chymosin and Pepsin in Bovine Abomasal Mucosa Studied by Use of Immunological Methods*, PhD Thesis, Department of Animal Husbandry, Swedish University of Agricultural Sciences, Uppsala, Sweden.

Andrén, A. (1992) Production of prochymosin, pepsinogen and progastricsin, and their cellular and intracellular localisation in bovine abomasal mucosa. *Scandinavian Journal of Clinical and Laboratory Investigation*, 52 (Suppl 210), 59–64.

Andrén, A. (1998) Milk-clotting activity of various rennets and coagulants: background and information regarding IDF standards. *The Use of Enzymes in Dairying*, Document No. 332, pp. 9–14, International Dairy Federation, Brussels.

Baer, A. & Collin, J.C. (1993) Determination of residual activity of milk–clotting enzymes in cheese:specific identification of chymosin and its substitutes in cheese. Document No. 284, pp. 18–23, International Dairy Federation, Brussels.

Banks, J.M. (1992) Yield and quality of Cheddar cheese produced using a fermentation–derived calf chymosin. *Milchwissenschaft*, 3, 153–156.

Bansal, N., Drake, M.A., Pirainoc, P., Broe, M.L., Harboe, M., Fox, P.F. & McSweeney, P.L.H. (2009)Suitability of recombinant camel (*Camelus dromedarius*) chymosin as a coagulant for Cheddar cheese. *International Dairy Journal*, 19, 510–517.

Bansal, N., Fox, P.F. & McSweeney, P.L.H. (2007) Factors affecting the retention of rennet in cheese curd. *Journal of Agricultural and Food Chemistry*, 55, 9219–9225.

Barbano, D.M. & Rasmussen, R.R. (1992) Cheese yield performance of fermentation–produced chymosin and other milk coagulants. *Journal of Dairy Science*, 75, 1–12.

Bauer, R., Hansen, M.B., Hansen, S., Øgendal, L., Lomholt, S.B., Qvist, K.B. & Horne, D.S. (1995) The structure of casein aggregates during renneting studied by indirect Fourier transformation and inverse Laplace transformation of static and dynamic light scattering data, respectively. *Journal of Chemical Physics*, 103, 2725–2737.

Broome, M.C. & Hickey, M.W. (1990) Comparison of fermentation produced chymosin and calf rennet in Cheddar cheese. *Australian Journal of Dairy Technology*, 45, 53–59.

Broome, M.C., Xu, X. & Mayes, J.J. (2006). Proteolysis in cheddar cheese made with alternative coagulants. *Australia Journal of Dairy Technology*, 60, 85–87.

Cassandro, M., Comin, A., Ojala, M., Zotto, R.D., Marchi, M. de, Gallo, L., Carnier, P. & Bittante, G. (2008). Genetic parameters of milk coagulation properties and their relationships with milk yield and quality traits in Italian Holstein cows. *Journal of Dairy Science*, 91, 371–376.

Chitpinityol, S. & Crabbe, M.J.C. (1998) Chymosin and aspartic proteinases. *Food Chemistry*, 61, 395–418.

Choi, J., Horne, D.S. & Lucey, J.A. (2007). Effect of insoluble calcium concentration on rennet coagulation properties of milk. *Journal of Dairy Science*, 90, 2612–2623.

Collin, J.C., Moulins, I., Rolet–Répécaud, O., Bailly, C. & Lagarde, G. (1997) Detection of recombinant chymosins in calf rennet by enzyme–linked immunosorbent assay. *Lait*, 77, 425–431.

Dalgleish, D.G. (1980) A mechanism for the chymosin–induced flocculation of casein micelles. *Biophysical Chemistry*, 11, 147–155.

Dalgleish, D.G. (1983) Coagulation of renneted bovine casein micelles: dependence on temperature, calcium ion concentration and ionic strength. *Journal of Dairy Research*, 50, 331–340.

Dalgleish, D.G. (1984) Measurement of electophoretic mobilities and zeta–potentials of particles from milk using laser doppler electrophoresis. *Journal of Dairy Research*, 51, 425–438.

Dalgleish, D.G. (1988) A new calculation of the kinetics of the renneting reaction. *Journal of Dairy Research*, 55, 521–528.

Darling, D.F. & van Hooydonk, A.C.M. (1981) Derivation of a mathematical model for the mechanism of casein micelle coagulation by rennet. *Journal of Dairy Research*, 48, 189–200.

Deschamps, J.P. (1840) De la pressure. *Journal of Pharmacology*, 26, 412–420.

Dunn, B.M. (1997) Splitting image. *Nature Structure Biology*, 4, 969–972.

Dunn, B.M. (ed.) (1991) Structure and Function of the Aspartic Proteinases, Plenum Press, New York.

ECC (1991) *Guidelines for the Presentation of Data on Food Enzymes*, Report of the Scientific Committee for Food, 27th series, pp. 13–21, Commission of the European Communities, Brussels.

Emmons, D.B. & Binns, M. (1990) Cheese yield experiments and proteolysis by milk–clotting enzymes. *Journal of Dairy Science*, 73, 2028–2043.

Emmons, D.B. & Binns, M.R. (1991) Milk clotting enzymes. 4. Proteolysis during cheddar cheese making in relation to estimated losses of basic yield using chymosin derived by fermentation (A.niger) and modified enzymes from *M. Miehei. Milchwissenschaft*, 6, 343–346.

Emmons, D.B., Beckett, D.C. & Binns, M. (1990) Milk–Clotting Enzymes. 1. Proteolysis during cheese making in relation to estimated losses of yield. *Journal of Dairy Science*, 73, 2007–2015.

EU (2003) Regulation No 1829/2003 of the European Parliament and of the Council of 22 September 2003 on genetically modified food and feed and implementation report on regulation No. 1829/2003 dated October 25, 2006. Available at http://eur–lex.europa.eu/pri/en/oj/dat/2003/l 268/l 26820031018en00010023.pdf.

EU (2008) Regulation No. 1332/2008 of the European Parliament and of the Council of 16 December 2008 on food enzymes and amending Council Directive 83/417/EEC, Council Regulation (EC) No. 1493/1999, Directive 2000/13/EC, Council Directive 2001/112/EC and Regulation (EC) No. 258/97. Available at http://eur–lex.europa.eu/LexUriServ/LexUriServ.do?uri=OJ:L:2008:354:0007:0015:EN:PDF.

Fagan, C.C. (2008) On–line prediction of cheese making indices using backscatter of near infrared light. *International Dairy Journal*, 18, 120–128.

FAO (2006) Evaluation of certain food additives and contaminants. *Annex 5 General Specifications and Considerations for Enzyme Preparations Used in Food Processing*, WHO Technical Report series 940, Food and Agricultural Organization of the United Nations, Rome.

Food Chemicals Codex (2003) *Food Chemicals Codex*, 5th edn, National Academy Press, Washington, DC.

Flamm, E.L. (1991) How FDA approved chymosin: a case history. Biotechnology, 9, 349–351.

Foltmann, B. (1959) On the enzymatic and coagulation stages of the renneting process. Proceedings 15th International Dairy Congress, 2, 655–661.

Foltmann, B.F. (1966) A review on prorennin and rennin. *Comptes Rendus des Travaux des Laboratoire Carlsberg*, 35 (8), 143–231.

Foltmann, B.F. (1985) Comments on the nomenclature of aspartic proteinases. *Aspartic Proteinases and their Inhibitors* (ed. V. Kostka), pp. 19–26, Walter de Gruyter & Co., Berlin.

Foltmann, B.F. (1992) Chymosin: a short review on foetal and neonatal gastric proteases. *Scandinavian Journal of Clinical and Laboratory Investigations*, 52 (Suppl 210), 65–79.

Foltmann, B.F. (1993) General and molecular aspects of rennets. *Cheese: Chemistry, Physics and Microbiology, Volume 1: General Aspects* (ed. P.F. Fox), pp. 37–68, Chapman & Hall, London.

Fox, P.F. & McSweeney, P.L.H. (1997) Rennets: their role in milk coagulation and cheese ripening. *Microbiology and Biochemistry of Cheese and Fermented Milk* (ed. B.A. Law), 2nd edn, pp. 1–49, Blackie Academic & Professional, London.

Garg, S.K. & Johri, B.N. (1994) Current trends and future research. *Food Reviews International*, 10, 313–355.

Garg, S.K. & Johri, B.N. (1995) Application of recombinant calf chymosin in cheesemaking – Review. *Journal of Applied Animal Research*, 7, 105–147.

Green, M.L., Marshall, R.J. & Glover, F.A. (1983) Influence of homogenization of concentrated milks on structure and properties of rennet curds. *Journal of Dairy Research*, 50, 341–348.

Guinee, T.P. & Wilkinson, M.G. (1992) Rennet coagulation and coagulants in cheese manufacture. *Journal of the Society of Dairy Technology*, 45, 94–104.

Harboe, M.K. (1985) Commercial aspects of aspartic proteases. *Aspartic Proteinases and their Inhibitors* (ed. V. Kostka), pp. 637–550, Walter de Gruyter & Co., Berlin.

Harboe, M.K. (1992a) Chymogen, a chymosin rennet manufactured by fermentation of *Aspergillus niger. Fermentation-Produced Enzymes and Accelerated Ripening in Cheesemaking*, Document No. 269, pp. 3–7, International Dairy Federation, Brussels.

Harboe, M.K. (1992b) Coagulants of different origin. *European Dairy Magazine*, 2, 6–15.

Harboe, M.K. (1993) Chymogen, Chr. Hansen' s fermentation produced rennet. *Milk Proteins ' 93* (ed.J. Mathieu), pp. 122–131, ENILV, La Roche–sur Foron, France.

Heimgartner, U., Pietrzak, M., Geertsen, R., Brodelius, P., Figueiredo, A.C. & Pais, M.S.S. (1990) Purification and partial characterisation of milk–clotting proteases from flowers of *Cynara Cardunculus Phytochemistry*, 29, 1405–1410.

van Hooydonk, A.C.M, Olieman, C. & Hagedoorn, H.G. (1984) Kinetics of the chymosin–catalysed proteolysis of –casein. *Netherlands Milk and Dairy Journal*, 38, 207–222.

van Hooydonk, A.C.M. and van den Berg, G. (1988) Control and determination of the curd–setting during cheesemaking. *IDF Bulletin*, 225, 2–10.

Holt, C. & Horne, D.S. (1996) The hairy casein micelle: evolution of the concept and its implications for dairy technology. *Netherlands Milk and Dairy Journal*, 50, 85–111.

Holt, C. (1975) The stability of bovine casein micelles. *Proceedings International Conference on Colloid and Interface Science* (ed. E. Wolfram), pp. 641–644. Akademia Kiado, Budapest.

Hyslop, D.B. & Qvist, K.B. (1996) Application of numerical analysis to a number of models for chymosin–induced coagulation of casein micelles. *Journal of Dairy Research*, 63, 223–232.

Hyslop, D.B. (1989) Enzymatically initiated coagulation of casein micelles: a kinetic model. *Netherlands Milk and Dairy Journal*, 43, 163–170.

Hyslop, D.B., Richardson, T., & Ryan, D.S. (1979) Kinetics of pepsin–initiated coagulation of kappakasein. *Biochimica et Biophysica Acta*, 566, 390–396.

IDF (1997a) *Standard 110B – Calf Rennet and Adult Bovine Rennet – Determination of Chymosin and Bovine Pepsin Contents (Chromatographic Method)*, International Dairy Federation, Brussels.

IDF (1997b) *Standard 157 A – Bovine Rennets – Determination of Total Milk-Clotting Activity*, International Dairy Federation, Brussels.

IDF (2002) *Standard 176 – Milk and milk products – Microbial coagulants (Determination of Total Milk-Clotting Activity)*, International Dairy Federation, Brussels.

IDF (2007) *Standard 157 – Determination of Total Milk-Clotting Activity of Bovine Rennets*, International Dairy Federation, Brussels.

IUBMB (1992) Recommendations of the nomenclature committee of the International Union of Biochemistry and Molecular Biology on the nomenclature and classification of enzymes. *Enzyme Nomenclature*, pp. 403–408, Academic Press Inc., New York.

James, M.N.G. (ed.) (1998) *Aspartic Proteinases*, Plenum Press, New York.

Johnson, M.E., Chen, C.M., & Jaeggi, J.J. (2001) Effect of rennet coagulation time on composition, yield, and quality of reduced-fat Cheddar cheese. *Journal of Dairy Science,* 84, 1027–1033.

Kostka, V. (ed.) (1985) *Aspartic Proteinases and their Inhibitors*, Walter de Gruyter, Berlin and New York.

Lomholt, S.B. & Qvist, K.B. (1997) Relationship between rheological properties and degree of kappacasein proteolysis during renneting of milk. *Journal of Dairy Research*, 64, 541–549.

Lomholt, S.B., Worning, P., Øgendal, L., Qvist, K.B., Hyslop, D.B., & Bauer, R. (1998) Kinetics of the renneting reaction followed by measurement of turbidity as a function of wavelength. *Journal of Dairy Research*, 65, 545–554.

Lucey, J.A., Gorry, C. & Fox, P.F. (1994) Methods for improving the rennet coagulation properties of heated milk. *Cheese Yield and Factors Affecting its Control*, Special Issue 9402, pp. 448–456, International Dairy Federation, Brussels.

Mulvihill, D.M. & Fox, O.F. (1977) Selective denaturation of milk coagulants in 5 M urea. *Journal of Dairy Research*, 44, 319–324.

O′Callaghan, D.J., O′Donnell, C.P. & Payne, F.A. (2002) Review of systems for monitoring curd setting during cheesemaking. *International Journal of Dairy Technology*, 55, 55–64.

O′Mahony, J.A., Lucey, J.A. & McSweeny, P.L.F. (2005). Chymosin-mediated proteolysis, calcium solubilisation and texture development during ripening of Cheddar cheese. *Journal of Dairy Science*, 88, 3101–3114.

Payens, T.A.J. (1976) On the enzyme-triggered clotting of casein; a preliminary account. *Netherlands Milk and Dairy Journal*, 30, 55–59.

Payens, T.A.J. (1979) Casein micelles: the colloid-chemical approach. *Journal of Dairy Research*, 46, 291–306.

Quade, H.D & Rudiger, H. (1998). Ausbeutestudie zur Käseherstellung. *Deutche Milchwirtschaft*, 12, 484–487.

Qvist, K.B. (1979) Reestablishment of the original rennetability of milk after cooling. I. The effect of cooling and LTST pasteurization of milk on renneting. *Milchwissenschaft*, 34, 467–470.

Rampilli, M., Larsen, R. & Harboe, M. (2005) Natural heterogeneity of chymosin and pepsin in extracts of bovine stomachs. *International Dairy Journal*, 15, 1130–1137.

Reimerdes, E.H., Pérez, S.J. & Ringqvist, B.M. (1977). Temperaturabhängige Veränderungen in Milch und Milchproducten. Ⅱ. Der einfluss der TiefkÜhlung auf käsereitechnologische Eigenschaften der Milch. *Milchwissenschaft*, 32, 154–158.

Repelius, C. (1993) Application of Maxiren in cheesemaking. *Milk Proteins ′93* (ed. J. Mathieu), pp. 114–121, ENILV, La Roche-sur-Foron, France.

Rothe, G.A.L., Harboe, M.K. and Martiny, S.C. (1977). Quantification of milk-clotting enzymes in 40 commercial bovine rennets, comparing rocket immunoelectrophoresis with an activity ratio assay. *Journal of Dairy Research*, 44, 73–77.

Steffl, A., Ghosh, B.C. & Kessler, H.-G. (1996) Rennetability of milk containing different heatdenaturated whey protein. *Milchwissenschaft*, 51, 28–31.

Szecsi, P.B. (1992) The aspartic proteases. *Scandinavian Journal of Clinical Laboratory Investigations*, 52 (Suppl 210), 5–22.

Tamime, A.Y. (1993) Modern cheesemaking: hard cheeses. *Modern Dairy Technology – Advances in Milk Processing* (ed. R.K. Robinson), 2nd edn, pp. 49–220, Elsevier Applied Science, London.

Thomann, S., Schenkel, P., & Hinrichs, J. (2008). Effect og homogenisation, microfiltration andpHon curd formation and syneresis of curd grains. *LWT – Food Science and Technology*, 41, 826–835.

Upadhyay, V.K., McSweeney, P.L.F., Magboul, A.A.A. & Fox, P.F. (2004). Proteolysis in cheese during ripening. Cheese: *Chemistry, Physics and Microbiology, Volume 1: General Aspects* (eds P.F. Fox, P.L.H. McSweeney, T.M. Cogan & T.P. Guinee) 3rd edn, pp. 391–434, Elsevier, London.

Ustunol, Z., & Hicks, C.L. (1990) Effect of milk clotting enzymes on cheese yield. *Journal of Dairy Science*, 73, 8–16.

Van Den Berg, G. & de Koning, P.J. (1990) Gouda cheesemaking with purified calf chymosin and microbially produced chymosin. *Netherlands Milk and Dairy Journal*, 44, 189–206.

Walstra, P. (1979) The voluminosity of bovine casein micelles and some of its implications. *Journal of Dairy Research*, 46, 317–323.

Wedholm, A., Larsen, L.B. Lindmark–Mansson, H. Karlsson, A.H. & Andren, A. (2006). Effect of protein composition on the cheese–making properties of milk from individual cows. *Journal of Dairy Science*, 89, 3296–3305.

World Health Organisation (2006) Evaluation of certain food additives and contaminats. *Annex 5 General Specifications and Considerations for Enzyme Preparations Used in Food Processing*, Technical Report series 940, Geneva, Switzerland.

Wigley, R.C. (1996) Cheese and whey. *Industrial Enzymology* (eds T. Godfrey & S. West), 2nd edn, pp. 133–154, Macmillan Press, London.

4 干酪凝乳的形成

T. Janhoj 和 K. B. Qvist

4.1 简介

干酪加工的一个重要环节就是将乳（液体）转化为凝乳（固态），这个过程排掉了乳中大部分的水分、乳清蛋白和部分乳糖，由酪蛋白和脂肪组成凝乳。这一过程是通过在乳中添加皱胃酶，使乳中的酪蛋白凝集形成酪蛋白凝胶，酪蛋白凝胶再脱水收缩排出乳清而实现的。因此，凝乳是干酪的基础，再通过压榨、盐渍和成熟等工艺进行改良。尽管干酪在成熟期间，蛋白质水解和钙质增溶会显著改变酪蛋白基质，但大多数干酪的凝乳结构在后续的工艺中改变不大。因此，干酪槽中凝乳的形成对于控制干酪结构、水分含量和流变特性很重要。本章主要介绍了酪蛋白聚合、凝胶形成和脱水的基本物理化学原理，以及乳成分和工艺变化对这些过程的影响。

4.2 凝乳形成的理化性质

皱胃酶水解乳中 κ－酪蛋白的 Phe_{105}–Met_{106} 键，使酪蛋白从一个稳定的胶束系统变化为一个不稳定的聚合系统，形成凝胶，最终通过脱水缩合作用排出水分。第三章已经给出关于皱胃酶的理化性质和动力学的一般性信息，本章将直接讨论影响聚合的因素。

4.2.1 影响聚合的因素

皱胃酶浓度

乳中酪蛋白的水解速率与皱胃酶的添加量成正比。皱胃酶浓度本身不影响聚合速率，因为这是由碰撞频率和碰撞比例导致键合和聚合的形成决定的，这称为碰撞效率。根据能量屏障模型（Lomholt 等，1998），碰撞效率取决于已水解 κ－酪蛋白的程度。因此，聚合作用与酶促反应相关并取决于酶促反应，通过这种方式，皱胃酶浓度间接影响聚合作用。测量黏度和凝胶硬度的数据表明，当皱胃酶浓度发生变化时，在一定的黏度或凝胶硬度下水解 κ－酪蛋白的数量会受到影响（Lomholt 和 Qvist，1997）。这是因为皱胃酶浓度的变化会改变酶促反应和聚合反应速率之间的平衡。皱胃酶浓度越高，酶促反应越快，聚合程度达到与低皱胃酶浓度相同时，κ－酪蛋白水解程度更高。因此在特定的聚合或凝胶程度下，随着皱胃酶浓度增加，酪蛋白胶束表面上的酪蛋白多肽（CMP）会减少。研究认为这将影响聚合物和凝胶的结构，Bauer 等（1995）的研究结果表明，皱胃酶浓度会影响高度稀释牛乳中最初聚合时形成的聚合物的结构。

酪蛋白浓度

从 Von Smoluchowski 的方程式可以看出，碰撞频率高度依赖于粒子浓度，聚合速率与酪蛋白浓度的平方成正比。因此，酪蛋白浓度的变化将对聚合速率产生很大的影响。正如通过改变皱胃酶浓度来改变酶促反应的速率一样，通过改变酪蛋白浓度也可以改变聚合反应的速率，同时也会影响两个反应速率之间的平衡。皱胃酶水解不同浓度的酪蛋白，当 κ－酪蛋白水解程度相同时，酪蛋白浓度越高，聚合程度越高（Dalgleish，1980；Hyldig，1993；Lomholt 和 Qvist，1997）。因此，形成具有相同聚合度的凝胶时，酪蛋白浓度越高，酪蛋白胶束表面上具有更多的 CMP。

pH 值

乳 pH 值的改变对凝乳有很大影响。首先，κ－酪蛋白的酶解速度高度依赖于 pH 值（vanHooydon 等 1984；Hyldig，1993）。乳中皱胃酶最适 pH 值为 6.0 左右，因此 pH 值降低会大大增加蛋白质分解的速度（vanHooydonk 等，1986a）。pH 值也会影响胶束的结构。pH 值降低时，磷酸钙从胶束中分离；当 pH 值从 6.7 降低到 5.7 时，胶束中钙含量损失一半（vanHooydon 等，1986b）。然而，在大多数干酪的乳凝固 pH“窗口”期，很少有钙被溶解。Choi 等（2007）发现，将 pH 值从 6.7 降到 6.4，胶体磷酸钙只是略有减少，而最大弹性模量明显增加。将 pH 值进一步降低到 5.4，由于胶体磷酸钙的过度流失，导致凝乳硬度下降；加入越来越多的乙二胺四乙酸钙，结果类似。乳清和胶束相之间的盐分平衡可以用法国国家农业研究院（ Institute National de la Recherche Agronomique，INRA）最近开发的一个程序来计算（MekKmene 等，2009）。不同温度下，在降低 pH 值时酪蛋白分子从胶束中解离。在 30℃时，只有很少的酪蛋白解离，在 20℃时，当 pH 值降低到 6.0 以下时，酪蛋白开始明显地解离，在 14℃时，即使 pH 值降低得很小，酪蛋白的解离也很明显（Dalgleish 和 Law，1988）。Wade 等（1996）发现 pH 值为 6.7 时电势为 −18 mV，pH 为 5.5 时逐渐增加到 −11 mV。

降低乳的 pH 值可以增加酶的活性，从而会缩短凝固时间，同时也会影响聚合作用。vanHooydonk 等（1986a）发现，在 pH 值为 6.7 时，当 70% 的 κ－酪蛋白被水解时，黏度开始增加；而在 pH 值为 6.2 时，只有 64% κ－酪蛋白被水解时，黏度开始增加；在 pH 值为 5.6 时，只有 30% 的 κ－酪蛋白被水解时，黏度开始增加。他还发现，在较低的 pH 值下，κ－酪蛋白的水解程度较低就会发生胶凝。从这些实验中唯一不能确定的是在低 pH 值下，聚合速率是否会加快。根据上面提到的能量势垒模型来看，随着电荷的减少，能量势垒通常会降低，从而导致在同等 κ－酪蛋白水解程度时，聚合速率加快，这是可能的。然而，实际上，这导致在较低的 κ－酪蛋白水解程度下出现絮凝和凝结，因此在聚合和凝胶形成的初始阶段，实际的聚合速率可能只受到很小的影响。

温度

众所周知，当乳汁的温度低于 15℃时，不会发生凝固。因为 κ－酪蛋白的酶水解反应在低温下仍然可以进行，但聚合反应较慢；加热将导致其立即凝固，这种现象被称为冷凝乳现象。在 15℃时，通过添加氯化钙（$CaCl_2$）和降低 pH 值，可以提高聚合速率（Bansal 等，2008）。在 2 ～ 60℃范围内，完全网状胶束聚合速率随着温度的升高而增加（Dalgleish，1983；Brinkhuis 和 Payens，1984）。根据 Von Smoluchowski 动力学假设，这个结果是符合理论的，因为温度升高会导致碰撞频率增加。Dalgleish（1983）发现，碰撞频率的增加不能完全解释聚合速率的增加，这意味着当温度上升至 45℃时，碰撞的效率达到最大效率，并且所有的碰撞都会导致键合。这表明疏水键可能有一定的温度依赖性，温度越高键越强。在低温下，β－酪蛋白在胶束中的键合作用不太紧密，可能从胶束表面开始突出，有助于胶束的空间稳定，从而阻碍胶束聚合（Walstra 和 vanVliet，1986）。

离子

在干酪加工过程中，通常会在乳中添加钙和其他离子，主要以 $CaCl_2$ 的形式添加，用来提高酶促反应以及聚合反应的速率。一部分原因是加入 $CaCl_2$ 会降低 pH 值，从而影响酶促反应和聚合反应的速率。如果补偿降低的 pH 值，那么将发现添加 $CaCl_2$ 就不会影响酶促反应速率（vanHooydonk，1987）。当碰撞效率达到最大值时，聚合速率随着钙离子浓度的增加而增加，这种效应在高温下比较明显，而在低温下影响较小（Dalgleish，1983）。钙离子主要是通过与酪蛋白结合而减少胶束表面电荷，导致静电排斥力变小。因此有人推测钙离子对凝乳性的影响可能具有更特殊的地位。加入氯化钠（NaCl）也会降低乳的 pH 值。vanHooydonk（1987）在没有校正 pH 值的情况下，测量了酶促反应速率与 Nacl 加入量的关系，他们发现聚合速率常数随 NaCl 浓度的增加而线性下降，当加入 50 mmol/L 的 NaCl 时，速率常数下降约 10%。考虑到 pH 值对速率常数的影响，如果对 pH 值进行校正，下降可能更明显。Dalgleish（1983）发现，通过添加 NaCl 增加离子强度会降低聚合速率。离子强度的增加一般通过增加电荷屏蔽来减少静电力，但在乳中加入 NaCl 后，胶体磷酸钙也将从酪蛋白胶束中解离（Gouda 等，1985），这可能会暴露带负电荷的磷酸丝氨酸残基，从而增加静电排斥力。然而，加入小于 120 mmol/L 的少量 NaCl，也会减少凝固时间（Qvist，1979b）。无论是校正 pH 值（Gouda 等，1985）还是不校正 pH 值（vanHooydonk，1987），大量的 NaCl 都会增加凝固时间，这可以从对酶促反应和聚合反应的影响中推测出。

4.2.2 凝胶的形成

光散射研究表明在酪蛋白胶束的初始聚合过程中会先形成线性聚合，直到聚合数达到 10 左右（聚合数是指聚合中酪蛋白胶束的平均数），此后聚合物会越来越紧凑（Bauer 等，1995；Worning，1998）。电子显微镜也观察到类似的结果（Green 等，1978）。聚合体大到可以用肉眼看到的时间被称为絮凝时间或皱胃酶凝固时间（rennet coagulation time，RCT）。不久之后，形成一个酪蛋白的三维网络，即凝胶。根据条件的不同，凝胶形成后数小时内，密度会有不同程度的增加（Zoon 等，1988a），在显微镜下观察到凝胶微观结构的变化，如图 4.1 所示。网络变得更粗，孔隙更大，链也变得更粗（Bremer，1992），因此凝胶的渗透性在凝胶化后，随时间的推移而增加（vanDijk，1982；vandenBijgaart，1988）。

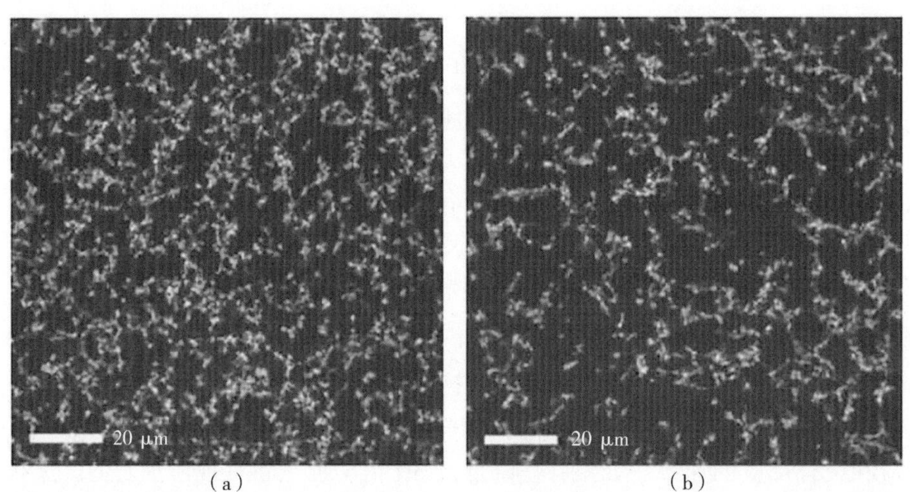

图 4.1　在加入皱胃酶 2.5 h（a）和 6 h（b）后，复原脱脂乳（pH 值 6.0，30℃）的皱胃酶凝胶的共聚焦扫描激光显微镜（Confocal scanning laser microscopy，CSLM）图像。注：该图说明了随着时间的推移，凝胶的结构发生了变化，形成了一个具有较大孔隙的、更粗的网络。

在凝胶形成以后，凝胶的相角几乎是恒定的（Dejmek，1987；Lopez 等，1998），这表明键的性质没有改变，或者说至少在松弛性方面没有改变，因此，凝胶硬度的增加可能是由于键的数量增加而引起的。越来越多的酪蛋白胶束加入了网络，从而增加了键的数量，并且仅在网络一端连接的松散链可能与其他链接触，就与网络连接得更近，从而增加应力承受键的数量。此外，胶束似乎也会逐渐融合在一起，这也会加强键之间的作用力。这些机制可以看作是凝胶形成后聚合过程的延续，也被认为是凝胶结构变化和凝胶硬度增加造成的（Walstra 和 vanVliet，1986）。

聚集胶体粒子的光散射和计算机模拟以及凝胶的图像分析，都运用分形几何学来描述皱胃酶凝胶的结构（Home，1987；Bremer 等，1989；Bremer，1992）。酪蛋白胶束的聚合和由此产生的凝胶具有与分形结构相同的一些特性。分形结构的特点是尺度不变，这意味着从观察的尺度来看，基本的几何特征是不变的，可以通过分形维数来描述。分形聚合体中的颗粒大小和数量之间存在幂律关系。

$$N=(\frac{R}{a})^D$$

其中 N 是聚合物中的颗粒数，R 是聚合物的半径，a 是单体的半径，D 是分形维度。因此，可以说在单体半径（a）和聚合物半径（R）之间的范围内，聚合物的半径具有比例不变性。同样，分形聚合物显示出其他属性的缩放行为，特别是光散射和浊度测量已使用散射强度（I）和波矢（q）之间的缩放行为来确定分形维度：

$$I \propto q^{-D}$$

当$R^{-1}<<q<<a^{-1}$，此公式有效。由浊度确定的聚合酪蛋白胶束和皱胃酶凝胶的分形维度大约是2.3（Horne，1987；Bremer 等，1989；Bremer，1992）。这与皱胃酶凝胶的渗透性测量和显微镜检查结果相一致（Bremer，1992）。然而，Woming 等（1998）对应用于聚合酪蛋白胶束的比浊法的有效性提出了质疑，他们通过使用聚合过程中低角度的散射光确定了1.9和2.0之间的分形维数。这些值介于扩散受限的预期值1.8和反应受限聚集的预期值2.1之间，符合VonSmoluchowski的模型，其中酶促反应和聚集速率取决于扩散系数，会影响整体速率。如上所述，由于重新排列，凝胶的结构随时间变化，导致分形维度增加。这也许可以证明通过渗透性测量和显微镜检查发现的完全凝胶的较高数值是合理的。

4.2.3 皱胃酶凝胶的流变学特性

皱胃酶凝胶具有线性黏弹特性：即变形的程度与施加的应力成正比，相对变形可达0.026 ～ 0.05（vanDijk，1982；Dejmek，1987；Hyldig，1993）。变形较大时说明凝胶结构即将被破坏。图4.2显示了在线性黏弹性区域内对凝固的脱脂乳进行动态振荡测量的示例。在1 Hz频率下，在可见的絮凝后不久，通常观察到相角从接近90°急剧下降到15° ～ 20°，表明絮凝从黏性材料过渡到黏弹性材料。此时作为流变模量测量的凝胶硬度开始增加。模量与时间的关系呈现S形曲线，该曲线倾向于长时间接近恒定值。在长的时间内，模量可能再次下降（Bohlin 等，1984；Dejmek，1987；Zoon 等，1988a；Hyldig，1993 关于凝乳的动态振荡测量的例子）。皱胃酶最详细的流变学研究是在脱脂乳上进行的，但Storry 等（1983）和Grandison 等（1984）未发现脂肪含量对未均质乳的凝固时间或凝胶强度有任何影响。

皱胃酶浓度

乳中皱胃酶添加量对整个过程的速率有很大影响。皱胃酶浓度越高，絮凝时间越短，凝胶硬度越早出现，增加速率越高（Zoon 等，1988a；Hyldig，1993；Lomholt 和 vist，1997）。在凝胶硬度相同的情况下，即使超过99%的κ－酪蛋白被水解，凝胶硬度的增加速度仍然较高（Lomholt 和 Qvist，1997）。由于这些凝胶处于凝胶形成的同一阶段，并且酶促反应已经完成，因此凝胶之间的其他差异才是造成凝乳硬度不同的原因。此外，由于皱胃酶浓度似乎会影响初始聚合物的结构，因此有理由推测用不同皱胃酶浓度制成的凝胶之间的结构差异导致了这种结果。以超滤（UF）浓缩的原料乳为例，皱胃酶浓度对切达干酪模型微观结构和大规模变形都有着巨大影响（Wium 等，2003）。

温度

如前所述，尽管温度超过40℃时，由于皱胃酶的失活，该速率可能再次降低，但是改变凝胶形成的温度会影响酶促反应和聚合反应的速率且会增加凝胶固化的初始速率

（Tokita 等，1982；Zoon 等，1988b）。Zoon 等（1988b）彻底研究了温度的影响，发现随着形成温度的升高，凝胶变得更黏稠，硬度下降，在 20 ～ 40℃范围内，随着温度升高，相角增加，最大硬度也会降低。当形成凝胶的温度改变时，凝胶的硬度将改变以达到新的平衡。温度降低会导致硬度增加，反之亦然。这种变化在较高的温度下是最快的，并且对于已达到最大硬度的凝胶是可逆的。不同温度（25 ～ 35℃）下形成的凝胶统一变为 30℃时，凝胶的硬度达到相同的平衡值，并显示出相同频率依赖性的相角。研究还表明，当在 30℃形成的凝胶的温度统一被改变到 25 ～ 35℃范围内的不同温度时，凝胶的硬度接近于在相应温度下形成的凝胶值（图 4.2）。这些结果表明形成温度对最大凝胶硬度的凝胶结构影响不大。

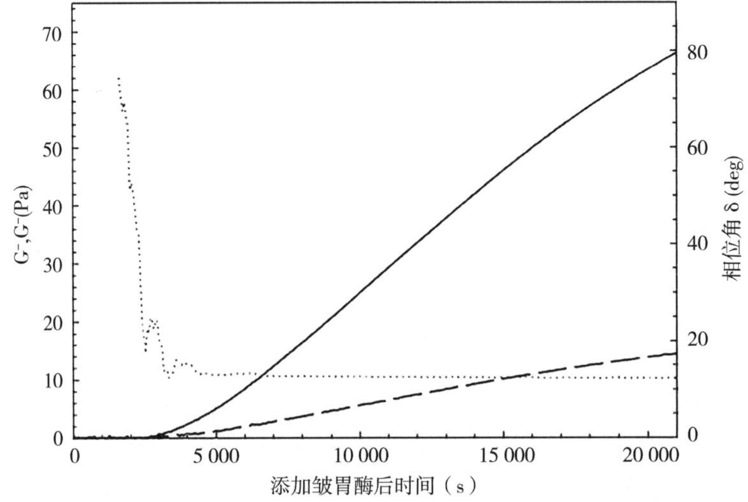

图 4.2　在 30℃下加入 9.80×10^{-9} mol/L 凝乳酶的复原脱脂乳凝固过程中 1 Hz 流变模量的振荡测量。储能模量 G'（——），损失模量 G''（— — — —）和相角 δ（……）。

温度升高也会增加凝胶渗透性的变化率，这表明重排的速率增加。vanden Bijgaart（1988）和 Green（1987）发现凝固后 45 min，温度越高，测定的皱胃酶凝胶的结构越粗糙。这可能是聚合速率增加导致结构变粗糙，也可能只是因为在凝固后同时比较时，重排速率较高导致结构变粗糙。当用超滤浓缩的乳制作切达干酪模型时，表明较高的凝固温度会导致更粗糙的蛋白质网络和更高的断裂应力（Wium 等，2003）。

pH 值

在保持皱胃酶浓度不变的情况下，降低乳的 pH 值会导致凝固时间缩短，并且在 pH 值为 6.65 ～ 5.72，凝胶的初始硬度增加的更快（Zoon 等，1988a）。在一定程度上这是由于皱胃酶最适 pH 值为 6 左右，活性增加的结果。如果改变皱胃酶浓度以保持凝固时间恒定，pH 值 > 6.3 时，凝乳硬化速率仍会随着 pH 值的降低而增加（Kowalchyk 和 Olson，1977）。pH 值 < 6.3 时，凝乳硬度达到一个较高的值甚至达到最大值，pH 值更低时，凝乳硬度又会再次下降。在 pH 值 6.0 ～ 6.65，相角不受 pH 值的影响，但 pH 值低于 6.0 时，相角略有增加（Zoon 等，1988a），当 pH 值降低到 5.2 以下时，相角将再次下降（Roefs

等，1990）。一方面，pH 值下降导致酪蛋白的负电荷减少，可能有利于聚合和键的形成。另一方面，它也导致酪蛋白胶束以相反的方向溶解磷酸钙，以增加负电荷。这些影响因素之间的平衡可以解释 pH 值对凝乳硬度的影响。至少 pH 值在 5.3 以下，降低 pH 值会导致渗透率的大幅增加（vanden Bijgaart，1988），这表明重排的速率也会增加。

氯化钙和氯化钠

在 pH 值不变时，向乳中加入氯化钙，可缩短凝胶时间，降低凝胶阶段的 κ－酪蛋白水解程度（McMahon 等，1984；vanHooydonk，1987；Zoon 等，1988c）。当加入 $CaCl_2$ >50 mmol/L 时，凝胶时间再次增加（McMahon 等，1984）。同时凝乳的硬化速率也更快，当 pH 值不变时，加入 $CaCl_2$ < 50 mmol/L 后，凝乳硬度增长速率加快，并在几个小时内保持更高水平（McMahon 等，1984；Zoon 等，1988c）。在 pH 值不变时，添加 $CaCl_2$ 对相角（Zoon 等，1988c）或渗透性（vandenBijgaart，1988）均无影响。

在保持酶浓度恒定并校正 pH 值的情况下，Zoon 等（1989）发现，凝胶的初始硬化率随着 NaCl 添加量的增加而降低，但长时间（8 ～ 10 h）内凝胶硬度随着浓度的增加而增加，最高可达 100 mmol/L NaCl，然后在更高的 NaCl 浓度下再次下降。Gouda 等（1985）也观察到这种情况下较高的初始速率。在没有校正 pH 值的情况下，VanHooydonk（1987）发现，在皱胃酶浓度不变的时候，乳中加入高达 200 mmol/L 的 NaCl，对凝胶的硬化速率没有明显的影响。加入 NaCl 并进行 pH 值校正，对相角（Zoon 等，1989）或渗透性（vandenBijgaart，1988）也没有明显影响。

技术参数之间的相互作用

Nájera 等（2003）研究了温度、pH 值和 $CaCl_2$ 添加量对皱胃酶凝固时间、凝乳硬度和凝胶固化率的影响。温度是唯一影响凝乳硬度的变量，而剩下的所有因素以及它们的双向和三向相互作用对皱胃酶凝乳时间有显著影响。温度和 pH 值及其相互作用对凝胶的硬度均有显著影响。值得注意的是，皱胃酶凝乳时间和凝乳硬度之间的相关性很差（r=0.365）。同样，Mishra 等（2005）使用二阶多项式模型模拟了凝胶温度、pH 值和非脂乳固体对基本流变参数（即动态模量和凝胶时间）的影响。研究表明，所有研究的变量都对流变参数有明显的影响，且存在较高的解释方差（R^2=0.96 ～ 0.98）。

4.2.4 脱水收缩作用

在不受干扰且条件合适的情况下，皱胃酶凝胶将在几个小时内保持稳定。然而在某些时候，凝胶会开始排出乳清并收缩。通过切割、搅拌、压榨或其他外部机械处理可以显著加快这一过程。在干酪加工过程中，通过将大部分水作为乳清排出来，从而浓缩酪蛋白和脂肪，这是加工干酪凝乳的重要步骤。在传统的干酪制作中，这是通过皱胃酶凝胶的脱水来实现的，为了促进这一过程，需要对皱胃酶凝胶切割、搅拌，压榨。即使凝胶不受干扰，但它也不像前面提到的那样是静止的；孔隙在持续变大，线也在变粗（图 4.1）。这个过程被称为微脱水收缩，因为它可以被视为微观的收缩过程，同时凝胶的重排一般是宏观收缩的作用机制。凝胶表面的湿润足以引起脱水，这可能是因为表面张力被克服，从而使乳清被排出（vanDijk，1982）。因此，凝胶本身有一种固有的收缩趋势，一旦排出乳清就会收缩。这种没有外部压力的脱水形式被称为内源性脱水（vanDijk，1982；Walstra 等，1985）。内源性脱水过程意味着凝胶本身对乳清相施加了压力，称为脱水压力。这种压力或称应力，是凝胶重新排列的结果。凝胶刚形成时，脱水压力增加，不久后达到最大值，然后在几个小时内缓慢下降，具体时间取决于其他条件（vanDijk，1982；vanDijk 和 Walstra，1986；vandenBijgaart，1988）。由于皱胃酶凝胶是一种黏弹性材料，凝胶中的应力会随着时间的推移而变小。皱胃酶凝胶的平均松弛时间在几分钟左右（Zoon 等，1989），由于脱水压力下降得缓慢，必须有一个连续的过程来建立脱水压力，直到凝胶形成很久以后。这与重排也要持续很长时间的原理一致。

脱水收缩的建模

使用达西方程对乳清通过多孔介质的流动进行了建模，其中乳清通过凝乳板的一维流动是由内源性脱水引起的（vanDijk，1982；vanDijk 和 Walstra，1986；vandenBijgaart，1988）。这个模型中有两个因素对流速和凝胶收缩率（脱水收缩作用压力和渗透率）起到决定性作用。脱水压力是脱水的驱动力，而渗透率则表示乳清流过凝胶的难易程度。脱水压力最多为几个帕斯卡，与搅拌、加压等所施加的压力相比，这是一个非常小的压力。当施加外部压力时，原则上可以将其叠加到内源性脱水压力上，从而得到最终的收缩率。然而，压力越大，排出的乳清越多，酪蛋白基质对变形的抵抗力越强，这将成为一个重要的因素（vandenBijgaart，1988；Akkerman 等，1994），在凝乳颗粒的排水和压榨过程中也会出现这种情况。然而，大多数技术变量对内源性脱水的影响在质量上与实际干酪制作实验中观察到的效果相似。如果凝胶网络的重新排列被看作是聚合和凝乳硬化过程的延续，那么提高聚合和凝乳硬化率的因素一般也会提高脱水收缩作用率。Tijskens 和 DeBaerdemaker（2004）使用多孔介质力学理论来模拟一维的脱水过程。在这之后，凝乳颗粒是由两个重叠的连续体组成，即骨架（即副酪蛋白网络）和流体（即乳清）。力学理论可以很好地实现对实验结果的预测，因为它准确地识别了相关的物理特性，所以该模型也可以扩展到三维情况。

皱胃酶浓度

一般来说，皱胃酶浓度对脱水的速率和程度没有影响或影响很小（Walstra 等，1985），这可能与凝胶在切割或开始脱水时的状态有关。在大多数实验中，加入皱胃酶后，脱水收缩会在固定时间开始。这种情况下，在切割时，不同浓度的皱胃酶制成的凝胶，硬度有明显的不同。Lelievre（1977）发现，当同时切割凝胶时，脱水收缩会随着皱胃酶浓度的增加而减少，但在特定硬度下进行切割时，没有明显的区别。

凝胶或凝乳颗粒的尺寸

凝胶或凝乳颗粒的尺寸对脱水收缩的速率有重要的影响。根据达西方程对内源性脱水的建模，当乳清流动的距离减少时则流速会增加，这在实际的干酪加工过程中也有发现。然而，在实验室规模的干酪槽的实验中，Everard 等（2008）发现切割强度、凝乳颗粒的尺寸对最终的脱水收缩没有任何程度的影响。

搅拌

搅拌乳清中的凝乳颗粒可以促进乳清排出，可能有两个原因：第一它使凝乳颗粒不沉淀，从而保持乳清表面自由，其次，当凝乳颗粒相互碰撞或与搅拌器和槽壁相互碰撞时，会产生压力（vanden Bijgaart，1988）。当部分乳清被排出时，后者可能也是脱水收缩会增加的原因，因为较小的乳清体积会增加碰撞的速率和能量。搅拌的效果是最近一系列研究的主题，包括在实验室规模的干酪槽中进行实时测量。Everard 等（2007）使用计算机视觉设置来预测脱水程度，并发现搅拌速度是一个统计学上的显著因素，而搅拌与 pH 值的相互作用则不显著。

pH 值

将 pH 值降低到 6.7 ～ 5.0 范围内，会极大地增强脱水作用（Marshall，1982；vanDijk，1982；Pearse 等，1984；vandenBijgaart，1988；Daviau 等，2000；Lodaite 等，2000）。这在很大程度上可以通过粒子重排率的增加来解释，从而导致了渗透性的增大和脱水收缩作用压力的增大，两者都有利于乳清从颗粒中流出。

温度

将温度提高到 60 ℃ 左右，就会增加脱水率（vanDijk，1982；Marshall，1982；vandenBijgaart，1988；Walstra，1993）。这可以用更高的渗透率和更大的脱水压力来解释。

氯化钙

当添加 $CaCl_2$ 时，乳 pH 值的下降得到补偿，添加 $CaCl_2$ 一般不会对脱水收缩产生任何重大影响（vandenBijgaarl，1988；Walstra，1993）。

4.3　乳成分对凝乳形成的作用

最近对单个牛乳凝固性的研究中发现高达 30% 的样品凝固性差或根本不凝固（Tyriseva 等，2004；Wedholm 等，2006）。尽管散装干酪乳的凝乳特性的变化比单个乳的凝固性变化要小得多，但这无疑是一个重要的问题，从化学成分的角度对其进行解释似乎很自然。乳成分自然变化的特点是各种成分的含量共同变化。因此，尽管它往往被忽略，但通常不可能根据乳的自然变化对单一成分对皱胃酶凝固的影响做出明确的推断，因为在许多情况下，净效应来自协变模式。

4.3.1　主要成分的变化

许多研究者发现 RCT、乳的 pH 值和钙浓度之间有关系，即低 pH 值和高钙浓度与短 RCT 有关（White 和 Davies，1958；Fliieler，1978；Qvist，1981）。McGann 和 Pyne（1960）证明，从酪蛋白胶束中去除胶体磷酸盐并不影响与皱胃酶的酶促反应速率，但可以阻止聚合。此外，还证明了天然存在的胶体磷酸盐含量和聚合的持续时间之间成反比（Pyne 和 McGann，1962）。同样，人们发现慢速凝乳中钙与酪蛋白的比例低于正常乳（Mocquot 等，

1954；Fliieler，1978），通过 $CaCl_2$ 溶液的广泛渗透过滤，可以消除正常乳和慢凝乳之间的 RCT 差异（Flueler 和 Puhan，1979）。

蛋白质、酪蛋白和钙含量高不仅能增加凝乳的硬度，还能缩短凝乳时间，而只有高钙能使 RCT 缩短（Tervala 等，1985），从加入皱胃酶到适合切割的硬度的时间与总钙含量呈负相关（Qvist，1981）。

柠檬酸盐参与了酪蛋白胶束的形成。Alvarez 等（2006）最近的一项研究表明，增加胶体酪蛋白聚合体（即重组的酪蛋白胶束）中的柠檬酸盐的浓度，会降低钙的活性以及聚合速率。柠檬酸盐浓度与皱胃酶的凝固时间呈正相关（r=0.34；Tsioulpas 等，2007），据报道，在乳中添加仅 5 mmol/L 的柠檬酸盐就能完全阻止凝固（Udabage 等，2001）。研究表明乳中的柠檬酸盐浓度与脂肪酸的从头合成有关（Garnsworthy 等，2006），当乳牛圈养时，柠檬酸盐浓度较低，而放牧季节柠檬酸盐浓度一般较高。这种关系可能解释了乳凝固性为什么会有一些季节性变化的原因（Lucey 和 Horne，2009）。

Okigbo 等（1985b）发现 γ－酪蛋白（β－酪蛋白片段）和一些不明蛋白质的含量增加，会使单个乳样本中纤溶酶活性增加，β－酪蛋白和 κ－酪蛋白水平降低，这导致较长的 RCT 或较差的凝胶硬度。Grandison 等（1985）发现 60 min 后的凝乳强度与总酪蛋白、α_s－酪蛋白、无机磷酸盐和乳清蛋白之间有显著的正相关。然而，这些相关性都不能解释凝乳强度的大部分变化，这意味着它们不能预测凝乳特性。

4.3.2 酪蛋白胶束大小

Ekstrand 等（1980）发现大胶束的凝乳时间比中型胶束长，Dalgleish 等（1981）发现有迹象表明小胶束开始聚合时，κ－酪蛋白的转化程度低于大胶束。Niki 等（1994）发现小胶束的凝胶时间更短，最终模量更大。另外 Home 等（1995b）提出，小胶束会使凝胶更加牢固。

4.3.3 乳蛋白的遗传多样性

所有的主要乳蛋白都存在不止一种遗传变异，这会影响凝乳特性。不同酪蛋白之间的遗传变异有很强的相关性，这使得解开单个蛋白质变异的影响变得复杂。Jakob 和 Puhan（1992）及 Jakob（1994）对乳蛋白质的遗传多样性对工艺特性的影响进行了综述。一般来说，κ－酪蛋白和 β－乳清蛋白（β－Lg）的遗传变异与凝乳特性之间的变化非常一致。

κ－酪蛋白变体 A 和 B 与乳的凝乳特性的主要差异有关。含有 κ－酪蛋白 B 变体的乳具有较高的酪蛋白含量，较高的酪蛋白数量（即总酪蛋白中 κ－酪蛋白相对含量较高）（Jakob 和 Puhan，1986；Law 等，1994），较小的胶束（Devoid 等，1995），较短的 RCT，以及比含有 A 变体的乳更坚硬的凝胶（Schaar，1984；Jakob 和 Puhan，1986；Hallén 等 2007）。vanHooydonk（1987）及 Jakob 和 Puhan（1986）曾报告过，含有 B 变体的乳 pH 值较低，钙活性较高，总钙含量较高且总钙与蛋白质的比率较高，而 A 变体在具有异常（缓慢）皱胃酶的乳中发生率较高。尽管可以通过降低 pH 值或添加 $CaCl_2$ 来缩小 RCT 的差异，但凝乳硬度的差异仍然存在（Schaar，1984）。

综上所述，含有 κ－酪蛋白 B 变体（或 AB）的乳被认为优于只含有 A 变体的乳，当蛋白质浓度低于 3.15 g/100 g 时，A 变体的乳不适合加工干酪（Jakob，1994）。然而一些证据表明，含有 κ－酪蛋白 B 的乳具有优越性的原因可能很复杂。一般而言，含有 κ－酪蛋白 AA 和 BB 的乳中，κ－酪蛋白酶解速率常数是相同的，但蛋白质水解的临界程度（占总量的百分比）显著低于 κ－酪蛋白 BB 乳（Home 等，1995a）。他们认为由含有 B 变体的乳制成的凝胶硬度较高，是因为这种乳中的 κ－酪蛋白（占总酪蛋白）的比例较高。κ－酪蛋白位于胶束表面，这与更小的胶束和更多数量的 B 变体胶束有关，这反过来又提高凝胶硬度，因为可以形成更多的粒子间的键。因此，两种变体的凝胶硬度差异可能与这两种分子的任何特性无关，可能通过影响胶束大小的成分参数的相关性来实现。

有关 κ－酪蛋白的 C 和 E 变体对皱胃酶的影响的研究远远少于对 A 和 B 变体的研究。C 变体被皱胃酶水解的速度比 A 和 B 变体慢得多，并且导致凝乳时间更长，凝乳硬度更高。E 变体使 RCT 变短，凝乳能力变弱（Jakob，1994；Lodes 等，1996），或一般来说凝乳性能较差（Hallen 等，2007）。

糖基化

κ－酪蛋白翻译后修饰的遗传差异可能解释了乳凝固能力的一些个体差异（Tyriseva，2008）。糖基化的差异在很大程度上决定了 κ－酪蛋白的钙结合能力（Farrell 等，2006），因此糖基化可能具有重要意义。

β-乳清蛋白

β－乳清蛋白的 B 变体（β–Lg）比 A 变体具有更高的酪蛋白水平，这意味着酪蛋白数量更高。因此，含有 β–lg 的 B 变体的乳在干酪加工中蛋白质回收率较高和凝乳硬度较高（Hill 等，1995；Wedholm 等，2006；Heck 等，2009）。

综上所述，κ－酪蛋白 BB 和 β–Lg BB 是加工干酪的理想组合。在此基础上，最近的一项研究得出结论，选择 β–Lg 基因型 B 和 β－κ－酪蛋白单倍型 A^2B 的乳牛生产的乳更适合于干酪加工（Heck 等，2009）。

4.3.4 泌乳期变化和体细胞数

尽管我们发现泌乳期的乳成分随季节不同而变化，但现有数据未对这些影响进行研究。通常来说，泌乳后期的乳汁具有较长的 RCT 以及较高的蛋白胨含量，后者表明纤溶酶的活性增加（White 和 Davies，1958；O′Keeffe，1981）。大量的纤溶酶活性虽然会使皱胃酶失活，但在模拟实验中发现一定量的纤溶酶可降低 RCT、增加乳的凝胶速度（Srinivasan 和 Lucey，2002）。Okigbo 等（1985a）发现出现未凝固样品的频率以及泌乳期某一乳汁凝固时间的延长都与 pH 值呈正相关。泌乳中期的乳汁凝固速率最高。有学者认为，秋季产犊牛对泌乳后期的影响比春季产犊牛的小（O′Keeffe 等，1982）。

体细胞数的增加与 pH 值、RCT、凝乳时间的增加、凝乳硬度的降低相关（Mariani 等，1981；Okigbo 等，1985b；Politis 和 NgKwaiHang，1988），他们建议筛选体细胞数（SCC）低的乳，作为一种从遗传上提高凝乳性能的方法（Ikonen 等，2004）。在 SCC > 5×10^5 mL 的乳中，凝乳性降低了 43%，酪蛋白和钙含量明显降低（lodorova，1996），导致切达干酪产量更低（Mitchell 等，1986）。实验中，将低 SCC 的乳与高达 10% ～ 30% 的高 SCC 乳混合，导致凝乳硬度下降，但切达干酪的水分和乳清中的蛋白质含量增加（Grandison 和 Ford，1986）。乳中的非蛋白氮和 pH 值与细胞数呈正相关，而酪蛋白和乳糖含量呈负相关。

4.4 预处理对凝乳的影响

Kelly 等（2008）最近对干酪乳的预处理进行了详细的综述。

4.4.1 冷却

虽然挤乳后立即加工成干酪是一种很好的方式，但在实际生产中不易实现。为了控制微生物的繁殖，农场通常是将乳冷却至 4℃，并在暂存和运输过程中保持 4℃以下，在工厂继续低温储存直至加工。虽然这种加工方法能在几天内将微生物的数量保持在较低水平，但其实有一定负面作用。

约 24 h 内，将乳冷却至 4 ℃时，pH 值会上升 0.2 ～ 0.3 个单位（Qvist，1979a；Schmutz 和 Puhan，1980）。这种影响部分是可逆的，该部分与低温下水和磷酸钙的电离程度降低有关，但部分影响是不可逆的，其与乳中二氧化碳流失有关。大量研究表明，酪蛋白、钙、镁、磷酸盐和柠檬酸盐在冷却过程中会从酪蛋白胶束中释放出来，在 24 h 或者更短时间内达到平衡（Reimerdes 和 Klostermeyer，1976；Reimerdes 等，1977a；Qvist，1979a；Schmutz 和 Puhan，1980）。酪蛋白尤其是 β－酪蛋白的解离尤为明显（>40 g/100 g 总 β－酪蛋白；Schmutz 和 Puhan，1980）。胶束成分的解离与冷却后皱胃酶凝固时间显著增加有关（Peltola 和 Vogt，1959；Reimerdes 等，1977a；Qvist，1979a；Schmutz 和 Puhan，1980）。基于 Hoelter–Foltmann 方程的应用表明，尽管酶解阶段也会变慢，但聚合阶段会因冷却而明显延长（Qvist，1979a；Schmutz 和 Puhan，1980；vanHooydonk 等，1984）。

冷藏前加热乳汁比单一冷却更易控制微生物的繁殖（Forsingdal 和 Thomsen，1985）。然而，如果采用这种方法，皱胃酶的凝乳时间将比单一冷却延长得多（Qvist，1979a）。

另外，与未冷却的对照组相比，乳冷却后脱水速度减慢（Schmutz 和 Puhan，1980；Nielsen，1982），但是也有相反的报道（Peters 和 Knoop，1978）。在加工切达干酪的实验中发现，冷藏乳的脂肪和凝乳碎粒的损失更多，凝乳随水分含量的增加而变软（Ali 等，1980）。

幸运的是，冷却引起的乳清中酪蛋白水平的增加不会导致乳清中（完整的）酪蛋白水平的增加（Reimerdes 等，1977a；Schmutz 和 Puhan，1980），这意味着只要没有发生蛋白降解，干酪产量就不会受到直接影响。然而，如果嗜冷菌大量繁殖，酪蛋白的蛋白降解可能直接导致干酪产量下降。最近，Leitner 等（2008）在实验室研究中发现，冷藏 48h 后凝乳产量下降 4% ～ 7%，但只与微生物数量（*r*=–0.475）和 SCC（*r*=–0.420）适度相关，这表明酶活性是产量下降的主要原因。

乳经过巴氏杀菌或在冷却和加工干酪之间进行热处理，这将逆转冷却的一些影响。例如，当乳在 40℃冷却 24 h 后，在 60℃下热处理 30 min，那么原来的皱胃酶凝固时间和凝乳硬度都会恢复（Reimerdes 等，1977b；Ali 等，1980）。虽然酪蛋白和矿物质都被转移回胶束，但在 72℃，15 s 巴氏杀菌下，只能部分恢复原始的凝乳性。聚合速率似乎恢复了（Qvist，1979a），但是酶促反应的速率并没有恢复（Qvist，1979a；Schmutz 和 Puhan，1980；vanHooydonk 等，1984）。当 $CaCl_2$（0.1 g/L）或 NaCl（2 g/L）被添加到冷藏和巴氏杀菌乳中时，乳的凝乳性得以重新恢复到初始未冷却乳的水平（Qvist，1979b）。

4.4.2 高温处理

在高温下对干酪乳进行热处理，有两个原因：(a) 通过减少生乳中微生物来控制微生物群；(b) 增加干酪产量。后者是通过乳清蛋白的变性和与酪蛋白形成复合物来实现的，导致大部分乳清蛋白被保留在干酪中。高温处理对凝乳的形成有很大的影响，因此必须调整相应的干酪加工工艺。

当乳被加热到引起大量乳清蛋白变性的程度时，凝乳过程中释放的 CMP 总量就会减少。一些研究人员发现，当乳在 90℃下加热 60 min，CMP 减少达 25%，乳清蛋白完全变性（Hindle 和 Wheelock，1970；Wilson 和 Wheelock，1972；Wheelock 和 Kirk，1974；Shalabi 和 Wheelock，1976）。VanHooydonk 等（1987）发现，乳在 120℃下加热 5 min，完全变性的乳清蛋白减少了 10%，其中约有一半可能是由于 κ－酪蛋白的热分解，因为在添加皱胃酶之前，已在加热的乳中发现了 CMP。根据 Marshall（1986）的研究结果，75 ～ 85℃加热 30 min，乳清蛋白变性 59% ～ 100% 时，可以计算出乳清蛋白减少 5% ～ 10%。尽管 Shalabi 和 Wheelock（1976）也检测到 κ－酪蛋白和 α－乳清蛋白（α–Lg）之间形成复合物，但这种减少被认为是 κ－酪蛋白和 β–Lg 之间形成复合物的结果。当加热 5 min 时，κ－酪蛋白的分解率随着温度升高而降低，VanHooydonk 等（1987）发现，随着温度的升高 κ－酪蛋白的分解率降低，直到 95℃时，该速率降低了 18%。他们还发现 *β*–Lg 的变性程度与蛋白质水解的速率之间线性相关。

热处理温度超过 70℃会导致乳清蛋白变性，凝固时间延长，凝乳速率降低（Marshall，1986；VanHooydonk 等，1987；Singh 等，1988；Lucey 等，1994；Ghosh 等，1996）。Ghosh 等（1996）发现，在检测到凝胶硬度发生明显变化之前，多达 20% 的乳清蛋白可以变性。当超过 75% 的乳清蛋白变性时，虽然可以观察到一些蛋白颗粒的聚合，但不会形成凝胶（VanHooydonk 等，1987）。

高温处理也会抑制脱水收缩，用 65℃以上的温度处理乳 10 min，随着温度的升高脱水收缩率下降。在 85℃时，脱水收缩率降低了 57%。当使用不含乳清蛋白的人工胶束乳时，脱水收缩率略有下降，这表明乳清蛋白的减少是因为 κ－酪蛋白和 β–Lg 之间形成了复合物（Pearse 等，1985）。Ghosh 等（1996）发现脱水收缩率随乳清蛋白的变性程度线性下降，在 100% 变性的情况下，脱水收缩作用降低了约 2/3。

乳被热处理后其凝乳性降低的原因可能是由于 κ – 酪蛋白和 β –Lg 之间的络合作用，增加了空间排列和静电排斥，阻碍了聚集和化学键的形成。热处理温度超过 90℃也会导致乳中磷酸钙状态的变化。有迹象表明，部分胶束磷酸钙可能转化为另一种类似羟基磷灰石的结构（Aoki 等，1990；vanDijk 和 Hersevoort，1992）。在加热过程中部分钙和磷酸盐析出，导致乳清中的浓度降低。Pouliot 等（1989）发现冷却后钙和磷酸盐复溶，Law（1996）发现热处理后的乳在储存 22 h 后，磷酸钙平衡完全恢复。vanHooydonk 等（1987）认为热处理后，完整的胶体磷酸钙比加热时形成的羟基磷灰石型磷酸钙溶解得更快。这可能导致酪蛋白磷酸酯基团的负电荷中和减少，从而增加静电排斥力，抑制聚合和脱水收缩作用。

4.4.3 恢复高热处理乳的凝乳能力

尽管凝固的方式不完全相同，但是向乳中添加 $CaCl_2$ 和 / 或使其酸化可在一定程度上逆转热处理对凝固时间和凝胶硬度的影响（Marshall，1986；vanHooydonk 等，1987；Singh 等，1988；Lucey 等，1994；Zoon，1994）。Marshall（1986）在凝乳前用乳酸将 pH 值调至 6.3 ～ 6.4，Banks 等（1994b）在切达干酪生产过程中将 pH 值降至 6.2。他们发现高热处理乳加工成的干酪比巴氏杀菌乳加工成的干酪的水分含量高，这表明脱水作用减少了；此外，他们还发现二者制成的干酪质地相似，但高温热处理加工成的干酪缺少了切达干酪风味较少、苦味较重。与用巴氏杀菌乳加工的干酪相比，高温热处理乳加工成的干酪产量增加了 9%。用于干酪加工的乳 pH 值降低也会导致乳清分离时 pH 值降低，从而使凝乳中保留更多的皱胃酶，因此，与正常的切达干酪生产相比，皱胃酶的浓度降低了。乳清分离时 pH 值较低也会导致钙含量减少，这可能会导致干酪更加松散（Creamer 等，1985；Marshall，1986）。

为了克服干酪乳 pH 值降低造成的相关问题，一些研究人员研究了酸化以及酸化后中和到正常 pH 值下的作用，发现这种处理可以部分恢复热处理乳的凝乳特性。Singh 等（1988）将乳进行 90℃，10 min 的热处理，随后将乳酸化到 pH 值 5.5 并中和，发现这可以恢复凝固时间和凝胶硬度。这个过程被命名为 pH 循环（Singh 和 Waungana，2001）。同样，Lucey 等（1994）发现，乳被 100℃，10 min 热处理后，可以通过酸化使 pH 值低于 5.5 和随后的中和来恢复其凝固性；但是，凝胶的硬度并没有完全恢复。如果在中和前将乳在 pH 值较低条件下保持 24h 效果会更好。一般来说，通过 pH 值循环恢复凝乳特性的程度取决于热处理的严重程度（Singh 和 Waungana，2001）。酸化和中和的效果可能是溶解羟基磷灰石型磷酸钙，中和后转化为与原来胶质磷酸钙相同的形式（vanHooydonk 等，1987）。这可能不是全部的解释；但是，酸化和中和也会减少凝固时间，并增加未加热乳的凝胶强度（Lucey 等，1994）。加入 >2.5 mmol/L $CaCl_2$ 也能恢复在 100℃下加热 10 min 乳的凝固时间，并提高凝胶的硬度，但与未加热的乳相比，凝胶硬度仍低 20% ～ 30%（Lucey 等，1994）。

到目前为止，很少使用另一种恢复皱胃酶凝乳特性的方法，即在升高的 pH 值下进行热处理（Guyomarc′h，2006）。在 pH 值大于 6.9 时，κ－酪蛋白解离，加热会导致 κ－酪蛋白/乳清蛋白复合物在乳清相中形成，而不是在缺乏 κ－酪蛋白的酪蛋白胶束上。因此，加热的 pH 值和 β－Lg 与酪蛋白胶束的结合程度之间存在着强烈的反比关系。与 pH 循环相结合，这个过程可以缩短皱胃酶的凝固时间，同时增加产量。该方法的一个明显的优点是减少了高温热处理的乳形成蒸煮味。

最后，近期商品名为 Maxicurd® 的蛋白质水解物，被用来提高高温热处理乳的凝乳硬度。某些带负电荷的肽在此过程中起到了积极作用（vanRooijen，2000；vanDijk 等，2009）。

4.4.4 通过注入二氧化碳调整 pH 值

通过注入二氧化碳（CO_2）可以对乳进行可逆的酸化。减压后 pH 值恢复至初始值，胶束和乳清之间的盐平衡也会恢复（Guillaume 等，2004a，2004b）。经 CO_2 处理的凝乳时间缩短了 50%，同时凝胶速率增倍。特别是，酶促反应速度增加，这可能是因为 CO_2 处理中的 κ－酪蛋白更易被皱胃酶凝固。

4.4.5 均质

Storry 等（1983）发现，乳经均质后凝乳硬度增加。另外，Emmons 等（1980）和 Green 等（1983）发现，均质乳形成的凝乳与未均质相比较软。与未均质乳制成的干酪相比，用均质乳生产的低脂切达干酪硬度较低，质地更光滑（Metzger 和 Mistry，1994）。然而，对于马苏里拉干酪，Tunick 等（1993b）的研究结果相反，即均质乳加工成的干酪更硬，弹性降低。Green 等（1983）发现，与未均质乳相比，由均质浓缩乳形成的蛋白质凝胶结构较细密。对脱脂乳进行常规均质处理不会改变其凝乳特性（Walstra，1980），由此可见这些结果不是由酪蛋白胶束本身的变化引起的。均质的一个重要作用是，酪蛋白胶束被结合到脂肪球膜的表面，这意味着与完整的脂肪球相反，均质后的脂肪球在凝乳过程中与酪蛋白聚结在酪蛋白网络中。酪蛋白胶束被结合到脂肪球表面也导致乳清中“游离”酪蛋白胶束的浓度降低。

常规均质可以缩短皱胃酶的凝固时间。虽然均质可以显著降低脱水率，但 Emmons 等（1980），Sorry 等（1983）和 Drake 等（1995）认为，用均质乳制成的低脂切达干酪的水分含量没有受到明显影响。均质的实际效果可能取决于特定的条件，如乳脂肪含量。

Thomann 等（2007）通过微滤研究了均质压力、pH 值和浓度对凝乳硬度和脱水收缩作用的影响。他们的想法是用微滤来补偿由均质引起的凝乳硬度的损失，事实证明这是可行的。三个设计变量都是显著的，并且可以用 R^2=0.847 来预测脱水收缩作用。

超高压均质（UHPP）即在非常高的压力（压力超过 300 Mpa）下进行均质，是一项新兴技术，主要用于制药和生物技术行业。Zamora 等（2007）发现，与常规均质相比，UHPP 可以缩短皱胃酶的凝固时间。UHPP 后的脂肪－蛋白分子大小是常规均质的 1/3。这项技术的一个潜在问题是产生大量的热量，这会导致不可控的乳清蛋白变性。

4.4.6 添加磷脂酶

最近，以 YieldMax® 为商品名的一种磷脂酶进行了商业推广，用于提高干酪中的脂肪保留率，特别是帕斯塔菲拉塔干酪。据认为，乳中磷脂的水解会形成更多的两亲性溶血磷脂质，磷脂乳化并将水分和脂肪保留在干酪基质中，从而提高产量（Lilbaek 等，2006）。

4.4.7 微滤和微滤与热处理相结合

微滤作为替代热处理的一种“冷灭菌”法，具有极大的潜力。其意义在于，可以用特定的、优质乳加工生乳干酪，并且可以在不添加硝酸盐或溶菌酶的情况下防止由酪丁酸梭菌（*Clostridium tyrobutyricum*）引起的晚期起泡。

所谓的 Bactocatch 工艺（Meersohn，1989）包括具有恒定跨膜压力的脱脂乳的错流 MF 和 MF 浓缩物的高温热处理（120 ～ 130℃，4 s）（通常占产品流的 5% ～ 10%），通常随后对重新混合的 MF 滤液、热处理过的 MF 浓缩物和乳油进行巴氏杀菌处理。对 MF 浓缩物的高热处理充分减少了细菌和孢子的数量，但也导致乳清蛋白变性增加，这导致皱胃酶凝固时间略微延长，凝乳更软或更脆弱，如果不采取其他措施来纠正，干酪的水分含量更高（Lidberg 和 Bredahl，1990；Solberg，1991）。然而，通过使用增加凝乳强度和减少水分含量的标准工序，可以进行纠正。通过串联两个 MF 单元，有可能将 MF 的浓缩量减少到产品流的 1% 以下。对如此小比例的乳进行高热处理，对皱胃酶凝固和干酪水分的影响是非常有限的。

4.5 控制干酪槽中凝乳形成的因素

在本节中，研究了干酪加工过程中各种不同的因素及其对凝乳形成和特性的影响。然而，我们关于这些因素对干酪凝乳的结构和基本特性的影响的了解是有限的。在实际干酪生产中，只有少量文献研究了这些特性，而且这些因素往往变化不大。值得注意的是，干酪加工中的后期阶段也受多种因素影响，即成熟和风味形成，这类因素本章不作讨论，但在设计实际加工过程时必须考虑到。特别是酸度、水分含量和水中的盐分等因素会影响干酪的风味形成。当然，这限制了实际加工过程的变化程度。

皱胃酶凝胶中观察到的结构随时间变化也出现在干酪桶中的凝乳过程中（Green 等，1981）。酪蛋白网络变粗、孔隙变大，尽管这在一定程度上被乳清排出时凝乳的收缩所抵消。也可以观察到酪蛋白胶束的融合。在干酪桶中的凝乳过程中产生的酪蛋白网络的结构在随后的干酪加工阶段基本上保持不变，至少对切达干酪来说是如此。

4.5.1 皱胃酶浓度

尽管我们对皱胃酶的浓度缺乏详细的研究，但未发现它对新鲜凝乳或大桶中的脱水收缩程度产生重大影响（Lelievre，1977；Luyten，1988；Spangler 等，1991；Kindstedl 等，1995）。在干酪加工过程中，考虑到成熟过程中的最佳蛋白水解，限制了皱胃酶的添加范围。皱胃酶凝胶的实验室结果（见第 4.2 节）表明，皱胃酶浓度确实对凝胶的结构有影响，但在常规范围内，与其他变量的影响相比，这种影响可能很小。

4.5.2 pH 值

pH 值对凝乳反应和皱胃酶凝胶的特性影响很大（见 4.2 节）。当 pH 值降低时，钙和磷酸盐会从酪蛋白胶束中溶出，所以 pH 值也在很大程度上决定了乳清中钙和磷酸盐的含量，从而决定了排乳清过程中钙和磷酸盐的排出量。pH 值也会影响凝乳中磷酸钙和其他矿物质的状态。这使得很难区分 pH 值本身的影响与 pH 值引起的变化的影响。pH 值在 5.6 左右的埃曼塔尔干酪比 pH 值在 5.1 左右的切达干酪多出近 50% 的钙，但由于切达干酪的 pH 值较低，约 28% 的钙被溶解，而埃曼塔尔干酪只有 9% 的钙被溶解（Lucey 和 Fox，1993）。这一结果与切达干酪相比，埃曼塔尔干酪质地更有弹性。

干酪加工过程中，磷酸钙的酸化和溶解是随着乳清的排出而发生的，并且需要针对所讨论的干酪类型正确平衡这两个过程的速率。例如，Qvist 等（1986）在加工孔眼的无皮半硬质干酪时，确定了在最初 24 h 内 pH 值降低和排乳清之间的理想关系。这种关系是通过从大量差异很大的干酪试验中只提取那些能生产出非常好的干酪的试验发现的。由于数据材料中包含了排乳清、搅拌结束时，以及 4.5 h、6 h 和 24 h 后的 pH 值和水分含量信息，因此可以构建图 4.3 所示的理想曲线。该图代表了人们在生产这种特殊类型的干酪时，应该参照从右到左的曲线。例如，如果参考曲线的较低点，则凝乳将被过度脱盐。

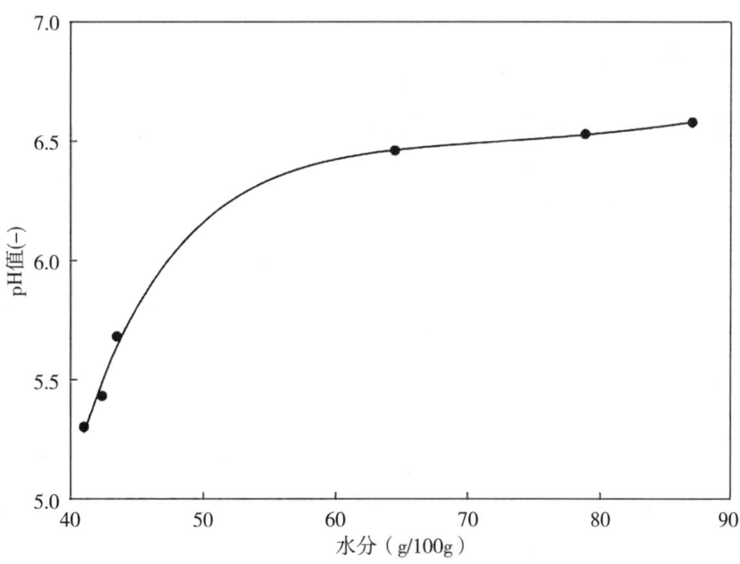

图 4.3　带孔眼的无皮半硬质干酪的理想曲线，描述了最初 24 h 内水分和 pH 值的特征变化。注：各点从右到左代表凝乳、乳清排出、搅拌结束和 4.5 h、6 h 和 24 h 的干酪（改编自 Qvist 等，1986）

即使钙含量保持不变，凝胶的流变特性还取决于 pH 值。Lawrence 和 Gilles（1982）发现，用相同的钙含量制成的切达干酪，在不同的 pH 值下有不同的质地，从 pH 值大于 5.3 时的“凝乳”，到 pH 值在 5.1 ～ 5.3 的“蜡质”，到 pH 值小于 5.1 的“颗粒”（mealy）。一般来说，pH 值高的干酪表现出更多的黏性，而 pH 值低的干酪则更脆（Marshall，1986；Luyten 等，1991），这与皱胃酶和酸性酪蛋白凝胶的特性有关（Roefs 等，1990）。

如前所述，pH 值对脱水速率也有很大影响，在控制乳清排出量方面有重要作用。降低 pH 值通常会增加凝乳的脱水速率，然而，与正常 pH 值的乳相比，Green（1987）发现，酸化到 pH 值 6.0 ～ 6.4 后用 UF 浓缩的乳，脱水收缩率下降。这种影响是由于在低 pH 值下 UF 引起的钙和磷酸盐含量的减少以及凝胶结构的可能差异造成的。

4.5.3 温度

提高干酪乳的温度将提高凝固、凝胶速率和脱水速率。尽管在凝固和凝胶固化过程中温度很少变化，但在脱水（热煮）过程中提高温度是控制干酪水分含量的一个重要方法。

Mateo 等（2009）发现 $\log_{10}$（温度）和乳脂水平可以预测脱水收缩的程度（R^2=0.76）。Drake 等（1995）发现，将热煮温度从 36.5℃降低到 35℃，低脂切达干酪的水分含量从 47.5% 增加到 49.3%。因此，在整个过程中提高整体温度增加了脱水速率，但 Green（1987）发现，当凝固和凝乳形成的温度在 22 ～ 38℃变化，然后让凝胶在 30℃下从乳清中排出时，脱水速率实际上随着凝胶形成温度的提高而下降。这可能与在较高温度下形成的凝胶的粗糙度增加有关。当然，在改变温度时还必须考虑温度对发酵剂的生长和产酸的影响。

4.5.4 切割时间

切割凝乳通常在加入皱胃酶后的设定时间进行，或者干酪加工者根据经验确定凝乳具有合适的切割特性时进行；通常用刀切割凝乳并目视检查表面和乳凝胶的分裂情况。Lopez 等（1998）在皱胃酶浓度和乳 pH 值变化的实验中测量了切割时凝乳的凝胶硬度，这是由干酪加工者根据经验确定的。切割时的凝胶硬度随条件变化。在 pH 值 6.74 时，弹性模量（G′）为 7.4～9.8 Pa，在 pH 值 6.5 时为 1.0～3.3 Pa，在 pH 值 6.25 时为 4.3～6.3 Pa。一般而言，硬度随着皱胃酶浓度的降低而降低。因此，干酪生产商做出的评估似乎并不仅是基于凝胶的硬度。作者发现 dG′/dt（t 为时间）的最大时间与切割时间之间存在相关性，表明经验评估的特性与基本流变特性之间存在某种关系。

Qvist（1981）发现，当在相同的设定时间进行切割时，凝乳较慢的乳因在切割时具有较低的硬度，从而在 24 h 龄和整个成熟过程中使干酪中的水分含量更高。有迹象表明，在所研究的范围内，切割时凝乳的硬度增加 1 个单位，24 h 龄的干酪的水分含量减少约 0.1 g/100 g。Lelievre（1977）观察到，当模量 15 Pa 时，切割时的凝胶模量的脱水作用增加，而当模量 25 Pa 时，脱水作用随着模量的增加而减少。Qvist（1981）和 Bynum 和 Olson（1982）发现，切割时凝乳硬度越高，干酪产量和脂肪及酪蛋白的保留越高。

Riddel–Lawrence 和 Hicks（1989）在中试实验中观察到同样的效果，当凝乳在最低硬度下切割时，切割后和热煮前的加热时间增加。如果加热时间保持不变，他们发现了相反的效果。由此看来，控制切割时的硬度对控制干酪产量和水分含量很重要。根据 VanHooydonk 和 VandenBerg（1988），干酪桶的结构、切割设备对切割时的最佳凝胶硬度有重要影响。

4.5.5 凝乳的漂洗

凝乳的漂洗是在搅拌过程中排出部分乳清后加水，通常用于以控制某些干酪品种的酸化和乳清中的乳糖、矿物质的含量。Walstra（1993）研究表明，在相同温度下分别添加等量的乳清或水，添加水与添加乳清对照，前者终产品的水分含量最高可达 2 g/100 g。这种差异主要是由于用水稀释导致排出乳清中的干物质减少。在干酪生产过程中，凝乳的漂洗随温度、搅拌等因素而变化，这些因素决定凝乳颗粒的脱水收缩。

4.6 凝乳硬度和脱水收缩的在线监测

在过去的十年里，开发和应用在线监测过程的方法已经成为普遍趋势，该技术通常被称为过程分析技术。该领域随着化学计量学的数据分析领域的发展而发展，该领域提供了从分析数据中（如近红外光谱）预测产品特性的工具。

4.6.1 凝乳凝固的在线监测

监测凝乳凝固的技术自 20 世纪 70 年代以来一直在发展，Fox 等（2000）和 O′Callaghan 等（2002）已对其进行了综述。为了应用于工业生产中，这种方法应该在大桶内在线操作，无损且符合卫生标准。目的是确定最佳切割时间。因此该方法需要能够判断凝乳硬度，而不仅仅是检测 RCT。这里将提到两种方法，这两种方法都有一些用途，尤其对欧洲以外的地方。

热线法主要用于测量黏度。恒定的电流通过浸在乳中的电线时产生热量，由于乳是液态的，热量会散失。在凝胶过程中，随着黏度的增加散热效率降低，电线散热较慢温度上升，导致电线电阻的增加。该方法对胶凝点灵敏度高，但对凝乳固化过程不敏感；因此，通过将凝胶时间乘以一个常数来估计凝胶时间，这个常数取决于 pH 值等。还可以通过测量漫反射预估切割时间，因为反射的亮度随着凝乳聚集而增加。一般用反射曲线的拐点时间 t_{max} 来预估切割时间，该时间是 t_{max} 乘以根据经验确定的系数。

这些技术很少应用于工业生产中的原因可能与干酪批量生产的时间限制有关，在实际生产中，几乎没有时间来改变切割时间，即使是几分钟。另一个重要原因是该技术的精确性，工业生产中除运用近红外反射技术外也没有很好的经验数据。

4.6.2 控制凝胶化和切割时间的模型

尽管对于所述类型的干酪和设备来说，总希望在最佳凝乳硬度下进行切割，但在现代干酪生产中不希望切割时间变化。因此，需要控制干酪乳的凝乳方式以便在相同时间内获得最佳凝乳硬度。该过程的变量应可控且可加快或减缓乳过程。一组小而有用的控制变量如皱胃酶、水、$CaCl_2$ 的添加量。Qvist（1981）提出了用 Formagraph（McMahon 和 Brown，1982）测量凝固和凝胶的形成，方法是一个完整的 3×3×3 因子设计［标准皱胃酶的量（20 ～ 50 mL/100 L），加入水（0 ～ 8 mL/100 mL）或 $CaCl_2$（0 ～ 0.02 g/100 mL）］，应用在不同凝乳剂的乳样品中。预测获得 30 Formagraph 单位硬度（或任何其他所需的硬度）的时间，即 T_{30S}，用二次响应面模型描述，其中使用了皱胃酶（R）、水（W）和 $CaCl_2$（C）的量，以及对所述乳样品的皱胃酶活性 T_{30S} 的测量。

$$\hat{T}_{30}=f\ (T_{30S},\ R,\ W,\ C)$$

T_{30S} 是指乳样中添加 30 mL/100 L 的皱胃酶（不加水或 $CaCl_2$）到达 30 Formagraph 单位硬度的时间。对照上述模型，如果供应乳的 T_{30} 偏离了 T_{30} 的标准值，我们可以模拟出合适的 R、W 或 C 值。该模型响应面广，可描述 99% 的 T_{30} 变化（Qvist，1981），并被纳入丹麦干酪模拟器（模拟干酪生产的软件包）（Nielsen，1996）。

另一种预测皱胃酶凝乳特性的方法是运用光谱数据，光谱数据信息丰富可在干酪生产前快速而容易地获得。DeMarchi 等（2009）使用 Milko-ScanFT120（一种广泛使用的基于 FKIR 的仪器）的数据来预测来自 1000 多个乳牛的皱胃酶凝固时间和凝胶硬度（使用类似于 Formagraph 的计算机化仪器测定）。使用偏最小二乘回归，可预测皱胃酶的凝固时间，但准确度不高（R^2=0.62 时），对凝胶硬度的预测更不准确（R^2=0.37），但凝胶硬度对干酪加工商的影响更大。综合来讲，该方法有潜力但需要进一步探索。

4.6.3 脱水收缩的在线监测

工业上目前还没有方法来在线监测加工过程中的脱水收缩程度。这种方法可改进干酪加工能力，特别是能够改进对干酪中水分含量的控制，其不可控性比其他乳制品高得多。Maynes（1992）试图用一种基本方法来解决这个问题，即用衍射理论来预估干酪颗粒的粒径。开发出的方法要求颗粒处于悬浮状态，然而该状态仅发生在切割后的一定时间内。更重要的要求是取样体积小且颗粒不能聚积。其他作者采取了一种完全不同的方法，使用最初用于监测凝乳形成的光学传感器，并将结果与通过不同方式获得的脱水数据相关联。Guillemin 等（2006）使用了一个改进的近红外传感器，不仅可以在线监测乳清的体积比，还可以测定干酪颗粒的粒度分布。将通过神经网络获得的数据与已知的体积比相结合。测定体积比的相对误差为 23%（需要改进一个数量级以上才能使这种方法对干酪行业有实际价值）。按照同样的方法，Fagan 等（2007，2008a）使用了一个反向散射传感器，类似于用于监测凝乳形成的传感器，但范围更广。切割后 980 nm 处的反向散射逐渐减少。用凝乳形成的时间至出现反向散射比拐点的时间来估计凝乳产量（R^2=0.75）。Fagan 等（2009）

通过监测 300 ～ 1100 nm 的波长改进了方法，并运用刀切法估算出最有用的波长。计算机视觉技术是在任一特定的时间量化乳清体积的最优选择。Everard 等（2007）运用该技术在凝乳 / 乳清混合物表面采集图像（100 mm^2），并将图像相关的白色 / 黄色平均值以及红色、绿色和蓝色的比例处理，以预测选择测量的乳清体积；用三色色度计进行了相关测量。计算机视觉技术指标与乳清体积之间的相关系数最高达 0.716。Fagan 等（2008b）用相同处理，从图像纹理特征中预估凝乳水分和乳清固体。分形维数是预测乳清固体的最佳指标（R^2=0.80）。这些在线监测技术都存在一个根本问题，即很难在线监测颗粒相，因为大多数变化发生在脱水收缩过程中（除了脂肪含量，乳清的成分几乎没有变化）。特别是，照相机在表面上拍照的位置有问题，因为干酪颗粒变重时沉淀而不容易被采集到图像。

4.7 低脂干酪

生产低脂干酪的重大挑战是在质地、风味和功能方面（Mistry，2001；Banks，2004；Johnson 等，2009）。在这里，我们将集中讨论低脂对凝乳形成的影响，以及可用于获得凝乳特性的工艺调整。许多调整包含化学成分和其他性质的变化，这些变化会大大影响干酪的成熟和风味形成。因此，这些影响在设计加工工艺时须牢记，但本章不作讨论。

乳脂肪在干酪凝乳的形成中起着重要作用，低脂干酪的研究结果表明其可能存在几种质构缺陷。Storry 等（1983）研究了 0.24% ～ 7.24% 的乳脂含量的凝乳和脱水收缩。他们发现，脂肪含量对凝乳时间或凝胶硬度没有显著影响，但脂肪含量为 7.24% 的脱水收缩率仅为 0.24% 干酪的 60%。如果不调整低脂干酪的加工工艺，凝乳中的水分和蛋白质更多，非脂肪物质（moisture in non-fat substance，MNFS）中的水分更少，干酪会更硬，弹性增加，黏性降低。电子和共聚焦激光扫描显微镜结果显示，蛋白质结构更加紧凑，脂肪球的开口更少，脂肪滴的融合更少（Tunick 等，1993a；Bryant 等，1995；Drake 等，1995；Ustunol 等，1995；Guinee 等，2000）。对于具有不同脂肪和水分含量的 1 周龄的马苏里拉干酪，Tunick 等（1993a）研究表明，硬度、弹力和黏性与 MNFS 的量密切相关，而且低脂肪干酪一般具有较低的 MNFS。Fife 等（1996）进一步发现，低脂对马苏里拉干酪的融化特性有破坏，并在储存期间没有得到实质性的改善。Anderson 等（1993）发现，与全脂干酪相比，MNFS 较低的低脂切达干酪太硬、易碎。通过减少脱水增加水分含量；因此这是保证低脂干酪凝乳具有可接受质地的一个关键因素。

在干酪生产过程中减少脱水收缩的方法包括降低热煮温度、缩短搅拌时间、冷水漂洗凝乳、切割成更大的凝乳块、破碎时增加 pH 值、切割前凝乳硬度更高、均质干酪乳、高温热处理干酪乳、减少发酵剂的添加、用产酸慢的发酵剂，以及添加脱脂乳固体（Ardo，1993；Katsiari 和 Voutsinas，1994；Banks 等，1994a；Drake 等，1995），Drake 和 Swanson（1995），Rodriguez（1998），Banks（2004）和 Johnston 等（2009）对此进行了综述。

Tunick 等（1993a）通过将热煮温度从 45.9℃降至 32.4℃，获得了低脂马苏里拉干酪，其 MNFS 与全脂干酪相当。由于低脂肪干酪通常采用较低的热煮温度，因此可能需要采取措施防止过度酸化，例如提高排水 pH 值，漂洗凝乳，或使用产酸较慢的发酵剂。然而，需要注意钙含量不能太高，因为这将导致硬干酪的融化性低。调节干酪钙含量是一个降低凝乳 pH 值的有效方法，特别是使用螯合酸，如柠檬酸（Keceli 等，2006；Zisu 和 Shah，2007）。在低脂干酪中达到水分、酸度和钙之间的最佳平衡是一个相当大的挑战。

乳油的均质已被用于生产低脂切达干酪，并使质地得到改善。根据感官评估，用均质乳制成的干酪比未均质的对照样品硬度更低、质地更光滑，尽管二者之间的差异很小（Metzger 和 Mistry，1994）。Tunick 等（1993b）发现均质处理会增加低脂马苏里拉干酪的硬度，但用 17MPa 的均质处理其弹性会降低。

许多不同的脂肪替代物已被用于改善低脂肪含量的干酪的质地。一般来说，对脂肪替代物改变凝乳结构和流变特性的确切机制尚不清楚。Drake 等（1996a）对比了两种基于蛋白质的脂肪替代物和一种基于碳水化合物的脂肪替代物，以用于生产低脂切达干酪。与低脂对照干酪相比，脂肪替代物导致水分含量增加，但在经过培训的感官评委和消费者感官小组的分析中，使用脂肪替代物的干酪获得的分数低于低脂对照干酪。McMahon 等（1996）使用两种基于蛋白质的脂肪替代物和两种基于碳水化合物的脂肪替代物来加工马苏里拉干酪。所有的脂肪替代物都增加了水分含量，其中两种脂肪替代物（即一种蛋白质和一种碳水化合物）增加了融化度，而另外两种则减少了融化度。Romeih 等（2002）使用蛋白质或多糖脂肪替代物生产白盐腌制干酪，从质地剖面分析测试中获得了几个仪器质地参数大幅改善，但是感官测试没有明显的改善。Everett 和 Auty（2008）通过引入额外的含有多糖的水相，展示了使用水球作为脂肪模拟物的新概念，该水相与正常的干酪水分不相容，因此被分离成小球。

卵磷脂已被用于改善低脂切达干酪的质地，使其达到与全脂对照干酪相同的水平，但会产生令人不悦的异味。生产低脂切达干酪时在乳中添加 0.2% 的卵磷脂，水分含量增加，硬度和脆性降低，经过培训的小组成员给出与全脂对照干酪相同的质构评分。然而，由于不好的气味，风味评分非常低。加入 0.5% 的卵磷脂，会导致干酪过于柔软、质地不理想（Drake 等，1996b）。与此相反，Dabour 等（2006）认为卵磷脂对低脂切达干酪的质地和微观结构影响很小。Poduval 和 Mistry（1999）在加工马苏里拉干酪时加入含有大量磷脂的超滤酪乳，获得了更好的口感和质地，但融化性下降。

Fenelon 等（1999）发现，与对照的低脂干酪相比，在排乳清时混合全脂和脱脂切达干酪的凝乳颗粒，产量压力较低，而且在切碎步骤时，硬度也会降低。最近，Bansal 等（2009）发现，与对照的低脂干酪相比，在生产低脂乳干酪的凝乳 / 乳清混合物中加入 10%（预估产量）的成熟全脂切达干酪碎粒，可明显改善仪器和感官质地属性。

从上述结果可以看出，在调整低脂干酪加工工艺方面有许多不同的建议，确定最佳工艺并不是一件容易的事。此外，应该再次强调，必须适当考虑干酪成熟过程中的风味变化，因为非脂肪物质中的水分、盐和 pH 值是影响蛋白质分解和风味变化的一些重要变量。

参考文献

Akkerman, J.C., Fox, F.H.J. & Walstra, P. (1994) Drainage of curd; expressions of single curd grains. *Netherlands Milk and Dairy Journal*, 48, 1–17.

Ali, A.E., Andrews, A.T. & Cheeseman, G.C. (1980) Influence of storage of milk on casein distribution between the micellar and soluble phases and its relationship to cheese–making parameters. *Journal of Dairy Research*, 47, 371–382.

Alvarez, E.M., Risso, P.H., Gatti, C.A., Armesto, M.S., Burgos, M. & Relling, V.M. (2006) Effects of citrate on the composition and enzymic coagulation of colloidalal bovine casein aggregates. *Colloid and Polymer Science*, 284, 1016–1023.

Anderson, D.L., Mistry, V.V., Brandsma, R.L. & Baldwin, K.A. (1993) Reduced fat Cheddar cheese from condensed milk. 1. Manufacture, composition, and ripening. *Journal of Dairy Science*, 76, 2832–2844.

Aoki, T., Umeda, T. & Kako, Y. (1990) Cleavage of the linkage between colloidal calcium phosphate and casein on heating milk at high temperature. *Journal of Dairy Research*, 57, 349–354.

Ardo, Y. (1993) Characterizing ripening in low–fat, semi–hard round–eyed cheese made with undefined mesophilic DL–starter. *International Dairy Journal*, 3, 343–357.

Banks, J. (2004) The technology of low–fat cheese manufacture. *International Journal of Dairy Technology*, 57, 199–207. P1: SFK/UKS P2: SFK Color: 1C c04 BLBK264–Law April 5, 2010 16:42 Trim: 244mm × 172mm The Formation of Cheese Curd 157.

Banks, J.M., Hunter, E.A. & Muir, D. (1994a) Sensory properties of Cheddar cheese: effect of fat content on maturation. *Milchwissenschaft*, 49, 8–12.

Banks, J.M., Law, A.J.R., Leaver, J. & Horne, D.S. (1994b) The inclusion of whey proteins in cheese – an overview. *Cheese Yield and Factors Affecting its Control*, Special Issue No. 9402, pp. 387–401, International Dairy Federation, Brussels.

Bansal, N., Farkye, N.Y. & Drake, M.A. (2009) Improvement in the texture of low–fat Cheddar cheese by altering the manufacturing protocol. *Journal of Dairy Science*, 92 (E–Suppl 1), 362.

Bansal, N., Fox, P.F. & McSweeney, P.L.H. (2008) Factors that affect the aggregation of rennet–altered casein micelles at low temperatures. *International Journal of Dairy Technology*, 61, 56–60.

Bauer, R., Hansen, M.B., Hansen, S., Øgendal, L., Lomholt, S.B., Qvist, K.B. & Horne, D.S. (1995) The structure of casein aggregates during renneting studied by indirect Fourier transformation and inverse Laplace transformation of static and dynamic light scattering data, respectively. *Journal of Chemical Physics*, 103, 2725–2737.

Bohlin, L., Hegg, P.O. & Ljusberg–Wahren, H. (1984) Viscoelastic properties of coagulating milk. *Journal of Dairy Science*, 67, 729–734.

Bremer, L.G.B. (1992) Fractal Aggregation in Relation to Formation and Properties of Particle Gels, PhD Thesis, Wageningen Agricultural University, Wageningen, The Netherlands.

Bremer, L.G.B., van Vliet, T. & Walstra, P. (1989) Theoretical and experimental study of the fractal nature of the structure of casein gels. *Journal of the Chemical Society, Faraday Transactions*, 85, 3359–3372.

Brinkhuis, J. & Payens, T.A.J. (1984) The influence of temperature on the flocculation rate of renneted casein micelles. *Biophysical Chemistry*, 19, 75–81.

Bryant, A., Ustunol, Z. & Steffe, J. (1995) Texture of Cheddar cheese as influenced by fat reduction. *Journal of Food Science*, 60, 1216–1219.

Bynum, D.G. & Olson, N.F. (1982) Influence of curd firmness at cutting on Cheddar cheese yield and recovery of milk constituents. *Journal of Dairy Science*, 65, 2281–2290.

Choi, J., Horne, D.S. & Lucey, J.A. (2007) Effect of insoluble calcium concentration on rennet coagulation properties of milk. *Journal of Dairy Science*, 90, 2612–2623.

Creamer, L.K., Lawrence, R.C. & Gilles, J. (1985) Effect of acidification of cheese milk on the resultant Cheddar cheese. *New Zealand Journal of Dairy Science and Technology*, 20, 185–203.

Dabour, N., Kheadr, E., Benhamou, N., Fliss, I. & LaPointe, G. (2006) Improvement of texture and structure of reduced–fat Cheddar cheese by exopolysaccharide–producing lactococci. *Journal of Dairy Science*, 89, 95–110.

Dalgleish, D.G. (1980) Effect of milk concentration on the rennet coagulation time. *Journal of Dairy Research*, 47, 231–235.

Dalgleish, G. (1983) Coagulation of renneted bovine casein micelles: dependence on temperature, calcium ion concentration and ionic strength. *Journal of Dairy Research*, 50, 331–340.

Dalgleish, D.G. & Law, A.J.R. (1988) pH–induced dissociation of bovine casein micelles. I: Analysis of liberated caseins. *Journal of Dairy Research*, 55, 529–538.

Dalgleish, D.G., Brinkhuis, J. & Payens, T.A.J. (1981) The coagulation of differently sized casein micelles by rennet. *European Journal of Biochemistry*, 119, 257–261.

Daviau, C., Famelart, M.–H., Pierre, A., Goudedranche, H. & Maubois, J.–L. (2000) Rennet coagulation ′ of skim milk and curd drainage: effect of pH, casein concentration, ionic strength and heat treatment. *Lait*, 80, 397–415.

De Marchi, M., Fagan, C.C., O′ Donnell, C.P., Cecchinato, A., Dal Zotto, R., Cassandro, M., Penasa, M. & Bittante, G. (2009) Prediction of coagulation properties, titrable acidity, and pH of bovine milk using mid–infrared spectroscopy. *Journal of Dairy Science*, 92, 423–432.

Dejmek, P. (1987) Dynamic rheology of rennet curd. *Journal of Dairy Science*, 70, 1325–1330.

Devold, T.G., Vegarud, G.E. & Langsrud, T. (1995) Micellar size and protein composition related to genetic variants of milk proteins. Document No. 304, pp. 10–11, International Dairy Federation, Brussels. P1: SFK/UKS P2: SFK Color: 1C c04 BLBK264–Law April 5, 2010 16:42 Trim: 244mm × 172mm 158 Technology of Cheesemaking.

van Dijk, A.A., Folkertsma, B. & Guillonard, L.J.O. (2009) Method for Producing Cheese Using Heat Treated Milk and a Protein Hydrolysate. US Patent Application 2009081329.

van Dijk, H.J.M. & Hersevoort, A. (1992) The properties of casein micelles. 5. The determination of heat–induced calcium phosphate precipitations in milk. *Netherlands Milk and Dairy Journal*, 46, 69–76.

van Dijk, H.J.M. & Walstra, P. (1986) Syneresis of curd. 2: One–dimensional syneresis of rennet curd in constant conditions. *Netherlands Milk and Dairy Journal*, 40, 3–30.

van Dijk, H.J.M. (1982) Syneresis of Curd, PhD Thesis, Wageningen Agricultural University, Wageningen, The Netherlands.

Drake, M.A. & Swanson, B.G. (1995) Reduced– and low–fat cheese technology: a review. *Trends in Food*

Science and Technology, 6, 366–369.

Drake, M.A., Boylston, T.D. & Swanson, B.G. (1996a) Fat mimetics in low–fat Cheddar cheese. *Journal of Food Science*, 61, 1267–1270.

Drake, M.A., Herrett, W., Boylston, T.D. & Swanson, B.G. (1995) Sensory evaluation of reduced fat cheeses. *Journal of Food Science*, 60, 898–901.

Drake, M.A., Herrett, W., Boylston, T.D. & Swanson, B.G. (1996b) Lecithin improves texture of reduced fat cheeses. *Journal of Food Science*, 61, 639–642.

Ekstrand B, Larsson–Raznikiewicz, M. & Perlmann, C. (1980) Casein micelle size and composition ′ related to the enzymatic coagulation process. *Biochimica et Biophysica Acta*, 630, 361–366.

Emmons, D.B., Lister, E.E., Beckett, D.C. & Jenkins, K.J. (1980) Quality of protein in milk replacers for young calves. V: Effect of method of dispersing fat on curd formation and whey syneresis. *Journal of Dairy Science*, 63, 417–425.

Everard, C.D., O′ Callaghan, D.J., Fagan, C.C., O′ Donnell, C.P., Castillo, M. & Payne, F.A. (2007) Computer vision and color measurement techniques for inline monitoring of cheese curd syneresis. *Journal of Dairy Science*, 90, 3162–3170.

Everard, C.D., O′ Callaghan, D.J., Mateo, M.J., O′ Donnell, C.P., Castillo, M. & Payne, F.A. (2008) Effects of cutting intensity and stirring speed on syneresis and curd losses during cheese manufacture. *Journal of Dairy Science*, 91, 2575–2582.

Everett, D.W. & Auty, M.A.E. (2008) Cheese structure and current methods of analysis. *International Dairy Journal*, 18, 759–773.

Fagan, C.C., Castillo, M., O′ Callaghan, D.J., Payne, F.A. & O′ Donnell, C.P. (2009) Visible–near infrared spectroscopy sensor for predicting curd and whey composition during cheese processing. *Sensing and Instrumentation for Food Quality and Safety*, 3, 62–69.

Fagan, C.C., Castillo, M., O′ Donnell, C.P., O′ Callaghan, D.J. & Payne, F.A. (2008a) On–line prediction of cheese making indices using backscatter of near infrared light. *International Dairy Journal*, 18, 120–128.

Fagan, C.C., Du, C.–J., O′ Donnell, C.P., Castillo, M., Everard, C.D., O′ Callaghan, D.J. & Payne, F.A. (2008b) Application of image texture analysis for online determination of curd moisture and whey solids in a laboratorie–scale stirred cheese vat. *Journal of Food Science*, 73, E250–E258.

Fagan, C.C., Leedy, M., Castillo, M., Payne, F.A., O′ Donnell, C.P. & O′ Callaghan, D.J. (2007) Development of a light scatter sensor technology for on–line monitoring of milk coagulation and whey separation. *Journal of Food Engineering*, 83, 61–67.

Farrell, H.M., Malin, E.L., Brown, E.M. & Qi, P.X. (2006) Casein micelle structure: what can be learned from milk synthesis and structural biology? *Current Opinion in Colloid and Interface Science*, 11, 135–147.

Fenelon, M., Guinee, T. & Reville, W. (1999) Characteristics of reduced–fat Cheddar prepared from the blending of full–fat and skim cheese curds at whey drainage. *Milchwissenschaft*, 54, 506–510.

Fife, R.L., McMahon, D.J. & Oberg, C.J. (1996) Functionality of low fat Mozzarella cheese. *Journal of Dairy Science*, 79, 1903–1910.

Flüeler, O. & Puhan, Z. (1979) Research on slow renneting milk. Ⅲ: Experiments with model systems. *Schweizerische Milchwirtschaftliche Forschung*, 8, 49–56. P1: SFK/UKS P2: SFK Color: 1C c04 BLBK264–Law April 5, 2010 16:42 Trim: 244mm × 172mm The Formation of Cheese Curd 159.

Flüeler, O. (1978) Research on slow renneting milk. I: Composition of the milk. *Schweizerische*

Milchwirtschaftliche Forschung, 7, 45–54.

Forsingdal, K. & Thomsen, D. (1985) Summation and discussion of experience with cheesemaking from milk stored up to 5 days. *Meieriposten*, 74, 57–62.

Fox, P.F., Cogan, T.M. & Guinee, T.P. (2000) *Fundamentals of Cheese Science*, Aspen Publishers, Gaithersburg, MD.

Garnsworthy, P.C., Masson, L.L., Lock, A.L. & Mottram, T.T. (2006) Variation of milk citrate with stage of lactation and de novo fatty acid synthesis in dairy cows. *Journal of Dairy Science*, 89, 1604–1612.

Ghosh, B.C., Steffl, A. & Kessler, H.–G. (1996) Rennetability of milk containing different heatdenatured whey protein. *Milchwissenschaft*, 51, 28–31.

Gouda, A., El–Zayat, A.I., and El–Shabrawy, S.A. (1985) Partition of some milk salts and curd properties as affected by adding sodium chloride to the milk. *Deutsche Lebensmittel-Rundschau*, 81, 216–218.

Grandison, A.S, Ford, G.D., Millard, D. & Anderson, M. (1985) Interrelationships of chemical composition and coagulating properties of renneted milks from dairy cows grazing ryegrass or white clover. *Journal of Dairy Research*, 52, 41–46.

Grandison, A.S. & Ford, G.D. (1986). Effects of variations in somatic cell count on the rennet coagulation properties of milk and on the yield, composition and quality of Cheddar cheese. *Journal of Dairy Research*, 53, 645–655.

Grandison, A.S., Ford, G.D., Owen, A.J. & Millard, D. (1984) Chemical composition and coagulating properties of renneted Friesian milk during the transition from winter rations to spring grazing. *Journal of Dairy Research*, 51, 69–78.

Green, M.L. (1987) Effect of manipulation of milk composition and curdforming conditions on the formation, structure and properties of milk curd. *Journal of Dairy Research*, 54, 303– 313.

Green, M.L., Glover, F.A., Scurlock, E.M.W., Marshall, R.J. & Hatfield, D.S. (1981) Effect of use of milk concentrated by ultrafiltration on the manufacture and ripening of Cheddar Cheese. *Journal of Dairy Research*, 48, 333–341.

Green, M.L., Hobbs, D.G., Morant, S.V. & Hill, V.A. (1978) Intermicellar relationships in rennet–treated separated milk. II: Process of gel assembly. *Journal of Dairy Research*, 45, 413–422.

Green, M.L., Marshall, R.J. & Glover, F.A. (1983) Influence of homogenization of concentrated milks on the structure and properties of rennet curds. *Journal of Dairy Research*, 50, 341–348.

Guillaume, C., Gastaldi, E., Cuq, J.–L. & Marchesseau, S. (2004b) Effect of pH on rennet clotting properties of CO_2–acidified skim milk. *International Dairy Journal*, 14, 437–443.

Guillaume, C., Jimenez, L., Cuq, J.–L. & Marchesseau, S. (2004a) An original pH–reversible treatment ′ of milk to improve rennet gelation. *International Dairy Journal*, 14, 305–311.

Guillemin, H., Trelea, I.A., Picque, D., Perret, B., Cattenoz, T. & Corrieu, G. (2006) An optical method to monitor casein particle size distribution in whey. *Lait*, 86, 359–372.

Guinee, T.P., Auty, M.A.E. & Fenelon, M.A. (2000) The effect of fat content on the rheology, microstructure and heat–induced functional characteristics of Cheddar cheese. *International Dairy Journal*, 10, 277–288.

Guyomarc′ h, F. (2006) Formation of heat–induced protein aggregates in milk as a means to recover the whey protein fraction in cheese manufacture, and potential of heat–treatment milk at alkaline pH values in order to keep its rennet coagulation properties. A review. *Lait*, 86, 1–20.

Hallén, E., Allmere, T., N äslund, J., Andr én, A. & Lund én, A. (2007). Effect of genetic polymorphism of milk proteins on rheology of chymosin–induced milk gels. *International Dairy Journal*, 17, 791–799.

Heck, J.M.L., Schennink, A., van Valenberg, H.J.F., Bovenhuis, H., Visker, M.H.P.W., van Arendonk, J.A.M. & van Hooijdonk, A.C.M. (2009) Effects of milk protein variants on the protein composition of bovine milk. *Journal of Dairy Science*, 92, 1192–1202.

Hill, J.P., Paterson, G.R., Lowe, R. & Johnston, K.A. (1995) Effect of –lactoglobulin variants on curd firming rate, yield, maturation and sensory properties of cheddar cheese. Document No. 304, pp. 18–19, International Dairy Federation, Brussels.

Hindle, E.J. & Wheelock, J.V. (1970) The primary phase of rennin action in heatsterilized milk. *Journal of Dairy Research*, 37, 389–396.

van Hooydonk, A.C.M. & van den Berg, G. (1988) *Control & Determination of the Curd Setting During Cheesemaking; Influence of Milk Concentrate of UF on Enzymatic coagulation*, Document No. 225, pp. 2–10, International Dairy Federation, Brussels.

van Hooydonk, A.C.M. (1987) *The Renneting of Milk: A Kinetic Study of the Enzymic and Aggregation Reactions*, PhD Thesis, Wageningen University, Wageningen, The Netherlands.

van Hooydonk, A.C.M., Boerrigter, I.J. & Hagedoorn, H.G. (1986a) pH–induced physico–chemical changes of casein micelles in milk and their effect on renneting. 2: Effect of pH on renneting of milk. *Netherlands Milk and Dairy Journal*, 40, 297–313.

van Hooydonk, A.C.M., de Koster, P.G. & Boerrigter, I.J. (1987) The renneting properties of heated milk. *Netherlands Milk and Dairy Journal*, 41, 3–18.

van Hooydonk, A.C.M., Hagedoorn, H.G., and Boerrigter, I.J. (1986b) pH–induced physicochemical changes of casein micelles in milk and their effect on renneting. 1: Efect of acidification on physicichemical properties. *Netherlands Milk and Dairy Journal*, 40, 281–296.

van Hooydonk, A.C.M., Olieman, C. & Hagedoorn, H.G. (1984) Kinetics of the chymosin–catalysed proteolysis of kappa–casein in milk. *Netherlands Milk and Dairy Journal*, 38, 207–222.

Horne, D.S. (1987) Determination of the fractal dimension using turbidimetric techniques. Application to aggregating protein systems. Faraday discussions. *Royal Society of Chemistry*, 83, 259–270.

Horne, D.S., Muir, D.D., Banks, J.M., Leaver, J. & Law, A.J.R. (1995b) Effects of –casein phenotype on curd strength in rennet coagulated milks. Document No. 304, pp. 12, International Dairy Federation, Brussels.

Horne, D.S., Muir, D.D., Leaver, J., McCreight, T.A. & Banks, J.M. (1995a) Effects of –casein phenotype on rennet coagulation time. Document No. 304, pp. 11, International Dairy Federation, Brussels.

Hyldig, G. (1993) *Rennet coagulation – Effect of Technological Parameters on the Enzymatic Reaction and Gel Formation in Milk and UF Concentrates*, PhD Thesis, The Royal Veterinary and Agricultural University, Copenhagen, Denmark.

Ikonen, T., Morri, S., Tyriseva, A., Ruottinen, O. & Ojala, M. (2004) Genetic and phenotypic correlations between milk coagulation properties, milk production traits, somatic cell count, casein content, and pH of milk. *Journal of Dairy Science*, 87, 458–467.

Jakob, E. & Puhan, Z. (1986) Differences between slow–renneting and normal renneting milk with special emphasis on the casein fraction. *Schweizerische Milchwirtschaftliche Forschung*, 15, 21–28.

Jakob, E. & Puhan, Z. (1992) Technological properties of milk as influenced by genetic polymorphism of milk proteins – a review. *International Dairy Journal*, 2, 157–178.

Jakob, E. (1994) Genetic polymorphism of milk proteins. Document No. 298, pp. 17–27, *International Dairy*

Federation, Brussels.

Johnson, M.E., Kapoor, R., McMahon, D.J., McCoy, D.R. & Narasimmon, R. (2009) Reduction of sodium and fat levels in in natural and processes cheeses. Scientific and technological aspects. *Comprehensive Reviews in Food Science and Food Safety*, 8, 252–268.

Katsiari, M.C. & Voutsinas, P. (1994) Manufacture of low–fat Kefalograviera cheese. *International Dairy Journal*, 4, 533–553.

Keceli, T., Sahan, N. & Yasar, K. (2006). The effect of pre–acidification with citric acid on reduced–fat Kashar cheese. *Australian Journal of Dairy Technology*, 61, 32–36.

Kelly, A.L., Huppertz, T. & Sheenan, J.J. (2008) Pre–treatment of cheese milk: principles and developments. *Dairy Science and Technology*, 88, 549–572.

Kindstedt, P.S., Yun, J.J., Barbano, D.M. & Larose, K.L. (1995) Mozzarella cheese: impact of coagulant concentration on chemical composition, proteolysis, and functional properties. *Journal of Dairy Science*, 78, 2591–2597. P1: SFK/UKS P2: SFK Color: 1C c04 BLBK264–Law April 5, 2010 16:42 Trim: 244mm × 172mm The Formation of Cheese Curd 161.

Kowalchyk, A.W. & Olson, N.F. (1977) Effects of pH and temperature on the secondary phase of milk clotting by rennet. *Journal of Dairy Science*, 60, 1256–1259.

Law, A.J.R. (1996) Effects on heat treatment and acidification on the dissociation of bovine casein micelles. *Journal of Dairy Research*, 63, 35–48.

Law, A.J.R., Leaver, J., Banks, J.M. & Horne, D.S. (1994) The effect of –casein genotype on the composition of whole milk. *Cheese Yield and Factors Affecting its Control*, Special Issue No. 9402, pp. 134–141, International Dairy Federation, Brussels.

Lawrence, R.C. & Gilles, J. (1982) Factors that determine the pH of young Cheddar cheese. *New Zealand Journal of Dairy Science and Technology*, 17, 1–14.

Leitner, G., Silanikove, N., Jacobi, S., Weisblit, L., Bernstein, S. & Merin, U (2008). The influence of storage on the farm and in dairy silos on milk quality for cheese production. *International Dairy Journal*, 18, 109–113.

Lelievre, J. (1977) Rigidity modulus as a factor influencing the syneresis of renneted milk gels. *Journal of Dairy Research*, 44, 611–614.

Lidberg, E. & Bredahl, B. (1990) The suitability of microfiltered cheese milk for the manufacture of Swedish hard cheese. *Nordisk Mejeriindustri*, 17, 457–459.

Lilbaek, H., Broe, M.L., Hoier, E., Fatum, T. Ipsen, R. & Sorensen, N.K. (2006) Improving the yield of Mozzarella cheese by phospholipase treatment of milk. *Journal of Dairy Science*, 89, 4114– 4125.

Lodaite, K., Ostergren, K., Paulsson, M. & Dejmek, P. (2000) One–dimensional syneresis of rennetinduced gels. *International Dairy Journal*, 10, 829–834.

Lodes, A., Buchberger, J., Krause, I., Aumann, J. & Klostermeyer, H. (1996) The influence of genetic variants of milk proteins on the compositional and technological properties of milk. 2: Rennet coagulation time and firmness of the rennet curd. *Milchwissenschaft*, 51, 543–548.

Lomholt, S.B. & Qvist, K.B. (1997) Relationship between rheological properties and degree of kappacasein proteolysis during renneting of milk. *Journal of Dairy Research*, 64, 541–549.

Lomholt, S.B., Worning, P., Øgendal, L., Qvist, K.B., Hyslop, D.B. & Bauer, R. (1998) Kinetics of the renneting reaction followed by measurement of turbidity as a function of wavelength. *Journal of Dairy Research*, 65, 545–554.

Lopez, M.B., Lomholt, S.B. & Qvist, K.B. (1998) Rheological properties and cutting time of rennet ′ gels. Effect of pH and enzyme concentration. *International Dairy Journal*, 8, 289–293.

Lucey, J.A. & Fox, P.F. (1993) Importance of calcium and phosphate in cheese manufacture: a review. *Journal of Dairy Science*, 76, 1714–1724.

Lucey, J.A. & Horne, D.S. (2009) Milk salts: technological significance. *Advanced Dairy Chemistry, Volume 3: Lactose, Water, Salts and Minor Constituents* (eds P.L.H. McSweeney & P.F. Fox), pp. 351–389, Springer Science, New York.

Lucey, J.A., Gorry, C. & Fox, P.F. (1994) Methods for improving the rennet coagulation properties of heated milk. *Cheese Yield and Factors Affecting its Control*, Special Issue No. 9402, pp. 448–456, International Dairy Federation, Brussels.

Luyten, H. (1988) *The Rheological and Fracture Properties of Gouda Cheese*, PhD Thesis, Wageningen Agricultural University, Wageningen, The Netherlands.

Luyten, H., van Vliet, T. & Walstra, P. (1991) Characterization of the consistency of Gouda cheese: rheological properties. *Netherlands Milk and Dairy Journal*, 45, 33–53.

Mariani, P., Pecorari, M., Fossa, E. & Fieni, S. (1981) Abnormal coagulation of milk, and its relationship with cell count and titratable acidity. *Scienza e Technica Lattiero Caseria*, 32, 222–236.

Marshall, R.J. (1982) An improved method for measurement of the syneresis of curd formed by rennet action on milk. *Journal of Dairy Research*, 49, 329–336.

Marshall, R.J. (1986) Increasing cheese yields by high heat treatment of milk. *Journal of Dairy Research*, 53, 313–322.

Mateo, M.J., Everard, C.D., Fagan, C.C., O′ Donnell, C.P., Castillo, M., Payne, F.A. & O′ Callaghan, D.J. (2009) Effect of milk fat concentration and gel firmness on syneresis during curd stirring in cheese-making. *International Dairy Journal*, 19, 264–268.

Maynes, J.R. (1992) *A New Method for Measuring Macroparticulate Systems Applied to Measuring Syneresis of Renneted Milk Gels*, PhD Thesis, Utah State University, Logan.

McGann, T.C.A. & Pyne, G.T. (1960) The colloidal phosphate of milk. Ⅲ : Nature of its interaction with casein. *Journal of Dairy Research*, 27, 403–417.

McMahon, D.J. & Brown, R.J. (1982) Evaluation of Formagraph for comparing rennet solutions. *Journal of Dairy Science*, 65, 1639–1642.

McMahon, D.J., Alleyne, M.C., Fife, R.L. & Oberg, C.J. (1996) Use of fat replacers in low fat Mozzarella cheese. *Journal of Dairy Science*, 79, 1911–1921.

McMahon, D.J., Brown, R.J., Richardson, G.H. & Ernstrom, C.A. (1984) Effects of calcium, Phosphate and bulk culture media on milk coagulation properties. *Journal of Dairy Science*, 67, 930–938.

Meersohn, M. (1989) Nitrate free cheese with Bactocatch. North European Food and Dairy Journal, 55, 108–113.

Mekmene, O., Le Graët, Y. & Gaucheron, F. (2009) A model for salt equilibria in milk and mineral-enriched milks. *Food Chemsitry*, 116, 233–239.

Metzger, L.E. & Mistry, V.V. (1994) A new approach using homogenization of cream in the manufacture of reduced fat Cheddar cheese. 1: Manufacture, composition and yield. *Journal of Dairy Science*, 77, 3506–3515.

Mishra, R., Govindasamy-Lucey, S. & Lucey, J.A. (2005) Rheological properties of rennet-induced gels during the coagulation and cutting process: impact of processing conditions. *Journal of Texture Studies*, 36, 190–212.

Mistry, V.V. (2001) Low fat cheese technology. *International Dairy Journal*, 11, 413–422.

Mitchell, G.E., Fedrick, I.A. & Rogers, S.A. (1986) The relationship between somatic cell count, composition and manufacturing properties of bulk milk. Ⅱ: Cheddar cheese from farm bulk milk. *Australian Journal of Dairy Technology*, 41, 12–14.

Mocquot, G., Alais, C. & Chevalier, R. (1954) Etude sur les defaut de coagulation du lait par la presure. *Annales de Technologie Agricole*, 3, 1–44.

Najera, A.I., de Renobales, M. & Barron, L.J.R. (2003) Effects of pH, temperature, CaCl ′ 2 and enzyme concentrations on the rennet–clotting properties of milk: a multifactorial study. *Food Chemistry*, 80, 345–352.

Nielsen, E.W. (1996) Introduction to the theoretical and empirical basis of the Danish cheese simulator (DCS). Document No. 308, pp. 42–51. International Dairy Federation, Brussels.

Nielsen, K.O. (1982) Effect of cooling and pasteurization on renneting properties of milk and on the rigidity and syneresis properties of the gel. Ⅱ : Syneresis properties of the gel. *Meieriposten*, 71, 123–127, 162–163.

Niki, R., Kohyama, K., Sano, Y. & Nishinari, K. (1994) Rheological study on the rennet–induced gelation of casein micelles with different sizes. *Polymer Gels and Networks*, 2, 105–118.

O′Callaghan, D.J., O′Donnell, C.P. & Payne, F.A. (2002) Review of systems for monitoring curd setting during cheesemaking. *International Journal of Dairy Technology*, 55, 65–74.

O′Keeffe, A.M., Phelan, J.A. & Mulholland, E. (1981) Effects of seasonality on the suitability of milk for cheesemaking. *Irish Journal of Food Science and Technology*, 5, 73.

O′Keeffe, A.M., Phelan, J.A., Keogh, K. & Kelly, P. (1982) Studies of milk composition and its relationship to some processing criteria. Ⅳ : Factors influencing the renneting properties of a seasonal milk supply. *Irish Journal of Food Science and Technology*, 6, 39–47.

Okigbo, L.M., Richardson, G.H., Brown, R.J. & Ernstrom, C.A. (1985a) Variation in coagulation properties of milk from individual cows. *Journal of Dairy Science*, 68, 822–828.

Okigbo, L.M., Richardson, G.H., Brown, R.J. and Ernstrom, C.A. (1985b) Casein composition of cow′s milk of different chymosin coagulation properties. *Journal of Dairy Science*, 68, 1887–1892.

Pearse, M.J., Mackinlay, A.G., Hall, R.J. & Linklater, P.M. (1984) A microassay for the syneresis of cheese curd. *Journal of Dairy Research*, 51, 131–139.

Pearse, M.J., Linklater, P.M., Hall, R.J. & Mackinlay, A.G. (1985) Effect of heat induced interaction between beta–lactoglobulin and kappa–casein on syneresis. *Journal of Dairy Research*, 52, 159–165.

Peltola, E. & Vogt, P. (1959) The effect of cold aging on the renneting of milk. Proceedings of the XV *International Dairy Congress (London)*, Vol. 1, pp. 268–271.

Peters, K.H. & Knoop, A.M. (1978) Structure alterations in rennet coagulum and cheese curd in cheesemaking from deep–cooled milk. *Milchwissenschaft*, 33, 77–81.

Poduval, V.S. & Mistry, V.V. (1999) Manufacture of reduced fat Mozzarella cheese using ultrafiltered sweet buttermilk and homogenized cream. *Journal of Dairy Science*, 82, 1–9.

Politis, I. & Ng Kwai Hang, K.F. (1988) Effect of somatic cell counts and milk composition on the rennet coagulation properties of milk. *Journal of Dairy Science*, 71, 1740–1746.

Pouliot, Y., Boulet, M. & Paquin, P. (1989) Observations on the heat–induced salt balance changes in milk. II: Reversibility on cooling. *Journal of Dairy Research*, 56, 193–199.

Pyne, G.T. & McGann, T.C.A. (1962) The influence of the colloidal phosphate of milk on the rennet coagulation. *Proceedings of the XVI International Dairy Congress*, Vol. B, pp. 611–616.

Qvist, K.B. (1979a) Restablishment of the original rennetability of milk after cooling. 1: The effect of cooling and

LTST pasteurization of milk on renneting. *Milchwissenschaft*, 34, 467–470.

Qvist, K.B. (1979b) Restablishment of the original rennetability of milk after cooling. 2: The effect of some additives. *Milchwissenschaft*, 34, 600–603.

Qvist, K.B. (1981) *Some Investigations Concerning the Physico-Chemical Properties of Milk in Relation to Cheese Manufacture and Regulation of Coagulum Firmness*, PhD Thesis, The Royal Veterinary and Agricultural University, Copenhagen, Denmark.

Qvist, K.B., Thomsen, D. & Jensen, G.K. (1986) Manufacture of Havarti cheese from milk concentrated about 5-fold by ultrafiltration. *Beretning* 268, pp. 1–55, Statens Mejeriforsøg, Hillerød, Denmark.

Reimerdes, E.H. & Klostermeyer, H. (1976) Änderungen im Verh altnis Micelleneiweiss/Serumeiweiss bei der Kühlung von Milch. *Kieler Milchwirtschaftliche Forschungsberichte*, 28, 17–24.

Reimerdes, E.H., Perez, S.J. & Ringqvist, B.M. (1977a) Temperaturabh ängige Ver nderungen in Milch und Milchproducten. Ⅱ : Der einfluss der Tiefkühlung auf kasereitechnologische Eigenschaften der Milch. *Milchwissenschaft*, 32, 154–158.

Reimerdes, E.H., Perez, S.J. & Ringqvist, B.M. (1977b) Temperaturabh ängige Ver anderungen in Milch und Milchproducten. Ⅲ : Die Thermisierung: ein korrigierender Schritt bei der Verarbeitung von tiefgekühlter Milch. *Milchwissenschaft*, 32, 207–210.

Riddel-Lawrence, S. & Hicks, C.L. (1989) Effect of curd firmness on stirred curd cheese yield. *Journal of Dairy Science*, 72, 313–321.

Rodr´ıguez, J. (1998) Recent advances in the development of low-fat cheeses. *Trends in Food Science and Technology*, 9, 249–254.

Roefs, S.P.F.M, van Vliet, T, Van Den Bijgaart, H.J.C.M., de Groot-Mostert, A.E.A. & Walstra, P. (1990) Structure of casein gels made by combined acidification and rennet action. *Netherlands Milk and Dairy Journal*, 44, 159–188.

Romeih E., Michaelidou, A., Biliaderis, C. & Zerfiridis, G. (2002) Low-fat white-brined cheese made from bovine milk and two commercial fat mimetics: chemical, physical and sensory attributes. *International Dairy Journal*, 12, 525–540.

van Rooijen, R. (2008) Increase cheese yields and boost returns. *European Dairy Magazine*, 18, 26– 28.

Schaar, J. (1984) Effects of -casein genetic variants and lactation number on the renneting properties of individual milks. *Journal of Dairy Research*, 51, 397–406.

Schmutz, M. & Puhan, Z. (1980) Chemisch-physikalische Veränderungen wahrend der Tiefkühllagerung von Milch. *Schweizerische Milchwissenschaftliche Forschung*, 9, 39–48.

Shalabi, S.I. & Wheelock, J.V. (1976) The role of alfa-lactalbumin in the primary phase of chymosin action on heated casein micelles. *Journal of Dairy Research*, 43, 331–335.

Singh, H. & Waungana, A. (2001) Influence of heat treatment of milk on cheesemaking properties. *International Dairy Journal*, 11, 543–551.

Singh, H., Shalabi, S.I., Fox, P.F., Flynn, A. & Barry, A. (1988) Rennet coagulation of heated milk: influence of pH adjustment before or after heating. *Journal of Dairy Research*, 55, 205–215.

Solberg, S. (1991) Microfiltration of milk for cheesemaking. Testing of Bactocatch. *Meieriposten*, 80, 603–605.

Spangler, P.L., Jensen, L.A., Amundson, C.H., Olson, N.F. & Hill, C.G.J. (1991) Ultrafiltered Gouda cheese: effects of preacidification, diafiltration, rennet and starter concentration, and time to cut. *Journal of Dairy Science*, 74, 2809–2819.

Srinivasan, M. & Lucey, J.A. (2002) Effects of added plasmin on the formation and rheological properties of rennet–induced skim milk gels. *Journal of Dairy Science*, 85, 1070–1078.

Storry, J.E., Grandison, A.S., Millard, D., Owen, A.J. & Ford, G.D. (1983) Chemical composition and coagulating properties of renneted milks from different breeds and species of ruminant. *Journal of Dairy Research*, 50, 215–229.

Tervala, H.L., Antila, V. & Syvajarvi, J. (1985) Factors affecting the renneting properties of milk. *Meijeritieteellinen Aikakauskirja*, 43, 16–25.

Thomann, S., Schenkel, P. & Hinrichs, J. (2007) Effect of homogenization, microfiltration and pH on curd firmness and syneresis of curd grains. *Lebensmittel-Wissenschaft und -Technologie*, 41, 826–835.

Tijskens, E. & De Baerdemaker, J. (2004) Mathematical model of syneresis of cheese curd. *Mathematics and Computer Simulation*, 65, 165–175.

Todorova, D. (1996) Somatic cell counts and rennetability of ram milk from Black Oied cows. *Zhivitnow"dni-Nauki*, 33, 65–67.

Tokita, M., Hikichi, K., Niki, R. & Arima, S. (1982) Dynamic viscoelastic studies on the mechanism of milk clotting process. *Biorheology*, 19, 209.

Tsioulpas, A.L., Lewis, M.J. & Grandison, A.S. (2007) Effect of minerals on casein micelle stability of cows' milk. *Journal of Dairy Research*, 74, 167–173.

Tunick, M.H., Mackey, K.L., Shieh, J.J., Smith, P.W., Cooke, P. & Malin, E.L. (1993a) Rheology and microstructure of low–fat Mozzarella cheese. *International Dairy Journal*, 3, 649–662.

Tunick, M.H., Malin, E.L., Smith, P.W., Shieh, J.J., Sullivan, B.C., Mackey, K.L. & Holsinger, V.H. (1993b) Proteolysis and rheology of low fat and full fat Mozzarella cheeses prepared from homogenised milk. *Journal of Dairy Science*, 76, 3621–3628.

Tyrisevä, A. (2008) *Options for Selecting Dairy Cattle for Milk Coagulation Ability*, PhD Thesis, University of Helsinki, Helsinki, Finland.

Tyriseva, A., Vahlsten, T., Ruottinen, O. & Ojala, M. (2004) Noncoagulation of milk in Finnish Ayrshire and Holstein–Friesian cows and effect of herds on milk coagulation ability. *Journal of Dairy Science*, 87, 3958–3966.

Udabage, P., McKinnon, I.R. & Augustin, M.A. (2001) Effects of mineral salts and calcium chelating agents on the gelation of renneted skim milk. *Journal of Dairy Science*, 84, 1569–1575.

Ustunol, Z., Kawachi, K. & Steffe, J. (1995) Rheological properties of Cheddar cheese as influenced by fat reduction and ripening time. *Journal of Food Science*, 60, 1208–1210.

Van Den Bijgaart, H.J.C.M. (1988) *Syneresis of Rennet-Induced Milk Gels as Influenced by Cheesemaking Parameters*, PhD Thesis, Wageningen Agricultural University, Wageningen, The Netherlands.

Wade, T., Beattie, J.K., Rowlands, W.N. & Augustin, M.–A. (1996) Electroacoustic determination of size and zeta–potential of casein micelles in skim milk. *Journal of Dairy Research*, 63, 387– 404.

Walstra, P. & van Vliet, T. (1986) The physical chemistry of curd making. *Netherlands Milk and Dairy Journal*, 40, 241–259.

Walstra, P. (1980) Effect of homogenisation on milk plasma. Netherlands Milk and Dairy Journal, 34, 181–190.

Walstra, P. (1993) The syneresis of curd. Cheese: Chemistry, *Physics and Microbiology* (ed. P.F. Fox), pp. 141–191, Chapman & Hall, London.

Walstra, P., van Dijk, H.J.M. & Geurts, T.J. (1985) The syneresis of curd. 1: General considerations and litterature review. *Netherlands Milk and Dairy Journal*, 39, 209–246.

Wedholm, A., Larsen, L.B., Lindmark-Mansson, H., Karlsson, A.H. & Andren, A. (2006) Effect of protein composition on the cheese-making properties of milk from individual dairy cows. *Journal of Dairy Science*, 89, 3296–3305.

Wheelock, J.V. & Kirk, A. (1974) The role of beta-lactoglobulin in the primary phase of rennin action on heated casein micelles and heated milk. *Journal of Dairy Research*, 41, 367–372.

White, J.C.D. & Davies, D.T. (1958) The relation between the chemical composition of milk and the stability of the caseinate complex. Ⅲ: Coagulation by rennet. *Journal of Dairy Research*, 25, 267–280.

Wilson, G.A. & Wheelock, J.V. (1972) Factors affecting the action of rennin in heated milk. *Journal of Dairy Research*, 39, 413–419.

Wium, H., Pedersen, P.S. & Qvist, K.B. (2003) Effect of coagulation conditions on the microstructure and the large deformation properties of fat-free Feta cheese made from ultrafiltered milk. *Food Hydrocolloids*, 17, 287–296.

Worning, P. (1998) *Light Scattering in Dense Systems*, PhD Thesis, The Royal Veterinary and Agricultural University, Copenhagen, Denmark.

Worning, P, Bauer, R, Øgendal, L. & Lomholt, S.B. (1998) A novel approach to turbidimetry of dense systems: an investigation of the enzymatic gelation of casein micelles. *Journal of Colloid and Interface Science*, 203, 265–277.

Zamora, A., Ferragut, V., Jaramillo, P., Guamis, B. & Trujillo, A. (2007) Effects of ultra-high pressure homogenization on the cheese-making properties of milk. *Journal of Dairy Science*, 90, 13–23.

Zisu, B. & Shah, N. (2007) Texture characteristics and pizza bake properties of low-fat Mozzarella cheese as influenced by pre-acidification with citric acid and use of encapsulated and ropy exopolysaccharide producing cultures. *International Dairy Journal*, 17, 985–997.

Zoon, P. (1994) Incorporation of whey proteins into dutch-type cheese. *Cheese Yield and Factors Affecting its Control*, Special Issue No. 9402, pp. 402–408, International Dairy Federation, Brussels.

Zoon, P., van Vliet, T. & Walstra, P. (1988a) Rheological properties of rennet-induced skim milk gels. 1. Introduction. *Netherlands Milk and Dairy Journal*, 42, 249–269.

Zoon, P., van Vliet, T. & Walstra, P. (1988b) Rheological properties of rennet-induced skim milk gels. 2. Effect of temperature. *Netherlands Milk and Dairy Journal*, 42, 271–294.

Zoon, P., van Vliet, T. & Walstra, P. (1988c) Rheological properties of rennet-induced skim milk gels. 3. The effect of calcium and phosphate. *Netherlands Milk and Dairy Journal*, 42, 295–312.

Zoon, P., van Vliet, T. & Walstra, P. (1989) Rheological properties of rennet induced skim milk gels. 4. The effect of pH and NaCl. *Netherlands Milk and Dairy Journal*, 43, 17–34.

5 干酪乳酸发酵剂的生产、应用及其效果

E. Høier, T. Janzen, F. Rattray, K. Sørensen, M. W. Børsting, E. Brockmann 和 E. Johansen

5.1 简介

干酪生产涉及乳、凝乳酶和微生物之间复杂的相互作用。由于鲜乳的卫生质量差别较大，大多数干酪均采用巴氏杀菌乳制成。巴氏杀菌可以杀灭乳中超过 99% 的微生物，其中包括可使乳发生自发酸化的乳酸菌（Lactic acid bacteria，LAB）。要生产某种具有所需特性的干酪，可在乳中添加特定的发酵剂，发酵剂可在乳品厂自己生产，也可以从商业发酵剂供应商处购买，它们可提供各种满足干酪生产工艺需要的发酵剂。

发酵剂在干酪制作各个阶段和成熟过程中都起着至关重要的作用。发酵剂在乳中生长的过程中将乳糖转化为乳酸，这确保在干酪压榨时和最终生产的干酪有合适的 pH 值，也决定了干酪的最终水分含量。在干酪成熟过程中，发酵剂会对其滋味、香气、质地及其孔眼（如果有的话）的形成产生影响。有些发酵剂还加入了益生菌，可以为干酪提供额外的功能。

本章将介绍发酵剂中所用乳酸菌的分类及其在生产不同类型干酪中的作用，同时对商业发酵剂的生产和使用作详细介绍。此外，也会对可进一步改善商业发酵剂质量的方法和技术进行讨论，包括现有的各种可最大限度减少噬菌体问题的方法，分子生物学、基因组学和重组脱氧核糖核酸（deoxyribonucleic acid，DNA）技术的应用，加上对乳酸菌代谢作用的了解和高通量筛选（high-throughput screening，HTS）技术等。

5.2 历史背景

几百年前，人们就发现，乳在常温下贮存后会变酸凝固，而且凝固的乳不易腐败。为了控制发酵过程，人们发明了用前一天的发酵产物作为下一次发酵的接种剂的方法。在一些传统生产中仍然可以看到与这种方法类似的做法，是将每天生产干酪产生的乳清收集起

来进行保温，作为第二天的发酵剂。

由于不同地区在干酪生产中采用的具体工艺存在差异，因而就出现了许许多多的干酪种类，如切达干酪、高达干酪和马苏里拉干酪，这些干酪有一个共同之处，即采用LAB进行酸化。由于气候的不同，热带和亚热带地区主要生产嗜热乳酸菌发酵的干酪，温带地区主要生产中温乳酸菌发酵的干酪。如今的发酵剂和发酵菌株是由过去的发酵剂一代一代地传下来的。为了满足乳品行业和消费者日益增长的需求，人们正在不断地开发新的发酵剂。由于现代干酪工厂对生产条件的严格控制，嗜热菌和中温菌发酵剂的地区差别现在已没那么明显。随着发酵剂的进一步开发，市场上也出现了新的干酪品种，例如含有高含量益生菌的干酪。

5.3 发酵剂的制备

过去，发酵剂是在乳品厂用液体发酵剂生产出来的，液体发酵剂或者由乳品厂自己培养，或者由当地发酵剂生产商提供。在20世纪60年代初期，商业发酵剂企业开发了液态发酵剂冷冻干燥技术，生产出可用于乳品厂500～1 000 L发酵罐的直投式浓缩冷冻干燥剂，如今，商业发酵剂公司可提供各式各样的冷冻和冻干浓缩发酵剂，用于直接投入干酪桶，无须使用工作发酵剂。这些发酵剂被称为直投式发酵剂（direct vat set，DVS或direct-to-vat inoculation，DVI），在本章中将称为DVS发酵剂。

由于对DVS发酵剂的要求比较高，近年来，商业发酵剂公司采用的生产工序已接近制药的标准。工厂采用制药级发酵设备和特定的加工区域，再加上良好生产规范和关键控制点体系的应用，来保证发酵剂的质量。典型的生产工艺包括以下步骤：（a）菌种的处理；（b）培养基的制备；（c）控制发酵罐pH值，扩培菌株；（d）浓缩；（e）冷冻；（f）干燥；（g）包装和储存，如图5.1所示。供应商的所有发酵剂是一切发酵作用的基础。用作接种剂的发酵剂或单一菌株是在无菌条件下制备的，杂菌污染控制到最低限度。

工作发酵剂的培养基由特定的乳成分加上各种营养物质组成，例如酵母提取物、维生素和矿物质。嗜温菌和嗜热菌发酵剂的培养基，须加热至超高温后分别冷却至30℃和约40℃。接种菌种后，通过添加碱（例如NaOH或NH_4OH）将中温菌培养基的pH值保持在6.0～6.3或将嗜热菌培养基的pH值保持在5.5～6.0，以优化菌种生长环境。发酵罐中的其他关键参数，例如温度、搅拌速率和顶空气体，也须针对每个菌种进行优化。在这样的优化条件下，生产的细胞悬液比不加碱正常酸化的工作发酵剂，浓度要高10倍。发酵一般是分批式的，容器容量从10 000～40 000 L不等，发酵结束后，对培养物进行冷却，然后通过离心或膜过滤使细菌进一步浓缩10～20倍制得发酵剂。

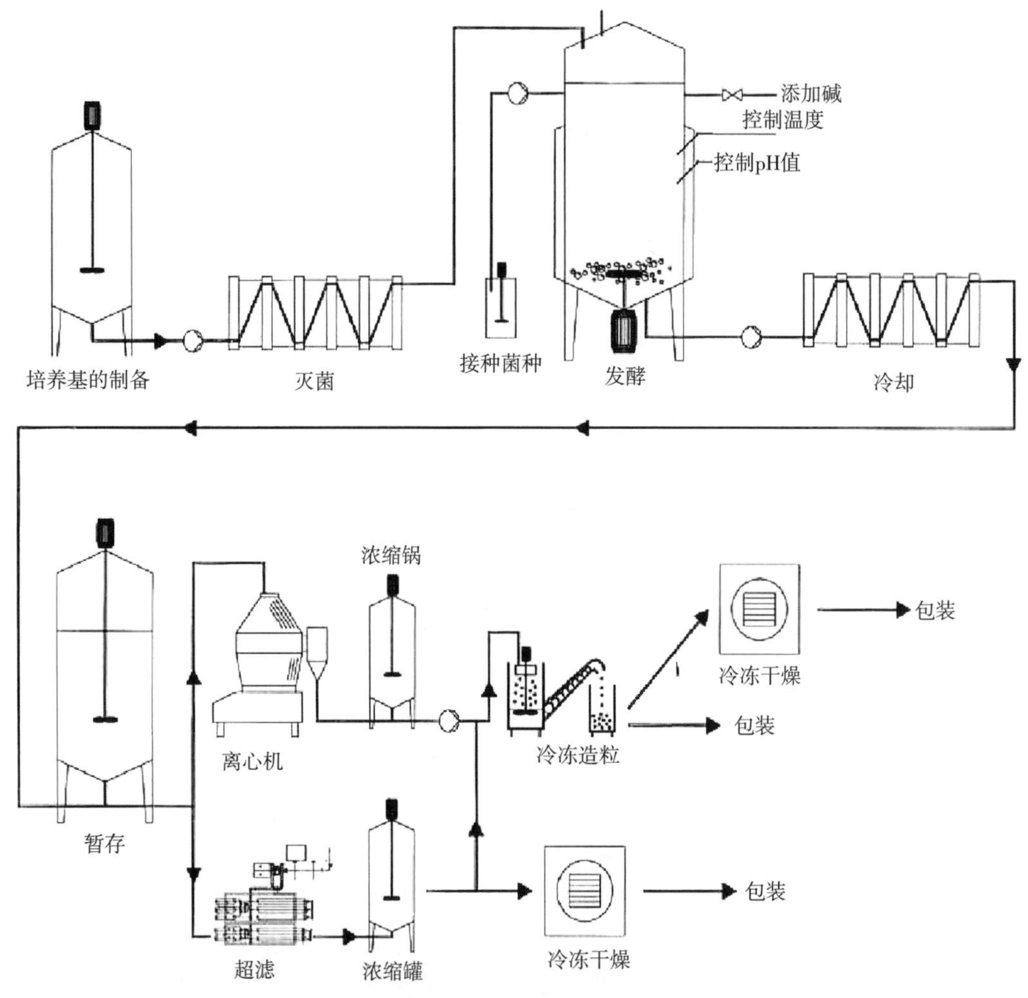

图 5.1 发酵剂的典型生产工艺流程

在发酵剂生产中，出于规模化经营的需要，生产厂家测试了其他一些生产方法，如分批发酵、补料分批发酵和连续发酵等。最近，有人把一些菌种的发酵条件从传统的无氧发酵改成有氧发酵（Pedersen 等，2005），这是基于对乳酸乳球菌属的观察和研究，发现其在氧气和血红素存在的情况下进行发酵，既能产生更多的培养物又可大大降低培养液中的乳酸量（Gaudu 等，2002）。血红素的存在，使得需氧呼吸电子传递链形成膜电位（Brooijmanns 等，2007），从而更有效地利用能源，得到更高的微生物产量（Pedersen 等，2005）。

离心浓缩后的菌种培养物，可以装入罐内在液氮中进行冷冻，也可以把浓缩液滴入搅动的液氮中进行造粒。如果要对浓缩液进行冷冻干燥，则在冷冻前在菌种浓缩液中加入冷冻保护剂以提高菌种存活率。常用的冷冻保护剂包括抗坏血酸；谷氨酸钠；多元醇，如甘露醇、甘油和山梨糖醇；双糖，如乳糖和蔗糖。

通过冷冻或冷冻干燥后使用惰性气体包装，发酵剂菌种的活性可分别长达 12 个月和 24 个月。

5.4　发酵剂所用乳酸菌的种类

5.4.1　传统的发酵剂

干酪发酵的 LAB 可分为两类，一类是最适生长温度约为 30℃的中温菌，另一类是最适生长温度为 37℃及以上的嗜热菌。常见干酪的发酵剂种类及其所含菌种如表 5.1 所示。

表 5.1　各种发酵剂的 LAB 种类及其典型的产品应用

发酵剂类型	菌种名称	产品应用（干酪）
中温菌		
O 型	乳酸乳球菌乳酸亚种 乳酸乳球菌乳脂亚种	切达干酪，菲达干酪和农家干酪
LD 型	乳酸乳球菌乳酸亚种 乳酸乳球菌乳脂亚种 乳酸乳球菌乳酸亚种丁二酮变种 肠膜明串珠菌乳脂亚种	高达干酪，太尔西特干酪和霉菌成熟的软质干酪
嗜热菌		
链球菌型	嗜热链球菌	马苏里拉干酪，布里干酪和瑞士干酪
酸乳型	嗜热链球菌 德氏乳杆菌保加利亚亚种	马苏里拉干酪和披萨干酪
乳杆菌	瑞士乳杆菌 德氏乳杆菌乳酸亚种	瑞士干酪和格拉娜干酪
混合型		
RST 型	乳酸乳球菌乳酸亚种 乳酸乳球菌乳脂亚种 嗜热链球菌	切达干酪
FRC 型	乳酸乳球菌乳酸亚种 乳酸乳球菌乳脂亚种 嗜热链球菌 德氏乳杆菌保加利亚亚种	菲达干酪和白盐腌制干酪

中温菌发酵剂分为 LD 型和 O 型发酵剂，LD 型含有柠檬酸发酵菌（L= 明串珠菌属，D= 乳酸乳球菌乳酸亚种丁二酮变种），它们发酵柠檬酸产生风味和二氧化碳，O 型发酵剂只含产酸菌株，不产气。也存在 L 型和 D 型发酵剂，但在干酪生产中较少用。传统的中温 O 型发酵剂主要用于要对乳进行快速持续酸化的干酪加工中，例如在切达干酪、菲达干酪和农家干酪和其他各种没有“孔眼”干酪的生产中。LD 型发酵剂大都用于发酵欧式半硬质干酪和软质干酪，半硬质干酪如高达（Gouda）干酪、太尔西特（Tilsitter）干酪

和沙姆索（Samsø）干酪，软质干酪如卡蒙贝尔（Camembert）干酪和波特撒鲁特（Port Salut）干酪，在这些干酪的发酵过程中，LD 型发酵剂在风味和孔眼的形成方面发挥重要作用。

嗜热菌发酵剂几乎总是由嗜热链球菌与不同的乳酸杆菌组成，如德氏乳杆菌乳酸亚种、德氏乳杆菌保加利亚亚种或瑞士乳杆菌，依产品不同而异。但也有例外，例如生产传统意大利软质马苏里拉干酪和硬质布里（Brie）干酪所用的发酵剂中仅含有嗜热链球菌。不同嗜热链球菌发酵剂的特性可能相差甚远，生产马苏里拉干酪要用酸化速度非常快的发酵剂，而生产硬质布里干酪则要用酸化速度缓慢、最终能稳定在较高 pH 值的发酵剂。

大多数嗜热链球菌不能发酵乳糖分解产生的半乳糖，因此，半乳糖会被积累在干酪中，从而影响干酪的最后品质。在大多数瑞士干酪的生产中，嗜热链球菌要配上可发酵半乳糖的乳酸杆菌（如瑞士乳杆菌），它可将半乳糖转化为乳酸并有助于干酪形成特定风味。

在生产用于做披萨的马苏里拉干酪时，传统上是将嗜热链球菌和德氏乳杆菌保加利亚亚种组合使用。然而，随着市场需求向缩短制作时间、减少储存期间披萨干酪蛋白分解的方向转变，纯嗜热链球菌发酵已得到越来越多的认可。发酵过程中积累的半乳糖促进了在高温烹制披萨过程中美拉德反应引起的褐变，为了减少褐变，可以在发酵剂中加入能发酵半乳糖的瑞士乳杆菌，并相应地调整生产工艺。

5.4.2 益生菌发酵剂

虽然益生菌最为人们熟知的是用于发酵乳和酸乳（Tamime 等，2005），但在过去十年里，人们对在干酪中添加益生菌越来越感兴趣（Ross 等，2002；Heller 等，2003）。益生菌的一个定义是指“当足量摄入时能给宿主带来健康益处的活性微生物”（FAO/WHO，2001）。一般认为，益生菌必须在食用时及在整个胃肠道中保持活力，才能为宿主提供有益健康的效果（Roy，2005）。欧盟法规 EC No.1924/2006《关于食品营养和健康声明》的公布，使人们对益生菌的临床实验数据更为重视（欧盟，2006）。在对现有科学数据做了分析后，益生菌的每日推荐摄入量已从 10^8 cfu/d 增加到 10^9 cfu/d，具体的每日推荐摄入量取决于所用菌株及其健康功能相关的临床证据。这样的摄入水平很容易通过摄入干酪满足，例如，如果干酪中益生菌含量达到 10^8 cfu/g，那么摄入 10 g 的干酪即足够。

益生菌的一些健康益处包括：（a）改善肠道健康；（b）增强免疫系统；（c）合成营养素和提高营养素的吸收利用；（d）缓解乳糖不耐症；（e）减少易过敏个体的过敏患病率；（f）降低某些癌症的风险（Parvez 等，2006）。研究和使用最广泛的益生菌是双歧杆菌和乳酸杆菌。

干酪是益生菌的良好载体，因为与酸乳相比，干酪的 pH 值更高、固体含量更高、O_2 含量更低，缓冲能力更强，可在胃液中对益生菌起到保护作用（Ross 等，2005）。生产益生菌干酪的一个挑战是益生菌能否在长保质期内存活的问题。益生菌在干酪中的存活取决于益生菌菌株，所选择的益生菌应具有高度耐酸和耐盐性，并与干酪发酵剂互生。此外，存活率也取决于加工条件、产品基质和储存条件。干酪生产过程中的低杀菌温度、较高的 pH 值最小值、干酪中的低氧和低盐含量以及成熟过程中的较低储存温度，都有助于提高益生菌的存活率（Gomes 和 Malcata，1999；Roy，2005）。

生产农家干酪时，益生菌通常与发酵剂一起添加到乳中，或添加到辅料包中。由于益生菌在乳中生长缓慢，因此，酸乳和发酵乳一般按成品要求达到的最低益生菌含量接种。乳生产为干酪的过程中，会发生浓缩，因此，如果选择的菌种和工艺参数能够达到最佳匹配，则可以降低接种量。益生菌在各种干酪中使用的注意事项如表 5.2 所示。

直投式 DVS 发酵剂的应用，使发酵剂生产商有机会推出专为特种干酪设计的含有嗜热菌和中温菌的新的混合型发酵剂（表 5.1），以及用于生产益生菌干酪的专用发酵剂（表 5.2）。

表 5.2　益生菌应用于各种干酪的注意事项

干酪类型	注意事项	参考文献
切达干酪	适合使用	McBrearty 等（2001） Phillips 等（2006）
欧式半硬质干酪	适合使用	Gomes 等（1995） Bergamini 等（2006）
夸克（Quark）鲜干酪 特沃拉格（Tvorag）鲜干酪	工艺上适合使用 工艺上适合使用	Buriti 等（2005）
农家干酪	如在辅料包中加入益生菌就适合使用	Tratnik 等（2000）
软质干酪	除了蓝纹干酪用厌氧益生菌不行之外，其他都适合使用	
格拉娜干酪、帕斯塔菲拉塔干酪、埃曼塔干酪	由于杀菌温度高，不适合使用	
菲达 / 白盐腌制干酪	由于终产品中盐含量高，不适合使用	
奶油干酪	由于灌装温度高，不适合使用	

5.5　乳酸菌分类

早期，乳酸菌是按碳水化合物的发酵类型、产气、细胞形态、耐氧性和最佳生长温度等特征来分类的（Orla–Jensen，1919）。如今，这种分类方法仍在部分使用。

后来尝试利用各种化学分类学方法来改进 LAB 的分类。通过比较分析细胞壁成分（肽聚糖和多糖）、类脂、DNA 的鸟嘌呤和胞嘧啶（G+C）含量或通过表面抗原的血清学研究，对许多乳酸菌进行了表征。虽然这些方法能够区分和鉴定 LAB，但由此产生的分类并不代表自然的系统发育情况。核糖体 RNA（ribosomal ribonucleic Acid，rRNA）的序列比较分析使研究 LAB 真正的系谱关系成为可能（Woese，1987）。图 5.2 显示了基于 16S rRNA 基因序列的 LAB 菌属和一些相关细菌的系统亲缘关系。

当今通常归入乳酸菌的大多数菌属，即肉杆菌属（*Carnobacterium*）、肠球菌属、乳杆菌属、乳球菌属、明串珠菌属、片球菌属、链球菌属和魏斯氏菌属（*Weissella*），都属于 G+C 含量低的革兰氏阳性菌，即所谓的厚壁菌门。只有通常被认为是 LAB 的双歧杆菌，是属于 G+C 含量高的革兰氏阳性菌，即所谓的放线菌门（Ludwig 和 Klenk，2001）。对干酪生产很重要的，且不属于 LAB 的一个属是丙酸杆菌属，该属也属于放线菌门。更近的亲缘关系以及菌种的鉴定，通常是通过 DNA-DNA 杂交技术进行分析，可深入了解菌株全基因组的相关性（Stackebrandt 和 Gobel，1994）。可用于鉴定 LAB 的全基因组序列越来越多，这为从更广的角度研究进化提供了可能性，基于几个基因的系统发育重建显示与基于 rRNA 的系统发育相比，分支序列存在一些细微差异（Makarova 等，2006）。

5.5.1 鉴定

过去乳酸菌的菌种鉴定是以碳水化合物发酵类型和生化特征为基础的。尽管市场上有相关鉴定的小型条带销售，但该方法耗时、费力，并不总是可靠，因为操作上的细小差异也可能会对结果产生影响。对于某些物种群，这些鉴定方法无法适应分类学的新发展。基于 rRNA 序列数据或 DNA-DNA 杂交产生的新菌种，目前尚无可靠的菌种表型鉴定方法（例如嗜酸乳杆菌群）。

基于 DNA 序列的鉴定方法更可靠，因为它们不依赖于生长条件，并且能够鉴定较难区分的菌群。由于 DNA 序列的鉴定方法的稳定性以及全面数据集库的公开性，16S rRNA 基因序列分析已成为细菌鉴定中广泛使用的技术之一（Ludwig 和 Klenk，2001）。由于菌株有特定的性质，所以最好是能将同一菌种的不同菌株区分出来。为此，可以使用各种 DNA 指纹技术，在同一菌种的各种菌株中鉴定出一种菌株（Krieg，2001）。

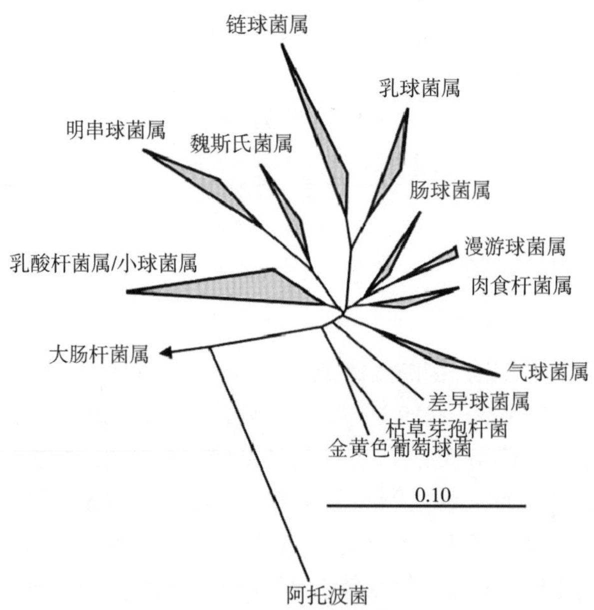

图 5.2 基于 16S rRNA 基因序列的低鸟嘌呤和胞嘧啶（G+C）含量的革兰氏阳性 LAB 和相关细菌的系统发育树。条形表示计算的序列多样性达到 10%。该发育树根据 ARB 程序库构建（Ludwig 等，2004）。

5.5.2　干酪生产的重要菌种

对于乳球菌属的五个菌种，在干酪生产中十分重要的只有乳酸乳球菌的乳酸亚种和乳脂亚种两个亚种。之前能发酵柠檬酸的乳酸乳球菌还有乳酸乳球菌双乙酰亚种（*Lc. lactis* subsp. *diacetylactis*），但因为柠檬酸的利用是质粒介导的，是一个不稳定的表型，不适合用于亚种的表征，因此该菌株现在被命名为乳酸乳球菌乳亚种丁二酮变种。

对干酪商业化生产很重要的链球菌属的唯一菌种是嗜热链球菌。DNA–DNA 杂交技术阐明该菌种与唾液链球菌（*S. salivarius*）的紧密关系，因此重新使用嗜热链球菌的菌名（Schleifer 等，1991）。

明串珠菌属菌株在某些条件下能够形成二氧化碳和双乙酰，因此对干酪孔眼和风味的形成很重要。除了肠膜明串珠菌乳脂亚种和乳酸明串珠菌（*Leuconostoc lactis*），假肠膜明串珠菌（*Leuconostoc pseudomesenteroides*）及其近亲均可见于干酪和干酪发酵剂中（Olsen 等，2007）。

在乳杆菌属多种多样的菌种中，只有嗜热菌种德氏乳杆菌乳酸亚种、德氏乳杆菌保加利亚亚种和瑞士乳杆菌在发酵剂中占有重要地位。Weiss 等（1983）根据菌株 DNA 的高度同源性，将前面的乳酸乳杆菌、保加利亚乳杆菌和德氏乳杆菌合并为一个菌种，即德氏乳杆菌。瑞士乳杆菌偶尔也被称为约古特乳杆菌（*Lactobacillus jugurti*）。

嗜温乳杆菌，例如干酪乳酸菌、植物乳杆菌、短乳杆菌和布氏乳杆菌（*Lactobacillus buchneri*）是干酪非发酵剂乳酸菌（non–starter lactic acid bacteria，NSLAB）群的重要组成部分，在成熟干酪中的含量高达 10^8 cfu/g（Teuber，1993）。

乳制品的丙酸杆菌种类包括费氏丙酸杆菌、詹氏丙酸杆菌、特氏丙酸杆菌和产丙酸丙酸杆菌。费氏丙酸杆菌根据能否还原硝酸盐和发酵乳糖又分为费氏丙酸杆菌费氏亚种和费氏丙酸杆菌谢氏亚种两个亚种。

5.6　乳酸发酵剂的种类

表 5.1 中介绍的各种发酵剂可以以多种形式生产：（a）未知菌株的混合发酵剂；（b）已知的多菌株发酵剂；（c）在某些情况下，单一菌株发酵剂（Tamime，2002）。由未知菌株数组成的未知混合发酵剂，在欧洲主要用于生产欧式干酪，而已知的多菌株发酵剂主要是在生产切达干酪及其相似类型的干酪的国家使用。

5.6.1　中温菌发酵剂的发展

最初，大多数干酪发酵剂都是未知菌株的混合发酵剂。但在现代干酪生产中，作为传统未知发酵剂的直系后代使用的主要是 LD 型发酵剂，这些 LD 型发酵剂由商业发酵剂公司进行传代培养，并且由于 LD 型菌发酵剂产生的良好风味特征和噬菌体抗性而备受干酪工业的青睐。这些发酵剂一旦开发出来，必须小心保藏和培养，以维持菌株稳定和噬菌体抗性。

在20世纪60年代中期，有人观察到在乳品工厂中繁殖的未知菌株数混合LD型发酵剂比在实验室中培养的类似的LD型发酵剂具有更高的噬菌体抗性。这种差异是由于实验室菌株在防噬菌体环境中经过无数次转移培养，造成噬菌体敏感菌株占主导地位（Stadhouders和Leenders，1984）。如今，发酵剂公司的解决办法是控制发酵菌种在实验室中的转移培养次数，防止更多噬菌体敏感菌株占据主导地位。

20世纪30年代，新西兰出现了另一个有关干酪质量的问题。在将干酪运往欧洲和东方市场的过程中，由未知菌株的混合发酵剂发酵柠檬酸产生的CO_2导致干酪出现“质地疏松多孔”问题（Whitehead，1953）。为了避免这些质地问题的出现，发酵剂中的产酸菌被分离出来并作为单菌株发酵剂使用。使用这些发酵剂之后，干酪质地问题解决了，但由于噬菌体问题，发酵剂的产酸量并不一致。新西兰的发酵剂系统中采用单一菌株发酵剂的配对使用较好地控制了生产参数。从30年代到60年代，单一菌株发酵剂的使用仅限于澳大利亚和新西兰，以及苏格兰和美国的少数工厂。

20世纪70年代切达干酪行业出现向“已知的”多菌株发酵剂的转折点，并在此后逐步发展到发酵乳制品的所有领域。鲜乳生产和运输体系的合理化促进干酪工厂规模扩大，将较小的干酪工厂合并成较大的工厂，干酪罐多次装乳，干酪生产“按时按刻”进行，这使发酵剂在干酪生产日承受相当大的压力。噬菌体不可避免地出现，导致发酵速度“缓慢”或不发酵。新西兰、澳大利亚、美国和爱尔兰的研究工作旨在开发一个多菌株的办法，其中菌株替代是保持发酵剂性能稳定的关键。将发酵菌株在实验室中反复暴露于噬菌体污染来筛选菌株（Heap和Lawrence，1976），采用这种方法，发酵剂的菌株先单独培养，在接种到工作发酵剂培养罐之前再进行混合。如果检测到快速复制的噬菌体侵染其中一种菌株，则将该菌株替换为噬菌体不相关的菌株。最初所用的这种方法由六种菌株组成，并不轮流使用。

1980年，大型发酵剂生产商在欧洲推出用于生产切达干酪的DVS发酵剂。通常，每种发酵剂由三到四种通过噬菌体抗性等能力筛选的菌株组成。为确保干酪生产的一致性，一般采用四到五个噬菌体不相关的发酵剂轮流使用的办法。如今，大多数切达干酪生产国都使用DVS发酵剂。

5.6.2 直投式发酵剂的使用

在过去的25年里，世界各地的干酪生产商已经知道冷冻或冻干浓缩发酵剂直接添加到干酪桶中的好处。在切达干酪、披萨干酪、农家干酪和白盐腌制干酪（如羊乳酪）的生产中，DVS发酵剂的优势已得到公认。DVS发酵剂的使用率在德国估计为20%，在英国为65%，在美国为25%，占全球干酪生产用乳总和的30%。

DVS发酵剂几乎可用于所有类型的干酪，只需要对干酪生产工艺稍作调整即可（如果需要调整的话）。由于工作发酵剂含有乳酸，在干酪生产开始时，用1～2 mL/100 mL传统工作发酵剂接种干酪乳会使其pH值降低0.05～0.1个单位，而使用DVS发酵剂则不会出现pH值下降这种情况。此外，发酵剂的复水活化需要一些时间，因此，DVS发酵剂通常被认为具有较长的发酵滞后期。然而，现代 DVS 发酵剂的活性通常高于传统的工作发酵剂，因而初始的 pH 值差异会在几小时内消失（图 5.3）。在欧式干酪生产中，通常将预成熟温度提高 1℃并将预成熟处理时间延长 5 ～ 10 min 就足够。在使用中温 O 型发酵剂生产切达干酪时，预成熟时间通常延长 10 ～ 20 min。在后阶段中，DVS 发酵剂的发酵速率比工作发酵剂快，为了控制最低 pH 值，凝乳切碎时的可滴定酸要比较低。有人已开发了新型的发酵剂，在中温 O 型发酵剂中混入嗜热链球菌，使酸化速度显著提高（表 5.1）。

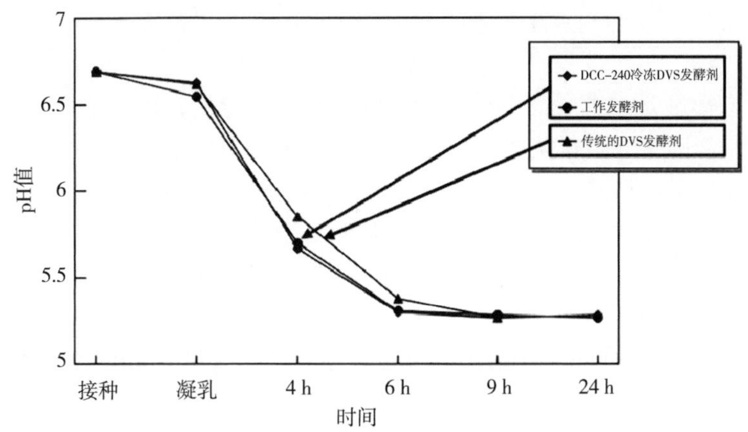

图 5.3　使用 2 mL/100 mL 工作发酵剂或 0.02 g/100 g 冷冻 DVS 发酵剂制作高达干酪过程中的 pH 值变化

使用 DVS 发酵剂有几个优点。由于不存在工作发酵剂的扩大培养，降低了乳品厂中噬菌体侵染和噬菌体积累的风险。直投式发酵剂容易适应乳量的变化及生产计划的其他变化，增加了干酪生产的灵活性。DVS 发酵剂在售出前通过大量的质量控制体系，以确保发酵剂具有所需的活性和微生物质量。可以预先确定混合菌株以确保产生一致的酸度和风味，并且可以将嗜温、嗜热，甚至益生菌菌株混合到一款发酵剂中，以提供具有指定特性的发酵剂。由于菌株需要不同的生长条件，这些类型的发酵剂很难通过培养工作发酵剂的方法来生产，如果在乳品厂分别对不同的菌株进行扩大培养，然后再混合，则非常费力。但许多由生长条件不同的菌株组成的特殊 DVS 发酵剂已在市场上销售，有用于干酪生产的，也有用于发酵乳生产的（表 5.1）。

5.6.3　发酵剂菌株的筛选

为使发酵剂在干酪生产中发挥所需的功能，在使用前正确筛选和表征单一菌株非常重要。菌种筛选标准各不相同，通常主要标准是固定温度下的酸化率和噬菌体抗性（表 5.3）。基于遗传的试验如 DNA 和质粒图谱分析，一般与噬菌体亲缘关系一起用于将菌株分成不同的类别。在已知菌株的发酵剂中组合亲缘关系密切相关的菌株是不可取的，因为这些菌株更容易受到同一种噬菌体的侵染。

表 5.3　干酪发酵剂 LAB 的筛选标准

基本筛选指标	特定筛选指标	生产
酸化速率	在选定的干酪生产过程中的酸化率	易于生产，细胞密度和活性高
噬菌体抗性	蛋白酶和肽酶活性	易于浓缩
DNA 和质粒图谱	纹理性质	冷冻干燥过程中的稳定性
菌种鉴定	菌株的相互作用	储存稳定性
在乳中产生的风味和异味	糖发酵情况	
抗生素耐药性	模型干酪系统中的风味筛选	

具体的筛选标准是根据最后发酵剂所需的特性来制定的，因此了解各种 LAB 相关的代谢能力会很有帮助，开始对菌株进行筛选期间，酸化率的测定是通过测定巴氏杀菌乳中和干酪生产的模拟温度情况下的酸化和增殖率来进行的。为了平衡风味并降低噬菌体增殖的风险，常在切达干酪的发酵剂中使用温度敏感和温度不敏感的菌株。备选菌株也会在发酵剂生产厂进行试验，看其性能是否令人满意，通常会在小规模试验厂进行试验，然后再选出满足指定筛选标准的菌株。

在自然界中寻找具有特定性质的菌株的另一种方法，是在实验室中通过传统的细菌遗传学或运用现代分子生物学技术，构建具有所需特性的菌株。

5.7　开发新的发酵剂的现代方法

5.7.1　基因组学和传统细菌遗传学

有机体的特性是由其 DNA 中的基因编码的，生物体 DNA 的全部基因称为基因组。近年来，任何基因组的全 DNA 序列的鉴定已成为可能，使我们可以利用某个细胞的所有基因，这一新兴的学科称为基因组学。目前，发酵剂中的许多菌种已有完整的基因组序列（Pfeiler 和 Klaenhammer，2007）。对微生物的全基因组序列的分析可以深入了解其特性（Dellaglio 等，2005）。例如，基因组学可以预测细菌的全部代谢能力，还促生了可以更好地掌握特定菌株功能的许多技术，其中包括可用于比较同一菌种不同菌株的比较基因组杂交技术，以及可用于快速测定基因表达随环境条件变化而变化的转录组学。转录组学对于测定细菌在乳中生长期间（Smeianov 等，2007）或在发酵剂商业化生产期间（Pedersen 等，2005 ）发生的变化，尤为有用。完整的基因组序列还可以快速确认食物链中是否存在不良基因，也有助于发现决定特定菌株特性的基因。不良的基因包括编码合成生物胺的基因和编码抗生素耐药性的遗传基因。

细菌基因组通常包含两种类型的 DNA 分子，一种相对较大称为染色体的分子和一些相对较小称为质粒的分子。细菌只有一个染色体，每个细菌只有一个染色体拷贝，但有多个质粒拷贝，通常 LAB 菌株有几种不同的质粒。这些质粒上的基因通常与乳品工厂的环境高度相关，可能含有乳糖发酵、柠檬酸盐转运、蛋白酶生产和噬菌体抗性基因。

接合转移是一种天然的基因转移机制，已被用于将有噬菌体抗性的质粒从一种菌株转移到另一种菌株。由此产生的菌株保留了受体菌株的功能特性，并获得了供体菌株优越的噬菌体抗性。染色体基因也可会发生转移。有证据表明，不同属的乳用LAB之间也会发生基因交换（Makarova 等，2006）。

菌株改造的另一种方法是使用重组 DNA 技术将目的基因从一个菌株转移到另一个菌株，由此产生的菌株将是转基因生物（genetically modified organism，GMO），因此将受到生产或使用该菌株的国家的法律法规的约束。由于这些法律法规在不同地区存在很大差异，并且法律法规不断被修订和解释，因此建议研究人员在任何乳制品加工过程中使用转基因生物之前咨询当地相关监管部门。

5.7.2　乳制品行业中食品级转基因生物

乳制品含有活性乳酸菌。如果发酵剂含有转基因菌种，那么乳制品消费者将食用活性转基因菌。经过胃部消化仍然存活的一部分乳酸菌，可能在人体消化道中定植。这些考虑大大地限制了菌种转基因改造的类型，毕竟能被认为是食品级的、安全的，可用于乳制品的转基因改造并不多。

食品级的一个定义是，转基因食用菌必须只含有来自同一属的 DNA，并且可能还有小段合成 DNA（Johansen，1999）。根据这个定义，乳酸乳球菌属的转基因食用菌仅能包含来自乳球菌属的 DNA，可能还有少量的合成 DNA。在更宽泛的食品级定义中，假如供体微生物是属于一般公认为安全的微生物，则使用不同属的微生物的 DNA 也是可行的（Johansen，1999）。根据这个定义，将来自嗜热链球菌的 DNA 片段转入乳酸乳球菌属转基因食用菌中，就是可行的。

按食品级的定义，有几种类型的基因改造是可以做的（Johansen，2003）。可以删除菌株的一个基因；可以用另一个菌株的同一个基因替换菌株的相同基因；也可以通过使用食品级克隆载体，将新基因转入菌株，提高现有基因的复制率和表达水平（Sørensen 等，2000；Guldfeldt 等，2001）。

在世界某些地区，在食品工业中使用 DNA 重组技术，不管食品级与否，仍然存在争议。出于这个原因，含有食品级转基因菌种的发酵剂尚未商业化。相反，传统菌株改良仍然是开发具有新特性菌株的首选方法，而实验室自动化的使用对这起到极大的促进作用。

5.7.3　实验室自动化开发新的发酵剂

传统上，新的发酵剂菌株的分离依赖于筛选数千或数万种菌株，以筛选出少量具有所需技术特征的菌株。筛选如此大量的菌株是劳动密集且缓慢的，为了解决这些问题，已经开发 HTS 方法。

HTS 方法利用自动化操作系统以快速且可重复的方式进行反复的实验操作。在过去十年中，这项技术得到快速发展和长足进步，许多设备供应商已经为特定的实验室操作开发专用自动化操作系统。HTS 和手动筛选之间的主要区别之一是，在 HTS 中，所有测定均在（96 孔或 384 孔）微量滴定板中进行，这极大地提高了自动化水平和样品通量，其结果是筛选测定的体积缩小，其标准体积为 100 ～ 300 μL。

将要筛选的样品接种在大平板（20 cm × 20 cm）上的适宜琼脂培养基上，该平板的容量约为每板 3000 个菌落数。菌落挑选仪用于自动挑选菌落，通常由三个组件组成，第一个组件包括一个成像和软件系统，该系统从琼脂板上自动识别和挑选菌落，菌落可以根据菌落大小、形状、有无透明圈或颜色进行挑选。第二个组件包括一个带有一个挑取针头的机械臂，可以将选定的菌落挑出并转移到微量滴定板上，菌落以每小时 3000 ～ 4000 个菌落数的速度被挑取和转移，这比手工操作的速度快了约 10 倍。菌落挑选仪的第三个组件是挑菌针头的自动冲洗和消毒系统。

菌株一旦被挑取出来并转移到微量滴定板上，就可以使用自动分析仪对其进行详细的分析和表征。自动分析仪可用于测量酶活性、生长速率或各种代谢物。分析仪由移液站、摇床、培养箱和读取器组成，其本身是可以定制的。此外，其他专用设备，例如离心机、超声仪器或过滤装置，也可以组装到自动分析仪中，这些组件通过一个或多个机械臂连接在一起，机械臂在自动分析仪的各个组件之间移动微量滴定板。整个系统由复杂的软件程序控制。

经自动分析仪筛选之后，获得少量具有必要特性的菌株（10 ～ 50 个），对这些候选菌株进一步分析，以确认它们确实具有所需功能。只有那些通过严格的重新测试和分析的菌株，才能在干酪发酵试验中进行评估。数千株细菌筛选结束，最后发现其中只有一两种菌适合干酪发酵的情况并不少见。

HTS 筛选是一种可以分离和识别新的干酪发酵菌的独特方法。通过利用自动化操作系统的灵活性和强大功能，可以达到高样品通量、每个样品的低成本和高度可重复性。为了从传统遗传学和分子遗传学或 HTS 中获得最大收益，了解与干酪发酵相关的 LAB 代谢过程是必要的，其中一些代谢过程将在后续章节中讨论。

5.8 LAB 酸化的生物化学

5.8.1 简介

乳酸菌在各种发酵食品和饮料的生产中有着悠久的应用历史，主要是因为乳酸菌具代谢糖产生乳酸的高潜力，从而为食品的保存提供了一种有利条件。乳酸菌产生乳酸不仅为其在自然环境中生长时提供了竞争优势，而且产生了生长代谢所需的能量。近期已有人对乳酸菌产酸的生物化学和糖代谢的调节进行了综述（Neves 等，2005）。

5.8.2 糖代谢

当 LAB 在乳或其他含乳糖的培养基中培养时，乳糖通过磷酸烯醇式丙酮酸依赖性磷酸转移酶系统（phosphoenol pyruvate-dependent phosphotransferase system，PEP-PTS）或乳糖渗透酶（Thompson，1987）转运穿过细胞膜进入细胞质。在 PEP-PTS 系统的运输过程中，乳糖先磷酸化为乳糖磷酸，再由磷酸 - β - 半乳糖苷酶水解为葡萄糖和半乳糖 -6-磷酸。在具有乳糖渗透酶的菌株中，乳糖在未经磷酸化的情况下运输，并被 β - 半乳糖苷酶水解成葡萄糖和半乳糖，然后半乳糖被磷酸化并转化为葡萄糖 -6- 磷酸，无论乳糖如何运输，葡萄糖都会被磷酸化为葡萄糖 -6- 磷酸。

葡萄糖代谢有两种主要途径，可用于 LAB 属的分类。在同型发酵乳酸菌中，例如乳球菌属、链球菌属和 I 级乳酸杆菌属，乳酸是主要的终产物；而在异型发酵乳酸菌中，例如明串珠菌属、Ⅱ级和Ⅲ级乳酸杆菌属，可以产生乳酸、CO_2、乙酸和乙醇（表 5.4），乳酸是两种发酵系统的一种最终产物，具体产生 L(+)- 乳酸或 D (-)- 乳酸还是产生两者的混合物，取决于菌种拥有的乳酸脱氢酶的类型（表 5.4）。

表 5.4　各种 LAB 的乳酸生产

微生物	转运系统	途径	主要发酵产物[a]	乳酸构型
乳球菌属	PEP-PTS	同型发酵	4 乳酸	L
链球菌属	渗透酶	同型发酵	2 或 4 乳酸[b]	L
I 级乳酸杆菌属	渗透酶	同型发酵	2 或 4 乳酸[b]	D 或 DL
Ⅱ级和Ⅲ级乳酸杆菌属	渗透酶	异型发酵	乳酸[c] + 乙醇 + 乙酸 +2 CO_2	D 和 / 或 L
明串珠菌属	渗透酶	异型发酵	2 乳酸 +2 乙醇 +2 CO_2	D

注：[a] 1 mol 乳糖的发酵产物。

[b] 按化学计量法如果释放半乳糖，则为 2 mol 乳酸；如果半乳糖完全代谢，则为 4 mol 乳酸。

[c] 发酵产物的化学计量取决于类型和生长条件。

乳酸菌具有同型乳酸发酵或异型乳酸发酵所需的酶，但它们在对各种糖类的吸收和利用、代谢途径中的各个步骤的调节，以及从仅产生乳酸变为产生混合酸的方式等方面均存在差异。随着基因组学的出现，人们将更容易了解和发掘 LAB 的潜力，从乳糖生产出理想的代谢产物（Pfeiler 和 Klaenhammer，2007）。

5.9 LAB 的蛋白水解

5.9.1 蛋白酶

蛋白质水解，通过破坏干酪蛋白质基质导致结构的变化，并释放小分子肽和游离氨基酸形成风味。除了凝结剂和纤溶酶外，LAB 发酵剂对蛋白质水解也有很大影响。

乳酸乳球菌属蛋白水解系统由一种被称为细胞外膜丝氨酸蛋白酶（噬菌体相关尾蛋白基因（phage-related tail protein, PrtP）的细胞膜结合蛋白酶和几种不同的细胞内肽酶组成。根据细胞外膜丝氨酸蛋白酶水解酪蛋白的特异性差异，以往已识别出三种不同类型的蛋白酶。Ⅰ型细胞外膜丝氨酸蛋白酶可以水解 β－酪蛋白和 κ－酪蛋白，但不水解 α_{s1}－酪蛋白，Ⅲ型水解 β－酪蛋白、κ－酪蛋白和 α_{s1}－酪蛋白，Ⅰ / Ⅲ型兼具Ⅰ型和Ⅲ型的特异性（Visser，1993）。然而，基于 α_{s1}－酪蛋白（1 ～ 23）的水解，细胞外膜丝氨酸蛋白酶的分类，从以往的Ⅰ型、Ⅲ型和Ⅰ / Ⅲ型分类系统，已进一步细化为 8 组（a–h）（Exterkate 等，1993；Broadbent 等，2006）。细胞外膜丝氨酸蛋白酶通常是由质粒编码的，由于质粒丢失常会出现自发的蛋白酶阴性突变体。嗜热链球菌、德氏乳杆菌保加利亚亚种和瑞士乳杆菌中，细胞膜结合蛋白酶由染色体编码，因此在这些菌种中是一个稳定的特征（Gilbert 等，1996；Pederson 等，1999；Fernandez–Espla 等，2000）。

蛋白质水解是干酪风味的形成所必需的。然而，如果这个过程失常，可能会导致苦味。苦味与 β－酪蛋白 C－末端的疏水肽水平升高有关（Lemieux 和 Simard, 1991）。干酪中苦味的总体水平取决于发酵剂的胞内肽酶形成苦味肽和将苦味肽分解成非苦味物质的相对速率。某些具有Ⅰ型细胞外膜丝氨酸蛋白酶的乳酸乳球菌属的菌株（HP，Wg2），与切达干酪的苦味形成有关，因此，菌株的选择要考虑到细胞外膜丝氨酸蛋白酶的类型。选择快速裂解的发酵剂有助于减少干酪中苦味形成（Lortal 和 Chapot–Chartier，2005）。此外，盐分强烈影响发酵剂形成和分解苦味蛋白肽的速度（Visser 等，1983）。

蛋白水解后，生成的二肽、三肽和寡肽通过相应的肽转运系统转运到细胞内。这些肽转运系统由乳球菌属的 *dtpT*、*dpp* 和 *opp* 基因编码。类似的系统在嗜热链球菌和乳杆菌属中被称为 Ami、Ali 和 opp 系统（Doeven 等，2005）。

5.9.2 乳酸菌的肽酶

蛋白酶作用产生的肽被肽酶进一步酶解。乳酸乳球菌属的细胞内肽酶包括内肽酶、氨肽酶、二肽酶、三肽酶和脯氨酸特异性肽酶（Christensen 等，1999）。脯氨酸特异性肽酶特别重要，由于酪蛋白中富含脯氨酸残基，而含有脯氨酸的肽有产生苦味的倾向。在瑞士乳杆菌和德氏乳杆菌乳酸亚种中还发现了其他的肽酶（Christensen 等，1999）。瑞士乳杆菌 CNRZ32 菌株的全基因组序列的测定，使人们可鉴定至少十几种以前未知的参与蛋白水解的酶（Broadbent 和 Steele，2007）。

LAB 的肽酶是胞内酶，但可以通过细胞裂解释放到干酪基质中，在基质中保持其活性，参与酪蛋白的分解，影响风味的形成。LAB 能表达可以水解细胞壁肽聚糖的酶，促进细胞自溶。乳酸乳球菌属能表达一种 N－乙酰氨基葡萄糖苷酶（主要的自溶素 AcmA）和其他三种氨基葡萄糖苷酶 AcmB、AcmC 和 AcmD（Steen 等，2007）。此外，已在 LAB 的基因组上发现几种原噬菌体编码的裂解酶（Makarova 等，2006）。

5.9.3 LAB 的氨基酸分解代谢

蛋白水解和肽水解导致在干酪基质中产生大量的肽和游离氨基酸。大量的游离氨基酸被发酵剂和非发酵剂乳酸菌（NSLAB）分解成多种多样的挥发性风味化合物。氨基酸分解代谢有许多不同的途径，每个途径产生不同的化合物（Yvon 和 Rijnen，2001）。挥发性风味化合物、游离氨基酸和肽的浓度和类型对于干酪的最终风味特征至关重要（Smit 等，2005）。

转氨作用是氨基酸分解的第一步，游离氨基酸经转氨作用变为 α– 酮酸，形成的 α– 酮酸类型取决于供体氨基酸。在乳酸乳球菌属中，已鉴定出一种对亮氨酸、异亮氨酸、缬氨酸和蛋氨酸有活性的支链氨基酸氨基转移酶，以及对苯丙氨酸、酪氨酸和色氨酸有活性的芳香族氨基酸氨基转移酶（Christensen 等，1999）。转氨作用需要有 α– 酮戊二酸作为氨基受体，干酪中 α– 酮戊二酸数量比较有限，直接影响转氨反应。

α– 酮酸可被 α– 酮酸脱羧酶或羟基酸脱氢酶进一步分解，分别产生醛或羟基酸（Christensen 等，1999）。形成的醛是重要的风味化合物，羟基酸通常则不是，随后，醛分别通过醇脱氢酶或醛脱氢酶进一步转化为醇或羧酸。

蛋氨酸被 LAB 分解是一个特例，它可以被支链氨基酸氨基转移酶进行转氨作用或被裂解酶进行裂解。裂解酶途径产生重要的“硫磺味”物质，例如甲硫醇（Bruinenberg 等，1997）。

有趣的是，乳酸乳球菌属的氨基酸分解代谢不同菌株之间存在相当大的差异。非工业性的“野生型”菌株比典型的乳用分离株有更多可转化氨基酸的酶。例如，乳酸乳球菌属 B1157 型菌株具有高活性的 α– 酮酸脱羧酶，其他菌株如 SK110 型中则不存在。这一发现进一步印证了选择和组合好菌株，控制干酪风味形成的重要性（Smit 等，2005）。

5.10 LAB 噬菌体

目前，还没有可以完全抵抗所有噬菌体的商业化发酵剂。即使一种发酵菌在上市时具有噬菌体抗性，但由于噬菌体的快速进化，通常也会在一段时间后检测到噬菌体。

在干酪生产过程中，噬菌体感染乳酸乳球菌属的问题最为常见，其次是嗜热链球菌。在乳品发酵过程中，发酵剂的乳酸杆菌属和明串珠菌属的噬菌体问题并不大。

5.10.1 发酵剂制备过程中的噬菌体控制

使用一批有代表性的噬菌体对潜在生产菌株进行测试可以揭示菌株在乳品厂中的性能。经过对多种纯化噬菌体进行多轮“希普和劳伦斯”（Heap 和 Lawrence，1976）测试后，存活下来的菌株就是很好的候选菌株。另一种预测菌株存活率的方法是预先测试来自将要引入发酵剂的乳品厂的乳清样品。

随着单一菌株发酵剂或特定的混合菌株发酵剂的开发，噬菌体亲缘关系成为一个重要的选择标准（表 5.3）。当特定混合发酵剂中的菌株与噬菌体无关时，即它们不会受到同一噬菌体或同一类噬菌体的侵染时，噬菌体感染就不一定会导致乳品厂发酵失败，因为混合发酵剂中的其他菌株可以继续发酵，完成酸化过程。使用由噬菌体不相关的多个菌株组成的已知混合发酵剂，就可以建立轮换使用机制。使用未知混合发酵剂难度则比较大，因为噬菌体更难监测，不容易达到噬菌体完全不相关的状态。但由于有许多菌株存在，所以在受到噬菌体侵染时也有更大的安全性。

在发酵剂生产过程中，现代无菌技术可确保供应乳品工厂的发酵剂不含噬菌体。接种材料以及最终产品均要采用噬菌体敏感法进行测试，例如希普和劳伦斯测试法。

溶原性菌株是将噬菌体 DNA 整合到其染色体中成为原噬菌体的菌株，是否出现溶原性菌株，可以通过染色体 DNA 与噬菌体 DNA 杂交或通过丝裂霉素 C 诱导原噬菌体来测试。用丝裂霉素 C 对乳酸乳球菌属的 172 个菌株进行测试，显示 51 个菌株可释放出能够在指示菌上繁殖的噬菌体（Cuesta 等，1995）。然而，在测试的 80 个嗜热链球菌菌株中，只有一个菌株被证明是溶原性的，且没发现所产生的这种噬菌体有任何指示菌（T. Janzen 和 I. Christoffersen，1996；Chr Hansen A/S 未发表的结果）。尽管溶原性菌株已被认为是裂解性噬菌体的一个来源，但这种感染途径在乳制品发酵中的确切影响仍不清楚（Jarvis，1989）。尽管温和噬菌体通过突变有可能变为裂解性噬菌体，但没有证据表明这是干酪工厂中裂解性噬菌体的来源。

5.10.2 乳品厂中的噬菌体控制

虽然通过使用商业化的多菌株或单菌株已知发酵剂，可以排除来自发酵剂对干酪桶的污染，但乳品厂内的感染则不能完全避免。生乳本身可能含有噬菌体，可能无法通过巴氏杀菌完全灭活。使用开放式的干酪桶时会被空气中的噬菌体污染。研究表明，乳清分离设备附近的空气最多可能含有 6×10^6 cfu/m^3 的噬菌体（Neve 等，1994）。常见的可以感染乳酸乳球菌属的噬菌体的电子显微图如图 5.4 所示。

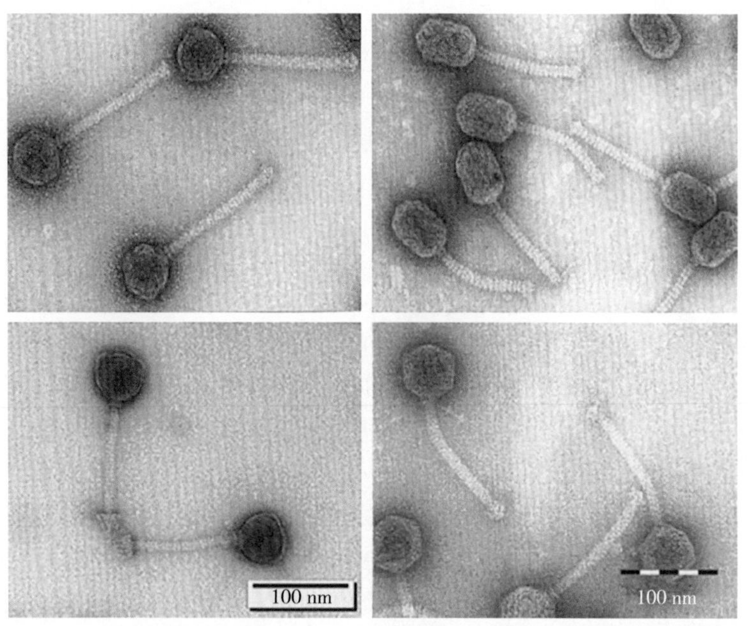

图 5.4 可感染乳酸乳球菌的常见噬菌体的电子显微照片［图片由德国基尔市（Kiel），马克斯鲁布研究所微生物与生物技术研究中心 Horst Neve 博士提供］。

乳清管道和乳的管道间距太近，或使用未充分热处理的乳清稀奶油，均可能导致罐中的乳受到污染。总之，保证设备和管道的卫生，使用密闭式发酵罐，防止被乳清污染，可以最大限度降低噬菌体侵染的风险。一些乳品厂采用的做法是轮换使用来自不同供应商的发酵剂。但由于这些发酵剂的噬菌体关系不明确，结果可能是导致噬菌体的积累。

使用工作发酵剂时，发酵剂通常是在不同的车间和密封的发酵罐中生产的。为了提高安全性，这些发酵剂菌通常在噬菌体抑制培养基中生产，这些培养基含有磷酸盐，可以螯合大多数噬菌体增殖所需的二价阳离子。从商业发酵剂供应商处购买 DVS 发酵剂，则不用自己制备工作发酵剂和使用噬菌体抑制培养基。

5.10.3 噬菌体监测

噬菌体的常规检测方法是抑菌试验，在乳品厂中即可完成。使用乳清“污染”发酵剂，并在发酵结束时测量 pH 值，如果与未添加乳清的发酵剂相比，pH 值存在差异，则表明有抑菌剂存在，可能是噬菌体。通过常规噬菌斑试验对结果进行验证，可验证抑制作用是由噬菌体还是其他因素（如细菌素或抗生素）引起的。只有在使用特定发酵剂时才能进行噬菌斑测试，因为如果用混合发酵剂，产生的菌苔通常看不到噬菌斑。使用噬菌斑测试，可以准确测量噬菌体滴度并监测噬菌体群体的繁殖情况。当使用单一菌株或已知混合菌株发酵剂时，长期对噬菌体进行监测可以找出对噬菌体最敏感的菌株，然后可以用噬菌体敏感性类型不同的菌株来替换这些菌株。

如果使用未知混合发酵剂，则可以通过希普和劳伦斯测试法对阳性抑菌试验进行验证。其做法是，将试验第一天产生的乳清用于感染第二天相同的发酵剂，该过程重复几次，如果抑制作用是由噬菌体引起的，则噬菌体会在宿主菌株上繁殖，且抑制水平会提高；如果抑制作用是由抗生素或细菌素引起的则不然。另外，乳清样品中的噬菌体也可以通过聚合酶链式反应（Polymerase Chain Reaction，PCR）来检测。对乳酸乳球菌属 936 类、c2 类和 P335 类这三种主要噬菌体，已建立了多重 PCR 扩增技术进行鉴定（Labrie 和 Moineau，2000）。嗜热链球菌的所有噬菌体都属于一个 DNA 同源性家族，并且具有相似的形态（等长头、长尾）。研究发现嗜热链球菌噬菌体有一个 DNA 保守区，在所研究的噬菌体中，有 80% 都存在这个保守区（Janzen 和 Jensen，1996）。这些噬菌体可以直接在乳清样品中，通过相应的 PCR 扩增技术检出。

5.11 抗噬菌体发酵剂的开发

5.11.1 噬菌体抗性自发突变菌株的分离

噬菌体抗性自发突变体的出现频率约为 10^7 个细菌中出现一个，其特征通常是噬菌体对细菌的吸附减少，这可能是噬菌体受体被掩蔽或完全不存在的结果。也可以分离出具有正常噬菌体吸附能力的噬菌体抗性变体。噬菌体抗性突变体的酸化率通常较低，因此有必要对分离的突变体进行仔细测试。噬菌体抗性自发突变菌株已商业化应用了数十年。

5.11.2 噬菌体抗性质粒的接合转移

对噬菌体有良好天然抗性的菌株通常含有特定的噬菌体抗性基因。在乳酸乳球菌属中，这些基因通常位于质粒上，可以通过接合转移给其他菌株。CHCC1915 和 CHCC1916 菌株是通过接合形成的，含有接合的质粒 pCI750，该质粒含有顿挫感染系统 AbiG（abortive infection system，AbiG），使细菌对主要的乳酸乳球菌噬菌体 936 类具有抗性，也对 c2 类噬菌体具有部分抗性（O′ Connor 等，1996）。这两种菌株都已成功使用了好多年。

5.11.3 抑制噬菌体吸附

噬菌体感染蛋白（phage infection protein，Pip）是一种吸附扁长头噬菌体所必需的膜蛋白（Montville 等，1994）。许多具有 Pip 突变的自发突变菌株已分离出来，并已上市，至今尚未发现能够战胜 Pip 蛋白噬菌体抗性表型菌株的噬菌体突变体。由于 Pip 蛋白存在于大多数乳酸乳球菌属菌株中，并且 Pip 蛋白的缺失不会导致发酵菌生长或酸化速率的降低，因此，在乳制品行业中，使用 Pip 突变菌株是一种很有前景的抑制扁长头噬菌体的方法。

5.11.4 预防噬菌体 DNA 注入

噬菌体吸附细菌后马上出现 DNA 注入。质粒 pNP40 可以编码三种噬菌体抗性机制，其中一种可阻断 c2 类噬菌体的 DNA 穿入（Garvey 等，1996）。

5.11.5 限制和修饰系统

在有限制和修饰（Restriction and Modification，R/M）系统的菌株中，注入的 DNA 会被一种特定的核酸内切酶水解。为了防止宿主染色体 DNA 被水解，R/M 系统的甲基化酶成分会修饰宿主基因组中的核酸内切酶识别位点。R/M 系统在细菌中很常见，在乳球菌属中，大多数 R/M 系统是质粒编码的，而在嗜热链球菌中，则是由染色体编码。

R/M 系统不能引起菌株对噬菌体的全面抵抗，成斑率在 $1\times10^{-6}\sim1\times10^{-1}$。此外，逃避 R/M 系统的噬菌体会被甲基化酶修饰，并且如果它们侵染具有相同 R/M 系统的菌株，则噬菌体 DNA 不会被核酸内切酶水解。

5.11.6 顿挫感染

在有顿挫感染（Abortive infection，Abi）系统的菌株中，噬菌体感染在噬菌体 DNA 注入一段时间后即中止，可以观察到完全没有噬菌斑或仅有少数针点噬菌斑。Abi 通常导致细菌死亡而不释放噬菌体，成斑率的降低幅度在 $1\times10^{-9}\sim1\times10^{-1}$。

目前被较为详细研究介绍过的 Abi 系统已经超过 20 种（Allison 和 Klaenhammer，1998）。它们在 DNA 序列、基因组构、基因调控和受影响噬菌体的种类方面差异很大，并且其中还有许多个系统的作用机制仍不清楚。

5.11.7 噬菌体抗性的其他途径

近期，在嗜热链球菌中发现了一种不同类型的天然的抗噬菌体侵染系统，该系统由成簇的规律间隔的短回文重复序列（CRISPR）及其关联的 cas 基因组成（Barrangou 等，2007）。CRISPR 基因座由高度保守的 21–48–bp 正向重复序列和与噬菌体 DNA 具有同源性的非重复间隔序列组成。已经证明，嗜热链球菌菌株在用毒性噬菌体攻毒后，通过整合新的源自噬菌体基因组的间隔子而产生噬菌体抗性。然而，也有研究表明，能突破菌株抗性机制的噬菌体突变体又迅速进化出来（Deveau 等，2008）。

通过将编码胸苷酸合酶的 thyA 基因失活，开发出具有全噬菌体抗性的乳酸乳球菌乳酸亚种 CHCC373 菌株的突变体（Pedersen 等，2002）。此类突变体在不添加胸腺嘧啶脱氧核苷的情况下无法进行 DNA 复制，这种突变也导致噬菌体 DNA 无法复制。由于 RNA 合成仍在进行，突变体能够产生蛋白质，因此具有代谢活性。然而，由于细胞分裂停止，DNA 的复制需要更高的接种率。

5.12 发酵剂开发的展望

全世界的干酪生产正在整合成越来越大的生产商，随之而来的大批量生产，在不导致干酪风味或其他属性损失的情况下，在酸化活性和可重复性方面对发酵剂提出了更高要求，同时，干酪生产商们又希望根据风味和品质实现产品差异化。干酪工厂的利润率很低，因此能降低成本的创新将备受欢迎。缩短从乳到干酪销售的生产时间，将对干酪制造的经济效益产生重大影响。现在，消费者已经非常注重健康，有健康益处的干酪备受青睐。例如，具有全脂干酪风味和质地的低脂干酪或有助于保持消化系统平衡、降低胆固醇或刺激免疫系统的干酪，具有巨大的市场潜力，并且具有这些特性的干酪产品已进入市场。

要想干酪生产的可重现性、可靠性和成本效益高，就要使用具有成分稳定、酸化快、噬菌体抗性良好，并能在尽可能短的时间内到得最佳得率和风味的发酵剂。所有这些领域的研究都在进行中，并将产生许多新型的发酵剂。由于消费者对转基因一直持怀疑态度，因此这些新型发酵剂不可能包含转基因生物，相反，它们将由传统技术生产，可能通过使用实验室自动化生产，或有各种经仔细筛选的复杂的菌株组合，以使干酪产生所需的特性。接合法和其他天然基因转移法可用来整合最佳工业菌株的最佳特性。

发酵剂的组成取决于发酵剂的生产和维持方式。对于由几种菌株或甚至不同菌种混合而成的发酵剂，可能需要在生产后进行鉴定以确保其菌株组成正确无误，这对于很快就被使用的工作发酵剂来说是困难的，但通常该工作由商业发酵剂供应商完成。发酵剂供应商的另一种方法是将每种菌生产为单一菌株，然后将它们混合得到所需要求的发酵剂。工作发酵剂则不存在这种灵活性，因此 DVS 发酵剂的使用将会增加，特别是在用复杂的发酵剂时。

未来将会出现一些非传统型的发酵剂，其中有些会由不同菌株或菌种按干酪生产通常不使用的组合混合而成。乳品企业对这些发酵剂的接受程度取决于终端消费者对干酪的接受程度。如果干酪质量好、价格合理，消费者就会接受。对消费者的更多益处，例如减少脂肪含量或通过添加益生菌获得的其他健康效果，又不降低干酪的感官特性，将使干酪更具吸引力。

参考文献

Allison, G. & Klaenhammer, T. (1998) Phage resistance mechanisms in lactic acid bacteria. *International Dairy Journal*, 8, 207–226.

Barrangou, R., Fremaux, C., Boyaval, P., Richards, P., Deveau, H., Moineau, S., Romero, D. & Horvath, P. (2007) CRISPR provides acquired resistance against viruses in prokaryotes. *Science*, 315, 1709–1712.

Bergamini, C., Hynes, E. & Zalazar, C. (2006) Influence of probiotic bacteria on the proteolysis profile of a semi–hard cheese. *International Dairy Journal*, 16, 856–866.

Broadbent, J., Rodr´ıguez, B., Joseph, P., Smith, E. & Steele, J. (2006) Conversion of Lactococcus lactis cell envelope proteinase specificity by partial allele exchange. *Journal of Applied Microbiology*, 100, 1307–1317.

Broadbent, J. & Steele, J. (2007) Biochemistry of cheese flavor development: insights from genomics studies on lactic acid bacteria. *Flavor of Dairy Products* (eds K. Caldwaller, M. Drake & R. McGorrin), pp. 177–192, American Chemical Society, Washington, DC.

Brooijmanns, R., Poolman, B., Schuurman–Wolters, G., de Vos, W. & Hugenholtz, J. (2007) Generation of a membrane potential by *Lactococcus lactis* through aerobic electron transport. *Journal of Bacteriology*, 189, 5203–5209.

Bruinenberg, P., de Roo, G. & Limsowtin, G. (1997) Purification and characterization of cystathionine g–lyase from Lactococcus lactissubsp. cremoris SK11: possible role in flavour compound formation during cheese maturation. *Applied and Environmental Microbiology*, 63, 561–566.

Buriti, F., da Rocha, J. Saad, S. (2005) Incorporation of *Lactobacillus acidophilus* in Minas fresh cheese and its implications for textural and sensorial properties during storage. *International Dairy Journal*, 15, 1279–1288.

Christensen, J., Dudley, E., Pedersen, J. & Steele, J. (1999) Peptidases and amino acid catabolism in lactic acid bacteria. *Antonie van Leeuwenhoek*, 76, 217–246.

Cuesta, P., Suarez, J. & Rodriguez, A. (1995) Incidence of lysogeny in wild lactococcal strains. *Journal of Dairy Science*, 78, 998–1003.

Dellaglio, F., Felis, G., Torriani, S., Sørensen, K. & Johansen, E. (2005) Genomic characterisation of starter cultures. *Probiotic Dairy Products* (ed. A.Y. Tamime), pp. 16–38, Blackwell Publishing, Oxford.

Deveau, H., Barrangou, R., Garneau, J., Labonte, J., Fremeaux, C., Boyaval, P., Romero, D., Horvath, P. & Moinaeu, S. (2008) Phage response to CRISPR–encoded resistance in *Streptococcus thermophilus*. *Journal of*

Bacteriology, 190, 1390–1400.

Doeven, M., Kok, J. & Poolman, B. (2005) Specificity and selectivity determinants of peptide transport in *Lactococcus lactis* and other microorganisms. *Molecular Microbiology*, 57, 640–649.

EU (2006) Regulation (EC) No. 1924/2006 of the European Parliament and of the Council of 20 December 2006 on nutrition and health claims made on foods. *Official Journal of the European Union*, L404, 9–25.

Exterkate, F., Alting, A. & Bruinenberg, P. (1993) Diversity of cell envelope proteinase specificity among strains of Lactococcus lactis and its relationship to charge characteristics of the substratebinding region. *Applied and Environmental Microbiology*, 59, 3640–3647.

FAO/WHO (2001) Report of a Joint FAO/WHO Expert Consultation on Evaluation of Health and Nutritional Properties of Probiotics in Food including Powder Milk with Live Lactic Acid Bacteria, Cordoba, Argentina (ftp://ftp.fao.org/es/esn/food/probio_report_en.pdf).

Fernandez–Espla, M., Garault, P., Monnet, V. & Rul, F. (2000) *Streptococcus thermophilus* cell wallanchored proteinase: release, purification, and biochemical and genetic characterization. *Applied and Environmental Microbiology*, 66, 4772–4778.

Garvey, P., Hill, C. & Fitzgerald, G. (1996). The lactococcal plasmid pNP40 encodes a third bacteriophage resistance mechanism, one which affects phage DNA penetration. *Applied and Environmental Microbiology*, 62, 676–679.

Gaudu, P., Vido, K., Cesselin, B., Kulakauskas, S., Tremblay, J., Rezaiki, L., Lamberet, G., Sourice, S., Duwat, P. & Gruss, A. (2002) Respiration capacity and consequences in *Lactococcus lactis. Antonie van Leeuwenhoek*, 82, 263–269.

Gilbert, C., Atlan, D., Blanc, B., Portalier, R., Germond, J., Lapierre, L. & Mollet, B. (1996) A new cell surface proteinase: sequencing and analysis of prtB from *Lactobacillus delbrueckii* subsp. *bulgaricus*. *Journal of Bacteriology*, 178, 3059–3065.

Gomes, A. & Malcata, F. (1999) Bifidobacterium spp. and Lactobacillus acidophilus: biological, biochemical, technological and therapeutical properties relevant for use as probiotics. *Trends in Food Science & Technology*, 10, 139–157.

Gomes, A., Malcata, F., Klaver, F. & Grande, H. (1995) Incorporation of *Bifidobacterium* spp. strain Bo and *Lactobacillus acidophilus* strain Ki in a cheese product. *Netherlands Milk and Dairy Journal*, 49, 71–95.

Guldfeldt, L., Sørensen, K., Strøman, P., Behrndt, H., Williams, D. & Johansen, E. (2001) Effect of starter cultures with a genetically modified peptidolytic or lytic system on Cheddar cheese ripening. *International Dairy Journal*, 11, 373–382.

Heap, H. & Lawrence, R. (1976) The selection of starter strains for cheesemaking. *New Zealand Journal of Dairy Science & Technology*, 11, 16–20.

Heller, K., Bockelmann, W., Schrezenmeir, J. & de Vrese, M. (2003) Cheese and its potential as a probiotic food. *Handbook of Fermented Functional Foods* (ed. E. Farnworth), pp. 203–225, CRC Press, Boca Raton.

Janzen, T. & Jensen, O. (1996) Comparison of bacteriophages from Streptococcus thermophilus based upon a conserved DNA–region. *Abstracts of the Fifth Symposium on Lactic Acid Bacteria*, F17, Veldhoven, Holland.

Jarvis, A. (1989) Bacteriophages of lactic acid bacteria. *Journal of Dairy Science*, 72, 3406–3428.

Johansen, E. (1999) Genetic engineering (b) Modification of bacteria. *Encyclopedia of Food Microbiology* (eds R. Robinson, C. Batt & P. Patel), pp. 917–921, Academic Press, London.

Johansen, E. (2003) Challenges when transferring technology from *Lactococcus* laboratory strains to industrial strains. *Genetics and Molecular Research*, 2, 112–116.

Krieg, N. (2001) Identification of prokaryotes. Bergey′ s *Manual of Systematic Bacteriology* (eds G. Garrity, D. Boone & R. Castenholz), vol. 1, 2nd edn, pp. 33–38, Springer, New York.

Labrie, S. & Moineau, S. (2000) Multiplex PCR for detection and identification of lactococcal bacteriophages. *Applied and Environmental Microbiology*, 66, 987–994.

Lemieux, L. & Simard, R. (1991) Bitter flavour in dairy products. I: A review of the factors likely to influence its development, mainly in cheese manufacture. *Lait*, 71, 599–636.

Lortal, S. & Chapot–Chartier, M.–P. (2005) Role, mechanisms and control of lactic acid bacteria lysis in cheese. *International Dairy Journal*, 15, 857–871.

Ludwig, W. & Klenk, H.–P. (2001) Overview: a phylogenetic backbone and taxonomic framework for prokaryotic systematics. *Bergey′ s Manual of Systematic Bacteriology* (eds G. Garrity, D. Boone & R. Castenholz), vol. 1, 2nd edn, pp. 49–65, Springer, New York.

Ludwig, W., Strunk, O., Westram, R., Richter, L., Meier, H., Kumar, Y., Buchner, A., Lai, T., Steppi, S., Jobb, G., Forster, W., Brettske, I., Gerber, S., Ginhart, A.W., Gross, O., Grumann, S., Hermann, S., Jost, R., Konig, A., Liss, T., L ußmann, R., May, M., Nonhoff, B., Reichel, B., Strehlow, R., Stamatakis, A., Stuckmann, N., Vilbig, A., Lenke, M., Ludwig, T., Bode, A. & Schleifer, K.–H. (2004) ARB: a software environment for sequence data. *Nucleic Acids Research*, 32, 1363–1371.

Makarova, K., Slesarev, A., Wolf, Y., Sorokin, A., Mirkin, B., Koonin, E., Pavlov, A., Pavlova, N., Karamychev, V., Polouchine, N., Shakhova, V., Grigoriev, I., Lou, Y., Rohksar, D., Lucas, S., Huang, K., Goodstein, D., Hawkins, T., Plengvidhya, V., Welker, D., Hughes, J., Goh, Y., Benson, A., Baldwin, K., Lee, J., Diaz–Muniz, I., Dosti, B., Smeianov, V., Wechter, W., Barabote, R., Lorca, G., Altermann, E., Barrangou, R., Ganesan, B., Xie, Y., Rawsthorne, H., Tamir, D., Parker, C., Breidt, F., Broadbent, J., Hutkins, R., O′ Sullivan, D., Steele, J., Unlu, G., Saier, M., Klaenhammer, T., Richardson, P., Kozyavkin, S., Weimer, B. & Mills D. (2006) Comparative genomics of the lactic acid bacteria. *Proceedings of the National Academy of Sciences of the United States of America*, 103, 15611–15616.

McBrearty, S., Ross, R., Fitzgerald, G., Collins J., Wallace, J. & Stanton C. (2001) Influence of two commercially available bifidobacteria cultures on Cheddar cheese quality. *International Dairy Journal*, 11, 559–610.

Montville, M., Ardestani, B. & Geller, B. (1994) Lactococcal bacteriophages require a host cell wall carbohydrate and a plasma membrane protein for adsorption and ejection of DNA. *Applied and Environmental Microbiology*, 60, 3204–3211.

Neve, H., Kemper, U., Geis, A. & Heller, K. (1994) Monitoring and characterization of lactococcal bacteriophages in a dairy plant. *Kieler Milchwirtschaftliche Forschungsberichte*, 46, 167–178.

Neves, A., Pool, W., Kok, J., Kuipers, O. & Santos, H. (2005) Overview on sugar metabolism and its control in *Lactococcus lactis*: the input from in vivo NMR. *FEMS Microbiological Reviews*, 29, 531–554.

O′ Connor, L., Coffey, A., Daly, C. & Fitzgerald, G. (1996) AbiG, a genotypically novel abortive infection mechanism encoded by plasmid pCI750 of *Lactococcus lactis* subsp. *cremoris* UC653. *Applied and Environmental Microbiology*, 62, 3075–3082.

Olsen, K., Brockmann, E. & Molin, S. (2007) Quantification of Leuconostoc populations in mixed dairy starter cultures using fluorescence in situ hybridization. *Journal of Applied Microbiology*, 103, 855–863.

Orla–Jensen, S. (1919) The *Lactic Acid Bacteria*, Fred Host and Son, Copenhagen.

Parvez, S., Malik, K., Kang, S. & Kim, H.–Y. (2006) Probiotics and their fermented food products are beneficial for health. *Journal of Applied Microbiology*, 100, 1171–1185.

Pedersen, M., Iversen, S., Sørensen, K. & Johansen, E. (2005) The long and winding road from the research laboratory to industrial applications of lactic acid bacteria. *FEMS Microbiological Reviews*, 29, 611–624.

Pedersen, M., Jensen, P., Janzen, T. & Nilsson D. (2002) Bacteriophage resistance of a thyA mutant in Lactococcus lactis blocked in DNA replication. *Applied and Environmental Microbiology*, 68, 3010–3023.

Pederson, J., Mileski, G., Weimer, B. & Steele, J. (1999) Genetic characterization of a cell envelopeassociated proteinase from *Lactobacillus helveticus* CNRZ32. *Journal of Bacteriology*, 181, 4592–4597.

Pfeiler, E. & Klaenhammer, T. (2007) The genomics of lactic acid bacteria. *Trends in Microbiology*, 15, 546–553.

Phillips, M., Kailasapathy, K. & Tran, L. (2006) Viability of commercial probiotic cultures (*L. acidophilus, Bifidobacterium* sp., *L. casei, L. paracasei* and *L. ramnosus*) in cheddar cheese. *International Journal of Food Microbiology*, 108, 276–280.

Ross, R., Desmond, C., Fitzgerald, G. & Stanton, C. (2005) Overcoming the technological hurdles in the development of probiotic foods. *Journal of Applied Microbiology*, 98, 1410–1417.

Ross, R., Fitzgerald, G., Collins, K. & Stanton, C. (2002) Cheese delivering biocultures – probiotic cheese. *The Australian Journal of Dairy Technology*, 57, 71–78.

Roy, D. (2005) Technological aspects related to the use of bifidobacteria in dairy products. *Lait*, 85, 39–56.

Schleifer, K., Ehrmann, M., Krusch, U. & Neve, H. (1991) Revival of the species *Streptococcus thermophilus* (ex Orla–Jensen, 1919) nom. rev. *Systematic and Applied Microbiology*, 14, 386–388.

Smeianov, V., Wechter, P., Broadbent, J., Hughes, J., Rodr´ıguez, B., Christensen, T., Ardo, Y. & Steele, J. (2007) Comparative high–density microarray analysis of gene expression during growth of *Lactobacillus helveticus* in milk versus rich culture medium. *Applied and Environmental Microbiology*, 73, 2661–2672.

Smit, G., Smit, B. & Engels, W. (2005) Flavour formation by lactic acid bacteria and biochemical flavour profiling of cheese products. *FEMS Microbiological Reviews*, 29, 591–610.

Sørensen, K., Larsen, R., Kibenich, A., Junge, M. & Johansen, E. (2000) A food–grade cloning system for industrial strains of *Lactococcus lactis*. *Applied and Environmental Microbiology*, 66, 1253–1258.

Stackebrandt, E. & Goebel, B. (1994) Taxonomic note: a place for DNA–DNA reassociation and 16S rRNA sequence analysis in the present species definition in bacteriology. *International Journal of Systematic Bacteriology*, 44, 846–849.

Stadhouders, J. & Leenders, G. (1984) Spontaneously developed mixed–strain cheese starters: their behaviour towards phages and their use in the Dutch cheese industry. *Netherlands Milk and Dairy Journal*, 38, 157–181.

Steen, A., van Schalkwijk, S., Buist, G., Twigt, M., Szeliga, M., Meijer, W., Kuipers, O., Kok, J. & Hugenholtz, J. (2007) Lytr, a phage–derived amidase is most effective in induced lysis of *Lactococcus lactis* compared with other lactococcal amidases and glucosaminidases. *International Dairy Journal*, 17, 926–936.

Tamime, A.Y. (2002) Microbiology of starter cultures. *Dairy Microbiology – The Microbiology of Milk and Milk Products* (ed. R.K. Robinson), pp. 261–366, John Wiley & Sons, Inc., New York.

Tamime, A.Y., Saarela, M., Korslund Søndergaard, A., Mistry, V.V. & Shah, N.P. (2005) Production and maintenance of viability of probiotic micro–organisms in dairy products. *Probiotic Dairy Products* (ed. A.Y. Tamime), pp. 39–72, Blackwell Publishing, Oxford.

Teuber, M. (1993) Lactic acid bacteria. *Biotechnology* (eds H. Rehm & G. Reed), 2nd edn, pp. 326–366, VCH Verlagsgemeinschaft, Weilheim.

Thompson, J. (1987) Sugar transport in the lactic acid bacteria. *Sugar Transport and Metabolism in Gram-*

Positive Bacteria (eds J. Reizer & A. Peterkofsky), pp. 13–38, Ellis Horwood Ltd., Chichester.

Tratnik, L., Suskovic, J., Bozanic, R. & Kos, B. (2000) Creamed Cottage cheese enriched with *Lactobacillus GG*. *Mljekarstvo*, 50 113–123.

Vinderola, G., Prosello, W., Ghiberto, D. & Reinheimer, J. (2000) Viability of probiotic (*Bifidobacterium*, *Lactobacillus acidophilus* and *Lactobacillus casei*) and nonprobiotic microflora in Argentinian Fresco cheese. *Journal of Dairy Science*, 83, 1905–1911.

Visser, S. (1993) Proteolytic enzymes and their relation to cheese ripening and flavour: an overview. *Journal of Dairy Science*, 76, 329–350.

Visser, S., Hup, G., Exterkate, F. & Stadhouders, J. (1983) Bitter flavour in cheese. 2: Model studies on the formation and degradation of bitter peptides by proteolytic enzymes from calf rennet, starter cells and starter cell fractions. *Netherlands Milk and Dairy Journal*, 37, 169–180.

Weiss, N., Schillinger, U. & Kandler, O. (1983) *Lactobacillus lactis*, *Lactobacillus leichmanii* and *Lactobacillus bulgaricus*, subjective synonyms of *Lactobacillus delbrueckii*, and description of *Lactobacillus delbrueckii* subsp. *lactis* comb. nov. and *Lactobacillus delbrueckii* subsp. *bulgaricus* comb. nov. *Systematic and Applied Microbiology*, 4, 552–557.

Whitehead, H. (1953) Bacteriophages in cheese manufacture. *Bacteriological Reviews*, 17, 109–125.

Woese, C. (1987) Bacterial evolution. *Microbiological Reviews*, 51, 221–271.

Yvon, M. & Rijnen, L. (2001) Cheese flavour formation by amino acid catabolism. *International Dairy Journal*, 11, 185–201.

6 干酪的次级发酵剂

W. Bockelmann

6.1 简介

一些表面成熟了的干酪品种与切达、高达和埃达姆干酪相比，其外层覆盖了一层霉菌、酵母菌和细菌，它们对干酪外观、风味和质地的发育有很大影响（图 6.1）。发酵成熟的干酪有着悠久的历史，早在 1900 年之前，在人们对表面细菌菌群的性质还没有科学认识的情况下，就有种类繁多的涂抹干酪被制作出来（Fox 等，2004a,b）。生乳在被加工成干酪时，因凝乳暴露在相对湿度较高（>95 g/100 g）的空气中，凝乳表面的微生物在自然环境条件下就会在产品表面生成一层涂层，成为细菌的重要来源，包括酵母菌和细菌（Brennan 等，2002，2004；Mounier 等，2005）。而自从引入巴氏杀菌（72℃，15 s）工艺后，干酪表面的微生物对干酪菌群的影响程度随即下降（Holsinger 等，1997），进而大大提高了干酪的安全性。在 19 世纪时，Laxa（1899）就发表了一篇关于砖形干酪有趣的论文，文章中描述了引起干酪脱酸的主要原因是酵母菌的作用，即粉孢菌属（*Oidium*）和酵母菌属（*Sacharomycetes*）[可能是白地霉（*Geotrichum candidum*）和汉斯德巴氏酵母菌（*Debaryomyces hansenii*）]，能使细菌在干酪表面形成一层涂层。干酪表面黄色的细菌当时首次被描述为“芽孢杆菌 2（*Bacillus 2*）”[可能是微杆菌（*Microbacterium gubbeenense*）或阿氏节杆菌（*Arthrobacter arilaitensis*）]，和常见的肠道细菌污染一样 [首次被报道为大肠杆菌（*Bacterium coli*）]。

干酪的表面成熟通常会有一个较短（数周，不到几个月）的成熟期，成熟期内会使产品产生强烈的风味（表 6.1）。从外观上主要可将其分为两大类成熟干酪：（a）霉菌成熟干酪，例如有表面呈白色的卡蒙贝尔干酪和布里干酪（图 6.1a）；（b）涂抹细菌成熟干酪，例如罗马多尔干酪（Romadour）、太尔西特（Tilsit）干酪、格鲁耶尔（Gruyère）干酪和格拉娜帕达诺（Grana Padano）干酪。这些干酪表面呈橙色、粉红色或黄棕色（图 6.1f ～图 6.1o）。图中有由沙门柏干酪青霉（*Penicillium camemberti*）或白地霉产生的白色霉斑的过渡状态的干酪，它是由细菌涂层引起的橙色或棕色的条纹或斑块。如鲁格特巴伐利亚红干酪（Rougette），蓬莱韦克干酪（Pont IEvêque）和圣阿尔布雷干酪（St. Albray）（图

6.1d 和图 6.1e）。除了表面成熟的干酪外，蓝纹干酪，如洛克福干酪（Roquefort）、戈贡佐拉蓝纹干酪（Gorgonzola）干酪和康博佐拉（Cambozola）干酪的内部生长着娄地青霉（*Penicillium roqueforti*）。在成熟期开始时用针刺穿新形成的奶酪块，可使娄地青霉接触到空气（图 6.1b 和图 6.1c）。酸凝类型是相当特殊的干酪品种，它是经过涂抹（黄色类型，图 6.1p）或霉菌成熟的（豪斯马赫类型，图 6.1o）。Fox 等发表了酸凝类型干酪加工阶段的详细描述，包括干酪品种的物理、化学、生化和感官特性（2004a,b）。

表 6.2 和表 6.3 中所示的干酪表面菌群的组成由图 6.1 中所示的样品分析所得。结果表明干酪表面除霉菌菌群外，还有酵母菌、涂层细菌和葡萄球菌（*staphylococci*），这有助于风味更加丰富。干酪中的棒状杆菌（*coryneforms*）和葡萄球菌很可能来源于盐水中的天然菌群和加工厂内的空气，以及用于堆放干酪的木制货架（Jaeger 等，2002；Bockelmann 等，2006）。图 6.1 中显示的棒状杆菌（涂层细菌）的分析，是利用改良牛奶琼脂 (modified milk agar，mMA)，在 22 ～ 24℃条件下孵育 7 ～ 11 d，再根据菌落形态和颜色来区分细菌菌群（Hoppe–Seyler 等，2000）。为了抑制酵母菌和霉菌的生长，酵母菌是在酵母提取物葡萄糖氯霉素（glucose chloramphenicol，YGC）琼脂上进行计数的，肠球菌是在卡那霉素七叶苷（kanamycin esculin azide，KEA）琼脂上进行计数的，肠杆菌是在紫红色胆汁葡萄糖（violet red bile dextrose，VRBD）琼脂上进行计数的，假单胞菌是在含有 Delvocid 抑制酶（0.1 g/100 g）的假单胞菌溴化十六烷基三甲醇琼脂头孢菌素选择性（cetrimide fucidin cephalosporin selective，CFCD）琼脂上进行计数的。过程中使用的所有琼脂均购自德国达姆施塔特的默克公司。通过使用扩增脱氧核糖核酸（DNA）限制性分析（amplified ribosomal deoxynucleic acid restriction analysis，ARDRA）（棒状杆菌、葡萄球菌、酵母）或 API–32C（BioMérieux，法国；酵母）来对不同菌落类型的单个分离物进行进一步分类，从而以确认假定的物种分类。

表 6.1　一些表面成熟干酪品种的产地和成熟时间

干酪种类	产地 / 国家	成熟周期（月）
霉熟软干酪		
布里干酪（Brie）	法国	1 ～ 5
卡蒙贝尔干酪（Camembert）	法国	1–6
纳沙泰尔干酪（Neufchatel）	法国	>1
蓝纹干酪（Blue vein cheeses）		
巴伐利亚蓝纹干酪（Bavaria Blue）	德国	
奥弗涅蓝纹（Bleu d Áuvergne）	法国	1 ～ 3
戈贡佐拉蓝纹干酪（Gorgonzola）	意大利	3 ～ 6
洛克福干酪（Roquefort）	法国	>3
斯提尔顿干酪（Stilton）	英国	4 ～ 6
丹麦蓝纹干酪（Danablu）	丹麦	

续表

干酪种类	产地 / 国家	成熟周期（月）
细菌表面成熟干酪		
砖形干酪（Brick）	美国	1 ～ 2
贝尔培斯干酪（Bel Paesa）	意大利	4 ～ 5
瑞士干酪（Havarti）	丹麦	1 ～ 3
林堡干酪（Limburger）	比利时	1
蒙特雷干酪（Monterey）	美国	1 ～ 2
芒斯特干酪（Munster）	法国	1
伊斯尼圣保林干酪（Saint Paulin）	法国	1 ～ 2
塔雷吉欧干酪（Taleggio）	意大利	2
太尔西特干酪（Tilsit）	德国	1 ～ 5
罗马尔多干酪（Romadour）	德国	1
细菌表面成熟硬质干酪		
丹博干酪（Danbo）	丹麦	1 ～ 2
格鲁耶尔干酪（Gruyère）	法国	4 ～ 12
帕马森雷加诺干酪（Parmigiano Reggiano）	意大利	36

除了卡蒙贝尔干酪和蓝纹干酪品种明摆着存在沙门柏干酪青霉和娄地青霉（图 6.1a ～图 6.1c）外，表面菌群的组成变化也很大。随着时间的推移，细菌表面菌群在最初的几周里会发生巨大变化。当一个月或 2 ～ 3 年后再分析硬质干酪的表面菌群时，又会有所不同。此外，特定年份的干酪品种因批次不同，其微生物菌群也有差异，但它们没有可检出的视觉或芳香物质不同（来自欧盟 [EU] 示范课题“用于涂抹干酪表面成熟的发酵剂的定义和表征”的结果，CT2002–02461、2003–2005）。据已公开的数据显示，许多天然存在的细菌和酵母种类被用于各种成熟的干酪。本章将重点介绍经常被分离并有可能用作表面发酵剂的种类。

6.2 表面成熟干酪

6.2.1 部分热门品种举例

如图 6.1a 和图 6.1b（另见表 6.2）所示，卡蒙贝尔干酪和德国蓝纹干酪是用巴氏杀菌乳生产的。这些干酪具有典型的涂层菌群，包括橙色［亚麻短杆菌（*Brevibacterium linens*）]、米红色［棒状杆菌属（*Corynebacterium* spp.）］和黄色棒状杆菌［微杆菌和食物小短杆菌（*Brachybacterium alimentarium*）］与葡萄球菌［马胃葡萄球菌（*Staphylococcus*

图 6.1　成熟的干酪示例。（a）卡蒙贝尔干酪和布里干酪，表面有均匀的白色沙门柏干酪青霉；（b）清淡型的蓝纹干酪；（c）浓郁芳香的洛克福干酪；（d）软质干酪，带有沙门柏干酪青霉和涂抹微生物菌群;（e）用白地霉和涂层菌群制成的软质干酪;（f）具有亮橙色外观的法国软质干酪;（g）带有涂层菌落和白地霉斑块的德国林堡干酪;（h）非常油腻且带有棕红色和粉红色区块的德国太尔西特干酪；（i，j）表面被食蜡和 / 或箔覆盖的现代涂抹干酪，“新鲜”成熟干酪；（k，l）带有涂抹微生物菌群的瑞士硬质干酪；（m，n）古老的意大利干酪——哥瑞纳 – 帕达诺（2 年）和帕马森雷加诺（3 年）；（o，p）酸凝干酪，FDM<1 g/100 g 的传统“轻质”产品，Hausmacher 和黄色类型。用欧元（€）硬币参照大小。

表 6.2　涂抹成熟干酪的表面微生物区系 1（成熟干酪购买于 2008 年 8 月）

活细胞计数（cfu/mL）和菌落 / 细胞形态	（a）卡蒙贝尔 / 布里型（约 4 周）	（b）德国蓝（淡）（约 4 周）	（c）娄地青霉（约 4 周）	（d）有霉菌和涂抹的德国软干酪（约 4 周）	（e）涂抹的法国软干酪（淡）（约 4 周）	（f）涂抹的法国软干酪（亮橙色）（约 4 周）	（g）德国林堡干酪（约 4 周）	（h）太尔西特型半软干酪（约 10 周）
涂抹细菌（Smear bacteria）（mRNA）								
橙色棒状杆菌（Orange coryneforms）	1.0×10^{7}	1.3×10^{8}	–[a]	2.7×10^{9}	2.1×10^{5}	–[b]	1.5×10^{7}	2.7×10^{8}
米红色棒状杆菌（Beige–red coryneforms）	1.0×10^{8}	3.4×10^{8}	–[a]	–	3.5×10^{4}	4.8×10^{8}	2.1×10^{8}	7.3×10^{8}
黄色棒状杆菌（Yellow coryneforms）	1.0×10^{8}	4.5×10^{7}	–[a]	–	–	–	2.4×10^{8}	6.6×10^{8}
大棒状杆菌（Large rods）	1.3×10^{8}	1.3×10^{8}	–	1.0×10^{8}	–	3.8×10^{8}	1.5×10^{7}	7.7×10^{8}
小棒状杆菌（Small rods）	–	–	–	2.0×10^{8}	7.6×10^{8}	–	4.8×10^{8}	5.4×10^{8}
葡萄球菌（Staphylococci）（SK 琼脂）								
白色菌落（White colonies）	8.8×10^{5}	9.3×10^{6}	2.7×10^{8}	3.0×10^{4}	4.7×10^{3}	7.5×10^{7}	–	2.6×10^{8}
橙色菌落（Orange colonies）	–	–	1.0×10^{7}	–	–	–	–	–
酵母 / 霉菌（Yeasts/moulds）（YGC）								
DH 型白色酵母菌落（DH–like white yeast colonies）	1.8×10^{5}	–	2.9×10^{5}	7.1×10^{6}	–	2.4×10^{7}	4.5×10^{5}	2.2×10^{5}
白地霉型酵母菌落（*Geotrichum candidum like* yeasts）	2.4×10^{5}	–		2.9×10^{6}	6.9×10^{6}	–	2.6×10^{6}	1.4×10^{6}
白色亚光菌落（White–matt colonies）	–	–	1.2×10^{6}	1.6×10^{6}	5.0×10^{8}	–	–	–
细长型酵母（Hair–like yeasts）	–	–	–	–	–	–	–	–
椭圆酵母（Oval yeasts）	–	–	–	1.0×10^{6}	–	–	–	–
白色霉菌（White moulds）	2.1×10^{5}	9.6×10^{5}	–	–	–	–	–	–
蓝色或绿色霉菌（Blue or green moulds）	–	–	3.0×10^{4}	–	–	–	–	–

续表

活细胞计数（cfu/mL）和菌落 / 细胞形态	（a）卡蒙贝尔 / 布里型（约 4 周）	（b）德国蓝（淡）（约 4 周）	（c）娄地青霉（约 4 周）	（d）有霉菌和涂抹的德国软干酪（约 4 周）	（e）涂抹的法国软干酪（淡）（约 4 周）	（f）涂抹的法国软干酪（亮橙色）（约 4 周）	（g）德国林堡干酪（约 4 周）	（h）太尔西特型半软干酪（约 10 周）
杂菌（Miscellaneous bacteria）								
肠球菌（Enterococci）（KAA）	1.8×10^{4}	6.0×10^{2}	–	1.8×10^{2}	4.4×10^{5}	1.7×10^{4}	3.5×10^{5}	–
肠杆菌（Enterobacteria）（VRBD）	7.4×10^{5}	7.1×10^{5}	–	3.6×10^{5}	8.8×10^{2}	1.9×10^{7}	3.3×10^{4}	1.4×10^{5}
假单胞菌（Pseudomonads）（CFCD）	1.3×10^{6}	$4,1\times10^{5}$	–	$5,1\times10^{4}$	–	–	–	–

注：针对于取样切割表面薄片；有关琼脂培养基的缩写请参阅正文。

[a] 某种程度上最有可能出现在改良牛奶琼脂（modified milk agar，mMA）上，同时也在 mMA 上生长，但由于葡萄球菌计数高而无法检测到。

[b] 计数低于检测限（100 cfu/cm^2）或在同一选择性琼脂上生长的其他微生物中不到 1%。

表 6.3　涂抹成熟干酪的表面微生物区系 2（成熟干酪购买于 2008 年 8 月）

活细胞计数（cfu/mL）和菌落 / 细胞形态	(i)“现代”半软干酪（约 10 周）	（j）“现代”半硬干酪（15 周）	（k）格鲁耶尔硬干酪（约 4 周）	（l）山区硬干酪（约 1 年）	（m）哥瑞纳 – 帕达诺干酪（2 年）	（n）帕玛森干酪（3 年）	（o）酸凝乳干酪“豪斯马赫”风格（约 3 周）	（p）酸凝乳干酪“黄色型”（约 3 周）
涂抹细菌（Smear bacteria）（mRNA）								
橙色棒状杆菌（Orange coryneforms）	–[a]	–	4.9×10^{8}	2.8×10^{9}	3.2×10^{3}	–	–	1.7×10^{8}
米红色棒状杆菌（Beige–red coryneforms）	5.5×10^{6}	3.1×10^{4}	3.5×10^{7}	1.0×10^{8}	7.7×10^{3}	2.5×10^{4}	–	–
黄色棒状杆菌（Yellow coryneforms）	–	–	1.2×10^{7}	4.4×10^{8}	1.0×10^{3}	4.0×10^{4}	–	–
大棒（Large rods）	–	7.3×10^{5}	–	1.9×10^{8}	3.2×10^{5}	1.0×10^{4}	–	1.9×10^{4}
小棒（Small rods）	1.1×10^{7}	4.8×10^{5}	–	–	1.2×10^{3}	–	–	–
葡萄球菌（Staphylococci）（SK 琼脂）								
白色菌落（White colonies）	9.2×10^{6}	5.0×10^{4}	1.4×10^{5}	3.2×10^{7}	1.5×10^{3}	9.0×10^{3}	3.9×10^{5}	–

续表

活细胞计数（cfu/mL）和菌落/细胞形态	(i)“现代”半软干酪（约10周）	(j)“现代”半硬干酪（15周）	(k)格鲁耶尔硬干酪（约4周）	(l)山区硬干酪（约1年）	(m)哥瑞纳-帕达诺干酪（2年）	(n)帕玛森干酪（3年）	(o)酸凝乳干酪“豪斯马赫”风格（约3周）	(p)酸凝乳干酪“黄色型”（约3周）
橙色菌落（Orange colonies）	–	–	–	$2.2.\times10^5$	6.3×10^2	4.3×103	–	–
酵母/霉菌（Yeasts/moulds）（YGC）								
DH 型白色酵母菌落（DH–like white yeast colonies）	–	–	7.9×10^2	4.4×10^2	3.7×10^2	3.3×10^2	3.7×10^{6b}	4.6×10^{6b}
白地霉型酵母菌落（Geotrichum candidum like yeasts）	–	–	1.0×10^2	–	–	–	7.4×10^6	1.0×10^5
白色亚光菌落（White–matt colonies）	5.7×10^3	–	–	–	–	–	7.6×10^{6b}	4.9×10^{6b}
细长型酵母（Hair–like yeasts）	–	–	–	–	–	1.3×10^2	–	3.9×10^6
椭圆酵母（Oval yeasts）	–	–	–	–	1.5×10^4	–	–	–
白色霉菌（White moulds）	–	–	1.5×10^2	–	–	1.0×10^2	–	–
蓝色或绿色霉菌（Blue or green moulds）	–	–	1.2×10^5	1.8×10^6	–	–	–	–
杂菌（Miscellaneous bacteria）								
肠球菌（Enterococci）（KAA）	1.0×10^3	–	–	1.3×10^6	–	–	–	4.8×10^4
肠杆菌（Enterobacteria）（VRBD）	–	–	–	–	–	–	–	3.8×10^2
假单胞菌（Pseudomonads）（CFCD）	–	–	–	–	–	–	–	1.0×10^2

注：针对于取样切割表面薄片；有关琼脂培养基的缩写请参阅正文。

[a]计数低于检测限（100 cfu/cm^2）或在同一选择性琼脂上生长的其他微生物中不到1%。

[b]对于酸凝乳干酪来说，DH 类菌落最有可能代表马克思克鲁维酵母，而白色亚光菌落最有可能代表克鲁斯假丝酵母。

equorum）]。卡蒙贝尔干酪表现出典型的霉菌（沙门柏干酪青霉）和酵母（汉斯德巴氏酵母菌和白地霉）的菌群成分。两种干酪样品的肠杆菌、肠球菌和假单胞菌的污染水平都相当高。一般来说较低的计数更为常见［100～1000 菌落形成单位（cfu/cm^2）]，而且通常检测不到假单胞菌的计数。

由生乳制成的法国洛克福干酪（图 6.1c，表 6.2）在 SK 琼脂上显示出高浓度的葡萄球菌（Schleifer 和 Kramer，1980），并且在 mMA 上没有显示出有棒状杆菌。由于葡萄球菌也在 mMA 上生长，所以无法检测到 <1% 的菌群。因此我们可以假定这种干酪中棒状杆菌的含量较低。正常情况下洛克福干酪上会出现白色霉菌，但干酪表面却没有青霉（即典型的洛克福干酪，因为它只在非表面或干酪中心内生长），出现这种情况的原因可能是由于进行表面分析的薄片厚度仅为 1～2 mm，也有可能是由于外皮的干盐分使得干酪块的外表面干燥并含有大量的盐分。尽管干酪表面有油污，但在洛克福干酪中并没有检测到肠杆菌、肠球菌或假单胞菌。

明显可见的霉菌和涂抹混合菌的干酪品种如图 6.1d 和图 6.2e 所示。青霉属（*Penicillium* spp.）霉菌或白地霉构成白色菌层（表 6.2）。显微镜下可以直接清晰地看到干酪的青霉菌层（图 6.1d），但在细胞计数皿表面中却没有显示，这可能是霉菌产孢子低的原因。图 6.1f 和图 6.1g 展示了一些典型的涂抹成熟的软质干酪。涂层会使干酪表面呈现橙色；但也有一些干酪品种的亮橙色是由于人为添加了人造食用色素（例如 β-胡萝卜素）所致。大多数软质干酪上都可看到汉斯德巴氏酵母菌和白地霉，而找不到葡萄球菌。黄色棒状杆菌［黄色棒状杆菌（*M. gubbeenense*）和阿氏节杆菌（*A. arilaitensis*）]，如短杆菌属（短杆菌 *brevibacteria*）和棒状杆菌属通常大量存在。

太尔西特干酪是一种典型的德国干酪品种，具有多孔结构，表面呈黄棕色或棕粉色（图 6.1h）。涂抹菌群通常以棒状杆菌（*Corynebacterium casei*）为主，也存在大量的马胃葡萄球菌（*Staphylococcus equorum*）和汉斯德巴氏酵母菌（*Debaryomyces hansenii*）。白地霉通常不是表面菌群的一部分（表 6.2）。如果存在白地霉，那么干酪表面往往不会太黏。正常情况下干酪表面不应有可见的地霉菌属生长。

“现代”涂抹的新鲜干酪成熟时间（图 6.1i 和图 6.1j）仅仅只有几周。在 2～4 周后，干酪将被上蜡和 / 或用箔纸包裹住，以便继续成熟。这会使干酪臭味降低，尝起来滋味损失不大，同时可以保护干酪在成熟室中免受污染。荷兰半硬质干酪和丹麦半软质干酪表面菌群（图 6.1i 和图 6.1j；表 6.2 和表 6.3）通常与太尔西特干酪相似，但是在这两个成熟样品中未发现汉斯德巴氏酵母菌（*D. hansenii*），这是典型的太尔西特干酪的成分。

有两种由生乳制成的硬质干酪（图 6.1k 和图 6.1l；表 6.3）表面的微生物菌群也与太尔西特干酪表面菌群相似。除了有微杆菌之外，还有一些黄色的棒状杆菌，被称为食物小短杆菌（*B. alimentarium*）和干酪发酵小短杆菌（*B. tyrofermentans*）。但奇怪的是 Bockelmann 等分析的太尔西特干酪和林堡干酪中却没有发现（1997c，2003）。意大利帕马森型干酪可能是市场上成熟时间最长的干酪品种，一般需要 2～3 年（图 6.1m 和图 6.1n）。它的表面微生物菌群可以与由不同棒状杆菌、葡萄球菌和汉斯德巴氏酵母菌以及其他酵母组成的硬质干酪相媲美（表 6.3）。

酸凝乳（例如干重 30 g/100 g 的夸克）干酪是德国和一些其他欧洲国家具有代表性的

干酪品种。它们在德国被命名为Harzer，在奥地利被命名为Quargel。这些成熟的干酪表面覆盖着青霉或白地霉。如图6.1(o)所示，外观呈白色。白地霉同时也存在于许多“黄色”干酪中；但由于酵母菌［马克斯克鲁维酵母（*Kluyveromyces marxianus*）、克鲁斯假丝酵母（*Candida krusei*）］和涂抹菌群的优势效应，所以经常看不到白色的念珠菌（图6.1p）。涂抹细菌是几乎在所有类型的酸性凝乳干酪上都存在的（表6.3）。

6.2.2 表面成熟的控制

制作干酪时，除了原料乳的物理和化学因素外，干酪的发酵剂（传统发酵剂和二次发酵剂）和非发酵乳酸菌（lactic acid bacteria，LAB），尤其是二次发酵剂，在干酪加工过程中对风味的丰富，以及产品在成熟期间对干酪当中发生的生化反应都会有显著的影响。因为干酪的成熟过程中，表面会暴露在未消毒的环境中，因此对干酪表面菌群的掌握和高度卫生条件至关重要。一旦干酪微生物菌群的平衡受到破坏，一些污染菌，如肠球菌、肠杆菌、假单胞菌和致病性单核细胞增生李斯特菌（*Listeria monocytogenes*），就会开始生长。所以了解掌握干酪表面的微生物生态条件，是控制干酪成熟和表面菌群生长的先决因素。对于以沙门柏干酪青霉和娄地青霉为主要菌株的成熟干酪而言，微生物情况颇为简单，这种性能良好的霉菌发酵剂会被发酵剂公司大量销售，而涂抹干酪的微生物菌群更为复杂一些。长期以来，只有汉斯德巴氏酵母菌（*Debaryomyces hansenii*）和亚麻短杆菌（*B. linens*）被商业化，还有一些传统的干酪加工者在使用。不管是以前还是现在，干酪工厂的内部微生物环境（即干酪卤水、木货架和成熟室内的空气，包括完全成熟的干酪）对于在产品上形成完整和有代表性的菌群是至关重要的。因此如果只是通过简单的准备工序，就想达到对干酪表面成熟完全控制的目的是不现实的。

在接下来的章节中将阐述霉菌和涂抹成熟干酪表面微生物菌群的生态环境，以及酵母和棒状杆菌分类的最新变化。介绍现有商业化二次发酵剂，并对进一步改善发酵剂香气、呈色以及食品防护的新概念进行讨论。

6.3 二次发酵剂的分类

6.3.1 霉菌和酵母

青霉菌类属于子囊菌属，可以发育有性孢子（子囊孢子）和无性孢子（分生孢子）。只需要几天的时间，沙门柏干酪青霉就会形成一层稠密的菌丝，可以保护卡蒙贝尔干酪或布里干酪的表面免受致病菌或不良霉菌的污染，并形成有代表性的香气和质地。对于蓝纹干酪，采用针刺可以在干酪内部形成有氧区域，而实现娄地青霉的生长。

由于分类方法在不断变化，所以一些酵母菌、霉菌和涂抹细菌的分类工作比较困难。自1910年以来，白色的沙门柏干酪青霉变种，一直用于卡蒙贝尔干酪的生产，因为它们更容易被消费者接受，而蓝灰色的霉菌，在19世纪的干酪中占主导地位（图6.2），

如 *Penicillium album* 和灰绿青霉（*Penicillium glaucum*）。在乳品工业中，白色变种的沙门柏干酪青霉或干酪青霉的商品名很常见。市售的沙门柏干酪青霉（*P. camemberti*）或 *P. album* 发酵剂的特点是非白色（灰色，蓝灰色）菌丝。由于白色变异的沙门柏干酪青霉更符合当前的分类法，因此在本章中使用这个说法（Bartnicki，1996）。

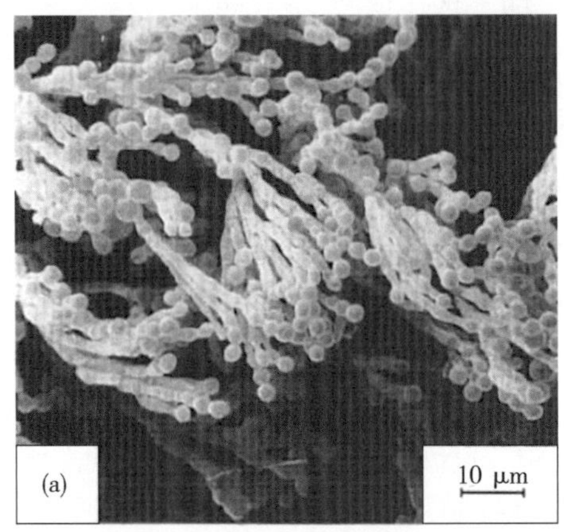

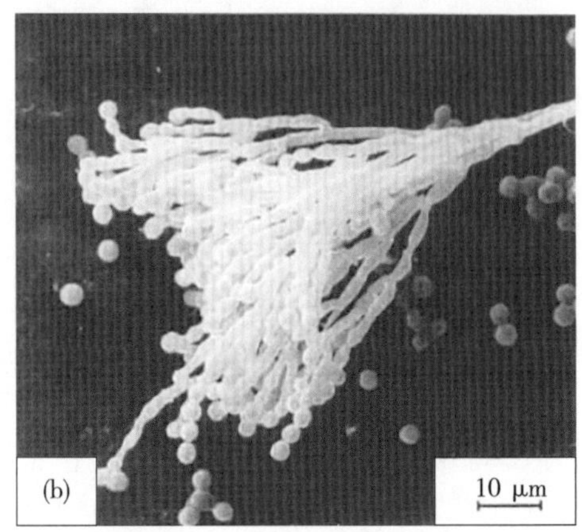

图 6.2　用作卡蒙贝尔干酪和布里干酪二次培养的沙门柏干酪青霉产孢扫描电镜。注：条形图表示显微照片的不同放大倍数（经 H.Neve 个人通信公司和基尔的 Max Rubner 研究所许可复制）。

众所周知的有性酵母培养物念珠地丝菌被 Barnett 等（2000）命名为白地霉（*Galactomyces geotrichum*），后来又将其改成了半乳糖霉菌（*Galactomyces candidus*）（de Hoog 和 Smith，2004）。有一些变种未知的菌株还是坚持使用白地霉这个名称（de Hoog 和 Smith，2004）。Gente 等（2006）最近发表了关于地霉分类的广泛研究，但在本章中我们仍将使用白地霉这个品名来进行说明。

总的来说，通过 Bockelmann 等（2008）描述的简单分子方法 ARDRA 可以证实 API-32 C 测试方法是一种合适的酵母鉴定工具，例如识别不明显的平常假丝酵母菌（*Candida inconspicua*）、克鲁斯假丝酵母和挪威假丝酵母菌（*Candida norvegensis*）等的情况下，ARDRA 能给出更可靠的检测结果。傅里叶变换红外光谱（fourier-transform infrared，FT-IR）能够极好地检测与干酪相关的酵母、棒状杆菌和许多其他细菌群，并以此对干酪进行分类（Kummerle 等，1998；Oberreuter 等，2002）。目前可在威恩斯特潘的齐尔研究所（德国慕尼黑大学）获得有用的物种数据库。

6.3.2　葡萄球菌

已经有充分证据可以证明某些球菌有机体在涂抹干酪成熟过程中的重要性。Langhus 等（1945）发现，微球菌的数量在成熟的第一周会增加。Morris 等（1951）的报告显示明尼苏达州蓝纹干酪的表面微生物菌群不仅包括亚麻短杆菌，还包括微球菌。Mulder 等（1966）发现微球菌数量占林堡干酪细菌总数的 3% ～ 6%。Seiler（1986）也证实微球菌存在于其他干酪中。最近的研究表明微球菌属（*Micrococcus* spp.）或库里亚菌属（*Kocuria* spp.）的存在可能是上述规律中的一个例外（Bockelmann 等，2006）。

直到20世纪70年代中期，所有在厌氧条件下不代谢葡萄糖的结块、革兰氏阳性和过氧化氢酶阳性球菌都被归为微球菌属（Evans 和 Kloos，1972）与葡萄球菌［如金黄色葡萄球菌（*Staphylococcus aureus*）］不同，微球菌被认为是一种食品级微生物。它们两个属的细胞壁分子结构和鸟嘌呤－胞嘧啶（G+C）含量存在明显差异，葡萄球菌对溶葡萄球菌酶和呋喃唑酮的敏感性以及葡萄球菌对杆菌肽的耐药性被用来区分微球菌属和葡萄球菌属。然而这两个属仍然属于微球菌科。近期论文中提到的微球菌，大多数是为了确认菌株的非致病性和食品级状态。在过去几年中，人们发现几乎所有从涂抹成熟干酪中分离的球菌都是马胃葡萄球菌、腐生葡萄球菌（*Staphylococcus saprophyticus*）或木糖葡萄球菌（*Staphylococcus xylosus*）（Bockelmann 等，2002，2005，2006）。ARDRA 法是一种简单可靠的葡萄球菌鉴定方法（Hoppe-Seyler 等，2004）。ID32－葡萄球菌法（法国 BioMérieux）也是一种有用的鉴定工具，但通常会对食品级葡萄球菌［木糖葡萄糖球菌（*S. xylosus*）、马胃葡萄球菌（*S. equorum*）］进行错误分类。除这两种方法以外，威恩斯特潘德国慕尼黑大学的齐尔研究所（ZIEL institute）也提供了葡萄球菌的 FT-IR 数据库。

6.3.3 棒状杆菌

目前已经从涂抹成熟干酪中鉴定出了不同的棒状微生物，它们分类如下。

橙色棒状杆菌

很长一段时间以来所有橙色的棒状物都被认为是短杆菌。最近在涂抹成熟干酪的分离物中发现了橙色干酪节杆菌（*Arthrobacter casei*）（Hoppe-Seyler 等，2007），目前尚不清楚在橙色棒状杆菌的种群中干酪节杆菌（*A. casei*）所占的比例是多少，但可以通过 ARDRA 对短杆菌中的干酪节杆菌（*A. casei*）进行分类。而为节杆菌、微杆菌和葡萄球菌设计的通用引物，对短杆菌属没有产生单一的聚合酶链反应（polymerase chain reaction，PCR）产物（Hoppe-Seyler 等，2007）。亚麻短杆菌被形容为一种遗传异质性菌种；Hoppe-Seyler 等（2007）基于 16S-23S rDNA 的限制模式描述了短杆菌菌株的四种品种类型。其中的 2 型与 Gavrish 等（2004）描述的亚麻短杆菌（*Brevibacterium aurantiacum*）具有相同的限制模式。Hoppe-Seyler 等（2007）将商用亚麻短杆菌菌株 SR3（Danisco Rodia，尼比尔，德国）和亚麻短杆菌菌株 ATCC 9174 描述为 2 型亚麻短杆菌，但 ARDRA（XmnI，TaqI 模式）无法将其与亚麻短杆菌区分开来，可能这两种菌株都属于干酪节杆菌（*A. casei*）这一新物种。API-Coryne 方法（法国梅里埃）无助于识别任何食品级棒状杆菌，因为该数据库集中于具有临床重要性的物种。对于短杆菌和其他棒状杆菌，只要获得已知的限制模式，ARDRA 就能给出可靠的结果。对于未知电泳图谱的物种鉴定，16S rDNA 测序或 FT-IR 光谱是可靠稳定的分类方法。

黄色棒状杆菌

烟草节杆菌（*Arthrobacter nicotianae*）是如太尔西特干酪等涂抹成熟干酪的典型成分（Bockelmann 等，1997c）。使用 ARDRA 方法可以将这些黄色棒状杆菌分为两组，即烟草节杆菌和巴氏微杆菌（*Microbacterium barkeri*）（Hoppe-Seyler 等，2003）。该研究中的巴氏微杆菌分离株（菌株 CA12、CA15）后来被重新分类为微杆菌，微杆菌是 Brennan 等（2001）首次描述的一个新种。最近的研究表明，也许大部分或全部烟草节杆菌分离株是属于 Irlinger 等（2005）描述的阿氏节杆菌（*Arthrobacter arilaitensis*）新种。在卡蒙贝尔干酪和硬质干酪品种（表 6.3）上发现的其他黄色棒状杆菌属于食物小短杆菌（*Biachybacterium alimentarium*）和干酪发酵小短杆菌（*Biachybacterium tyrofermentans*）菌株。TaqI 限制性模式明确区分了食物小短杆菌（*B. alimentarium*）模式（片段大小 600/800 bp）和 Hoppe-Seyler 等（2003）描述的微杆菌（*M. gubbeenense*）或阿氏节杆菌（*A. arilaitensis*）模式。

米色棒状杆菌

最初产氨棒杆菌（*Corynebacterium ammoniagenes*）被定义为太尔西特干酪涂片菌群的重要组成部分（Bockelmann 等，1997c）。但后来发现这些分离物属于新菌种干酪棒杆菌（*C. casei*）（Brennan 等，2001）。这一品种似乎在许多类型的涂抹成熟干酪上都占主导地位，尤其是在半软质和硬质干酪品种上（Bockelmann 等，2005）。此外，从涂抹干酪表面也经常会分离出变异棒状杆菌。摩尔棒杆菌（*Corynebacterium mooreparkense*）这一菌种名称已不再使用，其可用菌株被重新分类为变异棒状杆菌（*C. variabile*）（Gelsomino 等，2005）。

6.4 干酪的商业二次发酵剂

6.4.1 霉菌

对于霉菌干酪，可从商业发酵剂公司购买到沙门柏干酪青霉和娄地青霉菌株，除此之外，也常常使用白地霉作为发酵剂。直接将发酵剂接种到乳中，或者把它喷洒或刷在新制作的干酪表面。棒状杆菌、葡萄球菌和酵母菌用于生产涂抹成熟的干酪，可以直接把它们添加到乳中，或者一般会把它们接种到用于涂抹（即刷洗或喷洒）干酪的涂抹液（即盐水或含盐乳清溶液）中。

以下信息来自干酪发酵剂公司的技术彩页中，简要概述了目前可获得的各种二级干酪发酵剂。在过去几年中，发酵剂公司广泛更名或重组，如今，来自西欧能够提供各种干酪二次发酵剂的公司主要有（按字母顺序）：

- Cargill (www.cargill.com)。
- Chr. Hansen (www.chr–hansen.com)。
- Danisco A/S (www.danisco.com)。
- Sacco srl (www.saccosrl.it)。

目前，大多数二次发酵剂不再以液体悬浮液销售，而是作为冻干制剂销售，这样一来在运输和保质期方面就具有相当大的优势。对于大多数酵母和细菌培养物发酵剂来说，保质期建议在 –18℃条件下约为 2 年，4℃条件下，最长为 2 个月。

白地霉（*Penicillium candidum*）用于加工如卡蒙贝尔干酪和布里干酪等的软质霉菌成熟干酪。这种干酪的菌株呈白色，其特点是干酪表面菌丝生长的高而稠密、其霉菌的蛋白质水解和脂肪水解特性能够使干酪产生轻微的芳香风味。不同的菌株能够释放特定的香气化合物，如2–甲基–1–丙醇、3–甲基–1–丁醇、2–甲基丁酸、甲基酮和仲醇。对于一些特定的干酪（酸凝乳干酪、山羊干酪）还可以使用蓝灰色菌丝体的菌株（商品名沙门柏干酪青霉）。

诸如巴伐利亚蓝（Bavaria）、戈贡佐拉蓝纹干酪（Gorgonzola）、洛克福（Roquefort）、奥弗涅蓝纹（Bleud Áuvergne）、斯提尔顿（silltion）和小布卢氏（Petit Bleu）干酪等蓝纹干酪会选择绿至蓝绿色的娄地青霉菌株。除了外观，娄地青霉菌株的生长速度以及蛋白质水解和脂解活性的差异也是它的特色，其散发的香气从“清淡”到“非常刺激”。一些干酪上会有另外一种白色的变体，这种蓝色干酪变体产生有代表性的香气，但不含蓝绿色色素。

蜡阶轮枝菌（*Verticillium lecanii*）和 *Penicillium album* 常用于生产特殊干酪，如多姆（Tomme）干酪（蜡阶轮枝菌 *V. lecanii*）和农家干酪（*P. album*），它们外观为灰色或蓝灰色。

白地霉培养物经常用于霉菌和涂抹成熟干酪。这些酵母菌的去酸化能力刺激了干酪表面霉菌的生长。白地霉可防止娄地青霉菌的生长和沙门柏干酪青霉在干酪表面的过度生长，在用于霉菌干酪时能使菌丝更均匀。还有具有抗毛霉或脱苦味特性的特殊菌株。白地霉菌株可生长表现出类似酵母菌或霉菌的特性，尤其也可被用于软质涂抹干酪的成熟中。白地霉菌株具有蛋白酶、氨基肽酶和脂解活性，并具有产生典型香气化合物（甲基酮、仲醇、二甲基硫化物和苯乙醇）的能力。

6.4.2　酵母

汉斯德巴氏酵母菌广泛用于涂抹干酪的成熟，因其脱酸化（乳酸降解）作用，从而会促进干酪涂抹细菌的生长。由于酵母菌是非蛋白质水解，具有去苦味作用（氨肽酶活性）。所以在干酪的加工过程中，培养菌可以用来代替生乳中的内源性酵母菌，而这些内源性的酵母菌通常在牛乳被巴氏杀菌时会灭活。

各种各样的酵母菌，例如乳酸克鲁维酵母（*Kluyveromyces lactis*）、马克斯克鲁维酵母、产朊假丝酵母（*Candida utilis*）、脆红泡囊线黑粉菌（*Rhodosporidium infirmominiatum*）、小丘假丝酵母（*Candida colliculosa*）和酿酒酵母（*Saccharomyces cerevisiae*），可作为混合菌接种到巴氏杀菌乳中，模拟原料生乳中的天然酵母菌和改善干酪风味。添加酵母菌的其他作用是中和凝乳（乳酸盐降解）和消耗乳糖。

将马克斯克鲁维酵母（*K. marxianus*）和克鲁斯假丝酵母（*C. krusei*）作为混合发酵剂，接种到乳中生产酸凝乳干酪。马克斯克鲁维酵母有助于形成芳香味特性（果味、酯味），而克鲁斯假丝酵母促成了酸凝乳干酪的最终香气（硫黄味）；这两种物质相互作用是获得酸乳干酪特有香气和质地的必要条件。

6.4.3 短杆菌

亚麻短杆菌（*B. linens*，BL）和乳酪短杆菌（*B. casei*，BC）是涂抹干酪表面菌群中有代表性的细菌，也是干酪香气的重要产生菌。有些菌株还具有抗真菌或抗单核细胞增生李斯特菌的作用。它们在干酪成熟过程中的主要作用是形成芳香的含硫化物，这是涂抹成熟干酪典型的特征。是非脂溶性的，具有中等（BC）或高（BL）蛋白水解活性。大多数亚麻短杆菌菌株有明亮的橙色色素，而乳酪短杆菌（*B. casei*）菌株没有色素。

6.4.4 葡萄球菌

木糖葡萄球菌和肉葡萄球菌（*Staphylococcus carnosus*）被用于某些种类的干酪中以优化其质地和香味。它们被用作干酪的发酵剂助剂，也可涂抹或喷洒在干酪表面。具有适中的蛋白质水解活性和较低的脂解活性及氨基肽酶活性。

马胃葡萄球菌普遍存在于干酪盐水中。它是最近才作为发酵剂出现的，其工艺特性与木糖葡萄球菌相似，用于优化干酪的质地和风味。马胃葡萄球菌与汉斯德巴氏酵母菌结合使用，在干酪开始成熟时帮助其他涂抹型细菌的生长，并具有抑制霉菌的作用（Jaeger等，2002）。此外，当使用了色素菌株时它还有助于其显色。

6.4.5 棒状杆菌

微杆菌和节杆菌［如阿氏节杆菌（*arilaitensis*）、烟草节杆菌（*nicotianae*）和球形节杆菌（*globiformis*）］是黄色的棒状杆菌。它们通过产生芳香硫化物促进干酪成熟，同时还具有蛋白质和脂肪的水解活性。这些发酵剂的特性取决于干酪表面是否存在酵母菌和葡萄球菌，并且在蛋白水解条件下，水溶性黄色色素会变成红棕色或粉色色素。棒状乳杆菌是一种米色棒状杆菌，最近市面上的商业发酵剂具有适当的芳香风味，能在涂抹干酪上迅速生长，并保护干酪表面不受霉菌的影响。

6.4.6 混合发酵剂

市场上有几种用于表面成熟干酪的混合发酵剂，它们含有棒状杆菌［例如亚麻短杆菌（*B. linens*）、节杆菌（*Arthrobacter* spp.）］、脱酸酵母［汉斯德巴氏酵母菌（*D. hansenii*）］和添加或不添加白地霉菌（*G. candidum*）的葡萄球菌［木糖葡萄球菌（*S. xylosus*）］。

6.5 表面成熟

6.5.1 成熟解决方案

最近的研究表明，干酪盐水不仅是酵母菌（汉斯德巴氏酵母菌）和马胃葡萄球菌的重要储存器，而且对其他地方提到的棒状杆菌也是一个重要的储存器（Bockelmann 等，2006）。通常在干酪盐水中存在高浓度的酵母和葡萄球菌（>100 cfu/mL）以及低浓度的棒状杆菌（<100 cfu/mL）。因此，只要盐水微生物菌群受到干扰（例如由于盐水的卫生条件），就可以用干酪二次发酵剂接种到干酪盐水中。Jaeger 等（2002）证明了干酪盐水中高浓度的汉斯德巴氏酵母菌和马胃葡萄球菌对太尔西特这类涂抹干酪的防霉效果。

在成熟和储存期间正确处理涂抹干酪至关重要。干酪的成熟温度控制在 8 ～ 15℃、湿度应至少为 95%。有些干酪品种在成熟期开始时需要一个保温的预成熟阶段。例如，软质干酪在 20℃、酸凝乳干酪在 30℃的温度下需要成熟 1 天。在此过程中应避免过度通风。最初几天干酪表面仍然裸露，没有被适当的微生物菌落覆盖，这段时间对表面成熟的干酪至关重要。将沙门柏干酪青霉孢子接种到干酪乳中或喷洒到干酪表面，它们开始生长后会在几天内覆盖并保护干酪表面。

对于涂抹干酪的成熟，酵母的快速生长以及干酪表面的快速脱酸（乳酸降解）使对酸敏感的细菌能够在几天内完全覆盖干酪表面。对于又大又硬的干酪品种（如太尔西特），涂抹用圆形旋转刷，刷子刷过涂抹液时会被湿润。涂抹液由水或乳清组成，含 3 ～ 6 g/100 g 的食盐，以反映干酪的盐度。较小尺寸的软干酪也以类似的方式处理，但不是涂刷，而是喷洒干酪。也可以用蒸汽或者手工撒盐。在成熟架或货架上反复翻转干酪，反复这样进行表面处理对成熟尤为重要。

太尔西特干酪，在菌落计数达到约 10^9 cfu/cm^2 和 pH 值 7 时，可以观察到由酵母、葡萄球菌、橙色、黄色和米黄色的棒状杆菌生长产生的完整涂层；通常是在成熟 1 周后（Bockelmann 等，2005）。菌落数较低的干酪通常表现出更多的酵母菌，如白地霉、马克斯克鲁维酵母或克鲁斯假丝酵母（涂抹软质干酪、酸凝乳干酪；Bockelmann 等，2002，2003）。发酵剂供应商习惯建议在涂抹液（即盐水）中添加酵母菌和亚麻短杆菌，以最大限度地降低干酪中有害微生物增长的风险。很明显这并不反映涂抹干酪表面菌群的组成，因为酵母菌、葡萄球菌和涂抹细菌自然存在于干酪卤水中（Jaeger 等，2002；Bockelmann 等，2006），所以这种策略仍然是成功的。盐水浸泡后，干酪表面会出现低浓度的微生物，并在几天内形成微生物涂抹。使用稀释的盐水涂抹是干酪生产商通常采用的做法。

一种非常有效使涂抹干酪成熟的方法是传统上所谓成熟干酪 - 新干酪的交替涂抹工艺。首先用涂抹设备（刷子或喷涂）处理成熟的干酪。当所有成熟干酪表面微生物都已转移到涂抹液中后，再开始涂抹新鲜干酪。涂抹完成熟干酪后，涂抹液中的细胞数通常很高，一般大于 10^{10} cfu/mL。因此，酵母和细菌的脱酸和生长能够进行的较快。成熟干酪 - 新干酪的交替涂抹工艺的主要缺点是，如果干酪存在污染菌（如霉菌、肠球菌、肠杆菌、假单胞菌、单核细胞增生李斯特菌等），那么它们也会生长（Hahn 和 Hammer，1990，1993）。因为表面成熟干酪加工由来已久，众所周知，通常在良好的生产实践中，这些污染菌不会增长到对消费者构成风险的数量级。但即便如此，如果可以避免采用成熟干酪 - 新干酪的交替涂抹方案而采用确定的表面发酵剂，那么产品的卫生问题将会得到显著的改善。

6.5.2 酵母和霉菌

涂抹干酪的表面成熟始于酵母菌的生长，酵母菌耗用乳酸盐增加了干酪的表面 pH 值

（Eliskases-Lechner 和 Ginzinger，1995）。在几项研究中发现，汉斯德巴氏酵母菌是涂抹干酪表面的主要酵母种类（Bockelmann 等，1997c；Wyder 和 Puhan，1999）。干酪在成熟的第一周，产生一种耐酸的马胃葡萄球菌和酵母菌。由于乳酸的消耗，pH 值升高，酵母（泛酸、烟酸、核黄素）的蛋白水解特性和维生素合成刺激了涂抹细菌的生长（Purko 和 Nelson，1951；Szumski 和 Cone，1962）。当 pH 值 >6 时，黄色棒状杆菌（微杆菌）、米色棒状杆菌（棒状杆菌，*C. casei*）和橙色棒状杆菌（亚麻短杆菌）开始生长，并最终覆盖整个干酪表层（Eliskases-Lechner 和 Ginzinger，1995；Bockelmann 等，1997c）。电子显微镜扫描显示，在涂抹干酪表面的嗜热乳酸菌［德氏乳杆菌保加利亚亚种（*Lactobacillus delbrueckii* subsp. *bulgaricu*）和嗜热链球菌（*Streptococcus thermophilus*）］中，存在着酵母菌和涂抹细菌（图 6.3）。

对于大多数品种的涂抹成熟干酪来说，表面存在霉菌是不受欢迎的。例如涂抹不完整的表面为青霉菌（*Penicillium commune*）和镰刀真菌（*Fusarium* spp.）提供了生长空间（Bockelmann 等，1997b）。Jaeger 等（2002）的一项研究证明了盐水中的微生物菌落对食品安全的重要性，研究表明干酪盐水中高浓度的汉斯德巴氏酵母菌和马胃葡萄球菌可以抑制半软质太尔西特干酪表面的霉菌生长。

林堡型干酪上代表性的白色区域清楚地显示了存在白地霉，它是涂抹软质干酪酵母菌群的重要组成部分（Valdes Stauber 等，1996；Bockelmann 等，2003）。酸凝干酪（黄色、Harzer Kaese、Quargel）的特点是有两种不同的酵母菌生长在干酪内部和表面，即马克斯克鲁维酵母（无性型：乳酒假丝酵母）和克鲁斯假丝酵母（有性型：东方伊萨酵母）。黄色的酸凝干酪也存在高浓度的白地霉，但由于干酪中一直含有较高的马克斯克鲁维酵母、克鲁斯假丝酵母、涂抹细菌和葡萄球菌，所以仍然保持了黄棕色的外观。一些酸凝干酪品种典型的白色表面是由白地霉或沙门柏干酪青霉引起的（图 6.1o）。

在各种涂抹干酪上发现的其他酵母菌有：克鲁维酵母（*Kluyveromyces*）、小红酵母（*Rhodotorula minuta*）、德尔布有孢圆酵母（*Torulaspora delbrueckii*）（以前称为 *Saccharomyces delbrueckii*）、白色毛孢子菌（*Trichosporon beigelii*）和解脂耶氏酵母（*Yarrowia lipolytica*）（Eliskases-Lechner 和 Ginzinger，1995）。在一些品质较差的干酪中发现了解脂耶氏酵母。相比之下，对一些采用箔纸包裹成熟的拉可雷特干酪研究表明，解脂耶氏酵母对干酪成熟有积极影响，不过这一点是在干酪的实验样品中观察到的（Wyder 和 Puhan，1999）。同一作者对选定的瑞士干酪研究发现，汉斯德巴氏酵母菌在干酪表面占据明显优势。用生乳和巴氏杀菌乳制成的干酪之间没有区别。在 Rohm 等（1992）鉴定的 19 种酵母中，汉斯德巴氏酵母菌最为常见，其次是白地霉、克鲁斯假丝酵母和马克斯克鲁维酵母，同时还分离出了几种念珠菌和解脂耶氏酵母。而在瑞士干酪的表面上，涎沫假丝酵母（*Candida zeylanoides*）、葡萄酒假丝酵母（*Candida vini*）和汉斯德巴氏酵母菌是主要的酵母种类。总的来说，在成熟的前几周酵母菌数 >10^7 cfu/cm^2，但对于成熟时间较长的半硬质干酪来说，酵母菌数会下降几个数量级。

6.5.3 葡萄球菌

葡萄球菌属是耐盐和耐酸的微生物属，存在于各种表面成熟的干酪中（表 6.2 和表

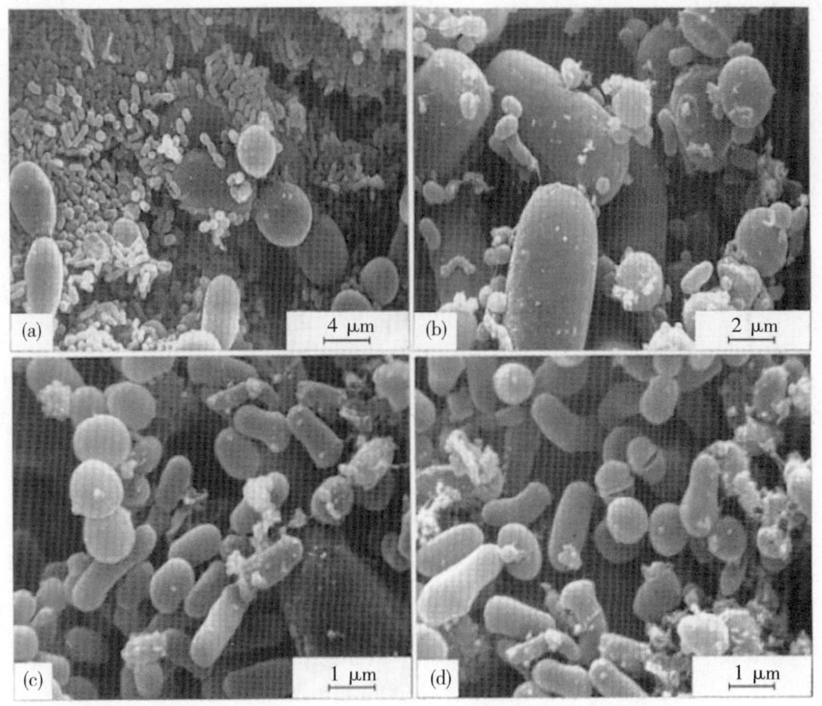

图 6.3 表面成熟软干酪涂片的扫描电子显微镜显示圆形或椭圆形酵母。（a）汉斯德巴氏酵母菌、棒状酵母;（b）白地霉、不规则形状的棒状杆菌（棒状）、直棒状杆菌（德氏乳杆菌保加利亚亚种）和球菌（嗜热链球菌或葡萄球菌）。（a，c，d）来自南德的罗马杜尔干酪，（b）来自法国的软干酪。这些条形表示显微照片的不同放大倍数（经 H.Neve 个人通信公司和基尔的 Max Rubner 研究所许可复制）。

6.3），可在干酪成熟的早期，pH 值低于 6 时生长（Bockelmann 等，1997c）。与酵母菌一样，马胃葡萄球菌（*S. equorum*）存在于干酪盐水中，有时它的数量还比较高（最高时达 10^5 cfu/mL；Bockelmann 等，1997c）。经常对干酪盐水进行巴氏杀菌时，酵母菌可以减少（许多软质干酪生产商都采用这种做法），就不会再有葡萄球菌存在或葡萄球菌浓度会变得很低的情况（Bockelmann 等，2003）。在涂抹干酪上最常见的菌系是马胃葡萄球菌（自然菌群）、木糖葡萄球菌（文化菌群）以及非食品级的腐生酵母菌（自然污染）。

根据 Bockelmann 等（2006）的研究，马胃葡萄球菌似乎是干酪盐水和大多数涂抹干酪中的典型的天然菌。而在另一项研究中，德国北部，通过 ARDRA 方法，从传统方法制作的绿色有机涂抹高达干酪和瑞士特定产区格劳宾登州高山干酪（Bergkaese）中分离的 150 株球菌均被归类为马胃葡萄球菌（Hoppe-Seyler 等，2004）。这一点从法国三家不同生产者制作的涂抹软质干酪中分离出的葡萄球菌，在种类和菌株水平上得到了验证。马胃葡萄球菌菌群由多种菌株组成，是典型的室内菌群，而所有木糖葡萄球菌菌株在脉冲凝胶电泳中显示与商业木糖葡萄球菌菌株的模式相匹配的相同的 DNA 限制性带型，这表明该微生物是作为发酵剂添加的（W.Bockelmann，未公开发表的结果）。

腐生链球菌是一种非食品级的微生物种类，它被反复从涂抹干酪和盐水中分离出来，数量很少（Bockelmann 等，2005）。但酸凝干酪（哈尔茨干酪，Harzer）似乎是一个例外，它含有的腐生链球菌在葡萄球菌表面菌群中占主导地位，并可增长到很高的数量级（例如

10^9 cfu/cm^2）（Bockelmann 等，2002）。

6.5.4 涂片细菌（棒状杆菌）

Mulder 等（1966）表示林堡干酪 90% 的微生物菌落由棒状细菌组成，如下所述：（a）灰白色细菌（棒状杆菌属）构成优势菌群；（b）橙色细菌（亚麻短杆菌）占 9% ～ 24%；（c）葡萄球菌（马胃葡萄球菌）总计达 3% ～ 6%。这些早期的研究结果后来被证实，研究表明棒状杆菌是表面涂抹成熟干酪的主要组成部分（Seile，1986；Eliskases-Lechner 和 Ginzinger，1995；Bockelmann 等，1997c）。如太尔西特干酪，以汉斯德巴氏酵母菌为主的半软质干酪，包括葡萄球菌在内的涂片细菌数通常 >10^9 cfu/cm^2，但像汉斯德巴氏酵母菌和白地霉（例如林堡型）或马克斯克鲁维酵母和克鲁斯假丝酵母（酸凝乳干酪）含有更复杂的酵母菌群的干酪，涂片细菌数通常较低（Bockelmann 等，2002，2003）。

橙色棒状杆菌

橙红色是涂片细菌中亚麻短杆菌的特有颜色，它赋予了干酪独特的外观和风味。Eliskases Lechner 和 Ginzinger 等（1995）在选定的奥地利干酪中发现最高时计数达 30%。但在德国太尔西特干酪表层，仅分离出 1% ～ 15% 棒状杆菌为亚麻短杆菌（Bockelmann 等，1997c）。表 6.2 和表 6.3 中显示的数据表明亚麻短杆菌的数量可能无法被检测到，即使成熟的干酪表面细菌增长到很高时也一样。当干酪表面亚麻短杆菌浓度 <10^9 cfu/cm^2 时，就不太可能呈现出橙红色。由于亚麻短杆菌的产品会产生大量挥发性硫化物（如甲硫醇），因此，它们在干酪表面的菌群含量稀少而有益，这样可以控制干酪出现强烈的硫醇气味。亚麻短杆菌产生的大量挥发性风味化合物（硫醇）可能会抑制霉菌生长（Lewis，1982；Bloes-Breton 和 Bergere，1997）。一些亚麻短杆菌菌株合成细菌素可能会抑制干酪表面的病原菌，如单核细胞增生李斯特菌（Valdes Stauber，1991；Eppert 等，1997）。相比较于凝乳酶干酪而言，亚麻短杆菌通常占酸凝干酪（黄色）表面菌群的主导地位，菌群数量 >10^9 cfu/cm^2（Bockelmann 等，2002）。最近在橙色棒状杆菌菌群中发现，亚麻短杆菌似乎占主导地位；而干酪乳杆菌占比尚不清楚。

米色棒状杆菌

在半软质或半硬质的成熟干酪表面，米色棒状杆菌通常占据优势，它们的细菌总数可达 10^9 cfu/cm^2 以上。最近的研究结果表明，棒状杆菌（*Corynebacterium casei*）是最常见的分离菌株。与亚麻短杆菌相比，干酪棒杆菌只有微弱的香味。在别的米色棒状杆菌中经常分离出其他棒状杆（Eliskases-Lechner 和 Ginzinger，1995）。棒状杆菌在涂抹成熟干酪中的主要作用是它们可以快速生长，从而可保护干酪表面免受有害微生物的污染。

黄色棒状杆菌

19 世纪 90 年代末，Laxa（1899）发现了砖形干酪表面存在黄色细菌。Seiler（1986）分离出了黄色棒状杆菌，并将其归类为变异节杆菌（*Arthrobacter variabilis*）和烟草节杆菌（*A. nicotianae*）。Eliskases-Lechner 和 Ginzinger 等（1995）描述了奥地利干酪表面存在球形节杆菌（*Arthrobacter globiformis*），而 Bockelmann 等（1997c）从太尔西特干酪中分

离出了许多节杆菌菌株，后来被归类为烟草节杆菌和微杆菌（Bockelmann 等，2005）。随后同一研究中的烟草节杆菌菌株更名为阿氏节杆菌，这个节杆菌是 Irlinger 等（2005）最近定义的一个种类。从卡蒙贝尔干酪和硬质干酪中分离的黄色棒状杆菌中（表 6.2 和表 6.3）发现食物小短杆菌（*B. alimentarium*）、干酪发酵小短杆菌（*B. tyrofermentans*）和微杆菌的存在。根据 Bockelmann 等（2005）和德国基尔联邦营养与食品研究中心的许多未公开的数据分析，在林堡和其他软质干酪中微杆菌似乎比阿氏节杆菌的含量更高。黄色棒状杆菌与短杆菌属（*Brachybacterium* spp.）在表面成熟干酪上的比例尚不清楚，但在较硬质的干酪品种中可能会多一点。黄色棒状杆菌在干酪风味和颜色形成中起到了重要作用。干酪在蛋白水解细菌（如亚麻短杆菌）的作用下，使黄色素转变为红棕色。在干酪试验样品中，阿氏节杆菌（*A. arilaitensis*）、微杆菌（*M. gubbeenense*）和亚麻短杆菌（*B. linens*）的单一菌株产生了非典型的气味，但当在阿氏节杆菌或微杆菌与亚麻短杆菌共同培养时，它们释放出典型的硫黄涂抹干酪味道。而且，在微杆菌和亚麻短杆菌混合培养时，相互有促进作用。

6.5.5 食品安全

生鲜乳的微生物控制不容易保持。对法国诺曼底卡蒙贝尔地区部分农场鲜乳微生物构成研究发现，除了常见的非发酵剂细菌外，大部分样品都受到病原菌污染。检测到金黄色葡萄球菌（62%）、大肠杆菌（*Escherichia coli*）（80%）、产气荚膜梭菌（*Clostridium perfringens*）（100%）、沙门氏菌属（*Salmonella* spp.）（3%）、单核细胞增生李斯特菌（6%）、小肠结肠炎耶尔森菌（*Yersinia enterocolitica*）（36%）和弯曲杆菌属（*Campylobacter* spp.）（1%）（Desmasures 等，1997）。El-Dairouty 等（1990）研究表明，当干酪中青霉菌在生长的过程中的同时，大部分其他细菌都减少了，而蜡样芽孢杆菌（*Bacillus cereus*）和金黄色葡萄球菌在整个成熟期却都存活了下来。表明生鲜乳质量对其加工的产品安全性是至关重要的。

6.5.6 成熟干酪 – 新干酪的交替涂抹工艺

完美的成熟干酪表面菌落是涂抹细菌和霉菌的理想来源。传统上，成熟干酪是用刚清洗过的涂抹设备刷洗或喷洒的。从干酪上滴下的涂抹液重新被回收用于处理新制作的干酪。但用此方法制作的成熟干酪很少“完美”，所以这种所谓的“老 – 幼涂抹”受到了很多外界人士的批评。除偶尔出现的单核细胞增生李斯特菌外，成熟干酪中污染肠球菌、肠杆菌和假单胞菌的现象（表 6.2 和表 6.3）也很常见。这三组微生物是检验涂抹成熟干酪表面菌落的理想菌。假单胞菌的检测不仅应包括 CFCD 琼脂（Merck，Darmstadt，Germany）上的氧化酶阳性菌，还应包括可能会导致严重的技术问题的氧化阴性菌，导致如图 6.4 所示酸凝干酪中大量蛋白质水解。毋庸置疑，成熟干酪 – 新干酪的交替涂抹法是一种循环污染。涂抹细菌、酵母菌以及不良的污染物都因此被转移到新鲜的干酪中，并在干酪工厂环境中开始生长。Hahn 和 Hammer（1993）利用危害分析关键控制点（HACCP）

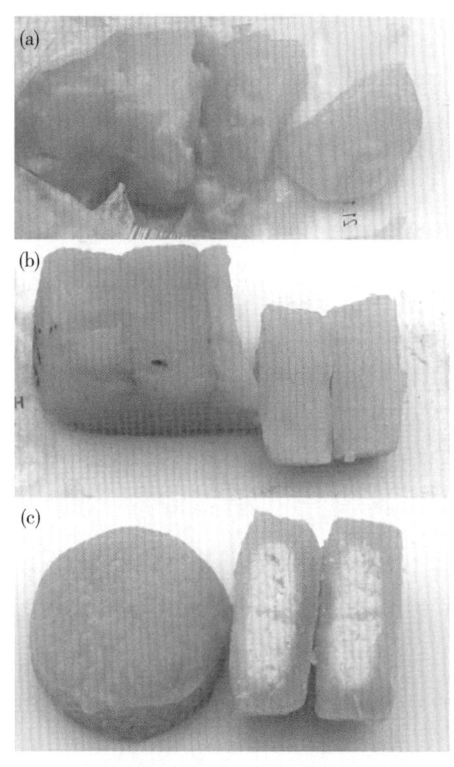

图 6.4 酸凝乳干酪（黄色）的典型图示。（a）4 周龄的成熟干酪受到除了肠道细菌和肠球菌的“正常”污染外还有氧化酶阴性假单胞菌（10^8 cfu/cm^2）的严重污染；（b）4 周龄的成熟干酪，具有弹性质地、均匀的米黄色和湿黏表面；（c）2 周龄的干酪仍然呈现出易碎的白色“夸克干酪”核心和干黏的米黄色表面。

体系报告了太尔西特干酪生产线的卫生状况。成熟干酪 – 新干酪的交替涂抹被认为是非致病性单核细胞增生李斯特菌传播的主要原因。通过对成熟干酪 – 新干酪的交替涂抹设备的严格隔离，单核细胞增生李斯特菌数量显著减少。

酸凝干酪的成熟干酪 – 新干酪的交替涂抹循环跟前面描述的有所不同。因为成熟时间短，所以需要在包装前 1 ～ 3 d 添加 2 ～ 4 g/100 g 的“成熟”酸凝乳干酪到粗制酸干酪糊里混合（以及不同的盐）。这种经过 10 ～ 14 d 成熟的特殊酸凝乳干酪是一种特殊的产品，被称为“干酪培养基”（Kulturkaese）。为了使这批干酪成熟，通常的做法是与另一批成熟的干酪培养基混合，这样一来就产生了一个循环污染。它解释了酸凝乳干酪中肠球菌、肠杆菌、假单胞菌和腐生链球菌长期污染的原因。

6.5.7 单核细胞增生李斯特菌

有很多关于致病性单核细胞增生李斯特菌在涂抹成熟干酪表面被检出的报告。Steinmeyer 和 Terplan 等（1996）发表了一篇关于食品中单核细胞增生李斯特菌发生情况的综述。Terplan 等（1986）对欧洲不同国家的 420 个选定干酪样品中，检测发现有 7% 的样品出现了单核细胞增生李斯特菌。Canillac 和 Mourey（1993）以及 Brisabois 等（1997）也发现类似的结果。Pintado 等（2005）发现，有 46% 的用生羊乳制作的软质干酪被单核细胞增生李斯特菌污染。Noterman 等（1998）证明，人类经常接触单核细胞增生李斯特菌，食物中几乎所有的单核细胞增生李斯特菌都具有致病性强的特性。然而，因为人类肠道屏障和特异性免疫防御机制在预防感染方面非常有效（Noterman 等，1998），所以，单核细胞增生李斯特菌引起食物中毒情况仍然是小概率事件。

无论使用什么类型的原料乳（生鲜乳或巴氏杀菌乳），大部分单核细胞增生李斯特菌都存在于表面成熟的软质干酪和半软质干酪中，这证明了原料乳可能不是单核细胞增生李斯特菌污染的主要来源（Terplan 等，1986）。关于耐热性研究表明，只有少数单核细胞增生李斯特菌能够在巴氏杀菌后存活（Rowan 和 Anderson，1998）。然而在巴氏杀菌前，如果原料乳中的单核细胞增生李斯特菌初始含量很高，那么幸存的病原菌在软质干酪（如卡蒙贝尔和菲达干酪）的成熟和储存期间可能会增长到较高的数量级（Ramsaran 等，1998）。因为干酪工厂的小生态环境中存在单核细胞增生李斯特菌，而涂抹干酪表面 pH 值的快速增长更有利于单核细胞增生李斯特菌的生长，所以上述现象在干酪表面更为明显。虽然乳酸链球菌数可以阻止单核细胞增生李斯特菌在冷藏期间的生长，但初始细菌数并未减少（Ramsaran 等，1998）。

干酪涂抹机是污染单核细胞增生李斯特菌的重要来源（Hahn 和 Hammer，1993）。Arizun 等（1998）详细介绍了从干酪生产环境中对成熟室和设备进行消毒除去单核细胞增生李斯特菌的难度，他们发现单核细胞增生李斯特菌能在生物膜中生长，这导致抗菌剂和消毒剂的强烈耐药性。然而，Ennahar 等（1994）证实，对干酪进行辐照，可以完全消除受到严重污染的单核细胞增生李斯特菌，同时产品的感官特性无明显变化。Radomyski 等（1994）对用低剂量辐照消除食品中病原菌的方法进行了评价。Zapico 等（1998）利用乳酸链球菌素和乳过氧化物酶的协同作用，将乳中的单核细胞增生李斯特菌的数量减少了 5.6 $\log_{10}$/mL。

6.5.8 霉变

霉菌污染会严重影响表面成熟干酪的品质。在一项关于硬质干酪、半硬质干酪和半软质干酪（主要来自丹麦、法国、希腊和英国）的研究中，分离鉴定出 371 株霉菌，其中 91% 为青霉属（*Penicillium* spp.）（Lund 等，1995），其中青霉菌属（*P. commune*）菌出现频率最高（42%），分布最广。在干酪表面分离的大多数菌落（88%）属于以下几类：青霉菌属（*P. commune*）、纳地青霉（*P. nalgiovense*）、疣青霉（*P. verrucosum*）、离生青霉（*P. solitum*）、娄地青霉、杂色曲霉（*Aspergillus versicolor*）、皮落青霉（*P. crustosum*）、黑绿青霉（*P. atramentosum*）、产黄青霉（*P. chrysogenum*）和刺糙青霉（*P. echinulatum*）。一些霉菌种类显示出持续产生霉菌毒素的能力——团青霉能产生环丙酮酸、疣青霉能产生赭曲霉毒素 A、杂色曲霉能产生杂色曲霉毒素，以及皮落青霉能产生青霉素 A 和娄地青霉素 C（Lund 等，1995）。

测试沙门柏干酪青霉（*P. camemberti*）、纳地青霉（*P. nalgiovense*）、娄地青霉（*P. roqueforti*）和白地霉（*Geotrichum candidum*）等霉菌发酵剂，对霉菌污染物［团青霉（*P. commune*）、*P. caseifulvum*、疣青霉（*P. verrucosum*）、变色青霉（*P. discolor*）、溶青霉菌（*P. solitor*）、嗜粪青霉（*P. coprophilum*）和杂色曲霉（*Aspergillus versicolor*）］生长和次级代谢产物的抑制作用的影响。结果只有白地霉能抑制卡蒙贝尔干酪上腐败霉菌的生长，而霉菌污染物产生的次级代谢产物在干酪上未变化（Nielsen 等，1998）。根据发酵剂供应商的说法，青霉菌发酵剂也具有抗霉菌特性。据报道干酪加工中使用的沙门柏干酪青霉是布雷菲德菌素 A 的新来源，布雷菲德菌素 A 是一种具有抗霉菌、抗病毒、抗有丝分裂和抗肿瘤特性的大环内酯类抗生素（Abraham 和 Arfmann，1992）。

沙门柏干酪青霉在体外产生的唯一有毒代谢物是环匹克尼酸。娄地青霉在体外产生大量有毒代谢物，尤其是棒曲霉素、青霉酸、PR 毒素、霉酚酸、娄地青霉素和烟曲霉文 A 与烟曲霉文 B。这些毒素偶尔会在市售的干酪中被检测到，但因为它们的浓度非常低（例如 μg/g 或 μg/kg）并且只有轻微毒性、不致癌（Engel 等，1989；Siemens 和 Zawistowski，1996），所以对人类健康的风险很小。Boysen（1996）研究表明，根据分子遗传学和生物化学特征，娄地青霉应重新被划分为 3 类：（a）娄地青霉产生 PR 毒素、马可氟汀和烟曲霉文 A；（b）*P. carneum* 在其他次级代谢物中合成棒曲霉素、震颤霉素 A 和霉酚酸；（c）*P. paneum* 在其他次级代谢物中产生棒曲霉素和肉毒杆菌二倍体素。这些结果表明对用于食品加工中的真菌菌系进行彻底分类的重要性。现阶段主要是通过形态学进行分析的，还应该延伸到利用分子生物学的方法来证实所分离的菌系及其合成的真菌毒素。LeBars 和 Le Bars 等（1998）综述了导致真菌毒素生长的主要因素，并提出了在食品加工中为了确保安全，如何运用真菌和真菌衍生物的解决方案。

6.5.9 抗单核细胞增生李斯特菌发酵剂

Laporte 等（1992）认为，娄地青霉的存在，往往会抑制病原微生物的存活，如致病性大肠杆菌和金黄色葡萄球菌，尤其是对具有蛋白质和脂肪水解活性强的菌株而言。据报道，霉菌成熟干酪中一些真菌代谢产物，天然地含有单核细胞增生李斯特菌的抑制因子（Kindleer 等，1995）。白地霉产生的 D–3– 苯乳酸和 D–3– 吲哚乙酸两种成分可以抑制单核细胞增生李斯特菌（Dieuleveux 等，1998）。

人们对亚麻短杆菌和其他涂抹细菌，产生的细菌素对单核细胞增生李斯特菌的存活影响广泛关注。亚麻短杆菌的细菌素已经被纯化和鉴定，它们的作用方式也被广泛研究（Valdes–Stauber 和 Scherer，1994；Martin 等，1995；Siswanto 等，1996；Boucabeille 等，1997，1998）。Eppert 等（1997）认为，这些细菌素的重要性相当有限，他们发现亚麻短杆菌细菌素的作用，不足以解释某些涂抹成熟干酪表面未定义的微生物菌群对单核细胞增生李斯特菌的完全抑制作用。Valdes Stauber 等（1996）分析了亚麻短杆菌中利诺菌素 M18 的核苷酸序列和分类分布。通过 PCR 扩增，能够证明利诺菌素 M18 的结构基因存在于 3 种短杆菌属、5 种节杆菌属和 5 种棒状杆菌属中。研究中发现了白地霉（Dieuleveux 等，1998）、粪肠球菌、屎肠球菌、木糖葡萄糖球菌、沃氏葡萄球菌（*Staphylococcus warneri*）和棒状杆菌（Ryser 等，1994；Giraffa 等，1995）对单核细胞增生李斯特菌的生物拮抗效应，还观察到了抑制物质对金黄色葡萄球菌的影响（Richard，1993）。

葡萄球菌或酵母菌因其对酸和盐的耐受性，所以是最早被发现生长在涂抹成熟干酪表面的微生物，可能比亚麻杆菌有更好的抗单核细胞增生李斯特菌的活性。Carino 等（2000）首次报道了马胃葡萄球菌菌株（WS2733）具有抗单核细胞增生李斯特菌活性的特性。该菌株合成的大环肽抗生素微球菌素 P_1 对单核细胞增生李斯特菌有效，但由于涂抹细菌也被微球菌素 P_1 抑制，所以该菌株不能成为表面成熟干酪的“保护伞”。在德国一项关于抗单核细胞增生李斯特菌培养的研究项目（FEI 项目，FV14786，2006—2008）中分离出了马胃葡萄球菌菌株产生的抑制剂，该抑制剂在不影响涂抹细菌生长的情况下，可抑制干酪实验样品中的单核细胞增生李斯特菌（Bockelmann 等，2006）。进一步的研究将会证明通过选择菌株起到保护发酵剂的实用性。

市面上有 4 种由不同乳酸菌或单核细胞增生李斯特菌噬菌体组成发酵剂，它们作为肉类和香肠的两种发酵剂在干酪样品中的抑制作用较弱，仅能使单核细胞增生李斯特菌数量只减少 2 ～ 3 log_{10}/g。一种培养基由弯曲乳酸杆菌（*Lactobacillus curvatus*）组成，另一种是由乳酸片球菌（*Pediococcus acidilactici*）、肉葡萄球菌（*Staphylococcus carnosus*）和木葡萄球菌混合而成（Bockelmann，未发表的数据）。还有一种受贸易保护的发酵剂由植物乳杆菌（*Lactobacillus plantarum*）组成。Loessner 等（2003）认为，该菌株产生的乳酸片球菌素对单核细胞增生李斯特菌有效。作者还报告了当植物乳杆菌计数达到约 10^7 cfu/cm^2 时，即使植物乳杆菌不生长或就地产生的乳酸片球菌素也可以达到抑制单核细胞增生李斯特菌的目的。其他 FEI 项目也证实了干酪表面的抗单核细胞增生李斯特菌活性。另一种受贸易保护的发酵剂基于单核细胞增生李斯特菌噬菌体（Hagens 和 Loessner，2007）。在芒斯特干酪（Munster）上进行了噬菌体制剂的测试（Schellekens 等，2007），结果发现它可将单核细胞增生李斯特菌的数量减少至少 3.5 $\log_{10}$/g。在 FEI 项目中也确认了这个结果，当干酪样品中噬菌体浓度为 10^7 cfu/cm^2 时，单核细胞增生李斯特菌数量减少了约 7 $\log_{10}$/cm^2，这在林堡干酪成熟过程中也有类似的效果。

6.6 表面发酵剂的现状

用于霉菌干酪的真菌发酵剂在市面上已经存在较长时间，其具有良好的特性和稳定性。也有越来越多的涂抹细菌和酵母菌在过去的几年里面市。最近在市场上推出了两种发酵剂，一种是用于各种涂抹成熟干酪的马胃葡萄球菌，另一种是用于酸凝乳干酪成熟的由马克斯克鲁维酵母和克鲁斯假丝酵母组成的混合酵母培养剂（见第 6.4.2 节）。当前有几个研究项目致力于开发表面涂抹干酪的发酵剂（欧盟 CT98–4220，半软干酪，1999–2000；FEI FV12780，软干酪，2001–2003；FEI FV13018，酸凝乳干酪，2001–2003）。在这些项目中，他们以天然菌群组成为基础，界定了不同类型干酪的最低发酵剂组成。在欧盟资助的一个示范课题项目（CT02–02461，2003–2005）中，阐明了该发酵剂的概念对半软和半硬干酪的功能性是有效的，他们挑选了两个产业合伙人的干酪品种，涂抹上不同特点的发酵剂，结果它们保持了其有代表性的外观和风味。

6.6.1 半软质干酪的表面发酵剂

根据市售的太尔西特干酪表面菌群的典型成分，经过大量试验和干酪中试后，提出一种由 5 种菌组成的表面发酵剂。包括汉斯德巴氏酵母菌、马胃葡萄球菌、亚麻短杆菌、微杆菌和 / 或阿氏节杆菌和棒状杆菌（Bockelmann 等，1997b，2000）。涂抹液中细菌总数最低浓度为 10^7 cfu/mL（Bockelmann 等，2005）。在成熟的第 1 周，涂抹干酪样品一到两次，这个操作让去酸化的速度几乎与成熟干酪 – 新干酪交替涂抹干酪的对照干酪一样快（图 6.5a）。1 周后样品表面 pH 值达到 7.0，细菌总数为约 10^9 cfu/cm^2，这足以保护干酪表面不再受到霉菌污染。在试验小试的干酪表面涂抹上述特定的发酵剂，表面微生物菌落的结果与成熟 8 周后的成熟干酪 – 新干酪的交替涂抹对照干酪相似，并且通过脉冲凝胶电泳在干酪上检测到了发酵剂菌株（Bockelmann 等，2007）。

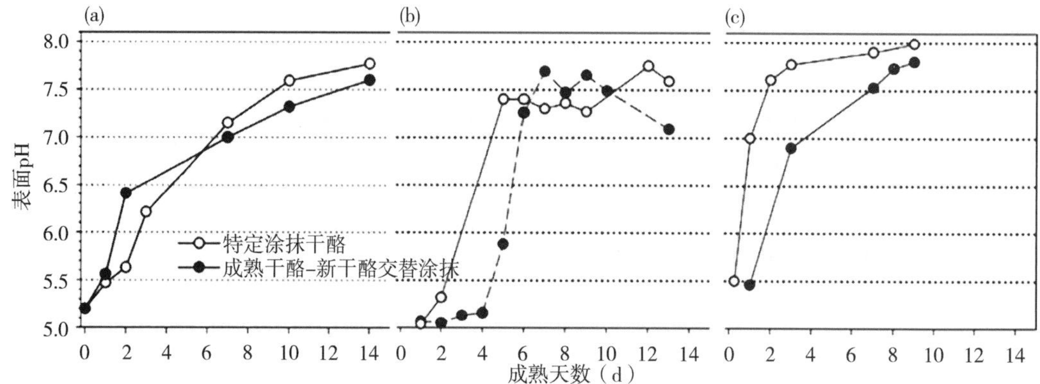

图 6.5　涂抹干酪的成熟。注：涂抹特定的太尔西特干酪（a）、林堡干酪（b）和酸凝乳干酪（c）的去酸化（即涂抹后的变化）实验（空心符号）与在售的成熟干酪 – 新干酪交替涂抹干酪（实心符号）进行比较。在试验干酪上涂抹文中所述的适当发酵剂。此外，将发酵剂添加到盐水中，并用平面电极测量 pH 值。

在欧盟的一个示范项目（CT02–02461）中，研究了这 5 株菌株发酵剂的催熟功能。实验小试的干酪试验清楚地表明了干酪本身的质地对最终产品的典型香味有显著影响。在同一个项目中，他们在产业伙伴的生产现场采集新鲜的干酪［窖藏干酪（Cave cheese）、克洛堡干酪（Klovborg）、卡蒙贝尔干酪（Caractère）］，并将其运送到研究实验室进行成熟实验。结果发现尽管使用了几乎相同的表面发酵剂，3 种被检测的涂抹干酪品种仍保持了其原有典型的不同香味。但对于亚麻短杆菌类型的干酪来说是一个例外，它的菌株选择至关重要（Bockelmann，未发表的数据）。

6.6.2　软质干酪的表面涂抹发酵剂

上述用于生产太尔西特干酪的典型的表面发酵剂不适用于林堡干酪的成熟，因为去酸化缓慢，形成不了典型的外观和香气（Bockelmann 等，2003）。干酪乳中存在（10^2 cfu/mL）的第二种酵母白地霉及其在干酪表面的含量对典型的林堡干酪的成熟至关重要。由于干酪企业没有采用商用发酵剂，因此白地霉显然属于软质干酪生产商内部自身环境的微生物菌落。对白地霉菌株的筛选显示，它们在视觉特性（干酪上的白色区域）和挥发性风味的产生方面存在很大差异，这一点与亚麻短杆菌类似（Bockelmann 等，2003）。

与成熟干酪 – 新干酪交替涂抹的太尔西特类型干酪相比，市售的林堡干酪表面脱酸化显示出较长的滞后性（图 6.5，实心符号）。研究发现软质干酪生产商必须定期对盐水进行消毒以减少汉斯德巴氏酵母菌的含量过高，防止汉斯德巴氏酵母菌在干酪表面高速增长（德国软质干酪生产商之间的交流）。因为高浓度的酵母菌和葡萄球菌对太尔西特干酪的成熟有一定的促进作用，所以在试验的软质干酪盐水中接种了约 10^4 cfu/mL 浓度的汉斯德巴氏酵母菌和马胃葡萄球菌。如图 6.5（空心符号）所示，研究中几乎没有观察到任何酸化延迟。即使对未涂抹的林堡干酪（即对照）乳和盐水接种白地霉、汉斯德巴氏酵母菌和马胃葡萄球菌，它们也显示出正常的脱酸化，但没有生成典型的颜色和香气（Bockelmann

等，2003）。

软质干酪的发酵剂主要集中在黄色细菌（微杆菌、阿氏节杆菌）上，它们与亚麻短杆菌结合可以产生典型的涂抹干酪风味和颜色，并在一些市售的软质干酪中占主导地位（Bockelmann 等，1997b，1997c，2003）。Bockelmann 等（2003）提出了涂抹软干酪的最佳表面发酵剂，即由汉斯德巴氏酵母菌、白地霉、马胃葡萄球菌、亚麻短杆菌、微杆菌或阿氏节杆菌组成。干酪棒杆菌也是可以使用的，但研究表明它对典型的香气发育不是必需的。首先将酵母和葡萄球菌接种到干酪盐水中（约 100 cfu/mL），并将在涂抹液中涂抹细菌数调整为 10^7 cfu/mL。成熟 1 周后的得到细菌表面细胞数低于实验性半软质太尔西特干酪，预计约有 10^9 cfu/cm^2，这些数值与市售的林堡干酪上的细胞数相似（Bockelmann 等，2003）。这可能是因为在成熟的第 1 周里白地霉和汉斯德巴氏酵母菌在林堡干酪上快速生长所致。2 周后，充分发育的涂抹菌群的最大数量可达约 10^9 cfu/cm^2，这是显然的（Goerges 等，2008）。

6.6.3　酸凝乳干酪的发酵剂（黄色类型）

酸凝干酪（如夸克）主要产自于德国北部的脱脂乳，常采用嗜热乳酸菌（保加利亚乳杆菌和嗜热链球菌）发酵（Bockelmann 等，2002）。德国和欧洲其他地区的不同乳品企业生产的酸凝干酪，在成熟后 1 ～ 3 d 进行包装。若非必要的先决条件，这种传统的夸克和干酪生产分离工序，对于酸凝乳干酪短暂的成熟来说是有益的，因为它增加了厌氧成熟过程的时间间隔。例如，农家酸凝乳生产的卫生条件有限，因此该产品通常受到污染 / 含有酵母菌落，比如占优势的马克斯克鲁维酵母和克鲁斯假丝酵母（Bockelmann 等，2002）。这些酵母菌在农家酸凝乳干酪配送分销和储存期间会快速繁殖。在厌氧条件下，5 ～ 7 d 后即增长到约 10^7 cfu/g，并伴有强烈的气味出现（Bockelmann 等，2002）。夸克干酪重要的成熟工序通过 SEM 可以直接观察，酵母菌和乳酸菌之间的密切关联是成熟酸凝乳的典型特征（图 6.6a）。经过 1 d 的成熟后，干酪表面会被黏稠物质覆盖，从而保护干酪免受霉菌污染（图 6.6b）（Bockelmann 等，2002）。酵母在干酪内部（图 6.6c）和表面产生的大量黏液物质，可能是成熟酸凝乳干酪质地非常有弹性的原因。黏液的产生可能是由于马克斯克鲁维酵母的代谢活动的结果，这解释了摇瓶液体发酵剂中出现凝块的原因（Bockelmann，未发表的数据）。如果观察到白色、易碎的夸克干酪块从表面转化为了黄棕色干酪，那么说明酸凝乳干酪已经成熟了，成熟后的产品质地光滑而富有弹性。

不采用传统的成熟干酪 – 新干酪交替涂抹循环，仅使用特定发酵剂也可以生产酸凝乳干酪，（见第 6.5.5 节）。第一步是确定用于在生产酸凝乳的乳中添加马克斯克鲁维酵母和克鲁斯假丝酵母的添加量（100 cfu/mL）。这样可以避免内部酵母微生物菌群的季节性差异。酵母二次使用可通过涂抹液（10^6 cfu/mL）来完成，但这不是必要的。酸凝乳的厌氧成熟是获得高数量酵母菌的必要条件。传统的酸凝乳干酪通常被腐生链球菌污染，腐生菌可能具有重要的工艺价值，例如对质地的形成（见第 6.4.4 节）（Bockelmann 等，2002）。模制之前，往酸凝乳和成熟卤水混合物中添加食品级的马胃葡萄球菌（10^7 cfu/g），来模

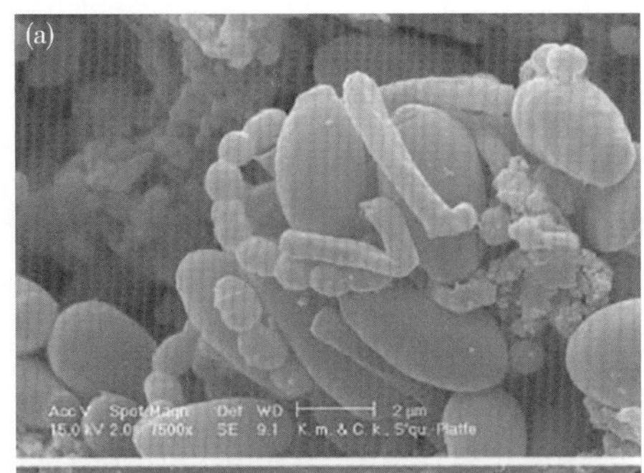
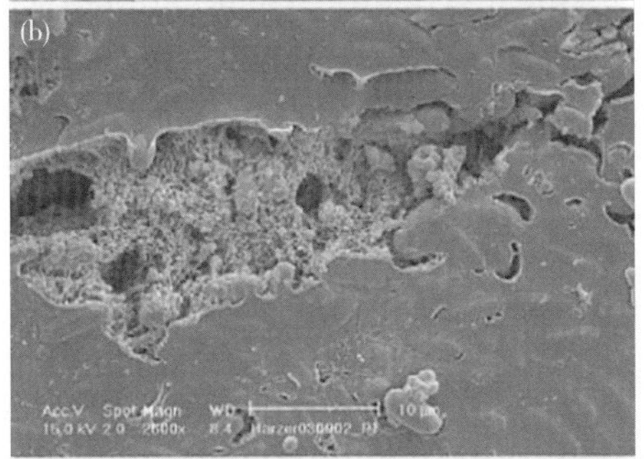
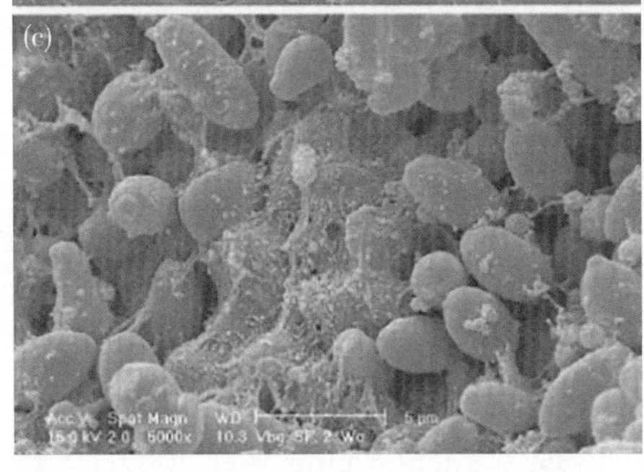

图 6.6　酸凝乳干酪的电子显微镜扫描。（a）成熟酸凝乳中常见的酵母菌（马克斯克鲁维酵母、克鲁斯假丝酵母）和乳酸菌（德氏乳杆菌保加利亚亚种和嗜热链球菌）的聚集体。这种关联可能是由于乳酸菌分泌的马克斯克鲁维酵母消耗半乳糖所致；（b）新鲜的酸凝乳干酪表面覆盖着的黏稠物质（可能是酵母分泌的）呈现出嵌入的酵母细胞；（c）位于成熟酸凝乳干酪内部排泄黏液物质中的酵母细胞，说明酸凝乳干酪质地非常有弹性（经 H.Neve 个人通讯公司和基尔的 Max Rubner 研究所许可复制）。

拟市售的酸凝乳干酪中腐生链球菌，发现抑制了自然污染物的产生（表 6.3；Bockelmann 等，2002）。

至于其他涂抹干酪，表面脱酸对于成熟是必要的，以允许涂抹菌群的生长。酸凝乳干酪表面 pH 值大约在 1 周后达到 7。当用成熟的夸克干酪（即储存约 7 d）在实验室制作干酪时，发现棒状杆菌的存在对脱酸是不必要的，但马胃葡萄球菌的存在具有有利影响（Bockelmann 等，2002）。

此外，仅用马克斯克鲁维酵母、克鲁斯假丝酵母和马胃葡萄球菌成熟的实验干酪，气味和味道都非常典型，带有酵母、酒精、酯果味和轻微的硫磺（污渍）味。对模拟夸克干酪的研究表明克鲁斯假丝酵母产生了类似涂抹干酪（类似亚麻短杆菌）风味的化合物，而马克斯克鲁维酵母则产生了酒精味和强烈的酯类物质味道（胶状）。在共同培养（马克斯克鲁维酵母和克鲁斯假丝酵母）中，形成了一种非常典型的、微酸的酸凝乳干酪香味（Bockelmann 等，2002）。在试验干酪表面喷洒亚麻短杆菌后，干酪表面的脱酸速度很快，干酪产生了典型的较强的硫磺涂抹干酪风味。因此酸凝乳干酪的二次发酵剂应由马克斯克鲁维酵母、克鲁斯假丝酵母、马胃葡萄球菌和亚麻短杆菌组成，并应用于不同的加工和成熟部位。也可以使用棒状杆菌种属（例如干酪棒杆菌、变异棒杆菌），但它们对成熟的影响尚不清楚，也没有得到很好的证实。

6.6.4　显色

如果干酪表面活菌总数超过 10^9 cfu/cm^2，则表面出现橙色、红色或棕色，这可能是由橙色的亚麻短杆菌或马胃葡萄球菌引起的。这个情况一般发生在酸凝乳干酪中，很少发生在其他涂抹干酪中。黄色棒状体的色素更有可能形成干酪的颜色。结果表明这些色素是水溶性的，在蛋白质水解产物的影响下，有向红棕色转变的趋势。这种效果可以在微杆菌或阿氏节杆菌的二次发酵剂中添加亚麻短杆菌或酪蛋白水解物的干酪模拟体系中得到证实（Bockelmann 等，1997a,b）。反相（C18）HPLC 分析显示了几种黄色和粉色成分（Bockelmann 等，

1997a)。通过黄色和粉色着色剂的组合就可以开发出橙色、红色和/或粉色表面颜色，就像彩色喷墨打印机装配黄色和品红墨水一样。图6.1和表6.2所示的太尔西特干酪的粉红色区域应该是由大量的微杆菌和亚麻短杆菌引起的。干酪的表面非常黏，表明有强烈的蛋白质水解作用。相比之下，德国林堡干酪中的微杆菌较高和亚麻短杆菌的含量较低，而呈现出橙色（图6.1和表6.2)。显色的机制尚不清楚，但可能会导致干酪出现像棕色和粉色变色的缺陷（Pelaez和Northholt，1988；Asperger等，1990)。

6.6.5 特定发酵剂的应用

把特定的微生物通过涂抹或喷洒到干酪表面，涂抹溶液中酵母和细菌的推荐细胞计数分别为10^6 cfu/mL（最低）和10^7 cfu/mL。同时还应把卤水微生物考虑在内。完整的干酪卤水可能含有酵母菌和葡萄球菌（100 cfu/mL）以及棒状杆菌（10～100 cfu/mL)，它们对干酪的成熟产生积极影响（Jaeger等，2002；Bockelmann等，2006)。为了在新制备的盐水中获得理想的微生物菌群，需在制作中添加二次发酵剂。在干酪乳中，应该给林堡型软质干酪搭配合适的白地霉菌株，同时给酸凝乳搭配马克斯克鲁维酵母和克鲁斯假丝酵母(100 cfu/mL)。对于后一种类型的干酪，应在粗制酸干酪和盐的混合器中添加马胃葡萄球菌（10^6 cfu/g)。

与成熟干酪-新干酪的交替涂抹法相比（即无成本优势)，用二次发酵剂处理干酪的成本要高得多。此外，特定涂抹干酪也需要更加小心，所以涂抹间隔可能更短。然而二次发酵剂是一种理想的手段，可以最大限度地减少干酪表面不良微生物的生长。在欧盟项目框架内进行的中试试验，结果表明产业合作伙伴的干酪品种保持了其典型的香味和视觉特性，同时没有检测到细菌或真菌污染。另外，菌株选择似乎是至关重要的亚麻短杆菌和白地霉菌，而且有许多菌株可从市售的品种中选择。

值得一提的是，本章总结的当前关于涂抹发酵剂的研究，在市场上并没有很好的代表性。对于霉菌成熟的干酪，许多真菌菌株已经具有非常不同的视觉和芳香特性。在巴氏杀菌乳中添加涂抹发酵剂生产霉菌干酪可能会增加产品的香气强度。

6.7 蛋白质分解和脂肪分解

通过比较无凝乳酶和无发酵剂的干酪实验，研究了对卡蒙贝尔干酪成熟的影响，以及凝乳酶、发酵剂细菌和霉菌菌群的效果（Takafuji和Charalambous，1993)。当成熟超过2周后，霉菌蛋白酶的活性增加，β-酪蛋白的降解效果显著。基于LAB的蛋白水解活性，巨肽进一步分解为小肽和氨基酸（Law和Haandrikman，1997)。在卡蒙贝尔干酪中，酪蛋白首先被凝乳酶降解。在成熟的前10 d里，随着胞外真菌蛋白酶的含量增加，α-酪蛋白和β-酪蛋白的降解产物会被检测到。这种变化从干酪表面一直延伸到干酪内部，含量最多的氨基酸是谷氨酸、丝氨酸和脯氨酸（Iwasawa等，1996)。

与LAB相比，沙门柏干酪青霉和娄地青霉具有几种胞外蛋白水解酶，一种是金属蛋白酶（Gripon 等，1980），另一种是疏水的芳香族氨基酸残基天冬氨酸蛋白酶（Chrzanowska 等，1993，1995）。沙门柏干酪青霉中也含有胞外羧肽酶活性，它在 C 端位置切割带有芳香酸的多肽（Auberger 等，1995）。由于是在细胞外，这些酶通过释放氨基酸促进干酪成熟。它们还具有特殊性，在干酪成熟期间具有去苦味效果。从沙门柏干酪青霉中纯化并鉴定了一种胞内脯氨肽酶（Fuke 和 Matsuoka，1993）；此外，被纯化的来自沙门柏干酪青霉的氨基肽酶，能切割多种底物，并能从酪蛋白的消化液中去除苦味肽片段（Matsuoka 等，1991）。还从白地霉中纯化出一种具有类似特异性的胞外羧肽酶和氨基肽酶（Auberger 等，1997）。

除 LAB 外，还对涂抹细菌（主要是亚麻短杆菌）的蛋白水解酶进行了深入研究（Rattray 和 Fox，1999）。从几种亚麻短杆菌菌株中纯化并鉴定胞外丝氨酸蛋白酶（Juhasz 和 Skarka，1990；Rattray 等，1995）。对 β－酪蛋白和 α－酪蛋白的切割特异性进行了测定（Rattray 等，1996）。然后从几株亚麻短杆菌中纯化了胞内氨基肽酶（Hayashi 和 Law，1989）。对太尔西特干酪中酪蛋白分解的分析显示，表面菌群只对表面（0 ～ 0.5 cm 深）产生了很小的显性基因效应。然而，低分子量肽的数量显著增加（Bockelmann 等，1998），对此作者得出结论，与额外的酪蛋白降解相比，所有干酪细菌代谢释放的多肽或许还有氨基酸，对涂抹成熟干酪的香味更为重要。Hayashi 等（1990）从亚麻短杆菌中部分纯化了蛋白酶和氨肽酶，并将其用于切达干酪的催熟，这种蛋白酶在不引起苦味的情况下加速了干酪的成熟。亚麻短杆菌中的氨基肽酶和商业中性酶制剂® 的组合，使切达干酪的感官分析中的风味评分优于对照干酪。结果表明这两种酶都有催熟干酪的潜力。然而观察到的效应可能是由部分纯化制剂中存在其他酶引起的，例如氨基酸转化酶，如 l– 蛋氨酸－γ－裂解酶，它放出高度芳香的香味化合物（Dias 和 Weimer，1998）。

Hemme 等（1982）对干酪中的氨基酸转化进行了综述。在蓝纹干酪和卡蒙贝尔干酪中，瓜氨酸和鸟氨酸是通过精氨酸的转化形成的，谷氨酸脱羧为 γ－氨基丁酸，而酪氨酸、组胺和色胺是通过氨基酸脱羧形成的。因为亚麻短杆菌具有可代谢生物胺的脱氨酶，所以干酪表面有它的存在是一件好事（Leuschner 和 Hammes，1998）。

Lambrechts 等（1995）已从亚麻短杆菌中纯化并鉴定了酯酶，Leuschner 和 Hammes（1998）也证实了脱氨酶的作用。在添加亚麻短杆菌的明斯特干酪成熟过程中，额外的组胺和酪胺水平降低到初始浓度的 50% 以下，表明表面菌群可能具有降低生物胺的有益作用。

乳脂在霉菌成熟的干酪中大多都会被水解，一般会有 5% ～ 20% 的甘油三酯被降解，这取决于干酪的类型和年份（Gripon，1993）。Contarini 和 Toppino 等（1995）研究了戈贡佐拉蓝纹干酪（Gorgonzola）中的脂肪分解。沙门柏干酪青霉拥有一种胞外脂肪酶，其最适碱性环境是在菌丝成熟几天后生成的（Alhir 等，1990）。娄地青霉具有两种脂肪酶，一种是酸性脂肪酶，另一种是碱性脂肪酶（Gripon，1993）。研究发现这两种酶在体外的特异性是不同的，碱性脂肪酶对乳脂的活性更高。这两种脂肪酶的存在可能表明霉菌和成熟蓝纹干酪的香气存在明显差异。

6.8 香气

当使用生乳时，表面成熟干酪的微生物区系会更加多样。在一些国家，如法国，生乳制作的干酪有着悠久的传统，消费者喜欢这种干酪浓郁的味道。在欧洲，大多数霉熟干酪都是用巴氏杀菌乳生产的，这有助于确保食品安全，只是香气没有那么浓郁。这适合大多数消费者，大家似乎更喜欢柔和的产品。

Muir 等（1995）设计了一个描述硬质干酪和半硬质干酪香气特征的方案。研究里用来描述干酪香气、风味和质地关键特征的属性词并不多。所有样品用 9 种属性词就进行了充分的描述：总体强度、奶油味 / 乳白色、硫黄味 / 鸡蛋味、水果味 / 甜味、酸败味、焦味 / 不洁味、酸味、发霉味和辛辣味。通过统计分析结果表明描述类的词（整体香气、强度、发霉、辛辣和果味）是最有实操性的，用这个方法可以将蓝纹干酪（丹麦蓝纹干酪、斯提尔顿干酪和戈贡佐拉蓝纹干酪）与其他干酪区分开来。白霉成熟干酪不在研究范围内。

娄地青霉从水解油中生产出带有桃子气味的内酯（Chalier 和 Crouzet，1992）。从大豆油中会产生挥发性化合物如 C11 ～ C17 甲基酮、与长链脂肪酸有关的饱和和不饱和醛、萜烯、倍半萜和其他化合物（Chalier 和 Crouzet，1993）。从椰子油中可以产生更多的甲基酮（Chalier 等，1993）。在一项法国蓝纹干酪的研究中，甲基酮的挥发性风味占总风味的 50% ～ 75%，尤其是在洛克福羊乳干酪中含有大量仲醇和仲酯（Gallois 和 Langlois，1990）。娄地青霉胞外酶可以促进可溶性含氮化合物、游离氨基酸、挥发性脂肪酸和总羰基化合物的形成，所以通过它就能加速蓝纹干酪的成熟。成熟时间可以从 60 d 缩短到 45 d（Rabie，1989）。

沙门柏干酪青霉释放的挥发性风味化合物主要是甲基酮和相应的仲醇、脂肪酸和醇（例如 3- 甲基丁醇、2- 甲基丁醇、3- 辛醇和 1- 辛烯 -3- 醇），它们构成了卡蒙贝尔干酪的基本风味（Jollivet 等，1993）。菌株可以分为芳香族，有助于干酪加工者选择。1- 辛烯 -3- 醇是典型卡蒙贝尔风味中蘑菇味的重要成分（Jollivet 等，1993）。由于添加了更多的生乳微生物菌落，传统的生乳卡蒙贝尔干酪更加芳香。酵母在成熟初期产生玫瑰般的气味（2- 苯乙醇）。涂抹细菌释放出高芳香的硫和其他化合物，氨基酸的脱氨作用会产生氨。

来自半胱氨酸和蛋氨酸的挥发性芳香含硫化合物可能是涂抹成熟干酪风味的关键成分，并有助于形成大蒜味，硫酯（例如 S- 甲基硫代乙酸盐、硫代丙酸盐和硫代丁酸盐）对整体香气的形成也很重要（Cuer 等，1979）。亚麻短杆菌会产生 H_2S、甲硫醇、二甲基二硫、S- 甲硫乙酸、4- 三硫戊烷和乙硫醇。蛋氨酸的存在导致甲硫醇、半胱氨酸释放为 H_2S（Cuer 等，1979）。Dias 和 Weimer 等（1998）纯化和鉴定了 L- 蛋氨酸 – γ – 裂解酶，该酶负责将蛋氨酸转化为甲硫醇、α – 酮丁酸和氨。作者发现这种酶在干酪环境中活跃，但容易被蛋白酶水解。另一项研究结果还确定了亚麻短杆菌对硫化物释放的重要性（Wijeundera 等，1997）。在无菌干酪凝乳浆中添加亚麻短杆菌后，风味迅速出现，干酪风味明显而浓郁。但这些风味差异不能用静态顶部空间分析测定的分析非硫挥发性成分的差异来解释。

在一篇综述中，Dillinger（1997）描述了硫化合物、支链脂肪酸（如异丁酸酯、异戊酸酯）、支链醇（如异丁醇、异戊醇）和苯环化合物（如苯乙醇、苯丙酸酯）对太尔西特干酪（Tilsit）典型香气的贡献。Lavanchy 和 Sieber（1993a,b）研究了半硬质干酪和硬质干酪中氨基酸和胺的释放。Steffen 等（1993a,b）研究了由生乳制成的太尔西特（Tilsit）和阿彭策尔干酪（Appenzell）的成熟过程。在其他非发酵剂菌中，丙酸菌和肠球菌很重要。游离氨基酸中谷氨酸、亮氨酸、赖氨酸和脯氨酸含量最高，其次是异亮氨酸、苯丙氨酸和缬氨酸。组胺、酪胺和尸胺的存在归因于肠球菌的存在。根据 Leuschner 和 Hammes（1998）的研究，亚麻短杆菌在干酪表面的一个功能可能是生物胺的脱氨作用，这个作用有助于明斯特干酪的成熟。这些生乳涂抹成熟干酪中最丰富的有机酸是乙酸、丙酸和丁酸（Steffen 等，1993b）。

6.9 总结

食品安全、完美的外观和典型的香气是干酪生产者面临的关键问题。许多真菌菌株可用于霉菌成熟的干酪。随着过去几年对涂抹微生物菌群的更多了解，涂抹发酵剂的市场正在缓慢扩大。现阶段干酪生产商开始对二次发酵剂进行测试和应用，如果评估是可行的话，以后就可以直接使用二次发酵剂而不是依赖可变的内部菌群来生产了。这将有望最大限度地减少由于表面成熟干酪的技术或卫生问题造成的经济损失或产品形象损害。

参考文献

Abraham, W.R. & Arfmann, H.A. (1992) *Penicillium camemberti*, a new source of brefeldin A. *Planta Medica*, 58, 484.

Alhir, S., Markakis, P. & Chandan, R.C. (1990) Lipase of *Penicillium caseicolum. Journal of Agricultural and Food Chemistry*, 38, 598–601.

Arizcun, C., Vasseur, C. & Labadie, J.C. (1998) Effect of several decontamination procedures on *Listeria monocytogenes* growing in biofilms. *Journal of Food Protection*, 61, 731–734.

Asperger, H., Luf, W. & Brandl, E. (1990) Brown discolouration of soft cheese. *Brief Communications of the XXIII International Dairy Congress*, Vol. I, pp. 110, Montreal.

Auberger, B., Lenoir, J. & Bergere, J.L. (1995) Characterization of the carboxypeptidase activity of *Penicillium camembertii. Sciences des Aliments*, 15, 273–289.

Auberger, B., Lenoir, J. & Bergere, J.L. (1997) Partial characterization of exopeptidases produced by a strain of *Geotrichum candidum. Sciences des Aliment*, 17, 655–670.

Barnett, J.A., Payne R.W. & Yarrow D. (2000) *Yeasts: Characteristics and Identification*, Cambridge University Press, Cambridge, United Kingdom.

Bartnicki, G. (1996) Cell wall chemistry, morphogenesis and taxonomy in fungi. *Annual Review of Microbiology*, 22, 87–108.

Bloes–Breton, S. & Bergere, J.L. (1997) Volatile sulfur compounds produced by Micrococcaceae and coryneform bacteria isolated from cheeses. *Lait*, 77, 543–559.

Bockelmann, W., Fuehr, C., Martin, D. & Heller, K.J. (1997a) Colour development by Red–Smear surface bacteria. *Kieler Milchwirtschaftliche Forschungsberichte*, 49, 285–292.

Bockelmann, W., Heller, M. & Heller, K.J. (2008) Identification of yeasts of dairy origin by amplified ribosomal DNA restriction analysis (ARDRA). *International Dairy Journal*, 18, 1066–1071.

Bockelmann, W., Hoppe–Seyler, T., Jaeger, B. & Heller, K.J. (2000) Small scale cheese ripening of bacterial smear cheeses. *Milchwissenschaft*, 55, 621–624.

Bockelmann, W., Hoppe–Seyler, T., Krusch, U., Hoffmann, W. & Heller, K.J. (1997b) The microflora of Tilsit cheese. 2: Development of a surface smear starter culture. *Nahrung*, 41, 213–218.

Bockelmann, W., Hoppe–Seyler, T., Lick, S. & Heller, K.J. (1998) Analysis of casein degradation in Tilsit cheeses. *Kieler Milchwirtschaftliche Forschungsberichte*, 50, 105–113.

Bockelmann, W., Jaeger, B., Hoppe–Seyler, T.S., Lillevang, S.K., Sepulchre, A. & Heller, K.J. (2007) Application of a defined surface culture for ripening of Tilsit cheese. *Kieler Milchwirt-schaftliche Forschungsberichte,* 59, 191–202.

Bockelmann, W., Koslowsky, M., Hammer, P. & Heller, K.J. (2006) Isolation of antilisterial staphylococci from salt brines and cheese surfaces. *Kieler Milchwirtschaftliche Forschungsberichte*, 58, 187–202.

Bockelmann, W., Krusch, U., Engel, G., Klijn, N., Smit, G. & Heller, K.J. (1997c) The microflora of Tilsit cheese. 1: Variability of the smear flora. *Nahrung* 41, 208–212.

Bockelmann, W., Willems, K.P., Neve, H. & Heller, K.J. (2005) Cultures for the ripening of smear cheeses. *International Dairy Journal*, 15, 719–732.

Bockelmann, W., Willems, P., Jaeger, B., Hoppe–Seyler, T.S., Engel, G. & Heller, K.J. (2002) Ripening of acid curd cheese. *Kieler Milchwirtschaftliche Forschungsberichte*, 54, 317–335.

Bockelmann, W., Willems, P., Rademaker, J., Noordman, W. & Heller, K.J. (2003) Cultures for the surface ripening of smeared soft cheeses. *Kieler Milchwirtschaftliche Forschungsberichte*, 55, 277–299.

Boucabeille, C., Letellier, L., Simonet, J.M. & Henckes, G. (1998) Mode of action of linenscin OC2 against *Listeria innocua. Applied and Environmental Microbiology*, 64, 3416–3421.

Boucabeille, C., Mengin, L.D., Henckes, G., Simonet, J.M., Heijenoort, J. & Van–Heijenoort, J. (1997) Antibacterial and hemolytic activities of linenscin OC2, a hydrophobic substance produced by *Brevibacterium linens* OC2. *FEMS Microbiology Letters*, 153, 295–301.

Boysen, M., Skouboe, P., Frisvad, J. & Rossen, L. (1996) Reclassification of the *Penicillium roqueforti* group into three species on the basis of molecular genetic and biochemical profiles. *Microbiology (Reading)*, 142, 541–549.

Brennan, N.M., Brown, R., Goodfellow, M., Ward, A.C., Beresford, T.P., Vancanneyt, M., Cogan, T.M. & Fox, P.F. (2001) *Microbacterium gubbeenense sp. nov*., from the surface of a smear–ripened cheese. *International Journal of Systematic and Evolutionary Microbiology*, 51, 1969–1976.

Brennan, N.M., Cogan, T.M. Loessner, M. & Scherer, S. (2004), Bacterial surface ripened cheeses. *Cheese: Chemistry, Physics and Microbiology* (eds P.F. Fox, P.L.H. McSweeney, T.M. Cogan & T.P. Guinee), vol. 2, 3rd edn, pp. 199–225, Elsevier Applied Science, London.

Brennan, N.M., Ward, A.C., Beresford, T.P., Fox, P.F., Goodfellow, M. & Cogan, T.M. (2002) Biodiversity of the bacterial flora on the surface of a smear cheese. *Applied and Environmental Microbiology*, 68, 820–830.

Brisabois, A., Lafarge, V., Brouillaud, A., de Buyser, M.L., Collette, C., Garin Bastuji, B. & Thorel, M.F. (1997) Pathogenic micro-organisms in milk and dairy products: the situation in France and in Europe. *Revue Scientifique Et Technique – Office International Des Epizooties*, 16, 452–471.

Canillac, N. & Mourey, A. (1993) Sources of contamination by Listeria during the making of semisoft surface-ripened cheese. *Sciences des Aliments*, 13, 533–544.

Carnio, M.C., Holtzel, A., Rudolf, M., Henle, T., Jung, G. & Scherer, S. (2000) The macrocyclic peptide antibiotic micrococcin P1 is secreted by the food-borne bacterium *Staphylococcus equorum* WS 2733 and inhibits *Listeria monocytogenes* on soft cheese. *Applied and Environmental Microbiology,* 66, 2378–2384.

Chalier, P. & Crouzet, J. (1992) Production of lactones by *Penicillium roqueforti. Biotechnology Letters*, 14, 275–280.

Chalier, P. & Crouzet, J. (1993) Production of volatile components by *Penicillium roqueforti* cultivated in the presence of soya bean oil. *Flavour and Fragrance Journal*, 8, 43–49.

Chalier, P., Crouzet, J. & Charalambous, G. (1993) Aroma compounds production by *Penicillium roqueforti*. *Food Flavors, Ingredients and Composition – Developments in Food Science*, 32, 205–219.

Chrzanowska, J., Kolaczkowska, M., Dryjanski, M., Stachowiak, D. & Polanowski, A. (1995) Aspartic proteinase from *Penicillium camemberti*: purification, properties, and substrate specificity. *Enzyme and Microbial Technology*, 17, 719–724.

Chrzanowska, J., Kolaczkowska, M. & Polanowski, A. (1993) Caseinolytic activity of *Penicillium camemberti* and *P. chrysogenum* proteinases. Factors affecting their production. *Milchwissenschaft,* 48, 204–206.

Contarini, G. & Toppino, P.M. (1995) Lipolysis in Gorgonzola cheese during ripening. *International Dairy Journal*, 5, 141–155.

Cuer, A., Dauphin, G., Kergomard, A., Dumont, J.P. & Adda, J. (1979) Production of *S*-Methylthioacetate by *Brevibacterium linens. Applied and Environmental Microbiology*, 38, 332–334.

Desmasures, N., Bazin, F. & Gueguen, M. (1997) Microbiological composition of raw milk from selected farms in the Camembert region of Normandy. *Journal of Applied Microbiology* 83, 53–58.

Dias, B. & Weimer, B. (1998) Purification and characterization of l-methionine gamma-lyase from *Brevibacterium linens* BL2. *Applied and Environmental Microbiology*, 64, 3327–3331.

Dieuleveux, V., Van Der Pyl, D., Chataud, J. & Gueguen, M. (1998) Purification and characterization of anti-*Listeria* compounds produced by *Geotrichum candidum. Applied and Environmental Microbiology,* 64, 800–803.

Dillinger, K. (1997) Analyse von Aromastoffen in geschmierten Käsen. *Deutsche Milchwirtschaft*, 48, 399–401.

El-Dairouty, R.K., Abd-Alla, E.S., El-Senaity, M.M., Tawfek, N.F. & Sharaf, O.M. (1990) Chemical and microbiological changes in Roquefort style cheese during ripening. *Ecology of Food and Nutrition*, 24, 89–95.

Eliskases-Lechner, F. & Ginzinger, W. (1995) The bacterial flora of surface-ripened cheeses with special regard to coryneforms. *Lait*, 75, 571–583.

Engel, G., Teuber, M. & von Egmond, H. (1989) Toxic metabolites from fungal cheese starter cultures (*Penicillium camemberti* and *Penicillium roqueforti*). *Mycotoxins in Dairy Products* (ed. H.P. van Egmond), pp. 163–192, Elsevier Applied Science, London.

Ennahar, S., Kuntz, F., Strasser, A., Bergaentzle, M., Hasselmann, C. & Stahl, V. (1994) Elimination of *Listeria monocytogenes* in soft and red smear cheeses by irradiation with low energy electrons. *International Journal of Food Science and Technology*, 29, 395–403.

Eppert, I., Valdes–Stauber, N., Gotz, H., Busse, M. & Scherer, S. (1997) Growth reduction of Listeria spp. caused by undefined industrial red smear cheese cultures and bacteriocin–producing *Brevibacterium linens* as evaluated in situ on soft cheese. *Applied and Environmental Microbiology*, 63, 4812–4817.

Evans, J.B. & Kloos, W.E. (1972) Use of shake cultures in a semi solid thioglycolate medium fro differentiating staphylococci and micrococci. *Applied Microbiology*, 23, 326–331.

Fox, P.F., McSweeney P.L.H., Cogan, T.M. & Guinee, T.P. (eds.) (2004a) *Cheese: Chemistry, Physics and Microbiology, Volume 1: General Aspects*, 3rd edn, Elsevier Academic Press, London.

Fox, P.F., McSweeney P.L.H., Cogan, T.M. & Guinee, T.P. (eds.) (2004b) *Cheese: Chemistry, Physics and Microbiology, Volume 2: Major Cheese Groups,* 3rd edn, Elsevier Academic Press, London.

Fuke, Y. & Matsuoka, H. (1993) The purification and characterization of prolyl aminopeptidase from *Penicillium camemberti. Journal of Dairy Science,* 76, 2478–2484.

Gallois, A. & Langlois, D. (1990) New results in the volatile odorous compounds of French blue cheeses. *Lait*, 70, 89–106.

Gavrish, E.Y., Krauzova, V. I., Potekhina, N.V., Karasev, S. G., Plotnikova, E.G., Altyntseva, O.V., Korosteleva, L.A. & Evtushenko, L.I. (2004) Three new species of brevibacteria, *Brevibacterium antiquum sp. nov., Brevibacterium aurantiacum sp. nov.*, and *Brevibacterium permense sp. nov. Microbiology*, 73, 176–183.

Gelsomino, R., Vancanneyt, M., Snauwaert, C., Vandemeulebroecke, K., Hoste, B., Cogan, T. M. & Swings, J. (2005) *Corynebacterium mooreparkense*, a later heterotypic synonym of *Corynebacterium variabile. International Journal of Systematic and Evolutionary Microbiology*, 55, 1129–1131.

Gente, S., Sohier, D., Coton, E., Duhamel, C. & Gueguen, M. (2006) Identification of *Geotrichum candidum* at the species and strain level: proposal for a standardized protocol. *Journal of Industrial Microbiology and Biotechnology,* 33, 1019–1031.

Giraffa, G., Carminati, D. & Tarelli, G.T. (1995) Inhibition of *Listeria innocua* in milk by bacteriocinproducing *Enterococcus faecium* 7C5. *Journal of Food Protection*, 58, 621–623.

Goerges, S., Mounier, J., Rea, M.C., Gelsomino, R., Heise, V., Beduhn, R., Cogan, T.M. & Scherer, S. (2008) Commercial ripening starter microorganisms inoculated into cheese milk do not successfully establish themselves in the resident microbial ripening consortia of South German red smear cheese. *Applied and Environmental Microbiology*, 74, 2210–2217.

Gripon, J.C. (1993) Mould–ripened cheeses. *Cheese: Chemistry, Physics and Microbiology (ed. P.F. Fox), vol. 2*, 2nd edn, pp. 111–136, Chapman and Hall, London.

Gripon, J.C., Auberger, B. & Lenoir, J. (1980) Metalloproteinases from *Penicillium caseicolum* and *Penicillium roqueforti* – comparison of specificity and chemical characterization. *International Journal of Biochemistry*, 12, 451–455.

Hagens, S. & Loessner, M.J. (2007) Application of bacteriophages for detection and control of foodborne pathogens, *Applied Microbiology and Biotechnology,* 76, 513–519.

Hahn, G. & Hammer, P. (1990) Listerien–freie Käse – höhere Sicherheit für den Verbraucher. *Deutsche Milchwirtschaft*, 33, 1120–1125.

Hahn, G. & Hammer, P. (1993) The analysis of critical points (HACCP concept) as a tool of assuring quality and hygienic safety. DMZ, *Lebensmittelindustrie und Milchwirtschaft,* 114, 1040– 1048.

Hayashi, K. & Law, B.A. (1989) Purification and Characterization of two aminopeptidases produced by *Brevibacterium linens. Journal of General Microbiology*, 135, 2027–2034.

Hayashi, K., Revell, D.F. & Law, B.A. (1990) Effect of partially purified extracellular serine proteinases produced by *Brevibacterium linens* on the accelerated ripening of cheddar cheese. *Journal of Dairy Science,* 73, 579–583.

Hemme, D., Bouillanne, C., Metro, F. & Desmazeaud, M.J. (1982) Microbial catabolism of amino acids during cheese ripening. *Sciences des Aliments*, 2, 113–123.

Holsinger, V.H., Rajkowski, K.T. & Stabel, J.R. (1997) Milk pasteurisation and safety: a brief history and update. *Revue Scientifique et Technique/Office International des Epizooties,* 16, 441– 451.

de Hoog, G.S. & Smith, M.T. (2004). Ribosomal gene phylogeny and species delimitation in *Geotrichum* and its teleomorphs. *Studies in Mycology*, 50, 489–515.

Hoppe–Seyler, T., Jaeger, B., Bockelmann, W. Geis, A. & Heller, K.J. (2007) Molecular identification and differentiation of *Brevibacterium* species and strains. *Systematic and Applied Microbiology,* 30, 50–57.

Hoppe–Seyler, T., Jaeger, B., Bockelmann, W. & Heller, K.J. (2000) Quantification and identification of microorganisms from the surface of smear cheeses. *Kieler Milchwirtschaftliche Forschungsberichte*, 52, 294–305.

Hoppe–Seyler, T., Jaeger, B., Bockelmann, W., Noordman, W., Geis, A. & Heller, K.J. (2003), Identification and Differentiation of species and strains of *Arthrobacter* and *Microbacterium barkeri* isolated from smear cheeses with amplified ribosomal DNA restriction analysis (ARDRA) and pulsed field gel electrophoresis (PFGE). *Systematic and Applied Microbiology*, 26, 438–444.

Hoppe–Seyler, T., Jaeger, B., Bockelmann, W., Noordman, W., Geis, A. & Heller, K.J. (2004) Molecular Identification and differentiation of *Staphylococcus* species and strains of cheese origin. *Systematic and Applied Microbiology,* 27, 211–218.

Irlinger, F., Birnet, F., Delettre, J., Lefevre, M. & Grimont, P.A.D. (2005) *Arthrobacter bergerei sp. nov.* and *Arthrobacter arilaitensis sp. nov.*, novel coryneform species isolated from the surfaces of cheeses. *International Journal of Systematic and Evolutionary Microbiology*, 55, 457–462.

Iwasawa, H., Hirata, A. & Kimura, T. (1996) Proteolysis in Camembert cheese during ripening. *Nippon Shokuhin Kogyo Gakkaishi – Journal of the Japanese Society for Food Science and Technology*, 43, 703–711.

Jaeger B., Hoppe–Seyler T., Bockelmann W. & Heller, K.J. (2002) The influence of the brine microflora on the ripening of smear cheeses. *Milchwissenschaft*, 57, 645–648.

Jollivet, N., Belin, J.M. & Vayssier, Y. (1993) Comparison of volatile flavor compounds produced by ten strains of *Penicillium camemberti* Thom. *Journal of Dairy Science*, 76, 1837–1844.

Juhasz, O. & Skarka, B. (1990) Purification and characterization of an extracellular proteinase from *Brevibacterium linens. Canadian Journal of Microbiology,* 36, 510–512.

Kinderlerer, J.L., Bousher, A., Chandra, M. & Edyvean, R. (1995) The effect of fungal metabolites on *Listeria monocytogenes* in mould–ripened cheese. *Biodeterioration and Biodegradation*, 9, 370– 378.

Kummerle, M., Scherer, S. & Seiler, H. (1998) Rapid and reliable identification of food–borne yeasts by Fourier–transform infrared spectroscopy. *Applied and Environmental Microbiology*, 64, 2207–2214.

Lambrechts, C., Escudero, J. & Galzy, P. (1995) Purification and properties of three esterases from *Brevibacterium sp* R312. *Journal of Applied Bacteriology*, 78, 180–188.

Langhus, W.L., Price, W.V., Sommer, H.H. & Frazier, W.C. (1945) The “smear” of Brick cheese and its relation to flavour development. *Journal of Dairy Science*, 28, 827–838.

Laporte, E., Guiraud, J.P. & Reverbel, J.P. (1992) Antimicrobial action associated with Roquefort cheese technology: effect of the *Penicillium roquefortii* strain. *Sciences des Aliments*, 12, 729– 741.

Lavanchy, P. & Sieber, R. (1993a) Proteolyse in verschiedenen Hart- und Halbhartkäsen – 1. Freie Aminosäuren. *Schweizerische Milchwirtschaftliche Forschung*, 22, 59–64.

Lavanchy, P. & Sieber, R. (1993b) Proteolyse in verschiedenen Hart- und Halbhartkäsen – 2. Amine. *Schweizerische Milchwirtschaftliche Forschung*, 22, 65–68.

Law, J. & Haandrikman, A. (1997) Proteolytic enzymes of lactic acid bacteria. *International Dairy Journal*, 7, 1–11.

Laxa, O. (1899) Bakteriologische Studien uber die Reifung von zwei Arten Backsteinkäse. *Centralblatt fuer Bakteriologie und Parasitenkunde,* 5, 755–762.

LeBars, J. & LeBars, P. (1998) Strategy for safe use of fungi and fungal derivatives in food processing. *Revue de Medecine Veterinaire,* 149, 493–500.

Leuschner, R.G.K. & Hammes, W.P. (1998) Degradation of histamine and tyramine by *Brevibacterium linens* during surface ripening of Munster cheese. *Journal of Food Protection*, 61, 874–878.

Lewis, B.A. (1982) Correlation between thiol production and antifungal acitivity by *Brevibacterium linens. Microbiology Letters,* 21, 75–78.

Loessner, M., Guenther, S., Steffan, S. & Scherer, S. (2003) A pediocin–producing *Lactobacillus plantarum* strain inhibits *Listeria monocytogenesin* a multispecies cheese surface microbial ripening consortium, *Applied and Environmental Microbiology,* 69, 1854–1857.

Lund, F., Filtenborg, O. & Frisvad, J.C. (1995) Associated mycoflora of cheese. *Food Microbiology,* 12, 173–180.

Martin, F., Friedrich, K., Beyer, F. & Terplan, G. (1995) Antagonistic effects of strains of *Brevibacterium linens* against *Listeria. Archive fur Lebensmittelhygiene,* 46, 7–11.

Matsuoka, H., Fuke, Y., Kaminogawa, S. & Yamauchi, K. (1991) Purification and debittering effect of aminopeptidase Ⅱ from *Penicillium caseicolum. Journal of Agricultural and Food Chemistry* 39, 1392–1395.

Morris, H.A., Combs, W.B. & Coulter, S.T. (1951) The relation of surface growth to the ripening of Minnesota blue cheese. *Journal of Dairy Science*, 34, 209–218.

Mounier, J., Gelsomino, R., Goerges, S., Vancanneyt, M., Vandemeulebroecke, K., Hoste, B., Scherer, S., Swings, J., Fitzgerald, G.F. & Cogan T.M. (2005) Surface microflora of four smear–ripened cheeses. *Applied and Environmental Microbiology*, 71, 6489–6500.

Muir, D.D., Hunter, E.A. & Watson, M. (1995) Aroma of cheese. 1: Sensory characterisation. *Milchwissenschaft*, 50, 499–503.

Mulder, E.G., Adamse, A.D., Antheunisse, J., Deinema, M.H., Woldendorp, J.W. & Zevenhiuzen, L.P.T.M. (1966) The relationship between *Brevibacterium linens* and bacteria of the genus *Arthrobacter*. *Journal of Applied Bacteriology,* 29, 44–71.

Nielsen, M.S., Frisvad, J.C. & Nielsen, P.V. (1998) Protection by fungal starters against growth and secondary metabolite production of fungal spoilers of cheese. *International Journal of Food Microbiology,* 42, 91–99.

Noterman, S., Dufrenne, J., Teunis, P. & Chackraborty, T. (1998) Studies on the risk assessment of *Listeria monocytogenes. Journal of Food Protection,* 61, 244–248.

Oberreuter, H., Seiler, H. & Scherer, S. (2002) Identification of coryneform bacteria and related taxa by Fourier–transform infrared (FT–IR) spectroscopy. *International Journal of Systematic and Evolutionary Microbiology*,

52, 91–100.

Pelaez, C. & Northholt, M. D. (1988) Factors leading to pink discolouration of the surface of Gouda cheese. *Netherlands Milk and Dairy Journal,* 42, 323–336.

Pintado, C.M.B.S., Oliveira, A., Pampulha, M.E. & Ferreira, M.A.S.S. (2005) Prevalence and characterization of *Listeria monocytogenes* isolated from soft cheese. *Food Microbiology,* 22, 79–85.

Purko, M. & Nelson, W.O. (1951) The liberation of water–insoluble acids in cream by Geotrichum candidum. Journal of Dairy Science, 34, 477 Rabie, A.M. (1989) Acceleration of blue cheese ripening by cheese slurry and extracellular enzymes of *Penicillium roqueforti. Lait*, 69, 305–314.

Radomyski, T., Murano, E.A., Olson, D.G. & Murano, P.S. (1994) Elimination of pathogens of significance in food by low–dose irradiation: a review. *Journal of Food Protection,* 57, 73–86.

Ramsaran, H., Chen, J., Brunke, B., Hill, A. & Griffiths, M.W. (1998) Survival of bioluminescent *Listeria monocytogenes* and *Escherichia coli* O157:H7 in soft cheeses. *Journal of Dairy Sciences*, 81, 1810–1817.

Rattray, F.P., Bockelmann, W. & Fox, P.F. (1995) Purification and characterization of an extracellular proteinase from *Brevibacterium linens* ATCC 9174. *Applied and Environmental Microbiology*, 61, 3454–3456.

Rattray, F. P. & Fox, P.F. (1999) Aspects of enzymology and biochemical properties of *Brevibacterium linens* relevant to cheese ripening: a review. *Journal of Dairy Science*, 82, 891–909.

Rattray, F.P., Fox, P.F. & Healy, A. (1996) Specificity of an extracellular proteinase from *Brevibacterium linens* ATCC 9174 on bovine s1–casein. *Applied and Environmental Microbiology*, 62, 501–506.

Richard, J. (1993) Effects of surface flora. *Revue Laitière Francaise*, 525, 30–31.

Rohm, H., Eliskases–Lechner, F. & Brauer, M. (1992) Diversity of yeasts in selected dairy products. *Journal of Applied Bacteriology,* 72, 370–376.

Rowan, N.J. & Anderson, J.G. (1998) Effects of above–optimum growth temperature and cell morphology on thermotolerance of *Listeria monocytogenes* cells suspended in bovine milk. *Applied and Environmental Microbiology,* 64, 2065–2071.

Ryser, E.T., Maisnier, P.S., Gratadoux, J.J. & Richard, J. (1994) Isolation and identification of cheesesmear bacteria inhibitory to *Listeria spp. International Journal of Food Microbiology*, 21, 237– 246.

Schellekens, M. M., Wouters, J., Hagens, S. & Hugenholtz, J. (2007) Bacteriophage P100 application to control *Listeria monocytogenes* on smeared cheese. *Milchwissenschaft*, 62, 284–287.

Schleifer, K.H. & Kramer, E. (1980) Selective medium for isolating staphylococci. *Zentralblatt für B*akteriologie, *Mikrobiologie und Hygiene*, 1, 270–280.

Seiler, H. (1986) Identification of cheese–smear coryneform bacteria. *Journal of Dairy Research*, 53, 439–449.

Siemens, K. & Zawistowski, J. (1996) Occurrence of PR imine, a metabolite of *Penicillium roqueforti*, in blue cheese. *Journal of Food Protection,* 56, 317–319.

Siswanto, H.P., Gratadoux, J.J. & Richard, J. (1996) Inhibitory potential against *Listeria spp*. and *Staphylococcus aureus* of a strain of *Brevibacterium linens* producing linenscin OC2. *Lait*, 76, 501–512.

Steffen, C., Schär, H., Eberhard, P., Glättli, H., Nick, B., Rentsch, F., Steiger, G. & Sieber, R. (1993a) Untersuchungen über den Reifungsverlauf von qualitativgutem Käse – Appenzeller. *Schweizerische Milchwirtschaftliche Forschung*, 21, 39–45.

Steffen, C., Schär, H., Eberhard, P., Glättli, H., Rentsch, F., Nick, B., Steiger, G. & Sieber, R. (1993b) Untersuchungen über den Reifungsverlauf von qualitativgutem Käse – Tilsiter aus Rohmilch. *Schweizerische Milchwirtschaftliche Forschung*, 21, 46–51.

Steinmeyer, S. & Terplan, G. (1996) Listerien in Lebensmitteln – eine aktuelle Übersicht zu Vorkom-men, Bedeutung als Krankheitserreger, Nachweis und Bewertung – Teil I. *DMZ, Lebensmittelindustrie und Milchwirtschaft*, 5, 150–155.

Szumski, S.A. & Cone, J. (1962) Possible role of yeast endoproteinases in ripening surface-ripened cheeses *Journal of Dairy Science*, 45, 349–353.

Takafuji, S. & Charalambous, G. (1993) Protein breakdown in Camembert cheese. Food Flavors, Ingredients and Composition – *Developments in Food Science*, 32, 191–204.

Terplan, G., Schoen, R., Springmeyer, W., Degle, I. & Becker, H. (1986) *Listeria monocytogenes* in milch und milchprodukten. *DMZ, Lebensmittelindustrie und Milchwirtschaft*, 107, 1358–1368.

Valdes-Stauber, N. (1991) Antagonistic effect of coryneform bacteria from red smear cheese against Listeria species. *International Journal of Food Microbiology*, 13, 119–130.

Valdes-Stauber, N. & Scherer, S. (1994) Isolation and characterization of linocin M18, a bacteriocin produced by *Brevibacterium linens. Applied and Environmental Microbiology*, 60, 3809–3814.

Valdes-Stauber, N., Scherer, S., Seiler, H. & Stauber, N.V. (1996) Identification of yeasts and coryneform bacteria from the surface microflora of brick cheeses. *International Journal of Food Microbiology*, 34, 115–129.

Wijesundera, C., Roberts, M. & Limsowtin, G.K.Y. (1997) Flavour development in aseptic cheese curd slurries prepared with single-strain starter bacteria in the presence and absence of adjuncts. *Lait (IDF Symposium: Ripening and Quality of Cheeses)*, 77, 121–131.

Wyder, M.T. & Puhan, Z. (1999) Investigation of the yeast flora in smear ripened cheeses, *Milchwissenschaft*, 54, 330–333.

Zapico, P., Medina, M., Gaya, P. & Nunez, M. (1998) Synergistic effect of nisin and the lactoperoxidase system on *Listeria monocytogenes* in skim milk. *International Journal of Food Microbiology*, 40, 35–42.

7 干酪的成熟和干酪的风味技术

B. A. Law

7.1 简介

本章探讨了现有干酪风味生物化学知识以及由此产生的工艺选择，这可以为干酪生产厂家提供一种平衡干酪风味（品质）和评估形成干酪风味的控制措施。对干酪成熟剂和风味化合物主要类别的全面了解，有助于准确确定干酪正常成熟的各个阶段，从而能够在干酪成熟过程中的关键节点上（图 7.1）开发新的控制技术。

7.2 干酪中乳蛋白分解为风味化合物

7.2.1 蛋白酶和肽酶（蛋白水解体系）

在图 7.1 中，一般乳中的蛋白质主要以酪蛋白来体现。但显然，酪蛋白（α-，β-，κ-）并不是乳中唯一的蛋白质；乳汁在凝结和脱水收缩的过程当中，一小部分乳清蛋白（主要是 α-乳白蛋白和 β-乳球蛋白）也会被截留在乳凝块中。据现有知识，干酪在正常的成熟过程当中，乳清蛋白一般不会被明显分解，而酪蛋白则被凝固剂、血纤维蛋白溶酶（主要是纤溶酶）以及干酪菌群酶广泛的分解。针对这一研究领域，最近已有多篇论文进行了详尽的总结（Law 和 Mulholland，1995；Fox 和 McSweeney，1997；Ganesan 和 Weimer，2007）；但本章并不是我们对这些非常出色的研究数据本身进行关注，而是它们在干酪成熟的过程当中以及在加速干酪成熟的过程中对各种潜在技术提供了指导性的参考。

如第 3 章所述，在干酪的加工过程当中各种类型的皱胃酶攻击 κ-酪蛋白的肽键，使酪蛋白胶束变得不稳定，形成干酪最初的乳凝胶；此外，被截留在凝乳基质中的部分皱胃酶随着干酪的成熟，继续分解干酪中的其他酪蛋白。这些酪蛋白中的肽键，在干酪成熟过程中容易受到皱胃酶的作用影响（见第 3 章）。虽然不同干酪品种中所产生的肽产物有微小差异，但在大多数干酪中主要的凝乳酶衍生肽的氨基酸序列是相似的。这些酪蛋白水解肽或苦或无味，没有对干酪的滋气味产生直接贡献，但是它在干酪成熟的前几周，对干酪凝乳质构的软化起到至关重要的作用。它们也是多肽的底物和前体，可以进一步被分解为更小的（2 ～ 3 个氨基酸）酸味增强肽和游离氨基酸；后者有风味贡献，本身是一系列挥发性化合物的前体，这些挥发性化合物共同赋予了干酪独特的滋气味特征（图 7.1）。

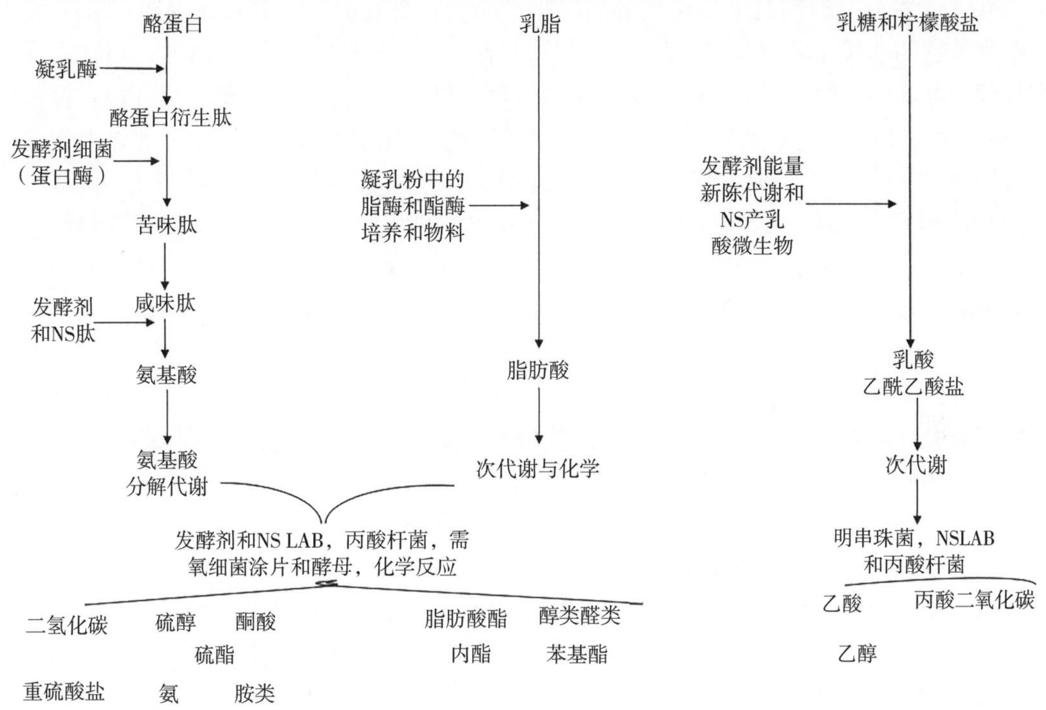

图 7.1 干酪成熟的基本生物化学原理，干酪中蛋白质、脂肪和碳水化合物转化为风味化合物的典型生化反应图。NS：非发酵剂；LAB：乳酸菌。

然而，凝固剂作为控制干酪成熟的手段，它的基本功能是使乳汁胶凝化，其浓度的变化范围并不大。多余的皱胃酶会降低干酪的产出率，改变凝乳时间和干酪酸化之间的平衡，并产生更多的苦味肽以至于干酪微生物菌群酶不足以对其进行降解。

在接下来的三个生化反应阶段酪蛋白分解为风味化合物（图 7.1），很大程度上是由 LAB 发酵剂完成的，其主要工艺功能是酸化干酪槽中的凝乳（第 5 章）。发酵剂的成熟作用源于基础研究（Law 和 Sharpe，1978），现在发酵剂的筛选通常由供应商来完成。他们采用已经成熟的技术和自己专有的方法，对发酵剂的酸化能力、噬菌体抗性进行研究，以获得更具有风味潜力的发酵剂为目的（Bech，1992；Smit 等，1995；Wijesundera 等，1997；Powell，2007，Verschueren 等，2007），进行了很好的总结和实际应用。事实上，Crow 等（1993）在一篇题为“发酵剂作为完成者：与干酪成熟相关的发酵剂特性”的会议论文中概括了 LAB 发酵剂在硬质和半硬质干酪风味品质中的核心重要性。这个出自于 20 世纪 70 年代和 20 世纪 80 年代的专业知识，是当今大多数在售硬质和半硬质干酪中风味增强体系的基础，也是食品级蛋白酶在酶改性干酪（enzyme-modified cheeses，EMCs）

中应用，用来取代再制干酪中成熟干酪的成分以便于形成特定的质地和滋味的基础。

因此，帝国生物技术有限公司（Imperial Biotechnology Limited，IBT；现为 Danisco 的一部分），对乳酸菌发酵剂和商业蛋白酶在切达干酪成熟中的作用进行了基础研究和中试试验，开发出了 Accelase^{TM} 系列干酪成熟酶（Law 和 Wigmore，1983）。此后，IBT 对该项技术进行了持续改进和开发，将在第 7.7.3 节中作进一步的描述。

基于乳酸菌发酵剂是干酪中重要的风味产生剂，丹麦的 Chr. Hansen A/S 公司开发了一系列天然的非酸化乳酸菌培养物（通过从发酵剂中筛选获得），称为 CR^{TM}，可在凝固前添加到干酪乳中，而不影响干酪槽里的生产过程，仅仅在干酪压榨和储存后开始发挥作用（Vindfeldt，1993）。它们增加了正常的发酵剂生物量，加快了成熟速度，并通过增加“浓烈度”“甜度”和 / 或“硫黄味”来影响干酪风味分析的基本特征（见第 13 章）。这些发酵剂在控制成熟干酪风味判定方面有了超越酶技术的优势；它维持了干酪中发酵剂来源的酶的正常平衡，也是天然干酪的成分［来自长期存在的“通常被认为是安全”（generally regarded as safe，GRAS）的干酪细菌的，一种乳糖阴性（lactose-negative，Lac^{-ve}）变体］。它们的使用不需要声明或咨询任何机构，如新食品和工艺监管委员会（Advisory Committee on Novel Foods and Processes，ACNFP）。它们唯一的缺点在于，从可行性和经济角度来看，可以添加到干酪乳中的额外发酵剂生物量有限，这反过来又限制了它们对味觉强化的影响。第 7.7.4 节详细描述了这种干酪味技术的应用。

在干酪中酪蛋白连续分解反应的控制点内，非发酵剂菌群同样也可以在同一代谢途径内产生氨基酸，但是相比于发酵剂乳酸菌，这些外源非发酵剂乳酸菌（NSLAB；乳酸菌、片球菌）往往受到其相对较低生物量的限制。因此，发酵剂乳酸菌的生物量在干酪压榨阶段通常高达 2×10^9 ～ 5×10^9 cfu/g，而即使是在风味等级高的干酪中，次级非发酵剂乳酸菌 NSLAB 数量也很少超过 1×10^8 cfu/g，有时被限制在 1×10^7 cfu/g。事实上，Reiter 和 Sharpe（1971）在干酪中试生产中，使用“无菌槽”排除了非发酵剂菌群的作用，证明了只有发酵剂乳酸菌才是形成切达干酪典型风味所必需的。因此，就干酪风味技术而言，切达干酪和相关品种中，是基于在干酪基础风味上添加独特的风味 / 芳香“前香”（如甜味、坚果味、发酵味、蒸煮味）的次级菌群来控制的。这些次级菌群被称作附属发酵剂，已经实现了商业化生产，可以从相应公司购买（见第 7.7.5 节）。这些 NSLAB 附属发酵剂相对于酶和 Lac^{-ve} 乳酸菌的主要（潜在）优势，在于其能够在干酪中生长的能力，消除了批量添加和生物量的生产成本问题。附属发酵剂技术也有控制并利用活细胞的风味代谢途径的潜力（Broome，2007a）。

添加到蓝纹干酪品种（如丹麦蓝纹干酪，洛克福干酪，斯提尔顿干酪，戈贡佐拉蓝纹干酪）和布里干酪 / 卡蒙贝尔干酪类型的表面成熟的软质干酪（表 1.1）中的霉菌培养物，也能够将酪蛋白和凝乳酶衍生肽分解为氨基酸。然而，通过它们的蛋白质降解能力来调控成熟和风味形成的余地很小；此种干酪加工技术的重点是精准地控制霉菌生长，通过活菌的新陈代谢而不是静态或垂死的菌群酶活性，来保持蓝纹理或白色外表面的最佳干酪外观与产生特殊的脂质与糖来源风味（辛辣、蘑菇和黄油味）之间的平衡。即使是那些可以追溯到酪蛋白分解氨基酸（大蒜 / 硫）的芳香香味，也是由于蛋白酶水解产物和生长中的微生物氨基酸代谢产生的，使得整个干酪品质显著依赖于天然、确立已久的生长过程。需要更好地理解霉菌的生理学和代谢调控途径，才能尝试通过操纵这些细微平衡的共生事件来单独控制风味。

这并不是说，实现对霉菌成熟干酪的风味和香气的控制不可行，而是需要在现有的培养物中，产生的酶、色素和生长速率 / 代谢比率等已有的变异范围内进行筛选。发酵剂供应商也已经这样做了，有时是基于客户需要；例如，Chr. Hansen A/S 提供了依据上述标准筛选出的一系列 SWING™ 霉菌发酵剂。当然，选择控制的范围受限于现有生物多样性的不足，只有当以类似于乳酸菌分子遗传学的方式（第 5 章和第 7.7.6 节），研究出一种可接受的（分子遗传学）方法来改变现有的性状和引入新的性状时，这种局限才有望得以改善。在现有干酪技术中，可以采用确定的霉菌发酵剂和表面涂片需氧菌来控制和重现风味特征，这部分已经在第 6 章中进行了详细介绍。

7.2.2　氨基酸分解代谢

干酪中酶水解释放出（“游离”）氨基酸，转化为挥发性和非挥发性风味化合物的代谢过程，不像上述蛋白质水解过程那样易以控制。这在一定程度上是由于对干酪成熟这一方面所涉及的潜在代谢途径和酶的认识和理解不足造成的，尽管基础研究已经开始为技术人员提供了有用的可选择和使用的数据。例如，已从发酵剂乳酸菌和表面涂片短杆菌中，分离鉴定出了释放强效风味剂甲硫醇相关的酶类（Alting 等，1995；Bruinneberg 等，1997），这为通过选择和 / 或基因工程进行进一步强化铺平了道路。此外，几个研究小组已经报道了 LAB 中的氨基酸脱氨酶和转氨酶，它们能够将无味氨基酸转化为芳香的短 / 支链酮酸和酯前体（例如 Yvon 等，1997）。

自第一版以来，许多新出版的科学文献清楚表明，许多发酵剂 LAB 和 NSLAB 菌株可以产生氨基酸分解代谢酶，如特异性识别具有支链、芳香或者含硫氨基酸的氨基转移酶（aminotransferases，ATs）（Ganesan 和 Weimer，2007）。由谷氨酸脱氢酶和天冬氨酸转氨酶驱动的乳酸菌酶系统，也与风味相关的氨基酸分解代谢有关（但尚没有直接证明）（Tanousetal 等，2005）。很明显，酶从游离氨基酸（亮氨酸、蛋氨酸和苯丙氨酸）中去除氨基，可能会进一步转化为风味和芳香化合物，如 3– 甲基丁醇（麦芽味）、蛋氨醛（干酪 / 熟土豆味）、硫化物和硫醇（刺激性味）、芳香酯（花香、甜味）；但这些发现都没有给干酪加工者提供新的可用技术。期待学术界和产业界能尽快合作研发出新的可应用的创新技术；事实上，许多研究机构已经确认 / 预测，NSLAB 中氨基酸代谢酶的筛选已经为风味增强技术的突破提供了技术支持。例如，Carunchia 等（2006）通过使用乳酸乳球菌乳酸亚种（*Lactococcus lactis* subsp.）的麦芽菌株作为附属发酵剂，成功增强了实验干酪中的坚果味道。此外，如 Thage 等（2005）从半硬质干酪中分离出具有特殊氨基转移酶（AT）活性的副干酪乳杆菌菌株（*Lactobacillus paracasei*），然后将它们重新引入试验干酪中，发现在产生疑似风味 / 香气化合物水平上具有显著差异，如在这些干酪的成熟过程中产生了黄油味的双乙酰。然而，没有明确的风味数据来表明可能的技术应用，并且添加大多数菌株对整体风味化合物没有任何影响。类似的结论，也在过去几年的许多 SLAB 试点试验中得到了确认（Rijnen 等，2003）。

Broome（2007a,b）和 Powell（2007）综述了相关方面的重要进展，不过却未能为发酵剂或风味附属的选择提供合理化建议，再次证实了学术研究在产业化转化应用之间的不足。

任何有兴趣深入了解干酪环境中 SLABs 和 NSLABs 氨基酸代谢领域最新知识的读者，都应该阅读 Ganesan 和 Weimer（2007）的综述论文，但不应该期望从中找到任何领先于目前 LAB 风味培养技术的知识，这方面目前依然依赖于首先把特别的筛选方法和试验联系起来，然后由工厂试生产验证。这并不是说这一系列研究最终都不会取得成果，例如使用一株瑞士乳杆菌（*Lactobacillus helveticus*），已经成功减少了成熟干酪中的苦味，但这一应用尚未充分发展成为广泛的主流技术（Soeryapranata 等，2007；Sridhar 等，2005）。此外，由于瑞士乳杆菌（*Lb. helveticus*）含有可导致硬质干酪开裂的氨基酸脱羧系统，因此，需要某种形式的修饰发酵剂或酶提取物以实现该干酪技术的普遍化应用。

直到风味化学家和生物化学家找到一种方法，共同努力来定义调控干酪风味及其理想变化的框架图，将应用基础研究产生的知识（而不是现在的定制化筛选）转化为实际工艺的距离，才不会像第一版《干酪加工技术》出版时那么遥远。在作者对国际乳品联合会（Law，2001）的报告中，已经指出了前进的方向，这种方法已经被公司研发（R&D）计划所采纳，但其技术成果保密，直到所产生的知识产权得到利用 / 保护。在这方面，感兴趣的读者应该注意到，在过去的 10 年里，在目标风味技术（特别是切达干酪）的发展方面已经取得了许多有价值的进展。这是第 13 章的主题，在这里将不再讨论，但读者可以通过阅读综述来获得一些了解，如 Drake（2007）和 Cadwallader（2007）的论文。此外，尽管开发风味的预测模型本身并不能成为一种干酪风味 / 成熟加工技术，但是采用多种加工工艺参数，如干酪槽温度曲线、切割 / 搅拌规则和发酵剂 / 附属发酵剂的选择等，已经建立起了商业化的高达干酪成熟预测系统（Verschueren 等，2007）。

尽管在乳酸菌风味技术方面的实际应用研究进展依旧缺乏，但在涂抹干酪领域其已经取得了很好的进展。这一领域已在第 6 章中进行概括和更新，其作者率先对提高产生芳香型细菌的有效性和可靠性进行了应用研究。建议研究表面成熟干酪品种的科研人员能够继续跟进 Khan 等（1999）和 Berger 等（1999）的杰出工作，他们清楚地阐述了组合风味库合成作为强有力的技术，目的是确定采用生乳（具有表面细菌菌群和表面霉菌）和缺乏产香菌的巴氏杀菌乳等两种不同乳原料，所制成的卡蒙贝尔干酪之间风味特征显著差异的原因。据作者所知，组合风味库已被用于干酪行业合作投资的应用研究（研究和开发），但在可预见的未来，其研究结果不太可能公开。

因此，正如我们将看到的，并不是所有的风味控制方法都是基于干酪中的 SLABs 和 NALABs。例如，软质干酪表面霉菌脱氨酶释放的氨也是一种强气味剂，在软化表面霉菌干酪的质地方面具有重要作用（Noomen，1983）；事实上，这种机制通过增加成熟环境中的氨浓度，适用于商业规模的表面涂片干酪。氨通过增加表面 pH 值来刺激干酪表面菌群，使得乳酸和钙离子向表面扩散，并促进了蛋白质的水解（Bachmann，1996）。凝乳中的酵母（乳酸利用者）也能够刺激涂片干酪表面亚麻短杆菌（*Brevibacterium linens*）的生长和代谢，以加速典型的刺激性芳香气味的生成（Arfi 等，2005）。发酵剂公司已经意识到了这一基本工作，毫无疑问，他们将把这些知识转化为新的风味发酵剂提供给干酪制造商。

7.3 干酪中乳脂的分解

在干酪加工技术中，乳脂（甘油三酯）通过凝乳酶糊状物、霉菌和细菌中的脂肪酶被分解为游离脂肪酸，这一现象由来已久，尤其是在意大利硬质干酪（如帕玛森干酪）的生产中。事实上，添加动物酶（如小牛前胃脂肪酶）是传统做法，现代意大利干酪技术中也使用了某些允许添加的微生物脂肪酶。微生物脂肪酶的商业来源通常是经批准的食用曲霉属菌株（*Aspergillus* spp.）或与生产微生物凝乳酶相同的根毛霉属（*Rhizomucor*）（见第 3 章）。

不过对于干酪技术人员来说，在干酪中添加脂肪酶通常并不是一种提高干酪风味的成功方法。这种添加当然会增加风味强度，但通常以牺牲产品品质为代价。问题是，脂肪酶（特别是动物酶），可以选择性地从乳脂中释放短链酸（丁酸、己酸和癸酸），产生酸败味（出汗和肥皂味），但是由其加工的干酪风味指纹图谱中，并没有明显脂肪酸（fatty acid，FA）风味（脂肪酸可能对风味整体有贡献，但并不直接）。一些商业酶供应商声称提供可以释放出类似与切达干酪脂肪酸混合物的脂肪酶（Arbige 等，1986），但这些脂肪酶并没有被单独商业开发成硬质干酪和半硬质干酪的技术，间接证明了这些脂肪酶缺乏功效。然而，这里所提到的酶不应被忽视，因为这类脂肪酶能够被用作蛋白酶和脂肪酶混合物的成分，其配方可均衡地加速风味形成。脂肪酶用于风味控制技术，在许多直接食用的干酪品种上鲜有成功，但在 EMC 的生产中得到了很好的应用（见第 7.8 节）。此外，在许多干酪品种中脂肪酸衍生物参与了其风味和芳香化合物的形成，因此将微量脂肪酶与其他成熟酶和 / 或发酵剂混合添加具有一定的应用前景。

通常被称为干酪气味剂的脂肪酸衍生物包括脂肪酸醇酯（果味芳香味、花味、膻味）；脂肪酸硫酯（干酪味、煮菜味）；内酯（果味、坚果味）；支链酮酸（刺激性干酪味）；不饱和醇和酮（蘑菇味）。在干酪中最后一类最好的代表是 1– 辛 –3– 醇和 1– 辛 –3– 酮，它们来自表面霉菌，白地霉（*Geotrichum candidum*）对游离亚油酸的代谢。这种可以通过商业化渠道获得的微生物发酵剂，与沙门柏干酪青霉（*Penicillium camemberti*）一起使用时，能够增强布里干酪与卡蒙贝尔干酪的白皮和典型蘑菇香气的形成（见第 6 章）。

尽管控制干酪中脂肪分解的大多数技术发展都是基于霉菌和 / 或其脂肪酶，Holland 等（2005）认为，乳酸菌通过其催化干酪中酯合成的能力，在风味成熟的相关机制中占有一席之地。此外，乳酸菌介导的脂解反应（作为酯合成的一个阶段）也可以通过调控干酪中的细胞自溶速率来加速（Collins 等，2003）。

综上所述，通过控制干酪中的脂肪分解的干酪风味控制技术有很多机遇，但并不像酪蛋白分解那样变化多样和易于理解。第 7.8 节描述了可进行商业化应用的干酪风味控制技术。

7.4 干酪中的乳糖和柠檬酸盐的代谢

如本卷的第一章所述，乳糖代谢为乳酸在处于干酪生产罐的阶段至关重要，因此在不干扰干酪生产技术基础的情况下，其能够被调控的范围很有限。但这只是部分正确，因为通过引入选定的乳酸菌将酪蛋白分解的时机，取决于干酪生产罐中发酵剂初始酸化后，干酪中残余的乳糖的发酵。实际上，乳糖原位转化为富含酶的生物量，以及“次生”乳糖代谢产物，如二氧化碳（CO_2）、乙酸和乙醇，所有这些产物都能够通过各种已知或未知的机制改变干酪的基本风味。例如，乙醇与游离脂肪酸反应生成果香酯，如己酸乙酯；醋酸赋予了干酪额外的浓烈度，并与甲烷硫醇反应生成干酪硫甲基酯。然而，CO_2 在味觉感知方面的作用还未研究清楚，但如果能够通过酸化技术和成熟温度来控制产自柠檬酸的 CO_2，就可以用来调控干酪的质地、外观和蓝霉菌的生长。

值得注意的是；在干酪存储 / 成熟的过程当中，干酪基质中残留的乳糖外源 NSLAB 发酵会导致干酪风味受损，产生如过浓的水果味和过度酸化。许多来自工厂环境中的乳酸菌也会从乳糖中产生 CO_2，这将导致在真空包装的干酪块中出现裂缝，并出现膨胀。这相当于破坏了干酪堆放的整洁性，易导致干酪跌落甚至产生安全隐患。在新西兰，这些问题导致了干酪生产技术产生了一个分支，该技术在干酪从砌块成型机中取出开始包装时，就通过严格控制工厂的空气洁净度和干酪块的速冷（在 24 h 内到 <10℃下），来抑制切达干酪中的 NSLAB（Fryer，1982）。冷却后的干酪块在 6 ～ 8℃左右保存 2 周，然后在常温下将其转移至常温仓库。此程序确保干酪中 NSLAB 菌群保持在 1×10^6 cfu/g 内，在此范围内，即使干酪在随后的“高温”下强制成熟，也不会造成风味受损（见第 7.7.1 节）。然而，该技术仅适用于规模化批量生产的优质、清香、可预测风味特征的切达干酪，未必适合生产风味增强和多样化的干酪。

可以通过转基因调控发酵剂乳酸菌的乳糖代谢，来促进挥发性香气化合物的产生，如双乙酰（黄油香气），但目前该技术尚未应用于商业发酵剂，而且在可预见的未来，该技术更有可能应用于食品风味配料领域（有关此主题的更多信息，请参阅第 7.7.6 节）而非直接应用于干酪技术。

7.5 干酪成熟和风味技术的商业驱动力

本卷第 2 章中展示了干酪市场的动态变化。近年来，影响干酪技术发展的最重要变化之一，表现在干酪制造业对客户的态度从“你会买我们生产的”转变为“我们生产你会买的”。这一变化主要是由超市零售连锁店的购买力所推动，使得制造商削减成本，提高一致性，并生产具有鲜明特征的干酪，以期在各种变化中巩固对品牌的忠诚度。

然而，干酪生产中也有消费者的直接影响。在市场的“商品”端，干酪作为一种主食，无论营养成分如何，其健康形象都大不如前。在干酪消费量较高的国家，很大一部分消费者已经注意到政府的营养建议，即减少从高饱和脂肪食物中摄入热量。在英国由卫生部委托的食品政策医学委员会发表的报告中，进一步呼吁在国民饮食中减少脂肪的摄入。毫无疑问，消费者认为干酪是减少脂肪摄入的目标食品之一，但具有讽刺意味的是，对干酪市场的总体消费额影响并不是大幅减少，而是让消费者更加挑剔干酪。他们想要享受吃干酪的刺激感，所以不会放弃干酪，但会选择最有趣的而不仅是标准化的口味平淡的干酪。

在“美食”领域消费者群体的另一面，越来越多的干酪采用巴氏杀菌乳进行制作，以应对人们对生乳中致病菌在干酪中繁殖的担忧。这给高价值专业化的传统干酪（手工）的制造商带来了特殊困难；这些干酪制造商将此“现代”乳称为“死亡”乳（Anonymous，1995）。除此之外，在封闭的工厂环境中，不锈钢和净化空调越来越多地被采用，极大地消除了工厂微生物的自然变异性，此举使得干酪行业陷入了两难的境地；是让干酪变得乏味和安全，还是有趣和危险。随着干酪催熟技术的不断发展，很快就有可能使干酪既有趣又安全，从而避免这一困境，并通过使用研究积累的知识和技术优选出没有致病性和毒性的干酪催熟剂，让消费者享受到由复杂微生物菌群提供的各种风味干酪。

7.6 干酪成熟和风味技术带来的商业机遇

显然，干酪成熟技术的商业化是由特定企业决定的，因此这一讨论是广泛的。本节简要总结了第 7.7 节中的现有新兴技术。表 7.1 列出了这些可以应用的技术及其所带来的机遇。

表 7.1 新的干酪成熟和风味技术所创造的商业应用和机会

应用的技术	带来的机遇
缩短干酪储存时间（酶、温度）	更高的利润率和 / 或更具竞争力的定价
控制成品库存（酶、温度）	从原料库存，不同成熟度和风味强度的干酪等提供供应
风味多样化（发酵剂）	新客户和保持现有客户的兴趣
改善低脂干酪的味道（酶、发酵剂）	扩大一个小型但盈利的产品部门业务的多元化和扩张
新的干酪风味食品成分（酶、发酵剂）	

通过加快干酪成熟时间和缩短储存时间来增加利润的潜力相当可观，但涉及的资金数额不容易准确预测，因为它们严重依赖于投入到干酪库存中资金的现行利率。根据干酪公司经验预估，在成熟储存室存放硬质干酪和半硬质干酪 1 个月的成本，约为 25 英镑 / 吨，或略低于 1 美分 / 磅（现行利率为 8% ～ 9%）（1 磅 =0.454 kg）。这一数字不适用于需要特殊处理的干酪，如霉菌成熟和涂抹成熟的干酪，或有孔状的干酪，但它适用于世界上绝大部分的干酪。这意味着任何能够加速干酪成熟的技术，使其在 4 个月而不是 10 个月内进入销售市场，将为制造商节省 150 英镑 / 吨或 6 美分 / 磅的毛成本。当然，这必须与技术成本相对应，但这种总体节约水平是显著的，尤其是在为大型零售商生产散装干酪时，利润率很低，很小的价格优势就可以在竞争中赢得订单。在这一商业领域的应用中可以是基于酶

或基于发酵剂的，尤其是在结合较高的成熟温度时酶通常更有效。这一普遍规律的唯一例外是，当使用修饰发酵剂来恢复和促进由特定抗噬菌体菌株制成的切达干酪成熟时。这种对噬菌体的天然抵抗力也赋予了它们在干酪罐中旺盛的产酸能力和在干酪中较低的分解率，所有这些都有利于在实践中能够制作出品质可靠的干酪，但风味化合物的形成缓慢而索然无味。这种局限可以通过添加修饰发酵剂来缓解，如以第 7.7.4 节所述的商业化 CR™ 发酵剂。

干酪成熟技术加速了正常的成熟过程，也促进了库存控制。干酪制造商现在有了一种方法，即通过改变可预测的成熟速率，方便随时调整处于初期、中期、成熟期的干酪库存量。这项技术也可以用于“平衡”成熟干酪的库存，例如在牛奶供应有显著季节性变化的国家（如澳大利亚和爱尔兰），还可以弥补泌乳周期内极端情况下因乳汁风味不佳而影响干酪风味产生的速度。基于发酵剂的成熟加速技术并没有提供这类应用，因此，温度控制或酶技术是可供选择的方法。

风味的多样化已经应用在澳大利亚和英国的硬质干酪工业以及一些欧洲大陆国家的洗凝乳干酪中。这项技术是基于发酵剂而不是酶，并使用选定的乳酸菌菌株（干酪乳酸菌（*Lactobacillus casei*），植物乳酸菌（*Lactobacillus plantarum*）和瑞士乳杆菌（*Lb. helveticus*））添加至传统风味轮廓中。然而，通过将最先进的分离和鉴定技术应用于天然干酪微生物菌群（详见第 7.7.5 节）中，该项技术仍具有巨大的商业开发潜力。

干酪风味和成熟技术对食品配料行业的影响更加难以预测，因为其研发远没有赶上在干酪领域应用。一些众所周知的口味，如蓝纹干酪和瑞士干酪，已经可以制成半液体、非干酪制剂和用作干酪蘸和零食香料（Kilcawley 等，1998），但对于其他风味如成熟的切达干酪、卡蒙贝尔和高达干酪，所积累的化学知识远远不够，无法为这些风味物质作为食品配料提供类似的技术支撑。然而，正如接下来的成熟控制方法综述中所讨论的那样，依然有很多从已有的风味研发技术中，寻求控制干酪自身成熟过程的机会（表 7.2）。

表 7.2　干酪成熟和风味技术选择

基本技术	优点	缺点	可行性
升高温度	“免费”技术，相对简单，成本低	无特异性，无创造空间	无限制
高压处理	具有快速成熟的潜力，可能会提高现有方法的效率，对已知成熟度指标具有选择性，并已证明有效	硬件尚未开发， 工厂内技术应用尚未建立	仅限于研究， 添加食品级酶， 食品酶供应商，IBT[a] London
修饰发酵剂	促进自然成熟过程，安全且易于使用，经证明具有提高干酪品质的功效	风味强化有限， 风味范围有限	Chr.[b] Hansen A/S Denmark
附属发酵剂	相对便宜的选择多元化风味范围	可能存在非典型风味和质地缺陷	所有主要发酵剂供应商[c]
转基因发酵剂	干酪成熟生物化学的绝对控制， 消费安全的衍生产品	遵守法规的成本， 消费者对转基因技术的质疑	国家和公司的研发试点实验室

注：GM，转基因技术；R&D，研究与开发；IBT，帝国生物技术有限公司。

[a]Accelase™ 酶；

[b]CR™ 发酵剂和 Enzobact™；

[c] 主要来自于 *Lactobacillus* 提取物。

7.7　控制和加速干酪成熟的方法

7.7.1　升高储存温度

众所周知，如果干酪在高于正常温度的地方储存，它将会成熟更快；其表面和内部的微生物也将生长的更快，而根据大众熟知的生物化学知识，酶的催化反应速率也将加快。尽管 Law 等（1979）早已发现，高温对切达干酪成分的最显著影响是加速了干酪中 NSLAB 的生长，并由 Grazier 等通过建立 20 kg 和 290 kg 干酪块冷却梯度 / 速率的数据模型进行了证实（1991，1993），但是自从 Law（1984）总结了已有技术进展后，科学或技术文献中再也没有出现任何新的突破。值得再次强调的是，之所以能够利用高温加速干酪成熟，是因为通常干酪成熟室的温度相对较低（<10℃）。一些干酪品种在特定时间内被放置在“温室”中储存以产生特定的特征（例如，瑞士干酪内形成的孔洞），但低温储存对作为安全食品的干酪的稳定性来说是必需且有益的。因此，在采用高温时，应充分考虑其可能会刺激腐败微生物和病原体生长，并且只能在严格的卫生措施保证下采用巴氏杀菌乳制备干酪的工厂中使用。关于温度对食品细菌生长影响的预测更易于获得，以及如“微模型”的专有系统（McLure 等，1994），以客户交互式 PC 兼容的形式提供了此类数据。国际乳品联合会公报总结了干酪中常见的病原体（Spahr 和 Url，1994）。

因此，大多数利用温度来控制（加速）干酪成熟的实际尝试，都是针对非常稳定的硬质干酪和半硬质干酪而言的，如切达干酪、高达干酪和埃达姆干酪，因为它们具有相对简单的 LAB 微生物菌群。埃达姆干酪和高达干酪的试验不是很成功；在 16℃时，高达干酪的成熟是不平衡的，蛋白质水解进行的太快，易产生苦味。在本文作者看来，这是一个可以预测的结果，是由于在正常低烫水洗干酪制作过程中残留了大量的非裂解型发酵乳酸菌所导致的。选择和使用容易裂解的菌株作为酸化发酵剂可能会克服这个问题（参考第 7.7.6 节）。这种类型的干酪还存在一个无法规避的问题，那就是当酪丁酸梭菌（*Clostridium tyrobutyricum*）作为一种污染物存在时，其生长速度较快，导致干酪后期产气和开裂的概率较高。

通过提高商业干酪储存室的温度可以加快切达干酪的成熟，尽管真正有效的温度范围大约在 15℃，它与专家组降低风味偏好和 NSLAB 生长更快有关，即便使整体干酪风味更加强烈。然而，Hannon 等在 2005 年的一份最新的研究中表明，在贮藏库房有空间的情况下，可以通过组合和阶梯式的成熟温度来加速切达干酪的成熟。该研究表明，成熟的风味和相应蛋白质水解的总指标是可以通过以下方式控制的，初始的高温期（例如，20℃为 1 周），然后正常成熟期（在本例中为 8℃）持续 8 个月。据称，这种标准可以获得 2 个月的干酪成熟期，而不会失去味道的平衡，但没有充足的微生物数据来证明升温同样可能会使有害微生物生长加速。全行业的共识是，温度 >12℃时也会对大多

数干酪的口感 / 质地等级产生不利影响，尤其是那些湿度在 37 g/100 g 或更高的干酪中，即使是干酪中没有变异的乳酸杆菌引起明显的微生物缺陷（风味污染、变色、气体形成）。在库存管理过程中，对于采用活跃的、无噬菌体发酵剂在较好的工厂卫生条件下制成的干酪，在 12℃下可以长期储存。这种方法在其机制上有最大的固有局限性；它会使优质的干酪更加快速地变好，但潜在的劣质干酪也会更快地劣化，所以干酪必须仔细分级，并选择“强制成熟”。此外，这里没有风味多样化的选择余地，如果顾客改变了订单，“热”干酪就需要全部转移到冷库中去。像用其他冷藏集装箱 / 卡车装运的食品一样，干酪运输前也需要提前转移到冷藏库中；干酪具有很强的散热性，大批量的干酪需要解决制冷系统的问题。

从好的方面来说，温度控制技术的应用，不像一些更复杂的基于酶和基于发酵剂的方法那样，需要受专业知识或技术的限制。该技术本身不涉及任何干酪加工厂的根本性变化，也不涉及增加酶和发酵剂的成本。除非使用 Fryer（1982）（第 7.4 节）所倡导的速冷技术，在这种情况下，应在塔块后立即安装一个必需的鼓风冷却通道。由于需要设置严格的温度梯度，以及成熟的不均衡，一些生产 290 kg（640 lb）的美国工厂（Reinbold 和 Ernstrom，1985）不太可能采用这种快速冷却后进行温热强制成熟的技术。

7.7.2 超高压技术

已有充分证据证明（富士石油公司，1991），将新鲜干酪置于短时高压（100 ～ 1000 MPa）条件下，可以加速其成熟。食品工业界已经对高压加工技术产生了浓厚的兴趣，因为高压加工技术有可能提供一种新的低温方法，用来消除食品中的腐败现象和病原微生物，不像传统高温热加工破坏食品的质构和营养。据本作者在写作时所知，在欧盟 FAIR 计划（项目 FAIRCT96–1113 和 FAIR–CT96–1175）中，影响干酪熟成的技术研究是比较活跃的。这项技术似乎通过裂解干酪中的发酵剂培养细胞以释放其中的酶，以及通过激活酶本身，共同使风味强化蛋白的水解速度加快（也可能是其他反应）。

7.7.3 酶的添加

第 7.2、第 7.3 和第 7.4 节提供了以酶为基础的干酪成熟和风味发展技术的基础科学知识。尽管酶在作为食品风味剂的 EMC 中和在加工干酪中的应用，有着悠久而成熟的历史（第 7.8 节），但除了含脂肪酶的意大利硬质干酪外，它们在可直接消费的各种干酪的成熟和风味开发控制应用方面，相对较新。正如大多数好的科学想法所遇到的情况一样，将技术转移到工艺创新和产品制造的现实世界中，将会带来独特的、无法预料的挑战。因此，干酪中的蛋白质分解酶系统也是如此；图 7.2 展示了能够将成熟酶添加至硬质干酪和半硬质干酪的生产阶段点。这张图适用于任何酶，但对于蛋白酶来说必须考虑的工艺影响比脂肪酶更多，目前其他的主要选择也能够获得。

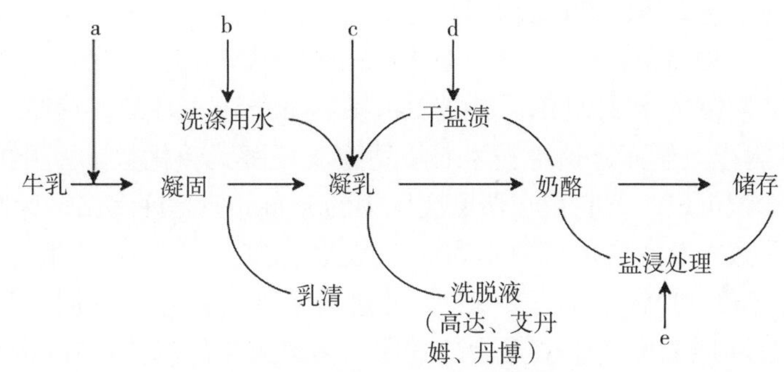

图 7.2　硬质和半硬质干酪加工过程中可能的酶添加点。（a）凝固前添加至干酪桶中的乳中;（b）添加至水洗干酪凝乳（如埃达姆干酪）的洗涤水中;（c）分离乳清后立即添加至干酪凝乳中；（d）立即添加至压榨前的凝乳中（通常添加干盐）；（e）添加至不使用干盐腌制的盐浸阶段。

蛋白酶被用来分解干酪中的酪蛋白，通常只需要少量添加，因为少量的酶催化剂就能转化大量的底物。从转化效率的角度很容易实现，但这在实际中意味着将克级活性酶与吨级的干酪混合。将酶添加至复杂的干酪基质中本身就够困难的了，想要将如此少量的酶均匀地分散在干酪中也绝非易事。从混合的角度来看，a 点（图 7.2）将是理想的添加点，因为在这个阶段中会同时添加其他活性成分（皱胃酶和发酵剂）。然而，与皱胃酶不同的是，干酪成熟期的蛋白酶会迅速开始去除 α – 酪蛋白和 β – 酪蛋白的大的可溶性片段，当干酪从凝乳中分离出来时，这些片段将在乳清中丢失，导致干酪产量损失非常大以至于难以接受。此外，酪蛋白结构的这种早期破坏损害了其创建凝胶网络的能力，由此产生的凝乳在制造干酪的后期阶段变得柔软并且不可加工。除了这些问题，在排乳清时会损失高达 95% 的干酪成熟酶，显而易见，通过在牛乳中直接添加酶并不是一种很好的选择。

作者所在的实验室开发了微胶囊技术，用来解决这些困难，使用脂质体来包裹酶，并在凝乳凝胶形成时将其物理地包埋在酪蛋白基质中（Kirby 等，1987）。尽管这种技术在干酪的小规模生产中非常有效，并被许多应用科学研究者所采用（Skie，1994），但是由于制备稳定高容量脂质体，所需的纯磷脂成本过高，使得此项技术目前不能作为经济上可行的解决方案。

Kailasapathy 和 Lam（2005）总结了其他包裹蛋白酶的方法，包括使用食品级胶体，这似乎是为类似的干酪产品提供了新的机会，但是干酪法规目前并未允许添加胶质作为天然干酪的成分。

高达干酪和埃达姆干酪是典型具有致密组织的半硬质干酪，其制作过程包括凝乳“洗涤”阶段，用水代替部分乳清并降低酸度。尽管该阶段（图 7.2，b 点）与随后的软凝乳阶段（图 7.2，c 点）可以为酶均匀地引入干酪基质中提供了进一步的机会，但它们都会产生其他问题，如凝乳软化、产量减少和酶在清洗中的损失。添加点 e（图 17.2）未在考虑范围内，因为干酪研究人员可以预测到，在后期阶段，酶在质地非常致密的干酪中的渗透仅为毫米级。实际上，这使得洗过的凝乳干酪尤其难以用酶成熟。尽管 Wilkinson 和 Kilcawley（2005）在他们的综述中提出，机械注射可能为成品干酪阶段添加酶提供了新的解决方案，但目前市场上还没有此类有效的技术。

在干盐干酪中，Kosikowski（1976）最初提出向含盐的研磨凝乳中添加酶（图 7.2，d 点），用于实验室规模的干酪制作，并被 Law 和 Wigmore（1982、1983）成功地放大至 180L 的干酪罐装规模。然而，这种技术难以适应工厂每天转化数十万升的自动化干腌设备；酶和盐一起造粒可以改善它们在研磨凝乳中的分布，但是许多工厂标准中盐分布的固有不均匀性可能导致干酪块内的成熟不均衡。英国的 IBT 公司开发了组合蛋白酶 / 肽酶的 Accelase™ 技术（Law 和 Wigmore，1983），并进行了许多优化来克服或消除这些酶的掺入问题，以及通过在原始配方中引入额外的酶来拓宽风味的选择；Smith（1997）描述了这些商业化产品的组成、应用和性能。Accelase™ 内含有内肽酶和外肽酶的混合物，并确保酪蛋白以类似于图 7.1 所示的方式，逐渐平衡地分解为非苦味肽、风味增强剂和风味氨基酸。为了确保蛋白水解的味道不会过于强烈，Accelase™ 还包含了食品级的脂肪酶和未命名的风味酶。

IBT 公司不单独销售这些酶，但根据干酪的类型、使用的凝固剂、发酵剂类型和干酪市场目的地（全脂、低脂、工业或非切达干酪），提供相应的酶制剂。IBT 公司公布的商业试验数据表明，Accelase™ 处理不仅可以将切达干酪成熟时间缩短一半，而且还可以增强切达干酪典型的风味，并从总体上改善了干酪风味特征的平衡。然而，从公开的数据中来看，尚不清楚 IBT 公司是如何解决将酶均匀有效地加入凝乳中，而没有对加工工艺进行根本改变的棘手问题。

7.7.4 修饰发酵剂

虽然发酵剂是控制和加速干酪成熟时的优先选择（图 7.1），但其在干酪凝乳的逐步酸化和脱水收缩中的重要作用，使得人们无法采用简单的方法添加更多的发酵剂，用来加快干酪的成熟；更多的发酵剂将导致产生更多的酸 / 或者更快的产酸速度，生成其他类型的干酪。然而，有几种方法可以抑制或削弱酸化功能（抑制性发酵剂），但同时保留发酵剂细胞的完整结构中酶的成熟作用，从而获得额外的技术优势，即酶自然地束缚在干酪凝块中，而不会随着乳清排放而流失。在干酪罐酸化阶段，切达干酪凝乳通常能够“保持”2 至 3 倍的发酵剂生物量，可是权衡经济性和效率的平衡后，工艺技术目标是正常发酵剂生物量的 2 倍。

抑制 / 削弱发酵剂在干酪罐中产酸，同时又能保持其作为成熟酶的技术处理方式，包括加热或冻融循环处理；在不裂解发酵剂但能阻止能量代谢的条件下，与溶菌酶接触使其对盐诱导裂解敏感；选择不能发酵乳糖的天然突变菌株（Lac^{-ve}）。这些方法并不都适于商用，在聚焦已应用于市场化发酵剂的基础方法之前，有必要分析它们的相对优缺点（CR™ 发酵剂，由 Chr. Hansen A/S，Denmark 生产）。

根据作者的经验，嗜温型乳酸菌发酵剂菌株，不仅在种属之间，而且在菌株之间，都对急速加热或速冻处理的反应具有内在差异；事实上，发酵剂的状态和传代次数也会对菌株应对外在物理条件的改变产生显著影响。因此，不可能对采用急速加热或速冻处理技术的此类干酪细菌制定一个可靠的工艺时间表。令人遗憾的，因为这些方法不涉及复杂的预处理，并且能够利用干酪成熟过程中已经存在的酶。乳酸杆菌在一定程度上则更具潜力，如在瑞典和芬兰市场上已经有一种基于急速加热处理的乳酸菌菌株（Enzobact™，由Medipharm，Sweden 生产）。基于 Ardo 和 Pettersson（1988）的研究技术，修饰发酵剂加速了低脂类传统瑞典硬质干酪的成熟。

溶菌酶是一种从鸡蛋清中提取的商业天然酶，在干酪工业中作为亚硝酸盐的替代品，用于在水洗干酪凝乳控制酪丁酸梭菌（*C. tyrobutyricum*）的后发酵。溶菌酶通常通过裂解细菌细胞发挥作用，但在去离子水中与预生长或休眠的发酵剂细胞接触时，溶菌酶只与细胞结合并停止其新陈代谢；只有当培养基的离子强度提高到与盐渍干酪凝乳大致相当时，它才会溶解细菌细胞。Law 等（1976）利用这一现象证明了切达干酪中蛋白质水解的后期阶段，也就是氨基酸的产生取决于已经裂解 / 自溶的发酵剂细胞，而不是活的细胞，同时也证明了这种技术可以用于干酪成熟过程中加速蛋白质水解。然而，尽管溶菌酶现在是一种相对便宜的商业酶，但预处理过程费力，并不适合在日常干酪加工工艺中使用。

已经失去发酵乳糖的能力的 LAB 天然突变菌株，则提供了一个更为实用和经济的修饰发酵剂的来源。在所有的发酵剂中突变这类现象都会自然发生，因为其乳糖发酵能力的遗传信息，编码在容易丢失的质粒 DNA 上，而不是在稳定的染色体 DNA 上。当在乳糖培养基中繁殖细菌时，突变体由于比乳糖发酵剂生长缓慢，据此可以将其筛选出来。然而，它们都可以在葡萄糖培养基上生长和分离，将其与酸化发酵剂一起添加至干酪中，并不会改变正常的干酪制作过程。由于这些发酵剂的其他部分与正常的发酵剂相同，因此这种非酸化菌株的添加相当于增加了酶的量，从而促进干酪成熟。Vindfeldt（1993）总结了这些发酵剂的技术发展和商业化发展的范围。

首先采用快速成熟的干酪模型来确定发酵剂的风味特征，然后从中选出最好的不能利用乳糖的突变体，在牛乳培养基中进行大规模生产。经过发酵、收获和浓缩后，它们被包装成与每升牛乳或者每千克干酪成熟能力相对应的分量，并制成冷冻浓缩剂。它们只需要解冻，然后与普通的（酸化）发酵剂一起，直接加入干酪罐的牛乳中。它们并不是在初期凝乳阶段发挥作用，而是在干酪的储存阶段；由于它们是已建立的食用菌种的自然突变体，不需要特殊的培养技术，因此并没有使用上的限制。这些发酵剂可以使风味浓烈的干酪成熟后风味更加醇厚圆润，可以软化新鲜干酪常常出现的强酸性以产生高品质的温和风味，并在所有切达干酪的基本风味上增添一丝甜味。

CR™ 发酵剂的价格与优质酶混合物的价格大致相同，但是使用起来比酶更省力，并可以“现货”供应。它们可以应用于任何干酪品种，无论酸化技术或凝乳形成方法如何，因为此发酵剂是在凝乳形成之前通过牛乳添加的，而且菌株是经过验证的没有缺陷的 LAB。将修饰发酵剂与后面描述的附属发酵剂技术联合使用，能够提供额外的益处，即显著加速了干酪基本风味的形成，甚至达到引入前香的程度，但没有破坏干酪的最终风味。随着对发酵剂细胞代谢游离氨基酸产香化合物具体途径的持续解析，修饰发酵剂的技术潜力也将增加，以至于能够涵盖前香的功能。

Chr. Hansen 的 CR™ 213 混合修饰发酵剂，改善了低脂（15 g/100 g）切达干酪型干酪的风味（Banks 等，1993）。值得注意的是，在进行这项研究时存在一些混淆，修饰发酵剂被研究者称为“附属剂”，但这个术语现在仅限于非发酵剂，非发酵剂是有意添加以增加干酪风味特征为目的（见 7.7.5 节）。这些试验表明，CR™ 213 在低脂干酪中的有效盐浓度在接近正常切达干酪时（1.75 g/100 g）最为显著，而不用像往常那样需要降低高水分低脂干酪中盐的含量。这可能是因为较高的盐浓度，将导致修饰发酵剂更加快速的裂解和释放已经成熟的酶。无论涉及何种潜在机理，从这些试验中产生的感官数据都是对干酪技术人员来说非常鼓舞；CR™ 发酵剂显著提高了干酪的成熟度（风味 / 质地组合）和切达干酪的风味特征。它们的使用还增强了对平衡风味非常重要的一系列香味特征（奶油味，硫磺味，坚果味），同时显著降低苦味。

7.7.5 非发酵剂的附属发酵剂

虽然修饰发酵剂是增加和提高大多数硬质和半硬质干酪品种风味的可靠和有效方法，但非发酵剂干酪微生物群落在为干酪风味添加前香方面具有既定作用（见第 7.2 节），使得它们被开发为商业附属发酵剂，可单独使用或与修饰发酵剂一起使用，以全面控制干酪的风味强度和特征。许多发酵供应商已经筛选并混合出了符合规范要求的附属发酵剂，并且主要是 NSLAB（干酪乳杆菌、植物乳杆菌和瑞士乳杆菌），但也有提供中试规模的亚麻短杆菌（*Brevibacterium linens*），以提供额外的风味。

正如 Lynch 等（1996）所证明的那样，NSLAB 作为附属发酵剂时的风味增强作用与修饰发酵剂之间有一些相似之处，它们都可以将蛋白质水解至游离氨基酸。然而，附属发酵剂的效果并不总是可预测或可控的，它们的使用也没有得到所涉及的风味生物化学知识的充分支持。例如，已经发现的一种“副作用”，是一些乳酸菌能够从游离氨基酸代谢中释放出少量但不可忽视的二氧化碳气体。在硬质干酪和半硬质干酪中的 NSLAB 种群动态变化将通过这种“副作用”路线，而不通过更常见的糖酵解路线，产生气体，这些气体都无法从干酪基质中逸出，并导致干酪出现裂缝和分裂现象影响外观，并在零售包装中切割时出现碎屑（造成浪费和外观不佳）。

从积极的方面来看，已经从商用附属剂范围中筛选出来了，许多具有潜在缺陷形成特性的附属发酵剂。尽管缺乏生化背景知识，但是来自不同干酪制造商的 NSLAB 微生物种群可以为其产品提供独特的风味，可以作为干酪的品牌优势。因此，发酵剂公司在这一领域的研究是保密的，但它肯定会对最有效的菌株进行基于 DNA 和 RNA 的精确分类，以便能够持续稳定地生产和混合能够产生特定风味的菌株，并在客户的工厂中进行销售和使用。在欧洲，科技界发起了此研究领域中一个由欧盟资助的“FLORA”的项目（在 COST 95 框架体系下）。该研究从菲达干酪、荷兰型半硬质干酪和表面涂抹干酪等品种中，分离出了非发酵菌群并探究了它们的成熟作用机理。这项工作证实了在高达干酪、菲达干酪、埃曼塔尔干酪和明斯特干酪中，NSLAB 在凝乳酶和发酵剂衍生肽水解成氨基酸过程中，作出了重要贡献。

在这个协同行动项目中，同样证实了棒状杆菌、葡萄球菌和酵母菌具有优良的表面涂片微生物群落的优势。Bockelmann 等（1997）利用项目数据证明了，这些微生物的特定混合物可以使干酪涂片的香气和颜色在受控范围内；这是取代随机且往往不可靠的涂片技术的第一步，该技术采用包含活性涂片菌群的含盐布料来盐渍和擦拭干酪。第 6 章中已经详细地介绍了这个主题。

7.7.6　转基因乳酸菌

过去 20 年来，在受控的实验室中，研究人员一直研究转基因改造（Genetically modified，GM）常用的干酪细菌，目的在于解析乳制品乳酸菌所具有的重要工业功能的生化基础，包括酸的产生、风味和香气的生成、蛋白质的利用、噬菌体的抗性和胞外多糖的分泌。如今，这一信息库非常先进，以至于许多转基因乳酸菌都能够采用食品级基因载体和标记进行构建，这样就避免了外源 DNA 的引入，如在转基因实验中广泛使用的抗生素抗性标记 DNA。目前可供发酵剂公司进行试验的转基因乳制品菌株，完全符合欧盟成员国和美国所有涉及转基因生物（GM organisms，GMO）食品应用的国家 / 联邦法规，并且它们都使用了自克隆技术和同源重组技术（有关该主题的详细说明，请参见第 5 章）。

可应用于干酪成熟和干酪风味技术的转基因乳酸菌，在其糖代谢、肽酶生产能力或是在新鲜干酪基质中的裂解率方面发生了改变。表 7.3 总结了这些变化，并在下面描述了它们对干酪技术的潜在影响。

表 7.3　用于干酪成熟和风味技术的转基因干酪发酵剂乳酸菌

基因修饰	相对野生型的变化	成熟 / 风味效应
选择性消除和增强关键代谢途径酶以改变乳糖代谢	增加双乙酰和乙酸的产量	黄油味增强，底味更强烈
改变蛋白酶和肽酶的平衡，选择性地提高肽酶的产量	显著增加干酪中芳香族氨基酸的浓度（例如谷氨酸、蛋氨酸、半胱氨酸、脯氨酸、缬氨酸、甘氨酸、亮氨酸、色氨酸）	减少苦味，提高整体口感，增加甜味、硫黄味、花香或坚果味
引入可以在外部控制下触发启动（例如 pH 值、盐浓度、温度）的细胞裂解蛋白基因	干酪基质中的受控瞬时裂解	更快释放细胞内风味产生酶（肽酶、酯酶、氨基酸分解代谢酶）

代谢发生改变的乳酸菌属菌株——对乳酸菌用于将乳糖和柠檬酸转化为乳酸和芳香化合物的酶和代谢途径的基础研究，为开发具有香气增强潜力的新型乳酸菌发酵剂奠定了基础。大多数研究都是基于通过增强 α－乙酰乳酸合成酶的表达并抑制其脱羧酶，来增加丙酮酸和乳酸之间的代谢中间产物向二羰基（如双乙酰）和乙酸生成的量。

由此产生的乙酰乳酸的积累及其自然氧化成双乙酰，可以被用来增强新鲜的、未成熟的软质干酪的风味和香气。乳酸脱氢酶突变体也是很好的香气生产者，因为它们积累丙酮酸，然后将丙酮酸代谢成替代的最终产物，以保护自己免受毒性积累的同时获得能量。双乙酰前体乙酰乳酸和风味化合物醋酸，都是这一过程的终产物，双乙酰还原酶的附加突变进一步提高了这些基因变体的香气形成能力。必须强调的是，尽管在一些欧盟成员国和美国允许对这些变异菌株进行试验，但它们并不用于商业干酪，如果要引入这些菌株，有必要对干酪贴上标签，以表明其存在转基因生产的发酵剂，即使干酪中的最终菌株本身可能不包含任何基因工程的 DNA。该领域的工业研究和开发是保密的，目前中试规模的试验结果都没有公开，但读者可以从 de Vos（1996）和 Swindell 等（1996）的论文中了解基因工程的研究基础和潜力。两篇论文都提供了乳酸乳球菌乳酸亚种（*Lc. lactis* spp.）的基因操控细节，包括在乳糖到关键中间体 α－乙酰乙酸和乙酸盐的代谢途径，进行突变以产生能够累积更高浓度芳香化合物的菌株变体。

蛋白水解发生改变的发酵剂和非发酵剂菌株——关于乳酸菌发酵剂的蛋白酶和肽酶，进行基因操纵和风味潜力开发的研究已有文献报道（见第 5 章）。我们可以预期，受控干酪加工实验将很快揭示以下情况中哪些酶是最佳组合，如避免苦味，增加关键氨基酸的浓度，如谷氨酸（增味剂）、脯氨酸（甜味剂）、蛋氨酸和半胱氨酸（一系列已知干酪香气化合物的前体）和苯丙氨酸（花香前体）。的确，通过在一株商业乳酸菌中利用转基因技术提高了两种普通氨基肽酶的表达量，显著提高了切达干酪和荷兰干酪的风味品质和强度（E.Johansen，个人交流；更多信息请参见第 5 章），使用商业发酵剂的蛋白酶阴性突变菌株就能够避免部分苦味。

多年来干酪研发积累的试验数据表明，某些发酵剂在干酪中产生的苦味肽比较多，发酵剂公司通常会将其从产品中筛选出来。然而，一些最常用的产酸发酵剂包含有大量产生苦味肽的蛋白水解酶，以确保它们能够在牛乳中快速生长，因此不能够去除蛋白水解酶的基因而影响菌种的生长。在这种情况下，无法产生蛋白酶的阴性突变体不可用于加工干酪，但可以通过基因改造提高肽酶的产生量，就能够确保苦味肽不会累积从而导致干酪风味受损。这项研究产生的新兴技术本身并不一定要通过基因操纵来实现；基因工程实验的结果可用于确定重要活性的酶，用于从现有菌种库中筛选出所需肽酶活性的自然突变菌株。

最近有报道称，乳酸菌发酵剂不仅直接参与了产生游离氨基酸，还进一步将其代谢成挥发性硫化物、“干酪”支链脂肪酸和芳香酯，此发现为发酵剂菌株的基因工程和生化筛选提供技术支持。

可以在干酪中快速裂解的基因改造发酵剂——已证明，在未成熟的干酪中，发酵剂裂解和释放酶的速度和程度，与风味形成的品质和速度之间存在着正相关关系（Crow 等，1995）。这种关联提供了一种机遇，即可以通过筛选在细胞死亡时具有很高细胞壁裂解酶（裂解酶）活性的菌株，来调控干酪的风味和成熟，但这些菌株本身并没有很好的商业价值。在发酵剂生产过程中（收获、冷冻、干燥、储存）剧烈操作，都会导致这些菌株受损并失去酸化活性。另外，它们对噬菌体也非常敏感，而且是一种弱酸化剂，尤其是在凝乳纹理化的最后关键阶段，此时温度接近煮沸。

在乳酸菌基因转换（启动子）机制研究的基础上，转基因技术可以协调干酪成熟过程中生产稳定性和风味形成这两个重要功能。乳酸菌有一系列环境敏感的基因启动子，它们会对 pH 值、盐浓度和温度的变化等刺激作出反应。天然抗菌肽、乳酸链球菌肽也可以在极低（非抑制性）浓度下触发乳酸菌基因表达。通常，启动子与启动细胞的生命周期和应激反应的重要基因转换有关，但这种自然现象现在已被分子遗传学家掌控，可以使它们

“按序”裂解。已经构建了商用的发酵剂突变体，包含噬菌体裂解酶基因，但是基因的启动子都处于严格控制中，直到在发酵罐之后的干酪凝乳压榨阶段，才开始启动裂解酶的表达。这种诱导裂解和酶释放的方法，同样适用于裂解其他增强或改善风味的附属发酵剂，因此这两种技术之间存在协同作用。

有两种商业化的实践试验方法，一种是在英国 Gasson 小组研究基础上的试验，在临界 pH 值、温度或乳酸浓度下，通过渗透压损伤触发克隆的噬菌体裂解酶活性（有关该主题的更多详细信息，请参阅第 5 章）。另一种方法已由荷兰 NIZO 食品研究所开发并获得专利的“NICE”系统，它依赖于乳酸链球菌肽触发克隆的噬菌体裂解酶，无论是以少量的形式添加（μg/g）到干酪凝乳中，或在干酪加工过程的后期由发酵剂本身产生，de Ruyter 等（1997）的论文中描述了这项技术的试验和理论基础。尽管“NICE”系统不是现成的技术，但它本质上是一个安全的过程（在技术上和转基因风险评估方面），并且与任何噬菌体裂解酶克隆策略相同，它还具有一个优势，就是按照客户喜好可以定制修改干酪发酵剂菌株。

7.7.7 食品中转基因生物的法规

干酪中转基因发酵剂构建和使用方面的监管法律和框架，与涵盖食品中所有转基因生物相同（在其立法原则上允许这样做的国家，在作者撰写本文时并不是所有国家都允许这样做）。其基本目的是让研究科学家和产品技术人员在安全条件下构建基因变体，并以受控方式在实验室范围外进行试验，环境风险已经进行了独立评估，对于可以忽略的，则授予许可。这些法律和法规因国家而异，尽管目前欧盟有最严格的法律，但也没有明确的禁令禁止转基因，而美国认为没有必要针对食品生物技术的任何分支制定新的法规，包括转基因生物；所有食品和食品产品的安全都在现有植物、动物、药品、杀虫剂和毒素的法规控制范围内。

欧盟为此专门在新型食品法规范围内制定了转基因法规，体现在第 90/219/EEC 号指令（“转基因生物的控制使用”）和第 90/220/EEC 指令（“蓄意将转基因生物释放到环境中”）。欧盟成员国有义务将这些指令作为成文法采纳，而英国已经根据其现有的《工作场所健康与安全法》（1992 和 1993：转基因生物的限制使用）和《环境保护法》（1993，控制 [蓄意] 向环境中释放转基因生物）采纳了这些指令。

欧盟委员会还明确了含有转基因生物与其产品的食品标签要求，所有的这些都以转基因生物的明确定义为前提：一种能够复制或转移遗传物质的生物体，其中遗传物质不是通过杂交或自然重组的方式发生改变。然而，消费者群体强烈反对标签条例草案的诸多方面，争议主要集中在为提高植物生产效率而添加的转基因成分（大豆是主要的例子），因为这些成分是不需要进行标注的。然而，这一问题早在 1998 年通过的一项欧盟理事会法规中，已经得到了有利于消费者的解决方式，该法规要求“所有”实际含有或可能含有（如果供应商无法区分转基因和非转基因来源）转基因成分的食品都要清楚地贴上标签。因此，当转基因发酵剂在欧洲进行实际应用时，也必须遵守这一规定。采用将特定物种内的内源 DNA 导入食品级基因载体和标签（见第 5 章）的转基因方法，理论上能够开发出干酪风味增强的发酵剂。这种操作是安全的，但非专业的消费者可能会将其误解为将“外源”基因插入现有的染色体或质粒 DNA 中，因此需要向公众解释两者之间的区别，并正确标注。干酪行业、发酵剂供应商和零售商需要共同进行宣传教育，让消费者理性面对采用转基因发酵剂生产干酪的新产品带来的益处和风险，新产品无论在风味和质地上都显著优于原产品（食品科学与技术研究所，1996）。

第 5 章对这一监管领域的法规进行了详细的评估，因为该法规直接适用于转基因风味发酵剂的商业开发。

7.8 酶改性干酪（EMCs）和干酪风味产品

干酪风味浓缩物、风味构建体系和 EMC 主要用于加工干酪（Fox 和 McSweeney，1998）、干酪风味休闲食品和干酪蘸料。EMC 的历史很短，可能从 20 世纪 50 年代使用半精炼脂肪酶和蛋白酶生产意大利（波萝伏洛干酪）风味产品开始。1969 年美国批准使用动物和 GRAS 微生物酶制造 EMCs，此类产品从 70 年开始在加工干酪中大规模常规使用。目前大多数主要的乳制品原料和食品风味供应商在市场上都有明确的产品线，其制造和配方技术的细节受到专利保护，没有对公众开放，但制造 EMC 和风味浓缩物所涉及的一般步骤是通用的，相对简单（West，1996）（图 7.3）。

将切碎的未成熟干酪、干酪切屑或盐渍干酪凝块，与乳盐和水均匀混合至半液体状态（固形物含量 40 ～ 55 g/100 g），72℃下巴氏杀菌 10 min，然后冷却以进行酶处理或发酵。这个阶段的孵育温度取决于预期干酪的风味。例如，对于蓝纹干酪的风味形成，洛克福青霉（*Penicillium roqueforti*）需一个相对较低的温度（25 ～ 27℃），才能生长、发育，并且将乳中的脂肪酸代谢为特征性的甲基酮，但是用脂肪酶处理乳中的脂肪生成脂肪酸，在 40 ～ 55℃有最大的反应速率。然而，一些蓝纹干酪风味生产工艺，是在发酵后使用脂解的乳脂增加脂肪酸风味（Tomasini 等，1995），因此不需要酶的处理，并且降低了在此阶段微生物腐坏干酪的风险。当目标是切达干酪、帕玛森干酪、罗马诺、瑞士风味和高达风味时，脂肪酶、蛋白酶和肽酶的酶处理阶段至关重要；然后，温度的选择需要进行两方面的平衡，一方面需要高温以抑制腐败微生物的生长并加快反应，另一方面需要采用低温来避免酶发生变性导致的反应速率随培养时间的延长而快速下降。实际上，这意味着温度范围处于 40 ～ 55℃，但 EMC 生产商希望从 GRAS 微生物中获得大量、廉价的、更强健的酶，能够在 8 ～ 36 h 内耐受高达 70℃反应温度（酶公司的研发科学家提供）。

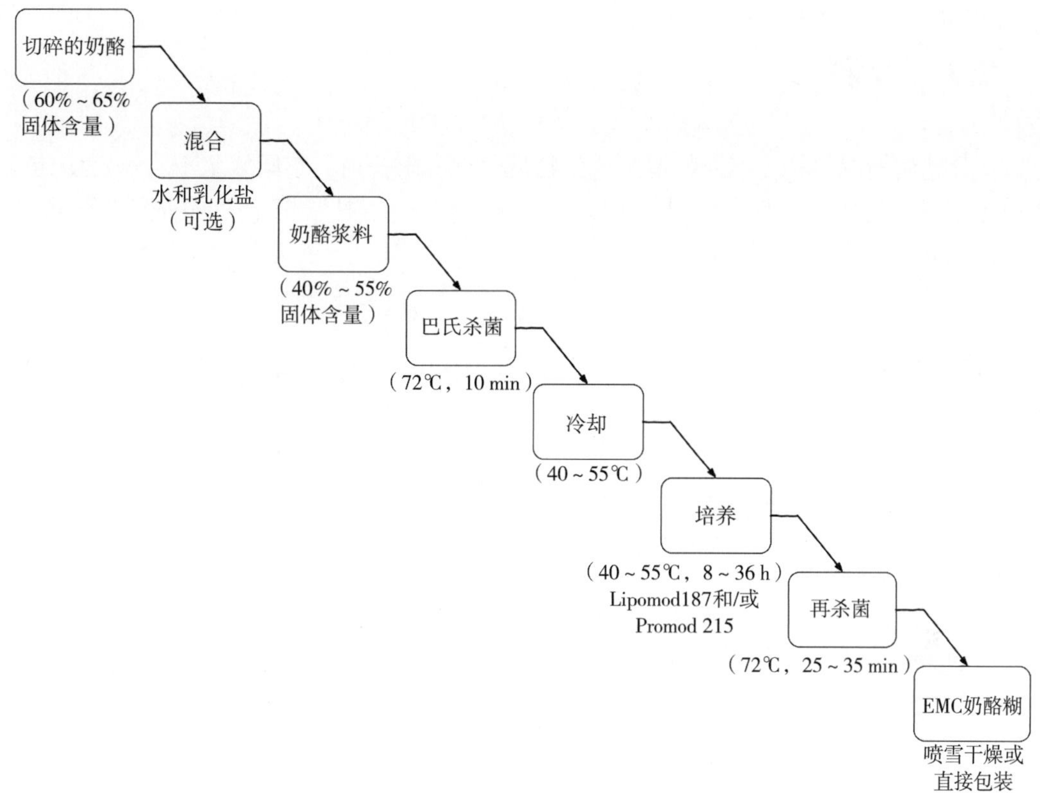

图 7.3 酶改性干酪（EMC）生产示意图

无论采用何种酶处理方式，处理过的干酪糊 / 浆液都要进行下一批巴氏杀菌（通常 72℃ 30 min）以“杀死”残留的酶和任何腐败微生物，然后根据含水量、客户偏好或其预期的食品用途，将干酪喷雾干燥或包装成糊状。

EMC 和风味浓缩物生产中常用的乳化剂和稳定剂，包括单甘油三酯和双甘油三酯、磷酸盐、柠檬酸（也可作为抗菌剂和霉菌抑制剂）、黄原胶和天然抗氧化剂，如植物油和脂溶性维生素（如维生素 E）。基本的风味和味道的构成通常有非常强烈的“肉汤味”，蛋白质分解产生的鲜味和脂肪分解产生的酸败 / 出汗味。这些风味会稀释到最终产品中而被削弱，但是，可以参考已有的研发或文献中的干酪化学知识，通过添加前香至“发酵剂馏出物”浓缩物中（一种通过蒸馏产生的强烈黄油香料——乳酸菌的发酵浓缩物；Chr. Hansen A/S，丹麦），和 / 或添加与干酪自然风味相同的化学香料（例如醛、醇、内酯、氨基酸衍生物），来对干酪的风味进行修饰和强化（例如，卡蒙贝尔干酪香气的化学特征；Kubickova 和 Grosch，1998 a,b）。对 EMC 科学技术细节感兴趣的读者可以进一步参考阅读 Kilcawley 等（1998）的文献。

7.9 致谢

十分感谢斯图尔特·韦斯特博士（生物催化剂有限公司，英国威尔士），马克·史密斯博士（帝国生物技术有限公司，伦敦，英国）和珍·舒林哈博士（国际香料公司，荷兰）在本章撰写过程中提供的帮助。

参考文献

Alting, A.C., Engels, W.J.M., van Schalwijk, S. & Exterkate, F.A. (1995) Purification and characteri-sation of cystathionine beta-lyase from Lactococcus lactis subsp. cremoris B78 and its possible role in flavour development in cheese. *Applied and Environmental Microbiology*, 61, 4037–4042.

Anonymous (1995) Les laits sont 'morts', vive les ferments. *Process*, 42, 1103.

Arbige, M.V., Freund, P.R., Silver, S.C. & Zelco, J.T. (1986) Novel lipase for Cheddar cheese flavour development. *Food Technology*, April, 91–98.

Ardo, Y. & Pettersson, H.-E. (1988) Accelerated ripening with heat-treated cells of *Lactobacillus helveticus* and a commercial proteinase. *Journal of Dairy Research*, 55, 239–245.

Arfifi, K., Leclercq-Perlat, M.N., Spinnler, H.E. & Bonnarme, P. (2005) Importance of curd-neutralising yeasts on the aromatic potential of *Brevibacterium linens* during cheese ripening. *International Dairy Journal*, 15, 883–991.

Bachmann, H.P. (1996) Accelerated ripening in cellars with high ammonia content. *Agrarforschung*, 3, 357–360.

Banks, J., Hunter, E. & Muir, D. (1993) Sensory properties of low-fat Cheddar cheese: effects of salt content and adjunct culture. *Journal of the Society of Dairy Technology*, 46, 119–123.

Bech, A.-M. (1992) Enzymes for accelerated cheese ripening. *Fermentation-Produced Enzymes and Accelerated Ripening in Cheesemaking*, Document No. 269, pp.24–28, International Dairy Federation, Brussels.

Berger, C., Martin, N., Collin, S., Gijs, Pinaprez, G., Spinnler, H.E. & Vulfson, E.N. (1999) Combinatorial approach to flavour analysis. 2: Olfactory characterisation of a library of *S*-methyl thioesters and sensory evaluation of selected components. *Journal of Agricultural and Food Chemistry*, 47, 3374–3379.

Bockelmann, W., Hoppe-Seyler, T., Krusch, U., Hoffmann, W. & Heller, K.J. (1997) Development of a surface smear starter culture. *Nahrung-Food*, 41, 213–218.

Broome, M.C. (2007a) Adjunct culture metabolism and cheese flavour. *Improving the Flavour of Cheese* (ed. B.C. Weimer), pp. 177–198, CRC Press, Boca Raton.

Broome, M.C. (2007b) Starter culture development for improved flavour. *Improving the Flavour of Cheese* (ed. B.C. Weimer), pp. 157–176, CRC Press, Boca Raton.

Bruinenberg, P.G., de Roo, G. & Limsowtin, G.K.Y. (1997) Purifification and characterisation of cystathionine-gamma lyase from *Lactococcus lactis* subsp. *cremoris* SK11: possible role in flavour compound formation during cheese maturation. *Applied and Environmental Microbiology*, 63, 561–566.

Cadwallader, K. (2007) Measuring cheese flavour. *Improving the Flavour of Cheese* (ed. B.C. Weimer), pp. 401–

417, CRC Press, Boca Raton.

Carunchia–Whetstein, M.E., Drake, M.A., Broadbent, J.R. & McMahon, D. (2006) Enhanced nutty flavour in cheese made with a malty *Lactococcus lactis* adjunct culture. *Journal Dairy Science*, 89, 3277–3284.

Collins, Y.F., McSweeney, P.L.H. & Wilkinson, M.G. (2003) Evidence of a relationship between autolysis of starter bacteria and lipolysis in Cheddar cheese during ripening. *Journal of Dairy Research*, 70, 105–113.

Crow, V.L., Coolbear, T., Gopal, P.V., Martley, F.G., McKay, L.L. & Riepe, H. (1995) The role of autolytic LAB in the ripening of cheese. *International Dairy Journal*, 5, 855–875.

Crow, V.L., Coolbear, T., Holland, R., Pritchard, G.G. & Martley, F.G. (1993) Starters as fifinishers: starter properties relevant to cheese–ripening. *International Dairy Journal*, 3, 423–460.

de Vos, W.M. (1996) Metabolic engineering of sugar metabolism in lactic acid bacteria. *Antonie van Leeuwenhoek*, 70, 223–242.

Drake, M.A. (2007) Defifining cheese flavour. *Improving the Flavour of Cheese* (ed. B.C. Weimer), pp. 370–400, CRC Press, Boca Raton.

Fox, P.F. & McSweeney P.L.H. (1997) Rennets: their role in milk coagulation and cheese–ripening. *Microbiology and Biochemistry of Cheese and Fermented Milk* (ed. B.A. Law), 2nd edn, pp. 1–49

Blackie Academic & Professional, London. Fox, P.F. & McSweeney, P.L.H. (1998) Chemistry and biochemistry of cheese. *Dairy Chemistry and Biochemistry* (eds. P.F. Fox and P.L.H. McSweeney), pp. 421–428, Blackie Academic & Professional, London.

Fryer, T.F. (1982) The controlled ripening of Cheddar cheese. *Brief Communications of the 21st International Dairy Congress*, Vol. 1, pp. 485, Mir Publishers, Moscow.

Fuji Oil Company Limited (1991) Method for accelerating cheese–ripening. European Patent Application, 91306976.1.

Ganesan, B. & Weimer, B.C. (2007) Amino acid metabolism in relation to cheese flavour development. *Improving the Flavour of Cheese* (ed. B.C. Weimer), pp. 70–10, CRC Press, Boca Raton.

Grazier, C.L., McDaniel, M.R., Bodyfelt, F.W. & Torres, J.A. (1991) Temperature effects on the development of Cheddar cheese flavour and aroma. *Journal of Dairy Science*, 74, 3656– 3663.

Grazier, C.L., Simpson, R., Roncagliolo, S., Bodyfelt, F.W. & Torres, J.A. (1993) Modelling of time temperature effects on bacterial populations during cooling of Cheddar cheese blocks. *Journal of Food Process Engineering*, 16, 173–180.

Hannon, J.A., Wilkinson, M.G., Delahunty, C.M., Wallace, J.M., Morrissey, P.A. & Beresford, T.P. (2005) Application of descriptive sensory analysis and key chemical indices to assess the impact of elevated ripening temperatures on the acceleration of Cheddar cheese ripening. *International Dairy Journal*, 15, 263–273.

Holland, R., Liu, S.–Q., Crow, V.L., Delabre, M.–L., Lubbers, M., Bennet, M. & Norris, G. (2005) Esterases of lactic acid bacteria and cheese flavour. *International Dairy Journal*, 15, 711– 718.

Institute of Food Science and Technology (IFST) (1996) Regulatory status and labelling requirements: public perception – The case for communication. *Guide to Food Biotechnology* (ed. S. Roller), pp. 47–61, IFST, London.

Kailasapathy, K. & Lam, S.H. (2005) Application of encapsulated enzymes to accelerate cheese ripening. *International Dairy Journal*, 15, 929–939.

Khan, J.A., Gijs, L., Berger, C. Martin, N., Pinaprez, G., Spinnler, H.E., Vulfson, E.N. & Collin, S. (1999) Combinatorial approach to flavour analysis. 1: Preparation and characterisation of an *S*–methyl thioesters library. *Journal of Agricultural and Food Chemistry*, 47, 3269–3273.

Kilcawley, K.N., Wilkinson, M.G. & Fox, P.F. (1998) Enzyme–modifified cheese. *International Dairy Journal*, 8, 1–10.

Kirby, C.J., Brooker, B.E. & Law, B.A. (1987) Accelerated ripening of cheese using liposome encapsulated enzyme. *International Journal of Food Science and Technolgy*, 22, 355–375.

Kosikowski, F.V. (1976) Flavour development by enzyme preparations in natural and processed cheese. United States Patent Application, 3 975 544.

Kubickova, J. & Grosch, W. (1998a) Evaluation of flavour compounds of Camembert cheese. *International Dairy Journal*, 8, 11–16.

Kubickova, J. & Grosch, W. (1998b) Quantifification of potent odorants in Camembert cheese and calculation of their odour activity values. *International Dairy Journal*, 8, 17–23.

Law, B.A. (1984) The accelerated ripening of cheese. *Advances in the Microbiology and Biochemistry of Cheese and Fermented Milk* (eds F.L. Davies and B.A. Law), pp. 209–228, Elsevier Applied Science, London.

Law, B.A. (2001) Controlled and accelerated cheese ripening: The research base for new technologies. *International Dairy Journal*, 11, 383–398.

Law, B.A., Castanon, M.J. & Sharpe, M.E. (1976) The contribution of starter streptococci to flavour development in Cheddar cheese. *Journal of Dairy Research*, 43, 301–311.

Law, B.A., Hosking, Z.D. & Chapman, H.R. (1979) The effect of some manufacturing conditions on the development of flavour in Cheddar cheese. *Journal of the Society of Dairy Technology*, 32, 87–90.

Law, B.A. & Mulholland, F. (1995) Enzymology of lactococci in relation to flavour development from milk proteins. *International Dairy Journal*, 5, 833–854.

Law, B.A. & Sharpe, M.E. (1978) Streptococci in the dairy industry, in *Streptococci* (eds F.A. Skinner and L.B. Quesnel), pp. 263–278, Academic Press, London.

Law, B.A. & Wigmore, A.S. (1982) Accelerated cheese–ripening with food–grade proteinases. *Journal of Dairy Research*, 49, 137–146.

Law, B.A. & Wigmore, A.S. (1983) Accelerated ripening of Cheddar cheese with commercial proteinase and intracellular enzymes from starter streptococci. *Journal of Dairy Research*, 50, 519–525.

Lynch, C.M., McSweeney, P.L.H., Fox, P.F., Cogan, T.M. & Drinan, F.D. (1996). Manufacture of Cheddar cheese with and without adjunct lactobacilli under controlled microbiological conditions. *International Dairy Journal*, 6, 851–867.

McLure, P.J., Blackburn, C.W., Cole, M.B., Curtis, P.S., Jones, J.E. & Legan, J.D. (1994) Modelling the growth, survival and death of microorganisms in foods; the UK Micromodel approach. *International Journal of Food Microbiology*, 23, 265–275.

Noomen, A. (1983) The role of the surface flora in the softening of cheeses with low initial pH. *Netherlands Milk and Dairy Journal*, 37, 229–237.

Powell, I. (2007) Starter culture production and delivery for cheese flavour. *Improving the Flavour of Cheese* (ed. B.C. Weimer), pp. 300–325, CRC Press, Boca Raton.

Reinbold, R.S. & Ernstrom, C.A. (1985) Temperature profifiles of Cheddar cheese pressed in 290 kg blocks. *Journal of Dairy Science*, 68, 54–59.

Reiter, B. & Sharpe, M.E. (1971) Relationship of the microflora to the flavour of Cheddar cheese. *Journal of*

Bacteriology, 34, 63–80.

Rijnen, L., Yvon, M., van Kranenburg, R., Courtin, P., Verheul, A., Chambellon, E. & Smit, G. (2003) Lactococcal aminotransferases AraT and BcaT are key enzymes for the formation of aroma compounds from amino acids in cheese. *International Dairy Journal*, 13, 805–812.

Ruyter, P.G.G.A., de Kuipers, O.P., Meijer, W.C. & de Vos, W.M. (1997) Food–grade controlled lysis of Lactococcus lactis for accelerated cheese–ripening. *Nature Biotechnology*, 15, 976– 979.

Skie, S. (1994) Developments in microencapsulation science application to cheese research and development: a review. *International Dairy Journal*, 4, 573–595.

Soeryapranata, E., Powers, J.R. & Unlu, G. (2007) Cloning and characterisation of debittering peptidases, PepE, PepO, PepO2, PepO3, and PepN of *Lactococcus helveticus* WSU19. *International Dairy Journal*, 17, 1096–1106.

Smit, G., Barber, A., van Spronsen, W., Van Den Berg, G. & Exterkate, F.A. (1995) Ch–easy model; a cheese–based model to study cheese–ripening. *Bioflavour 95* (eds P. Etievant and P. Schreier), pp. 185–190, INRA, Paris.

Smith, M. (1997) Mature cheese in four months. *Dairy Industries International*, 62(7), 23–25.

Spahr, U. & Url, B. (1994) The behaviour of pathogens in cheese: summary of experimental data. Document No. 298, pp. 2–16, International Dairy Federation, Brussels.

Sridhar, V.R., Hughes, J.E., Welker, D.L., Broadbent, J.R. & Steele, J.L. (2005) Identifification of endopeptidase genes from the genomic sequence of *Lactobacillus helveticus* CNRZ32 and the role of these genes in the hydrolysis of model bitter peptides. *Applied and Environmental Microbiololgy*, 71, 3025–3032.

Swindell, S.R., Benson, K.H., Griffifin, H.G., Renault, P., Erlich, S.D. & Gasson, M.J. (1996) Genetic manipulation of the pathway for diacetyl metabolism in *L. lactis*. *Applied and Environmental Microbiology*, 62, 2641–2643.

Tanous, C., Gori, A., Rijnen, L., Chambellon, E. & Yvon, M. (2005) Pathways for *alpha*–ketoglutarate formation by *Lactococcus lactis* and their role in amino acid catabolism. *International Dairy Journal*, 15, 759–770.

Thage, B.V., Broe, M.L., Petersen, M.H., Petersen, M.A., Bennedsen, M. & Ardo, Y. (2005) Aroma development in semi–hard reduced–fat cheese inoculated with *Lactobacillus paracasei* strains with different aminotransferase profifiles. *International Dairy Journal*, 15, 795–805.

Tomasini, A., Bastillo, G. & Lebeault, J.–M. (1995) Production of blue cheese flavour concentrates from different substrates supplemented with lipolysed cream. *International Dairy Journal*, 5, 247– 257.

Verschueren, M., Engels, W.J.M., Straastma, J., Van Den Berg, G. & de Jong, P. (2007) Modelling Gouda ripening to predict flavour development. *Improving the Flavour of Cheese* (ed. B.C. Weimer), pp. 537–563, CRC Press, Boca Raton.

Vindfeldt, K. (1993) A new concept for improving the quality and flavour of cheese. *Scandinavian Dairy Information*, 7, 34–35.

West, S. (1996) Flavour production with enzymes. *Industrial Enzymology* (eds T. Godfrey & S. West), 2nd edn, pp. 209–224, Macmillan Press, Basingstoke.

Wijesundera, C., Roberts, M. & Limsowtin, G.K.Y. (1997) Flavour development in aseptic cheese and slurries prepared with single strain starter bacteria in the presence and absence of adjuncts. *Lait*, 77, 121–131.

Wilkinson, M.G. & Kilcawley, K.N. (2005) Mechanisms of incorporation and release into cheese during ripening.

International Dairy Journal, 15, 817–830.

Yvon, M., Thirouin, S., Rijnen, L., Fromentier, D. & Gripon, J.–C. (1997) An aminotransferase from Lactococcus lactis initiates conversion of cheese flavour compound. *Applied and Environmental Microbiology*, 63, 414–419.

8　干酪加工和成熟过程中品质特性的控制和预测

T. P. Guinee 和 D. J. O′Callaghan

8.1　引言

干酪是将乳及乳成分标准化后再经过酶作用、酸化作用和 / 或酸 / 热结合的作用，使其转化为乳凝胶（FAO/WHO，2007），乳凝胶再经过脱水收缩工艺（例如切割、搅拌、热烫、排乳清和 / 或压榨），使干物质浓缩至符合要求的干酪。干酪是一种几乎接近完美的方便食品，既食用方便（尽管也可以加热 / 煮熟），又营养丰富饱腹感十足。目前为止，已上市的干酪品种就有 500（IDF，1981）～ 800 多种（Hermann，1993），但考虑到干酪品种的区域差异和一些未知的地方性特点，所以实际的干酪品种应该还有更多。不同的干酪品种在营养价值、质地、风味、外观和烹饪特性等方面可能存在不同程度的差异。干酪能满足人类营养和感官需求而受到广大消费者的青睐。干酪的用途非常广泛，既可直接食用，也可作为其他食品的配料使用。干酪也是餐饮领域的主要原料之一，广泛用于蛋卷、饼干、酱汁、蓝带鸡肉卷（即火腿奶酪夹心鸡排）和意大利面食中。此外，干酪还广泛应用于食品工业，制备即食干酪碎 / 干酪片和干酪混合料，以及以干酪为基底的规模化生产干酪原料，例如再制干酪、干酪粉和酶改性干酪。反过来，这些原料又被用于餐饮服务行业（例如汉堡店、披萨店和餐馆）和配方食品厂商，例如用于汤类料、酱类料和预制食品中（Guinee 和 Kilcawley，2004）。

2008 年世界干酪产量约为 1.72×10^7 t（IDF，2008；ZMP，2008），占全球总耗乳量的 25%。虽然世界大部分地区都在生产干酪类产品，但全球主要的干酪产区仍集中在欧洲、北美洲和大洋洲（表 8.1）。不同国家和地区的人们生产和消费干酪的习惯也不一样，用于干酪的原料乳，占总产乳量的比例也不一样，从新西兰、希腊或罗马尼亚的不足 20% 到意大利的约大于 90%（表 8.1）。全球干酪的进出口量约占总产量的 10%，主要出口国或地区是欧盟（EU）（约 38%）、新西兰（约 21%）和澳大利亚（约 14%），主要进口国是俄罗斯（约 21%）、日本（约 20%）和美国（约 9%）（IDF，2008；ZMP，2008）。

总体而言，自 2000 年以来，全球干酪消费量持续增长（14.75×10^6 t），1990—2007

年，每年增长约 1.5%，2000—2007 年，每年增长约 2.5%（Sørensen，2001；Sørensen 和 Pedersen，2005；IDF，2008）。拉动全球干酪消费需求增加的因素有很多，包括：(a) 全球人口数量和人均收入的增长（Sørensen 和 Pedersen，2005）；(b) 消费者生活方式的变化（例如外出就餐）；(c) 餐饮和休闲食品与干酪的多种用途相结合并不断拓展，使干酪能够作为预制食品 / 膳食和休闲食品的配料使用，同时改善了食品的品质。同时，在感官特性（例如味道、触觉质地、美学）、使用特性（例如方便性、可切碎性、融化性、流动性）和营养特性［例如饱和脂肪酸与不饱和脂肪酸的比值，钙（Ca^{2+}）含量］方面，人们的消费需求偏向于品质稳定的产品。更高的消费促动卫生主管部门、行政管理部门、供应商和零售商，试图通过产品品牌的差异化来获得更多的市场份额。

表 8.1　2007 年各国或地区干酪年产量和消费量

产地	干酪产量（$\times 10^3$ t）	用于干酪的乳占总乳产量的比重（%）	消费量（kg/ 人）
欧洲	8 904	40	—
德国	2 109	74	22.2
法国	1 726	71	24.3
意大利	1 045	96	20.7
荷兰	732	66	21.5
波兰	568	47	10.7
英国	375	27	12.2
丹麦	351	76	23.8[a]
乌克兰	340	28	6.0
西班牙	244	40	7.3
瑞士	176	43	22.2
奥地利	149	47	18.8
爱尔兰	127	24	6.1
捷克	116	42	17.0
瑞典	109	36	18.4
芬兰	102	44	19.1
立陶宛	91	46	—
挪威	84	54	15.4
保加利亚	73	64	—
匈牙利	72	41	10.6
比利时	66	21	19.0[a]

续表

产地	干酪产量（$\times 10^3$ t）	用于干酪的乳占总乳产量的比重（%）	消费量（kg/人）
罗马尼亚	62	11	—
葡萄牙	57	28	10.2
斯洛伐克	40	37	9.8
爱沙尼亚	31	45	18.7
拉脱维亚	29	34	—
斯洛文尼亚	19	28	10.1
希腊	12	15	29.0
北美洲	5 341	51	—
美国	4 745	56	16.0
加拿大	403	50	12.6
墨西哥	193	19	2.6[b]
大洋洲	642	25	—
澳大利亚	352	39	11.9
新西兰	290	19	6.1
其他	2 187	—	—
巴西	580	23	—
阿根廷	487	50	11.2
俄罗斯	434	13	5.5[b]
肯尼亚	243	69	—
伊朗	230	25	4.6
日本	125	16	2.0
智利	70	28	—
中国	18	0.5	—

注：数据来自 ZMP（2008）和 IDF（2008）。

[a] 基于 2003 年的数据。

[b] 估计值。

本章探讨了干酪的品质及其影响因素，以及一些被广泛采用的改善品质的方法。

8.2　干酪加工原理

酶凝干酪的加工可分为两个阶段：（a）乳转化为凝乳；（b）凝乳转化为干酪。图 8.1 总结了关键操作要点。

本质上，干酪是一种包裹了脂肪和水分的浓缩蛋白质凝胶。干酪比乳的保质期长，从夸克干酪的 2 周保持期，到帕玛森干酪的 18 ～ 36 个月保持期不等。保质期延长是由于干酪中水分含量、pH 值和氧化还原电位降低，在干酪加工过程中向乳中添加的发酵剂和氯化钠，使乳糖完全被发酵剂利用。干酪乳的凝胶化可能由以下任一原因引发。

• 酸化（例如使用发酵剂或食品级酸和 / 或产酸菌），在 20 ～ 40℃下，使 pH 值接近酪蛋白的等电点 4.6。

• 通过添加酸性蛋白酶，统称为皱胃酶（如凝乳酶、胃蛋白酶）或通过酸和热的组合（如在 pH 值 5.6 下将乳加热至约 90℃），使大部分的酪蛋白胶束（κ – 酪蛋白）水解，进而使酪蛋白对钙敏感。

Para-κ- 酪蛋白是酶凝干酪中凝胶的主要结构成分。经过巴氏杀菌的酶凝干酪乳（72℃，15 s）干酪，通常有≤ 5 g/100 g 的变性乳清蛋白与 β – 酪蛋白结合在凝乳中（Lau 等，1990；Fenelon 和 Guinee，1999）。尽管巴氏杀菌温度越高，乳清蛋白变性越多，从而使干酪凝乳中乳清蛋白回收率增加（Menard 等，2005；Donato 和 Guyomarc′h，2009），但它是不受欢迎的，因为这会影响皱胃酶的凝乳效果，从而导致凝乳变软、脱水不良造成水分含量过高、易变形、热融后的干酪流动性低（Rynne 等，2004）。然而，高温热处理（HHT；95℃下 2 min）经常用于酸凝干酪［夸克干酪（Quark）和奶油干酪（Cream）］和酸 – 热结合的凝固干酪［里科塔干酪（Ricotta）、潘纳尔干酪（Paneer）、马斯卡彭干酪（Mascarpone）、一些奎索布兰科干酪（Queso–blanco）］中，并导致大量的乳清蛋白变性。变性的乳清蛋白与酪蛋白胶束相互作用而形成复合物，成为酸化后凝胶颗粒的一部分（van Hooydonk 等，1987）。这种相互作用对酸凝干酪的凝胶结构和特性有显著影响（Harwalkar 和 Kalab，1980，1981；8.5.3 节）。

蛋白质的浓度和类型对酸凝乳凝胶和酶凝乳凝胶的微观结构有重大影响，这些凝乳在脱水和浓缩中形成了干酪的结构。凝胶的微观结构显著影响其流变和脱水特性、乳到干酪的过程中脂肪和蛋白质的回收率以及干酪的产量（Kaláb 和 Harwalkar，1974；Schafer 和 Olson，1975；Harwalkar 和 Kalab，1980，1981；Green 等，1981 a,b，1990 a,b；Marshall，1986；Banks 和 Tamime，1987；McMahon 等，1993；Banks 等，1994 a,b；Guinee 等，1995，1998）。最终干酪的结构会影响其流变、质地和热诱导的功能特性（Green 等，1981 a,b；Green，1990 a,b；Korolczuk 和 Mahaut，1992；Guinee 等，1995，2000 a,b；McMahon 等，1996）。

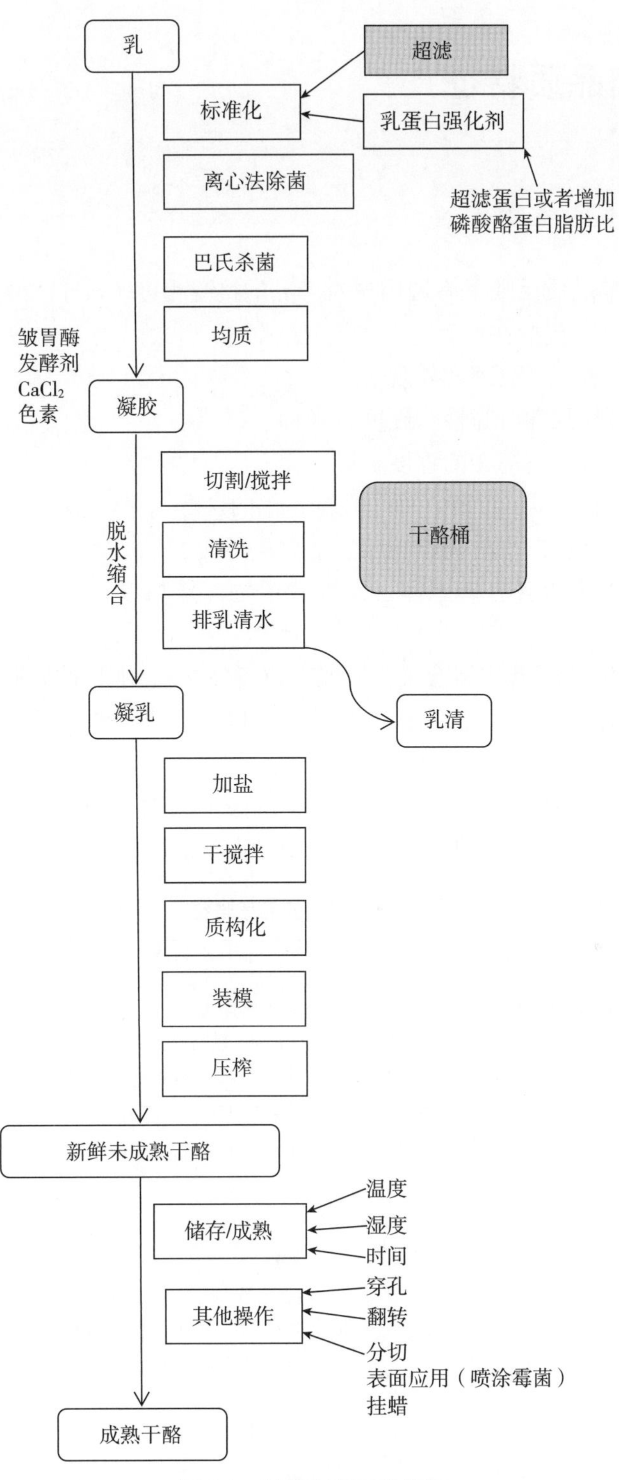

图 8.1 干酪生产工艺总览

8.3 干酪品质特征

8.3.1 干酪品质的定义

总的来说，干酪品质反映了终端用户对产品的接受程度（Peri，2006）。干酪的品质标准包括多方面的特征，包括：

• 感官（味道、香气、纹理和外观）。

• 物理性（如可切片性、脆性、硬度、弹性、口感）。

• 热煮（流动、拉丝、褐变的程度）。

• 成分/营养（蛋白质、脂肪、钙、乳糖、钠的含量）。

• 化学性（完整酪蛋白、游离脂肪酸、游离氨基酸）。

• 安全性（例如是否含有病原体、毒性残留物、异物以及符合生物胺等物质的限量水平）。

不同类型品质标准的具体组合取决于应用（表 8.2）。对于斯蒂尔顿干酪的消费者来说，均匀且蜿蜒的蓝色纹理、甲基酮的强烈味道和易碎的质地是斯蒂尔顿干酪的关键特性。相比之下，对用于披萨饼的马苏里拉干酪的消费者来说，味道清淡、弹性、拉丝性和表面光泽是最重要的。生产再制干酪块（例如再制美国切达干酪）需要高钙和完整的酪蛋白，以赋予最终产品良好的切片性和适度的融化性。

表 8.2　干酪的品质特征

化学性质	物理性质	感官特性	成分/营养	安全性
初级蛋白水解 （凝胶电泳图谱，pH 值 4.6- 可溶性氮，水溶性氮）	断裂/弹性特性 （断裂应力、断裂应变、硬度/柔软度、黏附性/黏性、弹性、内聚性、切碎性、易碎性、切片性/可分割性、咀嚼性、拉丝性）	风味和香气 （柔和、乳酸味、酸味、甜味、苦味、坚果味、焦糖味、咸味、蘑菇味、酮、果味、丁酸/酸败味）	脂肪 蛋白质 钙 乳糖 生物胺 钠（盐） 热值	无病原体 细菌总数 大肠菌群 沙门氏菌属 酵母和霉菌
次级蛋白水解 （低分子量肽、游离氨基酸）	外观 颜色（白度、黄度） 孔眼特征（大小、分布、光滑度、表面 – 光泽/亚光） 视觉纹理（颗粒度，光滑度，粉状/颗粒状）	外观 视觉纹理（开放、闭合、颗粒状、孔眼、光滑、脉纹、粉状） 颜色 模具涂抹 涂抹涂层 形状 外壳		

续表

化学性质	物理性质	感官特性	成分 / 营养	安全性
有机酸（乳酸、乙酸、丙酸）	热煮特性（融化时间、融化外观、表面光泽、焦斑、颜色、流动、拉伸、游离脂肪）	触觉质感（湿润、耐嚼、软 / 紧致 / 硬、橡胶、碎片、包覆感、粉质感、沙砾 / 颗粒感、油腻感 / 油重感、涩味）		
游离脂肪酸（丁酸、己酸、辛酸、月桂酸、其他）				
甲基酮				
醇类				
内酯				
酯类				

8.3.2 干酪品质评估

在有些情况下，包括研究（机理研究）、产品开发、诊断和常规品质控制，人们可能需要对干酪品质进行评估（见第 8.6 节）。品质评估基于可量化的标准，这些标准提供有关产品的微观结构、成分、流变学、感官特性和 / 或消费者可接受性方面的信息。可量化标准包括如下：

• 使用描述性感官分析（descriptive sensory analysis，DSA）不同成熟时间干酪的感官特征。

• 将完整酪蛋白含量作为天然干酪加工成特定再制干酪类型的配方、酱料配方和干酪粉的指标。

• 将特定的化学成分，例如丙酸和脯氨酸，或短链脂肪酸（C4 ～ C10）的含量，分别作为瑞士干酪（Swiss）和帕玛森干酪的品质指标。

• 使用低振幅应变流变仪或经验分析加热干酪的加热热煮特性，例如在给定条件下的流动性、拉伸性和黏度。

• 与质地相关的流变学标准，例如断裂应变［衡量斯蒂尔顿干酪、菲塔干酪（Feta）或柴郡（Cheshire）型干酪的易碎度］或用干酪条的“长度”来衡量压榨流动性。

• 聚合指数或碎片分数，作为衡量干酪碎片的长度、黏性或易碎性的指标。

• 以给定条件下的黏度来衡量再制干酪涂抹酱或成熟卡蒙贝尔干酪的易涂抹性。

• 以颜色坐标（L^*、a^*、b^* 值——参见第 8.3.5 节；国际照明委员会，1986）来衡量特定颜色强度或色调，例如山羊干酪的白度。

• 对瑞士型干酪的孔眼进行视觉评估。

研究型实验室和工业实验室都应用了许多测试方法来评估这些标准。这些方法已在各种综述中详细讨论（McSweeney 和 Fox，1993；Fox 等，2000；Delahunty 和 Drake，

2004；Le Quéré，2004；O′Callaghan 和 Guinee，2004）。下文将简要介绍其中一些方法。

8.3.3 感官测试

在实践中，干酪感官评价小组成员和品质控制人员会对干酪进行评估和分级，以确保其质地和风味符合特定品种的普遍共识（van Hekken 等，2006；Sameen 等，2008）。

干酪的分级和品质评分

对干酪的某些参数（例如外观、风味、口感和质地）或特定缺陷（例如苦味、杂色外观）按照议定的规模进行分级，以确定干酪在市场上的等级 / 可接受性。品质评分仍然是干酪行业中使用最广泛的感官评估方式，根据获得的分数确定产品可接受或不可接受。常见的案例包括：

- 瑞士型干酪孔眼大小和分布的分级；蓝纹干酪的纹路分布。
- 视觉评估披萨饼上融化干酪的流动程度、表面光泽、焦糊、起泡；评估干酪碎［例如马苏里拉干酪（Mozzarella）］中凝乳碎 / 粉末的程度以及失去光泽 / 结块程度。
- 通过拇指和食指操控干酪取样刀来评估干酪的口感 / 质地。

这些测试的分数，表明可接受、不可接受或接受的程度。这种评分系统构成了商业层面品质控制的基础，促进了供应商和购买者之间的干酪交易。这种方法也被广泛用于研究新鲜切达干酪的成分与成熟干酪的分级品质之间的关系（Lelievre 和 Gilles，1982；见第 8.6 节）。

描述性感官分析

根据 Delahunty 和 Drake（2004）所述，DSA 指的是一系列技术，旨在区分一系列干酪的感官特征，并确定对所有可识别的感官差异的定量描述。感官特征由受过训练的感官小组成员用公认的属性词典中的术语来描述。每个属性都按线性比例评分，所得数据通常以蛛网图或主成分载荷图的形式呈现，以区分干酪。虽然 DSA 主要用作开发新干酪的工具，但它也可以作为品质控制的工具，前提是要用品质可接受的标准干酪与其他样品进行比较。因此，通过比较消费者接受度测试 / 市场研究和感官评定小组评价的差异，可以区分干酪的优劣（Cardello，1997；另见第 13 章）。

8.3.4 干酪的流变学和质构

干酪质构是“复合感官属性”，由触觉（包括动觉和口感）、视觉和听觉感知的物理特性组合而成。可由经过培训的感官小组直接评价；然而，由于组织感官评价小组的难度和成本较高，它们通常不用于测定干酪质构。相反，通常使用流变技术来间接测量干酪质构（O′Callaghan 和 Guinee，2004）。

硬质或半硬质干酪的流变性通常通过在质构分析仪的两个平行板之间压缩圆柱形或立方体干酪样品来评估（Fenelon 和 Guinee，2000；Everard 等，2007c）。将干酪样品放置在底板上，移动板（十字头）以固定速率（通常为 20 mm/min）将样品压缩到预定位置（例如其原始高度的 75%）。可以压缩 1 次或 2 次（位点）。对力 – 位移或应力 – 应变曲线的分析通常称为全质构分析，全质构分析可以确定多种流变参数，例如断裂应力、断裂应变、硬度和弹性，某些流变参数与感官质地特征有关，例如脆性、碎裂性、硬度和咀嚼性（O′Callaghan 和 Guinee，2004；Dimitrelia 和 Thomareis，2007）。Everard 等（2007b）表明三点弯曲试验可用于类似目的分析。对绞盘形样品施以大应变剪切力的扭转凝胶强度测试法已用于区分各种类型的硬干酪（Tunick 和 van Hekken，2002）。

针入度仪和振荡流变仪用于测定软质新鲜干酪的黏度，可表明各工艺步骤（例如热处理、均质、冷却）对质构特性的影响（Korolczuk 和 Mahaut，1988；Sanchez 等，1996）。

8.3.5 比色法

颜色是食品行业评价产品品质的重要衡量标准，因为消费者认为它与产品的新鲜度、成熟度、满意度和食品安全有关（McCraig，2002；Jeliński 等，2007）。按照国际照明委员会制定的标准，色度仪转换或过滤反射光谱以产生可再现的色度空间坐标，即 L^*（白度指数），a^*（红度指数），b^*（黄色指数）（国际照明委员会，1986；MacDougall，2001）。虽然通常用实验室仪器（HunterLab 色差计或 Minolta 色度计）进行色度检测，但也可以通过在线仪器进行。由于光源和检测器系统的老化效应，根据色度标准定期校准比色设备是必不可少的。

比色法通常用于品质控制和产品开发，以评估凝乳和干酪的色度。色度与乳牛日粮、色素的添加和干酪的种类有关。最近的研究还强调了比色法在成熟涂片型干酪的成熟度评估（Dufossé 等，2005；Olson 等，2006）和干酪成熟过程中的缺陷检测（例如褐变）方面的潜在作用（Carreira 等，2002）。

8.3.6 图像分析

现在有多种成像技术可用于食品行业：在线数码相机 / 扫描仪、光和激光扫描共聚焦显微镜、高光谱成像系统、X 射线和超声波设备。图像纹理分析是指视觉纹理（例如粗糙或平滑）的特征，从使用上述任何技术获取的图像的数字分析中推算的。它的发展受到使用计算机辅助诊断的启发，作为医学领域的图像识别工具。通过对像素强度（灰度值）的空间变化进行统计分析来检测重复图像，从而获得有关表面特征的信息，例如颜色、形状和尺寸。

无论是独立使用还是作为人眼评估的辅助手段，图像分析这个快速发展的领域具有分析干酪表面与品质控制相关特征（例如粗糙度、光滑度、光泽度、颗粒度、纹理、裂纹和狭缝）的潜力。此类模式在评估产品品质时是非常有用的工具，这些特征有助于产品的美学接受度，例如瑞士型干酪中孔眼的大小和空间分布，以及它们的外观、光泽度和光滑度。报道过的用途包括对摄影图像进行数字分析，以确定切达干酪的碎片大小和品质（Ni 和 Gunasekaran，1998）；埃曼塔尔干酪中的孔眼尺寸和切达干酪中的狭缝（Caccamo 等，2004）；Ragusano 干酪中早期气体缺陷的发展（Melilli 等，2004），以及在自然熏制的切达干酪表面形成乳酸钙晶体（Rajbhandari 和 Kindstedt，2005，2008）。对瑞士型干酪的比较研究（Caccamo 等，2004；Eskelinen 等，2007）表明，与图像分析在品质控制中的应用相比，超声波还不如光学成像技术先进。

图像纹理在监控分析干酪桶脱水过程方面极具潜力（Everard 等，2007 a,c；Fagan 等，2008）。正如在该研究中对五种不同成像技术比较的阐述，各种图像纹理分析方法正在兴起。

8.4 干酪品质：乳化学成分对干酪品质的影响

干酪的品质受乳的多方面品质的影响：乳成分、微生物学、体细胞计数（SCC）、酶活性和化学残留物（O′Keeffe, 1984；Walsh 等, 1998a,b；Fox 和 Guinee, 2000；Auldist 等, 2004；Fox 和 Cogan，2004；Downey 和 Doyle，2007；Guinee 等，2007a,b）（图 8.2）。这些方面（乳成分）的影响和影响它们的因素（泌乳阶段）在第 1 章中已详细讨论，此处仅作简要介绍。

也许影响干酪品质和产量的最重要的一个因素是乳的成分，特别是脂肪和酪蛋白的含量，在切达干酪中，它们约占干酪干物质的 94 g/100 g。乳成分、钙、pH 值对干酪加工的许多方面有影响（特别是皱胃酶的凝乳性、凝胶强度、凝乳脱水收缩性），从而影响干酪的成分和产量。供应给干酪工厂的乳成分受许多因素影响，包括动物种类、品系、动物个体、营养状况、健康状况和泌乳阶段。然而，现代加工工艺使加工者能够标准化多种乳成分，从而缓解不同乳成分的影响，例如：

通过超滤（UF）/ 微滤（MF）或添加酪蛋白粉来标准化乳酪蛋白含量（Guinee 等，2006）。

- 通过在线成分检测和标准化来控制酪蛋白脂肪比。
- 通过在线添加酸化剂或产酸剂控制 pH 值至设定值。
- 通过添加工业氯化钙制剂来控制钙离子含量。
- 控制皱胃酶与酪蛋白的比例。

然而，尽管现代干酪加工中有这些高度标准化的操作程序，干酪成分仍然会因乳的变化而变化，而加工商无法轻易改变，例如酪蛋白胶束大小、单个酪蛋白水平、单个酪蛋白的遗传多态性、α_s– 酪蛋白的磷酸化程度和 κ – 酪蛋白的糖基化程度、胶体钙与酪蛋白的比率；酶活性水平和水解的乳清可溶性酪蛋白降解产物的水平（O′Keeffe，1984；Politis 和 Ng–Kwai–Hang，1988；Auldist 等，1996，2004；Klei 等，1998；Walsh 等，1998a,b；Sevi 等，1999；Williams，2002；Albenzio 等，2004；Andreatta 等，2007；Mazal 等，2007；Vianna 等，2008）。因此，干酪品质不仅受乳中主要干酪加工成分含量的影响，还受单个酪蛋白的完整性和组成、酪蛋白结构单元（酪蛋白胶束）的完整性及其与乳盐的平衡的影响。这不足为奇，因为干酪具有一种体积浓缩的周期性重复的凝胶基础结构，其结构在很大程度上受蛋白质 – 蛋白质和蛋白质 – 矿物质相互作用的影响。

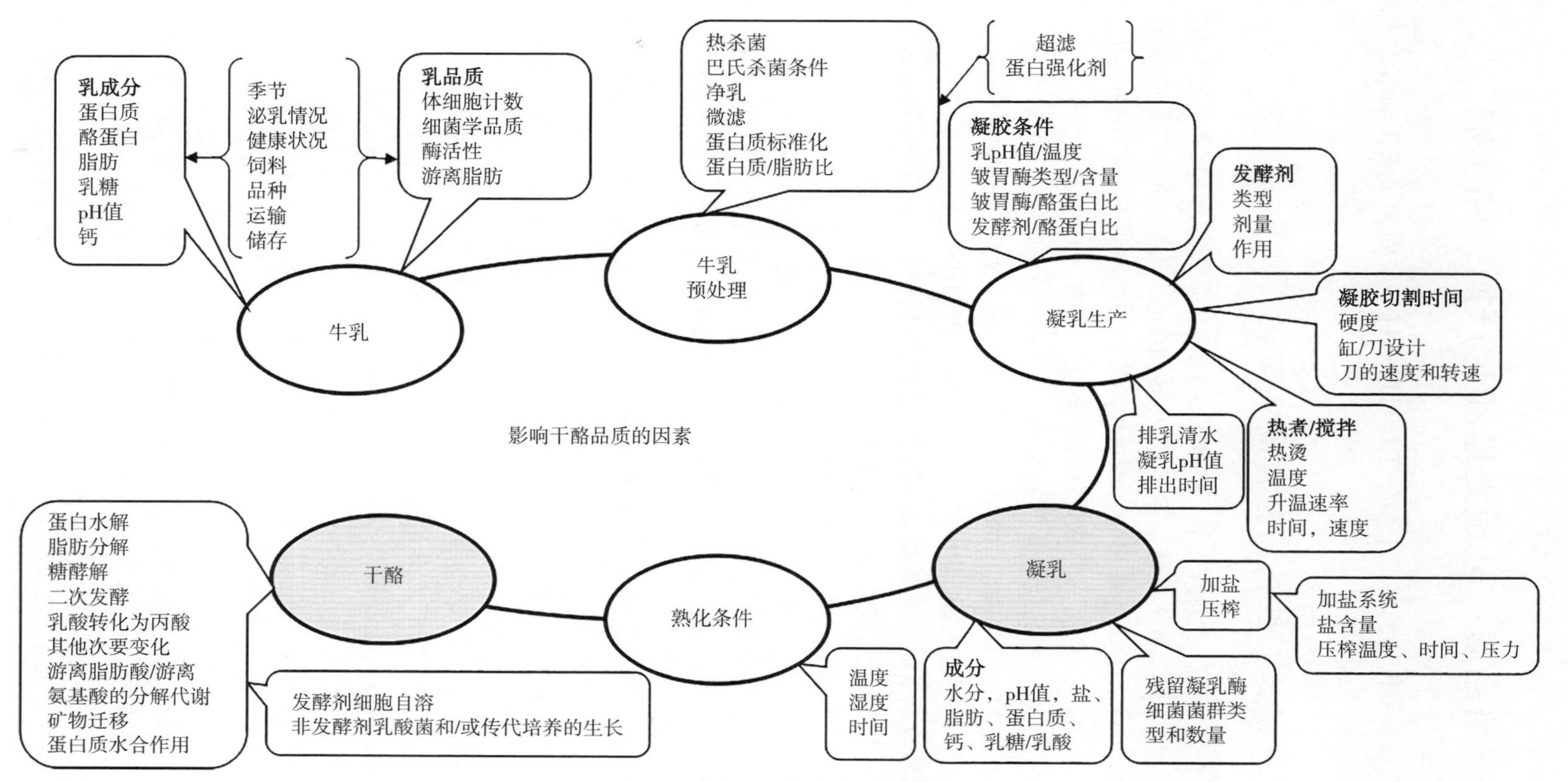

图 8.2 影响干酪品质的因素概览

8.5 干酪品质：乳预处理和生产操作的影响

对于质量和成分良好的乳，干酪加工商可以通过一系列操作来影响最终干酪的品质（图 8.2）。这些将在下面讨论。

8.5.1 干酪工厂巴氏杀菌前的冷藏乳

在现代干酪工厂中，乳通常在工厂冷藏 1 ～ 3 d，具体取决于一年中的时间和生产计划。此外，在收乳之前，乳可能会在牧场保存 1 ～ 3 d。因此，乳可能在加工前冷藏 2 ～ 5 d。在储存和运输过程中，冷藏乳由于泵送、管道中的流动和搅拌而受到不同程度的剪切。

乳的冷藏，也称为老化，会导致许多物理化学变化，这些变化会损害乳的凝乳性，降低干酪产量，并对干酪品质产生不利影响。这些变化已被广泛研究和综述（Hicks 等，1982；Dalgleish 和 Law，1988，1989；Cromie，1992；Shah，1994；Van Den Berg 等，1998；Renner–Nantz 和 Shoemaker，1999；Roupas，2001），包括：

• 酪蛋白胶束的溶解，尤其是 β – 酪蛋白和胶体磷酸钙（colloidal calcium phosphate，CCP）的溶解，均有助于增加乳清中的酪蛋白。

• 嗜冷菌（例如假单胞菌和芽孢杆菌属）数量增加，其蛋白酶和脂肪酶活性保留，许多嗜冷菌对高温 / 短时间和超高温处理具有热稳定性，能在成品中存活。

• 乳清酪蛋白对各种来源蛋白酶（例如嗜冷菌、体细胞和 / 或纤溶酶）水解的敏感性增加，以及随之产生的非蛋白氮（N）增加（在干酪加工过程中，非蛋白氮（N）是可溶的且不会保留在凝乳中）。

• 搅拌和 / 或局部冷冻对乳脂肪球膜的物理损伤，以及来自嗜冷菌的磷脂酶对磷脂膜的水解。

• 嗜冷菌脂肪酶水解乳脂三酰基甘油，导致 FFAs 含量升高，乳脂含量降低（Hicks 等，1982）。

人们普遍认为，冷藏会损害干酪乳的凝乳性（Fox，1969；Renner–Nantz 和 Shoemaker，1999），增加干酪乳清中 N 和脂肪的损失，降低干酪产量（Olson，1977；Hicks 等，1982；Weatherhup 等，1988；Van Den Berg 等，1998），导致在成熟过程中产生酸败和苦味等异味（Chapman 等，1976；Cousin 和 Marth，1977；Law 等，1979；Lalos 和 Roussis，1999，2000）。然而，关于冷藏时间和菌落总数，所报告的研究之间结果不一致，后者的差异更明显，从每毫升干酪乳中 10^4 ～ 10^6 个（Hicks 等，1982）到 >10^7 个菌落形成单位（cfu/mL）（Law 等，1976）。研究间的差异可能与试验条件的变化有关，例如乳来源、试验前乳的预处理和温度变化、乳的 pH 值、体细胞、乳中嗜冷菌的种类 / 菌株、储存温度和时间以及干酪加工条件。Fox（1969）认为，个体乳牛冷藏牛乳的酶凝时间的巨大差异可能是成分、微生物状态和 SCC 差异的结果。

与上述相反，据报道，在低温下长时间储存乳会导致酶凝时间缩短和凝乳凝固率增加

（Zalazar 等，1993；Seckin 等，2008）。这些影响与菌落总数升高（total bacterial counts，TBC；例如在 4 ～ 5℃下储存 6 ～ 7 d 后为 10^8 cfu/mL）、乳 pH 值降低（例如 6 d 后从约 6.65 到约 5.9）、可溶性唾液酸浓度大幅增加有关。据推测，在这些极端条件下，凝乳敏感性增加是因为乳中产生了大量细菌蛋白酶，细菌蛋白酶凝结乳，从胶束表面的 κ－酪蛋白上水解唾液酸，这种变化可能会降低表面电荷和酪蛋白胶束的水合作用。

冷藏的影响通常可分为：（a）可逆加热，包括温度诱导的磷酸钙和胶束酪蛋白的解离 / 溶解；（b）不可逆加热，包括酪蛋白、磷脂和三酰基甘油的酶水解。

用叠氮化钠保存以防止储存期间细菌生长的新鲜乳中，因冷藏而发生的化学变化（即乳清酪蛋白的增加和可溶性钙与胶束钙的比例）在 24 h 后几乎全部完成（Qvist，1979）。这些变化在很大程度上被巴氏杀菌（72℃，15 s）、较温和的热处理（例如 50℃，300 s）和 / 或通过添加氯化钙（$CaCl_2$）增加离子钙（1 m mol/L）逆转（Fox，1969；Reimerdes 等，1997）。相比之下，伴随冷藏超过 24 h 的酶促酪蛋白水解及其凝乳形成特性（胶凝时间延长、凝胶强度降低）和干酪产量变化的不利影响主要是不可逆的。这是因为酪蛋白水解产生的肽可溶于乳清（作为非蛋白质 N），在凝乳过程中随乳清排出。此外，完整酪蛋白含量的减少降低了凝乳的凝固率，并导致切割时的凝乳更软。实际生产中，凝块通常在添加皱胃酶后的固定时间而不是在给定的硬度下切割，这种凝乳形成的改变有利于凝乳破碎、干酪乳清中脂肪的大量损失以及干酪产量的降低。

在欧盟，用于生产乳制品的乳中允许的 TBC 已从 1994 年的≤ 4×10^5 cfu/mL 降至 1998 年的≤ 1×10^5 cfu/mL（欧盟，1992）。改进的乳品畜牧业养殖实践以及更严格的 TBC 和 SCC 标准，有利于降低乳中与储存相关的蛋白水解和脂肪水解的程度。因此，冷藏过程中发生的化学变化被巴氏杀菌逆转这一事实表明，在现代乳品生产过程中，乳的冷藏数天可能对其干酪加工性能影响不大（Swart 等，1987）。

8.5.2 热处理

热处理是指在乳品厂收乳时在低于巴氏杀菌温度（通常为 50 ～ 70℃，持续 5 ～ 30 s）下对乳进行热处理，以减少乳中的活菌数量，最大限度地减少乳转化成产品前品质和加工性的变化。这大大降低了冷藏期间乳中细菌相关酶的活性，其表现为储存乳中肽和 FFAs 水平较低（Gilmour 等，1981；Zalazar 等，1993；Seckin 等，2008）。因此，热化通常会提高由冷藏乳制成的干酪的产量和品质（Dzurec 和 Zall，1986 a,b；Lalos 等，1996；Zalazar 等，1988；Girgis 等，1999）。所以有人建议，如果乳在牧场长期储存，在牧场内及时热处理（74℃，10 s）有利于提高干酪产量（Zall 和 Chen，1986）。建议使用 65℃或稍高的温度，可获得最佳效果（Muir，1996）。

8.5.3 巴氏杀菌和变性乳清蛋白

病原体灭活

巴氏杀菌是指在能够灭活生乳中可能存在的最耐热病原菌［即结核分枝杆菌和贝

氏柯克斯体（*Coxiella burnetii*）] 温度下的热处理，从而保证人类食用巴氏杀菌乳及其产品的安全（Kelly 等，2005）。它通常是利用连续式板式换热器，在 72 ～ 75℃下加热 15 ～ 30 s。乳中可能出现的其他病原体（例如单核细胞增生李斯特菌、大肠杆菌的产肠毒素菌株，例如大肠杆菌 O157 H7、志贺氏菌、欧文氏菌、弯曲杆菌、葡萄球菌、沙门氏菌）也能通过巴氏杀菌灭活。此外，巴氏杀菌还能消除非致病性的土著微生物菌群（例如乳酸菌 LAB），导致微生物酶部分或完全失活，与巴氏杀菌乳加工的干酪相比，生乳制成的干酪有利于形成更多样化和地域性偏好的风味和香气组成（Hickey 等，2007）。因此，大量的干酪（估计占干酪总量的 5% ～ 10%）仍由生乳制成（特别是在法国、德国和南欧国家）。这是允许的，前提是干酪至少成熟 60 d，并且符合公共卫生当局的法规和标准，例如欧盟（1992）。其中许多干酪是硬质、低水分（38 g/100 g）干酪品种 [帕马森雷加诺干酪（Parmigiano Reggiano）、瑞士埃曼塔尔干酪（Swiss Emmental）、格鲁耶尔（Gruyère de Comté）]，其加工符合现代卫生习惯，将凝乳和乳清加热到相对较高的温度（50 ～ 55℃），趁热将凝乳转移到干酪模具中，然后缓慢冷却（Fox 和 Cogan，2004）。这样的条件和干酪组分（例如，相对较低的 pH 值 5.3；低水分，<38 g/100 g；pH 值 5.4，和 / 或盐含量在水相中的比例，2 ～ 10 g/100 g）对病原菌的生长是不利的。有关生乳干酪安全和品质方面更详细的讨论，请参阅 Beuvier 和 Buchin（2004）和 Donnelly（2004）。

对乳凝胶和干酪加工特性的影响

除了对病原菌的影响外，巴氏杀菌还可以逆转冷老化（如第 8.5.2 节所述），并在一定程度上影响干酪的成分、质构和产量，具体取决于杀菌温度。巴氏杀菌（72℃ 15 s）所引起的乳清蛋白变性程度较低（≤ 5%），乳清蛋白与 κ－酪蛋白复合，并保留在干酪凝乳中，有助于增加切达干酪产量，增加量占乳总量的 0.1 ～ 0.4 g/100 g（Fenelon 和 Guinee，1999）。然而，大部分（94 ～ 97 g/100 g 取决于干酪水分含量）天然乳清蛋白（占乳中真正乳蛋白的 20 g/100 g）在干酪乳清中损失。与酪蛋白不同，天然乳清蛋白对皱胃酶处理和酸化至 pH 值 4.6 是稳定的，因此，在皱胃酶和酸凝乳干酪加工期间仍可溶于乳清。理论上，如果保留所有乳清蛋白，就不会对干酪水分或品质产生不利影响，当将酪蛋白与脂肪的比例保持在约 0.76 时，水分为 380 g/kg 的切达干酪的产量将增加 12%（即 10.7 kg/100 kg 和 9.54 kg/100 kg）。

因此，通过乳清蛋白与酪蛋白的变性和络合提高干酪产量，以及在远高于巴氏杀菌（例如 75 ～ 90℃，1 ～ 10 min）的温度下 HHT 来提高干酪回收率是一个广受关注的领域（Schafer 和 Olson，1975；Marshall，1986；Banks 等，1987，1994a,b；Lau 等，1990；Rynne 等，2004；Guinee 等，1995，1996，1998；Lo 和 Bastian，1998；Hinrichs，2001；Singh 和 Waugana，2001；Guinee，2003；Celik 等，2005；Huss 等，2006；Donato 和 Guyomarc′h，2009）。使乳清蛋白发生原位变性的 HHT（80 ～ 95℃，1 ～ 10 min）广泛用于新鲜酸凝乳干酪的商业生产，例如夸克干酪（Quarg）、法国鲜干酪（Fromage Frais）、奶油干酪（cream），其典型的热处理范围为 72℃，15 s 至 95℃，120 ～ 300 s。这两种热处理的乳清蛋白变性程度和夸克干酪（水分含量为 18 g/100 g）的产量分别为约 3 g/100 g 和 18.6 kg/100 kg，约 70 g/100 g 和 21.3 kg/100 kg。除了提高这些产品的产量，HHT 诱导

的变性乳清蛋白增加也有利于形成更光滑、更密实、呈乳脂状、脱水收缩减少和营养状况强化的产品（Hinrichs，2001）。这种效应通常是因为乳清蛋白的热诱导变性以及通过二硫键与酪蛋白胶束（κ－酪蛋白）的结合；变性乳清蛋白成为酪蛋白变性乳清蛋白凝胶的一部分，可被视为复合凝胶。因此，凝胶形成蛋白凝胶含量增加并形成更均匀、均质的凝胶，凝胶中包含的乳清蛋白限制了其他情况下可能发生的酪蛋白胶束融合（和酪蛋白相分离）程度。对酸诱导的乳凝胶进行脱水和乳清分离（例如，通过凝胶切割 / 破裂 / 搅拌，然后是乳清排放 / 排出，以及通过穿孔模具 / 干酪布或通过向心力 / 离心力排出乳清）之后，这些高水分（65 g/100 g）、低 pH 值（约 4.6）类产品极其需要的特性（例如光滑均匀密实）被转移到新鲜干酪凝乳中，这类产品包括低脂夸克干酪、低脂稀奶油干酪、新鲜干酪制品和用新鲜干酪做的甜点（例如 Shirkhand 类产品）。与 HHT 乳的酸诱导凝胶相比，传统巴氏杀菌乳的酸凝胶更柔软（表现在储能模量 G' 明显较低），这是由于凝胶形成蛋白含量较低、酪蛋白融合较多以及凝胶网络（更高程度的相分离）的不连续性 / 间断性。然而，在分离乳清时，巴氏杀菌乳中的新鲜凝乳通常较重、较硬、不太光滑、更呈现凝乳状 / 颗粒状、且容易出现一些乳清析出现象，尤其是在使用少量皱胃酶的情况下（Fox 等，2000）。这些属性在一些新鲜干酪中是需要的，其中凝乳 / 颗粒和 / 或轻微乳清分离使人联想到具有半硬和略脆质地的传统干酪，例如，一些酸凝乳、新鲜减脂干酪和成熟品种干酪［酸乳干酪（Sauremilchkäse）：哈尔茨干酪（Harzer），Mianzer 干酪，奥洛穆茨干酪（Olmützer）］（Schulz-Collins 和 Senge，2004）。

与对酸凝胶的影响相比，乳的 HHT 处理削弱了皱胃酶的凝胶性，这表现在所生成凝胶的凝胶时间更长和弹性剪切模量更低（Ustunol 和 Browne，1985；Guinee 等，1996，1997；Bulca 等，2004）。即使 HHT 与酸凝乳干酪加工过程中应用的相比适中的情况下也观察到这些效果，如上所述，例如温度 75 ～ 87℃持续 26 s，乳清蛋白变性占总乳清蛋白的 5 ～ 34 g/100 g。HHT 乳凝乳性较差原因很多，主要包括 κ－酪蛋白的较慢水解（Ferron-Baumy 等，1991），由于变性乳清的附着，*para*- 酪蛋白胶束聚集的空间阻抗增加，胶束表面疏水性降低（Lieske，1997），和 / 或离子钙浓度的消耗，热诱导的磷酸钙沉淀（Ustunol 和 Browne，1985）。然而，这些影响可以通过各种方式在一定程度上抵消，以恢复皱胃酶的凝固性并在适合商业生产的时间内达到适合凝胶切割的硬度，这些方式包括：（a）升高凝胶温度；（b）高蛋白质浓度；（c）添加 $CaCl_2$；（d）略微降低 pH 值（0.1 ～ 0.2 单位）；（e）延长凝固至切割的时间。尽管如此，从酶诱导的 HHT 乳凝胶得到的凝乳在干酪加工的搅拌 / 加热阶段往往会交联较弱和易碎，容易破碎，并且在堆酿和挤压过程中往往交联会更差。因此，凝块很容易在干酪桶中破碎，从而导致更多的乳脂流失到干酪乳清中（图 8.3）。乳的 HHT 会导致成品干酪中变性乳清蛋白和水分的保留增加（Banks 等，1994a,b；Guinee 等，1995，1997；Lo 和 Bastian，1998；Rynne 等，2004；Celik 等，2005）（表 8.3）。这在某些情况下可能是合乎需要的，例如，在减脂干酪中，它会促进硬度 / 刚性的降低，形成更柔软、更奶油化的质地。然而，乳的 HHT 会削弱加热干酪流动（扩散）或拉伸的性能（Banks 等，1994a），其程度受总乳清蛋白变性程度（在 5 ～ 34 g/100 g 范围内）的影响（Guinee，2003；Rynne 等，2004）；9 g/100 g 的总乳清蛋白变性（干酪中乳清蛋白含量约为 0.6 g/100 g）对流动性和拉伸性影响很小或没有影响，而总乳清蛋白变性达 34 g/100 g（干酪中乳清蛋白含量约为 3 g/100 g）时，干酪基本上是抗流动和抗拉伸的（表 8.3）。

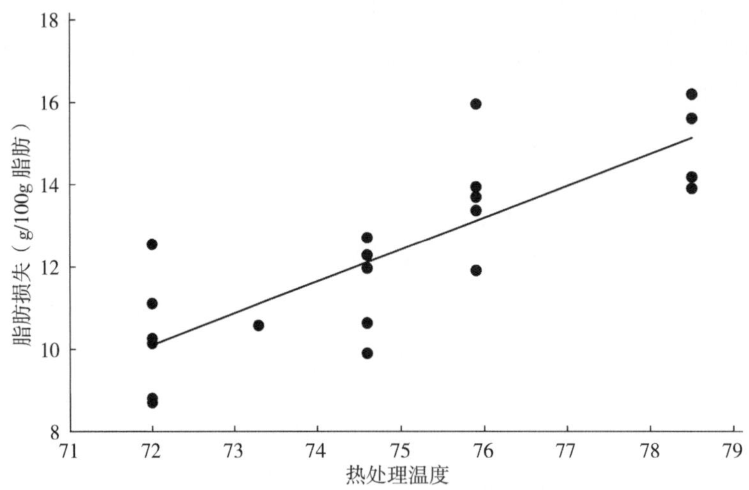

图 8.3 不同温度和时间（15 ~ 46 s）的巴氏杀菌乳在切达干酪排乳清过程中脂肪的损失。乳蛋白质与脂肪比均标准化为 0.96（相关系数，*r*=0.82）（T.P. Guinee，未发表的数据）

乳清蛋白和酪蛋白胶束之间的热诱导相互作用

为了优化酶凝干酪品种中乳清蛋白的包裹和回收，人们重新开始研究变性乳清蛋白和酪蛋白相互作用的机制，以及由此产生的复合物对酸和 / 或酶诱导的乳凝胶结构 / 流变学的影响（Guinee 等, 1996；Lucey 等, 1998；Garcia–Risco 等, 2002；Anema 和 Li, 2003a, b；Guyomar′h 等，2003；Vasbinder 等，2003；Anema 等，2004；Bulca 等，2004；Menard 等，2005；Parker 等，2005；Guyomarc′h，2006；Jean 等，2006；Molle 等，2006；Renan 等，2006；Considine 等，2007；Lakemond 和 van Vliet，2008；Donato 和 Guomarc′h，2009）。乳的 HHT 会导致乳清蛋白（β－乳球蛋白、α－乳清蛋白）变性，通过硫醇键催化的二硫化物交换与 κ－酪蛋白相互作用，其程度随着热处理的温度和持续时间而增加。然而，对于特定的 HHT，所得乳清蛋白酪蛋白复合物的结构、大小和位置取决于加热时乳的 pH 值和酪蛋白－乳清蛋白比。在 pH 值 6.5 的 HHT 中，约 70 g/100 g 变性乳清蛋白与附着在胶束表面的 κ－酪蛋白复合，导致形成"乳清蛋白包被"的酪蛋白胶束，其尺寸（约 35 nm）大于天然酪蛋白胶束。然而，随着乳在 HHT 中的 pH 值增加到 7.2，随后冷却并将 pH 值重新调整到 6.5，κ－酪蛋白（和少量 α_{s2}－酪蛋白）越来越多地从胶束表面解离（可能是由于负电荷增加），并与乳清中变性的未折叠乳清蛋白相互作用，形成可溶于乳清相的 κ－酪蛋白－乳清蛋白颗粒（κ–CnWPPs）；同时，乳的平均粒径减小。此外，κ–CnWPPs 的平均尺寸随着 HHT 期间乳的 pH 值增加而减小。因此，HHT 处理导致从含有酪蛋白胶束的单类型蛋白质颗粒系统转变为具有多种不同组成、结构、尺寸和表面电荷的颗粒类型的系统，具体取决于 HHT 的强度和 HHT 时的 pH 值，转变为蛋白颗粒包括：天然酪蛋白胶束；κ－酪蛋白水解形成的酪蛋白胶束；乳清蛋白包裹的胶束，κ–CnWPP 和 / 或乳清蛋白聚集体。此外，复合物中蛋白质相互作用的性质也可能发生变化，随着

HHT 的 pH 值降低，共价二硫键的贡献预计会降低，但会以静电键类型为代价。

表 8.3　乳热处理温度对半脂切达干酪乳清蛋白变性和特性的影响

项目	热处理（26 s）			
	72℃	77℃	82℃	87℃
乳				
变性乳清蛋白占总乳清蛋白的比例（g/100 g）	3	8	20	34
干酪				
变性乳清蛋白（g/100 g）	0.2	0.6	1.4	2.2
水分（g/100 g）	45.2	47.3	48.8	49.9
硬度（N）	380	320	300	280
断裂应力（kPa）	450	350	300	250
流动性（%）	260	250	160	50
拉伸性（cm）	35	32	25	7

注：引自 Rynne 等（2004）。

与干酪加工相关的 κ–CnWPPs：（a）在 pH 值 7.0 的乳清中带有 –17 mV 的表面电荷，因此在天然乳 pH 值下，可能排斥其他颗粒和酪蛋白胶束；（b）在 6.2 ～ 6.7 的 pH 值范围内，在 22 000×g 离心力下离心稳定，因此在静置时不太可能沉淀或絮凝；（c）具有比天然酪蛋白胶束更高的表面疏水性，表明它们在酸化时的沉淀可能在 pH 值达到 4.6 之前开始；（d）在缺乏 κ – 酪蛋白的胶束（通过 HHT 乳的离心获得）的情况下，在皱胃酶水解后对絮凝稳定；（e）HHT 乳对皱胃酶处理不稳定（酪蛋白会全部凝固），因此在皱胃酶凝乳干酪加工过程中与凝乳一起回收。

因此，可以预期在 HHT 处理期间改变乳的 pH 值，然后在冷却后重新调整到正常 pH 值（6.5 ～ 6.7），将改变蛋白质颗粒的尺寸分布和类型，从而改变所得凝胶和干酪制品的结构和流变学（Walstra 和 van Vliet，1986；Horne 等，1996）。

在 HHT（90℃ 30 min）前增加乳的 pH 值（6.2 ～ 7.1）通常会增加凝胶的 pH 值、弹性剪切模量、渗透系数和酸诱导乳凝胶的粗糙度（Anema 等，2004；Lakemond 和 van Vliet，2008）。高 pH 值条件下的 HHT 乳具有更高凝胶强度的因素可能包括：随着 pH 值的降低，κ – 酪蛋白水解胶束的相互作用更强，最终凝胶结构中二硫化物 – 交换相互作用的比例更高，参与粒子的平均粒径降低、参与凝胶形成的粒子类型增加以及相互作用粒子之间发生更多碰撞可能性。

虽然在 HHT 处理期间将乳的 pH 值从 6.5 提高到 6.9 ～ 7.2 范围内也增加了酶诱导的乳凝胶的弹性剪切模量（Vasbinder 和 de Kruif，2003；Menard 等，2005），但效果相对较小，对于需要加入高水平乳清蛋白的干酪加工（例如 70 g/100 g 的总量），其实际效益可能有限。考虑到乳清中的 κ –CnWPPs（通过在 22 000×g 下离心 HHT 乳制备）在皱胃酶处理中稳定，不会发生沉淀 / 聚集，在第一次近似时这可能被认为是令人惊讶的。然而，κ –CnWPPs 是从离心（约 2 000×g）凝胶获得的凝乳（颗粒）回收的，凝胶是在与传统干酪加工过程中相似的静止条件下，对 HHT 乳进行皱胃酶处理后得到的（pH 值

6.55）；皱胃酶添加量约为 0.12 mL/L（Chymax® Plus 皱胃酶，相当于约 11 个凝乳酶单位）（O′Kennedy 和 Guinee，未发表的结果）。用反相高效液相色谱法对皱胃酶处理后的乳清进行分析，结果表明，与未处理的同一乳清蛋白样品（以 22 000×*g* 离心制备）相比，乳清可溶性酪蛋白和乳清蛋白的水平显著降低。凝乳后乳清中乳清蛋白的减少取决于加热的初始 pH 值，即使凝乳是在恒定 pH 值（6.55）下进行的。加热的 pH 值越高（在 6.3 ～ 7.2 范围内），凝乳后留在乳清相中的变性乳清聚集体的量就越大。Vasbinder 和 de Kruif（2003）报道，在对乳进行 HHT 处理（pH 6.9）时，在设计用于将变性乳清蛋白分离成结合酪蛋白胶束和可溶性乳清的模型条件下，约 40 g/100 g 变性的乳清蛋白仍可溶于通过皱胃酶处理乳的乳清中，但与正常干酪加工条件有很大不同：（a）非常高的皱胃酶添加量（1 g/100 g，与干酪加工期间应用的水平相比约为 0.03 g/100 g）；（b）凝乳温度（21℃，15 min，然后 31℃，15 min）；（c）持续搅拌。此外，虽然在 pH 值 7.2 下加热比在 pH 值 6.5 下加热的乳的酶凝特性有所改善，但在使用低振幅振荡流变仪监测的情况下，两者的凝乳特性相对于巴氏杀菌乳均严重受损，不适合在标准条件下生产干酪。在 HHT 期间增加 pH 值（例如从 6.6 到 6.9 ～ 7.1 范围内）对 HHT 乳在 pH 值 6.55 时的酶凝特性的影响可能是由于以下因素的组合：（a）κ -CnWPPs 的干扰效应，κ -CnWPPs 在皱胃酶处理时在 pH 值 6.55 时不易单独凝结，但可能对 κ - 酪蛋白水解的酪蛋白胶束的聚集体融合和编织在一起形成凝胶产生空间阻抗；（b）与天然酪蛋白胶束在巴氏杀菌乳中形成凝胶的能力相比，κ - 酪蛋白水解胶束在 HHT 乳中形成凝胶的能力更低（我们不知道有任何比较两者的已发表的研究）。

毫无疑问，最大限度地从 HHT 乳中回收乳清蛋白至干酪将需要被进一步研究，以揭示变性乳清蛋白影响酶凝特性的机制。

8.5.4 离心法除菌

离心法除菌是指在高离心力（8 000 ～ 10 000 gf）下离心乳，以去除在巴氏杀菌中存活的耐热细菌孢子（例如梭状芽孢杆菌和芽孢杆菌），从而提高乳品质（Houran，1964）。据称，高达 90% ～ 95% 的孢子密度比乳高，可以用离心除菌法去除（Sillén，1987）。除了产孢菌，离心除菌法还可以去除细菌营养细胞，例如大肠杆菌（Kosikowski 和 Fox，1968）。残渣中含有的孢子，占进料量的 2% ～ 3%，经过高温热处理（130 ～ 140℃）几秒钟，然后再加回干酪乳中。

在干酪加工中，离心法除菌主要用于处理生产孔眼干酪的乳，主要是埃曼塔尔干酪，高达干酪和莱达姆干酪较少。当乳被梭状芽孢杆菌孢子污染时，这些干酪容易出现品质缺陷，因为梭状芽孢杆菌孢子在巴氏杀菌后仍能在厌氧环境中生长繁殖。梭状芽孢杆菌的主要污染源是饲喂劣质青贮饲料奶牛的粪便（Dasgupta 和 Hull，1989；te Giffel 等，2002）。如果干酪乳中存在酪丁酸梭菌（*Clostridium tyrobutyricum*），则会导致称为“后期起泡”的缺陷，干酪在成熟过程后期已经发生蛋白水解，因此失去了大部分早期弹性，该缺陷是因为乳酸在成熟过程后期（在热室成熟期之后）发酵成丁酸、乙酸、二氧化碳（CO_2）和氢气（H_2）。此时产气过多会导致产生大量外观粗糙、开裂和 / 或碎裂的大孔眼；同时，生成的丁酸有令人讨厌的气味。该缺陷普遍存在于以下加工条件和成分特征有利于梭状芽孢杆菌生长的干酪中：（a）用青贮饲料喂养的乳牛的乳；（b）未使用离心除菌或净乳预处理的干酪乳；（c）在高温（45℃）、低盐（1 g/100 g）和高 pH 值条件下对凝乳进行热烫。除了离心除菌以外，其他用于降低酪丁酸梭菌（*C. tyrobutyricum*）相关后期起泡发生率的处理方法包括添加亚硝酸盐（KNO_3，$NaNO_3$）或溶菌酶。

8.5.5　净乳

乳也可以在离心分离器（净乳机）中进行净化，悬浮物包括泥垢、上皮细胞、白细胞、红细胞和细菌沉淀物，以沉渣的形式去除（Fjaervoll，1968；Lehmann 等，1991）。它与离心分离法的不同之处在于它通常不会去除或分离尺寸 <10 μm 的颗粒，因此不能去除或分离细菌或孢子。以前，当乳品质相对较差时，会进行净乳以提高干酪品质（Combs 等，1924）。然而，由于现代乳生产卫生和交付给乳品厂的乳品质（见第 1 章）已有巨大改进，通常不会对用于干酪制造业的乳进行净化。此外，净乳会导致沉渣中的蛋白质损失高达 0.012 g/100 g，从产量效率的角度来看，这也是不可取的。

8.5.6　蛋白质脂肪比的标准化

在整个干酪加工季，由于受到品种、泌乳阶段、日粮、环境和季节等因素的影响，乳成分以及脂肪和蛋白质的相对比例波动很大（Barbano 和 Sherbon，1984；Banks 和 Tamime，1987；Bruhn 和 Franke，1991；Auldist 等，1998；O′Brien 等，1999；Guinee 等，2007b）。因此，通过调整蛋白质与脂肪的比例（PFR，the protein–to–fat ratio）和 / 或通过提高蛋白质水平（乳蛋白质标准化）来标准化用于干酪生产的乳，以弥补乳成分中自然发生的变化对产品成分和品质的影响，并符合最终产品标准。

蛋白质脂肪比

大多数知名干酪品种的干物质中水分和干物质中脂肪含量（fat–in–dry matter，FDM）都必须符合法定“身份标准”中规定的水平。例如，英国要求切达干酪的最高水分含量为 39 g/100 g，最小 FDM 为 48 g/100 g（Her Majesty′s Stationary Office，1996），而美国联邦法规中的规定分别为 39 g/100 g 和 50 g/100 g（FDA，2003）。FDM 的标准化实际上对应于 PFR 的标准化，因为蛋白质构成了大部分的非脂干物质（80 g/100 g）。

虽然干酪的水分含量以及脂肪和蛋白质的含量主要由工艺标准决定，但 PFR 主要通过调整干酪乳中的蛋白质 / 脂肪（或酪蛋白 / 脂肪）比来控制。一旦特定品种中的蛋白质和脂肪含量已知，那么干酪乳中所需的 PFR 可以通过以下等式计算：

$$\frac{P_m}{F_m}=\frac{\text{干酪中蛋白质含量/蛋白质回收率}}{\text{干酪中脂肪含量/脂肪回收率}} \tag{8.1}$$

其中 P_m 和 F_m 对应的是标准化干酪乳中的蛋白质和脂肪水平，蛋白质和脂肪回收率是指在干酪加工过程中这些成分回收的比率。回收率受许多因素的影响，包括乳成分、加工技术、操作和常规做法（Fox 等，2000），因此，生产相同和不同品种的干酪时，回收率可能会有所不同。使用商业切达干酪（蛋白质含量约 25 g/100 g，脂肪含量约 33 g/100 g）（Guinee 等，2000c）的成分数据，现代切达干酪中乳脂和乳蛋白的回收率分别为 0.91 和 0.76（Guinee 等，2005），标准化乳中蛋白质脂肪比（使用公式 8.1）约为 0.9，相当于蛋白质含量为 3.3 g/100 g 时，脂肪含量约为 3.66 g/100 g。然而，干酪乳的蛋白质 / 脂肪比和干酪的 FDM 在实践中都有显著差异。

增加 PFR 会增加干酪水分、蛋白质、Ca 和 P 的含量，但会显著降低非脂类物质（non-fat substances，MNFS）、FDM 和水分中盐含量（salt in moisture，S/M）（就切达干酪来说，以固定比率添加干盐）。PFR 对 MNFS 和干酪中水分的反向影响一方面反映了乳脂（小球）对皱胃酶凝胶渗透性和脱水收缩的抑制作用（Dejmek 和 Walstra，2004），另一方面是因为脂肪对干酪中水分和蛋白质体积分数有稀释作用。由于干酪成分对质地、感官特性和品质的影响（O′Connor，1974；Fox，1975；Pearce 和 Gilles，1979；Lelievre 和 Gilles，1982；Amenu 和 Deeth，2007；Guinee 等，2008），所以很显然，干酪乳的 PFR 标准化对于优化品质和品质稳定性至关重要。此外，随着 PFR 的降低，脂肪的回收率也会降低（图 8.4），这种效应是因为凝胶（凝乳）的蛋白质网络结构在较高脂肪水平下的稀释效应，从而削弱了蛋白质网络结构在凝胶切割、搅拌和凝乳处理过程中保留封闭的脂肪球的能力。相反，从乳到干酪的水分回收率增加，干酪（水分含量有变化）产量实际上也增加了（Guinee 等，2007a），这两种影响都是由于脂肪含量（因此干酪中固体增加）随 PFR 降低而增加引起的（图 8.4）。

乳蛋白质水平

乳中酪蛋白含量的季节性变化对其皱胃酶凝胶化和凝乳形成特性有重大影响（Banks 和 Tamime，1987；Auldist 等，1996；O′Brien 等，1999），因此容易造成干酪产量的波动（Guinee 等，2006，2007b）和品质（Lawrence 等，2004）。这些影响在大型现代干酪工厂（例如加工 >1000 t 乳 /d）中尤其明显，其中凝固剂和发酵剂按体积（而不是按酪蛋白含量）添加到乳中，皱胃酶凝胶的切割往往根据时间而不是凝胶硬度或凝胶固化速率，同时其他步骤是不变的，例如切割工艺的速度和持续时间。采用这种做法，低乳蛋白质含量会导致凝乳凝固率降低，凝胶在未完全凝固时切割，凝块在切割和搅拌的早期阶段破碎，凝块更小，水分损失更高，干酪水分更低。以 0.5 ～ 80 Pa 切割时，不同硬度的影响（使用低应变振幅振荡测量）研究表明，硬度增加会使水分和 MNFS 的水平增加，并降低试验切达干酪的 pH 值、蛋白质含量和 S/M（图 8.5）。这与随着切割时储能模量 G′ 值的增加，皱胃酶凝胶的脱水收缩率降低是一致的（van Vliet 等，1991）。水分含量和 MNFS 越高，较硬的凝胶结构在切割并重新排列（形成新的结合位点）时收缩和脱水收缩的趋势越低。S/M 的降低表明，盐渍过程中，随着凝乳的水分含量增加，乳清流过凝乳床，盐溶液稀释明显，盐的损失增加（Sutherland，1974；Gilles，1976）。凝乳 pH 值降低与水分含量升高（和乳酸；Shakeel-Ur-Rehman 等，2004）和蛋白质量减少（和缓冲能力）有关（Rynne 等，2007）。

在这些情况下，人们需要使用一种非常有效的方法，将乳蛋白或酪蛋白标准化为整个干酪加工季的目标值，以最大程度地降低随季节变化的乳成分对干酪成分、品质和加工效率的影响。因此，通过脱脂乳的低浓缩因子超滤（low concentration factor ultrafiltration，LCFUF）标准化乳蛋白现在已在多个国家得到广泛实施（Govindasamy-Lucey 等，2004；

Mistry 和 Maubois，2004)。该过程中乳蛋白质含量从其自然水平（3 ～ 3.5 g/100 g）略增至 <4.5 g/100 g 水平。在较高的蛋白质水平（>5.0 g/100 g）下，乳的凝固速度非常快，因此在切割过程中很难避免凝胶（凝乳）过密和变硬（图 8.6），切割过程结束之前，凝乳撕裂，凝块随之破碎，进而导致干酪乳清中的凝乳细屑和脂肪损失非常高，凝块小，干酪变干，产量低和品质差（Guinee 等，1994)。此外，凝乳 / 乳清比越高越难以搅拌，难以达到所需的热传递速率，难以抑制结块和连续化生产。

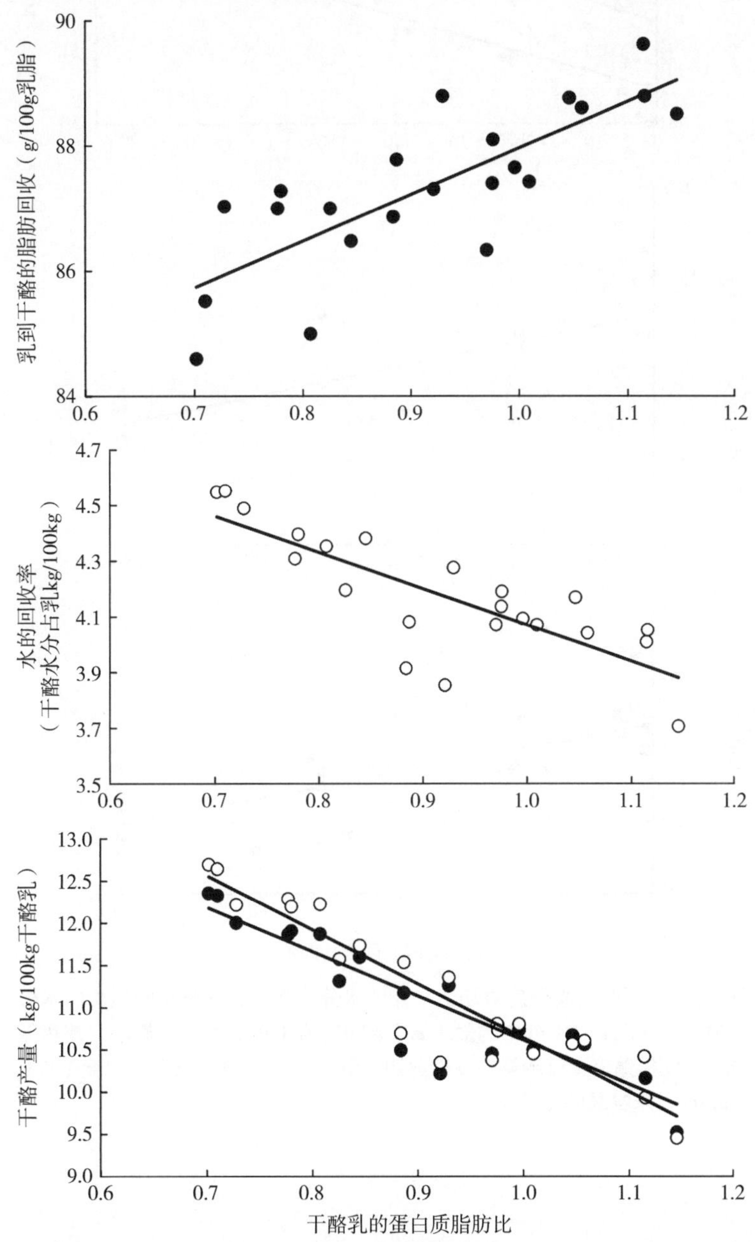

图 8.4　干酪乳的蛋白质脂肪比对从乳到干酪的脂肪（●）和水（干酪水分占乳比重 kg/100 kg）（○）的回收率以及干酪产量的影响。实际产量（●）和水分调整后的（38.5 g/100 g）产量（○）（根据 Guinee 等的资料整理，2007a）。

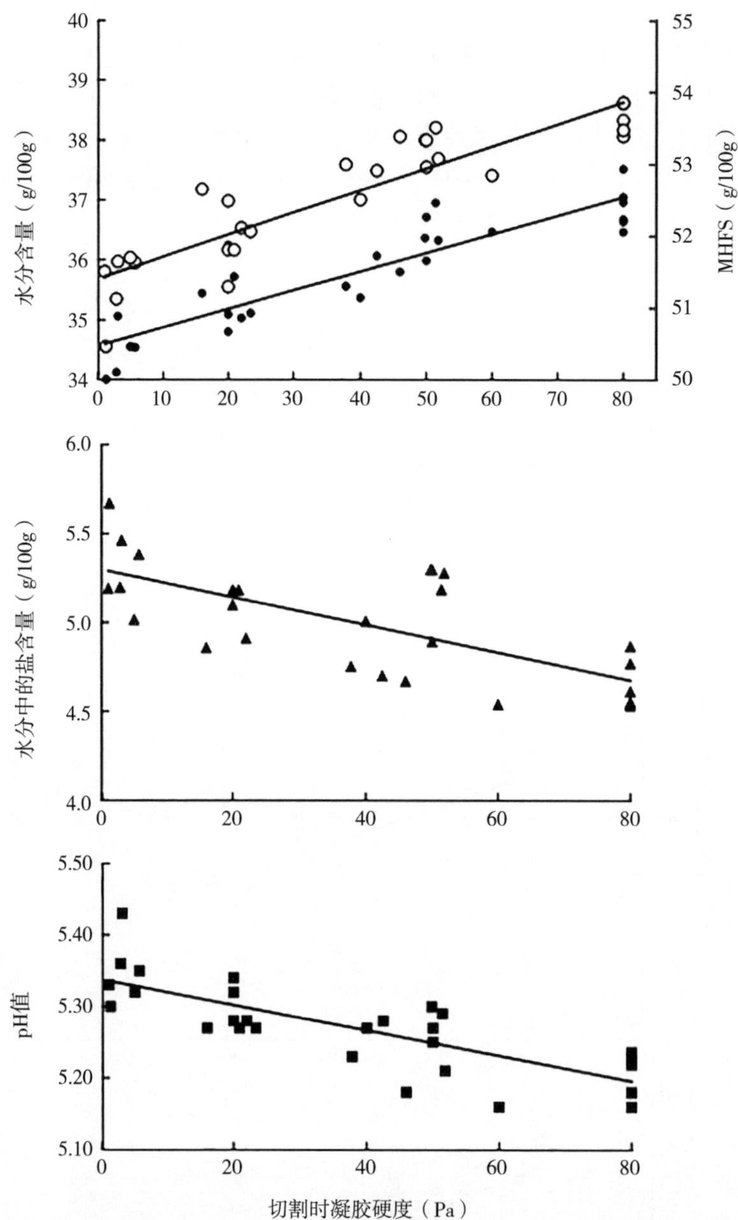

图 8.5　切割时凝胶硬度对切达干酪的水分（●）、非脂类物质中的水分（MNFS；○）、水分中的盐（▲）和 pH 值（■）水平的影响。使用低振幅剪切振荡流变仪测量的弹性剪切模量（G′）对应于凝胶的硬度（T. P. Guinee，未发表的结果）。

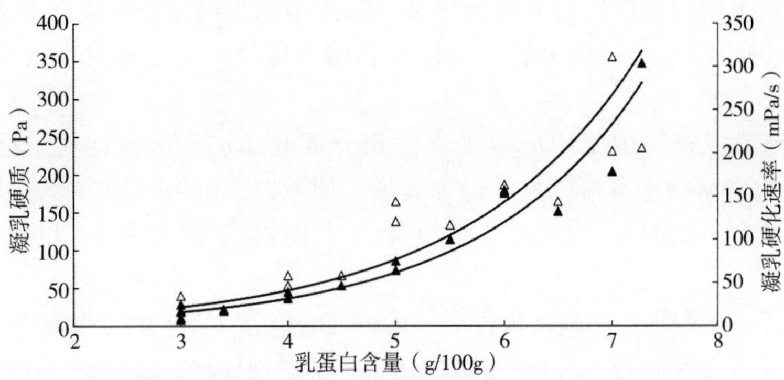

图 8.6　皱胃酶处理过的脱脂乳的凝乳硬度（△）和凝乳硬化速率（▲）与乳蛋白水平的函数关系，乳蛋白水平因超滤而变化。凝胶的硬度对应于使用低振幅剪切振荡流变仪测量的弹性剪切模量（G′）（根据 Guinee 等 1997 年的数据编制）

通过 LCFUF 将乳的蛋白质含量从通常的 3.3 g/100 g 增加到 4.0 ～ 4.5 g/100 g 可以缩短凝乳时间，提高凝乳速率，并缩短到达切割硬度和切割状态的时间（图 8.6）。当根据固定的硬度值切割乳凝胶时，通过 UF 标准化增加乳蛋白水平会导致水分含量降低（图 8.7），导致 MNFS 水平以及脂肪水平升高（Bush 等，1983；Guinee 等，1994，1996，2006）。因此，LCFUF 已被推荐作为一种克服晚期泌乳牛乳加工的切达干酪中"水分升高"缺陷的方法（Broome 等，1998a）。该缺陷程度相当于每增加 0.1 g/100 g 的乳蛋白质，水分减少约 0.2 g/100 g。当在设定的硬度值下切割时，乳蛋白质含量和干酪水分之间反比关系的初步解释可能包括：

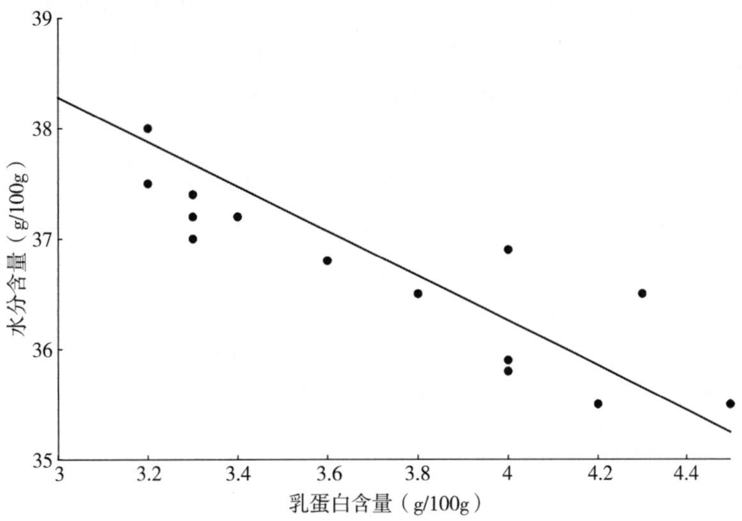

图 8.7　通过超滤改变的切达干酪的水分含量随乳蛋白水平的变化（Guinee 等，1996 年资料整理）

• 凝固时酪蛋白与可溶性盐的比例增加，随之副酪蛋白胶束更快速聚集，形成更粗糙多孔的凝胶网络，由于结构多孔，所以在切割和搅拌时，容易脱水收缩（Green 等，1981a）。

• 凝乳 / 乳清混合物中凝块的数量和体积分数的增加，这将有利于更大的凝块碰撞，每个凝块内网络结构有可能发生局部变形，使蛋白质网络结构重排成更紧凑的结构（Dejmek 和 Walstra，2004），因此，产生更多的脱水收缩，特别是在切割和搅拌的早期阶段。

与上述相反，干酪加工商经常报告与上述相反的趋势，即干酪（例如切达干酪、马苏里拉干酪）的水分含量随着 LCFUF 时蛋白质水平的增加而增加。然而，干酪乳中蛋白质含量的差异是由于根据凝乳时间而不是根据凝块硬度切割凝乳来进行商业化生产引起的。因此，在标准时间后切割 LCFUF 标准化乳的凝胶（类似于对照乳）会导致切割时的凝胶更坚硬，并且如上文所述，水分含量会随着乳蛋白水平的增加而增加（图 8.5）。在商业实践中，由蛋白质标准化乳制成的干酪的水分含量可通过加工工艺的轻微调整（例如切割硬度、凝块大小、切割 / 搅拌程序、热煮速度、热烫温度、凝乳处理规程）而易于实现标准化。

Guinee 等（2006）报道，随着乳蛋白水平从 3.3 g/100 g 增加到 4.0 g/100 g，从切达干酪中回收的乳脂百分比显著增加，从约 88.5 g/100 g 增加到 90.5 g/100 g，这种影响可能与在切割和搅拌的早期阶段，当脂肪损失最明显时，蛋白质网络结构的孔隙率及其对封闭脂肪球的渗透性降低有关。因此，UF 标准化乳中水分调整干酪（每 100 kg 的干酪乳调整至脂肪和蛋白质的参考水平）的标准化产量高于对照。

当以与对照非浓缩乳相似的添加率，按照体积添加皱胃酶时，LCFUF 标准化的乳蛋白向上通常会导致初级蛋白水解率降低。蛋白水解降低表现在 pH 值 4.6 或 5 g/100 g 钨磷酸中氮溶解度水平的降低以及残留酪蛋白（尤其是 β－酪蛋白）水平的增加上（Green 等，1981b；Guinee 等，1994，1996；Broome 等，1998b），可能是因为一些伴随因素，包括皱胃酶与酪蛋白比例降低，因此干酪中会残留皱胃酶活性（Creamer 等，1987），MNFS 水平较低，以及较粗蛋白质网络结构的表面积与体积比较低（Green 等，1981b；Guinee 等，1995）。蛋白水解的降低不太可能受到 UF 浓缩的蛋白酶 / 肽酶的抑制作用（Hickey 等，1983）和 / 或 β－乳球蛋白对天然蛋白酶、纤溶酶的抑制作用（Qvist 等，1987；Bech，1993），因为 LCFUF 乳干酪中乳清蛋白的浓度因子非常低（皱胃酶凝乳干酪约为 0.3 ～ 0.35 g/100 g）。然而，当 LCFUF 标准化干酪乳经过皱胃酶处理以提供与对照乳相同的皱胃酶与酪蛋白比率时，LCFUF 和对照干酪中的蛋白水解水平相似（图 8.8；Govindasamy-Lucey 等，2004）。

8.5.7 均质

乳的均质是指在 45 ～ 50℃和通常在 15 ～ 25 MPa 范围内的压力下，使乳通过连续的小孔（阀门）来破坏天然脂肪球的过程。均质使脂肪球变小，并使其表面积增加 5 ～ 6 倍。脂肪球的天然蛋白质－磷脂膜在此过程中被撕开，被酪蛋白胶束、亚胶束和

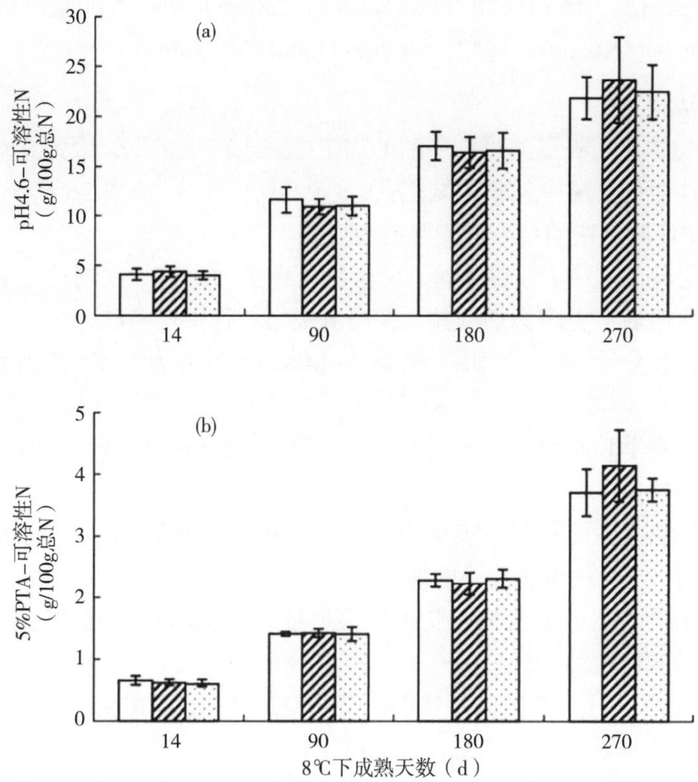

图 8.8　由含有 3.3 g/100 g 蛋白（空心条）的对照乳、强化至 4.4 g/100 g 蛋白的乳或胶束酪蛋白粉（阴影条）或低浓度超滤乳（斑点条）制成的三种切达干酪中 pH4.6– 可溶性 N（a）和 5% 磷钨酸（phosphotungstic acid，PTA）– 可溶性 N（b）的平均水平。所有的干酪都是由蛋白质脂肪比相同的乳制成的，同时发酵剂与酪蛋白的比例相同，皱胃酶与酪蛋白的比例相同（T. P. Guinee，未发表的结果）。

乳清蛋白组成的蛋白质层取代；新形成的脂肪球周围的这一层通常被称为重组脂肪球膜（recombined fat globule membrane，RFGM）。在酸和酶诱导的乳凝胶化过程中，RFGM 使脂肪球能够组成含脂肪的蛋白质颗粒（fat–filled protein particle，FFPP），成为凝胶网络的组成部分。

乳均质化在凝乳干酪生产中的作用已被广泛研究（Jana 和 Upadhyay，1991，1992；1993；Tunick 等，1993；Metzger 和 Mistry，1994；Rudan 等，1998；Guinee 等，2000a；Nair 等，2000；Oommen 等，2000；Madadlou 等，2007；Thomann 等，2008）。将继续针对乳均质化对某些干酪品种品质的影响展开研究。

新鲜酸凝乳干酪加工

乳均质化是软质、高脂肪、酸凝乳干酪加工过程中不可或缺的一部分，如稀奶油干酪和纳沙泰尔干酪（Neufchatel）（Kosikowski 和 Mistry，1997），因为均质地可以在相对较长的凝胶时间（4 h）中防止脂肪上浮，并有助于最终产品形成均匀、厚实、奶油状的质地（Mahaut 和 Korolczuk，2002）。质地特征源于 FFPPs 参与形成复合酸性凝胶，该凝胶中发生大量的蛋白质－蛋白质相互作用，并且比来自非均质乳的凝胶更坚硬和更均匀（van Vliet 和 Dentener–Kikkert，1982；Ortega–Fleitas 等，2000）。

酶凝干酪的加工

乳或奶油的均质化在皱胃酶凝乳干酪的加工中并未广泛采用，因为它对凝乳硬度的不利影响以及由此产生的干酪中的相关缺陷：

- 加工过程中使凝乳块的结合和交联能力变差。
- 增加装模凝乳的破裂 / 开裂倾向，使凝乳处理更加困难（在切达干酪中，由于其表面积与体积比较大吸收了更多添加的盐，使凝乳成模过程中容易破碎）。
- 增加干酪水分含量（例如，在 ≥ 20 MPa 的总压力下使成品水分含量增加 1% ～ 2%）。
- 改变凝乳流变学和质地，使干酪更容易碎裂（断裂应变较低），弹性更小，“组织结构更短小”和“更松散”。
- 融化干酪的热煮性能受损，表现为融化的干酪缺乏表面光泽，流动 / 扩散性和黏稠度显著降低，并且变干 / 焦糊的趋势增加。
- 由于干酪中的天然或微生物脂肪酶更多地接触乳脂以及由此产生的 FFAs，所以干酪中产生腐臭味的倾向增加。

这些缺陷将随后进行详细讨论。然而，有些应用必须 / 或需要均质化：（a）在干酪制造业需求超过当地新鲜乳供应的国家，人们用复原乳［在乳蛋白的水相分散体（例如重构或重整的脱脂奶）中的油（黄油和 / 或植物油）低压均质化（例如总压力约 10 MPa）制成］加工干酪；（b）蓝纹干酪需要通过均质使酪蛋白基脂肪球膜接触霉菌中的脂肪酶，转化为脂肪，从而促进 FFAs 的形成，FFAs 是产生重要风味物质甲基酮的主要底物；（c）某些干酪（菲塔型、蓝色型干酪）需要对部分含脂乳进行低压均质化来增加白度。

对凝乳形成特性的影响

一级和二级均质的压力分别为 5 ～ 25 MPa 和 1 ～ 5 MPa 时，干酪乳的均质使得皱胃酶处理乳开始凝胶化的时间（gelation time，GT）略有减少。处理过的乳，在凝胶开始后的设定时间，使用非破坏型低振幅应变流变仪测量（在形成凝胶的线性黏弹性极限内）的凝胶的固化速率（约 0.3 Pa/min）和弹性剪切模量 G′ 都略有增加（Guinee 等，1997）。这些影响的程度往往会随着蛋白质浓度的增加而增加（Thomann 等，2008）。然而，5 ～ 25 MPa 压力下均质乳会显著损害凝乳张力（curd tension，CT），这表现在使用大应变变形纹理分析仪测量的切割凝胶所需的力大幅降低（2 ～ 3 倍）（Maxcy 等，1955；Ghosh 等，1994；Thomann 等，2008）。此外，应用提高非均质乳凝乳张力的技术（添加 $CaCl_2$，将 pH 值从 6.6 降低到 6.1，将皱胃酶温度从 30℃提高到 40℃，和 / 或将皱胃酶剂量增加 3 倍）只能发挥轻微的作用，但不能充分地重新建立凝乳张力。完全恢复均质乳的凝乳张力需要将乳蛋白水平提高 1.5 ～ 2.0 倍，例如，通过添加低热脱脂乳粉或进行均质乳的膜浓缩。G' 和 CT 的相反响应是出乎意料的，可能反映了使用这两种技术测量的力的大小和类型的差异。前者测量的是对形成凝胶施以低应变（通常为 0.015）时产生的应力，因此反映了在线性黏弹性极限内应变时储存在凝胶链中的力。相比之下，切割时测量的是（由刀）穿透凝胶表面所需的应力，这种穿透实际上是凝胶表面的断裂（破损）（Luyten 等，1991b）。此外，乳的均质化会引起许多其他影响，这些影响可能导致 *G′* 和 CT 的相反趋势：

• 稀释大量乳清相中酪蛋白胶束的数量和浓度。

• 酪蛋白沿着脂肪球表面扩散，同时每个 κ－酪蛋白分子的酪蛋白表面积相应增加，从均质乳中的 40 m^2 增加到均质乳中的约 80 m^2（Robson 和 Dalgleish，1984；Thomann 等，2008）。

• 导致 FFPPs 失稳所需的水解 κ－酪蛋白水平降低。

• 参与凝胶形成的酪蛋白颗粒的类型（例如乳相中的酪蛋白胶束与均质乳中的酪蛋白胶束和 FFPPs 相比）和尺寸分布的变化，以及它们之间的相互作用。

• 从含非均质乳中非交互性天然脂肪球的 *para-* 酪蛋白凝胶网络的稳定填充凝胶，到由熔融 *para-* 酪蛋白胶束、*para-* 酪蛋白胶束、FFPS 和 / 或均质乳中的熔融 FFPPs 组成的复杂凝胶网络的结构变化。

很可能这些变化增加了均质乳凝胶中网络的体积比（由于加入了脂肪），同时增加了均质乳凝胶网络链中的软点（脂肪填充在 FFPPs 的内部）的数量。这种转变可能有助于改善均质乳的凝胶形成特性（例如增加 *G′*），*G′* 是在线性黏弹性极限内所测量的凝胶结构应变，但当经受使结构断裂的应变时，所得凝胶的 CT 较低。

8.5.8 添加氯化钙

牛乳含有约 3 mmol/L Ca^{2+} 离子，足以诱导皱胃酶凝乳型干酪乳的凝胶化。然而，在乳中添加约 0.2 g/L 的 $CaCl_2$，即约 1.8 mmol/L Ca^{2+} 是常见的生产惯例，特别是如果干酪乳显示出较差的凝固和凝乳形成特性。乳的酶凝性差可能是多种因素的结果，例如乳中的蛋白质水平低、乳为泌乳后期乳、pH 值高（>6.7）、干酪加工前乳在低温下长时间保存、高 SCC、高酶活性和 / 或巴氏杀菌温度过高。某些因素与离子和 / 或胶束钙水平的降低、酪蛋白从酪蛋白胶束解离溶于乳清的增加和 / 或酪蛋白水解成蛋白胨、来自体细胞的被纤溶酶和 / 或蛋白酶水解的其他可溶性肽有关。在干酪加工中，人们不希望看到凝结特性的劣化，特别是在大型现代乳品厂中，倾向于根据时间而不是凝胶硬度或凝胶固化速率来切割酶凝凝胶。

$CaCl_2$ 的添加通常会改善皱胃酶的凝固性能，这表现在酶凝时间的减少、凝乳凝固率和凝乳硬度的增加上（Erdem，1997；Landfeld 等，2002）。$CaCl_2$ 对酶凝特性的正面影响是由于其对干酪乳产生了以下影响（Guinee，2008）：

• 增加 Ca^{2+} 离子和 CCP 的浓度。

• 由于离子化的谷氨酸和天冬氨酸残基钙化，*para*– 酪蛋白分子之间的吸引力增加。

• Ca^{2+} 离子与可溶性磷酸钠盐相互作用会导致氢离子活性增加，pH 值随之降低（至少在商业干酪生产中，在没有进行 pH 值重新调整的情况下）。

相比之下，在 2 ～ 9 mmol/L $CaCl_2$ 的添加率下，凝乳率和凝乳硬度达到平台期，并在 ≥ 9 mmol/L $CaCl_2$（约 1g/L）的添加水平后再次下降。在较高 Ca^{2+} 水平下，凝乳硬度降低可能是由于离子强度的显著增加，这种影响会屏蔽潜在的相互作用位点。正如预期的那样，添加钙螯合剂（例如 EDTA、磷酸钠）会降低凝胶的硬度。

取决于干酪加工工艺（切割时凝胶的硬度、切割工艺），添加 $CaCl_2$ 还可能增加干酪中乳脂的回收、干酪水分（Fagan 等，2007a）和干酪产量（Wolfschonn–Pombo，1997）。这种增加可能是由于凝乳率更快导致，这会在脱水收缩的早期阶段增加凝胶 / 凝乳的刚（韧）性，从而限制网络结构重新排列和排出乳清的能力。

8.5.9 乳凝胶

静态凝胶是干酪加工中的必要条件，静态凝胶可通过添加皱胃酶（如在酶凝乳干酪中）、酸（在新鲜的酸凝乳干酪中）或通过酸热（在酸热凝乳干酪中）形成。它导致不稳定的乳蛋白发生有限的相互作用，从而形成凝胶，通过后续操作（例如切割、热烫、进一步酸化、离心）分离乳清，从而促进蛋白质、脂肪、胶体灰分和一些以凝乳形式存在的乳清的回收，这些物质可以通过进一步单元操作（挤压、质构化、盐渍、挤压）的叠加进一步转化为干酪，并在设定的条件下成熟。

在酶凝凝块的加工过程中，通常会根据发酵剂的数量来确定（凝固）乳，并以与乳体积成比例的速度添加皱胃酶。然而，这种做法可能会导致切割时的凝胶硬度、加工过程中的酸化率、凝乳的成分和所得干酪的品质发生变化，尤其是在用乳的成分（pH 值、钙，尤其是蛋白质，见第 8.5.6 节）表现出季节性变化时。为了尽量减少这种变化并确保成分和品质更稳定，皱胃酶和发酵剂应按乳蛋白水平的比例添加。

已发现降低皱胃酶与酪蛋白的比率（mg/g），可降低盐（4 g NaCl/100 g）溶性蛋白质的增加程度和储存期间高达干酪中 α_{s1}– 酪蛋白的降解程度（Visser，1977；Visser 和 de Groot Mostert，1977）。与这些趋势一致的是，由乳制成的切达干酪的蛋白水解程度降低，其中蛋白质含量增加，而皱胃酶添加量没有增加（Guinee 等，1994；见第 8.5.6 节）。

干酪加工不同阶段的 pH 值受乳酸的反作用控制，乳酸会降低 pH 值，磷酸钙的缓冲能力倾向于将 pH 值保持在干酪乳的原始值。因此，对于发酵剂培养物的给定乳酸生产速率，干酪桶中乳酸与蛋白质负载的比率决定了 pH 值，并受干酪乳的蛋白质水平控制。因此，在现代干酪加工中，许多干酪加工操作是基于时间而不是某些客观参数（例如 pH 值）进行的，发酵剂与酪蛋白的比例变化（由于乳蛋白的季节性变化或干酪乳的超滤）预计会影响乳清排出时的 pH 值，这可能对所得干酪的成分和物理特性产生显著影响（Lawrence 等，1987；Tunick 等，2007）。同样，发酵剂活性的变化会对凝乳成分产生不利影响，低活性会导致磷酸盐的损失高于正常水平，从而导致干酪的 pH 值降低（Czulak 等，1969）。

8.5.10 凝乳切割工序

凝乳切割和搅拌在脱水收缩中的作用

酶诱导的 *para*- 酪蛋白胶束聚集后形成的凝乳在自身的重量下趋于收缩，排出乳清。

将凝块切割成大约 1 cm 立方块时，由于缩短了乳清穿过 *para-* 酪蛋白网状结构以到达排出表面的距离，所以乳清的收缩作用加速。伴随凝乳的收缩，乳清体积、乳清 / 凝乳比增加，同时凝乳水分减少（图 8.9a）。凝块通常在越来越多的排出乳清中搅拌一段预定的时间，虽然脱水收缩率随时间降低，但是大部分脱水收缩仍在搅拌期间发生（图 8.9b）。因此，在商业加工中，乳清会在给定时间后排出（泵出），例如对于切达干酪，通常在切割后 90 min。排出的乳清约占乳体积的 80 mL/100 mL，乳清在成型、压榨和 / 或干搅拌操作过程中会被进一步去除。

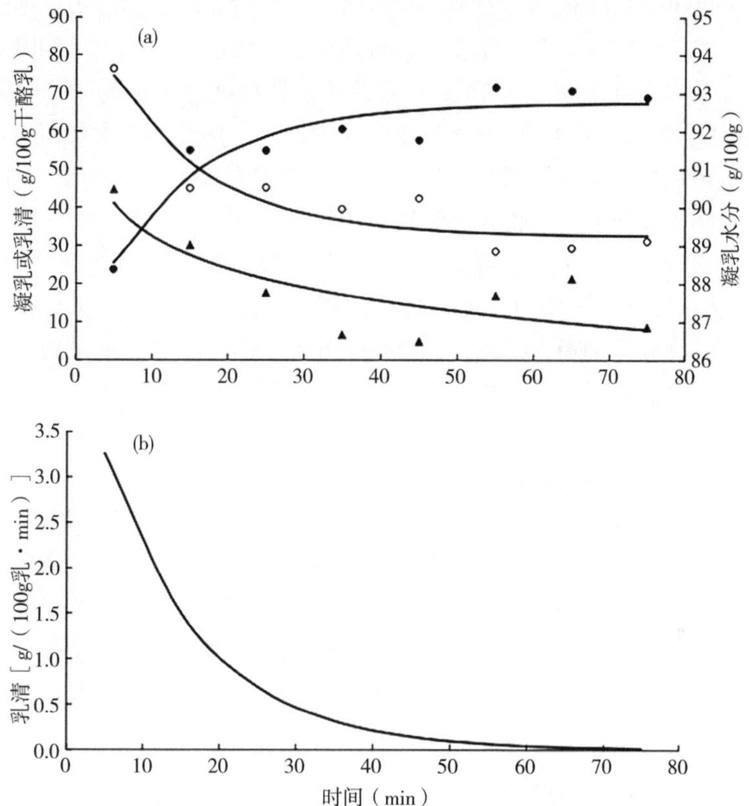

图 8.9　搅拌时间对（a）乳清（•）和凝乳（◦）的重量以及凝乳水分（▲）和脱水收缩率（b）的影响。凝乳是在一个试验大桶中加工的，切割和搅拌过程受实验控制，乳中的蛋白质和脂肪含量分别为 3.2 g/100 g 和 1.4 g/100 g（D. J. O′Callaghan，未发表的结果）。

脱水收缩程度与乳清必须通过的距离（约为凝块大小）之间的关系用达西方程表示，对于一维流动，其形式如下：

$$v=\left(\frac{B}{\eta}\right)\times\left(\frac{p}{l}\right) \tag{8.2}$$

其中 v 是乳清的速度，B 是凝胶的渗透系数（孔隙率指数），η 是乳清的黏度，p 是收缩网络对被其封闭在网络中的乳清产生的压力，l 是乳清移动到凝乳表面的距离（凝块大小的指数）。凝乳切割的结果是形成凝块和乳清的两相混合物。

根据 Dejmek 和 Walstra（2004）的说法，切割会破坏凝胶结构，在凝胶中产生裂缝，*para-* 酪蛋白分子之间产生新的相互作用，从而引发收缩脱水。切割程度决定了凝块的大小，而凝块的大小与乳清析出的速度成反比（公式 8.2），并与最终凝乳的水分含量直接相关（Whitehead 和 Harkness，1954；Czulak 等，1969；图 8.9b）。此外，凝块越小脱水收缩的表面积越大，同时乳清释放速度增加，使脱水收缩速率增加。因此，越小的凝块比越大的凝块收缩得更快。其他研究证实，酶诱导凝胶的凝块尺寸增加，凝块的收缩程度降低（Grundelius 等，2000；Lodaite 等，2000）。然而，切割时凝块尺寸过小会导致大量凝乳碎与乳清一起流失，从而导致干酪总体水分含量降低，并伴随着干酪产量的降低。因此，对于特定的干酪品种和加工技术，存在一个临界的凝乳粒度分布（例如，对于切达干酪而言，要求 60% 的凝块 >2 mm），低于该分布时损失过多。然而，在大规模生产中，离心乳清、凝块被传送带送回，澄清的乳清进一步加工（乳清是婴儿配方乳粉、乳清浓缩蛋白 / 乳清分离蛋白的重要成分）以回收有价值的固形物。

凝块大小由切割程序决定，它规定了切割转数、切割速度和总切割时间。Johnston 等（1998）发现凝乳粒度分布主要由（或通过）切割刀的总转数决定，对于特定的大桶，在特定的转数下，凝乳碎（细粒）最少。Johnston 等得出的结论是，如果切割转数低于最佳值，切割后的大凝块会在随后的搅拌过程中分裂或破碎，形成许多小凝块，从而释放更多的脂肪到乳清中。当切割转数高于最佳值时，凝块变小，凝乳的总表面积变大，因此在随后的搅拌过程中会产生更多的凝乳碎。

在传统的干酪制造业，人们用刀或切割器以一些有趣的划法切割凝乳，例如沿 *X*、*Y* 和 *Z* 轴切割成极规则的凝乳立方体。使所得凝块静置的这段时间，称为愈合（恢复）（例如 5 ～ 15 min），然后开始搅拌。另外，机械切割时，通常锋利的切割刀围绕单个轴（水平或垂直地）旋转。然而，在现代商业工厂中，机械切割与传统农家干酪加工中所采用的切割法有很大不同。为了获得相当均匀的凝块形状和分布，切割是按照指定的旋转运动顺序进行的，称为切割程序。

凝胶切割工序（传统方法）

在传统的干酪加工中，以及在大多数报道的试验研究中，凝胶是用刀或切割器手工切割的，然后切割后的凝块静止地停留在乳清中，使新鲜暴露的凝块表面产生愈合（强化），从而避免破损、凝乳碎和乳清损失。在被称为愈合的过程期间，脱水收缩迅速进行，凝块愈合，即变得更坚硬并形成表面膜，这层膜本质上是比内部具有更高酪蛋白脂肪比的外层。膜的综合作用和挤压出的乳清的缓冲作用减少了凝块在后续搅拌初期与搅拌器 / 槽表面的碰撞和速度梯度影响受到的损伤。因此，愈合减少了凝乳颗粒破碎的趋势，所谓凝乳颗粒破碎，即颗粒沿着其最薄弱的点断裂成具有锯齿状边缘的较小颗粒。由于热、酸和搅拌的脱水作用（在表面上产生压力梯度，迫使凝块内部出现新的聚集点），表面膜变得越来越强，并将脂肪和酪蛋白封闭在凝块中。装模干酪凝乳的表皮形成凝块连接，这在干酪的微观结构分析中很容易识别（Kimber 等，1974）。

凝胶切割工序（商业实践）

在商业干酪加工中，传统的切割和凝块愈合法不再适用。相反，凝胶经过切割程序，由可能会或可能不会穿插短停时间（15 ～ 20 s）的切割循环（在此期间，刀具以固定速度旋转）组成，具体取决于切割硬度、桶的设计和几何形状、刀速度等因素。在连续的切割循环中，刀具速度会增加。在用刀连续切割凝乳特定部分的恢复期或间隔期，凝乳条在其自身重量的作用下下陷并变形。因此，当切割恢复时，相对于先前形成的表面的切割角度，将确保会形成小得多的凝乳块。

如第 8.5.6 节所述，切割时凝胶的硬度对干酪成分有重大影响，也对碎粒和脂肪损失的程度有很大影响。由于在第一个切割周期后凝乳悬浮在乳清中，因此有效的切割取决于凝乳的硬度在可接受的范围内，因为硬度太弱的凝乳会破碎成粒，而太硬的凝乳会抵制切割和撕裂（Everard 等，2008）。同样，对于特定的大桶设计和干酪加工配方，将有一个最佳的切割程序，因为过多的切割会产生大量的酪蛋白碎并增加脂肪损失，使其流入乳清中，而切割不足会产生大的凝块，进而在切割操作之后的凝乳搅拌过程中容易破碎（Johnston 等，1998）。

8.5.11　搅拌和热煮

凝胶切割后，首先缓慢搅拌（以尽量减少破碎）析出乳清中的凝块，然后随着凝块变硬，快速搅拌。同时，除非增加搅拌速度，否则凝块由于收缩而变重并趋于下沉。以正确的速度搅拌有许多作用：（a）防止凝块下沉和粘连；（b）产生横跨凝块表面的压力梯度，这反过来又促进凝胶网络结构内的相互作用和重排，从而促进脱水收缩；（c）有利于从干酪桶的加热夹套到凝乳 / 乳清的热传递。

由于凝胶重排率的降低和凝乳网络结构的束缚，凝乳脱水收缩率随时间降低（Rynne 等，2008）；然而，总的乳清排出量随时间而增加（图 8.9a；Lawrence，1959；Marshall，1982；Rynne 等，2008），干酪水分含量随时间而降低（Whitehead 和 Harkness，1954；Czulak 等，1969）。有报道称酸乳凝胶的脱水收缩水平也有类似的趋势（Lucey 等，1997）。Patel 等（1972）报道随着搅拌速度的增加，脱水收缩略有增加。

对于大多数皱胃酶凝乳干酪，凝乳 / 乳清混合物的温度从 30 ～ 33℃的凝胶温度升高到热烫温度（该温度因干酪类型而异：高达干酪约 37℃，切达干酪 39 ～ 40℃；马苏里拉和克什卡瓦尔干酪（Kachkaval）约 42℃，埃曼塔尔干酪 52 ～ 54℃，格鲁耶尔干酪 55 ～ 57℃）。升高温度的过程称为热煮或热烫，选择的温度取决于干酪所需的水分含量、品种和所用发酵剂的最佳生长温度；嗜温菌（如乳球菌属）的最适温度为 28 ～ 32℃，而 45 ～ 50℃的较高温度有利于嗜热细菌的生长，例如嗜热链球菌（Fox 等，2000）。一般来说，凝乳的水分含量与热煮温度之间存在反比关系（Patel 等，1972；Walstra 等，1985），温度越高，水分越低（Whitehead 和 Harkness，1954）。因此，一些高水分干酪［例如布里干酪（Brie）和卡蒙贝尔干酪］的凝乳不会被加热。

温度逐渐升高是可取的，否则会产生类似于表面硬化的现象，导致过多的水分保持和低凝乳 pH 值（由于乳糖增加，因此凝乳的乳酸盐与缓冲液的比率增加）。通常，每 3 ～ 5

min 升高 1℃的速率是常见的，较低的速率会导致更多的脱水收缩和水分流失。

伴随着发酵剂在加热和搅拌过程中将乳糖发酵成乳酸，凝乳 pH 值降低，凝乳脱水收缩程度增强（Patel 等，1972；van Vliet 等，1991；Daviau 等，2000；Rynne 等，2008）。pH 值降低和加热促进脱水收缩的积极作用可能是因为酪蛋白相互作用的增加，该作用受负电荷减少和疏水性增加的影响。皱胃酶凝乳干酪的加工程序确保了热烫温度和 pH 值降低的影响得到平衡，从而使凝乳获得所需的干物质含量和物理特性（例如硬度、弹性）。虽然 pH 值降低会促进负电荷的减少，有利于酪蛋白的聚集，但它也会导致 CCP 的部分溶解，这可能会产生相反的效果，即有利于酪蛋白水合的增加。然而，对于大多数皱胃酶凝乳干酪来说，由于乳清排出（>5.8）时的 pH 值相对较高并且在热煮过程中（大多数皱胃酶凝乳干酪的温度 >35℃）温度升高，因此 CCP 在干酪桶中的整体溶解度相对较低（<35 g/100 g 总 CCP）。因此，*para-* 酪蛋白水合作用的增加被认为太低而不会损害脱水收缩。事实上，CCP 的轻微溶解有利于酪蛋白网络结构在个别凝块中的一定程度的流动，从而促进网络结构重排和脱水收缩的机会。在干酪中会出现相反的效果，例如格鲁耶尔干酪（Gruyère de Comté）和帕马森雷加诺干酪（Parmigiano Reggiano），热烫温度高（55℃）会促进乳清钙、磷酸盐（作为不溶性磷酸钙）的沉淀，发生一种高度蛋白质相互作用，形成非常干燥、坚硬和“质地粗糙”的凝块。

乳清排出前的 pH 值降低程度对凝乳中钙与酪蛋白的比例、酪蛋白水合程度（或相反的酪蛋白聚集）、凝乳水分含量和最终干酪的品质有重大影响（Lawrence 等，1984，1987；Guinee，2003；Lucey 等，2003；Kindstedt 等，2004；Johnson 和 Lucey，2006）。在其他条件不变的情况下，降低乳清分离时凝乳的 pH 值会导致：（a）凝乳中磷酸钙含量更低；（b）凝乳中水分和乳糖（因此乳酸含量高）含量更高；（c）乳酸与缓冲剂的比例更高，干酪 pH 值更低；（d）残留凝乳酶（凝结剂）活性的保留更高；（e）最终干酪中的蛋白水解程度更高。

增加凝乳在乳清中的保持时间，尤其是在相对较低的温度（<35℃）下，直到 pH 值达到 5.3 ～ 5.5 的水平，其中大部分 CCP 溶解，促进形成更湿润、更柔软、弹性更小的凝块和干酪。因此，一般来说，高水分干酪，如蓝纹干酪和布里干酪，往往会在更温和的热烫温度（例如 <35℃）下加热，并在较低的 pH 值下与乳清分离，而不是像切达干酪和埃曼塔尔这样的硬干酪类型，乳清排出时的 pH 值和热烫温度分别为 6.15 ～ 6.4、39℃和 6.3 ～ 6.5、50℃。出于类似的原因，在加工酸凝干酪（例如夸克干酪和奶油干酪）中，乳清分离时凝乳的相对低温（22 ～ 30℃）和低 pH 值（4.6 ～ 5）确保了这些干酪形成柔软、光滑、无颗粒的连续结构统一体。

8.5.12 凝乳清洗：凝乳水分相乳糖水平的标准化

干酪的 pH 值通过其对酶活性、蛋白质水解、蛋白质水合程度和流变特性的影响对其品质产生重大影响。影响干酪 pH 值的主要因素是磷酸钙水平、缓冲能力、脱氨反应、氨生成和乳酸浓度。干酪中的乳酸水平主要取决于乳中的乳糖水平，乳中的乳糖发酵为乳酸，主要是 L（+）异构体，其速率取决于干酪中水分中的盐含量和所使用的发酵剂菌株对盐的敏感性（Thomas 和 Crow，1983；Turner 和 Thomas，1980）。影响干酪中乳酸浓度的其他因素包括水分含量（Rynne 等，2007）和凝乳清洗水平（在水洗凝乳干酪中，如高达干酪和埃达姆干酪）（Van Den Berg 等，2004）。

生产荷兰式干酪会采用洗凝乳，包括高达干酪、埃达姆干酪和马斯达姆干酪，以及一些瑞士 / 荷兰式干酪，如 Samsø、哈瓦蒂干酪（Havarti）和丹博干酪（Danbo）（Davis，1976；Kosikowski 和 Mistry，1997）。它通常在切割后去除部分（乳体积的 30% ～ 45%）乳清并用热水（55 ～ 60℃）替换。它是一种稀释干酪凝乳水相中乳糖含量的方法，从而控制凝乳中的乳酸浓度和 pH 值；最终干酪的 pH 值尤其受去除的乳清和加水量的控制。由于干酪水分中的乳糖含量较低，因此乳酸味道温和（乳酸含量较低），水洗凝乳干酪在新鲜时具有相对较高的 pH 值（≥ 5.3），并且具有特征性的弹性和长形体，这使它们成为切片干酪的理想选择。相对较高的 pH 值有利于在促凝剂（一种酸性蛋白酶）作用下发生少量蛋白水解（Visser，1977；Guinee 和 Wilkinson，1992）。相比之下，切达干酪水相中较高的乳糖导致较低的 pH 值（5.15 ～ 5.25），这有助于产生更酸的味道、更高水平的初级蛋白水解，不利于形成切片的更紧致（更脆）的质地（Luyten 等，1991a）；然而，其他因素当然也与风味和质地的差异有关，包括干酪的全部成分、缓冲能力（受蛋白质和磷酸盐水平的影响）、加工过程（特别对切达干酪凝乳碾磨和干盐腌制与高达干酪凝乳块的盐渍进行对比）以及使用的发酵剂（Lawrence 等，2004；Van Den Berg 等，2004）的差异。

对于给定水平的乳糖和水洗凝乳干酪中的乳酸，所用洗涤水量取决于干酪乳的乳糖含量、去除的乳清体积（*Wr*），可以通过如下等式计算：

$$LW2=LW1\left[\frac{100-C-Wr}{100-C-Wr+WWa}\right] \tag{8.3}$$

其中 *LW2* 是凝乳水相中所需的乳糖量（g/100 g）；*LW1* 是乳水相中的乳糖量（g/100 mL），由乳中的乳糖量（g/100 g）得出；*C* 是去除乳清的凝乳重量，表示为 g/100 g 乳，通过凝乳中的不可扩散胶体成分（脂肪、酪蛋白、胶体灰分）加水时的回收率（脂肪约为 0.96，蛋白质为 0.96，胶体灰分为 0.98）估算；*Wr* 是去除的乳清的重量，表示为 g/100 g 乳；*WWa* 是加入洗涤水的重量，以 g/100 g 乳表示。

WWa 反过来可以通过公式 8.3 换算得出：

$$WWa=\frac{(LW1-LW2)(100-C-Wr)}{LW2} \tag{8.4}$$

商业切达干酪的乳酸含量变化很大（图 8.10），这种影响是因为干酪乳中乳糖含量的变化（因为凝乳中的所有乳糖通常都通过发酵剂发酵成乳酸）（Guinee 等，2008）。切达干酪的 pH 值与总乳酸含量之间存在反比关系（Huffman 和 Kristoffersen，1984；Shakeel-Ur-Rehmna 等，2004，Guinee 等，2008；图 8.11），每生成 0.1 g/100 g 乳酸，pH 值降低 0.05 个单位。Huffman 和 Kristoffersen（1984）报道说，在 9 个月的成熟期中，高乳酸（约 0.8 g/100 g，90 d）和低乳酸（约 0.5 g/100 g）切达干酪的风味评分高于相应的对照干酪。然而，对照切达干酪的乳酸水平（约 0.75 g/100 g）远低于其他地方报道的切达干酪的乳酸水平（1.1 ～ 1.4 g/100 g）（Turner 和 Thomas，1980；Thomas 和 Crowe，

1983；Jordan 和 Cogan，1993；Guinee 等，2008）。相比之下，Shakeel-Ur-Rehman 等（2004）发现，在 120 d 和 180 d，由高（通过乳糖粉强化）或低（通过洗凝乳）乳糖水平的乳制成的切达干酪在风味 / 质地方面的得分分别低于对照。与干酪相关的缺陷是高乳糖干酪在 180 d 时的味道不干净和质地粗糙，而低乳糖干酪在 120 d 时的风味平淡（因为在洗凝乳过程中风味化合物可能损失）。值得注意的是，虽然 FFA 在乳清排出过程中损失很大，但是切达干酪中存在的大部分 FFA 是在加工过程的大桶中由发酵剂产生的（Hickey 等，2007）。漂洗凝乳无疑会增加这种损失，从而降低切达干酪的典型咸味，尤其是在干酪未成熟时。

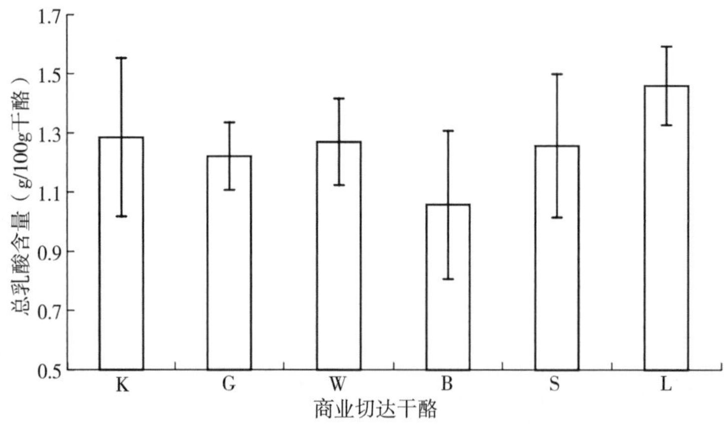

图 8.10　6 种不同零售品牌（K、G、W、B、S 和 L）的陈年切达干酪的总乳酸水平。每月采购每个品牌的 6 个重复样品；误差线表示标准偏差（改编自 Guinee 等，2008）。

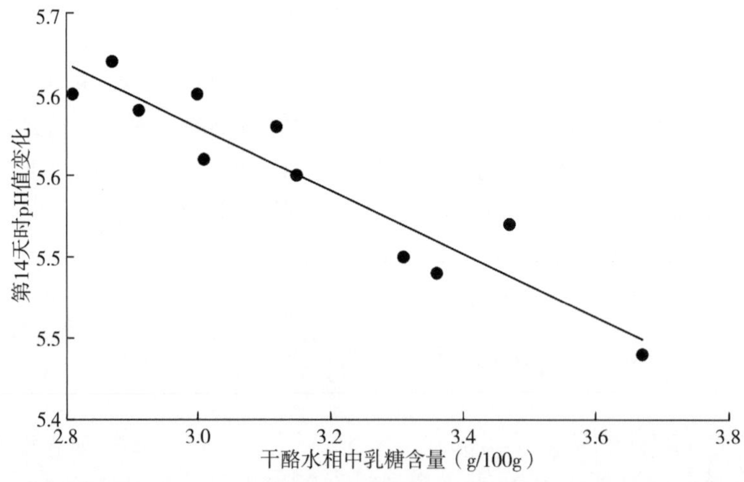

图 8.11　切达干酪的 pH 值与干酪水相中乳糖含量（可通过改变添加到凝乳中的洗涤水量而改变）的关系。使用公式 8.4 计算洗涤水量（第 8.5.12 节），并通过去除等于添加的洗涤水量的乳清体积来保持凝乳与（稀释的）乳清的比率恒定（T. P. Guinee，未发表的数据）。

8.5.13　乳清排除和剩余操作

乳清排除（或分离）是指从凝块中物理去除乳清。它在凝乳干酪的工业生产中通过各种方式实现（Bennett 和 Johnston，2004）：

• 将凝乳 / 乳清混合物填充到有孔的模具中（如软干酪，如布里干酪或卡蒙贝尔干酪），当被定期翻动时，模具中的凝乳受到其自身重量的挤压。

• 将凝乳 / 乳清混合物泵送：（a）至多孔筛网上，然后传送到多孔旋转带上，在此处对凝乳床进行机械搅拌或耙动，如切达干酪和其他干盐干酪；（b）至有穿孔底板的批量预压桶中，穿孔顶板压到乳清下的凝乳层顶部；（c）至半连续预压成模系统（即一旦凝乳床固化，可排放游离乳清的系统），例如 Casomatic®，主要包括分离凝乳 / 乳清混合物的圆柱体、用于在乳清下方预压凝乳的压榨活塞、可排出乳清的穿孔带、凝乳切割、成型和排放系统。

在酸凝乳干酪的加工中，对于低脂肪产品，乳清与破碎 / 切割凝胶的分离通常通过向心分离器来实现，例如夸克干酪（脂肪约 0 g/100 g）或法国鲜干酪（Fromage Frais）；对于高脂肪产品是通过离心分离器来实现的，例如奶油干酪（脂肪约 33 g/100 g）（Schulz-Collins 和 Senge，2004）。加热凝块乳清混合物可促进乳清的排出，如夸克干酪的发酵温度是 22 ～ 30℃，蛋白质 / 脂肪较低的奶油干酪会加热到 75 ～ 80℃。UF 很少用于去除乳清。

对于所有干酪，凝乳 / 乳清分离技术及其操作的优化对于确保所需的成分（例如水分含量）、交联特性、物理特性（例如混入或逸出适宜含量气体）和最终品质至关重要。关于商业应用的技术对干酪品质的影响，很少或没有公开信息。这一点不足为奇，因为在中试规模生产中，很难模拟商业应用的单位工艺变量对干酪的成分 / 品质的影响，例如凝块速度 / 刀旋转周期、泵出时间 / 凝块上的泵送压力、凝乳处理操作期间的凝乳温度以及压榨过程中施加的力 / 压力。然而，从作者的商业经验来看，这种优化属于专有的最先进技术领域。

去除乳清后，单个凝乳粒结合在一起形成有黏性的凝乳块，其黏结程度取决于温度、压力和时间。在剩余的干酪加工操作中，如堆酿、腌制和压榨，从凝乳中进一步排出乳清，干物质继续浓缩，乳清排出和盐吸收的程度受到许多参数的影响，包括凝乳温度、凝乳 pH 值、凝乳颗粒大小、盐腌方法、压力、时间（Sutherland，1974；Gilles，1976）。类似地，脂肪球的聚结和集中程度可以通过改变压榨过程中的温度来改变（Richoux 等，2008）。这可能会影响热煮特性（Guinee 和 Kilcawley，2004），并且基于 Laloy 等（1996）的发现，影响发酵剂细菌及其释放到干酪网络结构中的自溶酶的分布，从而对蛋白水解和成熟速度产生连锁反应。因此，去除乳清后，凝乳所经过的加工类型和程度可能会对最终干酪的成分和品质产生重大影响（Law，1999；Fox 等，2000；Guinee 和 Fox，2004；Guinee 和 O′Kennedy，2007）。

进一步讨论这些操作对干酪品质的影响是一个非常广泛的领域，超出了本章的范围；读者可以参考一些教材以进一步讨论（Reinbold，1972；Robinson 和 Tamime，1991；Kosikowski 和 Mistry，1997；Robinson 和 Wilbey，1998；Anonymous，2003；Bennett 和 Johnston，2004；Tamime，2006）。

8.6 干酪品质：干酪成分的影响

干酪的成分对各个方面的品质都有显著的影响，包括感官特性、质地和热煮特性（图8.2；Creamer 和 Olson，1982；Pagan 和 Hardy，1986；Luyten，1988；Rüegg 等，1991；Visser，1991；Fenelon 等，2000；Lawlor 等，2001，2003；Watkinson 等，2001，2004；Euston 等，2002；Delahunty 和 Drake，2004；Guinee 和 Fox，2004；Amenu 和 Deeth，2007；Tunick 等，2007）。这一趋势与成分对钙溶解程度、蛋白质水合、酶活性、糖酵解、蛋白水解、脂肪分解和微生物学的影响一致（Geurts 等，1972；Fox 等，1996；Guo 等，1997；Reid 和 Coolbear，1998；Gobbetti 等，1999a,b；Guinee 和 Fox，2004）。然 而，改变一种或多种成分参数的影响程度取决于所观察的干酪的品种和特征（例如质地、热煮特性、味道）。例如，夸克干酪的钙水平降低 30%（从 9.2 ～ 6.2 mg Ca^{2+}/g 蛋白）不太可能对质地或感官特性产生任何影响，而马苏里拉干酪（从 28 ～ 19 mg Ca^{2+}/g 蛋白）或埃曼塔尔干酪（34 ～ 24 mg Ca^{2+}/g 蛋白）的类似变化会显著降低撕碎性、咀嚼性、弹性、黏稠度、拉伸弹性和孔眼形成（瑞士型干酪）。同样，马苏里拉（pH 值约 5.5）和埃曼塔尔（pH 值约 5.5）的典型 pH 值降低 0.1 ～ 0.2 个单位可能会对后者的特性和品质产生不利影响，但对一些低 pH 值干酪的影响较小，例如夸克干酪或柴郡干酪（Cheshire）。然而，由于天冬氨酸和谷氨酸残基的质子化增加以及酪蛋白结合钙的损失，农家干酪的 pH 值从 4.8 到 4.6 的降低与咀嚼性和颗粒度的不良损失以及“糊状”质地的趋势同时发生。

由于不同的成分参数（例如 pH 值、总钙和可溶性钙与胶体钙的比例、水分、脂肪和蛋白质）的相互作用，很难研究改变任何一个成分参数的确切效果，或有针对性地改变一组选定的品质参数。因此，除了切达干酪外，很少有已发表的研究试图将成分与不同干酪品种的品质联系起来。五项主要研究已经考虑了成熟切达干酪的成分（包括盐或 S/M 水平）和品质 / 分级分数的影响。这些研究包括分析 300 种商业苏格兰切达干酪（O′Connor，1971）、24 种以不同比率盐渍的商业切达干酪（O′Connor，1973a,b）、12 种以不同比率盐渍的商业切达干酪（O′Connor，1974），未说明数量的试验性和商业新西兰切达干酪（Gilles 和 Lawrence，1973）、123 种商业爱尔兰切达干酪（Fox，1975）、486 种实验性新西兰切达干酪（Pearce 和 Gilles，1979）和约 10000 种商业新西兰切达干酪（Lelievre 和 Gilles，1982）。这些研究确定了四个“关键成分参数”（key compositional parameters，KCPs），即 S/M、MNFS、pH 值和 FDM 水平，它们对品质的影响是相互依赖的。此外，两个关键工艺参数（key process parameters，KPPs），即干酪桶中酸产生的速率和程度，被认为对品质和确定四个 KCPs 的范围有很大影响，这是提供良好品质所必需的（Gilles 和 Lawrence，1973；Lawrence 等，1984）。KPPs 决定了乳中胶体钙和磷酸盐的比例，以及干酪的缓冲能力。

虽然这些研究达成共识，四种 KCPs 是切达干酪品质的主要决定因素，但他们对这些参数的相对重要性持不同意见。然而，他们一致认同设定的 S/M 水平对品质至关重要：

• S/M 水平 <3.0 g/100 g 和 >6 g/100 g 时，切达干酪等级迅速下降（表 8.4）。

• S/M 值在 4.7 ～ 5.7 g/100 g 范围内时，切达干酪等级最高，相当于水分为 37.5 g/100 g 的干酪中盐含量为 1.7 ～ 2.1 g/100 g。

• 盐度对品质的影响很大程度上取决于其他三个 KCPs 和两个 KPPs 的值。

然而，成分和四个关键成分参数对干酪等级的确切影响，取决于加工工厂和一年中的季节（Lelievre 和 Gilles，1982）。这种趋势是可以预料的，因为工厂间存在以下差异：（a）工艺流程（例如，基于体积或酪蛋白以及不同加工阶段的 pH 值添加皱胃酶或发酵剂）；（b）皱胃酶的类型 / 含量，使用的发酵剂和 / 或发酵剂助剂；（c）环境非发酵剂乳酸菌菌群。这突显了试图在不同品种的组成和品质之间建立一般相关性的复杂性。

表 8.4　成分（在 14 d 测定）与成熟切达干酪品质之间的关系

成分	二级	一级		二级
水相中的盐	4	4.7	5.7	6
非脂中的水分	50	52	54	56
干物质中的脂肪	50	52	56	57
pH 值	5.0	5.1	5.3	5.4

注：基于 Lawrence 等（1984）。

8.7　干酪品质：成熟的影响

8.7.1　成熟过程概述

成熟是指在加工后储存过程中发生的生化、微生物、结构、物理和感官变化，并将新鲜凝乳转化为具有所需特性的干酪。除了非成熟型干酪，包括新鲜酸凝乳干酪（夸克和稀奶油干酪）和一些配料干酪，它对大多数干酪品种的品质有重大影响（图 8.2），然而，即使是储存也会因储存温度、湿度和包装的不同而影响品质。例如，水与蛋白质比例高的低干物质新鲜干酪（例如夸克）随着时间的推移容易发生脱乳清现象，特别是在温度相对较高（>8℃）的情况下，而储存也可能由于蛋白质水解或聚合物相互作用，影响成品干酪的物理性质（例如易碎性）。

对于大多数凝乳干酪来说，成熟是一个关键过程，从卡蒙贝尔（Camembert）干酪的 4 周到成熟的帕玛森干酪（Parmesan）的 2 年不等。在此期间，干酪经历了许多变化，促进了如下转化（Fox 等，1996；McSweeney，2004）：（a）糖酵解（糖代谢）；（b）蛋白水解（蛋白质和肽的水解）；（c）脂肪分解（甘油三酯的水解）；（d）矿物质平衡。在一定程度上取决于干酪的种类，这些变化反过来又与 pH 值、蛋白质水合、脂肪聚结和酪蛋白网络结构膨胀的相关变化有关。

糖酵解

糖酵解是指糖或糖衍生物在发酵剂或二次代谢产物酶的作用下发生的代谢（Fox 等，2000）。在干酪中，可能会出现以下一种或多种情况，具体取决于干酪类型：

• 在大多数干酪中，发酵剂将残留乳糖转化为 L（+）– 乳酸。

• 非发酵乳酸菌（NSLAB）将 L（+）– 乳酸外消旋为不溶性 D（–）– 乳酸（Rynne 等，2007），在切达干酪中可导致乳酸钙晶体的形成（Kubantseva 等，2004）。

• 丙酸杆菌（*Propionibacterium* spp.）将乳酸转化为丙酸、乙酸、CO_2 和 H_2O。在瑞士型干酪中，导致 pH 值升高，形成坚果风味和孔眼。

• 在卡蒙贝尔型干酪的表面，地霉菌（*Geotrichium*）和青霉菌（*Penicillium* spp.）将乳酸转化为细胞生物量，使干酪产生的乳酸和 pH 值梯度对蛋白质从表面到中心的逐步水解和软化至关重要。

在成熟过程中，干酪中乳糖的残留是不受欢迎的，因为它使干酪不太适合乳糖不耐症消费者（Lomer 等，2008），也因为它可以被 NSLAB 用作生长基质，而 NSLAB 会带来难以预料的风味和品质，尤其是在 NSLAB 大量存在时，例如 $>10^8$ cfu/g（Beresford 和 Williams，2004）。在大多数干酪品种中，通常没有残留乳糖，因为它在加工后一周内通过发酵剂转化为乳酸。然而，如果盐浓度高［例如 >6 g（S/M）/100 g］，并且发酵剂的盐敏感性低（Guinee 和 Fox，2004），或者当通过强化乳糖（Shakeel–Ur–Rehmann 等，2004）或脱脂奶粉将干酪乳中的乳糖人为提高到高水平时，干酪中会存在未发酵乳糖。乳酸与缓冲剂的比例是控制干酪 pH 值的主要因素，它反过来会影响许多关乎干酪品质的参数（蛋白质水合、肽酶和蛋白酶的活性、盐与酸形式 FFAs 的比例、风味、质地和热煮特性）。因此，例如加工过程（干盐腌的 pH 值和 / 或洗凝乳的程度）和使用的发酵剂类型的监管是至关重要的（见第 8.5.12 节）。

蛋白水解

蛋白水解是指酪蛋白被残留的凝乳酶（增加 5% ～ 10% 的总凝乳酶活性）、发酵剂蛋白酶和肽酶水解成肽和游离氨基酸。已发现由于肽水解为游离氨基酸而导致的游离氨基酸浓度的增加与大多数硬质品种中典型背景干酪风味的发展相一致。α_{s1}– 酪蛋白在 Phe_{23}–Phe_{24} 肽键上的早期水解，通过残留的凝乳酶导致 *para*- 酪蛋白网络结构显著减弱，断裂应力和硬度降低（de Jong，1976，1977；Creamer 和 Olson，1982）。α_{s1}– 酪蛋白的第 14 ～ 24 位残基序列具有很强的疏水性，使在干酪环境中具有强烈的自缔合和聚集倾向的 α_{s1}– 酪蛋白保持完整（Creamer 等，1982）。它的差别通常被认为是导致新鲜内部成熟硬干酪（如切达干酪、高达干酪和马苏里拉干酪）的弹性降低以及它们转化为光滑成熟干酪的主要因素。然而，早熟期干酪成熟过程中胶体钙与可溶性钙的比例降低也被认为是一个促成因素（O′Mahony 等，2005）。然而，干酪成熟过程中可溶性钙的增加更可能是由于蛋白水解的增加（这导致含有钙的乳清可溶性肽浓度更高，这些肽与氨基酸残基如磷酸丝氨酸、谷氨酸和天冬氨酸相连），而不是来自酪蛋白结合钙的溶解。除了对质地 / 流变学的影响外，蛋白水解还对干酪的热煮特性产生重大影响，蛋白水解的增加通常与蛋白质水合、游离脂肪和热诱导流动性水平的增加相一致（Guinee，2003）。融化干酪的拉伸程度也随着蛋白水解逐渐增加至一定水平然后开始降低，这些变化取决于品种（例如，在切达干酪中，可溶性氮约为 7 g/100 g；在低水分马苏里拉干酪中，可溶性氮约为 14 g/100 g）。干酪品种之间在初级蛋白水解水平上的差异（拉伸性降低）可能与完整酪蛋白聚集程度（受应用于凝乳的温度、组织化过程的存在 / 不存在的影响）和干酪中肽疏水性的差异有关。Richoux 等（2009）报道了瑞士型干酪的拉伸性与 pH 4.6 下干酪中可溶性氮提取物中肽的疏水性之间的幂律关系。

脂肪水解

除了一些低脂新鲜酸干酪，如夸克干酪和农家干酪，脂肪是大多数干酪品种的主要成分，它直接和间接地影响流变学、质地、热煮特性和风味（Guinee 和 McSweeney，2006）。在成熟过程中，甘油三酯可能被各种来源的脂肪酶和酯酶降解为 FFAs、甘油二酯和甘油单酯：(a) 乳（脂蛋白脂肪酶）；(b) 糊状皱胃酶（前胃酯酶）；(c) 发酵剂（自溶时释放的细胞内脂肪酶）；(d) 次级发酵剂（洛克福青霉（*Penicillium roqueforti*），涂抹细菌 – 更多详细信息请参阅第 6 章）；(e) NSLAB；(f) 添加的前胃酯酶。FFA 的脂肪分解水平和浓度因干酪品种而异（Collins 等，2004）。干酪中 FFA 含量很高，其加工涉及使用强脂解性次生培养物（蓝纹干酪，约 3 500 mg/100 g FFA）和糊状皱胃酶或胃前酯酶提取物（Romano，约 1 100 mg/100 g FFA）。相比之下，干酪中的 FFA 含量从低到中等，例如高达（约 36 mg/100 g FFA）和切达干酪（约 100 mg/100 g FFA）。事实上，后者的 FFA 高水平可能会因为反常酸败而导致报废。因此，最近对成熟切达干酪的一项调查显示，所有干酪（脂肪含量为 0.2 ～ 0.5 g/100 g）中 FFA 水平占乳脂的百分比低于必要的水平（2 g/100 g 脂肪）时，会在干酪（如切达干酪和高达干酪）中诱发腐臭味（Gripon，1993；Guinee 等，2008）。

除了对干酪风味的直接贡献外，FFA 还充当一系列其他挥发性风味化合物的前体，例如正甲基酮、仲醇、羟基酸、内酯、酯和硫酯（Guinee 和 McSweeney，2006）。

8.7.2 影响成熟的因素

干酪成熟过程中的变化受储存条件（时间、温度、包装）的影响显著，影响的大小取决于所用的加工工艺（例如盐分布、皱胃酶保留水平）、成分（例如 pH 值、S/M 和 Ca^{2+} 含量）和微生物。提高成熟温度会加速所有与成熟相关的反应和变化，这些反应和变化可能是有利的（例如，形成典型风味和质地），也可能是不利的（形成异味）。因此，虽然在较高的储存温度下更早地形成所需的物理和感官特性是可取的，但会产生异味（例如酸味）和某些物理特性（例如硬度、拉伸性）恶化的趋势（Guinee，2003），从而降低了干酪的接受度。

许多品种的成熟必须控制环境湿度，主要是那些有表面微生物的品种，例如涂抹干酪［波特撒鲁特干酪（Port Salut）、艾斯诺姆干酪（Ersom）］和霉菌成熟干酪［卡蒙贝尔（Camembert）、蓝纹（Blue）］。环境湿度涉及不同阶段的循环（卡蒙贝尔干酪的环境湿度为 85% ～ 94%），其调节对于控制以下内容非常重要：(a) 表面干燥程度；

（b）水分流失；（c）表面菌群的生长；（d）形成合理的表皮；（e）质地 / 风味变化的水平（Spinnler 和 Gripon，2004；Hélias 等，2007）。相比之下，一些盐渍干酪储存在较低的相对湿度（埃曼塔尔干酪的环境湿度为 80% ～ 85%）以促进外皮的形成，从而保护干酪免受不良的表面生长和水分损失（重量）（Fox 和 Cogan，2004）。然而，现在许多著名的干盐腌（例如切达干酪）和盐水腌制（例如高达干酪、低水分马苏里拉干酪、无皮瑞士干酪）品种都用塑料覆盖或包裹以防止重量损失，并保护干酪表面避免不良细菌生长。

8.8 干酪生产的品质保证

8.8.1 背景

干酪工业技术取得了长足的进步，使干酪的成分和品质更加一致。消费者对重复购买的产品具有一致感官特征的需求以及对特定营养素（如脂肪和盐）摄入量的更多了解推动了干酪品质一致性的发展。此外，从消费者的角度，人们可在更广泛的替代品牌干酪之间选择，品质不稳定会使产品没有吸引力，所以生产商有义务提供品质稳定的产品。然而，干酪成分发生的适度变化会导致微生物、化学和品质特征的品牌内差异（Guinee 等，2008）。考虑到干酪加工的复杂性，一些变化是不可避免的，干酪加工是一个动态过程，乳糖发酵成乳酸，同时蛋白质聚集和脱水收缩，所有这些都受到无数变量相互作用的影响（图 8.2）。此外，乳成分、发酵剂活性和加工工艺的季节性变化也可能导致品质不稳定。乳中酪蛋白含量的季节性变化会造成最终成品的成分和品质变化，特别是根据乳量而不是根据酪蛋白含量添加发酵剂和皱胃酶的情况下。在大型现代化工厂中，根据时间而不是凝乳硬度来切割凝胶会导致凝乳在加工过程中和最终产品中的水分、pH 值和盐分吸收的变化（图 8.5）。同样，发酵剂活性的变化会导致凝乳在不同加工阶段（例如在乳清排水和盐腌阶段）的 pH 值不同，进而影响盐的吸收（Guinee 和 Fox，2004）、钙含量（Czulak 等，1969；Tunick 等，2007）以及热煮特性的差异（Kindstedt 等，2004）。在现代干酪工厂中，最大限度地减少此类过程产品变化是品质保证工作的关键目标。

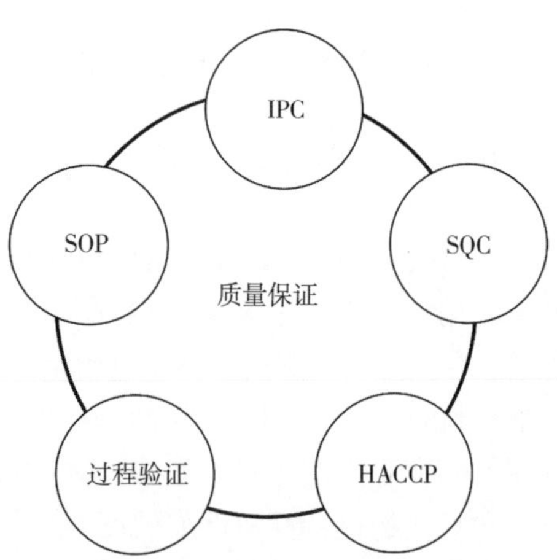

图 8.12 品质保证体系的关键要素。HACCP：对关键控制点进行危害分析；IPC：过程控制；SOP：标准作业程序；SQC：统计品质控制。

8.8.2 品质保证的关键概念

品质保证是指确保产品符合客户和法律要求的品质、加工、成分和道德标准的整个过程。品质保证系统由以下多个支持系统组成（图 8.12）：

- 过程验证。
- 标准操作规程（Standard operating procedure，SOP）。
- 过程控制（In–process control，IPC）。
- 关键绩效指标（Key performance indicators，KPIs）。
- 统计品质控制（Statistical quality control，SQC）。
- 持续品质改进（Continuous quality improvement，CQI）。

过程验证是必要的，以验证加工技术的关键工序是否执行其预期功能并按照工厂设计和调试时的规定执行。过程验证可以验证加工过程中的单元操作，例如干酪桶、凝乳机、凝乳压榨机。关于干酪桶，验证应包括检查其在特定条件下从凝乳中切割出特定凝乳块尺寸分布的能力。如果尺寸分布偏离规定范围，则需要采取的措施可能包括维修、保养干酪桶、刀具和 / 或调整工艺，例如更改切割程序。

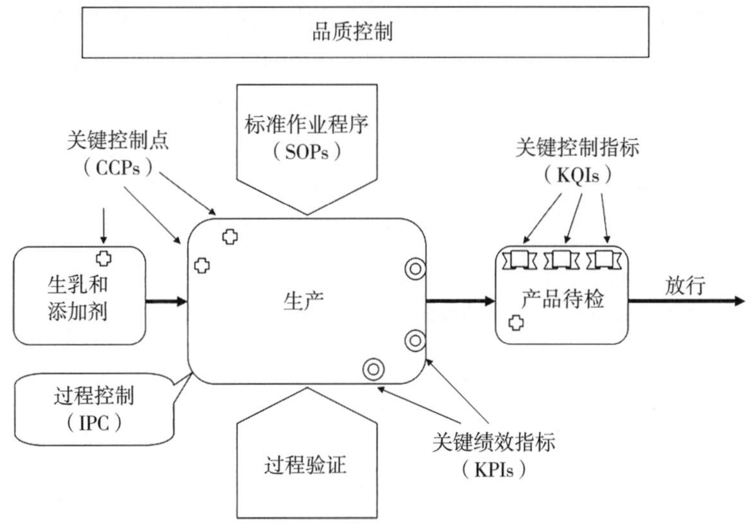

图 8.13 干酪生产品质保证示意图

SOP 本质上是在特定加工过程中执行的指令列表。例如，在将乳转化为干酪的过程中，SOP 将详细说明所需的规范，以及在该过程的每个阶段要执行的操作（图 8.13）。该列表可以规定许多变量的范围，例如：

- 原料乳的 SCC 和 TBC。
- 干酪乳的 PFR。
- 干酪乳的蛋白质水平。
- 巴氏杀菌温度。
- 干酪乳的 pH 值。

• 均质压力（可选步骤）。
• 设定的 pH 值（添加皱胃酶）。
• 皱胃酶类型。
• 酪蛋白或蛋白质与皱胃酶和发酵剂的比例。
• 切割时的硬度和设定切割时间。
• 切割程序（转数、速度、持续时间）。
• 搅拌程序（搅拌速度、时间、速度随时间增加）。
• 热煮程序（热烫温度、加热速度）。
• 乳清排出时凝乳的 pH 值。
• 泵送条件（流量）。
• 预挤压条件:（a）凝乳与乳清比;（b）泵送速度;（c）压力（来自压板或乳清柱高度）;（d）时间;（e）温度。
• 腌制，即盐与凝乳的比例（干酪与盐水体积的比例或凝乳与干盐的重量之比）。

一批干酪的批次记录将包括 SOP 和显示合规性的文件、加工日期和生产运行的其他细节，可用于可追溯和品质保证。

IPC 是指监控 / 测试和记录 KPI 值的过程（图 8.13）。通常，干酪工业中的 IPC 是指与干酪生产线（例如，乳和乳清的滴定酸度、凝乳的 pH 值、凝块形成后的凝乳的盐含量）有关的各种日常检测工作，或通过传感器 / 监视器（例如，温度 /pH 水平、流量、泵速、压力）在线进行，或由与干酪相关的专用实验室离线进行。

包括干酪在内的乳制品生产中的一个主要问题是防止污染物进入产品。污染物可能是“生物的”[例如沙门氏菌属（*Salmonella* spp.）、大肠杆菌（*E. coli*）、肉毒梭菌（*Clostridium botulinum*）、病毒感染]、“化学的”（清洗剂、杀虫剂和其他化学物质的残留）或“物理的”（异物，如金属、玻璃或其他材料碎片）。生物因素可以通过定期表面涂抹、生物荧光三磷酸腺苷测试和监测空气品质来监测。控制污染物的实用方法包括:（a）有效的清洗系统;（b）工作环境的消毒;（c）控制个人卫生 ;（d）进行空气过滤和其他空气品质控制。建筑设计应通过分隔干湿区域和巴氏杀菌前与巴氏杀菌后区域来促进生物控制。必须从微生物角度出发，控制产品包装和储存区域的环境条件。在加工开始前清除产品接触表面的所有清洗剂和消毒剂残留非常重要。异物（玻璃、金属和塑料碎片）进入干酪的风险可以通过 X 射线扫描仪、金属探测器和计算机视觉系统来控制。

通过关键控制点进行的危害分析（HACCPs）是一个可验证的控制系统，以确保符合有关食品安全的产品规范。HACCPs 要求监控可能对消费者造成安全危害的关键点（critical points，CPs）。可以通过过程中纠正措施控制的 CPs 被确定为关键控制点（critical control points，CCPs）。HACCP 的目的是通过只接受符合可测量 / 可接受的 CCPs 的产品来确保安全。HACCP 系统可以与品质管理系统相结合（图 8.13）。

KPI 是指在过程的任何特定阶段的关键参数测量值，参数符合目标范围，表明过程处于受控状态（图 8.13）。在品质控制的背景下，KPI 参数（例如排除乳清的 pH 值）被认为是至关重要的，因为它表明终产品的一个或多个方面（例如干酪的可溶性）的可接受品质。

SQC 是指测试系统和相关记录，以确保最终产品符合客户和法规要求的规范。如第 8.3 节所述，干酪品质的重要参数可分为物理、化学、感官和安全特性（表 8.5）。参数水平 / 强度的组合取决于干酪的品种和品牌以及目标市场 / 用途（例如，用于蓝带禽肉的成熟蓝纹干酪）。某些参数的检测构成最终产品品质控制的基础，这些参数可能被认为对产品可接受性至关重要，必须符合规定标准。这些可以称为关键品质控制参数或关键品质指数（key quality indices，KQI）。例如不同披萨品牌中马苏里拉干酪的拉伸性、莱达姆干酪（Leerdaamer）和埃曼塔尔干酪（Emmental）品牌中的丙酸水平和孔眼形成、蓝色类干酪中的甲基酮风味和纹理方向。一旦代表性样品通过了适当的 SQC 检测，就会放行该批次产品，可进行发货。由于产品规范和相关关键控制参数的差异，所以不适合一个终端用户的干酪可能适合另一个终端用户。

CQI 指的是干酪标准的持续改进，随着消费者对营养、健康和安全意识的提高，干酪标准的要求不断提高。例如推动减少食品（包括干酪）中的钠含量、再制干酪加工商对具有完整酪蛋白、钙和 pH 值的天然干酪的需求。这为持续改进品质提供了动力，这可能涉及加工的几个方面，例如乳品质、乳蛋白标准化、更准确的盐添加水平、更稳定的发酵剂酸生成。CQI 改进系统包括以下：

• 乳品质改进（减少 SCC）。

• 工艺改进 / 适应和新干酪技术的结合，例如，通过膜过滤进行乳蛋白的标准化或使用称重传感器代替高度感应装置，以预估切达干酪在连续腌制过程中的重量。

• 更全面地验证干酪加工流程中的单元操作（例如碾磨后的凝乳碎尺寸分布）。

• 采用在线自动控制 / 过程传感器监测 KQIs，如特定加工阶段的凝乳硬度、pH 值、水分。

• 使用统计过程控制（例如六西格码）来监控与目标值的偏差。

• 采用更先进的技术以减少品质不稳定，例如，使用超滤或添加天然酪蛋白粉对干酪乳进行蛋白质标准化，或使用噬菌体强化的发酵剂和生长强化培养基来最大限度地减少酸生成量变化的影响（例如盐吸收的变化）。

• 改进学术界和制造业之间的合作，促进将新的改进概念引入干酪加工。

• 商业过程建模，以优化产品品质和产量，例如储存温度和湿度对卡蒙贝尔成熟过程中重量损失的影响。

长期过程建模与在线监控相结合，被视为优化过程控制和提高干酪品质的一种方法，例如，缩小单个干酪品种中钠含量的控制范围。多种因素增强了这种方法的可行性，包括过程分析技术的发展及其在制药行业的验证（Singh 等，2009），以及仪器仪表和在线监测技术的快速发展。虽然这种方法为提高产品品质提供了重要机会，但其在干酪行业的应用无疑将受到经营规模和严格合规要求的影响。建模在这种情况下的作用将在下文讨论。

表 8.5 用于评估干酪品质的测试

化学特性	物理特性	感官特性	成分组成 / 营养特征
氮在不同溶剂中的溶解度： 水，pH 4.6，三氯乙酸，钨磷酸	流变 / 纹理特性 大应变变形（法向力） 纹理分析仪 / 纹理轮廓分析（TPA）、压缩、弯曲、渗透、伸长测量、铺展性 大应变变形（剪切力） 扭转凝胶、剪切应力、剪切应变、剪切刚度、铺展性	干酪分级	脂肪
游离氨基酸分析	低应变变形 流变仪 / 质构分析仪 弹性模量、黏性模量、损耗角正切（相角）	三角测试	蛋白质
肽分析、反相 HPLC、凝胶电泳、体积排阻色谱	黏性	描述性感官分析 风味和香气、外观、视觉质地、触觉质感	钙
有机酸： 乳酸，乙酸，丙酸	切碎性 / 可碎性 聚集指数、凝乳细粉、图像分析、切片性 / 可分割性		乳糖
游离脂肪酸分析	颜色评估（色度计） 视觉纹理 图像纹理分析、高光谱成像		生物胺
	显微结构 共焦激光扫描显微镜、扫描电子显微镜、透射电子显微镜		钠（盐）
	孔眼特征 图像分析、断层扫描		热值
	热煮特性 融化时间、流动程度、Schreiber、Arnott、Price Olson、图像分析、融体流动性（损耗角正切）、拉伸性		

此外，通过向工厂操作员、主管和经理提供 KPIs 的图形趋势，有助于实施品质改进，图形趋势可查看特定的偏差表现是趋势的一部分还是个例。根据过去的表现和 / 或理论限制，显示目标线也很有用，KPIs 应该位于目标线附近，限值以内。因此，干酪产量或脂肪损失的目标线将根据该工厂以前的表现从乳成分中计算出来，实际产量可以体现在图表上，可显示其超过或低于目标多少。

8.8.3 凝乳和干酪品质特性的控制与预测

使用数学模型预测干酪品质

干酪加工商早就知道，可以通过改变储存条件（即温度和湿度）来影响干酪成熟的速度，也就是在储存过程中形成具有各个品种干酪特征的独特的风味和质地（Lawrence 等，

1987；Hélias 等，2007）。然而，他们发现某些风险和局限性可能也与这些改变有关，例如，虽然提高储存温度可能会加速蛋白质水解、游离氨基酸的形成和更快的成熟，但也可能会加速腐败微生物的生长并产生风味缺陷。然而，温度对干酪品质的总体影响也会受到其他产品变量（包括水分、乳酸和钙的含量；pH 值；NSLAB 的类型和数量以及发酵剂的自溶特性）的影响。因此，干酪加工商很难预测特定过程变量的响应。建模技术用于帮助干酪加工商预测过程变化对品质的影响，基于记录的数据，包括测量的过程 / 产品变量（成熟温度、湿度）和品质响应（成熟过程中的重量损失、断裂特性、分级分数，色度和强度）。

本书引用了两种类型的此类过程建模方法。第一种方法有时被称为白盒建模，是一种基于物理化学关系的机械方法。例如：（a）使用 Maxwell–Stefan 方程的盐 / 水分扩散（Payne 和 Morison，1999）；（b）特定微生物的耐热性数据以模拟巴氏杀菌效果（Schutyser 等，2008）；（c）温度对软干酪黏度影响的 Arrhenius 方程（Gunasekaran 和 Ak，2003）；（d）使用吸水数据测定水分活度。第二种是经验方法，有时被称为黑盒法，使用历史检测数据库，建立品质参数与一个或多个产品 / 过程变量的回归。经验方法可能包括人工神经网络、模糊逻辑、多元线性回归或主成分分析。在干酪中的应用包括预测以下品质特性：（a）使用近红外反射率（near–infrared reflectance，NIR）预测再制干酪的感官特性（Blazquez 等，2006）；（b）基于酪蛋白降解的毛细血管电泳图预测羊乳干酪成熟时间（Albillos 等，2006）；（c）使用光谱法分析再制干酪的融化特性（Garimella Purna 等，2005）；（d）使用荧光光谱法确定埃曼塔尔干酪的地理来源（Karoui 等，2004）；（e）估算化学参数的技术，例如使用超高频电介质法测定再制干酪的水分或氯化钠含量（Fagan 等，2005）；（f）使用荧光光谱法检测圣内克泰尔干酪（Saint–Nectaire）与品质相关的化学参数（Karoui 和 Dufour，2008）。

任何一种方法在应用于食品系统时都有其局限性。机械方法仅限于模拟复杂的食品系统，该方法可能无法完全描述其物理化学表现。例如，虽然氯化钠扩散可以简单地用一个方程（一维扩散的菲克定律）来描述，但由于扩散过程中结构的不均匀性和变化、扩散途径的复杂性、成分（pH 值、钙）和环境参数（例如温度、相对湿度）的相互作用以及几种成分（氯化钠、钙和乳酸）的同时扩散，发生扩散的介质（干酪基质中的水分）很难表征。然而，如果可以将品质指数与物理和化学基础联系起来，即使在先前测量值的范围之外，也可以做出可靠的预测。另外，经验关系仅在历史数据的可变性范围内有效，受数据的准确性影响，并且可能因工艺变化或配方变化而失效。在实践中，经常使用混合方法，即经验模型和机械模型的组合，即使用既定定律或原理解释某些物理化学效应的模型，但需要拟合历史数据以确定未知系数和 / 或以经验的方式考虑其他因素（Verschueren 等，2001；Roupas，2008）。

已发现在卡蒙贝尔干酪成熟期间应用于 pH 值和微生物检测的遗传编程技术，可以增加人们确定干酪不同成熟阶段的专业知识（Barriére 等，2008）。

用于检测品质和 / 或成熟度的新兴在线技术

干酪品质 / 成熟度的预测很复杂，因为它受到许多理化、微生物和物理评判原则的动态相互影响。因此，预测建模需要快速获取各种参数的数据。理想情况下，这需要使用在线设备进行数据检测、采集和建模。许多这样的方法已应用于干酪的品质预测，下文将简要介绍。这些方法通常被称为化学计量学，是指采集多个产品变量的大量数据，使用先进的统计技术进行处理，以建立系统模型。

电子鼻

干酪加工商和品控管理人员通过人工评估员（分级员或感官小组）来量化干酪品质。因此，人们开展大量研究来补充感官评估，使用诸如“电子鼻”“电子舌”或光学设备等仪器来感应颜色和纹理（在视觉上）。

所谓的电子鼻是一种很有前途的技术，它基于对化学参数（例如肽、醇、酮、游离氨基酸和 FFAs）的检测来建立感官接受度，已知这些参数在某些阈值浓度下会影响品质和感官特性。基于质谱的电子鼻可以根据挥发性或芳香化合物快速区分干酪（Frank 等，2004；Vitova 等，2006；Hayaloglu 等，2008）。该技术已被用于区分来自不同原产国的埃曼塔尔干酪（Pillonel 等，2003），并可通过其微生物数量来区分干酪（Kocaoglu-Vurma 等，2008）。电子鼻基于气体传感器阵列技术与人工神经网络的结合，是在线快检技术的应用（Haugen，2001；Tothill 等，2001）。因为感官评价小组的校准是这些技术唯一的参考方法，所以这些技术不能替代感官评价小组，但它们可以影响用感官评价小组进行香气和味道的在线检测。此类技术还被用于筛选从不同来源分离的乳酸乳球菌（*Lactococcus lactis*）菌株，以根据它们产生的香气确定其在干酪发酵剂中的潜在作用（Gutiérrez-Méndez 等，2008）。

光谱学

已经报道了使用红外和其他光谱法作为干酪制造业中的品质控制工具。Fagan 等（2007b,c）成功地使用中红外光谱来区分用不同成分和不同乳化盐水平制成的加工干酪的感官质地特征。使用偏最小二乘回归分析了再制干酪的光谱（在 2.5 ～ 15.6 μm 的波长范围内采集），以获得相应的感官数据。对在 CCPs 下取得的乳、凝乳和干酪样品进行 NIR 分析，以快速确定成分（脂肪、蛋白质、水分），监测整个生产过程中目标的符合性（Adamopoulos 等，2001）。Blazquez 等（2004）表明再制干酪的成分可以使用 NIR 确定。Revilla 等（2009）表明，NIR 反射率可用于确定由羊乳制成的干酪的 Warner-Bratzler 剪切力（切割所需的力的度量）。

生物传感器

已经回顾了食品工业中生物传感器的使用（Kress-Rogers，2001）。本质上，生物传感器是一种生物活性材料，该材料能够与食物的某些生化成分发生反应并产生响应信号（电或光信号），可用于检测特征物或污染物。虽然作者不了解目前用于监测干酪品质的生物传感器，但预计它们将成为未来干酪行业品质评估的主要工具（Warsinke 等，2001）。目前已经开发出用于检测特定微生物的生物传感器（Schmidt 和 Bilitewski，2001）。然而目前来说，这些传感器的敏感度还不足以向消费者保证不存在病原体。

8.8.4　干酪加工中的机器人

随着干酪的加工从传统的农家操作发展到大规模的工业规模，大部分以前的手动步骤已经自动化，例如，凝乳泵入大桶、凝块的切割、凝乳的搅拌、排干乳清、凝乳的压榨和腌制（Fergusson，1991；Bennett 和 Johnston，2004）。可以使用机器人来协助处理和包装操作，例如将干酪块从仓库运送到包装线，将其切割成所需的尺寸和形状，称重并为消费者包装，将小包装组装成更大的单元，然后由机器人码垛并准备装车或储存。已经开发了带有真空夹具的机器人系统，用于处理覆蜡的圆形干酪块（McGovern，2008）。

8.9　总结

简单地说，干酪的生产过程可以分为两步，包括将乳转化为浓缩蛋白基质，然后再转化为具有该品种所需特性的干酪。这两个阶段都非常复杂，包括通过添加外源酶（皱胃酶、胃前酯酶）或从生产中采用从培养基中提取的酶改变 / 降解基础成分（蛋白质、脂肪）。凝块加工要对乳进行一系列的单元操作（巴氏杀菌、凝乳、切割、酸化、热煮、盐渍），使其从低干物质胶态分散的脂肪球和磷酸钙酪蛋白颗粒转变为凝聚了脂肪和水分的浓缩磷酸钙衍生酪蛋白网络结构。凝乳通过一系列生化、微生物、结构、物理和感官协同变化转化为成熟的干酪，这些变化受到网络结构成分和成熟条件（如温度和湿度）的调控。

由于这种复杂性，所以必须严格控制原材料、加工工艺和成熟条件，以确保达到所需的始终如一的特性。这需要一个对全过程所有阶段有效的品质保证（Quality Assurance，QA）体系。这种品质控制体系的基本要素包括 SOPs 和制度的建立，产品抽样和测试方案，以及从 SQC 到生产的信息反馈。然而，任何品质保证体系的必要条件是对整个过程的化学基础、微生物学、酶学和工艺学的深入了解。

越来越多的国际贸易要求干酪产业具备更严格的品质保证体系，这很大程度上拉开了生产者和消费者之间的距离，并更多依赖于国际食品法典等标准；生产规模越大，自动化程度越高，人工干预的机会越少，消费者对食品、健康和安全问题的意识越来越强，因此保证食品品质的要求更多。为了满足这些需求，更加精细的品质管控体系正在融入干酪生产中。这些系统覆盖整个干酪生产流程，从进入工厂的原料乳和其他原材料品质控制，和之后的一系列巴氏杀菌、暂存、凝乳、凝块处理、盐渍、压榨、储存和成熟的检测分析，甚至其他针对特定客户的操作，比如切片和包装。以实验室为基础的分析正在被越来越多的在线、过程分析和过程、品质自动程序控制所弥补。事实上，为加工出更加符合用户期望的干酪，较好地控制干酪生产线上每一个加工工序是减少品质波动（例如水分和盐分）的关键之一。分析技术（如红外光谱、荧光光谱、图纹分析和生物传感器）的进一步发展，无疑将在未来的品质控制中发挥重要作用。

参考文献

Adamopoulos, K.G., Goula, A.M. & Petropakis, H.J. (2001) Quality control during processing of Feta cheese – NIR application. *Journal of Food Composition and Analysis*, 14, 431–440.

Albenzio, M., Caroprese, M., Santillo, A., Marino, R., Taibi, L. & Sevi, A. (2004) Effects of somatic cell count and stage of lactation on the plasmin activity and cheese–making properties of ewe milk. *Journal of Dairy Science*, 87, 533–542.

Albillos, S.M., Busto, M.D., Perez–Mateos, M. & Ortega, N. (2006) Prediction of the ripening times of ewe′ s milk cheese by multivariate regression analysis of capillary electrophoresis casein fractions. *Journal of Agricultural and Food Chemistry*, 54, 8281–8287.

Amenu, B. & Deeth, H.C. (2007) The impact of milk composition on Cheddar cheese manufacture. *Australian Journal of Dairy Technology*, 62, 171–184.

Andreatta, E., Fernandes, A.M., Veiga–dos–Santos, M., Goncalves de Lima, C., Mussarelli, C., Marques, M.C. & Fernandes–de–Oliveira, C.A. (2007) Effects of milk somatic cell count on physical and chemical characteristics of mozzarella cheese. *Australian Journal of Dairy Technology*, 62, 166–170.

Anema, S.G. & Li, Y. (2003a) Association of denatured whey proteins with casein micelles in heated reconstituted skim milk and its effect on casein micelle size. *Journal of Dairy Research*, 70, 73–83.

Anema, S.G. & Li, Y. (2003b) Effect of pH on the association of denatured whey proteins with casein micelles in heated reconstituted skim milk. *Journal of Agricultural and Food Chemistry*, 51, 1640–1646.

Anema, S.G., Lowe, E.K. & Lee, S.–K. (2004) Effect of pH at heating on the acid–induced aggregation of casein micelles in reconstituted skim milk. *Lebensmittel Wissenschaft und Technologie*, 37, 779–787.

Anonymous (2003) *Dairy Processing Handbook*, 2nd and revised edition of G. Bylund (1995), Tetra Pak Processing Systems AB, Lund.

Auldist, M.G., Johnston, K.A., White, N.J., Fitzsimons, W.P. & Boland, M.J. (2004) A comparison of the composition, coagulation characteristics and cheesemaking capacity of milk from Friesian and Jersey dairy cows. *Journal of Dairy Research*, 71, 51–57.

Auldist, M.J., Coats, S., Sutherland, B.J., Mayes, J.J., McDowell, G.H. & Rogers, G.L. (1996) Effects of somatic cell count and stage of lactation on raw milk composition and the yield and quality of Cheddar cheese. *Journal of Dairy Research*, 63, 269–280.

Auldist, M.J., Walsh, B.J. & Thomson, N.A. (1998) Seasonal and lactational influences on bovine milk composition in New Zealand. *Journal of Dairy Research*, 65, 401–411.

Banks, J.M., Law, A.J.R., Leaver, J. & Horne, D.S (1994a) The inclusion of whey proteins in cheese – an overview. *Cheese Yield and Factors Affecting its Control*, Special Issue 9402, pp. 48–54.

International Dairy Federation, Brussels. Banks, J.M., Law, A.J.R., Leaver, J. & Horne, D.S. (1994b) Sensory and functional properties of cheese: incorporation of whey proteins by pH manipulation and heat treatment. *Journal of the Society of Dairy Technology*, 47, 124–131.

Banks, J.M., Stewart, G., Muir, D.D. & West, I.G. (1987) Increasing the yield of Cheddar cheese by the acidification of milk containing heat–denatured whey protein. *Milchwissenschaft*, 42, 212–215.

Banks, J.M. & Tamime, A.Y. (1987) Seasonal trends in the efficiency of recovery of milk fat and casein in cheese manufacture. *Journal of the Society of Dairy Technology*, 40, 64–66.

Barbano, D.M. & Sherbon, J.W. (1984) Cheddar cheese yields in New York. *Journal of Dairy Science*, 67, 1873–1883.

Barrière, O., Lutton, E., Baudrit, C., Sicard, M., Pinaud, B. & Perrot, N. (2008) Modeling human expertise on a cheese ripening industrial process using GP. *Lecture Notes in Computer Science*, 5199, 859–868.

Bech, A.M. (1993) Characterising ripening in UF–cheese. *International Dairy Journal*, 3, 329–342.

Bennett, R.J. & Johnston, K.A. (2004) General aspects of cheese technology. *Cheese, Chemistry, Physics and Microbiology, Volume 2: Major Cheese Groups* (eds P.F. Fox, P.L.H. McSweeney, T.M. Cogan and T.P. Guinee), 3rd edn, pp. 23–50, Elsevier Academic Press, Amsterdam.

Beresford, T.P. & Williams, A. (2004) The microbiology of cheese ripening.*Cheese: Chemistry, Physics and Microbiology, Volume 1: General Aspects* (eds P.F. Fox, P.L.H. McSweeney, T.M. Cogan and T.P. Guinee), 3rd edn, pp. 287–317, Elsevier Academic Press, Amsterdam.

Beuvier, E. & Buchin, S. (2004) Raw milk cheeses. *Cheese: Chemistry, Physics and Microbiology, Volume 1: General Aspects* (eds P.F. Fox, P.L.H. McSweeney, T.M. Cogan and T.P. Guinee), 3rd edn, pp. 319–345, Elsevier Academic Press, Amsterdam.

Blazquez, C., Downey, G., O′ Callaghan, D., Howard, V., Delahunty, C., Sheehan, L. & O′ Donnell, C. (2006) Modelling of sensory and instrumental texture parameters in processed cheese by near infrared reflectance spectroscopy. *Journal of Dairy Research*, 73, 58–69.

Blazquez, C., Downey, G., O′Donnell, C., O′Callaghan, D. and Howard, V. (2004) Prediction of moisture, fat and inorganic salts in processed cheese by near infrared reflectance spectroscopy and multivariate data analysis. *Journal of Near Infrared Spectroscopy*, 12, 149–158.

Broome, M.C., Tan, S.E., Alexander, M.A. & Manser, B. (1998a) Low–concentration–ratio ultrafiltration for Cheddar cheese manufacture. I: Effect on seasonal cheese composition. *Australian Journal of Dairy Technology*, 53, 5–10.

Broome, M.C., Tan, S.E., Alexander, M.A. & Manser, B. (1998b) Low–concentration–ratio ultrafiltration for Cheddar cheese manufacture – Ⅱ: Effect on maturation. *Australian Journal of Dairy Technology*, 53, 11–16.

Bruhn, J.C. & Franke, A.A. (1991) Raw milk composition and cheese yields in California: 1987 and 1998. *Journal of Dairy Science*, 74, 1108–1114.

Bulca, S., Leder, J. & Kulozik, U. (2004) Impact of UHT or high heat treatment on the rennet gel formation of skim milk with various whey protein contents. *Milchwissenschaft*, 59, 590–593.

Bush, C.S., Caroutte, C.A., Amundson, C.H. & Olson, N.F. (1983) Manufacture of Colby and brick cheeses from ultrafiltered milk. *Journal of Dairy Science*, 66, 415–421.

Caccamo, M., Melilli, C., Barbano, D.M., Portelli, G., Marino, G. & Licitra, G. (2004). Measurement of gas holes and mechanical openness in cheese by image analysis. *Journal of Dairy Science*, 87, 739–748.

Cardello, A.V. (1997) Perception of food quality. *Food Storage Stability* (eds I.A. Taub & R.P. Singh), pp.1–37, CRC Press, Boca Raton.

Carreira, A., Dillinger, K., Eliskases–Lechner, F., Loureiro, V., Ginzinger, W. & Rohm, H. (2002) Influence of selected factors on browning of Camembert cheese. *Journal of Dairy Research*, 69, 281–292.

Celik, S., Bakirci, I. & Ozdemir, S. (2005) Effects of high heat treatment of milk and brine concentration on the quality of Turkish white cheese. *Milchwissenschaft*, 60, 147–151.

Chapman, H.R., Sharpe, M.E. & Law, B.A. (1976). Some effects of low-temperature storage of milk on cheese production and Cheddar cheese flavour. *Dairy Industries International*, 41(2), 42–45.

Commission Internationale de l' Éclairage (1986) *Colorimetry*, 2nd edn, Bulletin No. 15.2, Commission Internationale de l' Éclairage (CIE), Central Bureau Kegelgasse 27A–1030, Vienna.

Collins, Y.F., McSweeney, P.L.H. and Wilkinson, M.G. (2004) Lipolysis and catabolism of fatty acids in cheese. *Cheese: Chemistry, Physics and Microbiology, Volume 1: General Aspects* (eds P.F. Fox, P.L.H. McSweeney, T.M. Cogan & T.P. Guinee), 3rd edn, pp. 373–389, Elsevier Academic Press, Amsterdam.

Combs, W.B., Martin, W.H. & Hugglar, N.A. (1924) Clarification of milk for cheese making. *Journal of Dairy Science*, 7, 524–529.

Considine, T., Patel, H.A., Anema, S.G., Singh, H. & Creamer, L.K. (2007). Interactions of milk proteins during heat and high hydrostatic pressure treatments – A review. *Innovative Food Science and Emerging Technologies*, 8, 1–23.

Cousin, M.A. & Marth, E.H. (1977) Cheddar cheese made from milk that was precultured with psychrotropic bacteria. *Journal of Dairy Science*, 60, 1048–1056.

Creamer, L.K., Iyer, M. & Lelievre, J. (1987) Effect of various levels of rennet addition on characteristics of Cheddar cheese made from ultrafiltered milk. *New Zealand Journal of Dairy Science and Technology*, 22, 205–214.

Creamer, L.K. & Olson, N.F. (1982) Rheological evaluation of maturing Cheddar cheese. *Journal of Food Science* 47, 631–636.

Creamer, L.K., Zoerb, H.F., Olson, N.F. & Richardson, T. (1982) Surface hydrophobicity of α_{s1}–I, α_{s1}–Casein A and B and its implications in cheese structure. *Journal of Dairy Science* 65, 902– 906.

Cromie, S. (1992) Psychrotrophs and their enzyme residues in cheese milk. *Australian Journal of Dairy Technology*, 47, 96–100.

Czulak, J., Conochie, J., Sutherland, B.J. & van Leeuwen, H.J.M. (1969) Lactose, lactic acid and mineral equilibria in Cheddar cheese manufacture. *Journal of Dairy Research*, 36, 93–101.

Dalgleish, D.G. & Law, A.J.R. (1988) pH–induced dissociation of bovine casein micelles. I: Analysis of liberated caseins. *Journal of Dairy Research*, 55, 529–538.

Dalgleish, D.G. & Law, A.J.R. (1989) pH–induced dissociation of bovine casein micelles. Ⅱ : Mineral solubilization and its relation to casein release. *Journal of Dairy Research*, 56, 727–735.

Dasgupta, A.P. & Hull, R.R. (1989) Late blowing of Swiss cheese: incidence of *Clostridium tyrobutyricum* in manufacturing milk. *Australian Journal of Dairy Technology*, 44, 82–87.

Daviau, C., Famelart, M.H. Pierre, A., Goudédranche, H., Maubois, J.–L. & Fox, P.F. (2000) Rennet coagulation of skim milk and curd drainage: effect of pH, casein concentration, ionic strength and heat treatment. *Lait*, 80, 397–415.

Davis, J.G. (1976) *Cheese*, Vol. Ⅲ, pp. 586–592, 702–731, Churchill Livingstone, Edinburgh.

Dejmek, P. & Walstra, P. (2004) The syneresis of rennet–induced curd. *Cheese: Chemistry, Physics and Microbiology, Volume 1: General Aspects* (eds P.F. Fox, P.L.H. McSweeney, T.M. Cogan and T.P. Guinee), 3rd edn, pp. 71–103, Elsevier Academic Press, Amsterdam.

Delahunty, C.M. & Drake, M.A. (2004) Sensory character of cheese and its evaluation. *Cheese: Chemistry, Physics and Microbiology, Volume 1: General Aspects*(eds P.F. Fox, P.L.H. McSweeney, T.M. Cogan and T.P. Guinee), 3rd edn, pp. 455–487, Elsevier Academic Press, Amsterdam.

Dimitreli, G. & Thomareis, A.S. (2007) Texture evaluation of block-type processed cheese as a function of chemical composition and in relation to its apparent viscosity. *Journal of Food Engineering*, 79, 1364–1373.

Donato, L. & Guyomarc' h, F. (2009). Formation and properties of the whey protein/kappa-casein complexes in heated skim milk – A review. *Lait – Dairy Science and Technology*, 89, 3–29.

Donnelly, C.W. (2004). Growth and survival of microbial pathogens in cheese. *Cheese: Chemistry, Physics and Microbiology, Volume 1: General Aspects* (eds P.F. Fox, P.L.H. McSweeney, T.M.

Cogan and T.P. Guinee), 3rd edn, pp. 541–559, Elsevier Academic Press, Amsterdam.

Downey, L. & Doyle, P.T. (2007) Cow nutrition and dairy product manufacture – implications of seasonal pasture-based milk production systems. *Australian Journal of Dairy Technology*, 62, 3–11.

Dufossé, L., Galaup, P., Carlet, E., Flamin, C. & Valla, A. (2005) Spectrocolorimetry in the CIE $L^* a^* b^*$ colour space as useful tool for monitoring the ripening process and the quality of PDO red-smear soft cheeses. *Food Research International*, 38, 919–924.

Dzurec, C.A. & Zall, R.R. (1986a) On-farm heating of milk increases Cottage cheese yields. *Cultured Dairy Products Journal*, 21(1), 25–26.

Dzurec, C.A. & Zall. R.R. (1986b) Why Cottage cheese yields are increased when milk is heated on the farm. *Cultured Dairy Products Journal*, 21(3), 8–9.

Erdem, Y.K. (1997) The effect of calcium chloride concentration and pH on the clotting time during the renneting of milk. *Gida*, 22, 449–455.

Eskelinen, J.J., Alavuotunki, A.P., Haeggström, E. & Alatossava, T. (2007) Preliminary study of ultrasonic structural quality control of Swiss-type cheese. *Journal of Dairy Science*, 90, 4071–4077.

EU (1992) Council Directive 92/46/EEC of 16 June 1992 laying down health rules for the production and placing on the market of raw milk, heat-treated milk and milk-based products. *Official Journal of the European Commission*, L268, 1–32.

Euston, S.R., Piska, I., Wium, H. & Qvist, K.B. (2002) Controlling the structure and rheological properties of model cheese systems. *Australian Journal of Dairy Technology*, 57, 145–152.

Everard, C.D., O' Callaghan, D.J., Fagan, C.C., O' Donnell, C.P., Castillo, M. & Payne, F.A. (2007a) Computer vision and color measurement techniques for inline monitoring of cheese curd syneresis. *Journal of Dairy Science*, 90, 3162–3170.

Everard, C.D., O' Callaghan, D.J., Mateo, M.J., O' Donnell, C.P., Castillo, M. & Payne, F.A. (2008) Effects of cutting intensity and stirring speed on syneresis and curd losses during pilot scale cheese making. *Journal of Dairy Science*, 91, 2575–2582.

Everard, C.D., O' Callaghan, D.J., O' Kennedy, B.T., O' Donnell, C.P., Sheehan, E.M. & Delahunty, C.M. (2007b) A three-point bending test for prediction of sensory texture in processed cheese. *Journal of Texture Studies*, 38, 438–456.

Everard, C.D., O' Donnell, C.P., O' Callaghan, D.J., Sheehan, E.M., Delahunty, C.M., O' Kennedy, B.T. & Howard, V. (2007c) Prediction of sensory textural properties from rheological analysis for process cheeses varying in emulsifying salt, protein and moisture contents. *Journal of the Science of Food and Agriculture*, 87, 641–650.

Fagan, C.C., Castillo, M., Payne, F.A., O' Donnell, C.P. and O' Callaghan, D.J. (2007a) Effect of cutting time, temperature, and calcium on curd moisture, whey fat losses, and curd yield by response surface methodology. *Journal of Dairy Science*, 90, 4499–4512.

Fagan, C.C., Du, C.–J., O′ Donnell, C.P., Castillo, M., Everard, C.D., O′ Callaghan, D.J. & Payne, F.A. (2008) Application of image texture analysis for online determination of curd moisture and whey solids in a laboratory–scale stirred cheese vat. *Journal of Food Science*, 73, E250–E258.

Fagan, C.C., Everard, C., O′ Donnell, C.P., Downey, G. & O′ Callaghan, D.J. (2005). Prediction of inorganic salt and moisture content of process cheese using dielectric spectroscopy. *International Journal of Food Properties*, 8, 543–557.

Fagan, C.C., Everard, C., O′ Donnell, C.P., Downey, G., Sheehan, E.M., Delahunty, C.M. & O′ Callaghan, D.J. (2007b) Evaluating mid–infrared spectroscopy as a new technique for predicting sensory texture attributes of processed cheese. *Journal of Dairy Science*, 90, 1122–1132.

Fagan, C.C., Everard, C., O′ Donnell, C.P., Downey, G., Sheehan, E.M., Delahunty, C.M., O′ Callaghan, D.J. & Howard, V. (2007c) Prediction of processed cheese instrumental texture and meltability by mid–infrared spectroscopy coupled with chemometric tools. *Journal of Food Engineering*, 80, 1068–1077.

FAO/WHO (2007) Codex general standard for cheese. *Milk and Milk Products*, CODEX STAN A–6–1978, Revised 1–1999, Amended 2006, pp. 53–59. Communication Division the Food and Agriculture Organization of the United Nations, Rome. (www.codexalimentarius.net/web/standard list).

FDA (2003) Code of Federal Regulations Part 133: Cheese and related products. *Food and Drugs 21, Code of Federal Regulations, Parts 100–169*, US Government Printing Office, Washington, DC. (www.gpoaccess.gov/CFR/INDEX.HTML).

Fenelon, M.A. & Guinee, T.P. (1999) The effect of milk fat on Cheddar cheese yield and its prediction, using modifications of the Van Slyke cheese yield formula. *Journal of Dairy Science*, 82, 2287– 2299.

Fenelon, M.A. & Guinee, T.P. (2000) Primary proteolysis and textural changes during ripening in Cheddar cheeses manufactured to different fat contents. *International Dairy Journal*, 10, 151–158.

Fenelon, M.A., Guinee, T.P., Delahunty, C., Murray, J. & Crowe, F. (2000) Composition and sensory attributes of retail Cheddar cheeses with different fat contents. *Journal of Food Composition Analysis*, 13, 13–26.

Fergusson, P.H. (1991). Principles of unit operations: cheese vats. *International Journal of Dairy Technology*, 44(4) 91–94.

Ferron–Baumy, C., Maubois J.L., Garric, G. & Quiblier J.P. (1991) Coagulation présure du lait et des rétentats d′ ultrafiltration. Effets de divers traitements thermiques. *Lait*, 71, 423–434.

Fjaervoll, A. (1968) The theory and use of centrifugal machines in the dairy industry. *Journal of the Society of Dairy Technology*, 21, 180–189.

Fox, P.F. (1969) Effect of cold–ageing on the rennet–coagulation time of milk. *Irish Journal of Agricultural Research*, 8, 175–182.

Fox, P.F. (1975) Influence of cheese composition on quality. *Irish Journal of Agricultural Research*, 14, 33–42.

Fox, P.F. & Cogan, T.M. (2004) Factors that affect the quality of cheese. *Cheese: Chemistry, Physics and Microbiology, Volume 1: General Aspects* (eds P.F. Fox, P.L.H. McSweeney, T.M. Cogan and T.P. Guinee), 3rd edn, pp. 583–608, Elsevier Academic Press, Amsterdam.

Fox, P.F. & Guinee, T.P. (2000) Processing characteristics of milk constituents. *Proceedings of the British Society of Animal Science Occasional Publication No. 25*, (eds R.E Agnew and A.M. Fearon), pp. 39–68, British Society of Animal Science, Edinburgh.

Fox, P.F., Guinee, T.P., Cogan, T.M. & McSweeney, P.L.H. (2000) *Fundamentals of Cheese Science*, Aspen Publishers, Inc., Gaithesburg, MD.

Fox, P.F., O′ Connor, T.P., McSweeney, P.L.H., Guinee, T.P. & O′ Brien, N.M. (1996) Cheese: physical, biochemical, and nutritional aspects. *Advances in Food and Nutrition Research*, 39, 163–328.

Frank, D.C., Owen, C.M. & Patterson, J. (2004) Solid phase microextraction (SPME) combined with gas chromatography and olfactometry–mass spectrometry for characterization of cheese aroma compounds. *Libensmittel Wissenschaft und Technologie*, 37, 139–154.

Garcia–Risco, M.R., Ramos, M. & Lopez–Fandino, R. (2002) Modifications in milk proteins induced by heat treatment and homogenization and their influence on susceptibility to proteolysis. *International Dairy Journal*, 12, 679–688.

Garimella Purna, S.K., Prow, L.A. & Metzger, L.E. (2005) Utilization of front–face fluorescence spectroscopy for analysis of process cheese functionality. *Journal of Dairy Science*, 88, 470–477.

Geurts T.J., Walstra, P. & Mulder, H. (1972) Brine composition and the prevention of the defect ′ soft rind′ in cheese. *Netherlands Milk and Dairy Journal*, 26, 168–179.

te Giffel, M.C., Wagendorp, A., Herrewegh, A. & Driehuis, F. (2002) Bacterial spores in silage and raw milk. *Antonie van Leeuwenhoek*, 81, 625–630.

Ghosh, B.C., Steffl, A., Hinrichs, J. & Kessler, H.G. (1994) Rennetability of whole milk homogenized before or after pasteurization. *Milchwissenschaft*, 49, 363–367.

Gilles, J. (1976) Control of salt in moisture in Cheddar cheese. *New Zealand Journal of Dairy Science and Technology*, 11, 291–211.

Gilles, J. & Lawrence, R.C. (1973) The assessment of Cheddar cheese quality by compositional analysis. *New Zealand Journal of Dairy Science and Technology*, 8, 148–151.

Gilmour, A.M., MacEhhinney, R.S., Johnston, D.E. & Murphy, R.J. (1981) Thermisation of milk – some microbiological aspects. *Milchwissenschaft*, 36, 457–461.

Girgis, E.S., Abd–El–Ghany, I.H.I, Yousef, L.M. & Mohammed, L.M. (1999) Effect of milk pretreatment and storage conditions on the properties and keeping quality of Ras cheese. *Egyptian Journal of Dairy Science*, 27, 153–166.

Gobbetti, M., Lanciotti, R., de Angelis, M., Corbo, M.R., Massini, R. & Fox, P.F. (1999a) Study of the effects of temperature, pH and NaCl on the peptidase activities on non–starter lactic acid bacteria (NSLAB) by quadratic response surface methodology. *International Dairy Journal*, 9, 865–875.

Gobbetti, M., Lanciotti, R., de Angelis, M., Corbo, M.R., Massini, R. & Fox, P.F. (1999b) Study of the effects of temperature, pH, NaCl and *a*w on the proteolytic and lipolytic activities of cheese–related lactic bacteria by quadratic response surface methodology. *Enzyme and Microbial Technology*, 25, 795–809.

Govindasamy–Lucey, S., Jaeggi, J.J., Bostley, A.L., Johnson, M.E. & Lucey, J.A. (2004) Standardization of milk using cold ultrafiltration retentates for the manufacture of Parmesan cheese. *Journal of Dairy Science*, 87, 2789–2799.

Green, M.L. (1990a) The cheesemaking potential of milk concentrated up to four–fold by ultrafiltration and heated in the range 90–97°C. *Journal of Dairy Research*, 57, 549–557.

Green, M.L. (1990b). Cheddar cheesemaking from whole milk concentrated by ultrafiltration and heated to 90°C. *Journal of Dairy Research*, 57, 559–569.

Green, M.L., Glover, F.A., Scurlock, E.M.W., Marshall, R.J. & Hatfield, D.S. (1981a) Development of structure and texture in Cheddar cheese. *Journal of Dairy Research*, 48, 343–355.

Green, M.L., Glover, F.A., Scurlock, E.M.W., Marshall, R.J. & Hatfield, D.S. (1981b). Effect of use of milk concentrated by ultrafiltration on the manufacture and ripening of Cheddar cheese. *Journal of Dairy Research*, 48, 333–341.

Gripon, J.C. (1993) Mould–ripened cheeses. *Cheese: Chemistry, Physics and Microbiology, Volume 2: Major Cheese Groups* (ed. P.F. Fox), 2nd edn, pp. 207–259, Chapman & Hall, London.

Grundelius, A.U., Lodaite, K., Östergren, K., Paulsson, M. and Dejmek, P. (2000). Syneresis of submerged single curd grains and curd rheology. *International Dairy Journal*, 10, 489–496.

Guinee, T.P. (2003) Role of protein in cheese and cheese products. *Advanced Dairy Chemistry, Volume 1: Proteins* (eds P.F. Fox and P.L.H. McSweeney), pp. 1083–1174, Kluwer Academic – Plenum Publishers, New York.

Guinee, T.P. (2008) Why is calcium chloride often added to milk for cheesemaking? *Cheese Problems Solved* (ed. P.L.H. McSweeney), pp. 69–71, Woodhead Publishing, Cambridge, UK.

Guinee, T.P., Auty, M.A.E. & Fenelon, M.A. (2000a) The effect of fat on the rheology, microstructure and heat–induced functional characteristics of Cheddar cheese. *International Dairy Journal*, 10, 277–288.

Guinee, T.P., Auty, M.A.E., Mullins, C., Corcoran, M.O. & Mulholland, E.O. (2000b) Preliminary observations on effects of fat content and degree of fat emulsification on the structure–functional relationship of Cheddar–type cheese. *Journal of Texture Studies*, 31, 645–663.

Guinee, T.P., Fenelon, M.A., Mulholland, E.O., O′ Kennedy, B.T., O′ Brien, N. & Reville, W.J. (1998) The influence of milk pasteurization temperature and pH at curd milling on the composition, texture and maturation of reduced fat Cheddar cheese. *International Journal of Dairy Technology*, 51, 1–10.

Guinee, T.P. & Fox, P.F. (2004) Salt in cheese: physical, chemical and biological aspects. *Cheese: Chemistry, Physics and Microbiology, Volume 1: General Aspects*(eds P.F. Fox, P.L.H. McSweeney, T.M. Cogan, and T.P. Guinee), 3rd edn, pp. 207–259, Elsevier Academic Press, Amsterdam.

Guinee, T.P., Gorry, C.B., O′Callaghan, D.J., O′Kennedy, B.T., O′Brien, N. & Fenelon, M.A. (1997) The effects of composition and some processing treatments on the rennet coagulation properties of milk. *International Journal of Dairy Technology*, 50, 99–106.

Guinee, T.P., Harrington, D., Corcoran, M.O., Mulholland, E.O. & Mullins, C. (2000c) The composition and functional properties of commercial Mozzarella, Cheddar and analogue Pizza cheese. *International Journal of Dairy Technology*, 53, 51–56.

Guinee, T.P., Kelly, J. & O′ Callaghan, D.J. (2005) Cheesemaking efficiency. *Moorepark End of Project Report DPRC No. 46*, Teagasc, Dublin.

Guinee, T.P. & Kilcawley, K.N. (2004) Cheese as an ingredient, in *Cheese: Chemistry, Physics and Microbiology, Volume 2: Major Cheese Groups* (eds P.F. Fox, P.L.H. McSweeney, T.M. Cogan and T.P. Guinee), 3rd edn, pp. 395–428, Elsevier Academic Press, Amsterdam.

Guinee, T.P., Kilcawley, K.N. & Beresford, T.P. (2008) How variable are retail brands of Cheddar cheese in composition and biochemistry? *Australian Journal of Dairy Technology*, 63, 50– 60.

Guinee, T.P. & McSweeney, P.L.H. (2006) Significance of milk fat in cheese. *Advanced Dairy Chemistry, Volume 2: Lipids* (eds P.F. Fox and McSweeney, P.L.H.), 3rd edn, pp. 377–440, Springer Science +Business Media, New York.

Guinee, T.P., Mulholland, E.O., Kelly, J. & O′ Callaghan, D.J. (2007a) Effect of protein–to–fat ratio of milk on the composition, manufacturing efficiency, and yield of Cheddar cheese. *Journal of Dairy Science*, 90, 110–123.

Guinee, T.P., O′ Brien, B. & Mulholland, E.O. (2007b) The suitability of milk from a spring–calved dairy herd during the transition from normal to very late lactation for the manufacture of low-moisture Mozzarella cheese. *International Dairy Journal*, 17, 133–142.

Guinee, T.P., O' Callaghan, D.J., Pudja, P.D. & O' Brien, N. (1996) Rennet coagulation properties of retentates obtained by ultrafiltration of skim milks heated to different temperatures. *International Dairy Journal*, 6, 581–596.

Guinee, T.P. & O' Kennedy, B.T. (2007) Reducing salt in cheese and dairy spreads. *Reducing Salt in Foods: Practical Strategies* (eds D. Kilcast & F. Angus), pp. 316–357, Woodhead Publishing, Cambridge, UK.

Guinee, T.P., O' Kennedy, B.T. & Kelly, P.M. (2006) Effect of milk protein standardization using different methods on the composition and yields of Cheddar cheese. *Journal of Dairy Science*, 89, 468–482.

Guinee, T.P., Pudja, P.D. & Mulholland, E.O. (1994) Effect of milk protein standardization, by ultrafiltration, on the manufacture, composition and maturation of Cheddar cheese. *Journal of Dairy Research*, 61, 117–131.

Guinee, T. P., Pudja, P. D., Reville, W.J., Harrington, D., Mulholland, E.O., Cotter, M. & Cogan, T.M. (1995) Composition, microstructure and maturation of semi-hard cheeses from high protein ultrafiltered milk retentates with different levels of denatured whey protein. International Dairy Journal, 5, 543–568.

Guinee, T.P. & Wilkinson, M.G. (1992) Rennet coagulation and coagulants in cheese manufacture. *Journal of the Society of Dairy Technology*, 45, 94–104.

Gunasekaran, S. & Ak, M.M. (2003) *Cheese Rheology and Texture*, CRC Press, Boca Raton, FL.

Guo, M.R., Gilmore, J.K.A. & Kindstedt P.S. (1997) Effect of sodium chloride on the serum phase of Mozzarella cheese. *Journal of Dairy Science*, 80, 3092–3098.

Gutiérrez-Méndez, N., Vallejo-Cordoba, B., González-Córdova, A.F., Nevárez-Moorillón, G.V. & Rivera-Chavira, B. (2008) Evaluation of aroma generation of lactococcus lactis with an electronic nose and sensory analysis. *Journal of Dairy Science*, 91, 49–57.

Guyomarc' h, F. (2006) Formation of heat-induced protein aggregates in milk as a means to recover the whey protein fraction in cheese manufacture, and potential of heat-treating milk at alkaline pH values in order to keep its rennet coagulation properties – A review. *Lait*, 86, 1–20.

Guyomarc' h, F., Law, A.J.R. & Dalgleish, D.G. (2003) Formation of soluble and micelle-bound protein aggregates in heated milk. *Journal of Agricultural and Food Chemistry*, 51, 4652–4660.

Harwalkar, V.R. & Kalab, M. (1980) Milk gel structure. Ⅺ: Electron microscopy of glucono-lactone induced skim milk gels. *Journal of Texture Studies*, 11, 35–49.

Harwalkar, V.R. & Kalab, M. (1981) Effect of acidulants and temperature on microstructure, firmness and susceptibility to syneresis of skim milk gels. *Scanning Electron Microscopy*, Ⅲ, 503–513.

Haugen J.E. (2001) Electronic noses in food analysis. *Advances in Experimental Medicine and Biology*, 488, 43–57.

Hayaloglu, A.A., Brechany, E.Y., Deegan, K.C. & McSweeney, P.L.H. (2008). Characterization of the chemistry, biochemistry and volatile profile of Kuflu cheese, a mould-ripened variety. *Libensmittel Wissenschaft und Technologie*, 41, 1323–1334.

van Hekken, D.L, Drake, M.A., Molina Corral, F.J., Guerrero Prieto, V.M. & Gardea, A.A. (2006) Mexican Chihuahua cheese: sensory profiles of young cheese. *Journal of Dairy Science*, 89, 3729– 3738.

Hélias, A., Mirade, P.S. & Corrieu, G. (2007) Modeling of Camembert-type cheese mass loss in a ripening chamber: main biological and physical phenomena. *Journal of Dairy Science*, 90, 5324– 5333.

Hermann, L. (1993) Selecting the right cheese. *Food Product Design*, 2(March), 66–80.

Hickey, D.K., Kilcawley, K.N., Beresford, T.P. & Wilkinson, M.G. (2007) Lipolysis in Cheddar cheese made from raw, thermized and pasteurized milks. *Journal of Dairy Science*, 90, 47–56.

Hickey, M.W., van Leeuwen, H., Hillier, A.J. & Jago, G.R. (1983) Amino acid accumulation in Cheddar cheese manufactured from normal and ultrafiltered milk. *Australian Journal of Dairy Technology*, 38, 110–113.

Hicks, C.L., Allauddin, M., Langlois, B.E. & O′ Leary, J. (1982) Psychrotrophic bacteria reduce cheese yield. *Journal of Food Protection*, 45, 331–334.

Hinrichs, J. (2001) Incorporation of whey proteins in cheese. *International Dairy Journal*, 11, 495– 503.

Her Majesty′ s Stationary Office (1996) *The Food Labelling Regulations 1996*, SI 1996 No. 1499, Her Majesty′ s Stationary Office, London.

van Hooydonk, A.C.M., Koster P.G. & Boerrigter, I.J. (1987) The renneting of heated milk. *Netherlands Milk and Dairy Journal*, 41, 3–18.

Horne, D.S., Banks, J.M. & Muir, D.D. (1996) Genetic polymorphism of milk proteins: understanding the technological effects. *Hannah Research Institute Yearbook 1996*, pp. 70–78, Hannah Research Institute, Ayr, Scotland.

Houran, G.A. (1964) Utilization of centrifugal force for removal of microorganisms from milk. *Journal of Dairy Science*, 47, 100–101.

Huffman, L. M. & Kristoffersen, T. (1984) Role of lactose in Cheddar cheese manufacturing and ripening. *New Zealand Journal of Dairy Science and Technology*, 19, 151–162.

Huss, M., Dodel, W. & Kulozik, U. (2006) Partial denaturation of whey proteins as a means of increasing soft cheese yields. *Deutsche Milchwirtschaft*, 57, 1007–1010.

IDF (1981) *Catalogue of Cheeses*, Document No. 141, pp. 3–40, International Dairy Federation, Brussels.

IDF (2008) *The World Dairy Situation 2008*, Document No. 432, International Dairy Federation, Brussels.

Jana, A.H. & Upadhyay, K.G. (1991) The effects of homogenization conditions on the textural and baking characteristics of buffalo milk Mozzarella cheese. *Australian Journal of Dairy Technology*, 46, 27–30.

Jana, A.H. & Upadhyay, K.G. (1992) Homogenisation of milk for cheesemaking – a review. *Australian Journal of Dairy Technology*, 47, 72–79.

Jana, A.H. & Upadhyay, K.G. (1993) A comparative study on the quality of Mozzarella cheese obtained from unhomogenized and homogenized buffalo milk. *Cultured Dairy Products Journal*, 28(1), 16, 18, 20–22.

Jean, K., Renan, M., Famelart, M.H. & Guyomarc′ h, F. (2006) Structure and surface properties of the serum heat–induced protein aggregates isolated from heated skim milk. *International Dairy Journal*, 16, 303–315.

Jeli′nski, T., Du, C.J., Sun, D.W. & Fornal, J. (2007) Inspection of the distribution and amount of ingredients in pasteurised cheese by computer vision. *Journal of Food Engineering*, 83, 3–9.

de Jong, L. (1976) Protein breakdown in soft cheese and its relationship to consistency. 1: Proteolysis and consistency of ′Noordhollandase Meshanger′ cheese. *Netherlands Milk and Dairy Journal*, 30, 242–253.

de Jong, L. (1977) Protein breakdown in soft cheese and its relation to consistency. 2: The influence of rennet concentration. *Netherlands Milk and Dairy Journal*, 31, 314–327.

Johnson, M.E. & Lucey, J.A. (2006) Calcium: a key factor in controlling cheese functionality. *Australian Journal of Dairy Technology*, 61, 147–153.

Johnston, K.A., Luckman, M.S., Lilley, H.G. & Smale, B.M. (1998) Effect of various cutting and stirring conditions on curd particle size and losses of fat to the whey during Cheddar cheese manufacture in OST vats. *International Dairy Journal*, 8, 281–288.

Jordan, K.N. & Cogan, T. M. (1993) Identification and growth of non–starter lactic acid bacteria in Irish Cheddar cheese. *Irish Journal of Agricultural and Food Research*, 32, 47–55.

Kaláb, M. & Harwalkar, V.R. (1974). Milk gel structure. Ⅱ: Relation between firmness and ultrastructure of heat–induced skim–milk gels containing 40–60% total solids. *Journal of Dairy Research*, 41, 131–135.

Karoui, R. & Dufour, E. (2008) Development of a portable spectrofluorometer for measuring the quality of cheese. *Dairy Science and Technology*, 88, 477–494.

Karoui, R., Dufour, E. Pillonel, L., Picque, D., Cattenoz, T. & Bosset, J.O. (2004) Determining the geographic origin of Emmental cheeses produced during winter and summer using a technique based on the concatenation of MIR and fluorescence spectroscopic data. *European Food Research and Technology*, 219, 184–189.

Kelly, A.L., Deeth, H.C. & Data, N. (2005) Thermal processing of dairy products. *Thermal Food Processing: Modelling, Quality Assurance, and Innovation* (ed. D.W. Sun), pp. 265–298, Marcel Dekker, New York.

Kimber, A.M., Brooker, B.E., Hobbs, D.G. & Prentice, J.H. (1974) Electron microscope studies of the development of structure in Cheddar cheese. *Journal of Dairy Research*, 41, 389–396.

Kindstedt, P.S., Carić, M. & Milanović, S. (2004) Pasta–filata cheeses. *Cheese: Chemistry, Physics and Microbiology, Volume 2: Major Cheese Groups* (eds P.F. Fox, P.L.H. McSweeney, T.M. Cogan and T.P. Guinee), 3rd edn, pp. 251–277, Elsevier Academic Press, Amsterdam.

Klei, L., Yun, J., Sapru, A., Lynch, J., Barbano, D., Sears, P. & Galton, D. (1998) Effects of milk somatic cell count on Cottage cheese yield and quality. *Journal of Dairy Science*, 81, 1205–1213.

Kocaoglu–Vurma, N.A., Harper, W.J., Drake, M.A. & Courtney, P.D. (2008) Microbiological, chemical, and sensory characteristics of Swiss cheese manufactured with adjunct lactobacillus strains using a low cooking temperature. *Journal of Dairy Science*, 91, 2947–2959.

Korolczuk, J. & Mahaut, M. (1988) Studies on acid cheese texture by a computerized constant speed, cone penetrometer. *Lait*, 68, 349–362.

Korolczuk, J. & Mahaut, M. (1992) Effect of whey protein addition and heat treatment of milk on the viscosity of UF fresh cheese. *Milchwissenschaft*, 47, 157–159.

Kosikowski, F.V. & Fox, P.F. (1968) Low heat, hydrogen peroxide and bactofugation treatments of milk to control coliforms in Cheddar cheese. *Journal of Dairy Science*, 51, 1018–1022.

Kosikowski, F.V. & Mistry, V.V. (1997) *Cheese and Fermented Milk Foods, Volume 1 – Origins and Principles*, F.V. Kosikowski L.L.C., Westport.

Kress–Rogers, E. (2001) Chemosensors, biosensors, immunosensors and DNA probes: the base devices. *Instrumentation and Sensors for the Food Industry* (eds E. Kress–Rogers & C.J.B. Brimelow), pp. 553–623, Woodhead Publishing, Cambridge, UK.

Kubantseva, N., Hartel, R.W. & Swearingen, P.A. (2004) Factors affecting solubility of calcium lactate in aqueous solutions. *Journal of Dairy Science*, 87, 863–867.

Lakemond, C.M.M. & van Vliet, T. (2008) Rheological properties of acid skim milk gels as affected by the spatial distribution of the structural elements and the interaction forces between them. *International Dairy Journal*, 18, 588–593.

Lalos, G.T. & Roussis, I.G. (1999) Quality of a Graviera–type cow cheese and a low–fat cow plus ewe cheese from raw and refrigerated cow's milk. *Milchwissenschaft*, 54, 674–676.

Lalos, G.T. & Roussis, I.G. (2000) Quality of full–fat and low–fat Kefalograviera cheese from raw and refrigerated ewes' milk. *Milchwissenschaft*, 55, 24–26.

Lalos, G.T., Voutsinas, L.P., Pappas, C.P. & Roussis, I.G. (1996) Effect of a sub-pasteurization treatment of cold stored ewe′s milk on the quality of Feta cheese. *Milchwissenschaft*, 51, 78–82.

Laloy, E., Vuillemard, J.C., El Soda, M. & Simard, R. E. (1996) Influence of the fat content of Cheddar cheese on retention and localization of starters. *International Dairy Journal*, 6, 729–740.

Landfeld, A., Novotna, P. & Houska, M. (2002) Influence of the amount of rennet, calcium chloride addition, temperature, and high-pressure treatment on the course of milk coagulation. *Czech Journal of Food Sciences*, 20, 237–244.

Lau, K.Y., Barbano, D.M. & Rausmussen, R.R. (1990) Influence of pasteurization on fat and nitrogen recoveries and Cheddar cheese yield. *Journal of Dairy Science*, 73, 561–570.

Law, B.A. (ed.) (1999) *Technology of Cheesemaking*, Sheffield Academic Press, Sheffield.

Law, B.A., Andrews, A.T., Cliffe, A.J., Sharpe, M.E. & Chapman, H.R. (1979). Effect of proteolytic raw milk psychrotrophs on Cheddar cheese-making with stored milk. *Journal of Dairy Research*, 46, 497–509.

Law, B.A., Sharpe, M.L. & Chapman, H.R. (1976) The effect of lipolytic Gram-negative psychrotrophs in stored milk on the development of rancidity in Cheddar cheese. *Journal of Dairy Research*, 43, 459–468.

Lawlor, J.B., Delahunty, C.M., Sheehan, J. & Wilkinson, M.G. (2003) Relationships between sensory attributes and the volatile compounds, non-volatile and gross compositional constituents of six blue-type cheeses. *International Dairy Journal*, 13, 481–494.

Lawlor, J.B., Delahunty, C.M., Wilkinson, M.G. & Sheehan, J. (2001) Relationships between the sensory characteristics, neutral volatile composition and gross composition of ten cheese varieties. *Lait*, 81, 487–507.

Lawrence, A.J. (1959) Syneresis of rennet curd. 1: Effect of time and temperature. *Australian Journal of Dairy Technology*, 14, 166–169.

Lawrence, R.C., Creamer, L.K. & Gilles, J. (1987) Texture development during cheese ripening. *Journal Dairy Science*, 70, 1748–1760.

Lawrence, R.C., Gilles, J., Creamer, L.K., Crow, V.L., Heap, H.A., Honor′e, C.G., Johnston,

K.A. & Samal, P.K. (2004) Cheddar cheese and related dry-salted cheese varieties. *Cheese: Chemistry, Physics and Microbiology, Volume 2: Major Cheese Groups* (eds P.F. Fox, P.L.H. McSweeney, T.M. Cogan and T.P. Guinee), 3rd edn, pp. 71–102, Elsevier Academic Press, Amsterdam.

Lawrence, R.C., Heap, H.A. & Gilles, J. (1984) A controlled approach to cheese technology. *Journal of Dairy Science*, 67, 1632–1645.

Le Quéré, J.-L. (2004) Cheese flavour: instrumental techniques. *Cheese: Chemistry, Physics and Microbiology, Volume 1: General Aspects* (eds P.F. Fox, P.L.H. McSweeney, T.M. Cogan & T.P. Guinee), 3rd edn, pp. 489 – 510, Elsevier Academic Press, Amsterdam.

Lehmann, H.R., Dolle, E. & Zettler, K.-H. (1991) Centrifuges for milk clarification and bacteria removal. *Technical Scientific Documentation No. 12*, 2nd edn. Westfalia Separator AG, Marketing Separation Technology Advertising/Communication, Oelde.

Lelievre, J. & Gilles, J. (1982) The relationship between the grade (product value) and composition of young commercial Cheddar cheese. *New Zealand Journal of Dairy Science and Technology*, 17, 69–75.

Lieske, B. (1997) Influence of preliminary treatments on structural properties of casein micelles affecting the rennetability. *Lait*, 77, 201–209.

Lo, C.G. & Bastian, E.D. (1998) Incorporation of native and denatured whey protein into cheese curd for manufacture of reduced-fat Havarti-type cheese. *Journal Dairy Science*, 81, 16–24.

Lodaite, K., Ostergren, K., Paulsson, M. & Dejmek, P. (2000) One-dimensional syneresis of rennet induced gels. *International Dairy Journal*, 10, 829–834.

Lomer, M.C., Parkes, G.C. & Sanderson, J.D. (2008) Review article: lactose intolerance in clinical practice – myths and realities. *Alimentary Pharmacology and Therapeutics*, 27(2) 93–103.

Lucey, J.A., Johnson, M.E. & Horne, D.S. (2003) Invited review: perspectives on the basis of the rheology and texture properties of cheese. *Journal of Dairy Science*, 86, 2725–2743.

Lucey, J.A., Tamehana, M., Sing, H. & Munro, P. (1998) Effect of interactions between denatured whey proteins and casein micelles on the formation and rheological properties of acid skim milk gels. *Journal of Dairy Research*, 65, 555–567.

Lucey, J.A., van Vliet, T., Grolle, K., Geurts, T. & Walstra, P. (1997) Properties of acid casein gels made by acidification with glucono-delta-lactone. Ⅱ: Syneresis, permeability and microstructural properties. *International Dairy Journal*, 7, 389–397.

Luyten, H. (1988) *The rheological and Fracture Properties of Gouda Cheese*, PhD Thesis, Wageningen Agricultural University, Wageningen.

Luyten, H., van Vliet, T. & Walstra, P. (1991a) Characterization of the consistency of Gouda cheese: rheological properties. *Netherlands Milk and Dairy Journal*, 45, 33–53.

Luyten, H., van Vliet, T. & Walstra, P. (1991b) Characterization of the consistency of Gouda cheese: fracture properties. *Netherlands Milk and Dairy Journal*, 45, 55–80.

MacDougall, D.B. (2001) Principles of colour measurement for food. *Instrumentation and Sensors for the Food Industry* (eds E. Kress-Rogers & C.J.B. Brimelow), pp. 63–84, Woodhead Publishing, Cambridge, UK.

Madadlou, A., Mousavi, M.E., Khosrowshahi, A., Emam-Djome, Z. & Zargaran, M. (2007) Effect of cream homogenization on textural characteristics of low-fat Iranian White cheese. *International Dairy Journal*, 17, 547–554.

Mahaut, M. & Korolczuk, J. (2002) Effect of homogenisation of milk and shearing of milk gel on the viscosity of fresh cheeses obtained by ultrafiltration of coagulated milk. *Industries Alimentaires et Agricoles*, 119(11), 13–17.

Marshall, R.J. (1982) An improved method for measurement of the syneresis of curd formed by rennet action on milk. *Journal of Dairy Research*, 49, 329–336.

Marshall, R. (1986) Increasing cheese yields by high heat treatment of milk. *Journal of Dairy Research* 53, 313–322.

Maxcy, R.B., Price, W.V. & Irvine, W.B. (1955) Improving curd forming properties of homgenized milk. *Journal of Dairy Science*, 38, 80–86.

Mazal, G., Vianna, P.C.B., Santos, M.V. & Gigante, M.L. (2007) Effect of somatic cell count on Prato cheese composition. *Journal of Dairy Science*, 90, 630–636.

McCraig, T.N. (2002) Extending the use of visible/near-infrared reflectance spectrophotometers to measure colour of food and agricultural products. *Food Research International*, 35, 731–736.

McGovern, E. (2008) Cruise control option eases robotic conveying [online]. *Food Engineering*, November, p. 75. Available at: http://www.foodengineeringmag.com/Articles/Field_Reports/BNP_GUID_9-5-2006_A_100000 00000000465484.

McMahon, D.J., Alleyne, M.C., Fife, R.L. & Oberg, C.J. (1996) Use of fat replacers in low fat Mozzarella cheese. *Journal of Dairy Science*, 79, 1911–1921.

McMahon, D.J., Yousif, B.H. & Kalab, M. (1993) Effect of whey protein denaturation on structure of casein micelles and their rennetability after ultra–high temperature processing of milk with or without ultrafiltration. *International Dairy Journal*, 3, 239–256.

McSweeney, P.L.H. (2004) Overview of cheese ripening: introduction and overview. *Cheese: Chemistry, Physics and Microbiology, Volume 1: General Aspects* (eds P.F. Fox, P.L.H. McSweeney, T.M. Cogan and T.P. Guinee), 3rd edn, pp. 348–360, Elsevier Academic Press, Amsterdam.

McSweeney, P.L.H. & Fox, P.F. (1993) Cheese: methods of chemical analysis. *Cheese: Chemistry, Physics and Microbiology, Volume 1: General Aspects* (ed. P.F. Fox), 2nd edn, pp. 341–388, Chapman & Hall, London.

Melilli, C., Barbano, D.M., Caccamo, M., Calvo, M.A., Schembari, G. & Licitra, G. (2004) Influence of brine concentration, brine temperature, and presalting on early gas defects in raw milk pasta filata cheese. *Journal of Dairy Science*, 87, 3648–3657.

Menard, O., Camier, B. & Guyomarc' h, F. (2005) Effect of heat treatment at alkaline pH on the rennet coagulation properties of skim milk. *Lait*, 85, 515–526.

Metzger, L.E. & Mistry, V.V. (1994) A new approach using homogenization of cream in the manufacture of reduced–fat Cheddar cheese – 1. Manufacture, composition and yield. *Journal of Dairy Science*, 77, 3506–3515.

Mistry, V.V. & Maubois, J.–L. (2004) Application of membrane separation technology to cheese production. *Cheese: Chemistry, Physics and Microbiology, Volume 1: General Aspects* (eds P.F. Fox, P.L.H. McSweeney, T.M. Cogan, and T.P. Guinee), 3rd edn, pp. 261–285, Elsevier Academic Press, Amsterdam.

Molle, D., Jean, K. & Guyomarc' h, F. (2006) Chymosin sensitivity of the heat–induced serum protein aggregates isolated from skim milk. *International Dairy Journal*, 16, 1435–1441.

Muir, D.D. (1996) The shelf–life of dairy products: 1. Factors influencing raw milk and fresh products. *Journal of the Society of Dairy Technology*, 49, 24–36.

Nair, M.G., Mistry, V.V. & Oommen, B.S (2000) Yield and functionality of Cheddar cheese as influenced by homogenization of cream. *International Dairy Journal*, 10, 647–657.

Ni, H. & Gunasekaran, S. (1998) A Computer vision method for determining length of cheese shreds. *Artificial Intelligence Review*, 12, 27–37.

O' Brien, B., Mehra, R., Connolly, J.F. & Harrington, D. (1999) Seasonal variation in the composition of Irish manufacturing and retail milks. 1: Chemical composition and renneting properties. *Irish Journal of Agricultural and Food Research*, 38, 53–64.

O' Callaghan, D.J. & Guinee, T.P. (2004) Rheology and texture of cheese. *Cheese: Chemistry, Physics and Microbiology, Volume 1: General Aspects* (eds P.F. Fox, P.L.H. McSweeney, T.M. Cogan & T.P. Guinee), 3rd edn, pp. 511–540, Elsevier Academic Press, Amsterdam.

O' Connor, C.B. (1971) Composition and quality of some commercialized Cheddar cheese. *Irish Agricultural Creamery Review*, 24(6), 5–6.

O' Connor, C.B. (1973a) The quality and composition of Cheddar cheese. Part Ⅰ: Effect of various rates of salt addition. *Irish Agricultural Creamery Review*, 26(10), 5–7.

O' Connor, C.B. (1973b) The quality and composition of Cheddar cheese. Part Ⅱ: Effect of various rates of salt addition. *Irish Agricultural Creamery Review* 26(11), 19–22.

O' Connor, C.B. (1974) The quality and composition of Cheddar cheese. Part Ⅲ: Effect of various rates of salt addition. *Irish Agricultural Creamery Review*, 27(1), 11–13.

O′Keeffe, A.M. (1984) Seasonal and lactational influences on moisture content of Cheddar cheese. *Irish Journal of Food Science and Technology*, 8, 27–37.

Olson, N.F. (1977) Factors affecting cheese yields. *Dairy Industries International*, 42(4), 14–15, 19.

Olson, D.W., van Hekken, D.L., Tunick, M.H., Soryal, K.A. & Zeng, S.S. (2006) Effects of aging on functional properties of caprine milk made into Cheddar– and Colby–like cheeses. *Small Ruminant Research*, 70, 218–227.

O′Mahony, J.A., Lucey, J.A. & McSweeney, P.L.H. (2005) Changes in the proportions of soluble and insoluble calcium during the ripening of Cheddar cheese. *Journal of Dairy Science*, 88, 3101– 3114.

Oommen, B.S., Mistry, V.V. & Nair, M.G. (2000) Effect of homogenisation of cream on composition, yield, and functionality of Cheddar cheese made from milk supplemented with ultrafiltered milk. *Lait*, 80, 77–91.

Ortega–Fleitas, F.O., Reinery, P.L., Rocamora, Y., Real–del–Sol, E., Cabrera, M.C. & Casals, C. (2000) Effect of homogenization pressure on texture properties of soy cream cheese. *Alimentaria*, 313, 125–127.

Pagana M.M. & Hardy J. (1986) Effect of salting on some rheological properties of fresh Camembert cheese as measured by uniaxial compression. *Milchwissenschaft*, 41, 210–213.

Parker, E.A., Donato, L. & Dalgleish, D.G. (2005) Effects of added sodium caseinate on the formation of particles in heated milk. *Journal of Agricultural and Food Chemistry*, 53, 8265–8272.

Patel, M.C., Lund, D.B. & Olson, N.F. (1972). Factors affecting syneresis of renneted milk. *Journal of Dairy Science*, 55, 913–918.

Payne, M.R. & Morison, K.R. (1999) A multi–component approach to salt and water diffusion in cheese. *International Dairy Journal*, 9, 887–894.

Pearce, K.N. & Gilles, J. (1979) Composition and grade of Cheddar cheese manufactured over three seasons. *New Zealand Journal of Dairy Science and Technology*, 14, 63–71.

Peri, C. (2006). The universe of food quality. *Food Quality and Preference*, 17, 3–8.

Pillonel, L., Ampuero, S., Tabacchi, R. & Bosset, J.O. (2003) Analytical methods for the determination of the geographic origin of Emmental cheese: volatile compounds by GC/MS–FID and electronic nose. *European Food Research and Technology*, 216, 179–183.

Politis, I. & Ng–Kwai–Hang, K.F. (1988) Association between somatic cell count of milk and cheese yielding capacity. *Journal of Dairy Science*, 71, 1720–1727.

Qvist, K.B. (1979) Reestablishment of the original rennetability of milk after cooling. I: The effect of cooling and HTST pasteurization of milk and renneting. *Milchwissenschaft*, 34, 467–470.

Qvist, K.B., Thomsen, D. & Høler, E. (1987) Effect of ultrafiltered milk and use of different starters on the manufacture, fermentation, and ripening of Havarti cheese. *Journal of Dairy Research*, 54, 437–446.

Rajbhandari, P. & Kindstedt, P.S. (2005) Development and application of image analysis to quantify calcium lactate crystals on the surface of smoked Cheddar cheese. *Journal of Dairy Science*, 88, 4157–4164.

Rajbhandari, P. & Kindstedt, P.S. (2008) Characterization of calcium lactate crystals on cheddar cheese by image analysis. *Journal of Dairy Science*, 91, 2190–2195.

Reid, J.R. & Coolbear, T. (1998) Altered specificity of lactococcal proteinase PI (Lactocepin I) in hume–cant systems reflecting the water activity and salt content of Cheddar cheese. *Applied Environmental Microbiology*, 64, 588–593.

Reimerdes, E.H., Perez, S.J. & Ringqvist, B.M. (1997). Temperaturabhaengige veraenderungen in milch und milchprodukten. Ⅱ: Der einfluss der tiefkuehlung auf kaesereitechnologische eigenschaften der milch.

Milchwissenschaft, 32, 154–158.

Reinbold, G.W. (1972) *Swiss cheese varieties*, Pfizer Inc., New York.

Renan, M., Mekmene O, Famelart, M.H., Guyomarc′h, F., Arnoult–Delest, V., Paquet, D. & Brule, G. (2006) pH–dependent behaviour of soluble protein aggregates formed during heat–treatment of milk at pH 6.5 or 7.2. *Journal of Dairy Research*, 73, 79–86.

Renner–Nantz, J.J. & Shoemaker, C.F. (1999) Rheological properties of chymosin–induced skim milk gels as affected by milk storage time and temperature. *Journal of Food Science*, 64, 86–89.

Revilla, I., Gonz´alez–Mart´ın, I., Hern´andez–Hierro, J.M., Vivar–Quintana, A., Gonz´alez–P´erez, C. & Lurue˜na–Mart´ınez, M.A. (2009). Texture evaluation in cheeses by NIRS technology employing a fibre–optic probe. *Journal of Food Engineering*, 92, 24–28.

Richoux, R., Aubert, L., Roset, G., Briard, B., Kerjean, J.–R. & Lopez, C. (2008). Combined temperature–time parameters during the pressing of curd as a tool to modulate the oiling–off of Swiss cheese. *Food Research International*, 41, 1058–1064.

Richoux, R., Aubert, L., Roset, G. & Kerjean, J.R. (2009) Impact of the proteolysis due to lactobacilli on the stretchability of Swiss–type cheese. *Dairy Science and Technology*, 89(1), 31–41.

Robinson, R.K. & Tamime, A.Y. (1991) *Feta and Related Cheeses*, Woodhead Publishing, Cambridge, UK.

Robinson, R.K. & Wilbey, R.A. (1998) *Cheesemaking Practice R. Scott*, 3rd edn, Aspen Publishers, Gaithersburg.

Robson, E.W. & Dalgleish, D.G. (1984) Coagulation of homogenized milk particles by rennet. *Journal of Dairy Research*, 51, 417–424.

Roupas, P. (2001) On–farm practices and post farmgate processing parameters affecting composition of milk for cheesemaking. *Australian Journal of Dairy Technology*, 56, 219–232.

Roupas, P. (2008) Predictive modelling of dairy manufacturing processes. *International Dairy Journal*, 18, 741–753.

Rudan, M.A., Barbano, D. M., Guo, M.R. & Kindstedt, P.S. (1998) Effect of modification of fat particle size by homogenization on composition, proteolysis, functionality, and appearance of reduced–fat Mozzarella cheese. *Journal of Dairy Science*, 82, 661–672.

R ¨ uegg, M., Eberhard, P., Popplewell, L.M. & Peleg, M. (1991) Melting properties of cheese. *Rheological and Fracture Properties of Cheese*, Document No. 268, pp. 36–43, International Dairy Federation, Brussels.

Rynne, N.M., Beresford, T.P., Kelly, A.L. & Guinee T.P. (2004) Effect of milk pasteurization temperature and *in situ* whey protein denaturation on the composition, texture and heat–induced functionality of half–fat Cheddar cheese. *International Dairy Journal*, 14, 989–1001.

Rynne, N.M., Beresford, T.P., Kelly, A.L. & Guinee, T.P. (2007) Effect of milk pasteurisation temperature on age–related changes in lactose metabolism, pH and the growth of non–starter lactic acid bacteria in half–fat Cheddar cheese. *Food Chemistry*, 100, 375–382.

Rynne, N.M., Beresford, T.P., Kelly, A.L. & Guinee, T.P. (2008) Effect of exoplysaccharide–producing culture on coagulation and synergetic properties of rennet–induced milk gels. *Australian Journal of Dairy Technology*, 63, 3–7.

Sameen, A., Anjum, F.M., Huma, N. & Nawaz, H. (2008) Quality evaluation of Mozzarella cheese from different milk sources. *Pakistan Journal of Nutrition*, 7, 753–756.

Sanchez, C., Beauregard, J.L., Chassagne, M.H., Bimhenet, J.J. & Hardy, J. (1996) Effects of processing on rheology and structure of double cream cheese. *Food Research International*, 28, 541– 552.

Schafer, H.W. & Olson, N.F. (1975) Characteristics of Mozzarella cheese made by direct acidification from ultra–high temperature processed milk. *Journal of Dairy Science*, 58, 494–501.

Schmidt, A. & Bilitewski, U. (2001) Biosensors for process monitoring and quality assurance in the food industry. *Instrumentation and Sensors for the Food Industry* (eds E. Kress–Rogers & C.J.B. Brimelow), pp. 714–739, Woodhead Publishing, Cambridge.

Schulz–Collins, D. & Senge, B. (2004) Acid– and acid/rennet–curd cheeses. Part A: Quark, Cream cheese and related varieties. *Cheese: Chemistry, Physics and Microbiology, Volume 2: Major Cheese Groups* (eds P.F. Fox, P.L.H. McSweeney, T.M. Cogan and T.P. Guinee), 3rd edn, pp. 301–328, Elsevier Academic Press, Amsterdam.

Schutyser, M.A.I., Straatsma, J., Keijzer, P.M., Verschueren, M. & de Jong, P. (2008). A new web–based modelling tool (Websim–MILQ) aimed at optimisation of thermal treatments in the dairy industry. *International Journal of Food Microbiology*, 128, 153–157.

Seckin, A.K., Kinik, O. & Gursoy, O. (2008) The effect of the occurrence of psychrotrophic bacteria on sialic acid content of milk. *Milchwissenschaft*, 63, 49–52.

Sevi, A., Albenzio, M., Taibi, L., Dantone, D., Massa, S. & Annicchiarico, G. (1999) Changes of somatic cell count through lactation and their effects on nutritional, renneting and bateriological characteistics of ewe' s milk. *Advances in Food Sciences*, 21, 122–127.

Shah, N.P. (1994) Psychrotrophs in milk: a review. *Milchwissenschaft*, 49, 432–437.

Shakeel–Ur–Rehman, Waldron, D. & Fox, P.F. (2004) Effect of modifying lactose concentration in cheese curd on proteolysis and in quality of Cheddar cheese. *International Dairy Journal*, 14, 591–597.

Sillén, G. (1987) Modern bactofuges in the dairy industry. *Dairy Industries International*, 52(6), 27–29.

Singh, H. & Waugana, A. (2001) Influence of heat treatment of milk on cheesemaking properties. *International Dairy Journal*, 11, 543–551.

Singh, R., Gernaey, K.V. & Gani, R. (2009) Model–based computer–aided framework for design of process monitoring and analysis systems. *Computers and Chemical Engineering*, 33, 22–42.

Sørensen, H.H. (2001) General trends 1990–1999. *World Market for Cheese 1990–1999*, Document No. 359, pp. 8–20, International Dairy Federation, Brussels.

Sørensen, H.H. & Pedersen, E. (2005) General trends 1995–2004. *WWorld Market for Cheese 1995–2004*, Document No. 402, 5th edn, pp. 8–32, International Dairy Federation, Brussels.

Spinnler, H.–E. & Gripon, J.–C. (2004) Surface mould–ripened cheeses. *Cheese: Chemistry, Physics and Microbiology, Volume 2: Major Cheese Groups* (eds P.F. Fox, P.L.H. McSweeney, T.M. Cogan and T.P. Guinee), 3rd edn, pp. 157–174, Elsevier Academic Press, Amsterdam.

Sutherland, B.J. (1974) Control of salt absorption and whey drainage in Cheddar cheese manufacture. *Australian Journal of Dairy Technology*, 29, 86–93.

Swart, G.J., Downes, T.E.H., Van Der Merwe, N.L. & Gibhard, H.M. (1987) The effect of thermization on yield and quality of Cheddar cheese. *Suid Afrikaanse Tydskrif vir Suiwelkunde*, 19(3), 32, 91–98.

Tamime, A.Y. (ed.) (2006) *Brined Cheeses*, Blackwell Publishing, Oxford, UK.

Thomann, S., Schenkel, P. & Hinrichs, J. (2008). The impact of homogenization and microfiltration on rennet–induced gel formation. *Journal of Texture Studies*, 39, 326–344.

Thomas, T.D. & Crow, V.L. (1983) Mechanism of D(–)–lactic acid formation in Cheddar cheese. *New Zealand Journal of Dairy Science and Technology*, 18, 131–141.

Tothill, I.E., Piletsky, S.A., Magan, N. & Turner, A.P.F. (2001) New biosensors. *Instrumentation and Sensors for the Food Industry*, (eds E. Kress-Rogers and C.J.B. Brimelow), pp. 760–776, Woodhead Publishing, Cambridge, UK.

Tunick, M.H., Guinee, T.P., van Hekken, D.L., Beresford, T.P. & Malin, E.L. (2007). Effect of whey drainage pH on composition, rheology, and melting properties of reduced-fat Cheddar cheese. *Milchwissenschaft*, 62, 443–446.

Tunick, M.H., Malin, E.L., Smith, P.W., Shieh, J.J., Sullivan, B.C., Mackey, K.L. & Holsinger, V.H. (1993) Proteolysis and rheology of low-fat and full-fat Mozzarella cheeses prepared from homogenized milk. *Journal of Dairy Science*, 76, 3621–3628.

Tunick, M.H. & van Hekken, D.L. (2002) Torsion gelometry of cheese. *Journal of Dairy Science*, 85, 2743–2749.

Turner, K.W. & Thomas, T. D. (1980) Lactose fermentation in Cheddar cheese and the effect of salt. *New Zealand Journal of Dairy Science and Technology*, 15, 265–276.

Ustunol, Z. & Browne, R.J. (1985) Effects of heat treatment and posttreatment holding time on rennet clotting of milk. *Journal of Dairy Science*, 68, 526–530.

Van Den Berg, G., Boer, F. & Allersma, D. (1998) Consequences of cold storage of milk. *Voedingsmiddelentechnologie*, 31(8), 101–104.

Van Den Berg, G., Meijer, W.C., Düsterhoft, E.-M. & Smit, G. (2004). Gouda and related cheeses. *Cheese: Chemistry, Physics and Microbiology, Volume 2: Major Cheese Groups* (eds P.F. Fox, P.L.H. McSweeney, T.M. Cogan & T.P. Guinee), 3rd edn, pp. 103–140, Elsevier Academic Press, Amsterdam.

van Vliet, T. & Dentener-Kikkert A. (1982) Influence of the composition of the milk fat globule membrane on the rheological properties of acid milk gels. *Netherlands Milk and Dairy Journal*, 36, 261–265.

van Vliet, T., van Dijk, H.J.M., Zoon, P. & Walstra, P. (1991) Relation between syneresis and rheological properties of particle gels. *Colloid and Polymer Science*, 269, 620–627.

Vasbinder, A.J. & de Kruif, G. (2003) Casein-whey protein interactions in heated milk: the influence of pH. *International Dairy Journal*, 13, 669–677.

Vasbinder, A.J., Rollema, H.S. & de Kruif, C.G. (2003) Impaired rennetability of heated milk; study of enzymatic hydrolysis and gelation kinetics. *Journal of Dairy Science*, 86, 1548–1555.

Verschueren, M., Verdurmen, R. & de Jong, P. (2001) Use of hybrid models for predicting and controlling food properties. *Proceedings of the II International Symposium on Application of Modelling as an Innovative Technology in the Agri-Food Chain* (eds M. Hertog and B.R. MacKay), pp. 129–134,

International Society for Horticultural Science, Palmerston North, New Zealand.

Vianna, P.C.B., Mazal, G., Santos, M.V., Bolini, H.M.A. & Gigante, M.L. (2008) Microbial and sensory changes throughout the ripening of Prato cheese made from milk with different levels of somatic cells. *Journal of Dairy Science*, 91, 1743–1750.

Visser, F.M.W. (1977) Contribution of enzymes from rennet, starter bacteria and milk to proteolysis and flavour development in Gouda cheese. 3: Protein breakdown: analysis of the soluble nitrogen and amino acid nitrogen fractions. *Netherlands Milk and Dairy Journal*, 31, 210–239.

Visser F.M. & de Groot-Mostert, E.A. (1977) Contribution of enzymes from rennet, starter bacteria and milk to proteolysis and flavour development in Gouda cheese. 4: Protein breakdown: a gel electrophoretical study. *Netherlands Milk and Dairy Journal*, 31, 247–264.

Visser, J. (1991) Factors affecting the rheological and fracture properties of hard and semi-hard cheese.

Rheological and Fracture Properties of Cheese, Document No. 268, pp. 49–61, International Dairy Federation, Brussels.

Vitova, E., Loupancova, B., Zemanova, J., Stoudkova, H., Brezina, P. & Babak, L. (2006) Solid–phase microextraction for analysis of mould cheese aroma. *Czech Journal of Food Sciences*, 24, 268–274.

Walsh, C.D., Guinee, T.P., Harrington, D., Mehra, R., Murphy, J. & FitzGerald, R.J. (1998a) Cheesemaking, compositional and functional characteristics of low–moisture part–skim Mozzarella cheese from bovine milks containing kappa–casein AA, AB or BB genetic variants. *Journal of Dairy Research*, 65, 307–315.

Walsh, C.D., Guinee, T.P., Reville, W.D., Harrington, D., Murphy, J.J., O′Kennedy, B.T. & FitzGerald, R.J. (1998b) Influence of –casein genetic variant on rennet gel microstructure, Cheddar cheesemaking properties and casein micelle size. *International Dairy Journal*, 8, 1–8.

Walstra, P., van Dijk, H.J.M. & Geurts, T.J. (1985) The syneresis of curd. 1. General considerations and literature. *Netherlands Milk and Dairy Journal*, 39, 209–246.

Walstra, P. & van Vliet, T. (1986) The physical chemistry of curd making. *Netherlands Milk and Dairy Journal*, 40, 241–259.

Warsinke, A., Pfeiffer, D. & Scheller, F.W. (2001) Commercial devices based on biosensors. *Instrumentation and Sensors for the Food Industry* (eds E. Kress–Rogers and C.J.B. Brimelow), pp. 740–759,

Woodhead Publishing, Cambridge, UK. Watkinson, P., Coker, C., Crawford, R., Dodds, C., Johnston, K., McKenna, A. & White, N. (2001) Effect of cheese pH and ripening time on model cheese textural properties and proteolysis. *International Dairy Journal*, 11, 455–464.

Watkinson, P., Coker, C., Dodds, C., Hewson, S., Kuhn–Sherlock, B. & White, N. (2004) The effect of moisture and ripening time on model cheese textural properties and proteolysis. *IDF Cheese Symposium: Ripening,* Characterization and Technology, Prague, Czech Republic, March 21–25, p. 17 (abstract), International Dairy Federation, Brussels.

Weatherhup, W., Mullan, M.A. & Kormos, J. (1988) Effect of storing milk at 3 or 7°C on the quality and yield of Cheddar cheese. *Dairy Industries International*, 53(2) 16–17, 25.

Whitehead, H.R. & Harkness, W.L. (1954) The influence of variations in cheese–making procedure on the expulsion of moisture from Cheddar curd. *Australian Journal of Dairy Technology*, 9, 108–107.

Williams, R.P.W. (2002) The relationship between the composition of milk and the properties of bulk milk products. *Australian Journal of Dairy Technology*, 57, 30–44.

Wolfschoon–Pombo, A.F. (1997) Influence of calcium chloride addition to milk on the cheese yield. *International Dairy Journal*, 7, 249–254.

Zalazar C.A., Meinardi, C.A., Bernal–de–Zalazar, S. & Candioti, M. (1988) The effect of previous heat treatment on the keeping quality of raw milk during cold storage. *Microbiologie – Aliments – Nutrition*, 6, 373–378.

Zalazar, C.A., Meinardi, C.A., Palma, S., Suarez, V.B. & Reinheimer, J.A. (1993) Increase in soluble sialic acid during bacterial growth in milk. *Australian Journal of Dairy Technology*, 48, 1–4.

Zall, R.R. & Chen, J.H. (1986) Thermalizing milk as opposed to milk concentrate in a UF system affects cheese yield. *Milchwissenschaft*, 41, 217–218.

ZMP (2008) *ZMP Martbilanz Milch: Deutschland, EU, Welt*, ZMP Zentrale Markt– und Preisberictsstelle HmbH, Bonn.

9　帕斯塔菲拉塔干酪 / 披萨干酪的工艺、生物化学和功能

P. S. Kindstedt, A. J. Hillier 和 J. J. Mayes

9.1　介绍

帕斯塔菲拉塔（拉丝凝乳）干酪起源于地中海北部地区（意大利、希腊、巴尔干半岛和土耳其），包含许多品种，如马苏里拉干酪（Mozzarella）、波罗弗洛干酪（Provolone）、斯卡莫扎干酪（Scamorza）和马背干酪（Caciocavallo）。帕斯塔菲拉塔干酪的典型特征是在加工的最后阶段会发生独特的热变性和质构变化，其工艺是将凝乳浸在热水、乳清或盐水中进行物理上的加工，然后再压模成所需的形状和大小。上述过程中，拉伸对帕斯塔菲拉塔干酪最终特性有着非常重要的影响，如引起凝乳结构的重组、化学成分变化，而热处理对微生物、生化特性和功能特性有重要影响。因此，帕斯塔菲拉塔干酪与其他干酪品种存在根本性差异，所以帕斯塔菲拉塔干酪在国际上一直被划分为一个独特的干酪类别。

在过去的 20 年里，由于披萨越来越受消费者欢迎，市场对披萨干酪的需求在全球范围内显著增长，而在帕斯塔菲拉塔干酪中，披萨干酪（Pizza Cheese）一直占据主导地位。随着干酪工厂产能的提升，披萨干酪的产量也迅猛增长，许多干酪工厂日产规模超过 100 t。这种规模化的干酪生产需要对生产过程中的各个环节进行精确控制，尤其是发酵剂的活性和干酪的拉伸条件。因此，普及披萨干酪生产的理论知识和工艺知识具有重要意义。本章主要介绍了帕斯塔菲拉塔干酪的最新研究进展和加工工艺的基本原理。虽然大部分已发表的报告主要针对的是披萨干酪（马苏里拉干酪是其中的一种），但是其研究结果也同样适用于其他帕斯塔菲拉塔干酪。

9.2 披萨干酪功能特性的测定

9.2.1 背景

消费者很容易观察到披萨干酪的功能特性（例如融化性、拉伸性、弹性变化、油脂的析出、起泡性和褐变等），因此测量这些特性是该领域研究的基础。研究表明，披萨干酪在成熟过程中会发生功能和质地的变化，例如，用发酵剂加工的新鲜披萨干酪质地坚硬、不易融化，且拉伸性有限，不适用于焙烤披萨饼的加工。但当干酪在经过 1 ～ 3 周的成熟后，会发生如 9.4.2 和 9.4.3 所提到的物理化学和蛋白水解变化，使其理化性质发生改变，干酪质地逐渐变软，从而达到令人满意的融化性能和拉伸性能。同时，干酪的成熟过程会一直持续，直至其质地软到不再适用于加工披萨干酪。因此，干酪的最佳使用期限从几周到几个月不等，且受干酪成分、拉伸成型过程中的热处理工艺以及储存温度的影响。

9.2.2 功能测定

干酪的功能特性可以由干酪加工者和购买者主观衡量，方法是将干酪置于涂抹有番茄酱的披萨上，经过焙烤后观察其上述特性。由于这些特性受到烘焙时间、温度以及烤箱构造（对流风与鼓风等）的影响。因此，还需要更加准确和重复性的测试。

帕斯塔菲拉塔干酪的融化特性通常采用 Arnott（Arnott 等，1957）和 Schreiber（Kosikowski 和 Mistry，1997）融化测试法进行测定，即将干酪盘置于对流烤箱中，并在标准状态下加热使其融化，然后测定干酪盘的直径变化确定干酪的融化程度。Park 等（1984）将此方法与改进的微波加热法进行了比较，结果发现两者的相关性很小。正如预料的那样，帕斯塔菲拉塔干酪的融化特征受传统烤箱的加热时间、温度以及微波炉的微波功率影响，因此，测试方法的不同其结果也会有所差异。Wang 等（1998）发明了威斯康星大学（University of Wisconsin，UW）融体计，该融体计是通过在平滑挤压流动的装置中测量干酪盘的融化量（流动）。后来，该团队对融体计进行了改良设计（Muthukumarappan 等，1999），改良后，将干酪盘放在烘箱加热时，该仪器不仅能够测量某一恒定温度下圆盘高度，还可以通过测量干酪盘的高度和温度来获取融化特性。改良后的装置称之为 UV 融体断面仪。

由于盐水腌制的干酪水分和盐分从外部到中心呈现梯度变化，从而无法将干酪切割成有代表性的样品（Kindstedt 等，1992），所以，一般情况下采用干酪盘进行融化特性的测试不适用于盐渍干酪。但把有代表性的盐渍干酪样品切碎，就可以克服水分和盐分的梯度变化。用切碎的干酪样品进行融化试验，可以通过测定干酪碎粒融化时沿玻璃管流动的距离（Oberg 等，1992b；McMahon 等，1993）或干酪粒转变为融化状态所需的时间来确定其融化特性（Guinee 等，1997）。

帕斯塔菲拉塔干酪的拉伸特性通常是通过在垂直或水平方向施加恒定的力，并测量干酪融化时的延展距离来确定，但如果拉伸过程中产生不均匀的水分和温度损失，则会对测定带来不利影响。此外，最近新开发的环球法是在矿物油浴中测定干酪的拉伸特性，这可以减少水分和温度变化带来的影响，但由于盐渍干酪会产生前面提到的盐分和水分的梯度变化，故此法不适用于盐渍干酪（Hicsasmaz 等，2004）。

通常采用改进的巴布科克（Babcock）测试方法来测定帕斯塔菲拉塔干酪加热时释放游离油的潜力（Kindstedt 和 Rippe，1990），但人们认为此方法不能检测到干酪中被酪蛋白以乳化形式包裹的脂肪（Kindstedt 和 Rippe，1990；McMahon 等，1993）。

帕斯塔菲拉塔干酪烘烤起泡后的色泽可在披萨焙烤时直接评估（Matzdorf 等，1994），也可通过在沸水浴中加热干酪进行间接评估（McMahon 等，1993）。然后颜色可通过与色卡比较进行主观评价，也可采用色度仪进行客观测量（McMahon 等，1993；Matzdorf 等，1994）。Yun 等最早提出了披萨烘焙的图像分析（1994b），该分析方法是使用数字图像分析仪评估披萨照片来客观测量披萨上的浮泡的尺寸与分布。经过多年发展，计算机视觉技术也已成功地用于评估干酪加热时的褐变程度（Wang 和 Sun，2003）。

Kindstedt 和 Kiely (1992) 开发的螺旋黏度测定法可客观地测量融化干酪的表面粘度，该方法与干酪的功能属性相关。不过，据报道已有更复杂的方法来评估披萨干酪的功能属性。这些方法通常涉及特定参数的流变学评估，但是不能反映出消费者认可度。这些技术目前已得到广泛地研究（Rowney 等，1999；Muliawan 和 Hatzikiriakos，2007）。

9.3 披萨干酪的生产

披萨干酪研磨阶段的加工方式与切达干酪（Cheddar Cheese）非常相似，比如：干酪乳的接种、添加皱胃酶后进行凝乳、切割后热煮、堆酿、排放乳清和研磨等。实际上披萨干酪和切达干酪规模化生产所需的生产设备也几乎相同，通常包括:（a）用于凝乳和堆酿的卧式或立式密闭桶;（b）用于排乳清和沉淀凝乳并形成适当酸度的大型封闭传送带系统等（Anonymous，2003）。然而，生产披萨干酪凝乳的一个主要区别在于，在大多数工序中发酵剂产酸的速度更快，这样缩短了生产时间。因此，披萨干酪从加入凝固剂到开始拉伸所需时间不到 2.5h，而切达干酪需要达到适宜酸度时才能进行拉伸（McCoy，1997）。

9.3.1 乳的加工处理

披萨干酪通常需要经过一个短暂而重要的成熟期才能食用。因此，从微生物安全的角度来看，披萨干酪必须用巴氏杀菌乳（即在 72℃下加热 15s）作为原料进行生产。此外，提高巴氏杀菌温度让更多的乳清蛋白变性可提高干酪的产量（Lelievre，1995)。因此，在符合法规的前提下，也可在添加凝乳前，加入变性乳清蛋白来提高干酪的产量。而在披萨干酪的实际生产中，对原料乳进行均质并不常见。

通常根据购买者的需求，用于生产披萨干酪的乳，需按照要求的蛋白质 / 脂肪（P/F）或酪蛋白 / 脂肪（C/F）比进行标准化，从而生产出所需的干基脂肪含量（Fat–In–Dry，

FDM）的干酪（Barbano，1986）。脂肪占乳干物质中的比例对买家来说很重要，因为它会影响干酪的硬度、拉伸性、融化性、游离油形成等功能特性（Kindstedt 和 Rippe，1990；Rudan 和 Barbano，1998b）。酪蛋白 / 脂肪的标准化方式会对干酪生产的经济性产生明显的影响（Barbano，1996a）。向乳中添加酪蛋白（而不去除脂肪）进行标准化，提高同等原料乳的干酪产出率和工厂的单日干酪产量，该标准化方式体现了高效的经济激励模式（Wendorff，1996）。酪蛋白可以以低热脱脂乳粉 (Non–fat Dry Milk，NDM) 或浓缩脱脂乳（如果允许的情况下，可以添加酪蛋白或浓缩牛乳蛋白）的形式添加到干酪乳中。浓缩牛乳蛋白作为酪蛋白来源被广泛使用，有报道称，在生产马苏里拉干酪时，将乳中蛋白质含量提高到 5.4 g/100 g 时，不会对披萨干酪的品质产生不利影响（Harvey，2006）。

20 世纪 90 年代，在美国，通常通过添加 NDM 进行标准化（Yun 等，1998）。Wendorff（1996）提出将脱脂乳粉在适宜温度和时间下复原成复原乳（1.5 ～ 2.0 g/100 mL，NDM），添加到干酪中，当添加的复原乳使干酪乳总固体为 15 ～ 20 g/100 g 时，不会对披萨干酪的功能特性造成影响。

Yun 等（1998）的研究显示，在不改变干酪任何工艺参数的情况下，向干酪乳中添加 3 g/100 mL 的脱脂乳粉，会导致干酪水分含量从 48.4 g/100 g 降低至 46.7 g/100 g，钙的含量则提高。然而，总体而言添加 3 g/100 g 的脱脂乳粉所引起的功能特性变化相对较小，并且该变化可以通过以下方式进行改善：（a）增加发酵剂接种量（减少加工时间，从而增加 NDM 强化干酪的水分含量）；（b）降低排乳清的 pH 值（降低 NDM 强化干酪的钙含量）。

在干酪生产之前，通常会利用膜过滤技术提高乳中固形物含量（脂肪和酪蛋白）。在澳大利亚，规模化的披萨干酪工厂，普遍会利用超滤工艺将全年的干酪乳蛋白标准化到约 4 g/100 g。这最大程度地减少了季节性变化引起的乳蛋白含量的变化，增加了干酪的产量，并促进了微滤工艺在其他产品中的应用。

微滤是一种在干酪加工之前分离乳清蛋白和酪蛋白的新兴工艺，虽不是通过回添乳清蛋白来显著提高干酪的蛋白得率，但可提高工厂的生产能力并减少皱胃酶的使用量（Papadatos 等，2003）。此外，灭菌的微滤液可以用于生产高品质的浓缩乳清分离蛋白（Maubois，1997）。同时，Garem 等（2000）的研究显示，利用微滤工艺处理的复原乳粉生产的披萨干酪与常规的披萨干酪具有相同的成分和特性（Garem 等，2000）。Ardisson–Korat 和 Rizvi（2004）曾报道，利用 MF 对脱脂乳进行高倍浓缩 (浓缩系数为 6–9) 并用于生产披萨干酪的初步试验。将 MF 截留液与奶油混合，并用葡萄糖酸 – δ – 内酯（Glucono–δ –lactone，GDL）进行酸化，在 Alcurd 连续式干酪凝固器（阿法拉伐）中制备凝乳；经过浓缩脱水（产生的乳清量约为常规生产的 10%）之后，即可得到所需含水量的干酪。由于不使用发酵剂，加上皱胃酶与蛋白质比的降低，MF 干酪中的蛋白质水解显著减少。与市售的干酪相比，MF 干酪的熔点较高，初始拉伸性较低；但随时间的推移，对照组干酪拉伸特性的降低程度大于 MF 干酪，因而 30 d 后，MF 干酪的拉伸性反而大于对照组干酪；至于做成披萨饼之后的拉伸性则未见报道。但是，如果已经使用了 MF 截留液，那么就没必要利用 UF 截留液将乳清蛋白加入干酪中来提高得率，因此利用高倍浓缩 MF 工艺生产披萨干酪的经济性还需进行仔细分析。

Chr. Hansen 报道了一种酶法新工艺，能够提高马苏里拉干酪的产量。通过利用诺维信磷脂酶处理干酪乳，以减少干酪中乳清和热烫拉伸机中的脂肪损失（提高干酪中的脂肪含量），并提高干酪水分含量（Lilbaek 等，2006）。

9.3.2 发酵剂

披萨干酪的传统发酵剂是嗜热菌，如德氏乳杆菌保加利亚亚种（*Lactobacillus delbrueckii* subsp. *bulgaricus*）和嗜热链球菌（*Streptococcus thermophilus*）。但是为了减少披萨干酪在烘焙时的褐变，通常用瑞士乳杆菌（*Lactobacillus helveticus*）代替德氏乳杆菌保加利亚亚种（*Lactobacillus delbrueckii* subsp. *lactis*）。与德氏乳杆菌保加利亚亚种和大部分的嗜热链球菌不同，瑞士乳杆菌能够在乳糖存在时发酵半乳糖，减少干酪中半乳糖的积累。半乳糖的积累会引起干酪烘焙过程中的褐变问题（Oberg 等，1991；McCoy，1997）。有报道指出，已成功分离出能够发酵半乳糖的嗜热链球菌，将其与瑞士乳杆菌联合使用也可防止半乳糖在披萨干酪中积聚，从而抑制潜在的褐变（Johnson 和 Olson，1985；Matzdorfet 等，1994；Mukherjee 和 Hutkins，1994）。

用于生产切达干酪的中温发酵剂（即乳酸乳球菌亚种 *Lactococcus lactis* subsp. *lactis* 和乳酸乳球乳脂亚种 *Lactococcus lactis* subsp. *cremoris*）也可用于披萨干酪的发酵，其发酵产生的典型乙醛风味比嗜热发酵菌更淡。在任何一种情况下，干酪在拉伸凝乳之前，发酵剂必须产生足够的乳酸，以便在相对较短的时间内达到拉伸所需的 pH 值和钙含量（以确保足够高的水分）。这可以通过将干酪加工温度保持在中温菌最适生长温度（约 30℃）来实现。用中温发酵剂加工披萨干酪通常需要较长的生产周期，除非使用活性非常强的发酵剂。总体而言，在世界范围内，嗜热型发酵剂比嗜中温型发酵剂更为广泛地应用于披萨干酪。

发酵剂的作用

发酵剂的主要作用是在干酪生产过程中产生足够的乳酸，将无法拉伸的凝乳转化为能在热水中拉伸的凝乳。凝乳的拉伸特性主要由酪蛋白交联钙的含量决定（Lucey 和 Fox，1993；Kosikowski 和 Mistry，1997）。酪蛋白交联钙含量过多会导致凝乳的质地坚硬，使其在拉伸过程中发生撕裂和断裂；而钙含量过少则导致凝乳结构和拉伸能力丧失。酪蛋白交联钙的含量由两个关键因素决定：（a）凝乳中钙的总含量（每单位酪蛋白）；（b）总钙在酪蛋白交联钙和乳清可溶钙的含量分布情况；后者取决于凝乳的 pH 值，pH 值高有利于钙和酪蛋白处于交联状态，而 pH 值低则有利于钙处于可溶性状态（Lawrence 等，1987）。因此，决定拉伸特性的两个重要参数分别是钙 / 蛋白的比值和拉伸时凝乳的 pH 值。这两个参数呈负相关，这意味着钙 / 蛋白比值低的凝乳（如 9.5.1 节所述，直接酸化产生的凝乳）需要 pH 值（pH 5.6 ～ 5.7）相对较高的情况下进行拉伸，而钙 / 蛋白比值高的凝乳（如在缓慢酸化条件下和 pH 值高的情况下生产的凝乳）需要 pH 值相对较低的（pH 值 5.1 ～ 5.2）情况下进行拉伸。

产酸总速度和乳清排放前后的产酸量是定义酸化进度的两个重要参数。产酸总速度很重要，因为它决定了干酪的生产总时间，进而影响生产过程中的脱水量，最终会对成品的水分含量产生影响（Barbano 等，1994b）。通过更快的产酸速率来实现更短的加工时间，通常会导致干酪的水分含量更高。实际上，干酪工厂可以采用控制总生产时间（以及改变热煮 / 堆酿温度和盐渍条件）来有效控制干酪水分含量。乳清排放前后的产酸量主要由皱胃酶添加和乳清排放时的 pH 值决定。与其他参数相比，添加皱胃酶和排乳清时的 pH 值对干酪最终的钙 / 蛋白的比值影响更大，因为排出时大部分钙损失到乳清中（Kindstedt 等，1993；Lucey 和 Fox，1993）。因此，在其他生产条件（如拉伸 pH 值）保持不变的情况下，加入皱胃酶和排乳清时的 pH 值越低，最终干酪中钙 / 蛋白的比值就越低。总之，发酵剂产酸速度影响干酪的最终水分和钙含量，对干酪的功能特性和达到最佳功能所需的成熟时间有重大影响。例如，在较高的酸化速度（较短的生产时间）和较低的排乳清 pH 值条件下，加工的披萨干酪水分含量高且具有较低的钙 / 蛋白比。同时，较高的水分含量和较低的钙 / 蛋白比有利于形成质地更柔软、纤维更少、易咀嚼的融化稠度的干酪（Yun 等，1993d，1995b，1998）。因此，此类干酪只需要经过一定程度的成熟就可以达到最佳的功能特性。

通过使用非常活跃的发酵剂可以实现干酪的快速酸化，例如控制菌种繁殖的外部 pH 值或加大接种量（Brothersen，1986；Barbano 等，1994b），或者在凝乳前对乳进行预酸化处理 (Guinee 等，2002)。另一个极端条件，即较低的酸化速度（较长的生产时间）和较高的排乳清 pH 值，会导致披萨干酪水分含量低、钙 / 蛋白比高。此类干酪质地坚硬、融化形成耐咀嚼的稠度，需要经过长期成熟才能达到最佳功能特性。

pH 值是披萨干酪生产及确定其功能特性的关键因素，因此应确保 pH 值测量的准确性和不同工厂间的可比性（Buss，1991）。在干酪生产过程中，许多变量会影响 pH 值的准确度，包括校准时缓冲液的温度、用于测量 pH 值的凝乳或干酪的稀释度以及电极的类型。用于校准 pH 计的缓冲液的温度必须与凝乳温度相似，以避免凝乳的 pH 值读数不准确。 pH 计上的温度补偿器不能很好弥补温度带来的差异（Sherbon，1988）。通常在测试凝乳和干酪的 pH 值前，需要用水对其进行稀释。当水与干酪的比例大于 30 g/100 g 时会使 pH 值增高（Upreti 等，2004）。例如，水与干酪混悬液的比值为 1∶1 时，其 pH 值会比干酪高约 0.1 个 pH 单位。与普遍使用的玻璃电极相比，氢醌电极所测的 pH 值会低约 0.1 个 pH 单位（M. Johnson，个人交流）。

杆菌与球菌的比例

德氏乳杆菌保加利亚亚种和嗜热链球菌一般能够进行混合培养，且两者易于从形态上进行区分，乳杆菌呈杆状，链球菌呈球状。这两种菌株通常混合使用，由于它们协同生长，这使得它们在共生时比单一菌株产酸更快（Oberg 和 Broadbent，1993）。嗜热链球菌的最适生长 pH 值范围为 5.5 ～ 6.0，而德氏乳杆菌保加利亚亚种的最适生长 pH 值范围为 5.0 ～ 5.5（Brothersen，1986）。因此，在嗜热菌的混合培养过程中，可以通过调节 pH 值来控制杆菌和球菌的比例。干酪工厂可以通过引入外部 pH 值控制系统，对批量发酵剂中的杆菌与球菌的比例进行有效控制（Brothersen，1986；Oberg 和 Broadbent，1993）。或者单独培养杆菌和球菌，然后按所需比例混合后再用于干酪生产。改变发酵剂的杆菌 / 球菌比例对干酪加工有两个重要影响。首先，在干酪生产要求的 pH 值范围内，嗜热链球菌产酸速度要快于德氏乳杆菌保加利亚亚种（Brothersen，1986；McCoy，1997）。因此，在实际生产中，在干酪加工结束时，无论初始发酵剂中的杆菌 / 球菌比例如何，嗜热链球菌在凝乳中占主导地位，该比例通常在 1∶1 ～ 1∶5（Yun 等，1995a）。然而，干酪加工过程中的酸化速率受初始比例的影响；例如：当所有其他条件（包括总接种量）保持不变时，初始发酵剂中高比例的杆菌数会导致酸化速度较慢，制造时间较长（Yun 等，1995a）。在实际生产中，较长的加工时间通常是不切实际或不可取的。因此，杆菌 / 球菌比率的增加通常会伴随着总发酵剂接种量的增加，以保持恒定的加工时间。所以，在实际生产中，当发酵剂的杆菌 / 球菌比例发生变化时，添加到干酪乳中的发酵剂的细菌总数也会发生变化。这对最终干酪中杆菌的数量具有重要意义。Yun 等（1995a）研究表明，当接种到干酪乳中的发酵剂细菌总量一定时，发酵剂中杆菌 / 球菌的比例越高，最终干酪中的杆菌数量就越高。据推测，使用杆菌 / 球菌比例高的发酵剂并提高接种量（以保持恒定的发酵时间），会使得干酪终成品中杆菌数量更多。所以，改变发酵剂的杆菌 / 球菌比例的第二个重要后果就是对干酪中最终杆菌数量的影响。杆菌的数量很重要，因为它影响干酪成熟过程中蛋白质的水解。德氏乳杆菌保加利亚亚种比嗜热链球菌具有更强的蛋白水解能力（Oberg 和 Broadbent，1993；McCoy，1997）。因此，干酪中杆菌数量越多，与发酵剂相关的蛋白质水解率就越高（Yun 等，1995a）。蛋白水解及其对干酪功能特性的影响将在 9.4.2 节和 9.4.4 节中详细描述。

9.3.3 凝固剂

各种不同来源的凝固剂用于披萨干酪的商业加工（Kindstedt，1993）。小牛皱胃酶是一种传统的凝固剂，主要由皱胃酶和少量牛胃蛋白酶组成，在世界范围广泛使用，特别是在不允许或不接受通过脱氧核糖核酸重组（DNA 重组）技术生产纯皱胃酶（利用重组脱氧核糖核酸技术生产的皱胃酶）的国家。目前，纯皱胃酶在美国和许多其他国家被广泛应用。尽管引入纯皱胃酶后，微生物凝固剂［源自米黑根毛霉（*Rhizomucor miehei*），微小根毛霉（*Rhizomucor pusillus*）和栗疫病菌（*Cryophenectria parasitica*）］在一些市场上的应用已大幅度下降，但仍然在使用中（见第 2 章）。在过去的 10 年中，澳大利亚米黑根毛霉凝固剂在凝固干酪生产乳清产品拥有更广阔的市场，因此该凝固剂再次被使用。相比于皱胃酶，米黑根毛霉凝固剂在产出率方面存在劣势，通过进一步纯化可以解决该问题。然而，由于这些凝固剂的生产具有一定的热不稳定性，这会影响披萨干酪的保质期。

与所有干酪加工一样，凝固剂在披萨干酪加工过程中的主要作用是使乳凝固，因此启动选择性浓缩过程，可以改变干酪的最终化学成分。用发酵剂生产传统披萨干酪时，凝固剂有助于在成熟过程中形成最佳功能特性（Yun 等，1993d）。因此，干酪加工中使用的特定凝固剂的活性和特异性，以及在拉伸过程中的热稳定性和热失活程度，对蛋白质水解、功能特性和成熟过程有重要影响（Oberg 等，1992a；Kindstedt，1993；Yun 等，1993a，1993d；Kindstedt 等，1995a），如 9.3.5 节和 9.4.4 节所述。有趣的是，若添加凝固剂（皱胃酶）的量比推荐量减少 40% 以上，则成熟过程中干酪的蛋白质水解和功能变化的影响相对较小（Kindstedt 等，1995b）。

9.3.4　热煮和堆酿

在披萨干酪的生产过程中，热煮、排放乳清和堆酿的主要作用是控制拉伸过程中以及干酪终产品中的水分和钙的含量。如前所述，这可以通过控制发酵剂活性和酸化速率（即总加工时间和排水 pH 值）来实现。除此之外，干酪加工厂可以通过控制热煮和堆酿温度来改变最终干酪水分含量。一般来说，较低的热煮和堆酿温度会导致最终干酪中的脱水收缩更少，水分含量更高。然而，通常用于加工披萨干酪的热煮 / 堆酿温度范围为 42 ～ 45℃，在不低于这个温度范围时，嗜热发酵剂显示出最佳的产酸量（Oberg 和 Broadbent，1993；McCoy，1997）。所以较低的热煮 / 堆酿温度往往会导致产酸速度变慢、加工时间变长，更容易引起脱水收缩（Yun 等，1993c）。因此，当采取措施以保持恒定的加工时间时，改变热煮 / 堆酿温度将会对干酪水分含量产生最大影响。Yun 等（1993）研究表明，当热煮 / 堆酿温度从 44℃降低到 38℃时，马苏里拉干酪的水分含量增加了约 2 g/100 g。但是发酵剂在 38℃下产酸速度较慢，因此干酪生产时间增加了 30 min。据推测，如果保持总生产时间不变（如添加更多的发酵剂），随着热煮 / 堆酿温度降低至 38℃，干酪水分的增加量将大于 2 g/100 g。在干酪堆酿接近结束时，会有一个适宜凝乳拉伸的 pH 值范围，为 0.2 ～ 0.3。比如凝乳在 pH 值为 5.0 ～ 5.3 时可拉伸，在低于 5.0 时，将完全丧失拉伸和塑形能力。凝乳在特定 pH 值下的拉伸程度可能会有所不同，可以在 70℃左右的水中加热凝乳样品，并轻轻地将加热的凝乳拉开，通过观察拉伸程度进行主观评估。在适宜 pH 范围的下限拉伸凝乳（行业中有时也称为在“成熟期”拉伸凝乳）会导致干酪成品的 pH 值较低，水分含量和钙 / 蛋白比略低。Yun 等（1993b，1993e）研究表明，在 pH 值较低的情况下拉伸凝乳，会导致成熟干酪的表观黏度较低，使得干酪融化时纤维较少且耐嚼，这需要缩短成熟时间里以便达到其最佳功能特性。这些功能上的差异很可能是由于钙 / 蛋白质比例略低和酪蛋白相关状态下钙含量较低（由于干酪 pH 值较低）的综合影响。相反，在适宜 pH 值范围的最高限度拉伸凝乳（有时也称为在“未成熟”可拉伸凝乳）会导致干酪终产品 pH 值较高，水分含量、钙 / 蛋白比及表观黏度值较高，使得干酪需要更长的成熟期才能达到结构化、纤维状和耐嚼的融化稠度等功能特性（Yun 等，1993b，1993e）。因此，干酪的成熟可以通过拉伸的 pH 值来控制。这些结论与工厂实际情况相符，如需延缓干酪成熟和延长干酪保质期，则在“新鲜”可拉伸；如需加快干酪生产进度，则在“成熟期”进行拉伸。然而，在干酪的大型工业生产中，通常需要超过 30 min 的时间才能将单个大桶中的所有凝乳连续进料到混合器中，在此期间，尚未拉伸的凝乳 pH 值和钙含量会持续降低。因此，由一桶乳制成的单个干酪块的特征可能是“新鲜”的，也可能是“成熟”的，具体取决于凝乳进入混合器的时间。 因此，重要的是尽快将整个大桶处理完并保持在凝乳可拉伸的 pH 值范围内。

9.3.5　拉伸成型

酸化凝乳的加热和拉伸是帕斯塔菲拉塔披萨干酪生产过程中的关键步骤。拉伸对干酪的微观结构和化学成分（和产量）有重要影响，拉伸也是一种实质性的热处理，所有这些都会影响干酪的功能特性。拉伸通常在包含热水和蒸汽喷射系统的连续的单螺杆或双螺杆机械混合器进行。拉伸过程涉及两个阶段，在第一阶段，凝乳进料至混合器，迅速被热水加热到 50 ～ 55℃，使之转变为所需的可塑性和可加工的稠度。混合器中水的温度可能变化很大，范围约为 55 ～ 85℃，具体取决于设备的设计和操作条件（例如螺旋钻速度）。在第二阶段，塑性凝乳被螺旋钻或一系列螺旋钻加工成可塑性凝乳单向纤维带。热塑性凝乳随后离开混合器并通过螺旋输送器输送到模压机，在压力下它被强制进入模压机成型。该模压机还具有预冷功能，因此当从模具中取出成型的干酪块时，干酪仍保持形状完整。

目前，连续拉伸凝乳的最新设备是称为 Rotatherm 的扫面混合器（Smith 等，2006）。该设备使用蒸汽注入代替热水将凝乳加热成可加工的稠度，从而消除了干酪加工对热水储存罐的需求。

对微观结构的影响

通过电子扫描显微镜（scanning electron Microscopy，SEM）或激光共聚焦扫描显微镜（confocal laser scanning microscopy，CLSM）观察，拉伸会将干酪凝乳的无定形三维蛋白结构转化为平行排列的蛋白纤维网络结构（McMahon 等，1993；Oberg 等，1993；Auty 等，2001）。一般情况下，乳清和脂肪球聚集在蛋白纤维束的分割通道中，会导致干酪中的脂肪和乳清相部分对齐排列。因此，披萨干酪的流变特性本质上是各向异性，即在平行与垂直于纤维方向时评估，会产生不同的特性（Ak 和 Gunasekaran，1997）。拉伸会产生未融化的质构，它非常有咀嚼性和弹性，并且具有高度结构化、纤维状和耐嚼的融化稠度。它可以加工披萨干酪的变体，不拉伸，而是压成块状（Chen 等，1996）。事实上，美国为披萨行业贡献了大量的挤压凝乳干酪。与意大利的帕斯塔菲拉塔干酪相同，这种非拉伸型的挤压凝乳干酪可以通过控制干酪的钙 / 蛋白比和 pH 值控制其融化性和拉伸性（Lawrence 等，1987）。但是，未拉伸型披萨干酪缺乏拉伸过程中产生的有序蛋白纤维，因此它的不融性导致它不具有帕斯塔菲拉塔干酪一样的流变方向特异性，融化后干酪结构化不足、纤维性和耐嚼性较差。

对化学成分的影响

如果混合器和模压机的操作条件没有得到适当控制，拉伸和成型过程中可能会发生大量水分和脂肪损失（Nilson，1973）。控制混合器中螺旋钻的速度和拉伸水温度之间的关系尤为重要，以使两者兼容。在受到螺旋推动杆产生的巨大剪切力之前，凝乳需要足够的时间以获得可塑和可加工的稠度。如果螺旋推动杆速度过快或拉伸水温过低，则会导致螺旋推动杆开始工作时凝乳温度过低，从而使其变形不足。在这种情况下，凝乳易于撕裂和脂肪流失，更严重的是，凝乳中的水分会流入拉伸水当中，导致干酪中的脂肪和水分含量降低，最终导致产量降低。当拉伸水温较低时，螺旋钻速度和拉伸水温之间的平衡尤其重要。如果螺旋推动杆速度增加过多而未提高拉伸水温，或拉伸水温降低过多而未降低螺旋推动杆速度，则可能出现严重的脂肪和水分流失。Renda 等（1997）研究了拉伸水温保持在 57℃（即正常温度范围的下限）时，改变螺旋钻速度所发生的变化。当螺旋钻速度从 5 r/min 增加到 19 r/min，由于脂肪和水分流失到拉伸水中，所得干酪的水分含量减少了近

3 g/100 g，FDM 含量减少了约 2.5 g/100 g。在另一项研究中，Barbaro 等（1994a）研究了保持螺旋钻速度恒定在 12 r/min（即中档速度），改变拉伸水的温度所发生的变化。当拉伸水温从 74℃降低到 57℃时，由于脂肪损失到拉伸水中，干酪的 FDM 含量减少了约 2 g/100 g。在这些条件下，水分含量仅略有下降；然而，如果螺旋钻速度高于 12 r/min，温度对水分含量的影响可能会更大。当拉伸时水温处于正常温度范围的上限时，由于热传递速度更快，凝乳可以在更短的时间达到可塑和可加工的稠度，所以过高的螺旋杆推动速度对干酪的影响较小（Kindstedt 等，1995a）。但是，应该避免在极高的拉伸水温下采取极低的螺旋推动杆速度，这可能会导致较高的脂肪流失（Barbano 等，1994a）。

热处理效应

凝乳在拉伸过程中的温度变化取决于拉伸水温和拉伸时间（Yun 等，1994a；Kindstedt 等，1995a；Renda 等，1997）。拉伸时间主要由混合器设计和混合器运行的螺旋钻速度决定。热水进入混合器后，凝乳的温度会升高，直到达到最高值（低于水的温度），然后从混合器出口流出。在混合器出口处，干酪和拉伸水的温差通常在 10 ～ 20℃。通常来讲，对于特定型号的设备，螺旋钻的速度越快，温差就越大。热塑性凝乳在运输到模压机的过程中，温度会缓慢降低。温度损失的程度由以下因素决定：（a）混合器和模压机之间的距离；（b）在注入模压机前，在缓冲容器中所花费的时间；（c）与周围环境接触。一般来说，必须将温度损失保持在最低限度，因为凝乳必须保持可塑性和可变形才能融合成均匀、没有褶皱和折痕的凝块，并且能够承受给模压机送料的螺旋钻的剪切力（Nilson，1973）。凝乳热处理不仅包括在混合器中搅拌的时间，还包括从混合器出口到模压机模具内冷却的时间；直接将凝乳从混合器中挤到冷冻盐溶液中而完全不经过模压机处理的工艺无须考虑冷却时间（Barz 和 Cremer，1993）。凝乳在拉伸过程中的温度变化对干酪发酵剂活性和残留的凝固剂活性有重要影响，这也是成熟过程的基础。在拉伸温度范围的下限（例如 55℃）进行拉伸时，嗜热链球菌和德氏乳杆菌保加利亚亚种均能存活并保持代谢活跃（Yun 等，1995a）。采用选择性微生物平板技术直接测定代谢活跃的起始发酵菌存活率是最好的方法（Yun 等，1995a）。然而，间接方法也提供了有用的信息，例如测定干酪中直接受到发酵剂对残留乳糖和半乳糖发酵影响的可滴定酸度（ titratable acidity，TA），以及测定主要由发酵剂产生的可溶于 12% 三氯乙酸（trichloroacetic acid，TCA）的次级蛋白水解产物（Barbano 等，1993，1994b）。在一系列关于拉伸水温和螺旋推动杆速度的系统研究中，Yun 等（1994a）和 Kindstedt 等（1995a）证实，在临界拉伸温度范围内（大约从 62℃到 66℃），拉伸过程中凝乳温度的小幅升高会导致最终干酪中 TA 和 TCA- 可溶性氮水平急剧下降。他们得出的结论是在临界温度范围内，嗜热发酵菌的代谢活性高度依赖于温度，拉伸温度的微小差异可能会导致最终干酪中发酵剂活性的巨大差异。此外，不同发酵菌种对温度的敏感性也存在一定差异。披萨干酪中残留的凝固剂活性很大程度上决定了披萨中的初级蛋白水解程度，从而对相似成分的披萨干酪的货架期产生重要影响。残留的凝固剂活性可以通过高压液相色谱法（Hurley 等，1999）直接测定，也可以通过测量在 pH 值 4.6 时可溶性初级蛋白水解产物含量间接测定（Barbano 等，1993）。与发酵剂一样，披萨干酪中凝固剂的活性也取决于温度，并随着拉伸过程中热失活的程度而变化。在正常温度范围的下限（例如 55℃）进行拉伸时，凝固剂保持活跃，（Barbano 等，1993；Yun 等，1993a；Kindstedt 等，1995a）。此外，从米黑根毛霉菌（*R. miehei*）和栗疫病菌（*C. parasitica*）中提取的凝固剂在 55℃时也具有热稳定性，其在拉伸后仍保持活性（Yun 等，1993a；Kindstedt 等，1995a），然而，源于米黑根毛霉菌的凝固剂在提取过程中具有一定的热不稳定性，因此，拉伸过程中需灵活进行热处理以实现所需的凝固剂失活程度。这种热不稳定性是依赖于 pH 值的，在拉伸过程中使凝乳中的凝固剂失活所需的热处理与在乳清加工中使凝固剂失活所需的热处理不同。所有的凝固剂在较高的拉伸温度下都会逐渐失活。在 62 ～ 66℃的温度范围内，拉伸过程中凝乳（用皱胃酶凝固）温度升高，会导致成熟过程中干酪 pH 值 4.6 的可溶性氮水平急剧下降，这表明在较高温度下皱胃酶会大规模失活（Yun 等，1993a；Kindstedt 等，1995a）。总之，在此拉伸温度范围内，凝固剂和发酵剂的活性高度依赖于温度。因此，拉伸过程中凝乳温度仅差异几度都会对披萨干酪微生物和蛋白水解特性产生显著影响。

9.3.6　盐渍 / 盐制

盐在披萨干酪中有着复杂而多方面的功能。除了在腌制过程中促进水分排出，盐还会影响干酪的微生物、物理化学、功能和风味特征（Wendorff 和 Johnson，1991；Kindstedt 等，1992；Guo 等，1997；Paulson 等，1998）。在腌制过程中，盐分被凝乳吸收并同时排出水分，但是这两个过程之间的关系可能会因腌制方法的不同而有很大差异。盐渍可以通过盐水或将盐直接添加到凝乳中来进行。

湿盐法

盐水盐渍是披萨干酪的传统加工方法。盐渍时间和盐水的浓度是影响盐渍过程中干酪总盐的吸收和水分损失的关键参数（Nilson，1968；Guinee 和 Fox，1993）。披萨干酪在盐渍过程中的盐水浓度应保持在接近饱和状态（约 26 g/100 mL），以最大限度地提高盐的吸收速度，同时最大限度地抑制微生物（尤其是酵母和霉菌）的生长。理想的方式是在盐渍过程中不断地补充盐，因为干酪会不断的吸收食盐而排出水分。保持盐水循环对防止在干酪表面形成局部稀释区域非常重要（Wendorff 等，1991）。在盐渍过程中，帕斯塔菲拉塔干酪与其他干酪的重要区别就是采用低温（例如 1 ～ 4℃）来快速冷却热干酪（Nilson，1968）。披萨干酪通常在模压机中短暂冷却后进入盐水。在这个阶段，干酪中心的温度通常仍然相当高（例如 40 ～ 50℃），具体取决于干酪块的大小；因此，大部分冷却过程发生在盐渍过程中（Nilson，1968，1973）。在这些条件下，盐水温度对盐分吸收的影响很小，但对水分流失的影响很大（Nilson，1968）。例如，Nilson（1968）报告表明，当 1.1 kg 的马苏里拉干酪块浸泡 12 h 后，水分损失从 0.5℃ 时的 1.48 g/100 g 增加到 21℃时的 4.27 g/100 g。通过保持恒定的低盐水温度和连续循环以防止干酪表面周围盐水中的局部温度梯度，可以最大限度地减少水分损失。首次使用新制备的盐水会对披萨干酪的质量产生不利影响，此时需要调整盐水的 pH 值和钙含量以防止在腌制过程中钙分布的变化和干酪中钙的流失。这可以通过用食品级乳酸或乙酸将新鲜盐水酸化至干酪的近似 pH 值来实现（如 5.2），并通过添加食品级 $CaCl_2$ 增加盐水的钙含量（0.06 g/100 g）等（Wendorff

和 Johnson，1991；McCoy，1997）。增加盐水中钙的含量对于防止干酪皮软缺陷尤为重要，这是因为当干酪表面的钙浸入盐水中并且酪蛋白变得高度溶剂化时会发生这种情况（Wendorff 和 Johnson，1991；McCoy，1997）。

在盐渍过程中，大部分干酪从表面到中心形成一个盐含量递减的梯度，而从中心到表面形成水分含量递减梯度（Guinee 和 Fox，1993）。披萨干酪从表面到中心形成典型的盐梯度，然而水分分布非常复杂和多变，具体取决于温度条件和盐渍过程中的水分损失（Nilson，1968；Kindstedt 等，1990；Farkye 等，1991）。在成熟过程中，水分分布可能会变得更加复杂，这取决于干酪可能出现的三个条件的相互作用：盐分、温度和 pH 值的持续梯度。腌制后，干酪表面的盐含量总是很高。这会产生渗透压差，导致水分向外迁移到干酪表面（Guinee 和 Fox，1993）。此外，由于腌制过程中不完全冷却（即中心温度高，表面温度低），在干酪中持续存在的温度梯度可能是水分向外迁移的额外驱动力（Reinbold 等，1992）。最后，由于持续的温度梯度而产生的 pH 值梯度（即中心的 pH 值较低，表面的 pH 值较高）可能会为水分向外迁移施加额外的驱动力（Reinbold 等，1992）。因此，综合这三个因素（即盐、温度和 pH 梯度）可以解释为什么一些披萨干酪，特别是难以快速冷却的大块（例如 10 kg）干酪，在成熟过程中会在表面产生极高的水分含量，导致形成有缺陷的柔软、潮湿的表面（Kindstedt 等，1996）。

直接加盐

盐可以在拉伸前、拉伸过程中或拉伸与成型之间直接添加到披萨干酪（Fernandez 和 Kosikowski，1986；Barbano 等，1994b；Anonymous，2003）。所有这些方法都可以与一个简化的盐渍步骤相结合从而达到冷却的作用，或者，如果使用其他冷却方法，则完全不需要盐水腌制（D. M. Barbano，个人交流）。在拉伸和成型之间向凝乳中添加盐可以最大限度地减少腌制后的咸乳清损失，从而增加干酪的保湿性。然而，这个过程并不像在拉伸前立即腌制凝乳那样被广泛使用，这大概是因为在规模化工厂中难以实现这个过程。与通过低温盐渍（例如 1 ～ 2 g/ 100 g）相比，拉伸前添加盐有可能导致更大的水分损失（例如 4 ～ 5 g 100/g）（Barbano 等，1994b）。因此，如果不采取措施来提高凝乳的水分含量或者提高盐的保留率，那么最终干酪的水分含量会显著降低。提高盐的保留率可以减少咸乳清形式的水分流失，类似的原理适用于披萨凝乳中的盐保留，如切达凝乳。提高盐保留率的措施包括降低凝乳水分，将凝乳研磨成较小的颗粒，在两次或更多应用中添加盐，使用搅拌凝乳而不是研磨凝乳。在生产开始时，通常在混合器中使用稀释盐水，其浓度与预腌制凝乳中的盐水浓度相似，这可以防止混合器中的水把预加盐凝乳中的盐从凝乳中冲走（Barbano 等，1994b）。此外，在拉伸前添加盐时，需要仔细评估混合器的操作条件（即螺旋钻速度和拉伸水温），因为盐渍会导致更坚韧的凝乳，在拉伸过程中通常需要较低的螺旋钻速度和 / 或较高的温度。无论是在混合器之前还是之后添加盐，优化模压机操作都很重要，因为盐渍凝乳比无盐凝乳更坚韧，更难融合成均匀的块。

9.3.7 披萨干酪生产过程控制

如其他地方所述，大型干酪工厂需要对加工过程的各个方面进行精确控制，以确保生产出符合客户需求的、稳定的产品。Barbano（1999）研究表明以下参数对于干酪的功能特性至关重要。

• 优质原料乳（体细胞和菌落总数低）。

• 控制乳中酪蛋白（蛋白质）与脂肪的比例和总蛋白质水平。由于原料乳的成分存在较大的季节性变化，因此澳大利亚干酪工厂通常会通过超滤将乳标准化为恒定的蛋白质水平以及恒定的蛋白 / 脂肪比。这种做法是通过加工工艺的稳定性来提高干酪成分的稳定性（例如切割时凝块硬度更稳定和堆酿时凝块更稳定）。

• 控制添加皱胃酶和排乳清时的 pH 值。这些工序的 pH 值基本上决定了干酪的钙含量，这反过来又对 9.3.2 节和 9.5.1 节所述的干酪初始质构产生深远影响。

• 控制干酪拉伸过程中和拉伸结束时的停留时间和温度。

• 控制干酪成型后冷却的速度和最终温度。如 9.3.5 节所述，凝乳成型后在塑化和冷却期间的热变化基本上决定了成品干酪中残留的皱胃酶活性和发酵剂的存活率。

凝乳在热烫和拉伸可受的热机械加工是披萨干酪生产的关键步骤。Mulvaney 等（1997）确定热机械加工中消耗的机械能，并证明可通过操纵热机械加工过程来控制披萨干酪的流变性能和功能特性，而 Yu 和 Gunasakaran（2005）则通过扫描电镜测试证明了干酪的微观结构很大程度上依赖于热机械处理。

Attard 和 Sutherland（2002）将有色（用胭脂树红）和无色的凝乳交替放入中型热烫拉伸机中，通过测定干酪的颜色分布情况来确定凝乳的停留时间，他们用这种方法发现凝乳从热烫拉伸机出来时会黏在热烫拉伸机的不锈钢出口上，导致凝乳的停留时间变化很大。发酵罐出口处改为特氟隆涂层，可以克服停留时间的变化（D. R. Attard 和 B. J. Sutherland，个人交流）。Yu 和 Gunasakaran（2004）开发了一个数学模型来分析深通道单螺杆拉伸机的黏性流，并表明该模型可用于开发新的拉伸机设计方案和操作流程，以改善和控制披萨干酪的功能和产量。此外，Ferrari 等（2002）重新设计了热烫拉伸机和成型系统，以拉伸和成型 5 ～ 10 g 的干酪，从而节省能源消耗和资源（例如设备、水和时间），并为客户提供即用型产品。他们声称冷却时间减少了十倍。

9.3.8 影响干酪产量的因素

尽管上述关于披萨干酪加工的讨论引用了许多与干酪产量相关的因素，但深入讨论影响干酪产量的因素已超出了本章的范围。国际乳制品联合会发表了关于影响干酪产量的因素的大量文章（IDF，1991，1994，2000）。针对帕斯塔菲拉塔干酪的产量，Barbano（1996b）研究了增加马苏里拉干酪产量时要考虑的因素，并讨论了马苏里拉干酪产量的新公式。Barbano（1996b）还讨论了影响脂肪、酪蛋白磷酸钙和其他乳固体回收率的因素。

9.4 微生物、蛋白水解和理化性质

众所周知，用传统方法（即使用发酵剂培养）加工的披萨干酪必须经过短暂的成

熟期，通常是在约 4℃下成熟 1 ～ 3 周，以产生最佳的功能特性（McMahon 等，1993；Kindstedt，1993）。20 世纪 90 年代，人们逐渐意识到微生物、蛋白水解和物理化学特性有助于干酪成熟过程中的功能转化。

9.4.1 微生物特性

无发酵剂（例如直接酸化）的马苏里拉干酪的微生物学评价表明，当干酪加工中使用的乳细菌数低并且在拉伸后迅速冷却时，披萨干酪中的非发酵剂细菌保持在可忽略不计的水平（Barbano 等，1993）。如前文所述，干酪拉伸温度没有超过临界范围的前提下，嗜热链球菌和德氏乳杆菌保加利亚亚种可在拉伸过程中存活并在成熟过程中保持活性（Yun 等，1995a；Kindstedt 等，1995a）。因此，披萨干酪的微生物群通常以发酵剂为主。但是，当干酪乳中含有大量非发酵剂细菌且拉伸后的干酪经过缓慢冷却时，可能会出现异常，这可能会导致非发酵剂细菌占主导地位，从而可能出现松散的质地（Hull 等，1983；Ryan，1984）。

如第 9.4.2 节所述，披萨干酪中的发酵剂在成熟过程中具有蛋白水解活性，并对次蛋白水解有重要影响。发酵剂在拉伸后的头几天还继续发酵干酪中的乳糖，残留乳糖迅速下降到可以忽略不计的水平。相比之下，当以发酵半乳糖的能力很差的嗜热链球菌和德氏乳杆菌保加利亚亚种用作发酵剂时，因为半乳糖发酵非常缓慢，披萨干酪的发酵过程可能持续很长时间（Hull 等，1983；Hutkins 等，1986；Johnson 和 Olson，1985；Mukherjee 和 Hutkins，1994），而如果发酵剂中含有瑞士乳杆菌时，半乳糖水平下降速率则会增加（Johnson 和 Olson，1985；Hickey 等，1986）。披萨干酪的 TA 值测量提供了一种简单的方法来评估成熟过程中发酵剂发酵的总碳水化合物量（Barbano 等，1994b）。在成熟过程中，披萨干酪的 TA 值通常会升高，如果拉伸温度过高，则可能导致发酵剂热失活，那么碳水化合物发酵过程停止并且 TA 值保持恒定不变（Yun 等，1994a；Kindstedt 等，1995a）。披萨干酪的 pH 值在成熟过程中可能会降低、保持不变或升高，这一直是行业混乱的根源。对比成熟过程中的 pH 值和 TA 值可能有助于解释干酪 pH 值的变化规律。例如，干酪的各种受控加工研究表明，在成熟过程中，干酪 pH 值的降低通常伴随着 TA 值大幅升高（Barbano 等，1994b，1995；Yun 等，1998）。然而，当 TA 值在成熟过程中仅略微增加或保持不变时，干酪的 pH 值要么保持不变，要么增加（Yun 等，1994a；Barbano 等，1995；Kindstedt 等，1995a）。这表明当发酵剂快速产生酸时（由于残留的碳水化合物发酵），披萨干酪的 pH 值将趋于降低。然而，当产酸受限时（例如，如果发酵剂失活），成熟过程中其他反应也会占主导地位并导致干酪 pH 值升高，例如蛋白水解反应和矿物质分布的变化（Lucey 和 Fox，1993）。在低 pH 值时，德氏乳杆菌保加利亚亚种比嗜热链球菌产酸能力更强。因此，前者很可能在成熟过程中对披萨干酪的碳水化合物发酵和 TA 升高起主导作用。Yun 等（1995a）的研究也与上述观点呈现一致，当干酪成熟过程中 pH 值较低时，干酪中含有更多的德氏乳杆菌保加利亚亚种和较少的嗜热链球菌种群（但在其他成分上相似）。而较高数量的杆菌数可能会导致更多的碳水化合物发酵和酸的产生，因此随着成熟的进行 pH 值显著下降。在成熟过程中德氏乳杆菌保加利亚亚种（*Lb. delbrueckii* subsp.

bulgaricus）的碳水化合物发酵速率明显依赖于菌种的类型。Barbano 等（1995）发现，在其他成分相似的情况下，使用相同的嗜热链球菌、不同的德氏乳杆菌保加利亚亚种作为发酵剂来生产马苏里拉干酪时，pH 值和 TA 值有很大的差异，同一项研究中用瑞士乳杆菌制成的干酪具有最低的 pH 值和最高的 TA 值，这与瑞士乳杆菌优越的半乳糖发酵能力一致。

9.4.2 蛋白水解性质

皱胃酶或米黑根毛霉（*R. miehei*）凝固剂用于干酪加工时，凝固剂作用于 α_s– 酪蛋白；栗疫病菌（*C. parasitica*）凝固剂用于干酪加工时，则作用于 α_s– 酪蛋白和 β – 酪蛋白，这使披萨干酪中的酪蛋白分解为大分子肽（即初级蛋白水解）（Barbano 等，1993；Yun 等，1993a；Dave 等，2003）。一些证据表明，发酵剂也可能在成熟过程中水解完整的 β – 酪蛋白，虽然水解程度很低但很重要（Barbano 等，1995）。然而，发酵剂主要的作用是对酪蛋白的二次水解（即初级肽水解成更小的肽和游离氨基酸）。因此，就像在大多数其他干酪品种中一样，凝固剂和发酵剂之间发生了蛋白水解协同作用。例如，当凝固剂未开始水解完整酪蛋白时（例如，当凝固剂在加工过程中失活时），发酵剂形成小肽和氨基酸的能力将受到严重限制（Barbano 等，1993）。相反，当披萨干酪含有活性凝固剂但不含活性发酵剂时（例如在直接酸化的马苏里拉干酪中），会积累大肽，但产生很少的小肽和氨基酸（Barbano 等，1993）。

披萨干酪中初级和二级蛋白水解的速率可能有很大差异，具体取决于凝固剂的蛋白水解活性、凝固剂和发酵剂在拉伸过程中热失活的程度以及成熟温度（Yun 等，1993a，1994a；Kindstedt 等，1995a；Feeney 等，2001；Dave 等，2003）。蛋白水解率随着干酪中水分含量的增加和储存温度的升高而增加（Yun 等，1993c；Feeney 等，2001）。干酪 pH 值对蛋白水解的影响更为复杂。 当用发酵剂加工马苏里拉干酪且其他成分保持不变时，蛋白质水解似乎不受干酪 pH 值差异的影响（Yun 等，1993b，1993c；Cortez 等，2002）。相反，Feeney 等（2002）以及 Sheehan 和 Guinee（2004）分别使用直接酸化和其他加工条件来分别改变马苏里拉干酪和减脂马苏里拉干酪的 pH 值时（同时保持水分和钙含量几乎恒定），他们观察到初级蛋白水解程度随着 pH 值的增加而降低。然而，这些研究人员用于改变干酪 pH 值的加工条件可能引入干扰因素，例如凝乳酶残留量及酪蛋白聚合度影响干酪的蛋白水解特性及功能特性，但凝乳酶残留量及酪蛋白聚合度不影响 pH 值（Feeney 等，2002；Sheehan 等，2004）。德氏乳杆菌保加利亚亚种比嗜热链球菌更具蛋白水解性；因此，在其他成分相似的情况下，披萨干酪中含有更多蛋白水解杆菌时，二次蛋白水解显著升高（Feeney 等，2002；Sheehan 和 Guinee，2004）。德氏乳杆菌保加利亚亚种间蛋白水解存在显著差异，因此，发酵剂中特定杆菌的使用可以显著影响披萨干酪中的二次蛋白水解（Oberg 和 Broadbent，1993；Barbano 等，1995）。

9.4.3　物理化学性质

凝乳被塑化和拉伸时发生突然的物理化学变化会在加工后的最初几周内逐渐恢复。在拉伸过程中，凝乳温度过高会引起副酪蛋白基质聚集和收缩，这非常有利于疏水性蛋白质之间的相互作用。反过来，这又会触发凝乳结构中蛋白质和水相的部分分离 (Pastorino 等，2002)。然后对加热的凝乳施加剪切力，使聚集的副酪蛋白基质排列成致密的弹性纤维，这些纤维由含有游离乳清和脂肪球的通道隔开（McMahon 等，1999）。脂肪含量较低、酪蛋白基质体积分数较大的干酪，能够形成更厚的副酪蛋白纤维，它们之间的脂肪 - 乳清通道内含物更少（Merrill 等, 1996；McMahon 等, 1999），这导致干酪更坚硬、不易融化（如所述在第 9.5.3 节中）。

较高的拉伸温度也有利于蛋白质与钙的相互作用（Pastorino 等，2002），这种相互作用依赖于温度变化，因为随着拉伸温度的升高，干酪乳清相中钙浓度降低（Kindstedt 等，1995a)。由此产生的温度诱导使钙分布从可溶状态向酪蛋白结合钙状态转变，这可能会加强蛋白质之间的相互作用，并通过钙交联形成致密的副酪蛋白纤维（Kindstedt 等，1995a；Pastorino 等，2002）。

充满游离乳清和脂肪球的通道中断了致密、高度交联的副酪蛋白纤维的形成，从而导致新加工的干酪保水能力差。在规定条件下（即 25℃下，12500 × g 离心 75 min），通过离心获得的可表达乳清量是持水能力的一种有效测量方法（Guo 和 Kindstedt，1995）。通常情况下，在加工后的最初几天披萨干酪的总水分含量为 20 ～ 30 g/100 g，可以通过离心来表示，但由于保水能力增加，水分含量通常会在 4℃成熟 2 周内降至零。在这短暂的成熟过程中，可表达乳清的成分发生显著变化，钙浓度和完整（即未水解）酪蛋白水平显著增加（Guo 和 Kindstedt，1995；Guo 等，1997；Kindstedt 和 Guo，1998）。

因此，干酪成熟过程中，随着酪蛋白分子和酪蛋白相关的钙离子从副酪蛋白纤维上解离出来，蛋白质之间的相互作用（疏水）以及蛋白质与钙之间的相互作用会部分逆转（Kindstedt 和 Guo，1998）。同时，随着酪蛋白纤维的 NaCl 介导溶剂化，蛋白质 - 水的相互作用增加（Guo 等，1997；Paulson 等，1998）。在微观结构水平上，可以通过扫描电镜或激光共聚焦显微镜观察到酪蛋白纤维膨胀的变化（Auty 等，1998，2001；McMahon 等，1999；Guinee 等，2002）。膨胀以及随之而来的蛋白质之间的相互作用和钙交联的减少会显著削弱酪蛋白纤维结构，从而导致干酪更柔软、弹性更低（未融化），这种干酪会融化成更易流动和易拉伸的稠度（Metzger 等，2001a；Guinee 等，2002）。

还需要注意的是，在成熟过程中干酪结构和功能的变化受到总钙含量和 pH 值的显著影响。降低干酪的总钙含量（同时保持 pH 值不变）会在拉伸后和随后的成熟过程中产生更膨胀、更水合的副酪蛋白纤维，从而产生更柔软（未融化）的干酪，具有易流动和可拉伸的融化稠度（Metzger 等，2001a；Guinee 等，2002）。降低干酪的 pH 值但不得低于 5.0（同时保持总钙含量不变），会导致钙从与酪蛋白结合状态转变为可融状态，这会使干酪更柔软（未融化），具有易流动和可拉伸的融化稠度（Metzger 等，2001a；Guinee 等，

2002）。随后的研究使用各种试验条件来改变干酪钙含量和 / 或干酪 pH 值，与上述结论一致（Pastorino 等，2003；Joshi 等，2003，2004；Sheehan 和 Guinee，2004）。

9.4.4 储存期间的功能变化

用发酵剂生产的帕斯塔菲拉塔干酪通常融化成坚韧和纤维状的稠度，流动性和拉伸能力有限。未成熟干酪通常在披萨烘烤过程中脱水，会导致干酪表面硬化和烧焦。这种干酪通常需要在低温下成熟 1 ～ 3 周才能在披萨饼上产生理想的融化和拉伸特性。物理化学变化（如 9.4.3 节）是开发这一特性的关键所在（Kindstedt 等，2004）。在这个短暂但必要的成熟时期，蛋白水解也有助于干酪发生惊人的功能转变。由于蛋白水解和物理化学变化的影响通常是同时发生的，因此它们常被混淆并且难以相互独立地测量。Guinee 等（2001）发现在成熟过程中，温度从 0℃增加到 15℃时，低水分马苏里拉干酪的融化时间和表观黏度降低，而流动性增加。总体而言，随着储存温度的升高，功能变化加速，这主要是由于完整酪蛋白的水解加速。研究表明特定凝固剂的蛋白水解作用对干酪功能特性有一定程度的影响（Yun 等，1993；Dave 等，2003）。然而，Yun 等（1993a）研究发现，与用米黑根毛霉（*R. miehei*）蛋白酶或纯皱胃酶加工的干酪相比，用栗疫病菌（*C. parasitica*）凝固剂制成的马苏里拉干酪具有更高的可融性，并且在融化时释放更多的游离油，这是由于用栗疫病病菌凝固剂加工的干酪中的 β－酪蛋白水解更彻底。与此一致，Dave 等（2003）报道，用栗疫病菌凝固剂加工的马苏里拉干酪比用皱胃酶制成的干酪具有更高的可融性，并且他们发现干酪的可融性与 β－酪蛋白的水解相关性比与 α_s－酪蛋白的水解相关性更强。预计残留凝固剂的量也会影响储存期间的蛋白水解，从而影响马苏里拉干酪的功能特性。因此，应控制任何影响最终干酪中残留凝固剂活性的加工参数；即乳清排放的 pH 值、热煮温度、拉伸水温和热烫拉伸机的剩余时间。在高温下，例如在披萨烘烤过程中，发酵的马苏里拉干酪发生非酶促褐变，褐变程度通常在成熟过程中会增加，这是由于发酵剂的二次蛋白水解作用。相比之下，直接酸化的马苏里拉干酪因为缺少发酵剂的二级蛋白水解产物，褐变程度非常低（Kindstedt 等，2004）。

9.5 非传统的生产方法

9.5.1 直接酸化法

20 世纪 60 年代，Breene 等（1964）开发了一种披萨干酪加工新工艺，即用有机 / 无机酸酸化牛乳代替细菌发酵牛乳。直接酸化的披萨干酪与发酵干酪有很大的不同，因此无法在披萨干酪市场上占有一席之地。该领域的研究仍在继续（Keller 等，1974；Kim 等，1998；Paulson 等，1998），20 世纪 90 年代，人们对直接酸化的披萨干酪重新产生了兴趣，这是因为直接酸化能够加工出具有独特特性的高水分干酪，特别是食用时质地柔软，这一属性备受亚洲市场的青睐。在直接酸化的披萨干酪中，与酪蛋白结合的胶体磷酸钙水平较低，因此干酪质地柔软。

加工此类干酪时需要注意酸的选择，因为某些酸是强螯合剂，会导致凝乳脱矿（Keller 等，1974）。直接酸化干酪的最佳拉伸 pH 值高于发酵干酪，并且取决于所使用的酸化剂，这表明凝乳脱矿发生在较高的 pH 值下。酸化过程中乳的温度通常在 4℃ 左右，但对于规模化生产来说，在较高温度下将酸与乳的剧烈混合是完全可以做到的。使用发酵剂生产干酪会受时间和温度的限制，但是酸化干酪不存在这个问题，所以直接酸化的干酪可能含有更高的水分含量。此外，直接酸化的干酪通常在加工后的最初几周内具有更松软的质构和融化特性（相对于用发酵剂加工的披萨干酪）。 因此，直接酸化的披萨干酪可能需要更少（或不需要）的成熟时间就可获得理想的功能。

9.5.2 混合干酪

越来越多披萨加工厂使用混合碎干酪，包括披萨干酪和其他风味更浓郁和 / 或成本更低的碎干酪。毫不奇怪，在披萨干酪中添加非帕斯塔菲拉塔干酪会对混合干酪的功能特性产生影响。混合干酪的功能特性介于每种干酪特性之间并取决于每种干酪的添加比例（Kiely 等，1992）。因此，可以通过将非披萨干酪添加到混合物中来定制产品，使其具有所需特性，比如增加风味、降低成本或者改变功能特性。

9.5.3 低脂披萨干酪

为了满足市场对低脂食品的需求，20 世纪 90 年代人们对低脂披萨干酪的加工进行了大量研究（Tunick 等，1991，1993，1995；Merrill 等，1994）。Rudan 等（1999）使用相同的加工工艺，将披萨干酪的脂肪含量从 25 g/100 g 逐渐减少到 5 g/100 g，研究发现降低脂肪水平导致脱脂物质中的水分显著降低，未融化干酪的融度、不透明度显著降低，游离油含量降低，TPA 硬度水平显著提高。此外，披萨烘焙建议，披萨干酪在披萨正常的烘焙过程中所需的最低脂肪量在 10 ～ 15 g/100 g。低脂披萨干酪（脂肪含量为 5 g/100 g）显示出有限的碎片融化和融合，而单个碎片的高度焦化和缺乏水泡使披萨饼有非典型的烧焦外观。这些数据与 Rudan 和 Barbano（1998a）的假设一致，低脂和脱脂披萨干酪的不良功能特性部分是由于烘烤过程中缺乏游离油释放，这使得酪蛋白基质脱水，导致过度褐变和可融性不足。在切碎的低脂披萨干酪表面涂上薄的疏水层，如植物油（脂肪含量约 0.9 g/100 g 干酪），作为防止脱水的物理屏障，这使得低脂披萨干酪的融化和褐变特性与全脂披萨干酪相似（Rudan 和 Barbano，1998a）。虽然表面涂层的应用改善了融化干酪的外观，但融化后的口感仍然过于坚韧和耐嚼。

Metzger 和 Barbano（1999）开发了一种新方法来测量披萨干酪融化后的咀嚼度，将干酪样品与水混合在实验室用的消化器中（通常用于制备微生物分析的干酪样品），然后用多级筛子将浆液过滤。对于不耐嚼的干酪，大部分干酪被分成小块并通过筛子。耐嚼干酪的情况正好相反。

Metzger 等（2000，2001b，2001a）研究了用醋酸或柠檬酸将乳预酸至 pH 值 6.0 或

5.8，对低脂披萨干酪融化后咀嚼性的影响。用柠檬酸预酸化至 pH 值 5.8 导致大部分钙从乳中流失，这是降低 TPA 硬度、表观黏度和融化后咀嚼性的最有效方法。事实上，低脂披萨干酪在 4℃下储存 2 d 后的 TPA 硬度和表观黏度水平与正常脂肪披萨干酪在 4℃下储存 30 d 后的水平相当。

McMahon 和 Oberg（2000）研究了通过直接酸化方法，用融化特性优异的新鲜干酪生产无脂或低脂披萨干酪，在这个过程中酸化剂优先选择葡萄糖－δ－内酯。

Perry 等（1997，1998）研究了增加低脂披萨干酪水分含量的各种方法，以改善干酪融化特性，这些方法包括提高乳巴氏杀菌温度、预酸化至 pH 值 6.0、使用脂肪替代品或使用胞外多糖 (EPS) 发酵剂。虽然使用 EPS 发酵剂可使干酪水分含量增加约 2 g/100 g，并通过客观融体测试验证溶化性得到了提高，但是这些干酪并没有在披萨饼烘烤中使用。然而，Mizuno 和 Lucey (2005) 开发了一种新方法可以控制低脂披萨干酪质地和功能特性，即在干腌披萨干酪的腌制步骤中添加乳化盐（例如柠檬酸三钠），这种乳化盐通常用于再制干酪的加工。

Rudan 等（1998）研究表明，未融化的低脂披萨干酪，存在透明度低的问题，该问题可以通过对奶油（例如脂肪含量 20 g/100 g）均质（均质压力：一级压力 13.8 MPa，二级压力 3.45 MPa），再加入到干酪用乳中来改善。在相同的条件下对干酪加工用乳均质会导致干酪加工过程中过多的凝乳被粉碎。有趣的是，本试验中低脂干酪的客观融化测试与披萨烘烤时的融化之间几乎没有相关性，这引发了一种猜测，即客观融化测试对于预测低脂披萨干酪在披萨烘焙过程中的融化特性可能没有什么价值。

9.5.4 披萨干酪类似物

全球范围内，披萨干酪是仿真干酪中最主要的一种，最近两篇综述对仿真干酪的生产进行了全面论述（Bachmann，2001；Guinee 等，2004）。通常，仿真干酪中的蛋白质成分，包括皱胃酶酪蛋白、酪蛋白酸盐和 / 或来自过滤技术的乳蛋白源，与脂肪源的乳脂和 / 或植物油相结合。通常使用再制干酪的加工方法使这些成分与乳化盐结合，从而产生比天然干酪更稳定的产品。挤压机也赋予仿真干酪特定特征。虽然植物油的使用很成熟，但是由于风味和质地的缺陷，难以用植物蛋白替代酪蛋白。

Ennis 和 Mulvihill（1999，2001）研究了仿真披萨干酪中商业皱胃酶酪蛋白的变异性和由季节性乳加工的皱胃酶酪蛋白的可变性。他们开发了一个模型来预测皱胃酶酪蛋白在仿真干酪中的性能，并发现从泌乳中期乳汁中制备的酪蛋白在中试生产中的性能通常优于从早期和晚期乳汁中制备的酪蛋白。O′Sullivan 和 Mulvihill（2001）的进一步研究表明，在酶凝酪蛋白加工之前，脱脂乳热处理不同会带来酶凝酪蛋白的变化，进而影响干酪影响其在仿真披萨干酪中的性能。Mounsey 和 O′Riordan（2001）研究了用一系列植物淀粉部分替代皱胃酶酪蛋白，得出大米淀粉具有最大潜力的结论。

9.5.5 再制披萨干酪

Rizvi 等（1999）获得一种加工再制披萨干酪的方法的专利，该方法在储存过程中不需要任何成熟或冷藏。它使用挤压机拉伸和凝块热烫乳化，以建立适当的纤维结构。据 Kapoor 和 Metzger（2008）称，乳化盐（磷酸铝钠）在以皱胃酶酪蛋白为基础的马苏里拉型仿制干酪品种的加工中越来越受欢迎，因为它具有理想的功能特性，有替代冷冻披萨马苏里拉仿制干酪的机会。

参考文献

Ak, M.M. & Gunasekaran, S. (1997) Anisotropy in tensile properties of Mozzarella cheese. *Journal of Food Science*, 62, 1031–1033.

Anonymous (2003) *Dairy Processing Handbook*, 2nd and revised edition of G. Bylund (1995), TetraPak Processing Systems AB, Lund.

Ardisson-Korat, A.V. & Rizvi, S.S.H. (2004) Vatless manufacturing of low-moisture part-skim Mozzarella cheese from highly concentrated skim milk microfiltration retentates. *Journal of Dairy Science,* 87, 3601–3613.

Arnott, D.R., Morris, H.A. & Combs, W.B. (1957) Effect of certain chemical factors on the melting quality of process cheese. *Journal of Dairy Science*, 40, 957–963.

Attard, D. & Sutherland, B.J. (2002) Transit time in a cooker/stretcher. *Australian Journal of Dairy Technology*, 57, 167.

Auty, M.A.E., Guinee, T.P., Fenelon, M.A., Twomey, M. & Mulvihill, D.M. (1998) Confocal microscopy methods for studying the microstructure of dairy products. *Scanning*, 20, 202–204.

Auty, M.A.E., Twomey, M, Guinee, T.P. & Mulvihill, D.M. (2001) Development and application of confocal scanning laser microscopy methods for studying the distribution of fat and protein in selected dairy products. *Journal of Dairy Research*, 68, 417–427.

Bachmann, H.P. (2001) Cheese analogues: a review. *International Dairy Journal*, 11, 505–515.

Barbano, D.M. (1986) Impact of seasonal variation in milk composition on Mozzarella cheese yields and composition. *Proceedings of the 23rd Annual Marschall Italian Cheese Seminar*, pp. 64–78,

Madison. Barbano, D.M. (1996a) Product yield formulae: evaluation of plant efficiency and decision making for fortification. *Proceedings 1996 Marschall Italian Speciality Cheese Seminar*, pp. 25–34, Madison.

Barbano, D.M. (1996b) Mozzarella cheese yield: factors to consider. *Proceedings Seminar on Maximizing Cheese Yield*, pp. 29–38, Centre for Dairy Research, Madison.

Barbano, D.M. (1999) Controlling functionality of Mozzarella cheese through process control. *Proceedings Marschall Italian and Specialty Cheese Seminar*, pp. 1–7, Madison.

Barbano, D.M., Chu, K.Y., Yun, J.J. & Kindstedt, P.S. (1993) Contributions of coagulant, starter, and milk enzymes to proteolysis and browning in Mozzarella cheese. *Proceedings of the 30th Annual Marschall Italian Cheese Seminar*, pp. 65–79, Madison.

Barbano, D.M., Hong, Y., Yun, J.J., Larose, K.L. & Kindstedt, P.S. (1995) Mozzarella cheese: impact of three commercial culture strains on composition, yield, proteolysis and functional properties., pp. 41–55 Madison.

Barbano, D.M., Yun, J.J. & Kindstedt, P.S. (1994a) Effect of stretching temperature and screw speed on Mozzarella cheese yield. *Proceedings of the 31st Annual Marschall Italian Cheese Seminar*, pp. 1–11, Madison.

Barbano, D.M., Yun, J.J. & Kindstedt, P.S. (1994b) Mozzarella cheesemaking by a stirred–curd, no brine procedure. *Journal of Dairy Science*, 77, 2687–2694.

Barz, R.L. & Cremer, C.P. (1993) Process of making acceptable Mozzarella cheese without aging. US Patent Application, 5 200 216.

Breene, W.M., Price, W.V. & Ernstrom, C.A. (1964) Manufacture of pizza cheese without starter. *Journal of Dairy Science*, 47, 1173–1180.

Brothersen, C. (1986) Application of external pH control in the manufacture of Italian cheese starter. *Proceedings of the 23rd Annual Marschall Italian Cheese Seminar*, pp. 6–24 Madison.

Buss, F. (1991) Eleven causes of inaccurate pH measurement. *UW Dairy Pipeline*, 3(4), 7–8 (Centre for Dairy Research and the University of Wisconsin, Madison).

Chen, C.M., Jaeggi, J.J. & Johnson, M.E. (1996) Comparative study of pizza cheese made by stretched and non–stretched methods. *Journal of Dairy Science*, 79(Suppl 1), 118.

Cortez, M.A.S., Furtado, M.M., Gigante, M.L. & Kindstedt, P.S. (2002) Effect of post–manufacture modulation of cheese pH on the aging behavior of Mozzarella cheese. *Journal of Dairy Science*, 85(Suppl 1), 256.

Dave, R.I., Sharma, P. & McMahon, D.J. (2003) Melt and rheological properties of Mozzarella cheese as affected by starter culture and coagulating enzymes. *Lait*, 83, 61–67.

Ennis, M.P. & Mulvihill, D.M (1999) Compositional characteristics of rennet caseins and hydration characteristics of the caseins in a model system as indicators of performance in Mozzarella cheese analogue manufacture. *Food Hydrocolloids*, 13, 325–337.

Ennis, M.P. & Mulvihill, D.M (2001) Rennet caseins manufactured from seasonal milks: composition, hydration behaviour and functional performance in pilot scale manufacture of mozzarella cheese analogues. *International Journal of Dairy Technology*, 54, 23–28.

Farkye, N.Y., Kiely, L.J., Allshouse, R.D. & Kindstedt, P.S. (1991) Proteolysis in Mozzarella cheese during refrigerated storage. *Journal of Dairy Science*, 74, 1433–1438.

Feeney, E.P., Fox, P.F. & Guinee, T.P. (2001) Effect of ripening temperature on the quality of low moisture Mozzarella cheese. 1: Composition and proteolysis. *Lait*, 81, 463–474.

Feeney, E.P., Guinee, T.P & Fox, P.F. (2002) Effect of pH and calcium concentration on proteolysis in Mozzarella cheese. *Journal of Dairy Science*, 85, 1646–1654.

Fernandez, A. & Kosikowski, F.V. (1986) Hot brine stretching and molding of low–moisture Mozzarella cheese made from retentate–supplemented milks. *Journal of Dairy Science*, 69, 2551–2557.

Ferrari, E., Gamberi, M., Manzini, R., Pareschi, A., Persona, A. & Regattieri, A. (2002) Redesign of the Mozzarella cheese production process through development of a micro–forming and stretching extruder system. *Journal of Food Engineering*, 59, 13–23.

Garem, A., Schuck, P. & Maubois, J.L. (2000) Cheesemaking properties of a new dairy–based powder made by a combination of microfiltration and ultrafiltration. *Lait*, 80, 25–32.

Geurts, T.J., Walstra, P. & Mulder, H. (1972) Brine composition and the prevention of the defect 'soft rind' in cheese. *Netherlands Milk and Dairy Journal*, 26, 168–179.

Guinee, T.P. & Fox, P.F. (1993) Salt in cheese: physical, chemical and biological aspects. Cheese: Chemistry, *Physics and Microbiology* (ed. P.F. Fox), vol. 1, 2nd edn, pp. 257–302, Chapman and Hall, London.

Guinee, T.P., Cari˘c, M. & Kal´ab, M. (2004) Pasteurized processed cheese and substitute/imitation cheese products. Cheese: Chemistry, *Physics and Microbiology* (eds P.F. Fox, P.L.H. McSweeney, T.M. Cogan and T.P. Guinee), vol. 2, 3rd edn, pp. 349–394, Chapman and Hall, London.

Guinee, T.P., Feeney, E.P. & Fox, P.F. (2001) Effect of ripening temperature on the quality of low moisture Mozzarella cheese. 2: Texture and functionality. *Lait*, 81, 475–485.

Guinee, T.P., Feeney, E.P., Auty, M.A.E. & Fox, P.F. (2002) Effect of pH and calcium concentration on some textural and functional properties of Mozzarella cheese. *Journal of Dairy Science*, 85, 1655–1669.

Guinee, T.P., Mulholland, E.O., Mullins, C. & Corcoran, M.O. (1997) Functionality of low–moistureMozzarella cheese during ripening. *Proceedings of the 5th Cheese Symposium*, pp. 15–23, Teagasc, Dublin.

Guo, M.R., Gilmore, J.A. & Kindstedt, P.S. (1997) Effect of sodium chloride on the serum phase of Mozzarella cheese. *Journal of Dairy Science*, 80, 3092–3098.

Guo, M.R. & Kindstedt, P.S. (1995) Age–related changes in the water phase of Mozzarella cheese. *Journal of Dairy Science*, 78, 2099–2107.

Harvey, J. (2006) Protein fortification of cheese milk using milk protein concentrate – yield improvement and product quality. *Australian Journal of Dairy Technology*, 61, 183–185.

Hickey, M.W., Hillier, A.J. & Jago, G.R. (1986) Transport and metabolism of lactose, glucose, and galactose in homofermentative lactobacilli. *Applied and Environmental Microbiology*, 51, 825–831.

Hicsasmaz, Z., Shippelt, L. & Rizvi, S.S.H. (2004) Evaluation of Mozzarella cheese stretchability by the ring–and–ball method. *Journal of Dairy Science*, 87, 1993–1998.

Hull, R.R., Roberts, A.V. & Mayes, J.J. (1983) The association of Lactobacillus casei with a softbody defect in commercial Mozzarella cheese. *Australian Journal of Dairy Technology*, 38, 78–80.

Hurley, M.J., O′ Driscoll, B.M., Kelly, A.L. & McSweeney, P.L.H. (1999) Novel assay for the determination of residual coagulant activity in cheese. *International Dairy Journal*, 9, 553–558.

Hutkins, R., Halambeck, S.M. & Morris, H.A. (1986) Use of galactose–fermenting Streptococcus thermophilus in the manufacture of Swiss, Mozzarella and short–method Cheddar cheese. *Journal of Dairy Science*, 69, 1–8.

IDF (1991) *Factors Affecting the Yield of Cheese*, Special Issue 9301, International Dairy Federation, Brussels.

IDF (1994) *Cheese Yield and Factors Affecting its Control*, Special Issue 9402, International Dairy Federation, Brussels.

IDF (2000) *Practical Guide for Control of Cheese Yield,* Special Issue 0001, International Dairy Federation, Brussels.

Johnson, M.E. & Olson, N.F. (1985) Non–enzymatic browning of Mozzarella cheese. *Journal of Dairy Science*, 68, 3143–3147.

Joshi, N.S., Muthukumarappan, K. & Dave, R.I. (2003) Effect of calcium on physicochemical properties of fat–free Mozzarella cheese. *Journal of Food Science*, 68, 2289–2294.

Joshi, N.S., Muthukumarappan, K. And Dave, R.I. (2004) Effect of calcium on microstructure and meltability of part skim Mozzarella cheese. *Journal of Dairy Science*, 87, 1975–1985.

Kapoor, R., & Metzger, L.E. (2008) Process cheese: scientifific and technological aspects – a review. *Comprehensive Reviews in Food Science and Food Safety*, 7, 194–214.

Keller, B., Olson, N.F. & Richardson, T. (1974) Mineral retention and rheological properties of Mozzarella cheese made by direct acidification. *Journal of Dairy Science*, 57, 174–180.

Kiely, L.J., McConnell, S.L. & Kindstedt, P.S. (1992) Melting behaviour of Mozzarella and non Mozzarella cheese blends. *Cultured Dairy Products Journal*, 27 (2), 24–29.

Kim, J., Schmidt, K.A., Phebus, R.K. & Jeon, I.K. (1998), Time and temperature of stretching as critical control points for Listeria monocytogenes during production of Mozzarella cheese. *Journal of Food Protection*, 61, 116–118.

Kindstedt, P.S. & Guo, M.R. (1998) A physicochemical approach to the structure and function of Mozzarella cheese. *Australian Journal of Dairy Technology*, 53, 70–73.

Kindstedt, P.S. & Kiely, L.J. (1992) Revised protocol for the analysis of melting properties of Mozzarella cheese by helical viscometry. *Journal of Dairy Science*, 75, 676–682.

Kindstedt, P.S. & Rippe, J.K. (1990) Rapid quantitative test for free-oil (oiling off) in melted Mozzarella cheese. *Journal of Dairy Science*, 73, 867–873.

Kindstedt, P.S. (1993) Effect of manufacturing factors, composition and proteolysis on the functional characteristics of Mozzarella cheese. *Critical Reviews in Food Science and Nutrition*, 33, 167–187.

Kindstedt, P.S., Caric, M. & Milanovic, S. (2004) *Pasta-Filata Cheeses in Cheese: Chemistry, Physics and Microbiology* (eds P.F. Fox, P.L.H. McSweeney, T.M. Cogan and T.P. Guinee), vol. 2, 3rd edn, pp. 251–277, Chapman and Hall, London.

Kindstedt, P.S., Duthie, C.M. & Farkye, N.Y. (1990) Diffusion phenomena in brine salted Mozzarella cheese. *Journal of Dairy Science*, 73(Suppl 1), 81.

Kindstedt, P.S., Guo, M.R., Viotto, W.H., Yun, J.J. & Barbano, D.M. (1995a) Effect of screw speed and residence time at high stretching temperature on composition, proteolysis, functional properties and the water phase of Mozzarella cheese. *Proceedings of the 32nd Annual Marschall Italian Speciality Cheese Seminar*, pp. 56–72, Madison.

Kindstedt, P.S., Kiely, L.J. & Gilmore, J.A. (1992) Variation in composition and functional properties within brine-salted Mozzarella cheese. *Journal of Dairy Science*, 75, 2913–2921.

Kindstedt, P.S., Kiely, L.J., Barbano, D.M. & Yun, J.J. (1993) Impact of whey pH at draining on the transfer of calcium to Mozzarella cheese. *Cheese Yield and Factors Affecting its Control*, Special Issue 9402, pp. 29–34, International Dairy Federation, Brussels.

Kindstedt, P.S., Larose, K.L., Gilmore, J.A. & Davis, L. (1996) Distribution of salt and moisture in Mozzarella cheese with soft surface defect. *Journal of Dairy Science*, 79, 2278–2283.

Kindstedt, P.S., Yun, J.J., Barbano, D.M. & Larose, K.L. (1995b) Mozzarella cheese: impact of coagulant concentration on chemical composition, proteolysis and functional characteristics. *Journal of Dairy Science*, 78, 2591–2597.

Kindstedt, P.S., Zielinski, A., Almena-Aliste, M. and Ge, C. (2001) A post-manufacture method to evaluate the effect of pH on mozzarella cheese characteristics. *Australian Journal of Dairy Technology*, 56, 202–207.

Kosikowski, F.V. & Mistry, V.V. (1997) *Cheese and Fermented Milk Foods*, Vol. 1 and 2, 3rd edn, L.L.C., Westport.

Lawrence, R.C., Creamer, L.K. & Gilles, J. (1987) Texture development during cheese ripening. *Journal of Dairy Science*, 70, 1748–1760.

Lelievre, J. (1995) Whey proteins in cheese: an overview, in Chemistry of Structure-Function Relationships in

Cheese (eds E.L. Malin and M.H Tunick), pp. 359–365, Plenum Press, New York.

Lilbaek, H.M., Broe, M.L., Hoier, E., Fatum, T.M., Ipsen, R. & Sorensen, N.K. (2006) Improving the yield of Mozzarella cheese by phospholipase treatment of milk. *Journal of Dairy Science*, 89, 4114–4125.

Lucey, J.A. & Fox, P.F. (1993) Importance of calcium and phosphate in cheese manufacture: a review. *Journal of Dairy Science*, 76, 1714–1724.

Matzdorf, B., Cuppett, S.L., Keeler, L. & Hutkins, R.W. (1994) Browning of Mozzarella cheese during high temperature baking. *Journal of Dairy Science*, 77, 2850–2853.

Maubois J.–L. (1997) Current uses and future perspectives of MF technology in the dairy industry. *Implications of Microfifiltration on Hygiene and Identity of Dairy Products – Genetic Manipulation of Dairy Cultures*, Document No. 320, pp. 37–40, International Dairy Federation, Brussels.

McCoy, D.R. (1997) Italian type cheeses. *Cultures for the Manufacture of Dairy Products*, pp. 75–83, Chr Hansen Inc., Milwaukee.

McMahon, D.J. & Oberg, C.J. (2000) Manufacture of lower–fat and fat–free pizza cheese. US Patent Application, 6 113 953.

McMahon, D.J., Fife, R.L. & Oberg, C. (1999) Water partitioning in mozzarella cheese and its relationship to cheese meltability. *Journal of Dairy Science*, 82, 1361–1369.

McMahon, D.J., Oberg, C.J. & McManus, W. (1993) Functionality of Mozzarella cheese. *Australian Journal of Dairy Technology*, 48, 99–104.

Merrill, R.K., Oberg, C.J. & McMahon, D.J. (1994) A method for manufacturing reduced fat Mozzarella cheese, *Journal of Dairy Science*, 77, 1783–89.

Merrill, R.K., Oberg, C.J., McManus, W.R., Kalab, M. and McMahon, D.J. (1996) Microstructure and physical properties of a reduced fat mozzarella cheese made using Lactobacillus casei ssp. casei adjunct culture. *Lebensmittel-Wissenschaft und Technologie*, 29, 721–728.

Metzger, L.E. & Barbano, D.M. (1999) Measurement of post melt chewiness of Mozzarella cheese. *Journal of Dairy Science*, 82, 2274–2279.

Metzger, L.E., Barbano, D.M., Kindstedt, P.S. & Guo, M.R. (2000) Effect of milk preacidifification on low fat mozzarella cheese. 1. Composition and yield. *Journal of Dairy Science*, 83, 648–658.

Metzger, L.E., Barbano, D.M. & Kindstedt, P.S. (2001a) Effect of milk preacidifification on low fat mozzarella cheese. 3: Post–melt chewiness and whiteness. *Journal of Dairy Science*, 84, 1357–1366.

Metzger, L.E., Barbano, D.M., Kindstedt, P.S. & Guo, M.R. (2001b) Effect of milk preacidifification on low fat mozzarella cheese. 2: Chemical and functional properties during storage. *Journal of Dairy Science*, 84, 1348–1356.

Mizuno, R. & Lucey, J.A. (2005) Effects of two types of emulsifying salts on the functionality of non–fat pasta fifilata cheese. *Journal of Dairy Science*, 88, 3411–3425.

Mounsey, J.S. & O′ Riordan, E.D. (2001) Characteristics of imitation cheese containg native starches. *Journal of Food Science*, 66, 586–591.

Mukherjee, K.K. & Hutkins, R.W. (1994) Isolation of galactose–fermenting thermophilic cultures and their use in the manufacture of low–browning Mozzarella cheese. *Journal of Dairy Science*, 77, 2839–2849.

Muliawan, E.B. & Hatzikiriakos, S.G. (2007) Rheology of mozzarella cheese. *International Dairy Journal*, 17, 1063–1072

Mulvaney, S., Rong, S., Barbano, D.M. & Yun, J.J. (1997) Systems analysis of the plasticization and extrusion processing of Mozzarella cheese. *Journal of Dairy Science*, 80, 3030–3039.

Muthukumarappan, K., Wang, Y.C. & Gunasekaran, S. (1999) Estimating softening point of cheeses. *Journal of Dairy Science*, 82, 2280–2286.

Nilson, K.M. (1968) Some practical problems and their solution in the manufacture of Mozzarella cheese. *Proceedings of the 5th Annual Marschall Italian Cheese Seminar*, pp. 1–7, Madison.

Nilson, K.M. (1973) A study of commercial mixer–cookers and molders in use today. *10th Annual Marschall Italian Cheese Seminar*, pp. 1–6, Madison.

O′ Sullivan M.M. & Mulvihill, D.M. (2001) Inflfluence of some physico–chemical characteristics of commercil rennet caseins on the performance of the casein in Mozzarella cheese analogue manufacture. *International Dairy Journal*, 11, 153–163.

Oberg, C.J. & Broadbent, J.R. (1993) Thermophilic starter cultures: another set of problems. *Journal of Dairy Science*, 76, 2392–2406.

Oberg, C.J., McManus, W.R. & McMahon, D.J. (1993) Microstructure of Mozzarella cheese during manufacture. *Food Structure*, 12, 251–258.

Oberg, C.J., Merrill, R., Brown, R.J. & Richardson, G.H. (1992a) Effects of milk–clotting enzymes on physical properties of Mozzarella cheese. *Journal of Dairy Science,* 75, 669–675.

Oberg, C.J., Merrill, R.K., Brown, R.J. & Richardson, G.H. (1992b) Effects of freezing, thawing and shredding on low–moisture, part–skim Mozzarella cheese, *Journal of Dairy Science*, 75, 1161–1166.

Oberg, C.J., Merrill, R., Moyes, L.V., Brown, R.J. & Richardson, G.H. (1991) Effect of Lactobacillus helveticus cultures on physical properties of Mozzarella cheese. *Journal of Dairy Science*, 74, 4101–4107.

Papadatos, A., Neocleous, M., Berger, A.M. & Barbano, D.M. (2003) Economic feasibility evaluation of microfifiltration of milk prior to cheesemaking. *Journal of Dairy Science*, 86, 1564–1577.

Park, J., Rosenau, J.R. & Peleg, M. (1984) Comparison of four procedures of cheese meltability evaluation, *Journal of Food Science*, 49, 1158–1162.

Pastorino, A.J., Dave, R.I., Oberg, C.J. & McMahon, D.J. (2002) Temperature effect of structure–opacity relationships of non–fat Mozzarella cheese. *Journal of Dairy Science*, 85, 2106–2113.

Pastorino, A.J., Ricks, N.P., Hansen, C.L. & McMahon, D.J. (2003) Effect of calcium and water injection on structure–function relationships of cheese. *Journal of Dairy Science*, 86, 105–113.

Paulson, B.M., McMahon, D.J. & Oberg, C.J. (1998) Inflfluence of sodium chloride on appearance, functionality and protein arrangements in non–fat Mozzarella cheese. *Journal of Dairy Science*, 81, 2053–2064.

Perry, D.B., McMahon, D.J. & Oberg, C.J. (1997) Effect of exopolysaccharide–producing cultures on moisture retention in low–fat Mozzarella cheese. *Journal of Dairy Science*, 80, 799–805.

Perry, D.B., McMahon, D.J. & Oberg, C.J. (1998) manufacture of low fat Mozzarella cheese using exopolysaccharide–producing starter cultures. *Journal of Dairy Science*, 81, 563–566.

Reinbold, R.S., Ernstrom, C.A. & Hansen, C.L. (1992) Temperature, pH and moisture profifiles during cooling of 290 kilogram stirred–curd Cheddar cheese blocks. *Journal of Dairy Science*, 75, 2071–2082.

Renda, A., Barbano, D.M., Yun, J.J., Kindstedt, P.S. & Mulvaney, S.J. (1997) Inflfluence of screw speeds of the mixer at low temperature on characteristics of Mozzarella cheese. *Journal of Dairy Science*, 80, 1901–1907.

Rizvi, S.S.H., Shukla, A. & Srikiatden, J. (1999) *Processed Mozzarella Cheese,* US Patent Application, 5 925 398.

Rowney, M., Roupas, P., Hickey, M. & Everett, D. (1999) Functionality of Mozzarella cheese: a review. *Australian Journal of Dairy Technology*, 54, 94–102.

Rudan, M.A. & Barbano, D.M. (1998a) A dynamic model for melting and browning of Mozzarella cheese during pizza baking. *Australian Journal of Dairy Technology*, 53, 95–97.

Rudan, M.A. & Barbano, D.M. (1998b) A model of Mozzarella cheese melting and browning during pizza baking. *Journal of Dairy Science*, 81, 2312–2319.

Rudan, M.A., Barbano, D.M., Yun, J.J. & Kindstedt, P.S. (1998) Effect of fat particle size (homogenization) on low fat Mozzarella cheese chemical composition, proteolysis, functionality, and appearance. *Journal of Dairy Science*, 81, 2065–2076.

Rudan, M.A., Barbano, D.M., Yun, J.J. & Kindstedt, P.S. (1999) Effect of fat reduction on chemical composition, proteolysis, functionality, and yield of mozzarella cheese. *Journal of Dairy Science*, 82, 661–672.

Ryan, J.J. (1984) Soft body Mozzarella. *Proceedings of the 21st Annual Marschall Italian Cheese Seminar*, pp. 97–101, Madison.

Sheehan, J.J. & Guinee, T.P. (2004) Effect of pH and calcium level on the biochemical, textural and functional properties of reduced–fat Mozzarella cheese. *International Dairy Journal*, 14, 161–172 .

Sherbon, J.W. (1988) Physical properties of milk. *Fundamentals of Dairy Chemistry (ed. N.P. Wong)*, 3rd edn, pp. 409–460, Van Nostrand Reinhold, New York.

Smith R.M., Sorley A.G. & Kirkby M.W (2006) *Method and Apparatus to Produce a Pasta Filata Cheese*, World International Property Organisation Patent Application, WO 2006/026811 A2.

Tunick, M.H., Mackay, K.L., Shieh, J.J., Smith, P.W., Cooke, P. & Malin, E.L. (1993) Rheology andmicrostructure of low–fat Mozzarella cheese. *International Dairy Journal*, 3, 649–662.

Tunick, M.H., Mackay, K.L., Smith, P.W. & Holsinger, V.H. (1991) Effects of composition and storage on the texture of Mozzarella cheese. *Netherlands Milk and Dairy Journal*, 45, 117–125.

Tunick, M.H., Malin, E.L., Smith, P.W. & Holsinger, V.H. (1995) Effects of skim milk homogenization on proteolysis and rheology of Mozzarella cheese. *International Dairy Journal*, 5, 483–491.

Upreti, P., Metzger, L. & Buhlmann, P. (2004) Glass and polymetric membrane electrodes for the measurement of pH in milk and cheese. *Talanta*, 63, 139–148.

Wang, Y.C., Muthukumarappan, K., Ack M.M. & Gunasekaran, S. (1998) A device for evaluating melt/flflow characteristics of cheese. *Journal of Textural Studies*, 29, 43–55.

Wang, H. & Sun, D. (2003) Assessment of cheese browning affected by baking conditions using computer vision. *Journal of Food Engineering*, 56, 339–345.

Wendorff, W. & Johnson, M. (1991) Care and maintenance of salt brines. *Proceedings of the 28th Annual Marschall Italian Cheese Seminar*, pp. 63–69, Madison.

Wendorff, W. (1996) Effect of standardizing on the characteristics of Mozzarella cheese. *Maximizing Cheese Yield*, pp. 39–45, Centre of Dairy Research, University Wisconsin, Madison.

Yu, C. & Gunasakaran, S. (2004) Modeling of melt conveying in a deep–channel single–screw cheese stretcher. *Journal of Food Engineering*, 61, 241–251.

Yu, C. & Gunasakaran, S. (2005) A systems analysis of pasta fifilata process during Mozzarella cheese making. *Journal of Food Engineering*, 69, 399–408.

Yun, J.J, Barbano, D.M, Larose, K.L. & Kindstedt, P.S. (1994a) Effect of stretching temperature on chemical composition, microstructure, proteolysis and functional properties of Mozzarella cheese. *Journal of Dairy Science*, 77(Suppl 1), 34.

Yun, J.J, Barbano, D.M, Larose, K.L. and Kindstedt, P.S. (1998) Mozzarella cheese: impact of nonfat dry milk fortifification on composition, proteolysis and functional properties. *Journal of Dairy Science*, 81, 1–8.

Yun, J.J, Barbano, D.M, , Bond, E.F. & Kalab, M. (1994b) Image analysis method to measure blister size and distribution on pizza. *Proceedings of the 31st Annual Marschall Italian Cheese Seminar*, pp. 33–38, Madison.

Yun, J.J., Barbano, D.M. & Kindstedt, P.S. (1993a) Mozzarella cheese: impact of coagulant type on chemical composition and proteolysis. *Journal of Dairy Science*, 76, 3648–3656.

Yun, J.J., Barbano, D.M. & Kindstedt, P.S. (1993b) Mozzarella cheese: impact of milling pH on chemical composition and proteolysis. *Journal of Dairy Science*, 76, 3629–3638.

Yun, J.J., Barbano, D.M., Kiely, L.J. & Kindstedt, P.S. (1995a) Mozzarella cheese: impact of rod to coccus ratio on chemical composition, proteolysis and functional characteristics. *Journal of Dairy Science*, 78, 751–760.

Yun, J.J., Barbano, D.M., Kindstedt, P.S. & Larose, K.L. (1995b) Mozzarella cheese: impact of whey pH at draining on chemical composition, proteolysis, and functional properties. *Journal of Dairy Science*, 78, 1–7.

Yun, J.J., Kiely, L.J., Barbano, D.M. & Kindstedt, P.S. (1993c) Mozzarella cheese: impact of cooking temperature on chemical composition, proteolysis and functional properties. *Journal of Dairy Science*, 76, 3664–3673.

Yun, J.J., Kiely, L.J., Kindstedt, P.S. & Barbano, D.M. (1993d) Mozzarella cheese: Impact of coagulant type on functional properties. *Journal of Dairy Science*, 76, 3657–3663.

Yun, J.J., Kiely, L.J., Kindstedt, P.S. & Barbano, D.M. (1993e) Mozzarella cheese: impact of milling pH on functional properties. *Journal of Dairy Science*, 76, 3639–3647.

10 瑞士干酪及其孔眼的形成

A. Thierry, F. Berthier, V. Gagnaire, J. R. Kerjean, C. Lopez 和 Y. Noël

10.1 引言

10.1.1 哪种干酪？

埃曼塔尔（Emmentaler）是世界上最著名的瑞士型干酪，在美国、加拿大、澳大利亚和新西兰被称为瑞士干酪。2007 年，联合国粮食及农业组织（Food and Agriculture Organisation，FAO）的食品法典委员会修订了埃曼塔尔干酪的定义："埃曼塔尔是一种成熟的硬质干酪，通常加工成轮状和块状，重量在 40 kg 或以上，适于各种食用场景。干酪块具有弹性质地，有正常樱桃至核桃大小的孔洞或孔眼。丙酸菌的活性对气孔的形成至关重要"（FAO，2007）。

许多国家生产埃曼塔尔干酪的制作流程不同，如乳的预处理、机械化程度、凝乳热烫温度、发酵剂配方、干酪的重量和形状，以及成熟 / 熟化条件。

从历史上看，埃曼塔尔干酪于 13 世纪诞生于瑞士伯尔尼州埃姆河的山谷——该山谷在德语中名为塔尔。过去，瑞士干酪生产商在不同国家定居时会传播干酪配方。2006 年，埃曼塔尔干酪被认定为原产地保护命名（Appellation d' Origine Controlêé，AOC）产品，并在瑞士正式注册。但是，它注册成为欧盟级（欧洲层面）受保护的原产地名号的名称正在协商中。这种干酪仅在瑞士生产，用干草而非青贮饲料喂养的乳牛的生乳制成，干酪块呈车轮状，带有天然外皮，并在传统地窖中成熟。其成熟至少需要 4 个月的时间。在天然地窖中成熟 12 个月的法定产区埃曼塔尔干酪被特别标记为"*affiné en grotté*"（http://www.emmentaler.ch）。

国际上没有"瑞士干酪"的定义，人们对纳入该类别的干酪缺乏共识（Reinbold，1972；Mocquot，1979；Steffen 等，1993；Martley 和 Crow，1996；Kosikowski 和 Mistry，1997；Grappin 等，1999；Fröhlich-Wyder 和 Bachmann，2004）。"瑞士干酪" 这个术语

是指具有圆形规则气孔，除了乳酸菌发酵外还进行丙酸菌发酵的硬质或半硬质干酪。因此，一些作者将北欧的一些半硬质干酪也纳入了这一类别，如马斯丹干酪（Maasdammer，由传统的荷兰干酪演变而来）、挪威的雅兹伯格干酪（Jarlsberg）、瑞典的格鲁维干酪（Grevéost）和丹麦的沙姆索干酪（Samsoe）（Steffen 等，1993；Rage，1993）。在所有这些干酪中，丙酸菌都大量存在（Reinbold，1972）。其他一些研究人员认为瑞士干酪属于硬质干酪，如瑞士的格鲁耶尔干酪（Gruyère）、法国的孔泰干酪（Comtè）和博福干酪（Beaufort）、奥地利的高山干酪（Bergkáse）、瑞士的阿彭策尔干酪（Appenzeller），其制作技术接近埃曼塔尔干酪（Emmental），包括 50℃的热烫步骤、使用含丙酸杆菌的嗜热乳酸发酵剂使干酪产生不同程度的气孔（有时根本没有气孔）（Mocquot，1979）。然而，一些干酪品种，如有孔眼的高达干酪，仅仅是由于柠檬酸发酵产生 CO_2 就被归入荷兰干酪家族而不是瑞士干酪家族（Walstra 等，1993）。

10.1.2　干酪制作和化学成分

埃曼塔尔干酪主要由牛乳制作，但也可以使用水牛乳或牛乳和水牛乳的混合乳（FAO，2007）。凝乳温度通常为 50℃，但国际食品法典委员会也批准了其他温度。即食型埃曼塔尔干酪的风味和质地特性是在 10 ～ 25℃的温度范围内至少 2 个月的成熟时间中产生的（FAO，2007）。此外，埃曼塔尔干酪通过微生物发酵制得，使用了下述菌种：（a）进行初级（乳糖）发酵的嗜热乳酸菌；（b）进行二次（乳酸）发酵的丙酸菌。凝乳 / 乳清混合物切割后被加热到显著高于凝固的温度，如 30℃，然后制成带或不带干硬外皮的干酪进行销售。干酪典型的风味是温和的，或多或少有类似于坚果般的香味和甜味。成熟干酪的最低丙酸含量为 150 mg/100 g，最低钙含量为 800 mg/100 g。干物质中的脂肪（fat–in–dry matter，FDM）的最低含量是 45 g/100 g，而干物质的最低含量取决于 FDM 含量，例如，FDM 含量为 45 ～ 50 g/100 g 的干酪，其最低干物质应该是 60 g/100 g（FAO，2007）。除丙酸外，埃曼塔尔干酪风味的主要成分为多种挥发性化合物，如短链脂肪酸，这主要是由于丙酸菌的活动所致。表 10.1 总结了瑞士型干酪的主要特征。

10.1.3　本章的范围

埃曼塔尔干酪和其他瑞士干酪的一个理想特征是与 CO_2 气体产生有关的气孔形成，但是气孔在许多干酪品种中也是一个缺陷。CO_2 是丙酸发酵的最终产品，但也可能是来自不良产气微生物菌群的活动，如大肠菌群、酵母菌或梭状芽孢杆菌。干酪的气孔质地缺陷是不良气体的产生造成的，通常也与不良的味道有关，例如酪丁酸梭状芽孢杆菌导致不良丁酸发酵产生氢气；本章中对这方面不作评述。

本章主要介绍了埃曼塔尔干酪，但大部分内容也适用于其他丙酸发酵型硬质和半硬质干酪。本章主要讨论与丙酸发酵有关的硬质干酪和半硬质干酪中理想气孔形成的发展，包括气孔形成的整体机制（第 10.2 节）、细菌在产气中的作用（第 10.3 节）以及干酪质构和结构的变化（第 10.4 节）。

表 10.1 瑞士干酪的主要特征

	埃曼塔尔型（Emmental-type）	格鲁耶尔型（Gruyère-type）	其他
干酪种类	埃曼塔尔（Steffen 等，1993） 瑞士干酪（Kosikowski 和 Mistry，1997）	格鲁耶尔（Gruyère）（Steffen 等，1996） 孔泰干酪（Comté）（Grappin 等，1993） 高山干酪（Bergkäse）（Jaros 和 Rohm，1997） 博福特（Beaufort）（Chamba 等，1994）	阿彭策尔（Appenzeller）（Steffen 等，1996） 雅兹伯格（Jarlsberg）（Rage，1993）
乳酸菌发酵剂	←------------------------	嗜热菌	------------------------→
加热温度	←------------------------	50～60℃	------------------------→ <50°C
加盐类型	盐渍	（盐水浸渍或干盐撒布）+ 表面涂抹	盐渍（+Appenzeller 涂抹盐）
成熟	最少 2 月（19～24℃温室下 4～6 周）	格鲁耶尔（Gruyère）：6 个月（18℃温室 4～6 周） 孔泰干酪（Comté）：最少 4 个月（16～18℃温室 6～8 周） 博福特（Beaufort）：10～14℃ 7 个月（非温室） 高山干酪（Bergkäse）：13～15℃ 6 个月（非温室）	阿彭策尔（Appenzeller）：10～14℃，4～6个月 雅兹伯格（Jarlsberg）：最少 3 个月（20℃温室 20 天）
主要特征（大致范围）	（MNFDM 52 g/100 g；FDM 45 g/100 g）------------	水分 / 脂肪	------------（MNFDM 54 g/100 g；FDM>48 g/100 g）
	+ ←（2.5～5 g/kg）------------	丙酸发酵	------------（<0.5 g/kg）→ −
	− ←（初级）------------	蛋白水解	------------（次级）→ +
	− ←（0.5 g/100 g）------------	盐	------------（1.5 g/100 g）→ +
	+ ←（多个，大）------------	孔眼	------------（无）→ −
试验分级	埃曼塔尔（Emmental）、雅兹伯格（Jarlsberg）、格鲁耶尔（Gruyère）、孔泰干酪（Comté）、高山干酪（Bergkäse）、博福特干酪（Beaufort）、阿彭策尔（Appenzeller）		

注：MNFDM：moisture in non-fat dry matter，非脂干物质中水分含量；FDM：fat-in-dry matter，干物质中的脂肪含量。

10.2 纹理与孔眼的形成

10.2.1 气体产生——品质标志

由于产气而形成的孔眼（也称为气孔）是瑞士干酪品质的一个主要标志。气孔属性（气孔的性质、大小和数量）赋予每个干酪品种的典型特征。气孔通常是圆形、有光泽的孔洞。气孔从大（直径 1 ～ 3 cm）到小（直径 0.5 ～ 1 cm），差异很大，而干酪品种决定（块状或条状或车轮状）干酪气孔的大小、数量和间距。埃曼塔尔干酪（Emmental-type cheeses）有许多大气孔，格鲁耶尔干酪（Gruyère-type cheeses）有较少的小坚果大小的气孔，而博福特型干酪（Beaufort）通常没有气孔。

Kosikowski 和 Mistry（1997）详细描述了瑞士干酪气孔的缺陷。气孔形状缺陷是指裂缝或裂纹、幅裂、尖口或裂口。气孔过多时，干酪难以切片，不利于销售，也会影响预包装，而且气孔通常与好的口感有关。除了通常“无孔”的博福特干酪（Beaufort），气孔过多（过度）和过少（不足）都是不行的。相关的缺陷也会导致气孔失去闪耀光泽（不明显和无孔）或形成皱缩的坚果壳一般的孔眼表面（外壳）。

瑞士干酪中气孔的形成是由 CO_2 的产生，以及具有适宜力学和物理化学特性的蛋白质网络结构中的孔核的形成和生长决定的。瑞士干酪的凝聚力、延伸黏度和断裂特性对孔洞的形成起着重要作用，这些特性决定了干酪具有柔软和弹性的质地。由成分决定的理化性质决定了干酪的结构特性，并影响到孔洞。孔眼的形成是一个动态的过程，随着发酵成熟时间的变化发生结构变化，也与干酪块 / 轮内水、盐、酶活力的梯度变化有关。

尽管业界对干酪的气孔给予了关注，但致力于这一品质特性的研究数量有限。早期有关于缺陷气孔，特别是裂缝的研究。Keilling（1939）集中研究了酸化在孔泰（Comté）干酪裂缝形成中的作用，却忽视了脂肪的作用。Reiner 等（1949）试图用力学方法来解释孔泰干酪中裂缝的形成机理。Hettingá 等（1974）研究了丙酸杆菌的生长对瑞士干酪裂缝缺陷的作用。Grillenberger 和 Busse（1978）检测出有裂缝的埃曼塔尔干酪中的乳酸菌和丙酸菌的数量比没有裂缝的高，但并没有得出微生物水平与缺陷之间有任何因果关系的结论。最近，White 等（2003）评估了用于解释和减少瑞士干酪中裂缝形成的发酵剂组合。一些人研究了 CO_2 的产生。Flückiger（1980）连续 5 个月测量了 10 种埃曼塔尔干酪的产气量和流变特性；他描述了不同阶段气孔的形成。Girard 和 Boyaval（1994）对干酪中 CO_2 含量的测量方法进行了广泛而严谨的评述。Steffen 等（1993）总结了有关瑞士干酪的知识。Grappin 等（1993）讨论了孔泰干酪中气孔和裂缝形成所需的条件。Martley 和 Crow（1996）讨论了有助于气体产生的微生物和干酪制作方法对干酪气孔的作用。Caccamo 等（2004）测试了评估干酪气孔的图像分析法。

气孔的形成和气体产生——Clark（1917）论证了产气点和气孔形成点之间没有直接的联系，并提出形成气孔的主要条件是合理的产气量、干酪块中薄弱点“引物”或孔核的出现以及适宜的质地。由于产气点和孔眼位置之间没有直接联系，所以引物是孔眼形成位置的源头。孔核的性质仍是未知的。

在正常情况下，气体产生形成气孔，气体主要是由瑞士干酪成熟过程中乳酸的丙酸杆菌发酵活动产生的 CO_2（Hettinga 和 Reinbold，1972；Flückiger，1980；Martley 和 Crow，1996）。干酪中存在除 CO_2 以外的气体，这些气体来自牛乳中的空气，并在干酪制作过程中残留下来。如果这些残留空气中的氧气被发酵剂消耗掉，则荷兰型干酪中剩余氮气的压力（0.055 ～ 0.095 MPa）对形成孔眼是至关重要的（Akkerman 等，1989），但氮气在瑞士干酪的孔眼形成中不会发挥主要的作用，因为瑞士干酪中产生的 CO_2 含量高。H_2 的产生也有助于干酪形成气孔。

即使丙酸发酵以外的 CO_2 其他来源有限，但都已得到公认。CO_2 早已存在于牛乳中甚至是乳房中，含量约为 0.40 mmol/100 g，然后 CO_2 在干酪制作过程中会逐渐减少（Flückiger，1980）。在温室内进行丙酸发酵之前，埃曼塔尔干酪含有 10 ～ 15 mL/100 g CO_2，即 4 ～ 6 mmol/100 g，这可能与乳酸发酵有关，因为土著牛乳菌群和一些发酵剂可以产生 CO_2。Flückiger（1980）指出氨基酸脱羧可能是气体的来源，也是用特定的起始菌株制成的成熟荷兰干酪形成晚期裂缝的原因（Zoon 和 Allersma，1996）。

孔眼的形成需要高速度和最低量的 CO_2 生成——在 23℃（温室）条件下，75 kg 带皮埃曼塔尔干酪轮 CO_2 生成量为 1 L/d 时无法形成气孔，因为 CO_2 的扩散量约为 2 L/d。当干酪中 CO_2 的产生速率超过 2 L/d 时才会形成气孔（Clement，1984a,b；Fröhlich-Wyder 和 Bachmann，2004）。

CO_2 首先在干酪内部扩散，然后扩散到干酪外部——干酪中的主要气体产生始于丙酸杆菌在温室中的生长，并在干酪轮 / 块内扩散，然后扩散到外部。Flückiger（1980）检测了瑞士埃曼塔尔干酪 5 个月成熟过程中产生的 CO_2 为 130 ～ 150 L/100 kg，其中 70% ～ 80% 的 CO_2 是在温室产生的。在埃曼塔尔干酪 50 d 的成熟过程中也观察到了类似的结果（Clement，1984a,b）；75 kg 埃曼塔尔干酪产生约 125 L CO_2，其中 95% 以上是在温室产生的。两项研究都给出了干酪中相似的 CO_2 气体分布：约 50% 的 CO_2 溶解在干酪基质中，15% ～ 20% 在孔内，30% 通过外皮扩散，外皮对气体的渗透性将平衡气体在干酪内外的分配（Flückiger，1980）。在孔眼形成之初，产生的气体在水相中达到饱和。干酪的外皮或用于包裹干酪的包装材料形成气体逸散的屏障。通过使用经典的 Fitz 方程（Fitz，1878）从消耗的乳酸或产生的挥发性脂肪酸中估算的 CO_2 生成量达不到在干酪中检测的含量；Flückiger（1980）已经提出了另一个 CO_2 的生成来源，并对干酪中丙酸菌代谢和氨基酸脱羧产生的 CO_2 总量提出了质疑。目前公布的数据没有提供关于瑞士干酪成熟过程中 CO_2 产生的最新信息，但是现在已经有了测量方法。Girard 和 Boyaval（1994）利用装有热导检测器的气 / 固色谱分析仪检测了干酪轮中 CO_2 含量的不均匀性，表明局部超压会导致孔眼从初始气孔中生长。

Flouckiger（1980）证明了温度、乳酸发酵剂种类和相对湿度对埃曼塔尔干酪轮 CO_2 产生和释放的影响。如果温室的温度保持稳定，产气量就会先上升后缓慢下降。细菌的快速生长会导致更高的气体量。有关通过微生物发酵产生气体的最新知识将在下一节中介绍。

降低冷藏室的温度会降低 CO_2 向干酪外部的扩散（Flückiger，1980）。对数量有限的孔泰干酪 Comté（C. Achilleos，E. Notz 和 Y. Noël，未发表的结果）的调查显示：孔眼的形成和生长发生在温室里，而裂缝的形成主要在冷藏室，并且可能会更早出现在温室发酵期结束时。

CO_2 在埃曼塔尔干酪中的溶解度在 12℃时约为 34 mmol/kg，在 22℃时约为 36 mmol/kg（Flückiger，1980）；因此，埃曼塔尔干酪中的 CO_2 在 60 mmol/kg 浓度下会过饱和（Pauchard 等，1980），与荷兰高达干酪（Akkerman 等，1989）的预估超压 0.02 ～ 0.06 MPa 相比，埃曼塔尔干酪超压为 0.1 ～ 0.15 MPa。

众所周知，成熟室中相对湿度越低，干酪的外皮越干燥，气体传输至干酪轮外的渗透性更低。对内部压力和气体扩散之间平衡的结论仍不清楚，但是众所周知，相对湿度不应过低，以避免或限制产生缺陷气孔的风险。

10.2.2 孔眼形成

孔核是孔眼形成的必要条件（Clark，1917）。孔核可能是一个附着在固体凝乳颗粒上的气泡，但是成核过程尚不清楚。这一必要条件得到了一些半经验性的技术著作的支持：

• 关于瑞士干酪品种的经典专著（Reinbold，1972）。

• 干酪片凝乳颗粒的光学显微镜和数字图像分析（Rüegg 和 Moor，1987）。

• 一项关于荷兰干酪气孔缺陷的研究（Akkerman 等，1989）。

• 对孔泰干酪的气孔和裂缝缺陷的研究（Berdagué 和 Grappin，1989）。

• 通过扫描电子显微镜（scanning electron microscopy，SEM）对气孔进行源头观察（Rousseau 和 Le Gallo，1990）。

• 干酪成熟工艺研究（Clement，1984a,b）。

固体酪蛋白颗粒可能导致局部弱化（Kerjean 和 Roussel，1991）。在干酪块内诱发气孔形成的有三种类型的孔核（可能联合作用）：（a）来自乳或成熟过程中产生的固体颗粒（例如晶体）；（b）在乳酸菌挤压和盐渍过程中异型发酵或在开始成熟时氨基酸脱羧产生的微生物气泡（Rousseau 和 Le Gallo，1990）；（c）薄弱的凝乳－颗粒连接处（Clark，1917）。J. L. Bergère（personal communication，INRA）观察到，在干酪制作过程中使用菌落总数少的牛乳（“clean”乳）干酪的孔洞也会变少，但是添加测试颗粒，如羊毛，并不会增加干酪的孔洞。干酪制造商还报告说，通过真空排气减少干酪中残留的空气会导致最终产品中形成品质较差的孔眼；因此，控制好真空限值，既不能太低也不能太高，可以形成更好的孔眼。

10.2.3 干酪凝聚力

干酪的力学特性必须使孔眼可以在快速产气时形成。力学特性必须满足两个条件：（a）高抗断裂性（断裂应力）；（b）足够的流动性（拉伸黏度）（Walstra，1991）。这两种质构特性随着成熟时间而变化，拉伸黏度取决于初始质构（力学性能），断裂应力在成熟过程中迅速降低。

10.3 丙酸发酵过程中的气体生成

10.3.1 瑞士干酪中气体的主要来源

丙酸菌（PAB）在气体（CO_2）产生中起主导作用。在高温（18 ～ 24℃）成熟过程中，PAB 将生产阶段由乳酸发酵剂产生的乳酸盐发酵为 CO_2、乙酸和丙酸。丙酸菌群的主要特征将在随后的章节中详细介绍。PAB 的代谢物是 CO_2 的主要来源，但在 PAB 生长之前，LAB 的活性也可能导致 CO_2 在干酪中的积累。

在乳酸菌中，瑞士干酪中 CO_2 的生产者是兼性异型乳酸杆菌（Martley 和 Crow，1996）。已证实这些异型发酵乳酸杆菌大量存在于不同的瑞士干酪（孔泰干酪、埃曼塔尔干酪和瑞士特定产区格劳宾登州高山干酪 Bergkäse）中（Eliskases–Lechner 等，1999；Thierry 等，1999；Berthier 等，2001）。在瑞士干酪成熟的第一周内，PAB 开始生长之前，无论使用生乳还是巴氏杀菌乳，以及是否选定异型发酵乳酸菌作为发酵剂添加，瑞士干酪中异型发酵乳酸菌的数量都可以达到 10^8 cfu/g，瑞士干酪中的主要菌种是副干酪乳杆菌（*Lactobacillus Paracasei*）和鼠李糖乳杆菌（*Lactobacillus rhamnosus*）。

异型发酵乳酸菌利用柠檬酸盐和 / 或氨基酸，产生 CO_2（Martley 和 Crow，1996）。与不能利用柠檬酸盐的异型发酵乳酸菌株相比，在对照条件下，未添加 PAB 的试验性瑞士特定产区格劳宾登州高山干酪中，某些乳酸菌菌株能够利用柠檬酸盐，如副干酪乳杆菌（*Lb. Paracasei*）和鼠李糖乳杆菌（*Lb. rhamnosus*）。这种乳酸菌能够使小气孔的数量增加到理想水平（Weinrichter 等，2004）。所有存在于干酪基质中的柠檬酸盐被代谢成乙酸盐、甲酸盐和 CO_2，比例为 2∶1∶1。从成熟开始，几周内产生了约 10 mmol/kg 的 CO_2。

除了产生 CO_2 气体外，干酪中还会产生其他气体。例如，H_2 的产生是由于一些不良的梭状芽孢杆菌在生长过程中将乳酸发酵成丁酸、乙酸、CO_2 和 H_2。H_2 的高产率及其在水中的低溶解度会形成气泡爆裂缺陷。通过改善乳生产的卫生状况（特别是改善用青贮饲料喂养乳牛的现状，因为青贮饲料可视为梭状芽孢杆菌孢子库）和 / 或微滤乳的离心除菌来去除孢子，有助于抑制发泡爆裂缺陷。氨气（NH_3）也可能由氨基酸的脱氨作用形成，但这种情况在瑞士干酪中未被证实。

10.3.2 干酪中 PAB 的分类、生态和存在

16S 核糖核酸 / 脱氧核糖核酸（rRNA/DNA）的同源性研究表明，丙酸菌属于放线菌，放线菌包括高鸟嘌呤加胞嘧啶（G+C）含量的革兰氏阳性细菌（Stackebrandt 等，1997）。丙酸杆菌属（*Propionibacterium*）由不同生境的两个不同群体组成：第一，通常在人类皮肤上发现的菌株，称为痤疮丙酸杆菌；第二，从乳和乳制品中分离出来的菌株，被称为“乳品丙

酸杆菌”或“经典丙酸杆菌”。乳品丙酸杆菌包括四种，即费氏丙酸杆菌（*Propionibacterium freudenreichii* spp.）、产丙酸丙酸杆菌（*Propionibacterium acidipropionici*）、詹氏丙酸杆菌（*Propionibacterium jensenii*）和特氏丙酸杆菌（*Propionibacterium thoenii*）（Cummins 和 Johnson，1986）（http://www.bacterio.cict.fr/）。最近，人们分别从变质的橙汁（Kusano 等，1997）、橄榄厂废水（koussmon 等，2001）和牛的肉芽肿性病灶（Bernard 等，2002）这些“新”生境中分离出了 3 种丙酸杆菌，命名为环已丙酸杆菌（*Propionibacterium cyclohexanicum*）、微需氧丙酸杆菌（*Propionibacterium microaerophilum*）和澳大利亚丙酸杆菌（*Propionibacterium australiense*）。对这些丙酸杆菌的 16S rRNA 基因序列分析表明，环已丙酸杆菌（*P. cyclohexanicum*）和澳大利亚丙酸杆菌（*P. australiense*）在系统发育上与弗氏丙酸杆菌亚种（*P. freudenreichii* spp.）相关，而微需氧丙酸杆菌（*P. microaerophilum*）与产丙酸丙酸杆菌（*P. acidipropionici*）相关。然而，这 3 种新菌种均未见在乳制品中有报道。乳制品丙酸杆菌一般在含有乳酸－酵母提取物－蛋白胨的培养基中，30℃的厌氧条件下培养至少 6 d 进行计数。基因型方法可用于在属、种和菌株水平上鉴别丙酸杆菌，包括基于聚合酶链式反应（PCR）的方法（Meile 等，2007）。伯杰氏（Bergey）手册中对它们分化的主要表型的关键和不同菌种特征做了详细描述（Cummins 和 Johnson，1986）。

20 世纪初，von Freudenreich 和 Orla–Jensen 首次从埃曼塔尔干酪中分离出丙酸菌（von Freudenreich 和 Orla–Jensen，1906）。丙酸菌在生乳中的数量范围为 5 cfu/mL 至 $>10^5$ cfu/mL（Carcano 等，1993；Thierry 和 Madec，1995）。在生乳中发现了 4 种丙酸菌，其中以费氏丙酸杆菌（*P. freudenreichii*）为主（Fessler 等，1999b）。费氏丙酸杆菌生长在 18 ～ 24℃的温室，在成熟期的瑞士干酪中，其数量高达 5×10^9 cfu/g。费氏丙酸杆菌是瑞士干酪中生长的主要菌种，而詹氏丙酸杆菌（*P. jensenii*）是莱达姆（Leerdammer）干酪中发现的主要菌种（Britz 和 Riedel，1994）。

在瑞士干酪生产中广泛使用丙酸菌作为发酵剂。根据干酪生产技术，干酪乳中丙酸菌的接种量在 10^3 ～ 10^6 cfu/mL。当 1 日龄的埃曼塔尔（Emmental）、阿彭策尔（Appenzeller）、斯布林茨（Sbrinz）、拉可雷特（Raclette）和太尔西特（Tilsit）干酪中丙酸菌的数量低于 5×10^2 cfu/g 时，干酪中可能出现褐斑缺陷（Baer 等，1993；Fessler 等，1999a）。在一些瑞士干酪中，如由生乳制成的法国孔泰干酪，发生丙酸发酵仅是因为生乳中存在土著丙酸菌微生物群落。

10.3.3　丙酸代谢

弗氏丙酸杆菌（*P. freudenreichii*）在温室干酪成熟过程中生长，并将乳酸盐发酵成 CO_2、乙酸和丙酸。许多碳水化合物可以被弗氏丙酸杆菌代谢，但是乳酸是干酪中丙酸菌（PAB）的主要碳源。乳酸由乳酸菌（LAB）以两种异构体形式产生：D（－）－乳酸和 L（+）－乳酸。这两种乳酸异构体竞争两种转运系统，分别在 pH 值 6.0 和 4.0 时活性最高。有趣的是，乳酸转运在 0 ～ 2℃时仍然有效。乳酸被两个特异性膜结合的烟酰胺腺嘌呤二核苷酸（nicotinamide adenine dinucleotide，NAD）无关的 L（+）－乳酸脱氢酶和 D（－）－

乳酸脱氢酶转化为丙酮酸。费氏丙酸杆菌谢氏亚种（*Propionibacterium freudenreichii* subsp. *shermanii*）可以通过 9 条途径代谢丙酮酸（Deborde，1998），这些途径产生不同比例的最终产物，包括 CO_2。

乳酸转化的化学计量取决于条件和细菌菌株。根据 Fitz 的方程式（Fitz，1878），丙酸/醋酸的摩尔比是 2.0（图 10.1，途径 1）。在这一途径中，1 mol 的乳酸通过丙酮酸脱氢酶被转化为乙酸和 CO_2，而 2 mol 的乳酸通过 Wood-Werkman 循环转换为丙酸。在干酪中，丙酸/醋酸的比例低于 2.0（Crow 和 Turner，1986）。这可以通过其他两个途径的发生来解释。首先，CO_2 的固定（Wood，1981）导致了以丙酸和 CO_2 为代价的琥珀酸（丁二酸）的形成，图 10.1，途径 2）。其次，在乳酸发酵过程中，天冬氨酸转化为琥珀酸（图 10.1，途径 3）（Crow 和 Turner，1986）。这些不同途径调节了 CO_2 的产量。

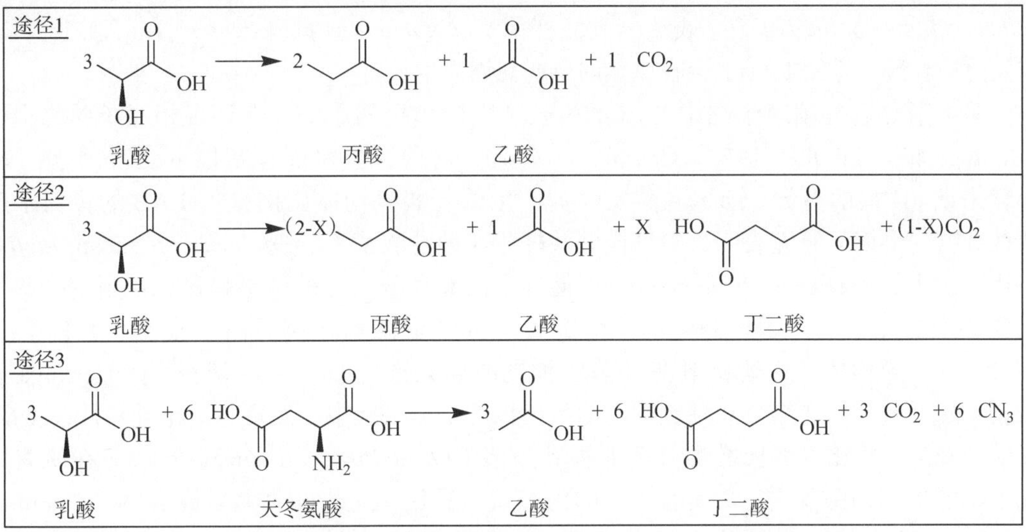

途径1
3 乳酸 → 2 丙酸 + 1 乙酸 + 1 CO_2

途径2
3 乳酸 → (2-X) 丙酸 + 1 乙酸 + X 丁二酸 + (1-X)CO_2

途径3
3 乳酸 + 6 天冬氨酸 → 3 乙酸 + 6 丁二酸 + 3 CO_2 + 6 CN_3

图 10.1 费氏丙酸杆菌中乳酸转化的途径（摘自 Crow 和 Turner，1986）

P. freudenreichii subsp. *freudenreichii* 在乳酸存在下代谢天冬氨酸的能力与菌株有关，该能力也是选择菌株的一个重要标准。天冬氨酸通过天冬氨酸酶活性转化为延胡索酸。随后延胡索酸被还原成琥珀酸盐，同时产生三磷酸腺苷（Crow，1986）。这一途径导致更多的乳酸被发酵成乙酸和 CO_2，而不是变成丙酸。用天冬氨酸酶活性较弱的 PAB 发酵剂制成的埃曼塔尔干酪将含有更高浓度的残留乳酸，因此，与具有强天冬氨酸酶活性的发酵剂制成的干酪相比，较低浓度的乙酸和丙酸会导致尺寸更小和数量更少的孔眼的形成（Wyder 等，2001）。用天冬氨酸酶活性较弱和较强的 PAB 制成的 12 月的瑞士埃曼塔尔干酪中天冬氨酸 + 天冬酰胺的浓度分别为 6.7 mmol/kg 和 0.7 mmol/kg，相应的琥珀酸盐浓度为 5.1 mmol/kg 和 17.7 mmol/kg（Wyder 等，2001）。乳酸浓度分别为 47.0 mmol/kg 和 11.3 mmol/kg，丙酸浓度分别为 63.2 mmol/kg 和 83.6 mmol/kg，醋酸（乙酸）浓度分别为 47.6 mmol/kg 和 58.7 mmol/kg。使用天冬氨酸酶活性较弱的 PAB 发酵剂生产的埃曼塔尔干酪也不容易发生“后期发酵”，即在冷成熟过程中可能发生的不良的丙酸发酵，特别是在 10 ～ 13℃成熟数月的埃曼塔尔干酪。此外，如前所述，CO_2 的产生也可能来自干酪中的

其他一些细菌的活动。PAB 细胞在成熟过程中营养和理化环境的持续多变性也会影响细胞代谢途径的变化。

其他与菌株相关的影响 PAB 产气的能力包括：菌株对盐浓度的敏感性（Richox 等，1998）、在不同温度下生长或进行丙酸发酵的能力（Hetinga 等，1974）以及菌株与乳酸菌的相互作用。

10.3.4 LAB 对丙酸杆菌的影响

PAB 在凝乳中生长，通过内源酶、外源发酵剂和微生物酶的共同作用，使其发生了很大的变化，因此在 PAB 之前就受到了 LAB 的影响。在挤压过程中，嗜热乳酸发酵剂［嗜热链球菌（*Streptococcus thermophilus*）、德氏乳酸杆菌亚种乳酸菌（*Lactobacillus delbrueckii* subsp. *lactis*）和/或瑞士乳酸杆菌（*Lactobacillus helveticus*）］在凝乳中生长，非发酵型乳酸菌（NSLAB）会在成熟的最初几周内生长。

关于嗜热乳酸菌对干酪中 PAB 的生长和发酵作用的影响，有许多相互矛盾的报告（Hedinga 和 Reinhold，1972；Chamba，1994）。这种影响可能包括以下几个因素：（a）酸化末期 pH 值的差异；（b）乳酸发酵剂产生的乳酸异构体比例；（c）LAB 的蛋白水解活性产物。早期的研究表明，与德氏乳酸杆菌亚种乳酸菌（*Lb. delbrueckii* subsp. *lactis*）相比，瑞士乳酸杆菌（*Lb. helveticus*）促进了丙酸发酵。这种结果解释为：用后一菌种制作的干酪比用前一菌种制作的干酪中 L（＋）-乳酸盐比例更高，前者产生 L（＋）和 D（—）异构体，而德氏乳酸杆菌亚种乳酸菌只产生 D（—）-乳酸盐（Hettinga 和 Reinbold，1972）。在结合几种乳酸-丙酸菌株的干酪试验中，发现与瑞士乳酸杆菌（*Lb. helveticusin*）相比，德氏乳酸杆菌亚种乳酸菌（*Lb. delbrueckii* subsp. *lactis*）在所有情况下都能加强丙酸发酵，3 周后产生的丙酸盐水平比瑞士乳酸杆菌乳高 4 倍（Chamba，1994）。在致力于研究 LAB 和 PAB 之间相互作用机制的欧洲项目（FAIR No. 96–1024）中，使用了改进的乳清模型。该项目的主要结论是 LAB 对 PAB 的刺激作用取决于：（a）使用的特定 PAB 和 LAB 组合；（b）酪蛋白中 LAB 代谢产生的多种多肽（Condon 和 Cogan，2000）。

通过比较接种或未接种选定乳酸杆菌菌株的干酪，研究了兼性异型发酵乳酸杆菌对干酪中 PAB 的影响。乳酸杆菌能够利用柠檬酸盐并减缓试验瑞士干酪中 PAB 的生长和丙酸的生成（Fröhlich–Wyder 等，2002；Weinrichter 等，2004）。与此同时，试验瑞士干酪在成熟 40 d 时（中温室）观察到的孔眼数量显著增加（因为产生 CO_2），在成熟 180 d 时孔眼的数量和大小都减少，表明此时丙酸发酵缓慢或 PAB 生长受到抑制（Fröhlich–Wyder 等，2002）。从接种相同非发酵剂乳酸菌株的产品中提取的干酪汁中观察到的干酪乳酸杆菌（*Lactobacillus casei*）和鼠李糖乳酸杆菌（*Lb. rhamnosus*）两种菌株，在干酪中表现出了抑制作用（Jimeno 等，1995）。在同一研究中，Jimeno 等（1995）报告说，这种抑制作用可能是铜（随柠檬酸盐的消耗而释放在干酪的水相中）和柠檬酸盐 NSLAB 发酵产物（甲酸、乙酸和双乙酰）的综合负效应。瑞士目前使用选定的干酪乳酸杆菌（*Lb. casei*）和鼠李糖乳酸杆菌（*Lb. rhamnosus*）菌株来限制瑞士埃曼塔尔干酪的晚期发酵（Fröhlich–

Wyder 和 Bachmann，2004）。在美国制造的瑞士干酪中，White 等（2003）观察到：适宜的瑞士乳酸杆菌（*Lb. helveticus*）和费氏丙酸杆菌谢氏亚种（*P. freudenreichii* subsp. *shermanii*）发酵剂组合可以减少裂缝，特别是在高水分含量的干酪中。

总之，关于 LAB 对 PAB 影响的研究结果强调了干酪制作中所参与机制的复杂性，这些机制尚未完全阐明。许多因素参与并相互作用，而且相互作用似乎更多取决于菌株而非菌种（Thierry 等，1999；Condon 和 Cogan，2000）。然而，和工艺参数（NaCl、成熟温度）的差异相比，LAB 对干酪的影响可能显得没有那么重要。

10.3.5 孔眼形成和风味生成的关系

瑞士干酪有一种典型的味道，被描述为“甜味”和“坚果味”（Langsrud 和 Reinbold，1973；Paulsen 等，1980）。风味的发展和孔眼的形成都发生在成熟期，但二者无直接关联。这可以用下述原因来理解：第一，如果所有条件（合理的气体形成速度和水平，有限的外皮扩散，合理的干酪质地）都不适合孔眼的形成，那么瑞士干酪风味的形成可以在没有气孔的情况下发生。第二，气体的形成主要发生在温室成熟期，而风味化合物可以在干酪制作和成熟的不同时期产生。第三，气体的形成主要是由于瑞士干酪中 PAB 的活性，而一些风味物质的形成则是由于干酪中的其他细菌的活性。

导致孔眼形成的气体产生于干酪的温室成熟期间，且伴随着丙酸和乙酸的形成。这两种挥发性酸类化合物被认为是埃曼塔尔干酪中影响风味的化合物，但许多其他挥发性和非挥发性化合物也参与了埃曼塔尔干酪风味的平衡。4 ～ 12 个碳链的脂肪酸会影响埃曼塔尔干酪的风味。中性挥发性化合物，如呋喃酮（4- 羟基 -2,5- 二甲基 -3(2H)- 呋喃酮、5- 乙基 -4- 羟基 -2- 甲基 3(2H)- 呋喃酮）、酯类（丁酸乙酯、3- 甲基丁酸乙酯、己酸乙酯）、酮（2,3- 丁二酮、2- 庚酮、1- 辛烯 -3- 酮）、醛类（3- 丁醛、甲硫基丙醛）和其他一些化合物（δ - 癸内酯，甲基吲哚，2- 仲丁基 -3- 甲氧基吡嗪）也被认为是埃曼塔尔干酪中影响风味的化合物（Preininger 和 Grosch，1994；Preininger 等，1996；Rychlik 等，1997）。此外，一些芳香化合物参与了干酪基本滋味的形成，它们包括有机酸（乳酸和琥珀酸）、氨基酸（主要是谷氨酸）和矿物质。

有些风味化合物的形成可以在成熟末期继续进行。在埃曼塔尔干酪成熟的 3 ～ 12 个月期间，气味、香气、咸味和酸味的强度增加（Fröhlich-Wyder 和 Bachmann，2004）。例如，酯类化合物增幅最大，其次是 2- 庚酮和短链脂肪酸（Rychlik 等，1997；Fröhlich-Wyder 和 Bachmann，2004）。在少量（1/100）瑞士干酪中，约 20% 的丙酸发酵产物是在低温成熟期（4℃下 8 周）产生的，而约 60% 的支链短链脂肪酸来源于异亮氨酸 / 亮氨酸的分解代谢，约 80% 的酯类是在同一时期产生的（Thierry 等，2005）。酯类化合物有助于埃曼塔尔干酪中的“水果味”的形成（Preininger 和 Grosch，1994；Preininger 等，1996；Richoux 等，2008），也与干酪的甜味有关（Ben 等，2001）。脂肪分解产生的短链和中链脂肪酸也是埃曼塔尔干酪中的重要风味化合物（Chamba 和 Perreard，2002）。

丙酸杆菌在形成 CO_2 和一些风味化合物方面起着主导作用，风味化合物如丙酸和乙酸，但也有来自脂肪分解的游离脂肪酸和与支链氨基酸代谢有关的支链脂肪酸（Thierry

等，2005）。然而，风味化合物也由埃曼塔尔干酪生态系统中存在的其他细菌产生，包括非发酵剂微生物菌群。生乳中微生物菌群有助于更强烈的整体香味形成（Grappin 等，1999）。

10.4 干酪结构和气孔形成

一个良好的紧密交联的结构将使瑞士干酪可以形成气孔和孔眼。干酪的凝聚性是至关重要的，它取决于力学性能、拉伸黏度和断裂应力，这些因素由化学成分（水、矿物质、脂肪和蛋白质）以及成熟过程中蛋白质水解的变化导致。干酪成熟过程中力学性能的变化是形成良好气孔而非裂缝的主要因素。

10.4.1 干酪的力学特性和孔眼的形成

孔眼的测量

Blanc 和 Hattenschwiler（1973）率先利用 X 射线断层扫描和透射技术检测格鲁耶尔干酪和埃曼塔尔干酪成熟过程中孔洞的生长。后来，Rousseau 和 LeGallo（1990）用扫描电镜研究了埃曼塔尔干酪中孔眼的成核过程。在温室成熟开始时观察到的球形空间可能是潜在的孔核，因为它们在此期间数量增加，随后减少，表明气体迁移形成了大孔洞。Rosenberg 等（1992）开发了高分辨率的核磁共振（Nuclear magnetic resonance，NMR）成像，用于检测和评估孔眼的特征。通过在成熟过程中检查瑞士干酪，证明了这种非破坏性技术的潜力。这种光谱技术用途广泛，可用于对干酪中的孔洞和裂纹进一步的研究调查（Duce 等，1995）。Mahdjoud 等（2003）利用 NMR 技术研究了干酪基质中的凝乳连接点，他们在干酪成熟早期检测到了气泡，也检测到了凝乳颗粒中与微生物活性有关的 CO_2 微气泡。

力学性能的测量

流变学方法能够检测干酪的力学特性，这在孔眼的形成中起着关键作用。压缩（压力）测试是一种在受控条件下检测这些性能的简单方法。在成熟温度下使用这一方法，可以评估与孔眼形成有关的真实特性，从而可以更好地理解现象与生化和微生物变化之间的关系。松弛试验（另一种流变学技术）给出了干酪糊在长时间范围内的力学响应，以探索干酪与气孔相关的特征。超声波技术有望克服流变学破坏性取样的特点。早期的研究使用广角低频传感器来研究干酪的气孔（Nassar 等，2004）。最近，Eskelinen 等（2007）以在线监测的方式成功研究了超声波技术（单传感器 2-MHz 纵向模式脉冲回波装置）对成熟过程中干酪的气 - 固结构监测。

力学性能和孔眼形成

瑞士干酪具有弹性、高变形性（即高断裂应变）和相当高的断裂应力，表现出高力学阻力。瑞士干酪块软硬适中，其力学性能与高凝聚力相关。图 10.2 显示了有孔眼或无孔眼的不同硬质干酪的压缩曲线，说明了干酪的力学性能与气孔的关系。由于凝乳颗粒之间的连接和瑞士干酪（埃曼塔尔干酪、孔泰干酪、博福干酪和雅兹伯格干酪）颗粒之间的连接一样强，因此高形变意味着高凝聚力。帕马森雷加诺干酪的低断裂应变与其低凝聚力有关，这是干酪制作过程中形成的凝乳颗粒簇之间的连接较弱的原因。

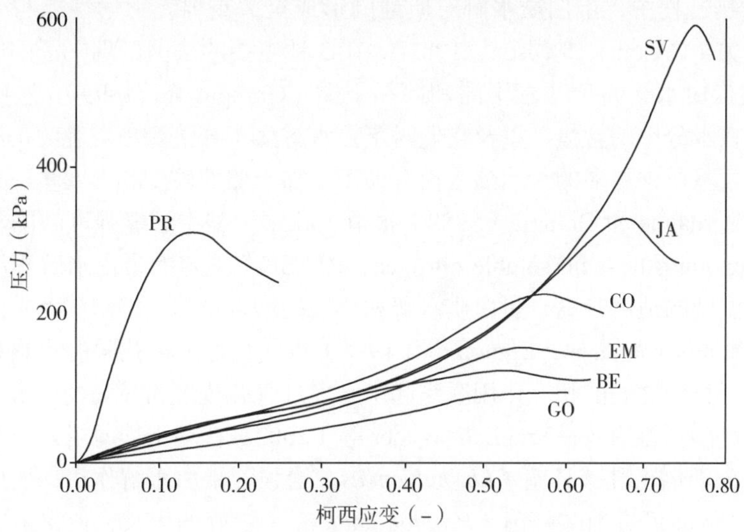

图 10.2 瑞士的瑞士型干酪［埃曼塔尔干酪（Emmental，EM）］、法国的孔泰干酪（Comté，CO）和博福干酪（Beaufort，BE）、挪威的雅兹伯格干酪（Jarlsberg，JA）、丹麦的 Svenbo（Svenbo，SV）、意大利的帕马森雷加诺（Parmigiano Reggiano，PR）和荷兰的荷兰型干酪（GO）的典型压缩剖面图

干酪的凝聚力和力学性能受矿物质、水和蛋白质之间相互作用的影响，蛋白质与 pH 值有关，特别是第 1 天的 pH 值，会影响蛋白质结构状态。Lawrence 等（1987）指出第 1 天的干酪 pH 值和孔眼形成的关系，在 pH 值 5.15 ～ 5.45 范围内会被增强。CO_2 的产量随着 pH 值的增加而增加，但是低于此范围，黏稠度太软会导致干酪无孔。超过此范围，黏稠度过硬会增加断裂和裂缝的形成。

成熟干酪的流变学特性和气孔之间的关系是微妙的，因为取样评价干酪力学性能时必须避开孔眼位置。由于干酪块或干酪轮的结构不均匀，所以只能用流变学方法检查有孔类干酪的无孔区特性，而不能检测孔眼周围的特性。根据气孔类型的不同我们选择并比较了三种成熟孔泰干酪的力学性能：（a）一种无孔；（b）一种有圆形孔眼；（c）一种有裂缝（Noël 等，1996）。有裂缝的干酪明显比其他干酪更坚硬，更具有抗性。与无孔干酪相比，有孔干酪在无压力时（即在较长的时间里和较低的压缩变形力下）具有更高的弹性特性，而在有压力时（即在较短的时间里）有孔干酪和无孔干酪有相似的弹性特性。

10.4.2 成熟和孔眼形成过程中的变化

蛋白质水解

在干酪成熟过程中，蛋白质水解对质地的形成至关重要。力学性能与干酪的成分和蛋白质水解有关（Creamer 和 Olson，1982）。在 3 种主要的法国产瑞士干酪中，埃曼塔尔干酪的天然酪蛋白水平高于孔泰干酪和博福干酪（Grappin 等，1999）。这些差异与凝乳热煮温度和盐在水分中的含量，以及它们对蛋白水解酶（纤溶酶和凝乳酶）活性的影响密切相关。蛋白质基质中更多的天然酪蛋白有助于增加干酪的硬度和形变量，这些特性适合于孔的形成。Berdague 和 Grappin（1989）报道了孔泰干酪中裂缝强度缺陷与用磷钨酸可溶性氮（phosphotungstic–acid soluble nitrogen，PTASN）测定的蛋白水解程度有显著相关性。随着成熟温度的适度升高，蛋白质水解和产气的增强也与裂缝缺陷有关（Grappin 等，1993）。基于相同的干酪品种，Bouton 等（1996）将气孔程度（孔眼的数量和大小）与生乳产地和发酵剂类型之间的相互作用联系起来，发现气孔程度与较高的丙酸含量以及发酵剂的高蛋白水解酶活性有关。Fröhlich–Wyder 等（2002）在瑞士埃曼塔尔干酪的研究中证实了这一点，由于瑞士乳酸杆菌（*Lb. helveticus*）增强了蛋白水解作用，所以会诱导形成更高的 pH 值，从而促进丙酸杆菌（*Propionibacteria*）更好的生长，使得最终干酪质地较差，产生裂纹而非孔眼。当异型乳酸杆菌（*Heterofermentative lactobacilli*）即鼠李糖乳酸杆菌（*Lb. rhamnosus*）存在时，高山干酪（Bergkäse）中蛋白质水解作用更为明显，质地也更差（Weinrichter 等，2004）。这可能与孔泰干酪中较高的小肽和氨基酸含量有关，这些小肽和氨基酸会导致整个成熟过程中凝聚力、弹性和形变量降低（Notz，1997）。

通过比较盐水浸渍和表面盐渍，Grappin 等（1993）已经评估了盐水平对孔泰干酪的初级蛋白质水解以及孔眼和裂缝形成的影响。裂缝强度与较高的磷钨酸可溶性氮（PTASN）水平有关。可以肯定的是，盐可以通过对水流动性、矿物质平衡、水分、矿物质和蛋白质之间的相互作用、酶活性和细菌生长的各种影响来干扰孔眼的形成。通常，强烈的蛋白水解作用会加速干酪成熟，干酪储存能力被提升是理想的。然而，在埃曼塔尔干酪生产中，强烈的蛋白水解和强烈的丙酸发酵可能是后期发酵缺陷的主要原因（Gagnaire 等，2001）。最后，目前关于蛋白水解和气孔之间关系的认知仍然有限。不管是产生的肽的性质还是蛋白水解酶都与气孔没有直接关系。

脂肪

在试验规模下研究了脂肪水平对孔泰干酪模型（1 kg 和 45 kg）的质地和气孔性能的影响（Notz 等，1998）。成熟干酪弹性增加、阻力下降与较高的脂肪含量有关，较高的脂肪含量与较高的干酪水分含量有关，较高的水分含量是因为干酪排乳清量较低（即乳清排出量减少）。有趣的是，较高的脂肪含量与丙酸发酵的下降有关，所以脂肪含量较高情况下所生产的干酪是无孔的。对埃曼塔尔干酪成熟过程中脂肪结构的研究可能会为进一步研究孔眼的形成开辟前景（Lopez 等，2006）。特别是结晶脂肪的存在可能导致裂缝而非孔眼的形成。

成熟过程中流变特性的变化

Flückiger（1980）在埃曼塔尔干酪上通过压缩和随之 5 min 松弛的方法来研究与气孔相关的变化。使干酪产生 33% 形变时的应力为硬度指数。5 min 松弛时间后测定的应力减少的百分比为弹性指数。还检测了断口处的应力和应变。测试的是在成熟室的实际温度下（测试前无温度调节）成熟期间的干酪样品，以及在 15℃和 20℃温度测试调整后的干酪样品。显然，在 15℃和 20℃下的检测表明干酪的力学性能变化较小，而在成熟室温度下的检测可以更好地了解孔眼形成过程中的实际力学性能。"弹性指数"在整个成熟期下降，与温度水平无关。干酪的"硬度指数"在温室成熟期间有最低值。在温室之前，断裂应力变化较小，然后在成熟阶段开始时急剧下降，但数值仍保持在硬度指数的 10 倍左右。有趣的是，断裂应变在温室阶段开始时增加，然后在温室成熟过程中下降，并由于随后转移到储存或冷藏室而迅速变化。在产气量高的成熟期，干酪的硬度最低，弹性模量较高，但实际上既不太硬也不太有弹性。干酪更容易变形，即在断裂前有更高的形变，并且还显示出相对的抗断裂性。因此，在温室中，干酪具有最适合孔眼形成的力学特性，也是丙酸杆菌产生气体的最佳阶段。应用 X 射线研究中观察到，孔眼的形成和生长主要是在成熟阶段，而裂缝的形成在这一阶段很少发生，在冷藏阶段后期更常见（C. Achilleos，E. Notz 和 Y. Noël，未发表的结果）。

10.4.3　孔眼的形成和裂缝的发展

Rüegg 和 Moor（1987）使用显微照相技术观察了埃曼塔尔干酪中的孔眼，我们观察孔泰干酪时发现也有类似的孔眼。部分凝乳颗粒层在圆形孔眼周围变形，变形显然是在颗粒之间开始的，并且是等向性的。气体压力对气孔周围的黏弹性凝乳颗粒施加长时间的应力，促进气孔周围的黏性变形流动。在理论上，Akkerman 等（1989）用经典方程 $p=\eta d\varepsilon/dt$ 将气体超压 p 与干酪团的流速（双轴拉伸速率 $d\varepsilon/dt$）和黏性成分（双轴拉伸黏度 η）联系起来。当局部超压 p 大于局部干酪断裂应力时，形成的是裂缝而不是孔眼。不能用这种方法简单地预测裂缝的形成（Walstra，1991）。Girard 和 Boyaval（1994）在埃曼塔尔干酪中观察到的 CO_2 含量的不均匀分布验证了气孔与局部现象有关的事实。图 10.3 所示为实验性孔泰型干酪的裂缝横截面。该示例具有糊状和径向轨道的同心折叠。这表明最初的局部凝聚力缺陷引发了裂纹，裂纹可能在干酪中连续地甚至快速地发展，以连续性折叠为标志，而气体可能流过特定的径向轨道。干酪断裂应力是干酪成熟过程中此前发生的所有变化的结果，与成分、成分之间的相互作用、蛋白质水解、pH 值变化等有关。Langley 和 Green（1989）的理论研究观察了乳蛋白凝胶复合模型中的断裂，该凝胶中的填充物是回收的亲水或疏水性物质小球。当键为疏水性时，断裂发生在蛋白质基质和填充物的边界处，而当键为亲水性时，断裂发生在蛋白质基质内。人们在丹麦型干酪中已经发现

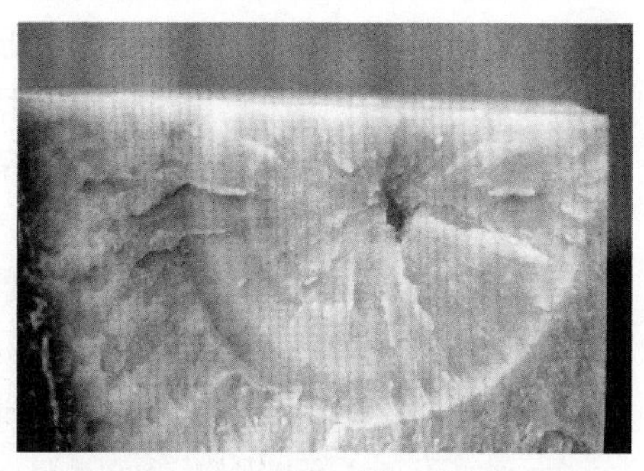

图 10.3　孔泰干酪的裂缝横截面示例

的凝乳颗粒中裂缝形成的进程（Luyten 和 van Vliet，1996），似乎在成熟的孔泰干酪中也有发生（C. Achilleos，E. Notz 和 Y. Noël，未发表的结果）。裂缝朝着垂直于挤压轴的方向上，也即凝乳颗粒的主轴方向。有趣的是，压缩过程中测得的断裂应力和断裂应变在垂直方向上更低（Grappin 等，1993）。研究者评估了 35 个孔泰干酪样品，建立了力学各向异性与裂缝强度之间的线性关系，各向异性指标在垂直和水平方向挤压时，断裂应变检测值的差异。

裂缝的形成主要发生在冷藏阶段，是由于内部压力增加和抗断裂力降低共同作用的结果（Zoon 和 Allersma，1996）。有几种现象可能导致裂缝的形成。首先，CO_2 的后期产生（也称为二次发酵）与特定的丙酸杆菌株代谢有关，且在低温下更有活力，Hetinga 等（1974）已经发现二次发酵与瑞士干酪中的裂缝缺陷有关，但是柠檬酸盐的发酵也有所贡献。有趣的是，在荷兰干酪中，裂纹的形成与由特定发酵剂菌株的谷氨酸脱羧作用产生的后期 CO_2 有关（Zoon 和 Allersma，1996）。其次，CO_2 在不同相中的溶解度随温度的变化而变化，从而调节内压。例如，当温度较低时，脂肪溶解的 CO_2 较少（Akkerman 等，1989），有助于增加内部压力。再次，干酪基质的力学性能随温度的变化而变化。温室与冷库之间的温度的急剧下降导致硬度增加，断裂应变和应力减小，从而导致干酪更加易碎。最后，蛋白质水解与局部 pH 值变化相结合，会导致干酪中较弱的内部键不均匀分布，这可能会在未来引发引物裂缝。

10.5 总结

孔眼的形成是一个关键的动态过程，需要几个条件，包括乳的初始质量、微生物区系、控制干酪和气体产生的进一步力学性能以及与局部特性和现象相关的工艺条件。第一，在干酪未成熟的早期，凝乳颗粒之间应该存在适宜数量的微观空隙，这些空隙通常是气泡，它们会起到孔核的作用。第二，凝乳颗粒之间的连接对气孔造成的阻力（凝聚力）应足够高，以支撑内部超压而不破碎，这个阻力即适宜的干酪凝聚力。第三，干酪凝乳颗粒应能够变形而不破裂，特别是在较长时间下的塑性流动变形，这意味着孔眼长大时干酪结构的化学性质和蛋白分解水平要适宜。此外，干酪正在形成的孔眼周围应该具有等方性的力学特性，即相似类型的化学连接在该区域应均匀分布，但这和凝乳颗粒的有限层数有关。第四，干酪基质中必须存在局部气体饱和，从而能产生局部超压，对气囊周围的凝乳颗粒产生压力。第五，最终条件是成熟期间的气体产生与干酪适宜的力学、结构和生化（尤其是蛋白水解的程度和强度）特性的准确同步。在瑞士干酪中产生气体的丙酸杆菌应在对的时间活跃，以对的速率和水平产生气体，以获得良好的气孔。如果气体在温室成熟期产生，此时干酪的力学性能最为适合，弹性高、变形能力强，且阻力低，则孔洞为圆形，气孔良好。我们可以假设，如果这些条件有一个（这取决于过程中的许多因素）不具备，那么就不会出现气孔或裂纹。为了将这些控制孔眼形成的基本条件转化为一般知识，从而能够在科学的基础上控制生产实践，有必要组织和模拟这些条件（即数量、尺寸、再分配、视觉方面）之间的关系及其对这些孔洞质量的影响。

然而，与细菌生长位置有关的成核现象和产气部位尚未完全阐明。随着时间的推移，干酪中产生的 CO_2 水平、CO_2 向与干酪结构有关的特定气囊的扩散、与断裂特性相关的可产生局部超压的 CO_2 生成量、干酪块 / 轮中气体分布的不均匀性以及成熟温度过程下 CO_2 的溶解度将有助于阐明裂缝形成的机制。瑞士干酪的丙酸杆菌活性、气体产生和力学性能之间的关系需要更多的研究，以减少或部分减少干酪轮或干酪块的气孔缺陷。非破坏性技术应用的发展，如 X 射线扫描、核磁共振成像或超声波，将有助于增加对成熟过程中孔眼形成的了解。在过去几年中，关于氨基酸降解的代谢途径、参与的酶以及 PAB 在生产瑞士干酪风味化合物中的实际作用的知识取得了重大进展，这些知识可用于选择 PAB 发酵剂。关于与气孔相关的力学方面和气体产生的研究似乎很有限，而人们对干酪的功能特性产生了更多的科学兴趣（Everett 和 Auty，2008）。

气孔的形成需要多学科的研究方法和数据的多维分析，以阐明形状良好的气孔以及裂纹或裂缝的形成机制。人们探索了干酪制造业中的前景方法，例如神经网络和模糊逻辑（Norbac，1994；Charnomordic 等，1998），以将加工工艺和最终的干酪气孔联系起来。如果这些研究方法能提供机会以更好地管理气孔和形成更稳定的干酪质量，那么如今在实践中，可以使用控制干酪制作参数的实用方法来管理气孔。通过控制乳品质、产气微生物区系，主要是控制成熟温度的动态变化以使干酪块中的气体饱和，然后在温室中强烈而快速地过饱和来获得理想的气孔。

参考文献

Akkerman, J.C., Walstra, P. & van Dijk, H.J.M. (1989) Holes in Dutch-type cheese. Conditions allowing eye formation. *Netherlands Milk and Dairy Journal*, 43, 453–476.

Baer, A., Ryba, I. & Grand, M. (1993) Ursachen des Entstehung von braunene Tupfen im Käse. *Schweizerische Milchwirtschaftliche Forschung*, 22, 3–7.

Ben Lawlor, J., Delahunty, C.M., Wilkinson, M.G. & Sheehan, J. (2001) Relationships between the sensory characteristics, neutral volatile composition and gross composition of ten cheese varieties. *Lait*, 81, 487–507.

Berdagué, J.L. & Grappin, R. (1989) Affinage et qualité du gruyère de Comté. VII Caractéristiques de présentation: ouverture et défaut de lainure des fromages. *Lait*, 69, 173–181.

Bernard, K.A., Shuttleworth, L., Munro, C., Forbes-Faulkner, J.C., Pitt, D., Norton, J.H. & Thomas, A.D. (2002) *Propionibacterium australiense* sp. nov. derived from granulomatous bovine lesions. *Anaerobe*, 8, 41–47.

Berthier, F., Beuvier, E., Dasen, A. & Grappin, R. (2001) Origin and diversity of mesophilic lactobacilli in Comté cheese, as revealed by PCR with repetitive and species-specific primers. *International Dairy Journal*, 1, 293–305.

Blanc, B. & Hättenschwiler, J. (1973) Neue Möglichkeiten für die Anwendung der Radiologie in der Käsereitechnologie. *Schweizerische Milchwirtschaftliche Forschung*, 2, 1–16.

Bouton, Y., Guyot, P. & Dasen, A. (1996) Influence des interactions entre le lait et le levain lactique sur l′affinage et la qualité du fromage comté. *International Dairy Journal*, 6, 997–1013.

Britz, T.J. & Riedel, K.H.J. (1994) *Propionibacterium* species diversity in Leerdammer cheese. *International*

Journal of Food Microbiology, 22, 257–267.

Caccamo, M., Melilli C., Barbano, D.M., Portelli G., Marino, G. & Licitra, G. (2004) Measurement of gas holes and mechanical openness in cheese by image analysis. *Journal of Dairy Science*, 87, 739–748.

Carcano, M., Lodi, R., Todesco, R. & Vezzoli, F. (1993) Propionic acid bacteria in milk for Grana cheese. *Latte*, 18, 914–919.

Chamba, J.F. (1994) Interactions between thermophilic lactic acid bacteria and propionibacteria: influence on Emmental cheese characteristics. *Actes du Colloque Lactic 94*, 7–9 September, Adria Normandie, Caen, France.

Chamba, J.F., Delacroix–Buchet, A., Berdagué, J.L. & Clément, J.F. (1994) Une approche globale de la caractérisation des fromages: l′exemple du fromage de Beaufort. *Sciences des Aliments*, 14, 581–590.

Chamba, J.F. & Perréard, E. (2002) Contribution of propionibacteria to lipolysis of Emmental cheese. *Lait*, 82, 33–44.

Charnomordic, B., Glaudel, M., Renard, Y., Noël, Y. & Vila, J.P. (1998) Knowledge–based fuzzy control in Food Industry: a decision support tool for cheesemaking. *International Conference on Engineering of Decision Support Systems in Bio-industries (Bio-Decision 98)*, February 23–27, p. 10., CD–Rom.

Clark, W.M. (1917) On the formation of eyes in Emmental cheese. *Journal of Dairy Science*, 1, 91–113.

Clément, J.F. (1984a) *Production du* CO_2 *et Formation de L' ouverture*, Etude SS 84/5/C – 1984, pp. 1–40, Actilait, Bourg en Bresse.

Clément, J.F. (1984b) *Synthèse Actuelle des Connaissances sur L' affinage*, Etude SS 84/07 – 1984, pp. 1–34, Actilait, Bourg en Bresse.

Condon, S. & Cogan, T.M. (2000) *Stimulation of Propionic Acid Bacteria by Lactic Acid Bacteria in Cheese Manufacture*, End of Project report DPRC No. 32, Dairy Products Research Centre, Moorepark.

Creamer, L.K. & Olson, N.F. (1982) Rheological evaluation of maturing Cheddar cheese. *Journal of Food Science*, 47, 631–636, 646.

Crow, V.L. (1986) Metabolism of aspartate by *Propionibacterium freudenreichii* subsp. *shermanii*: Effect on lactate fermentation. *Applied and Environmental Microbiology*, 52, 359–365.

Crow, V.L. & Turner, K.W. (1986). The effect of succinate production on other fermentation products in Swiss–type cheese. *New Zealand Journal of Dairy Science and Technology*, 21, 217–227.

Cummins, C.S. & Johnson, J.L. (1986) Genus I. *Propionibacterium* Orla–Jensen 1909. *Bergey' s Manual of Systematic Bacteriology* (eds P.H.A. Sneath, N.S. Mair, M.E. Sharpe & J.G. Holt), pp. 1346–1353, Williams & Wilkins, Baltimore, MD.

Deborde, C. (1998) *Etude du Métabolisme Carboné primaire de Bactéries Propioniques Laitières par Résonance Magnétique Nucléaire in vivo du 13C: des voies Métaboliques aux Tests de Performance des Souches Industrielles*, PhD thesis, Ecole Nationale Supérieure Agronomique de Rennes/Agrocampus Ouest, Rennes.

Duce, S.L., Amin, H.G., Horsfield, M.A., Tyszka, M. & Hall, L.D. (1995) Nuclear magnetic resonance imaging of dairy products in two or three dimensions. *International Dairy Journal*, 5, 311–319.

Eliskases–Lechner, F., Ginzinger, W., Rohm, H. & Tschager, E. (1999) Raw milk flora affects composition and quality of Bergkase. 1: Microbiology and fermentation compounds. *Lait*, 79, 358–396.

Eskelinen, J.J., Alavuotunkl A.P., Haeggstöm E. & Alatossava T., (2007) Preliminary study of ultrasonic structural quality control of Swiss–type cheese. *Journal of Dairy Science*, 90, 4071–4077.

Everett D.W. & Auty, M.A.E. (2008) Cheese structure and current methods of analysis. *International Dairy*

Journal, 18, 759–773.

FAO (2007) Standard for Emmental Cheese, CODEX STAN 269–1967, revised in 2007, http://www.codexalimentarius.net/download/standards/288/CXS269e.pdf.

Fessler, D., Casey, M.G. & Puhan, Z. (1999a) Identification of propionibacteria isolated from brown spots of Swiss hard and semi–hard cheeses. *Lait*, 79, 211–216.

Fessler, D., Casey, M.G. & Puhan, Z. (1999b) Propionibacteria flora in Swiss raw milk from lowlands and alps. *Lait*, 79, 201–209.

Fitz, A. (1878) Über Spaltpilzgährungen. *Berichte der deutschen chemischen Gesellschaft*, 11, 1890–1899.

Flückiger, E. (1980) CO_2–und Lochbildung im Emmentalerkase. *Schweizerische Milchzeitung*, 106, 473–480.

Fröhlich–Wyder, M.T. & Bachmann, H.P. (2004) Cheeses with propionic acid fermentation. *Cheese: Chemistry, Physics and Microbiology* (eds P.F. Fox, P.L.H. McSweeney, T.M. Cogan & T.P. Guinee), vol. 2, 3rd edn, pp. 141–156, Elsevier, London.

Fröhlich–Wyder, M.T., Bachmann, H.P. & Casey, M.G. (2002) Interaction between propionibacteria and starter/non–starter lactic acid bacteria in Swiss–type cheese. *Lait*, 82, 1–15.

Gagnaire, V. Boutrou, R. & Léonil, J. (2001) How can peptides produced from Emmental cheese give some insights on the structural features of the paracasein matrix? *International Dairy Journal*, 11, 449–454.

Girard, F. & Boyaval, P. (1994) Carbon dioxide measurement in Swiss–type cheeses by coupling extraction and gas chromatography. *Lait*, 74, 389–398.

Grappin, R., Beuvier, E., Bouton, Y. & Pochet, S. (1999) Advances in the biochemistry and microbiology of Swiss–type cheese. *Lait*, 79, 3–22.

Grappin, R., Lefier, D., Dasen, A. & Pochet, S. (1993) Characterizing ripening of Gruyère de Comté: influence of time × temperature and salting conditions on eye and slit formation. *International Dairy Journal*, 3, 313–328.

Grillenberger, G. & Busse, H. (1978) Flore bactérienne de l′ Emmental présentant des lainures. *Brèves communications. 20ème Congrès International du Lait*, pp. 774–775, FIL France – Congrilait, Paris.

Hettinga, D.H. & Reinbold, G.W. (1972) The propionic–acid bacteria – a review. Ⅱ: Metabolism. *Journal of Milk and Food Technology*, 35, 358–372.

Hettinga, D.H., Reinbold, G.W. & Vedamuthu, E.R. (1974) Split defect of Swiss cheese. I: Effect of strain of propionibacterium and wrapping material. *Journal of Milk and Food Technology*, 37, 322–328.

Jaros, D. & Rohm, H. (1997) Characteristics and description of Vorarlberger Bergkäse. 2: Appearance and texture properties. *Milchwissenschaft*, 52, 625–629.

Jimeno, J., Lazaro, M.J. & Sollberger, H. (1995) Antagonistic interactions between propionic acid bacteria and non–starter lactic acid bacteria. *Lait*, 75, 401–413.

Keilling, J. (1939) Considérations sur la lainure des fromages à pâte cuite. *Le Fromager Polinois*, 2.

Kerjean, J.R. & Roussel, E. (1991) Procédé pour fabriquer des fromages à pâte pressée cuite ou non cuite à ouvertures. French Patent Application 91 121 00.

Kosikowski, F.V. & Mistry, V.V. (1997) *Cheese and Fermented Milk Foods, Volume I: Origins and Principles*, 3rd edn, pp. 226–251, F.V. Kosikowski L.L.C., Wesport, CT.

Koussemon, M., Combet–Blanc, Y., Patel, B.K., Cayol, J.L., Thomas, P., Garcia, J.L. & Ollivier, B. (2001) *Propionibacterium microaerophilum* sp. nov., a microaerophilic bacterium isolated from olive mill wastewater. *International Journal of Systematic Evolutionary Microbiology*, 51, 1373–1382.

Kusano, K., Yamada, H., Niwal, M. & Yamasato, K. (1997) *Propionibacterium cyclohexanicum* sp. nov., a new acid–tolerant omega–cyclohexyl fatty acid–containing propionibacterium isolated from spoiled orange juice. *International Journal of Systematic Bacteriology*, 47, 825–831.

Langley, K.R. & Green, M.L. (1989) Compression strength and fracture properties of model particulate food composites in relation to their microstructure and particle–matrix interaction. *Journal of Texture Studies*, 20, 191–207.

Langsrud, T. & Reinbold, G.W. (1973) Flavor development and microbiology of Swiss cheese. A review. Ⅲ. Ripening and flavor production. *Journal of Milk and Food Technology*, 36, 593–609.

Lawrence, R.C., Creamer, L.K. & Gilles, J. (1987) Texture development during cheese ripening. *Journal of Dairy Science*, 70, 1748–1760.

Lopez, C., Maillard, M.B., Briard–bio, V., Camier, B. & Hannon, J.A. (2006) Lipolysis during ripening of Emmental cheese considering organization of fat and preferential localization of bacteria. *Journal of Agriculture and Food Chemistry*, 54, 5855–5867.

Luyten, H. & van Vliet, T. (1996) Effect of maturation on large deformation and fracture properties of (semi–) hard cheeses. *Netherlands Milk and Dairy Journal*, 50, 295–307.

Mahdjoud, R., Molegnana, J., Seurin, M.J. & Briguet, A. (2003) High resolution magnetic resonance imaging evaluation of cheese. *Journal of Food Science*, 68, 1982–1984.

Martley, F.G. & Crow, V.L. (1996) Open texture in cheese: the contributions of gas production by microorganisms and cheese manufacturing practices. *Journal of Dairy Research*, 63, 489–507.

Meile, L., Le Blay, G. & Thierry, A. (2007) Contribution to the safety assessment of technological microflora found in fermented dairy products. Part Ⅸ. *Propionibacterium* and *Bifidobacterium*. *International Journal of Food Microbiology*, 126, 316–320.

Mocquot, G. (1979) Reviews of the progress of dairy science: Swiss–type cheese. *Journal of Dairy Research*, 46, 133–160.

Nassar, G., Nongaillard, B. & Noël, Y. (2004) Measurement of cheese texture and opening by ultrasound technique. *IDF Symposium on Cheese: Ripening, Characterization & Technology*, 21–25 March 2004, Prague, Czech Republic.

Noël, Y., Achilleos, C. & Aliste, M.A. (1996) Application of stress relaxation to study openness of hard cheese. *Fat Replacer – Ripening and Quality of Cheeses*, Document No. 317, pp. 50, International Dairy Federation, Brussels.

Norback, J.P. (1994) Natural language computer control of crucial steps in cheesemaking. *Australian Journal of Dairy Technology*, 49, 119–122.

Notz, E. (1997) *Caractérisation et Évolution Pendant L' affinage des Propriétés Chimiques, Biochimiques et Rhéologiques Initiales du Comté et Influence sur la Qualité Finale de la Texture et de L' ouverture*, Etude ITG DC1997/10/BC, Actilait, Bourg en Bresse.

Notz, E., No ¨ el, Y., Bérodier, A. & Grappin, R. (1998) Influence of fat on texture and colour of Comté cheese. *Poster presented at the 25th International Dairy Congress*, Aarhus, Denmark.

Pauchard, J.P., Flückiger, E., Bosset, J.O. & Blanc, B. (1980) CO_2–Löslichkeit, –Konzentration bei Entstehung der Löcher und –Verteilung im Emmentalerkäse. *Schweizerische Milchwirtschaftliche Forschung*, 9, 69–74.

Paulsen, P.V., Kowalewska, J., Hammond, E.G. & Glatz, B.A. (1980) Role of microflora in production of free fatty acids and flavor in Swiss cheese. *Journal of Dairy Science*, 63, 912–918.

Preininger, M. & Grosch, W. (1994) Evaluation of key odorants of the neutral volatiles of Emmentaler cheese by the calculation of odour activity values. *Lebensmittel Wissenschaft und Technolgie*, 27, 237–244.

Preininger, M., Warmke, R. & Grosch, W. (1996) Identification of the character impact flavour compounds of Swiss cheese by sensory studies of models. *Zeitschrift für Lebensmittel -Untersuchung und -Forschung*, 202, 30–34.

Rage, A. (1993) Ⅳ Norwegian cheese varieties – North European varieties of cheese. *Cheese: Chemistry, Physics and Microbiologytry* (ed. P.F. Fox), vol. 2, 3rd edn, pp. 257–260, Chapman & Hall, London.

Reinbold, G.W. (1972) *Swiss Cheese Varieties*, Pfizer Inc, New York.

Reiner, M., Scott Blair, G.W. & Mocquot, G. (1949) Sur un aspect du mécanisme de formation des lainures dans le fromage de Gruyère de Comté. *Lait*, 29, 351–357.

Richoux, R., Faivre, E. & Kerjean, J.R. (1998) Effet de la teneur en NaCl sur la fermentation du lactate par *Propionibacterium freudenreichii* dans des minifromages à pâte cuite. *Lait*, 78, 319–331.

Richoux, R., Maillard, M.B., Kerjean, J.R., Lortal, S. & Thierry, A. (2008) Enhancement of ethyl ester and flavour formation in Swiss cheese by ethanol addition. *International Dairy Journal*, 18, 1140–1145.

Rosenberg, M., McCarthy, M. & Kauten, R. (1992) Evaluation of eye formation and structural quality of Swiss–type cheese by Magnetic Resonance imaging. *Journal of Dairy Science*, 75, 2083–2091.

Rousseau, M. & Le Gallo, C. (1990) Etude de la structure de l′ emmental au cours de la fabrication, par la technique de microscopie électronique ′a balayage. *Lait*, 70, 55–66.

Rüegg, M. & Moor, U. (1987) The size distribution and shape of curds granules in traditional Swiss hard and semi–hard cheeses. *Food Microstructure*, 6, 35–46.

Rychlik, M., Warmke, R. & Grosch, W. (1997) Ripening of Emmental cheese wrapped in foil with and without addition of *Lactobacillus casei* subsp. *casei*. Ⅲ : Analysis of character impact flavour compounds. *Lebensmittel Wissenschaft und Technologie*, 30, 471–478.

Stackebrandt, E., Rainey, A. & Ward–Rainey, N.L. (1997) Proposal for a new hierarchic classification system, *Actinobacteria* classis nov. *International Journal of Systematic Bacteriology*, 47, 479–491.

Steffen, C., Eberhard, P., Bosset, J.O. & Rüegg, M. (1993) Swiss–type varieties. *Cheese: Chemistry, Physics and Microbiology* (ed. P.F. Fox), vol. 2, 2nd edn, pp. 83–110, Elsevier Applied Science Publishers, London.

Thierry, A. & Madec, M.N. (1995) Enumeration of propionibacteria in raw milk using a new selective medium. *Lait*, 75, 315–323.

Thierry, A., Maillard, M.B., Richoux, R., Kerjean, J.R. & Lortal, S. (2005) *Propionibacterium freudenreichii* strains quantitatively affect production of volatile compounds in Swiss cheese. *Lait*, 85, 57–74.

Thierry, A., Salvat–Brunaud, D. & Maubois, J.–L. (1999) Influence of thermophilic lactic acid bacteria strains on propionibacteria growth and lactate consumption in an Emmental juice–like medium. *Journal of Dairy Research*, 66, 105–113.

von Freudenreich, E. & Orla–Jensen, O. (1906) Uber die in Emmentalerkäse stattfindene Propionsäuregärung. *Zentralblatt für Bakteriologie, Mikrobiologie und Hygiene*, 17, 529–546.

Walstra, P. (1991) Rheological foundation of eye or slit formation. *Rheological and Fracture Properties of Cheese*, Document No. 268, pp. 16–25, International Dairy Federation, Brussels.

Walstra, P., Noomen, A. & Geurts, T.J. (1993) Dutch–type varieties. *Cheese: Chemistry, Physics and Microbiology* (ed. P.F. Fox), Vol. 2, 2nd edn, pp. 39–82, Elsevier Applied Science Publishers, London.

Weinrichter, B., Sollberger, H., Ginzinger, W., Jaros, D. & Rohm, H. (2004) Adjunct starter properties affect characteristic features of Swiss–type cheeses. *Nahrung Food*, 48, 73–79.

White S.R., Broadbent J.R., Oberg C.J. & McMahon D.J. (2003) Effect of *Lactobacillus helveticus* and *Propionibacterium freudenrichii* ssp. *shermanii* combinations on propensity for split defect in Swiss Cheese. *Journal of Dairy Science*, 86, 719–727.

Wood, H.G. (1981) Metabolic cycles in the fermentation by propionic acid bacteria. *Current Topics in Cellular Regulation – 1981* (eds R.W. Estabrook & P. Srera), pp. 255–287, Academic Press, New York.

Wyder, M.T., Bosset, J.O., Casey, M.G., Isolini, D. & Sollberger, H. (2001) Influence of two different propionibacterial cultures on the characteristics of Swiss-type cheese with regard to aspartate metabolism. *Milchwissenschaft*, 56, 78–81.

Zoon, P. & Allersma, D. (1996) Eye and crack formation in cheese by carbon dioxide from decarboxylation of glutamic acid. *Netherlands Milk and Dairy Journal*, 50, 309–318.

11　干酪加工的微生物监测与控制

P. Neaves 和 A. P. Williams

11.1　简介

总的来说，食品工业一直将干酪视为单一的商品，而对不同品种干酪之间的成分和工艺差异了解甚少。世界各地生产的干酪种类繁多，从帕玛森干酪（Parmesan）和切达干酪（Cheddar）到布里干酪（Brie）、卡蒙贝尔干酪（Camembert）和斯蒂尔顿干酪（Stilto），再到新鲜干酪，如农家干酪（Cottage cheese）和水牛奶马苏里拉干酪（Mozzarella di Bufala），因其广泛的组成成分及不同的成分属性，从而对终产品中的微生物有着重要的影响。因此，“干酪”中的微生物是多种多样的，其研究通常不仅需要了解产品的组成成分，针对特定的干酪产品，还需要了解其生产、成熟或者贮存的条件，在某些情况下，甚至需要了解一年中干酪生产的最佳时间。

因此，不同类型的干酪具有不同程度的微生物风险；致病菌在软质干酪中比在硬质干酪中更容易存活或生长，同时生乳供应者和干酪工厂之间的供求合作模式也很重要，尤其是对于未经巴氏杀菌的生乳制成的干酪，工厂对生乳供应者的管控标准越高，生乳受到致病菌污染的风险就越低。图 11.1 显示了不同类型干酪的微生物风险等级，其中 A 类干酪在楔形厚端，风险较低，D 类干酪在楔形薄端，风险较高，E 类干酪在楔块末端，品质劣化更加严重，甚至不应该继续生产，其品质劣化并非一定是因为干酪组成成分差或生产条件差引起的，很可能是用未经巴氏杀菌乳生产干酪的工厂对生乳供应者的卫生状况了解较少或是一无所知导致的。

在哺乳动物幼崽的消化道中，可自发形成干酪。母体的乳汁经凝乳酶和胃酸凝结形成凝乳，再经消化酶和解脂酶进一步水解，然后形成更易被机体吸收的营养物质。换句话说，干酪是乳汁变化的一种自然表征，并演变成今天我们所熟知的方式，即当奶源充足时，制成干酪，以备不时之需。显然，在此阶段发生了一些食物中毒甚至死亡的案例，但最终发现，多数情况下食用干酪的人都是健康的。随着干酪消费量的扩大，人们很快意识到，将生乳转化为干酪可以产生各种各样令人满意的香气、质地和风味特点，而深受消费者的青睐。现今，许多人认为干酪有助于饮食健康，在过去的 15 年中，含有益生菌的干酪产品激增，如嗜酸乳杆菌和双歧杆菌，它们“有助于消化”，被当成是“健康饮食的天然组成部分”。

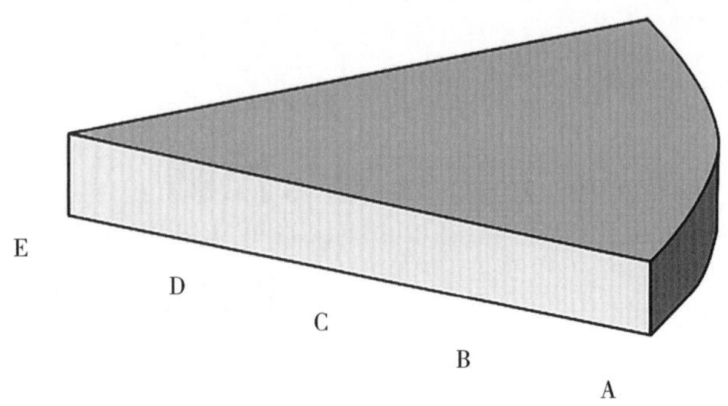

A. 硬质干酪成熟 >60 d，例如帕玛森干酪（Parmesan）；
B. 英格兰本土酸干酪成熟 <60 d，如柴郡干酪（Cheshire）；
C. 半硬质的荷兰风格干酪，如哥达风格；
D. 霉熟软质干酪，例如戈贡佐拉蓝纹干酪（Gorgonzola），卡蒙贝尔干酪（Camembert），洗浸干酪，软质和半软质干酪，例如，绍姆干酪（Chaumes）、埃波斯干酪（Epoisses）；
E. 不应做干酪。

图 11.1　不同干酪种类

因此，微生物监测和控制包括三个不同的方面：

• 研究有助于干酪感官特性和“健康”的“有益”微生物（发酵剂、发酵剂助剂和次级发酵剂）。

• 控制危害产品质量的微生物（噬菌体、腐败菌和霉菌）。

• 预防可能导致食源性疾病（致病菌及其毒素）或指示生产环境污染程度的微生物（卫生指示微生物）。

许多食品微生物学家认为，某些类型的干酪，尤其是由未经巴氏杀菌的生乳制成的干酪，是有安全隐患的产品，应谨慎食用，或者禁止销售（Djuretic 等，1997）。作为一种即食产品，通常在食用前无须烹饪即可食用，许多公共卫生微生物学家将干酪视为“高风险”食品（匿名，1998a）。然而，值得一提的是，干酪有着非常好的安全性记录，英格兰和威尔士有记载的食物中毒数据统计表明，干酪引起的食物中毒只占食物中毒总暴发数的 1.6% 左右（Evans 等，1998）。

尽管如此，人们仍然担心干酪市场的增长和多样化可能会增加食源性疾病的风险。在英国、欧盟（EU）国家或“新兴”国家，超市越来越多地储存着由小规模（通常是传统方法制作的）干酪工厂生产的干酪，这些干酪的加工场所和卫生控制可能不同于大型乳品企业。此外，在过去 20 年中，出现了少量与干酪相关的食物中毒或致病菌污染的事件。尽管案件数量仅占一般食物中毒统计数据的一小部分，但它们涉及更多的高风险致病菌，因此被高度曝光和宣传，例如单核细胞增生李斯特菌、大肠杆菌 O157 和大肠杆菌 O26。虽然沙门氏菌感染引起的腹泻，即使对成年人来说也绝不是一种愉快的经历，但大肠杆菌 O157 感染对未成年受害者来说后果非常严重，甚至会导致婴幼儿肾功能丧失。因此，在食品产业多元化发展的过程中，乳制品微生物专家面临的挑战是控制可能导致严重疾病的微生物。

11.2 生产干酪的生乳

1982 年，英国（UK）率先提出按质论价的支付概念，其中生乳支付的价格与 30℃的细菌总数（TBC）有关。如今，许多国家都采用类似的方案，并且使用 TBC 或 FOSS Bactoscan™（一种直接计数单个活微生物细胞数的仪器分析方法；Harding，1995a）对全球大部分生乳的卫生状况进行评估。

在英国，生乳的 Bactoscan™ 计数通常约等于 TBC 计数的 5 ～ 8 倍。在最早的英国生乳收购方案中，如果农民散装罐中生乳的 TBC ≤ 20000 cfu/mL，则将获得一笔额外补贴；而 TBC>1×10^5 cfu/mL，则扣除一定的费用。然而，在过去几年中，尽管 2001 年和 2008 年暴发了口蹄疫，当时牲畜流动受到严格限制，畜牧业标准受到影响，但是英国供应的生乳卫生状况仍然有显著改善，现在，许多英国牧场所生产的散装生乳中的 Bactoscan™ 数为 2×10^4 个 /mL（TBC≈2500 ～ 4000 cfu/mL)。散装生乳的体细胞数（SCC）也急剧下降，2008 年，英国散装牛乳的平均 SCC 为 1.97×10^5 个 /mL（匿名，2009a）远低于欧盟限制的 4×10^5 个 /mL。

牧场奶源卫生状况的持续改善是提高乳制品品质的主要因素。Harding（1995b）报道 SCC 超过 1×10^5 个 /mL 可能会对干酪产量产生不利影响，而生乳中的革兰氏阴性嗜冷菌需要达到 10^6 cfu/mL 才能产生足够的活性蛋白酶，使软质干酪的产量降低 5% 或更多。然而，当前人们倾向于用生乳制作干酪，此时的关注点是将牧场卫生纳入干酪制造商食品安全计划中的重要性；特别是，生乳生产者可以通过危害分析关键控制点（HACCP）体系将动物健康和挤奶卫生作为关键控制点（CCPs）。

生乳的天然微生物菌群涵盖数个与干酪生产相关的微生物菌群，尽管这些特定的菌群非常盛行但却很少受到常规监测，这是因为乳制品的生产和运输往往是系统性的、有条理性的，常规的 Bactoscan™ 结果通常足以证明所供应的生乳质量是稳定的。但是，当出现 Bactoscan™ 结果较高时，将微生物菌系分解为细菌群组，可能为调查真因提供有用的证据。

各种腐败菌、非发酵剂乳酸菌（NSLAB）和致病菌可能在牧场各个环节以及在牛乳运输到加工厂的过程中污染生乳。因为养殖根本上是一种“户外”活动，几乎生乳接触到的任何东西都可能是微生物的潜在来源。不过，污染的主要来源很可能是以下几个方面：

- 牧场环境，包括牧民、动物垫料、供水和泥浆。
- 挤奶设备、散装罐、管道和奶罐车。
- 泌乳牛，尤其是患有乳腺炎或肠道疾病的泌乳牛。

储存在 10℃以下的生乳，腐败菌主要包括革兰氏阴性嗜冷菌，如假单胞菌属（*Pseudomonas*）及其相关属，以及不动杆菌属（*Acinetobact*）属和相关属；这些微生物是最终导致生乳腐败的主要原因。然而，生乳在牧场散装罐中储存时间 <24 h，这些微生物可能占 TBC 的 1% ～ 100%，具体取决于特定的牧场。

NSLAB 是污染生乳和乳品设备的细菌，部分（但不是全部）会被巴氏杀菌（即 72℃，15s）杀死。这些细菌一旦污染干酪凝乳，它们会在硬质干酪（如切达干酪）的后熟过程中生长，并可能带来独特的干酪风味。许多干酪加工专家认为，导致产品独特风味的微生物是某个特定供应商的生乳引起的。然而，尽管研究持续了几十年，也没有针对这些微生物进行过单独测试。

生乳中是否存在致病菌显然是干酪工厂最为关注的问题，但目前对这些微生物的控制措施在很大程度上仍然依赖于生乳的巴氏杀菌工艺。大多数通过生乳传播的致病菌对热都很敏感，加热过程可以灭活乳中的非孢子（即营养性）致病菌（Harding，1995c）。因此，对于将要进行巴氏杀菌的生乳来讲，存在致病菌对干酪的影响并不大，并且很少对热处理后的生乳进行致病菌的常规检测。然而，利用生乳直接加工干酪的工厂应该考虑到其主要原料被致病菌污染（主要来自病畜）的可能性。由于可能污染生乳的致病菌种类不断增加，英国生乳干酪工厂认为，从过去传统经验来看，对生乳进行日常监测并不经济，而通过控制动物福利、牧场卫生、挤奶规范更为实用。相反，欧洲其他国家的生乳供应商、高风险干酪工厂，对生乳中的微生物都会进行高度监控，例如沙门氏菌属（*Salmonella* spp.）、李斯特菌属（*Listeria* spp.）、金黄色葡萄球菌（*Staphylococcus aureus*）和大肠杆菌（*E. coli*）（被称为“四大致病菌”）。由于对这些微生物的检测方法已经建立，英国对用于加工高风险干酪的生乳进行常规检测变得越来越普遍，特别是在英国和欧盟食品卫生法规下，干酪工厂有责任证明自己做了“严格的评估”和 HACCP 验证。

目前世界各地都在监测牧场，确定是否存在“典型的”在牛乳中传播的致病菌抗体，如布鲁氏菌（*Brucella* spp.）和结核分枝杆菌（*Mycobacterium tuberculosis*），作为牛群感染的标志菌，但因为检测复杂，低剂量的污染又不太可能检测到，所以没有检测生乳是否存在这些致病菌。在英国，以前经常出现由牛分枝杆菌（*Mycobacterium bovis*）引起的牛结核病（TB），但现在人们越来越担忧该病在獾数量较多的地区再次出现，2008 年，英格兰政府的环境部门、食品和农村事务部（DEFRA）成立了一个根除牛结核病的小组，其职责是“……审查当前的结核病控制方案和措施，并制定了一项以降低牛结核病发病率，并最终达到根除的计划”（匿名，2009b）。

无论生乳是否经过巴氏杀菌，干酪工厂都应该注意到禽分枝杆菌副结核亚种（*Mycobacterium avium* subsp. *paratuberculosis*，MAP）是一种潜在的“新兴致病菌”。在牛身上，这种微生物会引起一种慢性肠炎——约翰氏病，尽管其致病作用的证据尚不确定，但是这种病与人类的克罗恩氏病有关（Neaves，1998）。然而，这种微生物能在 72℃，15 s 的巴氏杀菌过程中存活，再加上它对人类致病的潜在影响，引起了全世界乳制品行业的强烈关注，必要的话，必须保证动物健康以达到控制这种微生物的目的。

很明显，对生乳中的每一种微生物进行监测是不合适的，尤其是当生乳需要进行巴氏杀菌时。因此，必须通过 HACCP 体系的七项原则（匿名，2003a）和“从牧场到餐桌”的食品安全体系来控制，现在该体系已经很成熟了，它将干酪工厂者的注意力集中在原料和工艺参数上。

目前，人们的注意力主要集中在牧场卫生上，包括抗生素的使用和控制，这些抗生素在保障牧场动物的健康和确保生乳的卫生方面起着至关重要的作用，但也对干酪加工过程中的发酵剂的活性有害。乳牛可能因为治疗或预防疾病的目的使用抗生素，因此，抗生素可能会污染散装罐装生乳，而大部分污染都是由于人为错误导致的，最有可能的污染来源是肌内注射。泌乳牛治疗主要为产乳期间发生的临床乳腺炎病例治疗，而干奶牛治疗是防止其乳房炎感染，这些都是为了降低体细胞数。由于英国每年约有 100 万例乳腺炎病例（Hillerton，1998），因此乳房内输液的使用非常广泛。牧场必须确保乳牛使用药物后在整个停药期所产的生乳要隔离存放。在“使用范围外”的情况下使用（例如，如果同时向一只动物使用两种或两种以上抗生素），指定的停药期必须延长（匿名，2009c）。由于干酪发酵剂对抗菌剂（尤其是内酰胺）敏感，如果干酪加工用的生乳存在这些抗菌剂，发酵剂可能会受到抑制，因此残留抗菌剂会给干酪工厂带来相当大的问题，“慢缸”不仅会导致质量缺陷，也可能导致病菌存活或繁殖。因此，主要购买者（通常是运输者）和加工厂都严格监控用于干酪加工用的生乳中的抗生素，以保护感官品质和消费者安全。

11.3 热处理

巴氏杀菌的目的是灭活生乳中可能存在的致病菌，它能消除许多对热非常敏感的腐败微生物。20 世纪初期，当巴氏杀菌用于乳品加工时，生乳中最耐热的致病菌是结核分枝杆菌（*Mycobacterium tuberculosis*），使这种微生物失活的最小加热强度为 72℃，15 s（如欧盟立法中所述；Anonymous，2005b；Harding，1995c）。然而，出现了两种“新的”食源性生物，它们的出现对这种热处理强度的有效性提出了质疑。在 20 世纪 80 年代末，人们认为单核细胞增生李斯特菌（*L. monocytogenes*）可能在巴氏杀菌后存活，并引发了许多争论。国际乳业最终一致认为，这种微生物的存活取决于生乳的污染程度，当生乳中污染的这种微生物的数量低于 10^8 cfu/mL 时，巴氏杀菌可以有效地消除这种微生物（Prentice 和 Neaves，1988）。在 20 世纪 90 年代，随着 MAP 和克罗恩病之间潜在联系的出现，争论重新开始。实验室研究表明，MAP 可以在巴氏杀菌下存活，而中试试验表明它可以被消灭（Neaves，1998）。因此，1998 年欧洲一些乳企将 72℃的杀菌时间从 15s 调整为 25s，这一次似乎是基于感官的考虑，而不是对微生物耐热性的精准识别。随后，Grant 等（1999）报道了 MAP 失活需要 90℃的热处理温度。尽管大多数乳业领域和公共卫生微生物学家仍然认为最低加热程度 72℃，15s 可以确保乳的生物安全，并取得了令人满意的结果，但目前仍不清楚如何利用时间 – 温度组合使 MAP 失活。

与生乳质量一样，巴氏杀菌效率的监测主要基于物理和化学测量，而不是检测可能存活的微生物。每天通过检查时间 – 温度图表记录和检查分流阀的操作来监测巴氏杀菌机的性能，如果巴氏杀菌温度低于预设的最低值，该阀会自动运行以防止加热强度不足的乳进入巴氏杀菌罐。在一定频率（通常是每年一次）的基础上，应通过压力测试、电解质差异分析或使用氦气对巴氏杀菌机板换组件的结构完整性进行测试，以确保微生物不会在杀菌后的冷却阶段污染乳（Varnam 和 Evans，1996）。

碱性磷酸酶是生乳中的一种酶，可在标准巴氏杀菌过程中被灭活，如要验证巴氏杀菌方法是否有效，需要每天或定期地检测巴氏杀菌乳中碱性磷酸酶的活性。若巴氏杀菌乳中存在碱性磷酸酶，表明杀菌温度没有达到最低的时间－温度组合，或巴氏杀菌乳已被生乳再次污染；然而，对于绵羊和山羊乳，磷酸酶测试的解释就不那么简单了。由于碱性磷酸酶的失活遵循对数下降，因此巴氏杀菌后活性酶的浓度永远不会为零；失活动力学与浓度有关，因此生乳中的酶活性越大，热处理后的酶浓度越大。生绵羊乳中碱性磷酸酶的含量高于生牛乳，而生山羊乳中碱性磷酸酶的含量则较低（Harding，1995c）。因此，经过充分巴氏杀菌的绵羊乳可能无法通过磷酸酶测试，而未经充分巴氏杀菌的山羊乳可能通过磷酸酶测试。

几十年来，巴氏杀菌一直有效地保护着公众的健康，大多数乳制品技术专家和微生物学家对其可靠性有相当大的信心。相反，许多公共卫生微生物学家报告表明，由于设备维护不善或过程控制不善，巴氏杀菌失败是干酪和其他乳制品食物中毒的常见原因。同时一些干酪相关的疾病暴发与巴氏杀菌不当有关，如英国用巴氏杀菌乳生产切达干酪引起的沙门氏菌感染暴发（匿名，1997），显然是由于杀菌过程控制不当导致微生物存活导致的，但一些干酪相关的疾病暴发，也很可能是巴氏杀菌后，乳、凝乳或干酪在加工过程中受到二次污染导致的。除了大型的干酪工厂外，几乎所有工厂的产品在凝乳处理和干酪成熟过程，都暴露于环境和人类的微生物污染源中，并且这些生产阶段大多都不具备“绝对”的CCP。因此，应积极考虑其中一个或多个环节出现产品污染的可能性。

尽管大多数大规模干酪加工都采用完整的巴氏杀菌工艺，但全世界有很大一部分干酪加工使用的生乳要么经过低强度的热处理，要么根本没有经过热处理。预巴氏杀菌，被称为热处理，包括范围广泛的时间－温度组合，最初的设计是为了延长生乳在使用前的保存期。尽管如今不再需要延长生乳的储存时间，然而，大规模的干酪生产（如埃曼塔尔干酪）仍然使用预杀菌乳，这是因为在干酪生产之前或加工过程中对乳进行不同程度的热处理会对最终产品的特性产生重大影响，它在很大程度上决定了蛋白质变性的程度、内源性酶的破坏和竞争微生物群落的组成。无论出于何种原因使用未经巴氏杀菌或未加热过的生乳制作干酪，生乳中的一些致病菌（特别是一些革兰氏阳性细菌，如单核细胞增生李斯特菌）都可能会在预巴氏杀菌过程中存活下来，因此，有必要进行全面的危害分析确定现有的干酪生产过程是否有适当的质量控制措施来确保消费者的安全。

11.4 干酪生产

生乳经过巴氏杀菌（见第1章）后，干酪生产阶段的复杂性使凝乳不可避免地暴露于许多潜在的微生物污染源中，这些微生物可能对消费者有害，也可能对产品本身的品质构成威胁。几乎所有类型的干酪在加工过程中都要确保高标准的生产卫生条件，主要是避免生产环境、员工和加工设备对干酪的再次污染。尽管马斯卡彭干酪生产过程中冷却不足确实引起了肉毒梭菌中毒的暴发，但是这仅在极少数情况下发生，形成孢子的致病菌（能够耐受巴氏杀菌）在干酪生产过程中繁殖而引起疾病（Williams 和 Neaves，1996）。

人们都知道生乳卫生对干酪生产的重要性，但其他原辅料的微生物情况也不容忽视，因为这些原辅料通常是在生乳经过热处理后添加的。除生乳外，干酪的主要原辅料包括盐、发酵剂（霉菌和/或细菌）和凝乳酶（来自动物、细菌或真菌），在大多数情况下，这些通常被视为“低风险”的原料。这些原料的供应商应能够为其产品提供微生物检测和/或产品合格证书，并且在验收时抽检微生物项目，就足以确认其卫生状况。

干酪工厂自己生产发酵剂时必须采取特别的预防措施，以确保发酵剂不会被外来的微生物（细菌、霉菌或噬菌体）污染，并应将干酪加工的这个流程视为高风险。污染母发酵剂或工作发酵剂的微生物将与发酵剂菌株一起繁殖，并污染干酪槽中的乳。如果污染物是噬菌体，一种或多种发酵剂菌株对其敏感，则会生产出品质低劣的干酪，干酪工厂可能会遭受经济损失；然而，如果污染物是一种微生物，如金黄色葡萄球菌或大肠杆菌，潜在的食物中毒暴发可能会有更严重的后果。因此，发酵剂的传代必须采用完全无菌工艺。发酵剂不应该无限制地传代，干酪工厂者应该定期从商用“培养室”中启用新鲜的发酵剂。

凝乳加工采用快速酸化时，避免“慢缸”是一个重要方面。“慢缸”是指当发酵剂不能以正常速度发酵时，会对品质和安全产生影响，后者对于生乳加工的干酪尤为重要。由于干酪的质地和风味特征在一定程度上与产酸的速度有关，“慢缸”可能会导致干酪质地松脆、酸味强烈、口感不佳、产气或异常的黄油味。然而，更重要的是，缓慢的产酸速度可以允许金黄色葡萄球菌的生长，如果其数量增加到 10^6 cfu/mL 或更多，可产生呕吐性葡萄球菌肠毒素。金黄色葡萄球菌是一种广泛存在的微生物，存在于人类和哺乳动物的皮肤和口鼻中，因此，它有许多途径污染干酪槽。

对发酵剂的抑制导致“慢缸”可能有几个原因，最明显的原因是乳中含有抗菌剂，被噬菌体感染，或者仅仅是干酪工厂将发酵剂传代几个月，导致发酵剂出现老化。除了高标准的生产卫生外，对每一个方面的控制都至关重要，以确保当干酪缸中存在低水平的金黄色葡萄球菌污染时，不允许其繁殖到可能产生肠毒素的水平。重要的是，工厂采用快速酸化的干酪必须形成制度化的“慢缸程序”，如果凝乳未能在给定时间内达到切达干酪的最低酸度，干酪工厂能够快速的采取控制措施（通常定义为从添加凝乳酶到研磨 5 h 内，滴定酸度达到 0.4g 乳酸/100 mL）。

然而，“慢缸”的概念并不适用于所有类型的干酪。大多数霉菌成熟干酪和许多乳酸干酪的加工通常采用缓慢（通常是过夜）发酵，按照切达干酪标准，这显然是不合格的。对于这些类型的干酪，“慢缸”程序是不合适的，必须接受的是，与更坚硬、快速酸化的硬质干酪相比，这些干酪更易于致病菌生长。这种干酪的生产需要严格的卫生标准，同时需要设计合适的场所，但这对于生产硬质干酪来说并非必需。

乳品工厂的卫生控制不仅包括器具和生产设备的消毒以及保持高标准的个人卫生等显著要素，还包括对不太显著但同样重要的要素（如空气管理、供水监控和清洁设备）的控制。霉菌和噬菌体污染凝乳经常会发生，这主要是由于加工厂内空气的流动和质量控制不当造成的。空气中的霉菌污染可能来自外部，例如农业空气，特别是当周围的作物正在收获或储存时，发现的微生物种类很独特，包括一些青霉菌和芽枝孢霉（*Cladosporium* spp.）等。此外，在加工干酪或成熟的房间里，空气中可能含有大量的霉菌孢子。因此，干酪生产区的空气污染应通过合适的霉菌筛选“培养皿”进行监测，例如二氯烷肌酸蔗糖溴甲酚琼脂（creatine sucrose bromocresol agar，CREAD；Frisvad 等，1992），暴露时间为 30 ～ 60 min。然而，空气中的噬菌体污染不容易检测到，因为病毒不会自我复制，因此不会在微生物培养基上生长。用于检测噬菌体的技术过于复杂，无法用常规手段进行检测，因此，在农家干酪生产的情况下，应确保乳清中或来自牧场动物的气溶胶不会进入干酪生产区。

在欧盟内部，食品生产用饮用水符合一项法律要求，尽管“饮用水”的定义可能存在一些地方差异。水可能不仅会携带微生物，还会将污染传播到乳制品设备、地板、排水管和其他地方。因此，应定期监测工艺用水的微生物情况，大肠菌群或大肠杆菌应为最低检测水平，但是 22 ℃和 37 ℃下的菌落总数可以提供更多有用的信息。

干酪工厂有时会忽视盐水中的微生物。20 世纪 80 年代，随着人们对耐盐致病菌单核细胞增生李斯特菌的关注，工厂规定了微生物控制措施（Prentice，1989）。这些措施包括定期更换盐水或对盐水进行巴氏杀菌，以防止微生物的繁殖。但是除非采用批量生产的巴氏杀菌机，否则巴氏杀菌可能不切实际。由于盐水与干酪直接接触，因此至少在收集到足够的数据证明它们不具有大肠菌群、大肠杆菌和李斯特菌等微生物的生长或存活的条件之前，应监测它们的卫生状况。显然，以正确浓度制备盐水也很重要（见第 1 章），在盐水的整个保质期内应准确维护和监测。

干酪加工（或食品行业的其他行业）卫生控制的最后一个方面经常被忽视，那就是高压软管的使用。虽然使用高压软管可以有效去除设备表面、地板等的产品残留，但它们产生的气溶胶可能会将微生物污染从生产车间的地板和墙壁传播到产品接触表面。因此，高压软管绝不能在产品外露的环境中使用，最好用不产生气溶胶的低压软管或地板清洗机代替。

11.5 凝乳的成熟

在后熟室成熟是干酪生产中另一个复杂的工序，也是可能发生微生物污染和繁殖的工序。这一阶段所关注的微生物污染类型在很大程度上取决于所生产的干酪种类，因为微生物的生长受到多种因素的影响，包括干酪成分、外皮或表面保护、成熟温度、湿度、空气流动和环境卫生。

生产霉菌成熟的软质干酪和洗浸干酪需要相对较高的湿度和温度，同时随着霉菌或细菌成熟菌群的发育，pH 值趋于中性，这些都有利于嗜冷细菌的存活和繁殖，如单核细胞增生李斯特菌。相反，酸含量较高的硬质干酪，如切达干酪，会形成干燥的外皮，保护干酪免受环境污染，并抑制细菌生长。即使在没有形成外皮的地方，比如在大块切达干酪中，正确使用干酪袋也能起到类似的作用。

致病菌的污染不仅可能发生在架子上（尤其是木制架子上），还可能发生在墙壁、地板、排水管和冷水机组上（Jervis，1998）。对后熟室的所有表面进行定期清洗消毒，是控制细菌污染的主要途径，但只有在所有成熟的产品被清理之后才可以进行。后熟室墙壁上的霉菌污染也会对产品品质构成威胁。然而，霉菌生长的控制更为复杂，不仅需要良好的环境卫生，还需要产品中盐分、水分和凝乳质地的平衡，同时要准确控制成熟温度、湿度和适宜的气流，其中气流也是一个重要的因素。对于霉菌成熟的干酪，目的是让“理想的”霉菌（蓝纹干酪的娄地青霉（*Penicillium roqueforti*）或表面成熟干酪的沙门柏干酪青霉（*Penicillium camemberti*）生长，从而有竞争力地排除生长较慢的外来污染物。之所以会出现这种情况，是因为“理想的”霉菌比污染菌种更耐盐，而对于洛克福干酪来说，它更耐二氧化碳，在成熟的蓝纹干酪内部的微需氧环境中具有生态优势。

然而，许多干酪品种不适合霉菌成熟，并且在块状切达干酪、英国本土酸干酪或荷兰干酪上的表面霉菌生长会造成不可接受的质量缺陷。凝乳挤压后，通常用蜡层或真空包装来保护这些干酪不受霉菌污染。在干酪表面涂覆抗真菌剂，如山梨酸或海松霉素（也称为纳他霉素，商业上以 Delvocid^R 出售；DSM Food Specialties，Delft，或 Natamax^{TM}，Danisco A/S, Copenhagen）对霉菌有抑制作用，但主要是通过排除空气来抑制霉菌生长的。然而，这种防止霉菌生长的方法可能并不完全有效，因为许多霉菌能够消耗可能残留在凝乳的松散间隙中、干酪表面不规则处或干酪袋“顶空”中的微量氧气。此外，无法避免的是，变色青霉（*Penicillium discolor*）对纳他霉素具有显著的耐药性。因此，包装和防腐剂不能替代良好的环境卫生，但有助于提高干酪表面的质量和安全性，使干酪表面的微生物污染水平保持在初始值。

在干酪生产中通常很少使用化学防腐剂，大多数干酪生产是通过确保高标准的卫生条件来保证质量的。然而，一些荷兰和瑞士干酪以及意大利哥瑞纳－帕达诺干酪，可能需要使用化学防腐剂来防止细菌生长。这些干酪具有半硬质 / 硬质干酪的成分和相对较高的 pH 值，使得它们在丁酸厌氧菌（尤其是酪丁酸梭菌）的成熟过程中容易产生气体。由于这些腐败微生物是孢子形成菌，因此无法通过巴氏杀菌灭活生乳的这些腐败微生物，因此，它们通过以下方式控制：（a）确保良好的牧场卫生；（b）限制青贮饲料用作牛饲料；（c）在干酪乳中添加硝酸钾，可以抑制干酪成熟和储存期间的孢子萌发。最近，研究表明硝酸盐与干酪中致癌物质的产生有关，而溶菌酶可用于替代硝酸盐，[国际乳制品联合会（IDF），1990；Law 和 Goodenough，1995]。然而，溶菌酶通常来源于白蛋白，这会带来潜在的蛋制品过敏原危害。

离心除菌法是一种成熟的技术，它通过离心去除生乳中的细菌孢子（匿名，2003b），但如今微滤（Microfiltration，MF）技术使用较为广泛，这是一种通过膜过滤从脱脂乳中过滤细菌孢子的技术。由于脂肪无法通过滤膜，因此需要先将乳脂肪分离；来自 MF 的浓缩液（可选）与乳脂肪混合，在高温下灭活细菌及其孢子，冷却至脱脂透过液的温度，然后在干酪生产前将两者重新混合后进行巴氏杀菌。至少有三种膜过滤系统可在市场上买到：（a）“Bactocatch”（Bindith 等，1996）；（b）“Tetra Therm ESL”（Larsen，1996）；（c）“Pure–Lac^{TM}”（Fredsted 等，1996）。

11.6 特色干酪和干酪制品

由于干酪和干酪产品的市场迅速扩大，干酪的微生物也趋于多样化。目前部分干酪生产技术和销售储存方式尚且存在争议，因为它们对产品安全和品质有重大影响。而其他方面可能完全是地方性的，只有按照欧盟立法的要求严格应用 HACCP 原则才能解决。

11.6.1 用生乳加工干酪

用未经巴氏杀菌的生乳制作干酪，其市场正在扩大，人们认为它们的安全性应该等同于用巴氏杀菌的生乳制成的干酪。许多食源性致病菌的自然栖息地是哺乳动物的消化道，在哺乳动物体内可能不会出现疾病（例如，大肠杆菌 O157 可能作为无害的共生菌存在）；然而，胃肠道疾病有时是常有的，因此动物的健康、挤奶卫生条件和生乳在牧场外的储存是加工生乳干酪的重要控制点。对乳发酵过程的精准控制也会形成 CCP，以最大限度地减少致病菌的繁殖。然而，即使凝乳的 pH 值在几个小时内下降，如卡菲利干酪（Caerphilly），一些致病菌（如大肠杆菌）也可能存活下来（匿名，1998b）。

然而，据报道，大肠杆菌和沙门氏菌在硬质干酪的成熟过程中会缓慢死亡（El-Gazza 和 Marth，1992），对于这些产品而言，控制最短成熟时间是 HACCP 计划的一个组成部分。针对这一点，美国立法要求所有由未经杀菌的生乳制成的进口干酪至少要成熟 60 d，这样一来，沙门氏菌（沙门氏菌属）的水平可能会在干酪消费之前就已经死亡。

英国专业干酪生产协会（Cheesemakers Association，SCA）已发表了《最佳操作守则》，他们的许多成员在牧场用未经巴氏杀菌的生乳生产干酪，该守则讨论小型干酪工厂经常遇到的危害点，并提供了操作指南和建议，以确保其产品的安全、品质和合法性（SCA，2007）

11.6.2 干酪粉的加工

消费者购买干酪不仅是作为一种基础商品食用，而且还广泛用于加工更复杂的产品，如披萨和佳肴。事实上，这些干酪越来越多地制成零售用的快消品。用于制作披萨饼的干酪可以由一家乳品公司生产，另一家将其磨碎，然后在氮气充填或真空包装下出售给第三家食品制造商，以延长干酪粉的保质期。尽管“初级产品”只有一个保质期，但每个食品生产商都可能给产品带来微生物污染，因此需要制定产品总的保质期。

因此，用于披萨生产的干酪必须在严苛的卫生条件下生产加工，以确保干酪粉能够满足保质期要求。气体冲洗通常被认为是防止偶然霉菌污染繁殖的适当控制措施。然而，典型的气体冲洗过程的目标可能是残余氧含量为 2%，可接受的最大值为 5%。尽管温度控制良好，但耐冷霉菌，如青霉属（*Penicillium* spp.）、芽枝孢霉（*Cladosporium* spp.）和福马属（*Phoma* spp.），能够在这种气体环境中缓慢生长，并可能在干酪粉的指定保质期内产生微菌落或生长线。这种微菌落可能太少，传统的霉菌菌落计数方法可能无法检测到，而且加工披萨的人员很可能难以察觉到。然而，当披萨达到指定的保质期时，这些微菌落已经增长到消费者肉眼可见的直径，这导致消费者投诉的增加。解决这个问题的办法是限制干酪粉的保质期，以确保在披萨饼食用之前不会产生霉菌菌落，换句话说，确保维持统一的保质期。

11.6.3 带添加物的干酪

近年来，许多干酪工厂，特别是手工干酪工厂，为了满足消费者多样化的需求，在干酪中添加风味成分以及烟熏干酪，添加了香料（欧芹或细香葱、大蒜，辣椒或孜然、黑胡椒等粉末）、干果甚至薰衣草或松露的产品越来越受欢迎。然而，这些原料的微生物状况往往被忽视，必须对添加的原料进行风险评估，尤其是草药和香料，因为它们可能生长在土壤中或土壤附近，并且可能来自发展中国家，这些国家的卫生控制措施可能不如欧盟和北美先进。香料可能携带极高的微生物剂量，尤其是细菌孢子，但也可能存在沙门氏菌属、单核细胞增生李斯特菌和大肠杆菌等致病菌。由于风味成分通常未经热处理就添加到凝乳中，因此必须将其视为即食食品，并且需要将其视为高风险食品。木材烟雾不是一种有形的原料，一般来说，它带来的微生物风险很低，但如果将这一过程分包给同时处理生鱼或生家禽的熏制企业，那么微生物风险可能就会增加，化学危害也需要评估；应确定木材的来源，尽管烟熏厂用二手木材进行烟熏的可能性不大，但不能使用经过木材防腐剂处理的木材。

11.6.4 再制干酪

再制干酪的 pH 值通常接近中性，需要在厌氧环境中包装。据报道，由于食用再制干酪酱而暴发过肉毒杆菌中毒（Jarvis 和 Neaves，1977），因此，此类产品必须经过灭菌处理，以消除最终产品中这种肉毒杆菌的孢子或添加适当的防腐剂以达到同等效果。有些腐败梭菌比肉毒梭菌更耐热，因此，如果在整个产品保质期内不保持低温，它们可能存活并繁殖。为了控制残留的厌氧孢子形成菌的生长，可以通过添加乳链菌肽（一种由乳酸乳球菌乳酸亚种产生的天然抗生素）来储存再制干酪。

11.7 干酪缺陷

干酪工厂希望生产高品质的干酪，但干酪质量缺陷的一个主要原因是微生物的存在和/或繁殖。微生物可能存在于生乳或其他原辅料中，但是，这些不是腐败菌群的主要来源，更可能的微生物污染源是乳制品本身在加热后污染腐败菌（尤其是霉菌），这对干酪构成重大风险。微生物污染成熟后的干酪，可能发生在凝乳和后续加工过程中，也可能发生在运输过程中。然而，干酪加工的特点之一是新鲜凝乳可能需要成熟数周、数月甚至数年，这使得即使是生长缓慢的微生物也能繁殖。因此，变质问题往往在干酪生产后很长时间才出现，这使研究者很难确定干酪生产过程中存在的问题。

虽然许多类型干酪“早期产气”的典型原因是大肠菌群产气，但现在这种情况很少发生，因为这些微生物很容易被巴氏杀菌灭活，巴氏杀菌后的污染通常得到很好的控制。同样，过去干酪生产一直存在噬菌体污染的问题，这几十年来，因为生产卫生条件得到了改善，耐药发酵剂的发展以及定期轮作防止了噬菌体污染（IDF，1991；另见第 5 章）。

然而，尽管通过控制生长介质和条件可以提高发酵剂对噬菌体的抗性，但改善乳制品的卫生条件仍然是有效的控制措施之一，特别是气流的管理。目前，干酪行业的市场需求多样化，衍生出各种不同特性的手工干酪，这些手工干酪通常是在上一代农家干酪的典型条件下生产的。在农家干酪生产过程中，有几个因素可能会导致噬菌体问题再次出现，包括噬菌体的主要来源或气流管理不到位以及母发酵剂的过度传代使用。众所周知，噬菌体（或抗生素）对柠檬酸发酵剂的抑制作用可以使残留的柠檬酸留在凝乳中。异型发酵的非发酵剂乳酸菌（NSLAB）能够发酵柠檬酸盐并产生二氧化碳。因此，可能会产生气体，从而导致出现裂缝；在帕玛森干酪的生产中，据说母发酵剂受到抑制能导致重量超过 24 kg 的整个车轮爆炸。

酵母菌参与多种类型干酪成熟和变质的过程是复杂的，在许多情况下，很难区分是数量增加导致风味增强，还是某个种类的存在导致风味或质地恶化。例如，酵母被认为有助于戈贡佐拉蓝纹干酪和卡蒙贝尔干酪内部和表面的风味发展（Nunez 等，1981；见第 6 章）。从文献中可以清楚地看出，干酪中的优势酵母属是克鲁维酵母属和德巴利酵母属（乳糖发酵剂），以及其他多种中度耐盐菌，这主要取决于干酪的类型和产地（Fleet，1990）。尽管有证据表明酵母的有益活性可以产生香气和风味，但过度生长也与不良变化有关，包括软化、帕玛森干酪的早期吹制（Romano 等，1989）和各种形式的变色或黏液形成。后者可能并不总是被视为缺陷，因为它是由于汉斯德巴氏酵母菌（*Debarymyces hansenii*）（Besancon 等，1992）的生长而在成熟的洛克福干酪（Roquefort cheese）表面形成所需的属性。对于不太了解情况的食品技术人员来说，采购标准往往会带来问题，他们可能会想为所有类型的干酪中的酵母设定一个通用的标准。在一些传统的、成熟的硬质干酪中，酵母含量为 10^4 cfu/g 并不少见，而且没有有害作用；然而，这种酵母含量在真空包装的块状切达干酪成熟开始时，可能导致干酪袋在成熟过程中产生二氧化碳而出现松动。

尽管噬菌体和酵母菌都可能导致干酪变质，但现代干酪生产中的大多数缺陷都与霉菌变质有关。长期以来，人们一直认为干酪在成熟期间和消费者手中出现霉菌生长是不可避免的。然而，食品真菌学家现在已经意识到，干酪实际上拥有一种非常特殊的真菌菌群（称为“相关真菌菌群”，或者不太具有启发性的“真菌”），这使他们能够巩固自己的知识并控制问题。

成熟的环境变化很大，一些干酪会形成一层霉菌，而另一些干酪，比如蜡制干酪，几乎没有霉菌。事实上，英格兰干酪最常见的腐败菌是青霉菌属（*Penicillium commune*）（它实际上是白色卡蒙贝尔霉菌的野生型）以及娄地青霉（*P. roqueforti*）（它用于生产蓝纹干酪）。其他霉菌种类也并不罕见，主要是其他密切相关的青霉菌种类，但也有芽枝孢霉（*Cladosporium*）；干酪表面变得潮湿，与茎点霉型霉菌（*Phoma-type* moulds）有较大的相关，这导致真空包装的块状切达干酪出现“线状霉菌”缺陷。在其他国家和不同类型的干酪上，也有独特的相关菌群，包括一些荷兰干酪上的杂色曲霉（*Aspergillus versicolor*）、用纳他霉素作为抗真菌剂处理的干酪上的变色青霉（*P. discolor*）以及在干酪环境中发现的唯一可能产生赭曲霉毒素 A 的疣青霉（*Penicillium verrucosum*）。

识别鉴别干酪上霉菌种类是识别和控制问题的必要前提，这一点尤为重要。因此，例如，娄地青霉（*P. roqueforti*）或沙门柏干酪青霉（*P. camembertim*）的有害生长可能表明来自发霉干酪或同等环境的交叉污染。同样，其他种类的青霉菌也非常不受欢迎，无论是从美学角度还是从安全角度来看，都不适合用来代替以前的霉菌，因为它们与霉菌成熟的干酪有关。因此，我们必须区分重要的和不重要的霉菌，并且我们要特别考虑对它们生长所需条件的了解。例如，在对一块干酪进行取样时，很可能会分离出外来污染物，如蓝色青霉（*blue penicillia*）和剧毒曲霉菌（*aspergilli*）的孢子。然而，青霉菌能够大量生长并使干酪变质，而许多曲霉菌在任何合理预期的干酪储存条件下都无法生长。还应该提到的是，霉菌污染的严重程度经常被误解。通常情况下，可以看到 100 cfu/g 这样的标准，而实际上，污染率为 1 cfu/1000 cm^2 的干酪表面，或者披萨顶部 1 cfu/10g 干酪可能代表不可接受的污染率。在这种情况下，产品标准（通常情况下）变得毫无意义，必须依赖于预防性 HACCP 原则的持续应用。

最后，需要澄清关于干酪上霉菌生长的两个常见的误解。首先，有研究认为一些生长的霉菌是潜在的霉菌毒素产生者，但对干酪的反复分析表明：尽管观察到的霉菌种类具有产生霉菌毒素的潜力，但是霉菌生长并不能证明在没有裂缝的正确加工的干酪表皮下有大量或持久的霉菌毒素（Pitt 和 Hocking，1997）。其次，与不明就里的普遍看法相反，与干酪腐败相关的最常见的霉菌不会产生青霉素抗生素。150 种或更多已知青霉菌（现称为产黄青霉，*Penicillium chrysogenum*）中仅有一种以及其驯化的对应物纳地青霉（*Penicillium nalgiovense*）中的一种可以大量产生青霉素，它被用作一种发酵剂，用于生产某些发酵类型的香肠（Pitt 和 Hocking，1997）。产黄青霉（*Penicillium chrysogenum*）本身是地球上最常见的霉菌物种之一，但令人惊讶的是，作为一种腐败剂，它是罕见的，目前没有用于霉菌发酵。

11.8　预防和控制

如前所述，与干酪生产相关的微生物问题可归纳为三类：（a）未能按预期加工；（b）出现质量缺陷而导致成品变质或损失；（c）可能引起安全风险的污染。需要强调的是，这些问题可能是非常多变的，这取决于干酪的类型、生乳来源、加工过程、一年中的不同季节、产地和储存、分销和消费。因此，不可能对问题的预防和控制一概而论，而是提倡将 HACCP 方法应用于食品安全防护，并与良好生产规范（good manufacturing practice，GMP）有效结合（通常称为前提方案）用于保证产品质量和防止变质。HACCP 体系是文件化的，并被人们所熟知，大多数涉及跨境贸易的国家已经将其作为法律要求；事实上，要求食品企业实施 HACCP 已载入欧盟食品卫生立法（匿名，2004）。

根据世界卫生组织食品法典委员会（匿名，2003a）的提炼，该体系的本质实际上是一套严格的七项原则，这些原则被提炼为一系列活动的逻辑顺序。当该体系应用于食品企业时，就会形成独特的食品安全管理体系，该体系适用于操作层面，并对操作过程中发生的任何变化进行审查和维护。目前发表了各种与特定行业有关的通用 HACCP 的研究，但这些通常不适用于某些食品企业的食品安全管理。

与其他产品的生产一样，在干酪生产中，某些成分或工序是防止污染或控制微生物繁殖的，这些就是加工过程中的 CCP 点。至关重要的是将整个过程的每个细节进行识别，包括加工和成熟条件的多样性。第一个例子，生乳质量（乳是主要成分）可能对最终产品的安全和质量产生重要影响。经过巴氏杀菌后，大部分致病菌和腐败菌都被灭活，这取决于特定微生物的热死亡特征和可能的污染水平。另外，在没有巴氏杀菌的情况下，必须有相应的系统来确保干酪用的生乳中没有这些微生物，或者在生产过程中确保它们被灭活或减少到可接受的水平。在未经巴氏杀菌的干酪生产过程中，由于大量微生物的共存使得安全问题更为复杂，一些人认为，这些微生物群有助于此类干酪个体特征的形成，但也可能与致病菌竞争并抑制致病菌，而这些致病菌很可能会导致缺乏相关微生物菌群的巴氏杀菌乳出现问题。诚然，尽管具有令人信服的逻辑，但是这些信息大多是推测性的；然而，研究记载了细菌在混合培养中生长的动态，被称为詹姆逊效应（Jameson，1962）。詹姆逊效应的存在强化了这样一种观点，即干酪生产不应被笼统地考虑，而应在单个生产水平上考虑。

在干酪生产过程中，可能会出现许多问题，这又取决于干酪加工的类型和加工环境。我们已经讨论过由于无效的发酵剂或噬菌体污染而导致的“慢缸”。预防的方法虽然不一定经济，但是成效是显而易见的。例如，人们常说发酵剂的重复继代培养会促进酸的形成和凝乳的形成，但是如果操作不当，可能会导致严重的污染，导致发酵剂失效或污染致病菌。然而，这种问题可以通过采用直投式发酵剂（direct-to-vat inoculation，DVI 或 direct vat set，DVS）来避免（见第 5 章）。

在干酪生产的过程中，外部污染也可以有许多来源，最典型的是滥用高压软管、气流流向管理不当和个人卫生疏忽。因此，污染可能是多种多样的，可能包括在“慢缸”中具有重要意义的金黄色葡萄球菌和源自环境的单核细胞增生李斯特菌，尤其是气溶胶中的单核细胞增生李斯特菌，以及源自牧场或生产区空气的噬菌体和腐败霉菌。然而，即使在工业规模的生产中，也不能仅仅因为工艺规模而消除这些问题。虽然空气、水和个人卫生可能会导致较少的问题，但其他影响可能会导致大规模生产损失，例如，在切达干酪块加工过程中，当决定通过降低消毒剂的强度来节省资金时，结果是干酪块普遍被绿色霉菌污染。

对 HACCP 的需要并不止于最初的生产过程，而是贯穿于整个成熟阶段和随后的储存阶段。必须识别干酪生产过程中存在的任何重大污染物的繁殖、存活或死亡，以及在成熟过程中发生新污染的可能性。这造成了一个两难的局面，因为成熟期从哪里结束、保质期从哪里开始，可能都没有明确的定义。如果将整个干酪出售给分销商，分销商将其切成更小的部分，那么成熟度和保质期之间可能会有相当明显的区别，此时可以调整产品的储存温度。然而，许多手工制作的干酪都是完整分销，然后由奶酪商或零售商进一步成熟，再由零售商在销售点切割，在不同的成熟阶段卖给消费者。平衡安全性与不同消费者的感官需求时，如此广泛的各种可能的成熟条件，对那些在干酪行业中参与 HACCP 文件准备或建立货架期的人来说是一个特殊的挑战。

11.9 成品测试和环境监测

并非所有致病菌在干酪生产中都很重要，微生物的重要性在一定程度上取决于干酪品种和生长潜力，或者甚至可能在成熟和保质期内死亡。大多数干酪生产中最重要的致病菌可能是单核细胞增生李斯特菌、金黄色葡萄球菌和沙门氏菌属，因为它们都与食源性疾病有明确的关联，并且都从干酪中分离出来。

大肠杆菌的重要性在很大程度上取决于存在的菌株，因为大肠杆菌不是单一的微生物，而是一组不同的菌株，其共同来源是人类和动物的消化道。许多大肠杆菌几乎没有致病潜力，但大肠杆菌 O157 作为一种严重的致病菌，它可以从一些生乳干酪中分离出来，已经成为干酪生产需要关注的一个问题。事实上，志贺产毒大肠杆菌（Shiga-toxigenic *E. coli*，STEC）组中的血清组范围正在扩大，除大肠杆菌 O157 外，现在还包括血清组 O26、O91、O103、O111、O113 和 O128。

在某些软质干酪中（如马斯卡彭干酪或奶油干酪等复杂产品），尤其是在添加了新鲜大蒜的情况下，还需要关注肉毒梭菌；相反，迄今为止，蜡样芽孢杆菌是与干酪加工无关的致病菌之一。

11.9.1 终产品测试

传统上，乳制品的卫生控制是通过对成品样品的回顾性测试来完成的，几十年来，这种控制措施一直是充分的。然而，近几十年来生产卫生条件的不断改善显著降低了成品中微生物污染的概率，许多微生物检测方法的灵敏度不足，导致终产品污染而无法被发现，这个问题对商业化有很大的阻碍。此外，随着对食源性疾病、流行病知识的增加，人们发现，许多致病菌，其污染量比以前认为的要低得多，在某些情况下（例如，大肠杆菌 O157），污染量可能低于 100 个 /g（ACMSF，1995）。

因此，在现代干酪生产中，成品的微生物安全是通过 HACCP 的应用来实现的，目的是确保微生物污染不会累积到危险水平。食品法典委员会（Codex Alimentarius Commission；匿名，2003a）定义的 HACCP 七项原则中的第六项是“建立验证流程，以确认 HACCP 系统有效运行”；因此，最终产品测试是验证过程是否按照前提计划和 HACCP 计划进行的一种手段，而不是控制生产卫生条件的手段。

由于干酪可能在多种生产条件下生产，因此表现出进一步的复杂性：（a）使用巴氏杀菌乳、热处理乳或生乳；（b）在一些干酪中，发酵剂产生酸的速度很快，而在另一些干酪中，凝乳的 pH 值下降得很慢；（c）一些干酪是盐水腌制的，而另一些是干盐涂抹的。因此，干酪中特定微生物的水平取决于许多因素，一种微生物的存在可能在一种干酪中是可以接受的，但在另一种干酪中是需要引起注意的（例如金黄色葡萄球菌的最低水平）。

对于沙门氏菌等微生物，干酪中的污染量可能非常低，最终产品的沙门氏菌“25 g 未检出”适用于所有类型的干酪。另外，大多数健康成年人食用数量相对较高的金黄色葡萄球菌也不会导致食物中毒。这是因为干酪中的葡萄球菌食物中毒是由于食用了肠毒素而发生的，肠毒素是在干酪生产过程中微生物繁殖到较高水平时产生的。金黄色葡萄球菌肠毒素只有在微生物数量增长到 10^6 cfu/g 时才会大量释放，因此 10^3 cfu/g 不太可能导致食物中毒（Ash，1997）。然而，在生产巴氏杀菌乳制成的硬质干酪过程中，金黄色葡萄球菌（或者更准确地说，凝固酶阳性葡萄球菌）的污染和生长是可以控制的，因为这种微生物可以通过巴氏杀菌法来消除，而生产人员的污染风险可以通过确保高标准的个人卫生来预防。因此，对于该产品，最终产品的金黄色葡萄球菌在 50 cfu/g 以内是合理的。相反，对于生乳软质干酪，乳中很可能存在低水平的金黄色葡萄球菌，并且可能在较长时间缓慢发酵过程中会增加；因此，欧盟立法规定干酪中的目标含量为 10^4 cfu/g，2/5 的样本中的最高允许含量为 10^5 cfu/g（匿名，2005a）。

大肠杆菌的标准也很复杂，而大肠杆菌 O157 的出现使情况更加复杂，它不仅特别危险，而且产生污染的量低，大多数常规大肠杆菌检测方法都检测不到。因此，大肠杆菌 O157 是与“常规”大肠杆菌菌株不同的一种独立微生物。“常规”大肠杆菌的常规检测是粪便污染的指标，因此可能存在肠道致病菌，如沙门氏菌属或志贺氏菌属。然而，由于大肠杆菌 O157 可能在生乳中只有非常低水平的污染，而且目前的检测方法相对不完善，所以“常规”大肠杆菌的检测，也是大肠杆菌 O157 污染的指示指标。因此，对大肠杆菌 O157 的专用检测方法通常是不适用的。事实上，在欧盟食品卫生立法中，第 2073/2005 号委员会条例（EC）（匿名，2005a）规定，“与公共卫生有关的兽医措施科学委员会（SCVPH）于 2003 年 1 月 21 日和 22 日发布了关于食品中致毒大肠杆菌（VTEC）的意见。该条例表明，最终产品实施 VTEC O157 标准不太可能显著降低消费者的相关风险”。尽管如此，干酪中大肠杆菌 O157 的含量是有规定的，并倾向于遵循沙门氏菌设定的标准（“25 g 内未检出”）。

与金黄色葡萄球菌一样，干酪中“传统”大肠杆菌的最终产品限量取决于干酪的类型；10 cfu/g 可能适用于巴氏杀菌乳制成的切达干酪，而 10^3 cfu/g 适用于生乳制成的卡蒙贝尔干酪。有趣的是，由于建立干酪中大肠杆菌规范的复杂性，2006 年欧盟立法取消了软质干酪中大肠杆菌 10^5 cfu/g 的限制（匿名，1992），而当前的欧盟立法（匿名，2005a）对这些产品中的大肠杆菌没有设限。

与其他致病菌一样，干酪中单核细胞增生李斯特菌的危害性取决于存在的基数和生长潜力，因为健康成年人的感染剂量通常很高，总数达到 10^6 cfu/g 可能引起疾病（Farber 和 Peterkin，1991），但在易感个体中，总数为 10^3 cfu/g 可能引起疾病（匿名，2006）。因此，对于大多数消费者来说，被污染的干酪在食用时达到 10^2 cfu/g 可能不会构成重大风险。单核细胞增生李斯特菌在硬质干酪的成熟过程中不生长，因此，单核细胞增生李斯特菌污染水平控制在 10^2 cfu/g 以下不构成重大危害，然而在 GMP 条件下生产的此类产品很可能达到“25 g 未检出”的标准。然而，在霉变成熟的软质干酪中，由于成熟过程中 pH 值的升高，单核细胞增生李斯特菌会繁殖，因此，欧盟立法强制规定这些产品在发货时应为“25 g 未检出”（匿名，2005a）；该法规还要求干酪工厂能够保证产品中单核细胞增生李斯特菌的数量在整个保质期内不会超过 10^2 cfu/g。

单核细胞增生李斯特菌是李斯特菌属中的一种，其中大多数没有已知的致病力。一方面，非致病性李斯特菌本身可能被认为是良性的，它们的存在并不会引发不良后果。另一方面，它们可能被视为“指示微生物”，对它们的检测提醒干酪工厂，干酪是否受到单核细胞增生李斯特菌的污染。欧盟立法中纳入了单核细胞增生李斯特菌的标准（匿名，2005a），而其他李斯特菌没有标准，这使辩论进一步复杂化。

干酪中大肠菌群或更广泛的肠杆菌科的存在被普遍认为是一种卫生指标，尤其是巴氏杀菌乳制成的干酪，但预期的水平取决于干酪的类型、成熟度和加工方法。肠杆菌科细菌在酸性硬质干酪的成熟过程中往往会死亡，因此在成熟硬质干酪中不应出现高水平污染（例如 10^2 cfu/g），尤其是在用巴氏杀菌乳加工时。即使是非常温和的加热过程也会破坏这些微生物，所以由巴氏杀菌或热处理乳加工的霉菌成熟软质干酪不应含有高水平的肠杆菌科细菌，它们的存在表明乳制品卫生状况不佳。然而，在由生乳制作的软质干酪中，肠杆菌科可能占天然菌群的很大一部分；根据詹姆逊效应，在这种干酪中，肠杆菌科不同成员之间的竞争可能会排除或至少阻止致病菌的繁殖，例如，一些人认为大肠杆菌 O157 的存在并非完全不可接受，甚至可能是可取的。

更复杂的是，一些霉菌成熟软质干酪的工厂，无论是用生乳还是巴氏杀菌乳生产干酪，都添加了一种哈夫尼菌属（*Hafnia alvei*）的成熟发酵剂，它是肠杆菌科（Enterobacteriaceae）中缓慢发酵乳糖的一种菌，因为它能产生许多消费者喜欢的“卷心菜味”或“农家味”。这给微生物实验室带来了重大难题，因为大多数常规实验室技术无法区分外来污染物和有意添加的微生物。

由于酵母菌和霉菌是通过一种微生物测试来检测的，因此通常认为这两组微生物具有相同的生态学。事实上，干酪中酵母菌和霉菌的来源和意义在很大程度上是不同的，因此应分别考虑这两种微生物。

酵母在干酪中的重要性取决于干酪的类型、生产特点和预期的存储条件。在具有天然外皮的传统生产的柴郡干酪（Cheshire）或切达干酪，菌落总数 10^4 cfu/g 的水平可能被认为是正常的，因为酵母有助于风味的形成。然而，如果同样类型的干酪是真空包装的，没有外皮，初始水平为 10^2 cfu/g 或更低，都可能在干酪袋内产生大量的二氧化碳，对产品品质造成严重不良后果。干酪处理工序越多，就越有可能发生微生物污染；干酪粉或干酪切块（例如用作披萨配料）具有巨大的市场，这会对乳制品厂加工原始产品施加相当大的卫生限制。在组装披萨时，酵母为 10^4 cfu/g 适用于磨碎干酪，因为最终产品可能有一个相对较短的货架期（例如在 5℃时，货架期为 7 d）。因此，加工干酪粉必须在更卫生的范围内工作，并且设定 10^3 cfu/g 的卫生标准；反过来，这可能意味着在加工时可接受的标准是 10^2 cfu/g。由于许多干酪生产过程的暴露性和环境污染的可能性，如果要保证产品质量，用于干酪加工的乳制品必须采用最严格的卫生制度，这比直接用于零售的干酪更重要。

即使是霉菌成熟的干酪，如果发生“非生产用的”霉菌污染，即使干酪上的霉菌污染水平非常低，也可能产生严重后果。例如，一个单霉菌孢子落在一大块（例如高达 80 kg）切达干酪或埃曼塔尔干酪的表面上，如果允许它在有利的条件下发芽并产生扩展的菌丝体，它最终可以在整个干酪表面繁殖。因为检测限为 10 cfu/g 或 10^2 cfu/g 的检测方法不能检测 80 kg 干酪中的 1 个霉菌孢子，所以，即使最终产品检测霉菌合格，但是很可能并不安全。通常用于检测霉菌的方法也可能并不合适；倾注平板技术通常用于实现更高的灵敏度（检测限 10 cfu/g），但是将专性好氧霉菌接种到预倾注琼脂培养基表面，其产生可见菌落的速度最快，如果不采用特殊技术，该方法的检测限通常不超过 10^2 cfu/g（见第 11.10 节）。

11.9.2 环境控制

如今，大多数乳品厂采用高卫生标准意味着可能发生的产品污染水平非常低，无法通过最终产品检测来发现。因此，通过从适当地点进行涂抹或在空气污染的情况下使用琼脂的空降平板来监测干酪生产、成熟和储存环境的微生物状态，这是证明干酪生产条件符合卫生要求（例如使用 HACCP）的一种更安全的方法。多年来，涂抹已成为微生物调查的固有组成部分，并且仍然是一个基本要素。目前，至少在大型干酪工厂，对致病微生物和腐败微生物的常规环境监测已成为干酪生产的常规卫生控制项目。

涂抹应取自乳制品最可能藏匿微生物的区域（“环境拭子”）以及产品接触表面。环境涂抹通常用于检查特定致病菌，特别是沙门氏菌属、李斯特菌属和大肠杆菌，而产品接触面的涂抹通常会检测指示生物，并且可以在清洁后或生产前进行，具体取决于清洁计划的时间。在大多数牧场，环境涂抹的合适位置可能包括：（a）冷藏设备；（b）地板（尤其是潮湿区域）；（c）排水管；（d）消毒地池和威灵顿靴；而产品接触表面可能包括：

- 储奶容器上的检查口。
- 阀门和相关管道。
- 干酪桶和凝乳切割设备。
- 干酪模具或压榨机。
- 成熟室里的架子。

盐水样本可分为两类，可检测大肠杆菌和李斯特菌属，同时生产人员的手可检测金黄色葡萄球菌。手部涂抹的检测结果需要谨慎出具报告；然而，由于金黄色葡萄球菌是皮肤上的天然微生物，因此其存在并不一定表明个人卫生状况不佳。检测手部涂抹的大肠菌群或肠杆菌科可能会提供更有用的结论，因为这些微生物不是天然存在于皮肤上的，因此它们的检出表明存在交叉污染的可能性。应通过在乳制品厂内的适当位置放置开放式琼脂平板 30 ～ 60 min 进行微生物空降试验，这一点在正常生产过程中非常重要，因为员工的移动可能会显著增加空气中的微生物污染。

采用传统微生物检测方法的环境监测计划的主要缺点是，结果只能在涂抹几天后才能获得，从而推迟了纠正措施的实施，并限制了清洁和生产人员的责任。对环境涂抹棒进行致病菌检测的情况，通常不会对产品造成重大问题，因为产品永远不会与这些位置直接接触。然而，对于产品接触表面，是需要更快速的测试结果。随着专业快速检测技术的发展，可以测量三磷酸腺苷（adenosine triphosphate，ATP）含量，从而可以在几分钟内对设备卫生进行评估（Jervis，1998）。快速卫生监测试验采用的是生物发光技术。这些“第一代”测量“微生物”ATP 的方法，试图将 ATP 数量与生物体的数量联系起来，但是，对于大多数 ATP 测试，拭子上必须有大约 10^4 个生物体才能检测到微生物 ATP，因此，产品的接触面在清洗后可能有大量微生物污染，却可能无法检测到。因此，“第二代”测试技术是测量“总”ATP，包括“微生物”ATP和“体细胞”ATP（来自产品残留物），产品接触面上任何ATP的水平超过GMP预期基线，都表明清洗不够。如今，简化的“第三代”快速卫生监测测试已经投入使用，用于检测（产品）蛋白质残留，这些残留的存在表明产品表面不干净。因此，快速技术的主要优点不在于其准确性或灵敏度，而在于方法的“可视性”和提供的“即时结果”，这确保生产和清洁人员受到“监督”，并有动力积极地承担清洁任务，尽管一些快速检测拭子的结果可能具有最小的科学有效性。

11.10　微生物技术

对于任何一种食源性微生物而言，可用的分析方法的种类繁多，每个分析人员都有其最喜欢的方法。然而，很庆幸，乳制品行业通过IDF的工作，使许多方法标准化；关于乳制品工业中使用的微生物检测方法及其所检测微生物的重要性的一般描述，读者可参阅Neaves和Langridge（1998）。

微生物检测分为两类：定量检测和定性（存在/不存在）检测。定量检测不是特别灵敏，但可以定量估计样品中存在的生物数量，而定性检测通常更灵敏，但只能提供定性结果。方法的选择主要取决于所检测的微生物、预期的污染程度以及产品的目标市场（例如加工或直接消费）；然而，不幸的是，对快速结果的需求往往起到了重要作用，这鼓励微生物学家使用能够快速提供结果的方法，而检测时间更长、更灵敏的方法在科学上更合适，但是通常更昂贵。

定量检测用于评估一般细菌污染物（总活菌数，total viable count，TVC）和指示微生物（大肠菌群或肠杆菌科）的水平，因为对于这些菌群而言，定量检测比定性检测更重要。定性检测用于更危险的致病菌，如沙门氏菌和单核细胞增生李斯特菌。然而，一些微生物介于这两个极端之间，对于危害较小的致病菌，如金黄色葡萄球菌或大肠杆菌，两种方法都是合适的。对于这些微生物，检测方法的选择依据在很大程度上取决于样本的类型。例如，对出售给大众消费者的干酪进行检测可能会采用一种简单的定量检测方法，因为低污染水平造成的影响并不显著，但对于用于婴幼儿食品的产品，识别极低污染水平的能力至关重要，定性检测可能更合适。

大多数微生物检测采用选择性培养基，抑制非目标微生物的生长，并提供有助于识别所需微生物的特征性菌落形态。然而，这种介质是不完美的，必须在确认“假阳性”所带来的额外成本和时间延迟以及未能检测到任何污染的可能后果之间做出选择。一般来说，“假阳性”所带来的限制往往比“假阴性”结果在商业上的危害要小，特别是对于致病菌，例如沙门氏菌属，如果未能检测到病原菌不仅会危害消费者，更可能使企业破产。

琼脂平板技术可以检测食品行业中的多种微生物，对细菌和酵母菌都有效，因为它们单细胞生长的生活习性使检测员能够计算菌落数。然而，细菌学家试图使用菌落计数方法来检测食源性霉菌，这让许多食品真菌学家难以接受。霉菌菌丝的生长习惯使得单个孢子能够在整块干酪表面定殖（例如一块切达干酪），这使菌落计数技术变得毫无意义。一片无孢子菌丝体的菌落数在很大程度上取决于样品制备过程中发生的浸渍程度；浸渍不良的样品可能产生一个或两个繁殖体，而浸渍良好的样品可能产生几百个繁殖体。然而，如果在取样之前让菌丝体在干酪上形成孢子，就会发现数百万个繁殖体。

酵母和霉菌菌落计数对常规情况可能有一定的意义，连续批次的干酪在成熟的早期阶段进行检查，计数异常高表明偏离了正常水平，但它与霉菌腐败问题的调查几乎没有明显相关性。对于存在的霉菌种类的识别和鉴定是有必要的，这可以将天然菌群与腐败霉菌区分开。然而，目前菌种鉴定经常受到严重阻碍，主要是由于商业真菌生长培养基过度纯化，产生不典型的颜色和扭曲的形态，从而使鉴定变得困难甚至不可能。补救措施是在所有真菌培养基中添加微量矿物质（铜和锌），微量矿物质最方便的来源通常是自来水。

使用倾注平板而不是涂布平板往往源于对高敏感度方法的需求，因为倾注平板比涂布平板更适用于大的样品。通常不被重视的是霉菌本质上是专性需氧菌并且更喜欢在固体表面定殖，因此在涂布平板上生长良好但在倾注培养基的深处生长不佳。尽管倾注平板法具有明显的敏感性，但它可能无法检测到低水平的霉菌污染，并且不是检测干酪霉菌污染的最合适方法。现代真菌培养基中含有抑制细菌的抗生素和抑制剂，如氯硝胺，可限制某些霉菌的迅速生长；它们在 25℃下孵化至少 5 d，以使生长缓慢的物种得以繁殖（Pitt 和 Hocking，1997）。

几十年来，“快速”微生物检测方法的开发一直是食品行业工作人员的目标，“传统”快速方法是使用刃天青或亚甲蓝（用于牛乳）染料的还原试验。这些方法在 60 多年前首次提出，至今仍在使用；然而，对于许多乳制品的加工来说，由于卫生标准的极大提高和冷藏的广泛使用，这些方法已不再适用。污染干酪的微生物数量和干酪用生乳的微生物数量急剧下降，远远低于检测方法的检测限，而且微生物的种类也发生了变化，因此许多在冷藏条件下生长的微生物不会和染料发生还原反应。在过去的 20 年里，人们尝试用生物荧光技术代替染料还原试验，并且已经试验了它们在环境监测中的应用（第 11.9.2 节）。此外，还尝试使用生物荧光技术来评估奶罐车里的生乳到达乳品厂时的卫生状况，目的是通过评估生乳中微生物 ATP 的浓度，制定一个接收或拒收的“国家标准”（Bell 等，1996）。然而，在这项研究中，尽管一些个体数据显示出合理的相关性，但是该方法不可能像菌落计数技术一样获得一个可接受的“全国性”相关性。因此，尽管乳制品微生物学家作出了相当大的努力，但仍有待开发出可靠的、具有成本效益的、快速的检测方法。

干酪的微生物取样计划具有较大的挑战性，因为微生物污染的分布是不规则的。例如，研究证明：单核细胞增生李斯特菌在蓝纹干酪上仅作为“微菌落”分布在外表面（Fleming 和 Bruce，1998）。在这项研究中，对干酪内部或外壳的单个部分进行采样，几个实验室检测出了低剂量的微生物，而使用系统的、结构化的 IDF 采样计划（匿名，2008）从干酪中选择五个核心部分和五个表面部分取样，每种干酪都始终检测到大量的微生物。因此，未能采用统计抽样计划来识别干酪中微生物的不规则分布，就可能会导致无法检测到微生物污染，如果检测的微生物是更危险的致病菌之一，则可能会产生可怕的后果。

食品工业的不同部门已经在微生物技术方面发生了诸多变化，以适应每个部门的食品类商品，许多食品微生物学家非常关注他们自己领域的特定变化。然而，世界贸易组织（World Trade Organisation，WTO）对国际标准化的要求是鼓励通过 IDF 微生物方法常设委员会的协调工作来协调微生物检测方法。近年来，IDF 与国际标准化组织（International Organization for Standardization，ISO）的合作越来越密切，这种关系在人们的消除心理障碍和开发不同食品行业微生物学家可接受的、统一的微生物检测方法方面发挥了很大作用。因此，现有的、基于商品的个性化方法已基本消失，统一的方法已被接受，这有利于整个食品行业发展并符合欧盟法规（匿名，2005a）。

11.11　总结

干酪不是单一的商品，许多干酪品种间具有不同的特性成分。因此，干酪的微生物学是复杂的，取决于许多因素，通常与单个乳制品的生产条件有关，有时甚至与一年中干酪生产的时间有关。微生物监测和控制主要包括以下三方面：（a）有助于干酪感官特性和“健康”的“有益”微生物（发酵剂、发酵剂助剂和成熟发酵剂）的研究；（b）引起质量缺陷的微生物（噬菌体、腐败菌和霉菌）的控制；（c）可能导致食源性疾病（致病菌及其毒素）或表明生产卫生不良（卫生指示生物）的污染控制。

近几十年来，许多国家的生乳卫生指标有了极大的改善，尽管有证据表明这对用巴氏杀菌乳制作干酪的乳制品加工厂影响不大。然而，对于用生乳制造干酪的工厂而言，必须将生乳中致病菌的最小化视为决定终产品安全性的关键点。

在生产和成熟的任何阶段，致病菌和腐败微生物都可能污染干酪；因此，如果要避免致病菌污染和质量缺陷，生产卫生与生乳卫生同等重要。显然，致病性污染物的存在可能危及消费者，但腐败霉菌的增长也可能导致重大经济损失。

由于低水平的微生物污染会对干酪工厂产生重大影响，因此基于食品法典委员会描述的七项原则的 HACCP 体系现在变得越来越普遍，但是在生乳干酪的加工和成熟过程中缺乏“绝对”的 CCP 点，这会使其 HACCP 实施变得复杂。最终产品测试不再是可接受的微生物控制手段，但应作为验证 HACCP 体系运行程序的一部分。环境卫生监测被认为是控制微生物污染的一种更有效的方法，并且变得越来越重要。为了满足 WTO 的要求，整个食品行业的微生物技术正在逐渐标准化，并且从这种标准化中可以获得很多益处。

最后，虽然干酪工厂必须对当前涉及的危险因素和引起不良反应的微生物（如 O157 大肠杆菌）的食物中毒事件做出应对，但干酪仍然是一种相对安全的商品，有着良好的记录，英国公共卫生统计数据反复证明了这一点。不同品种的干酪为消费者提供了巨大的吸引力，因此，在这个快速多样化的食品行业中，乳制品微生物学家未来的挑战是控制可能导致人类重大疾病的微生物。

参考文献

ACMSF (1995) *Report on Verotoxin-producing* Escherichia coli, (Advisory Committee on the Microbiological Safety of Food). http://acmsf.food.gov.uk/acmsfreps/acmsfreports.

Anonymous (1992) Council Directive 92/46/EEC of 16 June 1992 laying down the health rules for the production and placing on the market of raw milk, heat-treated milk and milk-based products. http://eur-lex.europa.eu/en/index.htm.

Anonymous (1997) *Salmonella gold-coast* and Cheddar cheese: update. *Communicable Disease Report Weekly*, 7(11), 93, 96.

Anonymous (1998a) Food Safety and Cheese. *International Food Safety News*, 7(2), 6–10.

Anonymous (1998b) *Escherichia coli* O157 in Somerset. *Communicable Disease Report Weekly*, 8(19), 167.

Anonymous (2003a) Hazard Analysis and Critical Control Point (HACCP) system and guidelines for its application. *Codex Alimentarius Basic Food Hygiene Texts,* Food and Agriculture Organization of the United Nations/World Health Organisation, Rome, pp. 33–45 http://www. codexalimentarius.net/web/publications. jsp?lang = en.

Anonymous (2003b) Dairy Processing Handbook, 2nd and revised edition of G. Bylund (1995), pp. 307–309, Tetra Pak Processing Systems AB, Lund.

Anonymous (2004) Regulation (EC) No 852/2004 of the European Parliament and of the Council of 29 April 2004. http://eur-lex.europa.eu/en/index.htm.

Anonymous (2005a) Commission Regulation (EC) No 2073/2005 of 15 November 2005 on microbiological criteria for foodstuffs. http://eur-lex.europa.eu/en/index.htm.

Anonymous (2005b) Commission Regulation (EC) No 2074/2005 of 5 December 2005 laying down implementing measures for certain products under Regulation (EC) No 853/2004 of the European Parliament and of the Council and for the organisation of official controls under Regulation (EC) No 854/2004 of the European Parliament and of the Council and Regulation (EC) No 882/2004 of the European Parliament and of the Council, derogating from Regulation (EC) No 852/2004 of the European Parliament and of the Council and amending Regulations (EC) No 853/2004 and (EC) No 854/2004. http://eur-lex.europa.eu/en/index.htm.

Anonymous (2006) *Bad Bug Book*, Federal and Drug Administration. http://www.cfsan.fda.gov/ ˜mow/intro.html.

Anonymous (2008) *Milk and milk products -Guidance on sampling*. Joint International Standard ISO 707/IDF 050, International Dairy Federation, Brussels.

Anonymous (2009a) Datum, the Market Information Service of DairyCo. http://www.mdcdatum. org.uk/MilkSupply/milkquality.html.

Anonymous (2009b) Department for Environment, Food and Rural Affairs (DEFRA). http://www.defra. gov.uk/animalh/tb/partnership/eradication-group/index.htm.

Anonymous (2009c) *Compendium of Data Sheets for Animal Medicines, Withdrawal Periods for Veterinary Products*, National Office of Animal Health Ltd., Enfield, UK. http://www.noahcompendium. co.uk/Compendium/Overview/-41030.html.

Ash, M. (1997) *Staphylococcus aureus* and staphylococcal enterotoxins. *Foodborne Microorganisms of Public*

Health Significance, (eds A.D. Hocking, G. Arnold, I, Jensen, K. Newton and P. Sutherland), 5th edn, pp. 313–332, Australian Institute of Food Science and Technology Inc., NSW Branch, Food Microbiology Group, North Sydney.

Bell, C., Bowles, C.D., Toszeghy, M.J.K. & Neaves, P. (1996) Development of a hygiene standard for raw milk based on the Lumac ATP–bioluminescence method. *International Dairy Journal*, 6, 709–713.

Besancon, X., Smet, C., Chabalier, C., Rivemale, M., Reverbel, J.P., Ratomahenina, R. & Galzy, P. (1992) Study of surface yeast flora of Roquefort cheese.*International Journal of Food Microbiology*, 17, 9–18.

Bindith, O., Cordier, J.L. & Jost, R. (1996) Cross–flow microfiltration of skim milk: germ reduction and effect on alkaline phosphatase and serum proteins, *Proceedings of the IDF Symposium HeatTreatments and Alternative Methods*, 6–8 September 1995, pp. 222–231, International Dairy Federation, Brussels.

Djuretic, T., Wall, P.G. & Nichols, G. (1997) General outbreaks of infectious intestinal disease associated with milk and dairy products in England and Wales: 1992 to 1996. *Communicable Disease Report Review*, 7(3), R41–R45.

El–Gazzar, F.E. & Marth, E.H. (1992) *Salmonellae*, salmonellosis and dairy foods: a review. *Journal of Dairy Science*, 75, 2327–2343.

Evans, H.S., Madden, P., Douglas, C., Adak, G.K., O' Brien, S.J., Djuretic, T. & Wall, P.G. (1998) General outbreaks of infectious intestinal disease in England and Wales: 1995 and 1996. *Communicable Disease and Public Health*, 1(3), 165–171.

Farber, J.M. & Peterkin, P.I. (1991) *Listeria monocytogenes* – a food–borne pathogen. *Microbiological Reviews*, 55, 476–511.

Fleet, G.H. (1990) Yeasts in dairy products: a review. *Journal of Applied Bacteriology*, 68, 199–221.

Fleming, J. & Bruce, J. (1998) Judging bacteriological risks in food. International Food Safety News, 7(1), 2–5.

Fredsted, L.–B., Rysstad, G. & Eie, T. (1996) Pure–Lac™: the new milk with protected freshness and extended shelf life *Proceedings of the IDF Symposium Heat Treatments and Alternative Methods*, 6–8 September 1995, pp. 104–125, International Dairy Federation, Brussels.

Frisvad, J.C., Filtenborg, O., Lund, F. & Thrane, U. (1992) New selective media for the detection of toxigenic fungi in cereal products, meat and cheese. *Modern Methods in Food Mycology* (eds R.A. Samson, A.D. Hocking, J.I. Pitt and A.D. King), pp. 275–284, Elsevier, Amsterdam.

Grant, I.R., Ball, H.J. & Rowe, M.T. (1999) Effect of higher pasteurization temperatures, and longer holding times at 72 °C, on the inactivation of *Mycobacterium paratuberculosis* in milk. *Letters in Applied Microbiology*, 28, 461–465.

Harding, F. (1995a) Hygienic quality, *Milk Quality* (ed. F. Harding), pp. 40–59, Blackie Academic & Professional, London.

Harding, F. (1995b) The impact of raw milk quality on product quality, *Milk Quality* (ed. F. Harding), pp. 102–111, Blackie Academic & Professional, London.

Harding, F. (1995c) Processed milk, *Milk Quality* (ed. F. Harding), pp. 112–132, Blackie Academic & Professional, London.

Hillerton, J.E. (1998) Mastitis treatment – a welfare issue. *Proceedings of the British Mastitis Conference*, 7 October 1998, pp. 3–8, Institute for Animal Health, Compton, CA.

IDF (1990) *Use of enzymes* in cheesemaking, Document No. 247, pp. 24–38, International Dairy Federation, Brussels.

IDF (1991) *Practical Phage Control*, Document No. 263, International Dairy Federation, Brussels.

Jameson, J.E. (1962) A discussion of the dynamics of salmonella enrichment. *Journal of Hygiene Cambridge*, 60, 193–207.

Jarvis, B. & Neaves, P. (1977) Safety aspects of UHT processed foods: thermal resistance of *Clostridium botulinum* spores in relation to that of spoilage organisms and enzymes. *Technical Circular No. 644*, Leatherhead Food Research Association, Leatherhead, UK.

Jervis, D.I. (1998) Hygiene in milk product manufacture. *The Technology of Dairy Products* (ed. R. Early), 2nd edn, pp. 405–435, Blackie Academic & Professional, London.

Larsen, P.H. (1996) Microfiltration for pasteurised milk. *Proceedings of the IDF Symposium Heat Treatments and Alternative Methods*, 6–8 September 1995, pp. 232–239, International Dairy Federation, Brussels.

Law, B.A. & Goodenough, P.W. (1995) Enzymes in milk and cheese production. *Enzymes in Food Processing* (eds G.A. Tucker and L.F.J. Woods), pp. 114–143, Blackie Academic & Professional, Glasgow, UK.

Neaves, P. (1998) Mycobacterium paratuberculosis. *International Food Safety News*, 7(6), 2–3.

Neaves, P. & Langridge, E.W. (1998) Laboratory control in milk product manufacture. *The Technology of Dairy Products,* (ed. R. Early), 2nd edn, pp. 368–404, Blackie Academic & Professional, London.

Nunez, M., Medina, M., Gaya, P. & Dias–Amado, C. (1981) Les leuvres et les moisissures dans le fromages bleu de Cabrales. *Lait*, 61, 62–79.

Pitt, J.I. & Hocking, A.D. (1997) F*ungi and Food Spoilage*, 2nd edn, Blackie Academic & Professional, London, UK.

Prentice, G.A. (1989) Living with *Listeria. Journal of the Society of Dairy Technology,* 42, 55–58.

Prentice, G.A. & Neaves, P. (1988) *Listeria monocytogenes in food*, Document No. 223, International dairy Federation, Brussels. Romano, P., Grazia, L., Suzzi, G. & Giudici, P. (1989) The yeasts in cheesemaking. *Yeast* 5(special issue), S151–S155.

SCA (2007) *The Specialist Cheesemakers Code of Best Practice*, 2nd edn, Specialist Cheesemakers Association, London. (www.specialistcheesemakers.co.uk).

Varnam, A.H. & Evans, M.G. (1996) Control of pathogenic micro–organisms in food: management aspects, *Foodborne Pathogens – An Illustrated Text*, 2nd edn, pp. 387–425 Manson Publishing, London.

Williams, A.P. & Neaves, P. (1996) Editorial. *International Food Safety News*, 5(7), 1.

12 包装材料和设备

Y. Schneider, C. Kluge, U. Weiß 和 H. Rohm

12.1 概述

众所周知，发达国家的包装行业收入占国内生产总值的 2%，且与食品包装相关的收入占包装行业收入的 50%（Ahvenainen，2003）。从广义上来讲，食品包装的功能是包裹食品并保持食品品质，使食品在储存和销售的过程中免遭外来损坏。这些损坏可能对食品产生很大的负面影响。1985 年，食品法典委员会对食品包装材料的功能作出了定义（图 12.1）：食品包装能够提高食品的品质和新鲜度，增加消费者吸引力，方便产品的储存和零售（Robertson，2006）。

在这种情况下，食品包装能保护原料和预制食品，是因为它能避免与环境（外部的）发生水分、热量、光照、气体和挥发性物质的交换，从而导致产品变质（Lockheart，1997）。此外，包装材料还能保护食品免遭外部的生物交叉污染，防止仿冒、污染和变质（Saravacos 和 Kostaropoulos，2002；Vaclavik 和 Christian，2003；Walstra 等，2006）。而包装材料需要具备两方面化学惰性要求，即包装材料的化学成分进入食品中的含量非常低或者在可以接受的范围内，以及包装材料对于所包装的食品内容物来说是惰性的（例如无腐蚀或黏附）。那么产品的外在要求是指包装的特性，从经济性和实用性的角度来看，这一点非常重要。这些特性包括包装外观、实用性（产品易开封、可反复封口或耐蒸煮），与消费者沟通（用包装来传递信息）、环保性、价格和生产流程中适宜销售的包装规格。毫无疑问，近年来产品的安全性、延长保质期和方便性方面不断需求，促进了食品包装的长足发展。

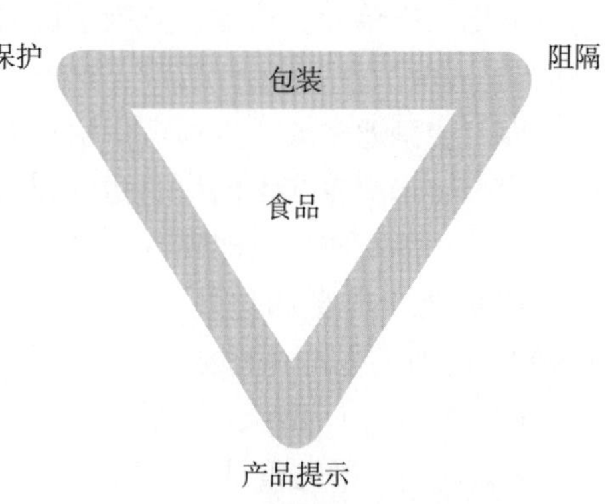

图 12.1 食品包装的主要功能

考虑到产品的包装（包含产品的物理单元）、周转（运输或者交货前的包装）和组合包（将一或多个产品装入同一包装）之间的区别，对于不同级别的包装必须加以区分（Robertson，

2006）。初级包装是指与产品直接接触，并提供主要的保护屏障。次级包装主要用于周转分销，甚至在零售店使用（例如，一个装有特定数量包装干酪的硬纸箱）。根据运输单元的大小，三级或四级包装可能有助于运输这些二级包装。

在为某一特殊食品选择包装材料的时候，需要考虑到许多因素（Fellows，2000；Brennan 和 Day，2006），包装材料被赋予以下功能：

• 防止食品在传输和运输过程中受到物理损坏，例如，传送带上面的振动或产品码垛时的压力。外包装或者二级包装（例如熟干酪商店中使用的木箱）能避免产品被损坏。

• 为了控制水蒸气、气体（例如氧气、氮气、二氧化碳、氢气）或阻隔挥发物质，包装中充入惰性气体来降低氧化风险，防止产品失水和吸潮等。

• 提供隔绝温度、光、微生物的有效屏障。

• 确保包装材料和内容物之间的化学相容性，因为有毒物质可能从包装材料中浸出并进入食品。

• 通过包装内气体的渗透来控制微生物的繁殖速度。

关于硬质或半硬质干酪，人们可能会认为包装的主要功能完全不同。对于不同大小的块状或轮状干酪包装［从 15 kg 的标准欧块（尺寸 500 mm×300 mm×100 mm）到 100 kg 的车轮状硬质干酪］，其主要目的是确保产品成熟。1950 年发明的无皮干酪的成熟（塑膜内产品进行成熟）包装，主要是为了增强干酪的加工性和自动化生产，还能提高干酪产量。与传统干酪成熟相比，干酪在塑料薄膜中成熟时，水分流失减少，增加了可食用部分。然而，无皮成熟干酪仅适用于表面微生物在干酪特性方面不起到重要作用的干酪。同样清楚的是，由于参与干酪成熟的微生物代谢活动，用于无皮成熟干酪的薄膜材料在很大程度上不同于零售时使用的包装材料。在这一点上，用 CO_2、N_2 或二者混合气体充入包装隔绝空气，保护干酪的周围环境，能够延长 2 ～ 4 倍的干酪保质期（Sivertsvik 等，2002；Lyijynen 等，2003）。

12.2　干酪切割

从力学的角度来看，切割可以认为是一种通过施加外力缩小半硬质或软质材料的大小的机械化操作单元。通常，分割是机械工具（通常是定制形状的刀具或刀片）与产品之间的活动。以设定的速度使切割工具连续穿过产品，无论去除或不去除外包装，都会产生两个切面。切割通常会产生预定形状和大小的产品；然而，产品的大小和形状可能会有很大的不同，从干酪轮或干酪块的切分到切片、方块或条状干酪的生产。通常，在规模化生产中，干酪切割完成后立即进行下一级包装。

切割处理本身和包装材料的特性对切割的设备和方法都有重大影响（Brennan 等，1990）。切割工艺的一般要求与品质和效率相关：

• 确定切割（切片、方块、条状）的形状。

• 确定切割段的重量或体积。

• 光滑的切割表面。

• 具有适宜的切割操作能力。

12.2.1 食品切割的特点

切割过程的主要目的是通过机械工具的渐进作用产生的压力来破坏材料的内部结构。切割材料的压力与施加的外力成正比，与切割面积成反比。当总压力超过切割材料的内部强度时，就开始切割。食品的主要特性是黏弹变形特性，与应力松弛和蠕变柔量有关。这些随时间变化的效应是由于变形场的扩展以及切削刃（分离区）附近应力水平的降低导致变形能的散射所致。因此，切割速度必须超过应力松弛速度才能达到断裂极限。

一般来说，切割黏弹性固体（如干酪）的过程中会受到以下因素的影响（Atkins 等，2004）：

• 围绕切割边缘的食品基质的双轴向变形、弹性和塑性变形的组合。

• 切割线附近的断裂。

• 沿着切割刀具侧面的摩擦。

12.2.2 影响切割性能的参数

除了切割刀具的形状和其他特性（包括楔角、刀片细度、位移、刀刃形状、包装材料、粗糙度或涂层）、切割速度和作用力的方向外，切割的效率和由此产生的切削力在很大程度上取决于待切割产品的机械性能（Atkins 等，2004）。

干酪的特性

干酪的力学性能在很大程度上受到水分（特硬、硬质、半硬质、半软质和软质干酪）、组成和状态［脂肪含量、成熟度、孔眼、外皮形成以及特定成分（如香料、坚果或种子）］和温度的影响。对于大多数干酪来说，在切割过程中会产生较高的摩擦力，所以干酪很容易粘在刀具上。最坏的情况下，由于摩擦引起的压力超过了材料的断裂强度，从而导致切割面的撕裂，并伴随着黏连和破碎（Brown 等，2005）。

切割运动和切割角度

切割运动是由切刀和产品之间的相对运动方向决定的。相对运动本身的方向是切割角 λ 的函数，切割角是边轴与垂直于切割方向之间的形成的角（Raeuber，1963）。切割角度的切线表示所谓的切片比，即切向和垂直于切割速度的比率（分别为图 12.2 中的 v_t 和 v_n）。铡切机（$\lambda=0$）可以被认为是一种基本配置，其中一个单一运动分量垂直于切割边缘。当添加与切割边切向的运动分量时（$0<\lambda<90°$），由于产品变形和断裂效应产生的力通常会减小。另外，随着切割角度的增加，摩擦力分量变得更加重要，尤其是遇到具有明显摩擦力的材料时（如最硬质干酪），应该调整切角，以适应特定干酪的断裂和摩擦特性（Atkins 等，2004；Atkins 和 Xu，2005）。从构造的角度来看，切片运动可以通过结合法线和切线的线性驱动或旋转刀片与线性或弯曲的切割边缘来实现。即，圆盘形或镰刀形刀片，有或无线形进料驱动（Atkins，2006）。

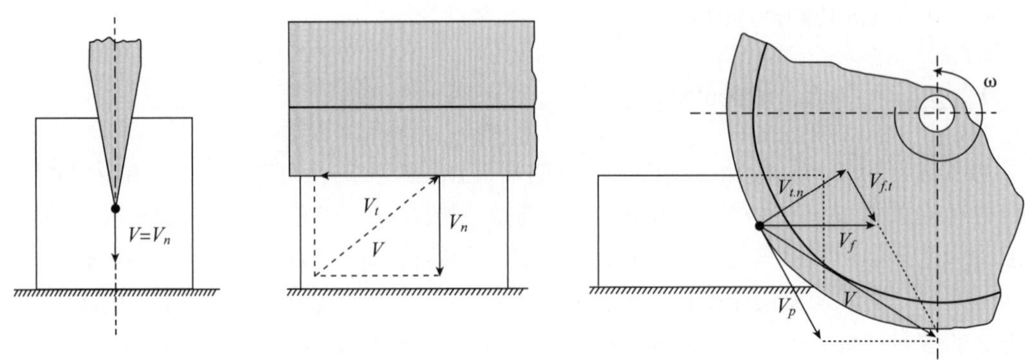

图 12.2 切割原理：垂直刀片的铡切和拉切（左、中），圆盘刀片的拉切（右）。v，切割速度；v_f，进料速度；v_p，圆周速度。指数：n，正态分量；t，切向分量。

12.2.3 切割速度

虽然切割时的移动方向通常由切割机的结构决定，但切割的量和质量可能会受到切割速度和叠加的二次运动变化的影响。如今，出于实用目的，我们用切割速度来衡量切割能力（包括切割时间，刀具的重置和产品进料），并把切割速度定义为单位时间的切割次数。然而，切割速度基本上是切割前沿着通过产品的速度，它由法向和切向运动或线性和旋转运动产生的速度矢量表示。对于软黏弹性固体，切割速度的增加会导致材料的增强和切割力的增加（Goh 等，2005；Zahn 等，2006）。另外，随着切割速度的增加，与时间相关的变形和松弛效应减小，而切割尖端前面的应力迅速增加。因此，切分时物料变形小。然而，切割速度的增加受到黏弹性物料的黏性分布和黏性限制，因此在切割黏弹性材料时应避免损坏物料的结构。类似的高速效果也被用于超声波切割配置。这种技术的典型特征是，除了传统的进给运动外，刀具还受到超声波振动激发的影响（通常在 20 ～ 50 kHz，振幅为 5 ～ 30 μm）。特定的微运动特性能将能量集中在切割前沿，通过减少相互摩擦来促进切割过程（Schneide 等，2002，2008；Zahn 等，2005；Lucas 等，2006）。

切割刀具的设计与切割位置

切刀本身和切刀上的侧向力是产品和切刀之间沿楔形和侧面方向的摩擦运动的原因，摩擦显著有利于塑性变形区的形成。为了获得令人满意的切割性能，必须尽可能减少塑性变形，避免切割块的不可逆损坏。这可以通过保持尽量小的楔形角、切片细度和侧面接触面积来实现。否则，切刀需要足够的硬度来抵抗切割力（Linke 和 Kluge，1993；Atkins 等，2004；McCarthy 等，2007）。由于刀具的几何形状和相对运动决定了切割力，所以优先使用具有直刀或具有恒定 / 可变曲率的切刀（镰刀）。用于间歇切割过程的直刀可排列成为网格或星形。在旋转弯曲刀具中，刀片的半径和转速决定了圆周速度。这个圆周速度对于圆盘状刀片是恒定的（恒定半径），但沿镰刀形刀片的切割边缘（可变半径）是变化的，而切片和压力的比（拉推比）取决于曲率几何形状。因此，刀片形状必须适应产品的要求。对于圆盘刀片，产品的进料方向与刀片轴线在同一平面内，产品单独通过刀片；对于镰刀刀片和偏心旋转圆盘刀片，产品的进料方向与刀片轴线不在同一平面内（图 12.3）。对于这些几何形状，可在镰刀刀片旋转一周或旋转圆盘中心旋转一周内实现以下切割顺序的切割和进料。此外，拉推比由进料线与切割刀片旋转轴的相对位置决定（Atkins 和 Xu，2005；Atkins，2006）。减少产品和刀具之间的接触面可通过以下方式实现：

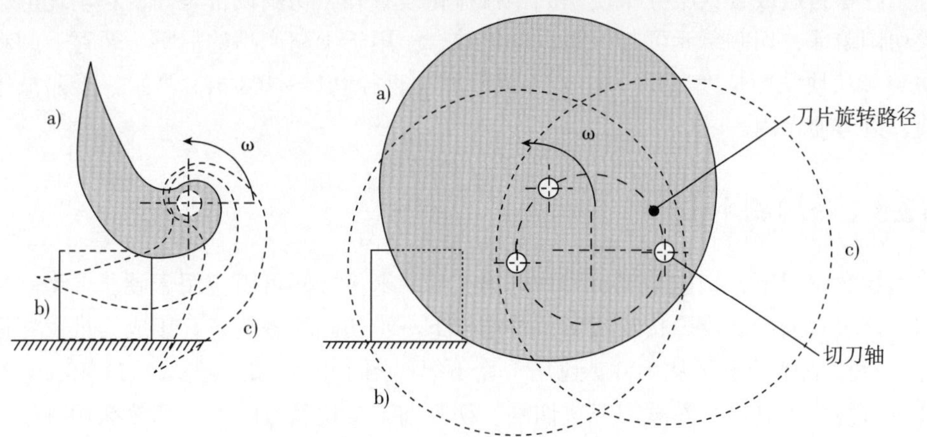

图 12.3　镰刀形和圆盘形刀片的切片装置

注：a）和 b）是切割位置，c）进料位置

- 切割楔轴相对于移动轴的倾斜度；
- 切割工具侧面上的凹缩；
- 防粘涂层（如聚四氟乙烯）；
- 用钢丝取代传统的刀片（图 12.4）。

钢丝系统的特点是摩擦区域小，一旦切割钢丝穿透干酪，就会进入一个稳态的切割阶段。随着钢丝直径增加，不但会增加单位面积切割能量，还会因为产生撕裂效应，从而影响切割表面质量（Kamyab 等，1998；Goh 等，2005；Dunn 等，2007）。钢丝系统通常是单个拉紧或松弛的钢丝或多行或交叉的组合（Dunn 等，2007）。

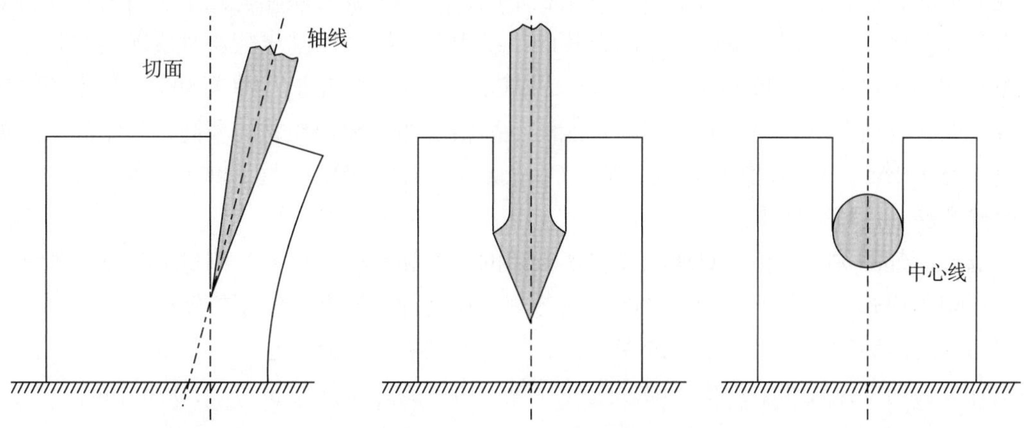

图 12.4　减少摩擦的技术方法：倾斜定位（左）、切割工具侧翼凹缩（中）和钢丝切割系统（右）

12.3　切割的应用

除了在零售店或餐饮服务中使用的半机械化装置外，切割设备是高度自动化的，它包括中央切割单元，切割单元可与外围设备相结合，用于干酪产品的喂料、暂存、卸料、分配和包装。从块状（长度 0.1 ～ 0.6 m）或轮状（直径 0.1 ～ 0.8 m）开始，干酪被逐步切成小块，以方便食用。

12.3.1　切割和切块

在大多数情况下，切割是减小尺寸的第一步，毫无疑问可以应用于硬质、半硬质和软质干酪。该过程的产品成棒状或楔形，被用作下一步切割的进料或直接成为批发零售的最终产品；每件成品的重量从 100 g 到几千克不等（图 12.5）。要切割块状或轮状干酪，可选择使用可复位工具进行间歇闸刀式切割。切割前，将块状或轮状干酪放在切割板上，切割板上的槽与所需分割的图案一致。

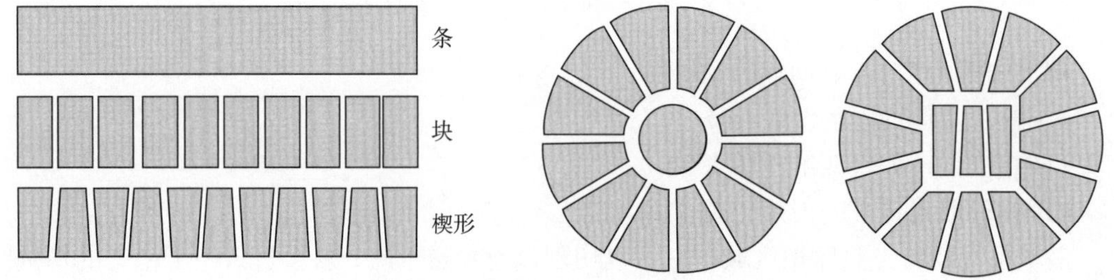

图 12.5　块状和轮状干酪的切割形状

根据干酪的机械特性和对精度的要求，可能需要在切割轮状干酪前在其中心打一个圆形或方形的孔。为了用单一切割刀分离轮状干酪，切割装置必须配备几个平行或径向排列的刀片或金属线。在仅配备一个切割刀片的系统中，后续的切割步骤通过旋转切割板或通过单个切割工具（即楔形刀片、金属丝、超声刀）在重新定位时的平行和 / 或角度调节来实现。在这种情况下，超声波切割装置能满足高精度切割和处理软的和高黏性干酪［例如布里干酪（Brie）和戈贡佐拉蓝纹干酪（Gorgonzola）以及像菲塔（Feta）干酪这样的易碎或破碎产品］的特殊要求。

通过额外的称重设备和对块状和轮状干酪的高度和形状进行光学测量的设备，能计算出最佳切割模式，有利于将特别重的干酪分割。在这种情况下，使用旋转镰刀刀片较为适宜。刀片的旋转轴位于轮状干酪的横侧面，切割刀在竖向上操作运行。每次切割时，必须根据计算的角度位置调整轮状干酪。这种装置的切割能力通常为 50 ～ 150 块 /min。

12.3.2 切片

切片主要用于切割硬质和半硬质干酪，是一种将预切条分成一定厚度的切割方法。干酪条被自动引导和固定在倾斜的进料装置上（图 12.6）。切片机使用弯曲的旋转叶片进行操作。每次切割后，产品移动所需的距离，对应于切片厚度（通常 <3 mm），较好的切割系统的切割能力是 1000 次 /min 以上。因为进料装置是倾斜的，所以切片在重力作用下按重量或数量落在托盘上。如果干酪非常有黏性，切片之间可以用羊皮纸或塑料夹层隔开。然后，将整理好的散装产品运送到包装设备上。

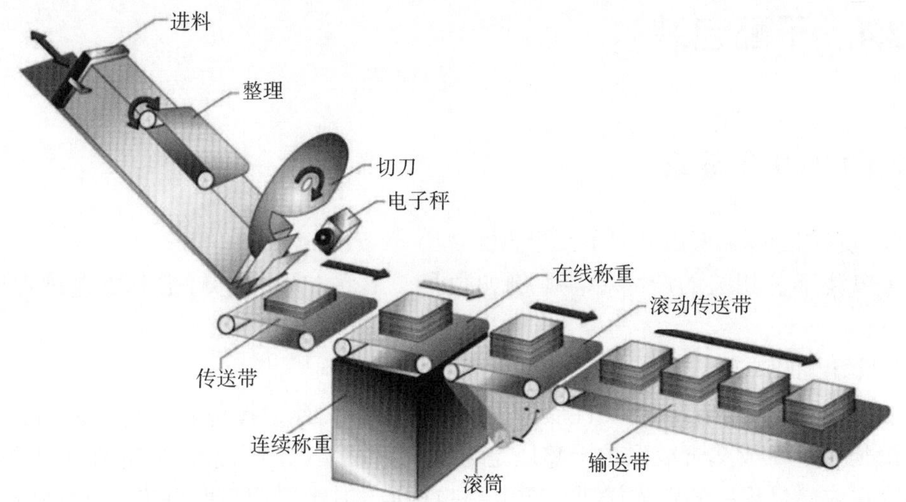

图 12.6 切片机的工作原理（经德国 Marktheidenfeld ELAU AG 许可复制）

12.3.3 切丁

切丁是一个逐步完成的过程，先将块状原料切成厚片，再切成条，最后切成丁。从技术角度来讲，切丁是由切片、圆形和横切刀或刀轴组合而成的（图 12.7）。丁的大小可以通过使用合适的主切割轴，以及通过调整切片厚度或转速来控制切割主轴。干酪丁或条被用于生产零食、沙拉和熟食店的产品。切丁主要适用于硬质和半硬质干酪。

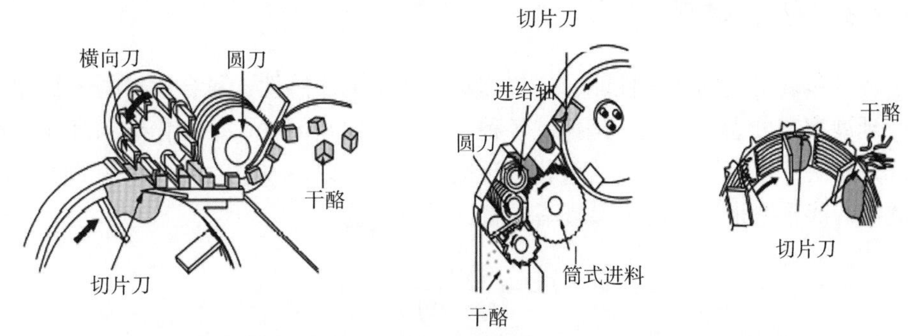

图 12.7 切丁和切碎的原理（经美国 Urschel 实验室公司许可复制）

12.3.4 切碎

切碎是生产最小的干酪产品的切割步骤。通常，中心冲孔、边界切割或带有结构缺陷的不规则干酪块会被粉碎。与切割相反，碎片长度不受限制，但横截面由刀片的形状决定。通常，在旋转切割滚筒（图 12.7）中，干酪块通过切向定位的刀片，被切割成条状或碎片。有多种不同形状的刀片（椭圆形、月牙形、方形或 V 形）可用于切碎。硬质和半硬质干酪很容易被切碎，干酪碎主要供应披萨店和方便食品，也用于零售。

12.4 干酪包装

12.4.1 具体要求

包装材料的选择需考虑到以下几个方面：

• 与包装工艺相关的产品特性（例如数量、形状和尺寸）对干酪成熟过程的内在影响；

• 光照引起的味道或颜色的变化等对干酪的外在影响。

包装的主要目的是对所需的性质产生显著影响，因此选择包装材料是包装的主要目的，无论是为了在成熟阶段保护干酪还是为了储存产品以满足家庭终端用户的要求。由于微生物在成熟过程中的新陈代谢会产生一些 CO_2，其数量明显取决于干酪的特性［CO_2 产生不仅来自乳酸菌（乳酸菌只产生少量 CO_2），也来自次级发酵剂（如各种硬质或半硬质干酪中的丙酸菌）］。因此，通过包装材料去除 CO_2 是必要的，以避免包装膨胀 / 鼓袋（Kammerlehner，2003）。为了避免表面软化或大量重量损失，必须考虑特定干酪品种的特定特性，以选择用于干酪成熟的包装材料的水蒸气和气体的渗透性。用于干酪成熟的包装材料的其他功能特性是保护产品免受污染，并避免挥发物的吸收或释放。此外，材料的选择受到包装材料加工性能的影响，包括机械稳定性、硬度、热可伸缩性、机器运行性、生态和经济限制，以及零售市场和终端消费者的需求。

12.4.2 包装材料

除了特定包装材料的加工性能，还包括对热成型的敏感性、复合材料的密封温度、抗拉强度、延展率和断裂率，主要是抵抗各种气体（主要是氧气、二氧化碳和氮气）和水蒸气的透性，这决定了其适合的干酪包装。渗透率系数可以由单位时间和面积的扩散通量恒定的渗透物的渗透率来计算的。渗透率或渗透系数 P 为：

$$P=\frac{Qx}{At(p_1-p_2)} \tag{12.1}$$

其中 Q 为渗透剂的总体积，单位为 mol；x 为包装材料的厚度，单位为 m；A 为包装材料的面积，单位为 m^2；t 是时间，单位为 s；$\Delta p=p_1-p_2$ 是两侧渗透气体的蒸汽压的差值，单位是 Pa。换句话说，P 在 SI 为单位的维数为 mol · m/（m^2 · s · Pa）（Robertson，2006）。不幸的是，这个 SI 单元很少使用，气体的渗透性是指给定的压差 0.1 MPa（1 bar）下，例如，24 h 内渗透通过 1 m^2 包装材料的气体数量，用 mL 或 g 表示（Bergmair 等，2004）。通常，包装材料的厚度为 100 μm；体积通常以 Δp=1 bar 和 T=25℃下为标准。以英制单位或美制单位表示的渗透系数可以通过适当的转换因子转换为任何其他单位。体积或渗透量则对应于：

$$Q=\frac{P}{x}At\Delta p \tag{12.2}$$

其中，P 除以 x 表示渗透性，其余的符号与方程式 12.1 中所示的符号类似。

然而，上述给定的渗透率只有在扩散处于稳态、一维和浓度无关的假设下才有效；此外，不考虑通过孔隙的渗透率。因此，由已知厚度的特定材料制成的整个包装的渗透率为 0.1 MPa（1 bar）下每天的渗透量。聚乙烯（polyethylene，PE）的气体和水蒸气渗透率与 PE 密度呈函数关系，如图 12.8 所示。

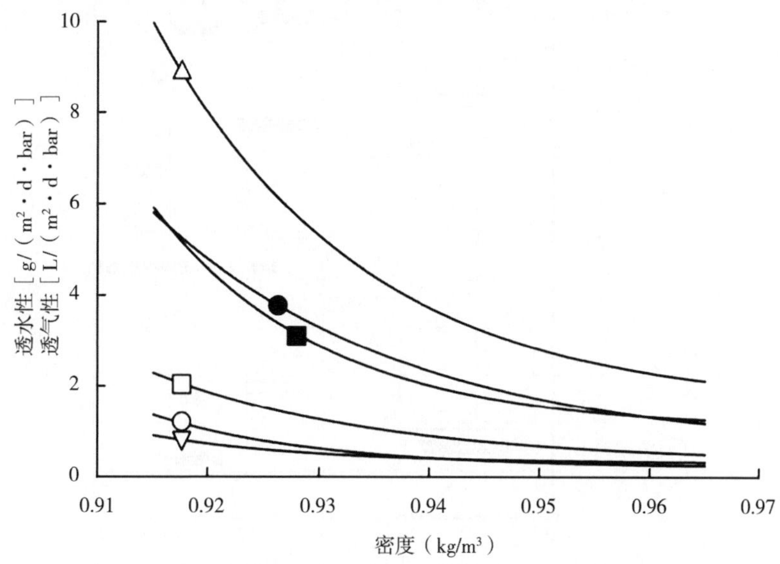

图 12.8　聚乙烯（PE）的渗透率与其 23℃（空心符号）和 40℃（实心符号）下密度的函数关系。注：●和○表示水蒸气，■和□表示氧气，△表示二氧化碳，▽表示氮气。这些数据是基于 100 μm 的层厚（根据 Domininghaus 2005 年发表的数据重新整理得到，经 Springer Science 和 Business Media 许可发表）。

两种或两种以上的单层材料复合（方法是共挤压、涂层或层压）以及镀铝（Al）或镀氧化硅（SiO_x），可以降低包装材料的水蒸气透过率和气体透过率，提高单层材料的加工性能；通常，渗透率降低 >90%。复合材料的渗透率可以根据组成材料的 P 和 x 计算：

$$P=\frac{x_1+x_2+\cdots+x_n}{\frac{x_1}{P_1}+\frac{x_2}{P_2}+\cdots+\frac{x_n}{P_n}}=\frac{x_T}{\frac{x_1}{P_1}+\frac{x_2}{P_2}+\cdots+\frac{x_n}{P_n}} \tag{12.3}$$

其中，1～n指的是包装材料1、2……、n，x_T是复合材料的厚度。对于n层包材，每层厚度相同，均为x时，该方程简化为：

$$P=\frac{nx}{\frac{x_1}{P_1}+\frac{x_2}{P_2}+\cdots+\frac{x_n}{P_n}} \tag{12.4}$$

由于Q与x成反比（方程式12.2），还可得出：

$$\frac{P_1}{P_2}=\frac{x_1}{x_2} \tag{12.5}$$

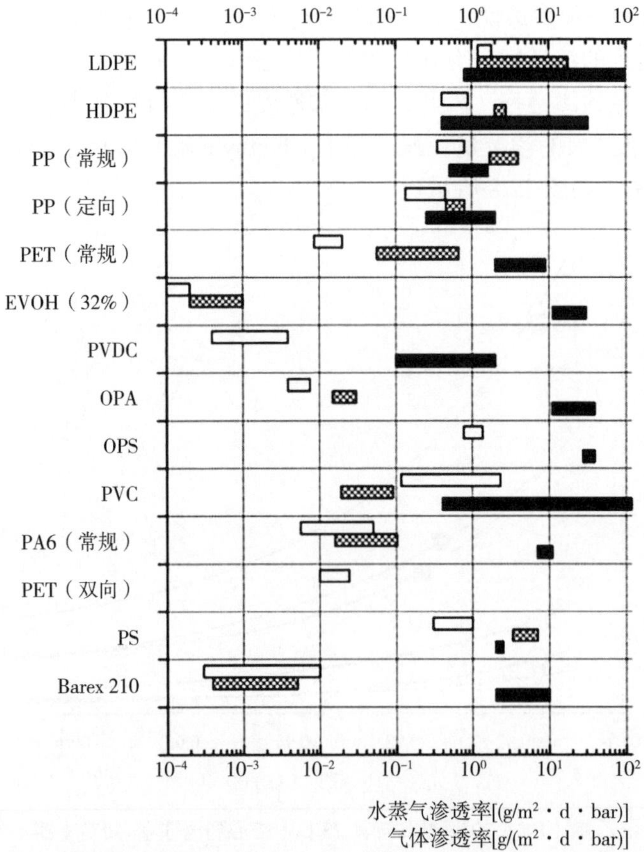

图12.9　选定的包装材料的渗透性。空白条，氧气；阴影条，二氧化碳；黑色条，水蒸气。这些数据是基于100 μm的层厚。关于层压材料的缩写，见表12.1。

从各种来源收集了氧气、二氧化碳和水蒸气渗透率的最小值和最大值（Jenkins和Harrington，1992；Tamime，1993；Strehle，1997；Buchner，1999；Piringer，2000；Nentwig，2006；Walstra等，2006），如图12.9所示。已发表数据的巨大变化（在许多情况下大于一个量级）意味着许多因素导致了包装材料的渗透率变化，很少使用单一文献值，单一文献值仅有助于渗透率的估算。渗透率可能的影响因素是包装材料的物理状态

（结晶度、微生物导向性，会受到加工过程的影响）、厚度差异（特别是边缘）、材料的确切化学成分，特别是添加剂的类型、浓度及其密度（这是很少知道的）。此外，真实的环境情况几乎完全不同于实验室条件。

表 12.1 说明了一些用于干酪包装的材料，并根据其化学结构进行了分类。工业上提供的材料通常适于特定用途或特定的干酪品种。主要包装是热塑性聚合物、硬纸板、硬纸板 / 塑料或硬纸板 - 铝箔和蜡。在层压中使用的材料可以广泛地变化和组合，包括单层化合物、层数和层厚，以满足目标要求。典型的层压组合为聚酰胺 / 聚乙烯（polyamide/polyethylene，PA/PE）、PE/PA/PE、聚对苯二甲酸乙二醇酯（polyethylene terephthalate，PET）/PE、定向聚酰胺（oriented polyamide，OPA）/PE、聚苯乙烯 / 乙烯乙烯醇（polystyrene/ethylene vinyl alcohol，PS/EVOH）、PE/PE 或 PE/Barex（这是一种丙烯腈 / 甲基丙烯酸酯共聚物）。氧扩散阻断层主要是 EVOH、PET 和 Barex，在一定程度上聚偏氯乙烯（polyvinylidene chloride，PVDC）也可以阻断氧气。当使用铝箔层时，气体和水蒸气的渗透性几乎可以忽略不计（表 12.2，表 12.3）。

表 12.1 食品包装用的塑料材料

分类	缩写	英文全称	化学名称
纤维素衍生物	CA	Cellulose acetate	醋酸纤维素
	NA	Cellulose fifilm, cellophane	纤维素薄膜
聚烯烃类	PE	Polyethylene	玻璃纸聚乙烯
	LDPE	Low-density polyethylene	低密度聚乙烯
	HDPE	High-density polyethylene	高密度聚乙烯聚丙烯
	PP	Polypropylene	定向聚丙烯乙烯
	OPP	Orientated polypropylene	丙烯酸乙烯
乙烯共聚物	EAA	Ethylene-acrylic acid	乙酸乙烯
	EVA	Ethylene vinyl acetate	乙烯
	EVOH	Ethylene vinyl alcohol	乙烯醇
聚酯和聚酰胺	PEN	Polyethylene naphthalate	聚乙烯萘
	PEDT	Polyethylene dioxithiophene	聚乙烯二氧噻吩
	PET	Polyethylene terephthalate	聚对苯二甲酸乙二醇酯
	PA	Polyamide	聚酰胺
	OPA	Orientated polyamide	定向聚酰胺聚氯乙烯
取代烯烃	PVC	Polyvinyl chloride	聚氯乙烯
	PVDC	Polyvinyliden chloride	聚乙酸
	PVAC	Polyvinyl acetate	乙烯酯
	PS	Polystyrene	聚苯乙烯

注：NA，不适用。

12.4.3 硬质干酪和半硬质干酪的包装

成熟包装

人们必须区分有干皮的“传统”干酪和无干皮干酪的成熟之后的包装，干皮用于保护产品内部不受环境的影响，所以无干皮干酪在成熟期间，通常包装在塑料薄膜中。如果是有干皮的干酪，可以通过在干酪盘上涂上彩色石蜡、蜂蜡和微晶石蜡的混合物、石蜡和合成聚合物制成的热熔物来减少成熟过程中的水分损失或防止害虫的侵害。当与增稠剂和其他更多物质结合时，还使用了由低分子量聚合物 / 乙烯共聚物、聚醋酸乙烯酯、马来酸酯或富马酸酯组成的分散液（Sturm，1998；Strehle，1997；Spreer，2006）。

表 12.2 用于包装干酪的一些层压包装材料的规格

目标用途	层压材料		渗透性（[cm^3/（m^2・d・bar），g/（m^2・d・bar）]			
	化学组成[a]	厚度（μm）	O_2	CO_2	N_2	H_2O
成熟干酪包装						
	PA 和 PE 共挤密封层	110	100	360	60	<1.0
	下层膜（PA/PE）	54/116	13	46	8	1.5
	上层膜（PE/PA）	30/100	22	80	13	1.5
	下层膜（PE/PA/PE）	62/20/128	9	32	6	—
	上层膜（OPP/PE/PA）	40/70/90	27	95	15	2.0
切片干酪的零售包装（不产气干酪，例如切达干酪）						
	下层膜 PET/PE 或	300/50	12	60	7	1.5
	PET/PE	250/50	14	42	9	1.0
	上层膜 PET/PE	36/70	35	128	21	2.0
	或 PET/PET/PE	12/23/54	40	160	20	8.0
使用硬盒包装（RC）[b] 的切片干酪零售包装（少量产气干酪，例如高达干酪）						
	表层膜（OPET[b]/PE）	23/75	85	340	43	2.0
	含屏障层的穿透膜（PET/HM[b]/PE）	200/25/25	5	20	2.5	1.5
	管状袋（OPA/PE）	10/50	90	360	45	4.0
不产生气体的干酪零售包装						
	管状袋（OPA/PE）	15/40	4	16	2	4.0
低产气干酪部分的零售包装						
	表层膜（OPA/PE）	15/40	60	240	30	5.0
	底层膜（PA/PE）	15/120	40	160	20	1.5
	管状袋（OPA/PE）	15/40	60	240	30	5.0
磨碎干酪的零售包装，例如埃曼塔尔						
	管状袋（OPA/PE）	15/40	60	240	30	5.0

注：[a] 层压材料的缩写见表 12.1。

[b] RC：可再闭合；HM：热熔体；OPET：定向聚对苯二甲酸乙二醇酯。

另外，人们为了提高产量，通常要防止成熟过程中水分的流失。这种干酪可能会被见闻广博的消费者认为是不那么“传统”，但尽管如此，它仍然是最先进的大宗产品。在这种情况下，盐渍后干酪块表面会变干燥，然后在真空（50 ~ 70 kPa）下包入管状袋、侧封袋或包装物中，再通过热封或金属夹将其封闭。装入干酪块后，包装材料在 85 ~ 92℃下热收缩，使产品的表面 / 边缘与包装材料紧密接触（Sturm，1998）。在水蒸气渗透性和气体（如 CO_2、NH_3、成熟过程中出现的挥发性气体）渗透性方面，在包装材料和干酪品种之间实现充分平衡是绝对的先决条件。O_2 和 CO_2 的渗透率系数之比应该在 1∶4 ~ 1∶8 的范围内（Kammerlehner，2003），并且对脂肪、乳酸和盐有足够的阻隔性是必要的。由于单层材料通常不能提供保护干酪品种免受气体和水蒸气渗透的所有性能要求，因此通常使用共挤压多层材料，这些多层材料由 PA 或 PVDC 屏障层（例如 PA/PE、PE/PA/PE、PE/PVDC/PE）或以 PET 为外层黏合材料（Sturm，1998）。

表 12.3　含有复合材料的铝箔的一些例子

层	材料 [a]	材料层厚度（μm）
外层	PE	1230
	PA	15 ~ 25
	PP	12 ~ 25
	玻璃纤维素	28 ~ 45
	纸 [b]	20 ~ 100 g/m^2
屏障层	铝箔膜	<20
	铝箔带	>20
内（密封）层	PE	15 ~ 100
	PA	15 ~ 100
	热熔物	5 ~ 20

注：[a] 层压材料的缩写见表 12.1。
[b] 厚度由比重定义。

消费包装

准备食用的干酪通常被切成小块或小片，然后用塑料膜密封包装，通常通过抽真空或使用惰性气体填充（例如二氧化碳和氮气混合气体）的方式，防止霉菌在产品表面生长。很明显，包装材料的功能特性不仅必须针对特定的干酪品种，而且必须针对设备运转能力及加工性能，在大多数情况下，包装材料通过辊输送，要么形成管状袋，要么热成型（深拉），将干酪片放入承装容器后，盖上适当的盖膜并密封。在大多数情况下，管状袋的材料是共挤压 PET/PE、OPA/PE 或 PET/PVDC/PE 混合物。用于包装容器热成形的材料可以是由 PS/PE 或 PET/PE 制成的简单两层产品，也可以是由低密度聚乙烯（low-density polyethylene，LDPE）LDPE/PVDC/OPA/PE 或 PS/EVOH/PE/PP 层组成的复杂化合物。除了 PVDC 或 EVOH 外，金属箔也可以作为阻隔层。热成型容器的上层通常是 PE 与 PA 或 PET 的混合层（Sturm，1998；Strehle，1997）。包装层是定向聚丙烯（oriented polypropylene，OPP）膜或 PET 膜，或覆有 PVDC 或 PE 的纸板层，有时用于分隔干酪片，避免其粘连。

除了能防止水蒸气和气体渗透，干酪碎粒产品包装的首要作用是阻隔光线，因为干酪碎表面积增加。包装袋是用 EVOH、PVDC、OPA 或 PET 混合材料构成屏障层，通常加入可吸收光的色素或印花。此外，还可以用镀金属膜类材料。用 PP、PVC 或 PS 制成的罐子由于阻隔性差，所以使用有限，而马口铁罐和玻璃瓶可以作为这类包装的替代物。

12.4.4 软质干酪包装

软质干酪的生产包装单品比半硬质或硬质干酪小得多，根据参与成熟的微生物的不同，可以分为涂抹成熟的软质干酪（林堡干酪）、表面霉菌软质干酪（卡蒙贝尔干酪）和蓝纹软质干酪，如戈贡佐拉蓝纹干酪、斯蒂尔顿干酪或干酪洛克福。这些干酪品种的典型特点是除了耐盐、耐酸、耐氨和耐气体交换外，还需要不同类型的包装材料。水蒸气渗透性低的包装材料可以避免产品过多的水分损失，并且能使产品水分活度保持在有助于成熟的微生物生长所必需的范围内。由于软质干酪物理性阻力较低，并且在成熟过程中进一步降低，所以软质干酪通常包装在硬纸板或木头制成的次级包装中。

特别是，带有表面涂抹菌群的林堡干酪的特点是具有较高的水分活性，所以包装需要选择能保持包装内水分的材料。典型的包装材料由内层和外层组成，在许多情况下，内层是包覆纸或羊皮纸，外层通常由玻璃纸、OPP 或 PET 膜组成（Sturm，1998），它们可以渗透氧气，但相对而言水蒸汽不容易渗透。但人们在卡蒙贝尔型干酪中使用的具有更高气体和水蒸气渗透性的类似材料，以保证霉菌可以生长——穿孔漆铝箔，LDPE 包纸上的铝薄膜，石蜡包纸上的穿孔漆玻璃纸和塑料纸化合物，如 PE/EVA 包膜纤维素纸上的 PET 薄膜。然而，当包装条形布里干酪或卡蒙贝尔干酪时，需要不透气和不透水的包装材料，因为最初切割面上是没有霉菌的。同样，蓝纹干酪也需要不透气的包装材料，以防止霉菌在蓝纹外生长。原产地保护的（Protected Designation of Origin，PDO）罗克福尔干酪在主要成熟期和切割后，用铝箔包裹，以尽量减少氧气透过，减少洛克福青霉（*Penicillium roqueforti*）的生长（M. Ress，2007，个人调研）。

12.5 包装设备

12.5.1 包装过程的控制

一般来说，包装是指将单个加工品和包装容器合并成包装物的过程，因此是制造工业的最后一个生产工序。包装容器要么由预制好的包装材料（例如卷纸辊或堆叠好的空包装）通过包装机包装而成，要么由预先成型的容器传递给包装机。从一个单一的初级包装单元开始，包装材料与要包装的产品是直接接触的，整个包装过程包括几个步骤（图 12.10），形成最终的三级包装，例如物流包装，如用缠绕膜包裹的托盘（Bleisch 等，

2003）。为了个体（不仅是连锁超市，而且包括终端消费者）方便，购买一个特定的产品，进一步需要一些次级包装，次级包装会承装许多初级包装，因此会设计不同的尺寸。对于加工干酪来说，一个 90 mm×90 mm×2 mm 切片干酪可以包装在以塑料或铝箔为材料的初级包装里。十片初级包装可包入包装膜中，膜上可印刷公司标签、配料、销售日期、欧洲商品条码（European Article Number，EAN）等信息，以作为超市货架上的零售包装，它们通常被装入纸箱中，纸箱本身就是更大的次级包装。

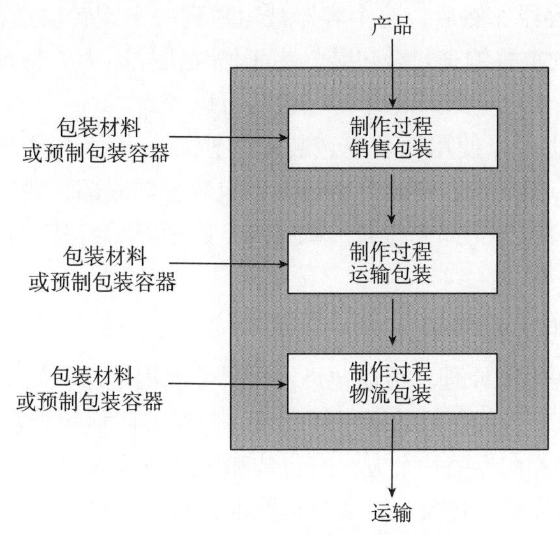

图 12.10　包装过程各个步骤的示意图

在包装中，整个过程可以包括不同的加工步骤，如将包装材料装入包装容器中，填充产品，密封以确保完整性和防护性，整个包装系统称为成型、填充和密封（form-fill-and-seal，FFS）。保证包装材料和产品流的持续性是必要的，贴标是后续步骤。一个特定的包装是一个特定的加工步骤链的成品，它在下一个的包装步骤中被装入更大的包装中，然后成为产品。

完成包装过程是包装机的主要任务。同时，包装材料和待包装的产品在包装机中通过如下步骤完成包装：

- 提供包装材料。
- 形成包装容器。
- 将产品装入包装容器。
- 包装封合，得到最终理想质量的包装。

12.5.2　干酪包装机械

除了其他方面之外，产品的本身特性（例如对于干酪来说，主要是形状和硬度）决定特定的包装操作，据此选择特定的包装机器。使用裹包机、FFS 机或填充 - 密封（fill-and-seal，FS）机能包装各种尺寸的干酪块或切片干酪；对于后包装系统，所使用的空包装一般在别处生产。干酪碎通常用组合 FFS 机或单灌装机和单封口机进行包装。

裹包机是用纸、塑料膜或铝箔或任意材料的复合材料来包装高黏性流体（例如热再制干酪或奶油干酪）或软质、半软质或硬质干酪的包装系统。裹包机可根据包装类型进一步分类；在干酪包装中，主要使用折叠裹包机或密封裹包机。

适合高黏性流体的折叠包装机

在干酪行业中，用于生产高黏性液体产品的折叠包装的机器，基本上是将热再制干酪填充进铝箔层压的空包装中（图 12.11）。在这里，空包装通过折叠形成具有圆形、三角形或矩形底部的空包装容器。然后，这个容器被运送到一个旋转输送板的空腔内的填充站。填充后，通过折叠膜的重叠侧来封合包装。为了增强机械阻力，特别是当使用复合膜或层压铝箔时，得到的这个完整包装或单个空白包装可以密封。

此外，裹包过程也可以使用两个空包装来调整。在这种情况下，如上所述，产品被填充到新包装容器中。然后，封口膜要么折叠在包装容器底部，要么绕着包装的侧面封合（特别是当生产圆形包装时）。如果盖膜形状特殊，则填充后将其封合在包装容器上并折叠（Sturm，1998）。

生产干酪块折叠包装的机器

通过应用以下某一加工原理，可以包裹不同尺寸的固定形状的干酪（图 12.12）：

- 一块干酪被放置在包装材料的运行网附近，包材被切割和折叠。
- 或者将空包装放置在干酪片上方，空包装和干酪被推入以形成包装。
- 或者一块干酪被推到空包装上，通过折叠堆叠来完成包装。

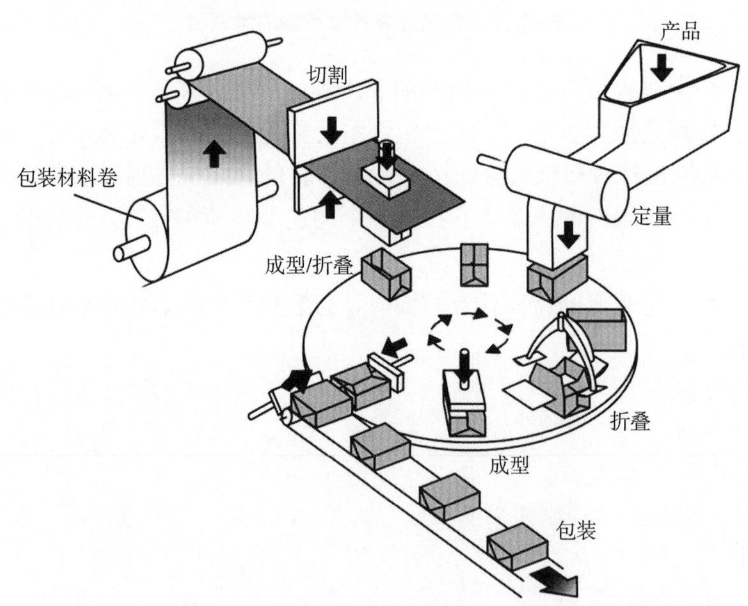

图 12.11 高黏性物料（加工干酪、黄油和人造黄油）裹包机

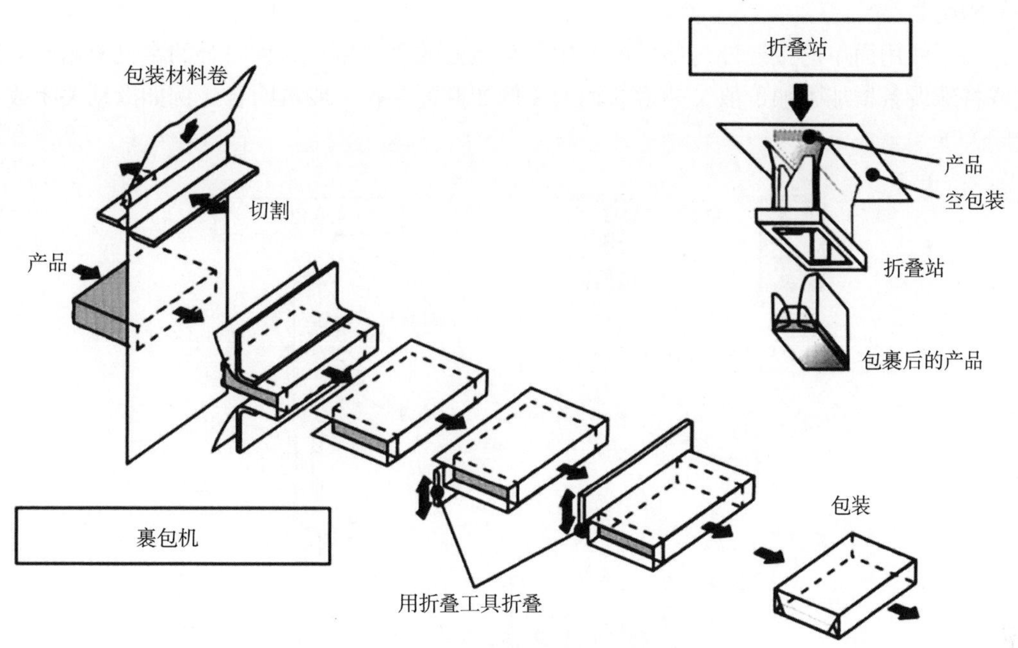

图 12.12　裹包机和折叠站的设计

当使用复合材料进行包装时，为了提高包装的机械稳定性，容器通常要热封以确保密封。在包装的底部贴标签（例如展示产品的营养信息）也可能有助于实现这些目标。

用环绕法生产多件包装的机器

环绕包装法主要用于包装多组或多堆的刚性包装，以生产多包装或使用空白瓦楞纸板的运输包装。将带有折痕、凹痕和 / 或间隙的预制空包装从包材捆中取出，裹着多个包装折叠。最后，用热熔工艺黏合包装侧面。这种包装方法可以根据坯料和产品堆栈的接触面的相对排列进行分类：

- 将产品推到堆栈上，从而在完全或者部分包装之前，黏合顶部、底部或前面。
- 或者两步裹包，包括准备单独的顶部和下盖。

FFS 机器

在 FFS 机器上运行的任何程序都包括包装容器的成型、产品的投料和定量，最后是包装的密封。管状袋类机器，不是垂直式，就是水平式；其他类型设备中，要么是用于生产边封袋的热成型机，要么是用于生产高黏性流体的折叠包装机。

管状袋 FFS 机的包装容器用卷筒拉出的卷材制成。卷筒通过一种特殊的成形工具（例如：成形肩或成形堆叠）连续成型为筒状，重叠边被黏合，从而形成纵向接缝。在随后的横封过程中，形成了前一个填充包装的端封，以及下一个空袋的底封。切割刀安装在两个热封头中间，在端封的同时两个连续的袋子被切刀切开。

可以设计 FFS 机器，水平或者垂直地、连续或半连续地传输筒状袋，袋子的形状、大小和类型可能有很大的不同，例如是否有侧褶边（图 12.13）。填充过程可应用混合惰性气体以达到包装内所需的气体组成。对于带有侧褶边的袋子，二次密封可能有助于提高包装的刚度。

除了使用简单的接缝外，还可以使用复杂瓶盖的筒状袋。这种封合的常见应用是双边封或特殊设备增加附加价值，如熔断辅助（例如撕裂穿孔）或再闭合（例如滑动关闭或粘接闭合）。

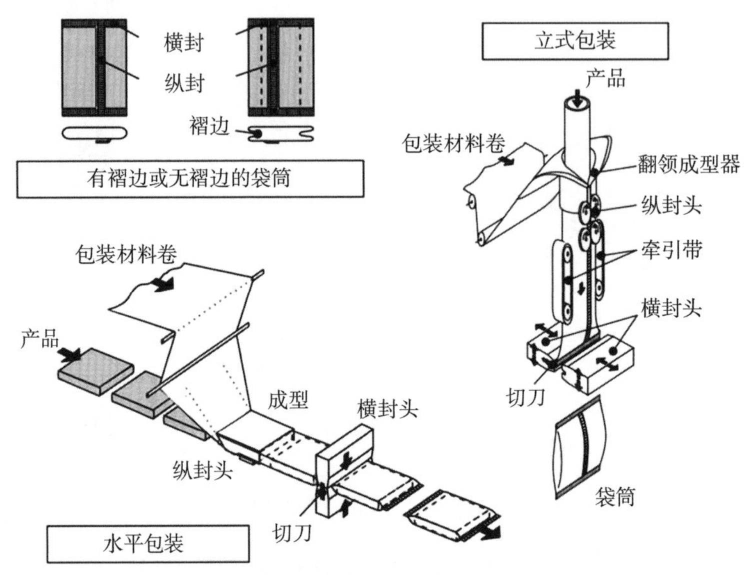

图 12.13　水平和立式袋筒的成型及袋筒外形图

通常，盐渍过的干酪丝或马苏里拉干酪是用立式袋 FFS 机器包装的，而不同大小的形状固定的干酪块是用水平袋 FFS 机器包装的。

生产边封袋的 FFS 机器通常从包材卷开始采用立式操作（相对产品流动方向而言），从折叠、垂直密封、充填和封口，到最后，包装彼此分开（图 12.14）。或者，包装材料可由两个卷筒提供；这就需要增加一个密封步骤。无论如何，最终得到的是一个三边封或四边封的四边形袋。

当形状固定的产品，如干酪块，用这种类型的机器包装时，包装材料从两个卷筒被取代 displace。根据经验，一块干酪被放在较低的网上。然后，干酪被上方包装膜包裹，并在其四面密封排列。最后，从管子上剪下单个袋子。当可以将包装材料的下一层热成型成空腔时，该过程称为热成型。

热成型 FSS 机

使用这种特殊类型的包装机，平托盘或杯是由热成型机的包材卷成型（图 12.15），成型步骤之后，在托盘或杯中分别充填块状或片状的半硬质干酪或硬质干酪，以及再制干酪（如奶油干酪或夸克干酪）。大部分杯可以放进至少两种产品，例如，干酪与各种方便蘸酱。然后已充填的托盘或包装杯用另一种包装材料的第二种膜密封，随后切开。

制盘和制杯时，热塑膜被加热，并通过真空或外部压力形成所需的形状。随着包装材料的快速冷却，包装容器达到了一定的刚性。塑膜的在线成型总体来说适用于小尺寸但成型深度深、形状特殊的杯碗。

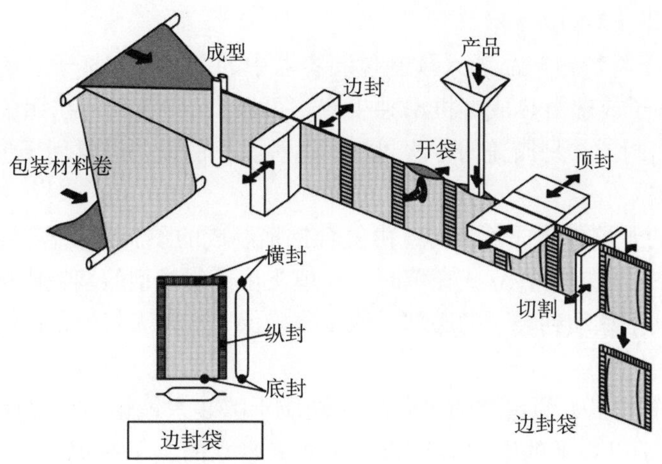

图 12.14 侧密封袋的成型—充填—密封（FFS）设备

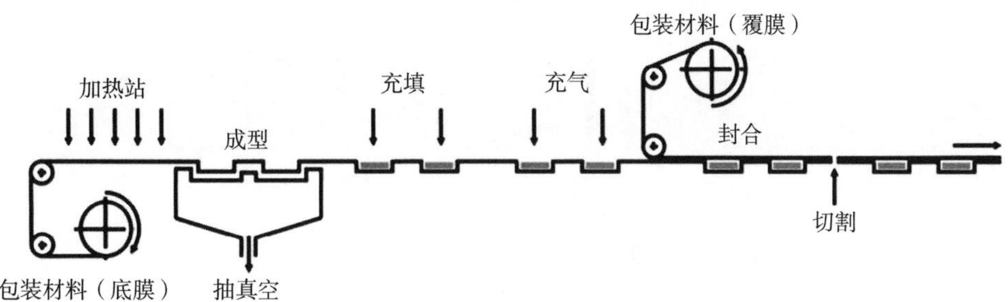

图 12.15 热成型填充和密封机

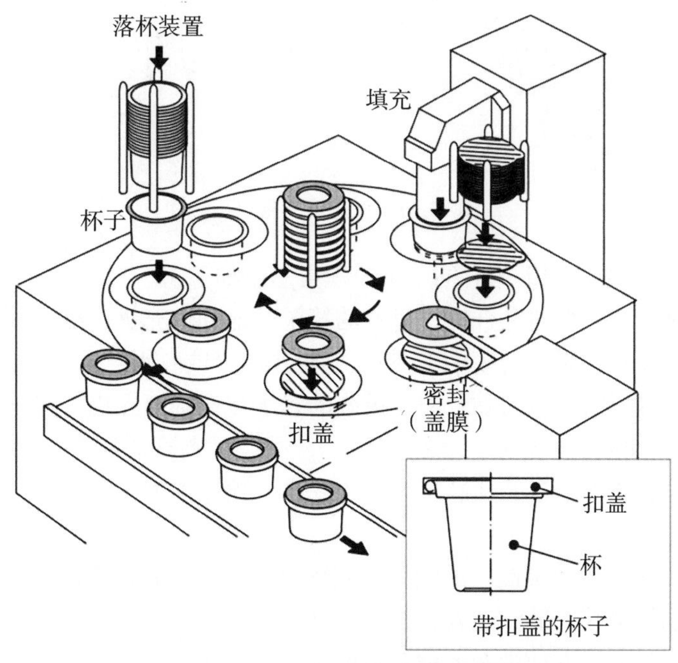

图 12.16 使用预制杯的填充和密封机

填充和密封机（FS）

FS 机主要用于将特定产品装入预制包装容器中的需要，如杯子、碗、管或盒子。如图 12.16 所示，杯子或碗由热成型机单独生产，可以供给 FS 机。在无菌环境充填后，杯子通过复合铝膜密封或扣易撕盖的方法封口。这种类型的设备经常用于包装不同品种的新鲜干酪和夸克干酪。

当将加工过的干酪包装成管状时，由复合铝箔制成的预制包装容器被送到 FS 机，填充，然后封合（图 12.17）。在立式充填时，充填头位于袋成型的翻领成型器附近。在填充过程中，充填头向上移动到袋子的底部。该步骤确保了充填无气泡，同时避免了填充头的污染可能性。

例如，将一个或多个预包装的半硬质或硬质干酪装入纸箱，可以使用另一种类型的 FS 机。通常，盒子以扁平的空包装送入包装机，竖立的盒子被填充和封合。对于干酪，这种工艺经常被用于生产多包装或运输包装。

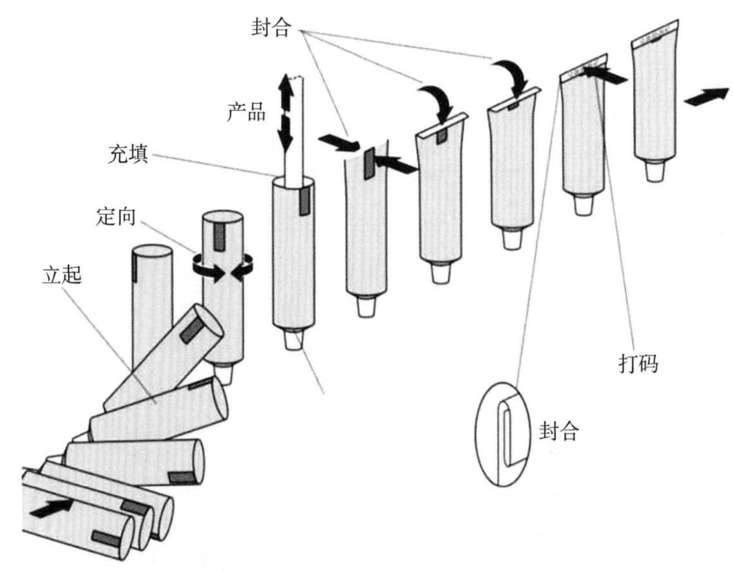

图 12.17　管道填充密封机

FS 机在二次包装中使用纸箱时的基本原理可总结如下：

• 一个预先成型的、纵向黏合的、折叠的箱子被送到填充机，撑开，装入产品（例如已经用塑料薄膜包裹或密封在薄膜中），封箱，再用胶带或胶水封口（图 12.18）。

• 或一个预先成型的，纵向黏合的，折叠的箱子被送到填充机，撑开，从上方装入产品（例如已经用塑料薄膜包裹或密封在薄膜中），再合上箱子顶部摇盖，封口。

• 或由纸板或刨花板制成的预制箱组件（底部和顶部）朝向填充机，填充产品，并通过安装顶部来封合。

由镀锡或低碳钢涂漆薄板制成的刚性预制罐可用于包装磨碎或切碎的干酪。在将罐送入填充机后，产品被分装进罐，通常在惰性气体保护下。金属顶盖卷封后，另外增加塑料顶盖，以便在包装打开后方便消费者重新封口。

12.5.3 干酪包装的其他方法

除了上面提到的裹包、填充和封口的包装技术外，还有一些其他的操作原则和其他设备，有时也用于干酪。例如，在复合材料制成的预制管中填充再制干酪，然后用金属夹子紧密封合。对于加工过的干酪片，可以应用一些不同的操作原则：

• 热再制干酪被填充到一个复合材料管中，然后挤压得到平片，最后冷却（热包装操作）。

• 或热再制干酪直接定量送入塑膜，塑膜随后被折叠并密封。

• 或把单个干酪片放置在托盘中，分开产品的每个切片的薄层，可放可不放。

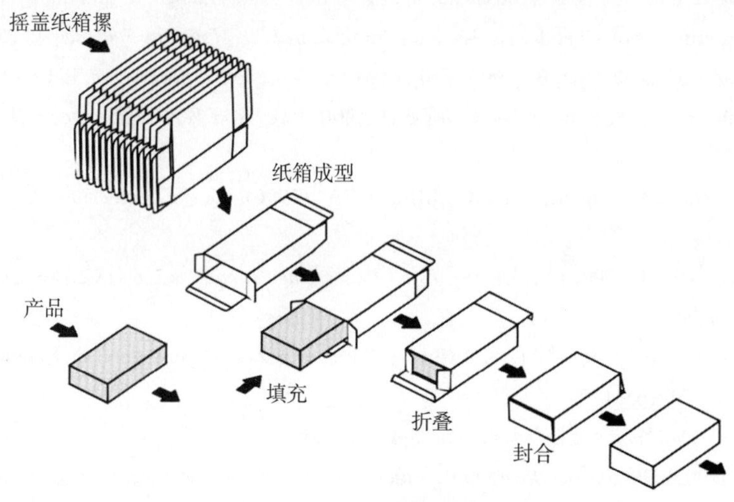

图 12.18 瓦楞纸箱填充封合机

最后，可以通过使用水平的 FFC 机或用热成型机制作的托盘来完成对单个的、单独包装的干酪片进行包装。

12.6 总结

广义上的包装是指在产品成熟和消费之间的行为，是干酪制作工艺的最后一个必要步骤，狭义上的包装通常指产品尺寸的变小和实施的包装过程。设备、类型和尺寸减少的程度主要取决于所用的干酪，无论它是用于进一步加工还是终端消费。在现代生产单元中，因为延长产品货架期的需求不断增加，所以切割和包装单元紧邻，甚至组合成一个加工单元，并在受控的环境条件下运行。未来的另一个挑战是包装功能的兼顾，完成常规的防护目的同时也满足消费者对便利性的需求。

参考文献

Ahvenainen, R. (2003) Introduction. *Novel Food Packaging Techniques* (ed. R. Ahvenainen), pp. 1–2, Woodhead Publishing, Cambridge, UK.

Atkins, A.G. (2006) Optimum blade confifigurations for the cutting of soft solids. *Engineering Fracture Mechanics*, 73, 2523–2531.

Atkins, A.G. & Xu, X. (2005) Slicing of soft flexible solids with industrial applications. *International Journal of Mechanical Sciences*, 47, 479–492.

Atkins, A.G., Xu, X. & Jeronimidis, G. (2004) Cutting, by 'pressing and slicing', of thin floppy slices of materials illustrated by experiments on Cheddar cheese and salami. *Journal of Materials Science*, 39, 2761–2766.

Bergmair, J., Washüttl, M. & Wepner, B. (2004) *Prüfpraxis für Kunststoffverpackungen*, Behr' s Verlag, Hamburg.

Bleisch, G., Goldhahn, H., Schricker, G. & Vogt, H. (2003) *Lexikon Verpackungstechnik*, Behr' s Verlag, Hamburg.

Brennan, J.G., Butters, J.R., Cowell, N.D. & Lilley, A.E.V. (1990) *Food Engineering Operations*, Elsevier, London.

Brennan, J.G. & Day, B.P.F. (2006) Packaging. *Food Processing Handbook* (ed. J.G. Brennan), pp. 291–350, Wiley–VCH, Weinheim.

Brown, T., James, S.J. & Purnell, G.L. (2005) Cutting forces in foods: experimental measurements. *Journal of Food Engineering*, 70, 165–170.

Buchner, N. (1999) *Verpackung von Lebensmitteln*, Springer, Berlin.

Domininghaus, H. (2005) *Die Kunststoffe und ihre Eigenschaften*, 5th edn, Springer–Verlag, Heidelberg.

Dunn, P.D., Burton, J.D., Xu, X. & Atkins, A.G. (2007) Paths swept out by initially slack flexible wires when cutting soft solids; when passing through a very viscous medium; and during regelation. *Proceedings of the Royal Society Series A Mathematical, Physical and Engineering Sciences*, 463, 1–20.

Fellows, P. (2000) *Food Processing Technology*, Woodhead Publishing, Cambridge, UK.

Goh, S.M., Charalambides, M.N. & Williams, J.G. (2005) On the mechanics of wire cutting of cheese. *Engineering Fracture Mechanics*, 72, 931–946.

Jenkins, W. & Harrington, J. (1992) *Lebensmittelverpackungen aus Kunststoff*, Behr' s Verlag, Hamburg.

Kammerlehner, J. (2003) *Käsetechnologie*, Freisinger Künstlerpresse, Freising.

Kamyab, I., Chakrabarti, S. & Williams, J.G. (1998) Cutting cheese with wire. *Journal of Materials Science*, 33, 2763–2770.

Linke, L. & C. Kluge (1993) Schneiden von Lebensmitteln. *Lebensmitteltechnik*, 25, 12–16.

Lockheart, A.E. (1997) A paradigm for packaging. *Packaging Technology and Science*, 10, 237–252.

Lucas, M., MacBeath, A., McCulloch, E. & Cardoni, A. (2006) A fifinite element model for ultrasonic cutting. *Ultrasonics*, 44, 503–509.

Lyijynen, T., Hurme, E. & Ahnainen, R. (2003) Optimized packaging. *Novel Food Packaging Techniques* (ed. R. Ahvenainen), pp. 441–458, Woodhead Publishing, Cambridge, UK.

McCarthy, C.T., Hussey, M. & Gilchrist, M.D. (2007) On the sharpness of straight edge blades in cutting soft solids. Part I: Indentation experiments. *Engineering Fracture Mechanics*, 74, 2205–2224.

Nentwig, J. (2006) *Kunststoff-Folien*, Hanser Verlag, München.

Piringer, O.–G. (2000) Permeation of gases, water vapor and volatile organic compounds. *Plastic Packaging Materials for Food* (eds O.–G. Piringer & A.L. Baner), pp. 239–286, Wiley–VCH, Weinheim.

Raeuber, H.J. (1963) Grundlagen des Schneidens von Lebensmitteln. *Die Lebensmittel-Industrie*, 10, 217–220.

Robertson, G.L. (2006) *Food Packaging – Principles and Practice*, CRC Press (Francis & Taylor Group), Boca Raton, FL.

Saravacos, G.D. & Kostaropoulos, A.E. (2002) *Handbook of Food Processing Equipment*, Kluwer Academic/ Plenum Publishers, New York.

Schneider, Y., Zahn, S. & Linke, L. (2002) Qualitative process evaluation for ultrasonic cutting of food. *Engineering in Life Sciences*, 2, 153–157.

Schneider, Y., Zahn, S. & Rohm, H. (2008) Power requirements of the high–frequency generator in ultrasonic cutting of foods. *Journal of Food Engineering*, 86, 61–67.

Sivertsvik, M., Rosnes, J.T. & Bergslien, H. (2002) Modifified atmosphere packaging. *Minimal Processing Tchnologies in the Food Industry* (eds T. Ohlsson & N. Bengtsson), pp. 61–86, Woodhead Publishing, Cambridge, UK.

Spreer, E. (2006) *Technologie der Milchverarbeitung*, Behr' s Verlag, Hamburg.

Strehle, G. (1997) *Verpacken von Lebensmitteln*, Behr' s Verlag, Hamburg.

Sturm, W. (1998) *Verpackung milchwirtschaftlicher Lebensmittel*, Edition IMQ, Kempten.

Tamime, A.Y. (1993) Modern cheesemaking: hard cheeses. *Modern Dairy Technology – Advances in Milk Products* (ed. R.K. Robinson), Vol. 2, 2nd edn, pp. 49–220, Elsevier Applied Science, London.

Vaclavik, V.A. & Christian, E.W. (2003) *Essentials of Food Science*, Kluwer Academic/Plenum Publishers, New York.

Walstra, P., Wouters, J.T.M. & Geurts, T. (2006) *Dairy Science and Technology*, 2nd edn, CRC Press (Francis & Taylor Group), Boca Raton, FL.

Zahn, S., Schneider, Y. & Rohm, H. (2006) Ultrasonic cutting of foods: Effects of excitation magnitude and cutting velocity on the reduction of cutting work. *Innovative Food Science and Emerging Technologies*, 7, 288–293.

Zahn, S., Schneider, Y., Zücker, G. & Rohm, H. (2005) Impact of excitation and material parameters on the effificiency of ultrasonic cutting of bakery products. *Journal of Food Science*, 70, E510–E513.

13　干酪的感官特性与等级

D. D. Muir

13.1　干酪等级标准介绍

这些年来，干酪等级标准的建立极大地方便了众多干酪生产者和技术人员，使他们在实际工作中受益。干酪的定级是衡量工厂 / 或生产工艺的可靠性和重现性的方式，也是干酪最佳储存和营销策略的指南——即企业是考虑将刚生产的新鲜干酪快速地销售出去，还是随着干酪长期成熟改善成为优质的成熟干酪（以及还是介于两者之间）？而今基于产品缺陷导向的等级评价标准在行业库存管理方面发挥了积极的作用，但行业越来越需要一个基于积极属性的信息化系统，这些属性代表了消费者的需求和偏好（主要识别于在超市规模零售卖场处工作的买家）。工厂的分级方法无法实现这一需求，必须找到新的感官评价方法，使生产者能够生产出消费者想要的产品。

本章批判性地回顾了干酪主要生产国家当前使用的分级方案，推测了它们可能如何进一步发展，然后深入考虑了感官分析发展的科学基础，以及奶酪工业可能如何使用这些方案。

13.2　感官评价的基础

在介绍感官评价之前，需要对感官评价的基础知识有所了解，因为这些知识对理解干酪等级标准的类型及其优势和局限性有重要意义。

13.2.1　感官体验的三个维度

干酪和所有食品一样，食用时有以下三个感官维度需要考虑。

• 干酪的特性（或“品质”）与人们食用时所体验到的感受有关，例如，在风味方面，干酪是否有“奶油味”“苦味”“酸味”“咸味”“不纯”等。在干酪品种之间、干酪品种内部甚至同一干酪品种不同批次之间品质都有所不同。首先，风味特征是通过嗅觉（气味）

来调节的，这是一个动态的味觉维度，尽管干酪的质地也会有显著的变化。

• 感官量化与整体感觉的总和、程度或感官强度有关。对于干酪，一个 9 分制的量化评分表或最终无差别的念头（这里不关心具体的量化评分），其感官强度可在某种程度上进行量化，例如，风味的温和—中等—强烈。口感特性随感官强度显著变化，而味觉特性随感官强度变化不明显。

• 可接受性（或喜爱）是一种被喜欢或不喜欢的程度。可接受性的程度可以从极端积极（例如“极好”）到极端消极（例如“极差”）；因此，与感官强度一样，可接受性也可以在某种程度上进行定量评价。

生理学上，可接受性是指通过一条神经通路传递的信息，该通路在某种程度上独立于并平行于用于传递特性和品质的神经通路。因此，当品尝一块干酪时，可接受性——干酪被喜欢或不喜欢的程度——被记录为一种即时的、直观的反应；品尝者不必考虑它。相比之下，辨别特性和感官强度需要心理暗示（有时需要记忆恢复）。例如，只有经过一些反复思考之后，才能确定干酪很咸，或者它有一种类似埃曼塔尔干酪（一种瑞士干酪）的味道。

可接受性与人类的情绪反应密切相关；记住这一点非常重要，在人体的化学感觉（味觉和嗅觉）中，可接受性在日常生活中处于首要地位，同时是主导反应。也是我们在饮食方面的驱动因素和动力，它在很大程度上影响了人们的饮食行为。从长远来看，我们更愿意消费给我们带来快乐的食物；如果人们不喜欢某个食物，无论它的营养价值如何，人们都不会持续地消费它。

然而，可接受性是容易变化的。有的随时间而变化（例如年龄）。消费者可以“学会”喜欢最初不喜欢的味道（例如浓烈的蓝纹干酪）。重要的是，它会唤起人们对某种价值的鉴别，而干酪的特性和感官强度成为相对“无价”的考虑维度。

13.2.2 感官信息的融合与评选

可接受性的感知与特性和感官强度无关。一般来说，感官刺激性必须具有某种可感知的特性和强度，才能激发快乐反应。然而，快乐反应也会限制对特性和感官强度的描述。这种自然的本能必须由专业的感官评价员训练出来，他们被要求对感官特性进行客观评价，而不管个人的喜好。

当一种产品被认为是极其可接受时，感官系统会整合来自所有的感官信息，意识中除了“它味道很棒”（即快乐反应）之外几乎没有其他可用信息。唯一合适的词是享乐词，如“太好了”“细腻”等；从字面上说，这个产品太好了，无法用语言表达。

当产品处于次优状态时，相反，意识中和感官系统都会选择产品的缺陷信息。这些缺陷信息所具有的特征和感官强度，有充分的语言来描述。似乎，这种效应是人类感官处理信息的固有特征；再多的培训、实践或经验也无法克服它，它确实会给评分带来一些麻烦和困难。

这意味着一个有问题的产品（一个不受欢迎的产品）比一个好产品（一个相当被接受的产品）更有发言权；好的产品就是好。人们对它的风味特性评论必定有限；在许多情况下，根本没有什么可说的（除了“辞藻华丽的”享乐的评论）。

一方面，理解和区分干酪的特性和感官强度，另一方面，愉悦感对于理解分级系统至关重要。

13.3 等级标准：缺陷与定级

大多数等级标准都包含了上节所讨论的感官体验的所有三个维度。他们主要的“要点”是对品质整体价值的鉴定（源于整体可接受性），尽管这个价值被普遍认为是通过味道、口感 / 质地和色泽 / 状态的各单一价值综合来实现的。经验丰富的评分员是否真的通过评分相加得出总分，还是评分后经过合理化的总体判断得出结果，尚不完全清楚。除此之外，评分员有时还会对风味特性及感官强度做注释或说明。

以下是一些国家制定分级方案的摘要，这些干酪等级标准得到了许多切达干酪生产商的广泛认可。

13.3.1 澳大利亚的等级标准

20 世纪 30 年代澳大利亚的干酪出口业务推动了该国干酪等级标准的发展。大体上，分级成为联邦第一产业部的职责所在，在 20 世纪 60 年代和 70 年代，大约有 35 名全职的评级从业者。

在这项计划中，受训的乳制品评级人员应具有乳制品专业文凭和至少 4 年的工厂从业经验。因此，在开始培训之前，他们就已经是具有相关背景和工作经验的“乳品人”。然后再经过 2 ～ 4 年的在职培训后才能被视为合格的评分师。

在这个标准中，产品（如黄油和干酪）执行 100 分制，如下所示：风味占 50 分，口感 / 质地占 30 分，色泽 / 状态占 20 分。请注意，该标准迫使评分者对品质作出价值判断；实际上，表明干酪的滋味特性及其感官强度的分值是次要的。虽然理论上的分值范围是 0 ～ 100 分，但在实践中，往往分值在 87 ～ 94 分。

当产品评分低于 93 分时，评分者会对缺陷的特征（如苦味）及其强度（非常轻微、轻微、明显和非常明显）发表点评。这种惯例与前一节中的评论一致，即当一个产品真的很好（即在这个尺度上为 94 分）时，几乎没有什么可以解释的。

由于评分者主要是对品质进行价值判断，而这种判断是由产品中缺陷的数量决定的，因此这可能被称为“缺陷导向”的等级标准。

13.3.2 英国的等级标准

在英国，目前一直采用的等级标准是基于奶油公司业主和乳制品业主组成的全国协会主导的标准，最初采用的等级标准。与大多数其他生产者策划和运行的标准一样，旨在根据标准监控流程，如果有缺陷就会扣分。该方案中的评分者也采用 100 分制，根据以下品质和品质的最大限度给予评分：滋味和香气占 45 分，口感和质地占 40 分，色泽占 5 分，外观占 10 分。

如果干酪的滋味和香气得分在 41 分或以上，且总分在 93 分及以上，则被评为“特选”；“精选”的总分必须在 85 ～ 92 分，且滋味和香气必须在 38 分以上；品质最差但仍可销售的干酪被称为“分级干酪”，总评分在 70 ～ 83 分，滋味和香气没有规定。总评分低于 70 分的干酪不分级，通常会被召回处理。

干酪通常在生产后 6 ～ 8 周时进行评分，这一标准被广泛采用时，最好的干酪便可以在仓库中保存最久，人们相信它会成熟成为高溢价的干酪而不会出现缺陷。

英国的干酪行业以国家乳制品委员会为载体，开发了一个成熟期 / 感官强度的等级标准，它在零售的干酪预包装上引入了一个通用的“标志”或“协会商标”，指导消费者判断干酪成熟程度是“成熟”“适中”还是“温和”。

13.3.3　美国的等级标准

由美国乳制品科学协会（American Dairy Science Association，ADSA）开发的美国等级标准在概念上与澳大利亚的国家标准相似：滋味占 45 分，口感 / 质地占 30 分，光洁度占 15 分，色泽占 10 分。

美国联邦标准与美国乳制品科学协会的标准非常相似，它们分为 4 个等级的干酪，如下所示：（a）AA 级 ≥ 93 分；（b）A 级 92 分；（c）B 级 90 ～ 91 分；（d）C 级 89 分。显然，这些也是以缺陷为导向的评分标准。

13.3.4　加拿大的等级标准

该标准由加拿大农业部（Canadian Department of Agriculture，CDA）开发，以缺陷为导向，与美国的等级标准非常相似：滋味占 45 分，口感 / 质地占 25 分，致密度占 15 分，色泽占 10 分，光洁度占 5 分。此外还有书面指导，指导干酪应该如何评分。

13.3.5　国际乳品联合会的等级标准

这种以缺陷为导向的标准采用 6 分制，范围从“符合预先制定的感官规范”（5）到“不适合食用”（0）。并列出了缺陷的说明供人们参考。

13.3.6　新西兰的等级标准

新西兰的标准与迄今为止的其他标准不同。它是“面向特性”导向的，而不是面向缺陷的。在这个标准中，评分者的角色更像是一个客观的检测仪器，而不是品质的仲裁者。

与以前的标准一样，评分者只能辨别干酪的特性指标及其感官强度，但标准并不会强制评分者对品质作出价值判断。就前面所讨论的三个感官维度而言，只有特性和感官强度会被评分；刻意回避享乐 / 价值判断。

这一更客观的特性等级标准于 1993 年被引入，因为：（a）人们认为缺陷评级被过度关注产品的负面特性（如前所述，没有关注其他特性）;（b）认为在新西兰评级分者和最终消费者的价值判断之间没有明显的联系（新西兰乳制品行业 85% 的产品出口）。

特性评分是一种描述性的改进分析方法，在该方法中，评分者经过培训后在一个量化评分表上对产品的许多单一特性的强度进行评分（0= 缺失，9= 密集）。评分者计算平均分数（至少 3 名评分者），再与由消费者和适当的终端用户确定的感官评分进行比较。

评分员的价值判断与最终消费者的价值判断之间的差异，显然是传统评分标准被搁置的起因。这是消费者对评分者判断的真实性在心理上存在质疑的表现。这是一个重要的问题，将在后面的章节中讨论。

13.4 直接联系：干酪加工与消费者

人们考虑过是否有可能绕过评分者和评定等级，直接将人体 / 仪器检测与消费者偏好联系起来，这是很有趣的，但整个行业对此并不乐观。近年来，人们声称的新兴技术，如气相色谱法和高效液相色谱法将提供与风味品质相关的化学图谱。另外，同样持乐观态度的说法是，测量干酪的流变性可以预测干酪的口感。迄今为止，还没有令人满意的仪器方法。但电子鼻是吸引人们注意力的一种最新的方法而取代了人的感官判断。然而，这些“电子鼻”未能实现人们早期的想法，但先进的技术可能会扭转这种局面（Payne，1998；Drake 等，2003）。在实现仪器和感官特性的联系之前，仍然需要进行感官定级——或某种形式的人类感官评价仍将存在。

13.4.1 干酪的加工、评级和消费者之间的联系

目前，大多数大型干酪工厂聘任曾在政府或协会任职的评分员（政府或协会）或与正式的评分员联系学习的企业内部人员（经常与评分员联系）和学习过干酪分级课程的员工，对干酪进行评分。在这些选择中，政府 / 专业协会评分员具有明显的优势，因为他们具有丰富的经验，接触的产品比较多，不容易受到内部的影响（即习惯性对“酒窖味”缺陷视而不见）。此外，大多数业内评分员都有工厂 / 加工经验。因此，他们除了对干酪进行评分外，通常也是熟练的诊断专家和品质保证专家（因为他们知道最有可能导致风味和质地缺陷的原因，而这些缺陷会降低干酪的评分等级和影响干酪的价值）。然而，尽管大家对这些前任评分员很是赞赏，但业内很少有人会愿意回到将评分制度化的旧时代。许多业内人士认为，如果在契约的基础上提供专家评分意见，那么对评分者将是两全其美的事——可以实现严格的过程监控 / 存货管理监控而非产品价值决定的评分标准。

然而，现实中这些人也认识到，这种“两全其美”的局面不可能永远持续下去；以前的评分员是一种日益减少的人力资源，他们没有被培训的新人所取代（这个职业现在还没有正式存在），而想要获得他们的专业知识和经验越来越难。当这些训练有素和经验丰富的评分员不再提供服务时，业内人士真的会担心发生什么。

就评分标准而言，尽管少数生产商采用其他产品缺陷导向的标准（例如 1 ～ 5 等级），但大多数生产商使用了一个或多个传统的 0 ～ 100 分制评分系统。澳大利亚也在使用新西兰的评分标准。许多业内人士对采用传统的 0 ～ 100 分制等级标准感到满意，也有人未采用。但必须指出的是，采用这种等级标准更多的是遵照传统习惯（默认），而非有意选择；人们普遍认为，目前的标准不适合用于以研究目的，特性标准将是一个进步，人们认为应将等级标准转移到根据消费者感知的品质认知度上，对干酪进行评分和 / 或评估。在任何情况下，工厂的分级需求都不像以前那么大；随着加工技术（自动化、过程控制、工厂和材料卫生等）的重大进步，现在干酪生产比 10 年前更加稳定。对于那些关注品质的人来说，这种观点可能令他们沾沾自喜，但生产和品质之间的价值观不同在所有企业中都根深蒂固。

13.4.2　分级和消费者之间的联系

在干酪行业中，干酪等级和消费者偏好之间存在某种不确定性，而且该行业对消费者需求的了解也存在这种不确定性。现有的经验和事实证明，这种联系是微弱的。因此，人们担心干酪评分的有效性；评分是在衡量实际衡量的东西吗？干酪等级真的反映了市场价值吗？评分 94 分的干酪与 92 分或 93 分的干酪相比真的会被消费者视为首选干酪吗？澳大利亚的一项研究（McBride 和 Hall，1979）表明，评分者的分数与消费者偏好之间几乎没有关联。在该项研究中，消费者最喜欢的干酪在评分者的评分中仅为 87 分——在任何 0 ～ 100 分制的评分标准中，这绝对不是优质干酪。然而，任何一项研究从来都不是确定的，而该项研究也并非没有缺陷（例如，这项研究不包含一流的干酪，这种缺失可能降低了相关性的可能性）。

对缺陷的判定，评分者和消费者之间的理念不一样；可能对评分者来说的风味缺陷（如“水果味”），而消费者则可能认为风味好；实际上，甚至于有证据证明，评分者认为“公猫的尿骚味”是一个非常严重的缺陷，而部分消费者反而认为它使成熟高档切达干酪的风味更浓烈，味道更好。因此，任何时候，评分者对完美的理解可能与终端消费者不同，尽管消费者可能会善意地说，在加工 / 成熟过程中可能出了问题。

因此，评分者的分数是否与消费者偏好相关？干酪持续畅销的事实表明，评分不会太离谱。然而，评分标准的完善并不会妨碍干酪销量的提高。

13.4.3　干酪加工与定级的关系

干酪加工与定级的关系仿佛是有效的。在这里，娴熟的评分者不仅是一名评分员，他们还能够找到引起干酪感官问题的原因，并为生产提供宝贵的意见。把缺陷性思维模式运用在品质保障中是完全合适的，同样以缺陷为导向的评分标准也是合适的。

重申一下目前对干酪定级的讨论，现有证据表明，干酪定级的主要缺点是缺乏市场验证。这种问题并不是乳制品行业唯一存在的。随着全球各行各业都在努力转变以消费者而不是以产品为主的导向存在（“做我们能卖的，而不是卖我们能做的”），这样的差异必定会出现。因此，下一步是从市场上收集消费者的数据。为了充分利用这些信息，客观评价干酪的感官特性至关重要。

13.5 干酪的感官分析

消费者是干酪产业繁荣的关键因素，因为如果没有人购买乳制品，就没有乳制品的未来。而消费者决定购买的动机受到多种因素的影响，包括营养、包装设计和物有所值等。然而，如果产品的感官——外观、气味、滋味和口感——不符合或超越客户的期望，就会使产品在市场上不受欢迎。因此，准确地判定干酪的感官特性将非常重要。干酪的感官分析在其他方面也是一个有力的手段，它可以将产品按类型进行分类。例如，用生乳制成的农场切达干酪可能与采用巴氏杀菌乳制成的干酪有所不同（Muir 等，1997）。深入剖析产品的特性在建立产品品牌认同感和新品定位方面将很有用。此外，它和现有产品的匹配也至关重要。

感官评定的要素

感官评定是一个客观的评价方法。虽然他将人作为测量工具，但经过严格的组织实施之后，最终，测评结果与复杂的理化仪器相比，可信度也是可以接受的。

任何一种分析方法都有四个共同的关键要素。第一，必须定义评价对象的特性。这相对简单，如测量脂肪，或测量更复杂的特性，如流变剖面。在感官方面，因为被评价的特性是感官特性，所以它们共同构成了感官专业术语表达形式。第二，根据感官评价流程，须向测量仪器（或评分员）预备和提交样品。第三，测量仪器必须经过校准。评分员必须经过挑选和培训。此外，必须监控测量仪器的各类“校准系数”。第四，将分析仪器监测的未修正的信息转换成具有实用价值的指数或指标。在感官措辞方面，系列特性的数据信息应该表现为评定等级，或者以全面感官分布图的形式呈现。

对干酪的感官分析描述这些应用应依次进行。

13.6 感官术语

为任何一类食物构建感官术语都不是一件容易的事情，比如干酪、黄油、发酵乳、树莓、橄榄油或咖啡。分析结果的最终用途决定了专业词汇的复杂性。例如，分析监测不同产品的质量，比如一个定义明确的干酪品种，特性列表可能太长以至于无法反映所需要的详细信息（Bérodier 等，1997）。另外，如果需要一个粗略的可辨识的描述，可以使用简短的专业词汇（McEwan 等，1989；Muir 和 Hunter，1992）。有些方法可以将复杂专业词汇提炼成基本要素（Hunter 和 Muir，1993；Muir 等，1994），并且在国际语境环境中运用取得了成功（Nielsen 等，1997；Hunter 和 McEwan，1997）。

一个有效的术语表应该描述产品的所有特性，如外观、气味、滋味和口感。它应该对“好”和“坏”特性给予同等的权重。与应达到的正常水平相比，仅基于产品缺陷的词汇在品质控制中的用途可能有限，并会对优于标准的产品打折扣。术语应该准确。解释不应该有歧义，至少在评估小组和最终用户的感官信息之间。最后，术语应该能够完善。例如，如果对一个新的感官刺激进行剖析，并且评价人员发现不在现有的术语列表中，那么应该有一个机制将这个新特性纳入术语表中。此外，如果某一特定特性的评分始终很低，且在样品中没有区别，则应该从术语表中删除该特性。

13.6.1 干酪专业术语

表 13.1 列出了描述不同干酪种类的实用术语。这些术语与欧洲一些对干酪感官分析感兴趣的实验室的术语非常相似，他们经过一系列对比试验后形成的专业术语。对干酪特性的描述看似简单，但难点在于不同语言之间的翻译和转换。用一种语言形成的描述应用于另一种语言时，谨慎的做法是，将语言“A”翻译成语言“B”，然后公正地再从语言“B”翻译成语言“A”。将结果与初始词汇进行比较，以确保保留原始含义。在可能的情况下，应使用与化学标准物质有关的术语，例如咖啡或奎宁的苦味。在这种背景下，已经出版了两份有价值的指南，涉及干酪质地（Lavanchy 等，1994）和干酪的香气和风味（Bérodier 等，1997）。

表 13.1 描述各种干酪类型的典型术语

气味	滋味	口感	总体
强烈的	强烈的	粗糙的	成熟的
奶油味	奶油味	易碎的	可接受的
鸡蛋味	酸味	颗粒状的	
水果味	水果味	涂层感	
酸败味	酸败味		
酸味	苦味		
发霉味	不纯的滋味		
刺鼻味	咸味		
不纯的气味	其他		

13.6.2 词汇的演变

术语中“其他”一词有助于确保专业术语的全面性。被邀请的评分人员，在描述不含术语表中的任何样品特性和额外的特性的强度进行评分时，如果结果多了一个评定人员定义的新特性，并且评分显著大于零，则可以在术语表中添加额外的术语。评定新特性的能力，需要分析更多样品组的感官信息，如果发现有用，则将新术语提升为主要词汇。

13.7 样品制备和介绍

13.7.1 环境

必须注意干酪评价的标准。关键目标是在没有压力的情况下，评分人员对样品呈现正常的条件反射，不能分心。环境必须干净舒适，应控制好温度、照明和通风。清爽无异味的环境至关重要。

13.7.2 相互隔离

评价人员必须相互隔离。即使在安静的环境中，当评分者在评价样品时，看到其他评分者做鬼脸也可能会导致结果差异。

13.7.3 样品定级

定级应尽量简单。使用纸质形式时，长度为 125 ～ 150 mm 表格是比较适宜的。经验表明，适当的目标定位（缺失，非常强），可以训练评分人员一致地使用此类量化评分表。这样的量化评分表适合训练有素的评级小组成员，但很难向消费者解释。在这种情况下，使用程序化的方案有很多优点。

13.7.4 提交顺序

测试样品的呈现是至关重要的。评分者不能通过编码识别测试对象，应尽可能注意编码。例如，使用“A”“B”和“C”作为代码可能会在评分者的脑海中潜意识地排列样品。此外，样品的呈现顺序应考虑到（并允许）品尝效果的顺序。这些评分解决方案都经过受训测评小组（Muir 和 Hunter，1991，1992）和广泛的消费者测评小组（MacFie 等，1989）的测评得到了改进，并有据可查。与随机呈现的样品顺序对照，每个被测评的样品安排的顺序中，被评分的次数相等。基于威廉拉丁方（Williams，1949）的设计，可以推导出后续顺序。这种方法的一个必然结果是，样品按照预定顺序一次评定一个。表 13.2 列出了一个平衡顺序设计的例子。

表 13.2 4 种干酪最佳试验设计 [a]

项目	第一级评价	第二级评价	第三级评价	第四级评价
评级师 1	干酪 A	干酪 B	干酪 D	干酪 C
评级师 2	干酪 B	干酪 C	干酪 A	干酪 D
评级师 3	干酪 C	干酪 D	干酪 B	干酪 A

续表

项目	第一级评价	第二级评价	第三级评价	第四级评价
评级师 4	干酪 D	干酪 A	干酪 C	干酪 B

注：数据来源于 William′s Latin Square。

[a] 每个样品被评分相同的次数；每个评分者对每个样品进行评分；每个样品在每个顺序中都被评分一次：每个样品之前都有其他样品。

必须注意避免人员疲劳。对经验丰富的评分者来说，一次参加测评 4 个样品的研讨会并不难。然而，如果测试的样品味道非常浓烈，例如蓝纹干酪、霉菌成熟的干酪，应该减少单次测评的样品数。测评中，吃一块淡味饼干或一块苹果，再用冷水漱口，可以减缓样品残留的影响。漱口水应使用软水或蒸馏水。

13.8 评分员筛选

13.8.1 内部小组与外部小组

挑选评分员是一个两难的事情。理想中，评分小组应由感官敏锐和无职务关系的专业人员组成。然而，聘请外部专家的直接成本可能会妨碍这一做法，所以企业评分小组一般来自雇主的员工当中。这种做法有两个缺点：第一，机构内部员工的工作职责不可避免地会影响员工参加小组活动的自由；第二，可供挑选的潜在候选人较少。然而，无论该评分小组的人员来自组织外部还是内部，都应该完善基本选任程序。

13.8.2 预选程序

基于问卷调查进行初选。应确定以下细节：

• 明确未来可能成为评分员的年龄和性别。实现性别和年龄平衡分布。

• 礼貌地摸清申请人的身体健康状况。比如，应该避免采用一些直接的问题，如“你患有糖尿病吗？”，应该礼貌地询问“你是否服用过什么药物”之类的问题，或者问“你是否患有任何需要注意特定饮食的疾病吗？”这些问题，以确保药物不会干扰评分员的工作表现或损害现有人员的身体状况。

• 吸烟的人应该被排除在外，有证据表明吸烟会损害人的感官敏锐度。例如，他们往往对苦味不敏感。

• 为了避免其他困难，因道德或宗教上的原因反对对消费某些食品或饮品的评分员应被排除在专家组之外。

• 应通过问卷调查确定潜在评分员对各种对比食品和饮品消费的态度。例如，请评分人员对尽可能广泛的食品表明个人态度，包括干酪、乳和肉制品、水果和蔬菜、烘焙食品和糖果。以确保预选评分者没有潜在问题，并具有开放的心态。

13.8.3 初步测试

符合所有预选标准的潜在评分者被邀请到实验室进行一系列集中测试。

味觉——第一系列测试旨在确定评分者具有敏感的味觉，能够识别基本的；甜、咸、酸和苦。所需的溶液是蔗糖、食盐、柠檬酸和咖啡因或奎宁，分别代表甜、咸、酸和苦的味觉。评价人员被要求品尝并记录他们察觉到的味道（如果有的话）。对特定刺激不敏感的评分者不应继续考虑。如果可以选择具有同等灵敏度的评分者，则应重复测试，并选择综合表现最好的评分者进行进一步测试。

嗅觉——下一个测试的目的是确定评分者有良好的嗅觉。将磨碎的丹麦蓝纹干酪（Danish blue cheese）、意大利帕玛森干酪（Parmesan）和埃达姆干酪（Edam）的样品，装入带有密封盖的不透明容器中，装入一半，干酪碎粒上面再覆盖一层棉绒密封。密封容器在室温下放置至少 1 h。向评分者提供 5 个随机编码的容器进行一系列测试。3 个容器为一组，2 个容器为另一组。共准备 3 组容器，每组 5 个容器：第一组丹麦蓝纹干酪与帕尔马干酪；第二组丹麦蓝纹干酪与埃达姆干酪，第三组埃达姆干酪与帕尔玛干酪。要求评分员依次将收到的样品，全部正确地分成两组。允许出现一次错误。成功的评分者将继续下一步测试。

排序能力——第三项考验评分者按照样品味道强弱排序的能力。将一组 5 种成熟度不同的干酪样品（如轻度、中度、成熟、超成熟和陈年切达干酪）提供给评分者，要求评分者按味道由弱到强进行排序。评分者应该再完成一次无误的排序。

描述能力——最后，向评分者提供 4 种不同的干酪样品，例如切达干酪（Cheddar）、帕玛森干酪（Parmesan）、格鲁耶尔干酪（Gruyére ）和雅兹伯格干酪（Jarlsberg），请他们描述每个样品的主要特征。该测试不如前三次测试评分那么客观，它考察的是评分者是否能够对未知产品进行理智的描述。

13.8.4 驯化和认定

在上述一系列测试中表现良好的评分者将被招募到评分小组，试用期 3 个月或 6 个月。在此期间，试用人员需要熟悉实验室采用的既定方案，并不断地评估他们的表现。

在培训期间，评分试用人员应接受培训，并尽可能多地体验干酪的感官评价，谨遵说明，准确记录。在适当的情况下，允许新招募的评分员查阅参考资料，并鼓励他们与其他小组成员讨论问题。这对于建立明确感官语言尤其重要。

13.8.5 监督评分员的表现

与分析仪器的常规校准类似，我们必须通过一定流程保证评定小组的工作质量。然而，客观评价评分者的表现是一项复杂的任务。理论上应该考虑三个方面的因素：

- 自我一致性，即评分者自评与量化评分表的一致性；
- 小组中任一评分员与其他评分员的一致性；
- 源自一个评分小组的立场与执行类似测评任务的其他评分小组的立场之间的一致性。

目前还没有公认的方法来衡量这些表现指标。然而，在我们的实验室中，已通过第 13.9.9 节所述的各种方法来解决。

13.9 数据整合与分析

13.9.1 感官分析方法的设计、数据采集和分析

感官数据的分析可以被简化。一套可以用于感官测评的构图设计、数据采集、数据分析的感官分析方法（data capture and analysis of the sensory-profiling protocol，DDASPP）软件系统，在苏格兰生物统计局（Bio-Mathematics and Statistics Scotland，BioSS）、汉纳研究所和苏格兰农作物研究所的共同积极赞助下被开发出来（Williams 等，1996）。DDASPP 系统由 4 个主要板块组成：

• 首先，有一个可以生成工作表的特别模块。以限定在每次测评会议中向评分者展示样品的编码和顺序。

• 其次，每个测评室的电脑上安装了一个 DDASPP 模块。向评分者详细说明评分方法的要求，邀请评分者对每个样品的特性进行评分，记录他们的答案，在文档上注明测评时间，并核对数据结果。

• 再次，使用一个配套的检查程序来校对评分的设计和评分结果不一致的地方。

• 最后，一个程序模块是获得有效的结果文档，再进行单变量分析，生成按样品特性的平均值（信赖区间）矩阵。结果可以再通过主成分分析（Principal Component Analysis，PCA）进一步精确分析。另外，个别评分者的数据也可以构成广义普鲁克分析（Generalised Procrustes Analysis，GPA）的基础。

表 13.3 示例中使用的干酪类型

样品	编号	样品	编号
切达干酪，成熟	Ch1	格鲁耶尔干酪（Gruyère）	Gru
切达干酪，中等	Ch2	埃曼塔尔干酪（Emmental）	Emm
切达干酪，成熟	Ch3	埃达姆干酪（Edam）	Eda
切达干酪，成熟	Ch4	莱达姆干酪（Leerdamer）	Lee
切达干酪，成熟	Ch5	高达干酪（Gouda）	Gou
切达干酪，成熟	Ch6	雅兹伯格干酪（Jarlsberg）	Ja
切达干酪，淡味	Ch7	帕玛森雷吉诺干酪（Parmigiano Reggiano）	Par
切达干酪，淡味	Ch8	哥瑞纳 – 帕达诺干酪（Grana Padano）	Gra

在这两种情况下，注释输出都以表格和图形的形式输出。每个感官通道的评分图和各个特性的识别图也在相关模块中实现。该系统将被作为基恩士“kwik sense”商业化。

DDASPP 已成功用于分析多种类型的干酪，包括半硬质和硬质、软质干酪（包括农家

干酪和新鲜干酪）、蓝纹霉菌成熟干酪和再制干酪衍生物，转而考虑数据分析的要素。

13.9.2 初步处理

感官数据分析的特殊性是很复杂的。例如，为本章提供数据的一个典型的试验分析，就可能包含9600个数据单元，它由16个样品（表13.3）×25个特性评分×12个评分员×2个重复组成。从这个矩阵中，用方差分析计算每个样品每个特性的平均得分（400个结果）。我们通常使用的分析方法是剩余最大概似（residual maximum likelihood，REML）法（Patterson和Thompson，1971；Horgan和Hunter，1992）为每个变量拟合混合模型。在DDASPP系统中进行分析，并提供平均值和平均值标准误差表。这些数据对于比较几个选定的特性差异很有价值。例如，可以使用单一感官评分的结果来比较不同类型干酪的风味强度（表13.4）。或者，在干酪成熟过程中监测单个特性的变化。在这种情况下，来自一系列感官评价的信息被合并（Muir等，1992，1996；Banks等，1993，1994）。

当有许多样品和许多特性时，一个特殊的困难在于对结果的解释。蜘蛛图和星图可以帮助解释。在星图中，一个向量代表一个特性，对于每个样品来说，向量的长度被量化为与总体其他样品的相对大小。星图显示了一组干酪样品的风味特征（图13.1）。

星图对于品质监控特别有用，因为它突出了偏离标准的地方。然而，由于定标掩盖了各个特性在规模上的差异，所以，它们展现的是对整体概况的观点。

表13.4 干酪风味特性的平均得分

干酪类型	强烈的	奶油味	酸味	鸡蛋味	水果味	酸败味	苦的	不纯的	咸的
切达干酪，成熟	75.2	35.4	30.1	18.9	6.2	11.6	42.5	16.4	50.8
切达干酪，中等	52.6	43.9	18.0	9.6	13.7	2.9	28.7	0.2	44.6
切达干酪，成熟	77.2	41.2	31.8	13.1	6.9	6.2	42.9	4.7	48.5
切达干酪，成熟	81.0	33.9	38.3	8.0	8.1	4.3	38.9	3.6	53.7
切达干酪，成熟	78.4	28.7	33.7	24.2	11.6	15.7	42.0	21.3	53.1
切达干酪，成熟	71.4	41.4	31.1	15.3	5.6	6.2	40.1	4.9	52.9
切达干酪，温和	43.3	38.4	15.5	6.9	6.0	0.4	12.1	0.2	36.2
切达干酪，温和	45.4	31.6	28.2	7.3	6.2	6.8	26.1	2.1	37.0
格鲁耶鲁干酪	69.0	27.2	36.6	40.7	15.7	18.1	30.3	35.9	34.6
埃曼塔尔干酪	56.2	23.2	27.9	23.1	29.7	11.3	34.3	13.0	23.3
埃达姆干酪	52.1	38.4	23.3	10.3	8.7	3.8	23.4	4.2	50.5
莱达姆干酪	43.6	31.0	15.3	8.5	19.1	3.5	17.5	3.8	25.5
高达干酪	49.3	43.0	17.6	14.8	11.3	3.4	20.4	0.0	41.9
雅兹伯格干酪	44.6	30.4	18.1	10.9	22.6	6.4	20.6	6.7	20.0
帕玛森雷吉诺干酪	62.7	23.9	38.5	15.9	40.5	12.1	38.7	5.1	41.7
哥瑞纳－帕达诺干酪	63.7	25.5	27.0	11.1	47.0	2.8	30.3	0.1	36.9

13.9.3 感官空间地图

干酪样品之间的差异凭借感官空间地图表现会更加直观。这些图谱可以包含干酪的所有特性，也可以聚焦单一特性，例如风味。这些星图的起点是（每个样品一个）设想的多维空间中的一系列位点，其中维度的数量代表特性的数量。大多数观察者不适应观察超过三个维度的空间位点，许多人仅能观察到两维度空间位点。

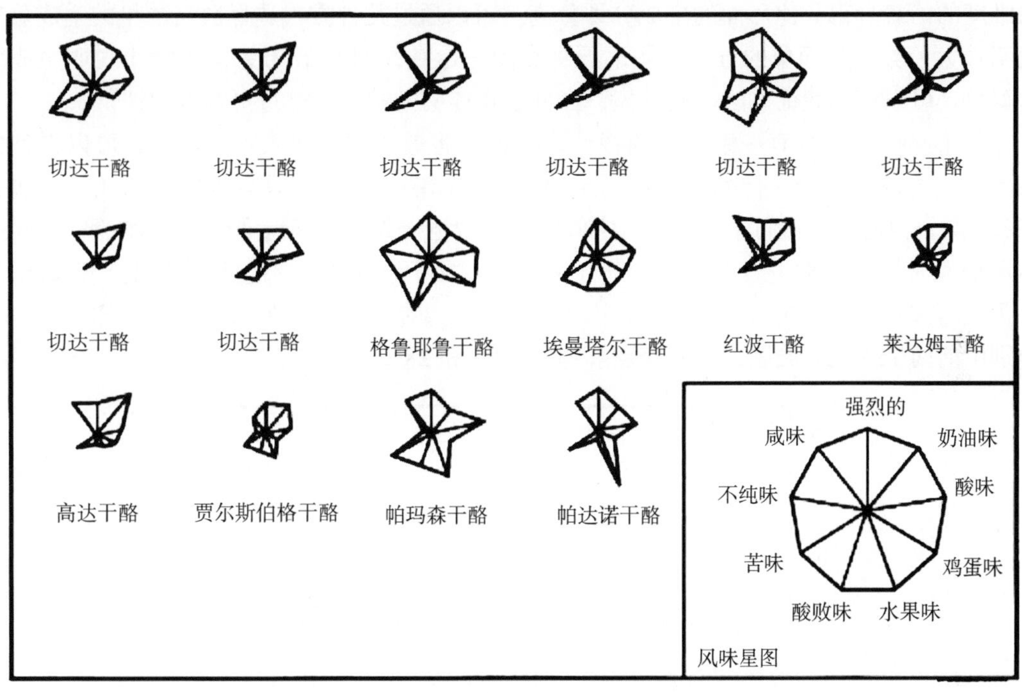

图 13.1 硬干酪和半硬干酪的风味特征星形图

这个问题是可以将更高维度的数据转换到二维空间，通过简化结果来解决。感官研究人员可以采用两种主要方法更容易地完成这项任务。第一种是基于主成分分析（PCA）（Jolliffe，1986），第二种是基于几何相位分析（GPA）（Naes 和 Risvik，1996）。主成分分析（PCA）依赖于评分员根据通用标准术语对样品进行评分，这样生成的感官图通常很容易诠释。另外，评分员根据个人语言词汇对样品进行评分时（这种情况对评分员的培训要求较低），GPA 可以导出一个共识的构型图。然而，对利用广义普鲁克分析个体语言词汇得出的构图进行说明是很困难的。与主成分分析相比，广义普鲁克分析被用于简化术语和直接说明时，有时可以推演出额外的信息（Hunter 和 Muir，1995）。

13.9.4 主成分分析

PCA 是提取特性数据中少量主要潜在因素来说明特性变化的一种统计方法（Jolliffe，1986）。例如，一个大的特性集合（例如评定 23 个特性）可能被简化到 5 个主要潜在因素，以解释说明特性间的主要差异。每个主成分与其他主成分信息垂直不相关，每个主要因素由组成所有特性因素的线性组合来描述：

$$\text{PCs 得分} = v1（第 1 级）+ v2（第 2 级）+\cdots\cdots+ vn（第 n 级） \quad (13.1)$$

其中 v 是向量载荷，n 是第 n 个样品特性的评级。

分级分层次提取主成分。估算第一个主成分的目的是解释说明最大方差。然后再从初始数据矩阵中减去第一个主成分数据信息，从剩余数据中导出第二个主成分。以同样的方式导出更多的主成分。显然，剩余误差包括一些干扰信息和结构化方面的信息。因此，初始维度的信息量得分比后面的主成分评分高。可以通过几种方式选择适当数量的主成分来说明最大差异。最简单的方法是用滚石示意图法检查；例如 在方差图上标出说明主成分的得分。可以使用验证方法（测试集、杠杆校正或交叉验证）进行更客观的评价。

每个测试样品都有一组唯一的特性评分值。将这些评分代入等式 13.1，可以得到样品的一个主成分得分。样品得分用于构建感官空间图。显然，只有当样品的相关主成分（PC）得分相近时，它们才会在感官空间中靠得很近。如 13.2 所示给出了一个感官空间图的示例。对样品数据进行主成分分析（表 13.4；16 行 ×9 列；不包括“其他”）。数据没有预先缩放；例如使用协方差矩阵，因为预缩放会抑制有关特性的价值。干酪样品的得分分别由前两个主成分绘制，方差分别解释了 49% 和 28%（图 13.2）.

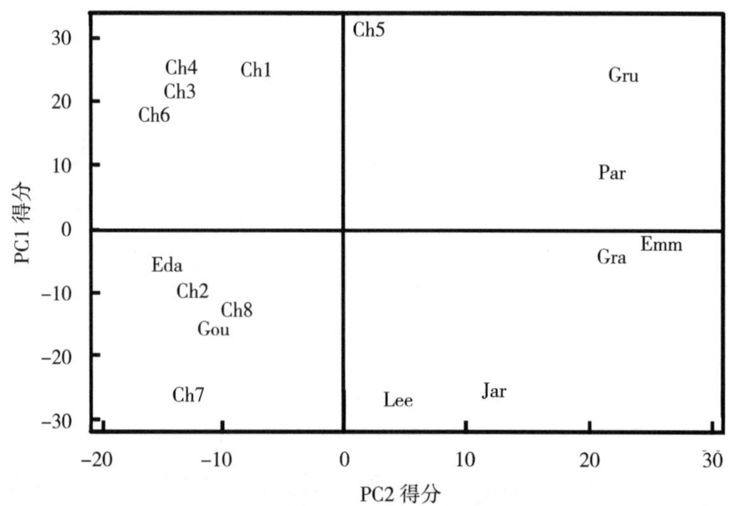

图 13.2　根据 PC1 和 PC2 得分构建的干酪风味感官空间图（方差分别解释了 49% 和 28%）。表 13.3 列出了样品代码。

13.9.5　感官维度解析

感官空间图上的聚类表明，对用于形成样品感官特性空间图，贡献最大的主要特性成分得分相似。向量载荷的大小反映了与其关联的特性的相对重要性。不同的特性可能对相邻主成分（PC）产生不同的影响（图 13.3）。从样品评分与主成分得分的相关性中，可以推导出主成分对特性贡献的另一种衡量方法（图 13.4）。使用所有感官特性进行平行分析。

图 13.5 显示了前两个维度的感官空间图（73% 方差）。对各维度的解释不如单一对风味解释的那么明确（图 13.6）。此外，某些样品的区分不理想（切达和格鲁耶尔干酪）。然而，这些样品在三维和四维感官图中被分离出来（图 13.7）。另外 19% 的差异由这些主成分解释说明。

在感官分析中，所有特性都在一个统一的尺度（0 ～ 100）上评分，不需要对评分进行转换（即对协方差矩阵执行 PCA）。

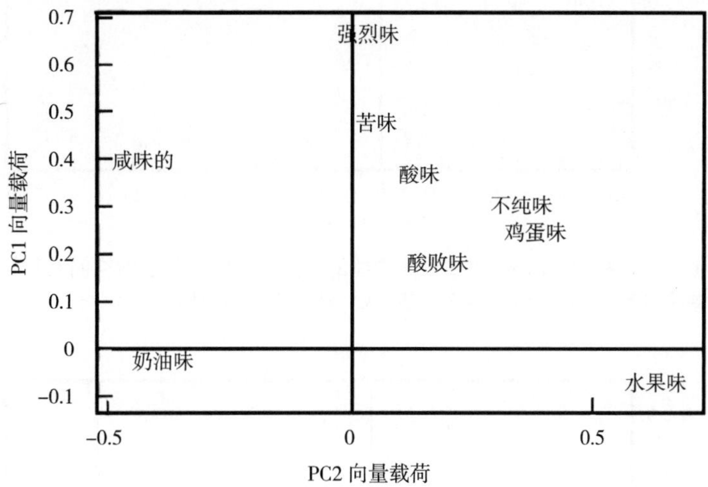

图 13.3　在图 13 所示的感官空间图中与感官维度对应的向量载荷来自主成分分析

图 13.4　利用主成分得分与特性评分的相关性来解释图 13.2 所示的感官维度

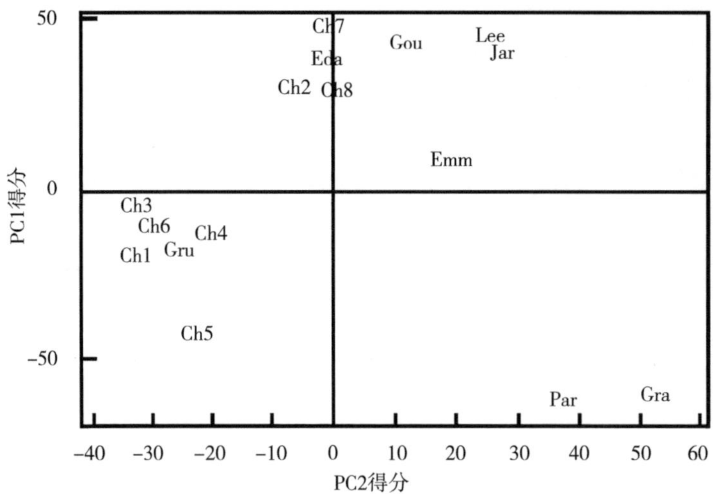

图 13.5　根据 PC1 和 PC2 得分构建的干酪所有特性的感官空间图（方差分别解释 48% 和 25%）。表 13.3 列出了样品代码。

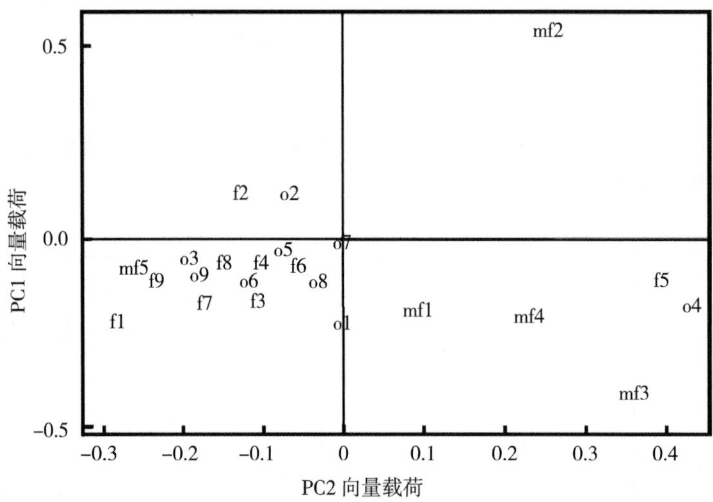

图 13.6　在图 13.5 所示的感官空间图中感官维度对应的向量载荷。

13.9.6　广义普鲁克分析

当应用广义普鲁克分析（Generalised Procrustes Analysis，GPA）时，多维感官空间中的单个样品组合状态通过一系列数学精确变换（包括中心对齐、缩放、旋转和倒影）排列成一致布局。已经有报道，在干酪和其他产品的自由选择分析中，这种处理方法有几个很好的例子（Williams 和 Langron，1984；Guy 等，1989；McEwan 等，1989；Gains 和 Thomson，1990）。一旦布局一致性得到优化，使用 PCA 对其进行简化。GPA 得分用于绘制感官空间图（上文给出了为维度分配特性的问题和一种解决方法。另一种方法是用每个评分员为特性评分的加权数分配到得到共识的维度中）。GPA 维度和样品得分图是与得到

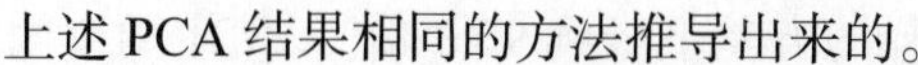
上述 PCA 结果相同的方法推导出来的。

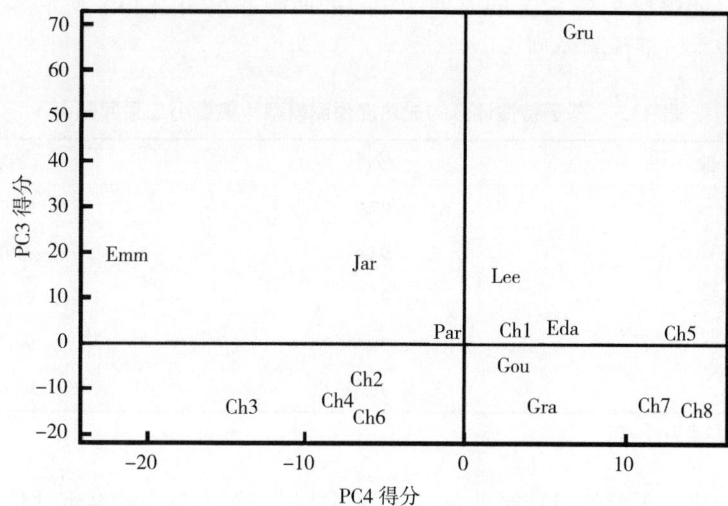

图 13.7 根据 PC3 和 PC4 的得分构建的干酪特性的感官空间图（方差分别解释了 16% 和 3%）。表 13.3 列出了样品代码。

13.9.7 感官空间地图解读

与地理地图不同，感官空间地图不是绝对的。它受参照系的影响。例如，对于蓝纹干酪、霉菌成熟干酪的感官空间地图，则主成分得分（PCs）反映的是样品的主要特性变化。当蓝纹干酪和更多的干酪品种放在一起被测评时，可能会出现一个不同的画面。在这种情况下，不同的特性可能主成分评分（PCs）相同。当要比较来自不同样品类型的感官空间图时，必须强调一个重要的原则，就是在每个分析实验中包括公共参考样品，必须实行联合主成分分析法（PCA）进行评分。

13.9.8 多变量预测

主成分回归法（PCR）是主成分分析原理的延伸。在多元线性回归中，使用一组预测变量导出响应变量的预测方程。当预测因子相互关联时，过度拟合模型的危险和困难就会出现。PCR 将样品矩阵按预测值分解为 PC 得分，并在预测模型中使用这些评分。根据定义，主成分评分是正交不相关的。与鉴别主成分（PC）显著性类似（见上文），验证技术允许在预测模型中合理地选择适当数量的维度，并降低过度拟合的可能性。此外，验证测试提供了对模型预测值的稳健估计。除了 PCR，偏最小二乘回归法（PLSI 和 PLS2）为构建预测模型提供了一个有用的工具。多元回归的一个应用是揭示干酪与感知成熟度相关的关键特性。通过使用一系列成熟期从几周到 2 年以上的干酪，可以对评分小组进行培训，以评价整体成熟度。可以构建预测模型（使用 PCR 或 PLSI 回归）将干酪的成熟度感知与个体特性评分联系起来。对回归系数（有时称为 beta 系数）的检查突出了对预测模型作出最大贡献的特性。一个预测干酪测试组感知成熟度的模型（表 13.3）使用 5 个因素解释了超过 99% 的方差（表 13.5），但交叉验证后，解释的方差下降到 95.6%。仅使用两个因素的保守模型仍能解释 91% 以上的方差。相应的回归系数如图 13.8 所示。总体风味强度和橡胶质地评分主导了预测模型。

表 13.5　基于特性评分的成熟度预测模型（偏最小二乘回归）

因子数	校准	确认
1	87.9	83.0
2	94.4	91.0
3	98.3	91.8
4	98.6	94.4
5	99.3	95.6

注：方差由模型来解释。

与成熟度相比，干酪的可接受性是一种主观选择，而不是一种客观评价。评分员无法接受适当的评分培训，但会根据个人偏好对样品进行排名。因此，一个经过培训的评分小组只有在与样品集相关的评分分布与普通人群中具有代表性的大截面评分一致时，才能反映整个人群。这种巧合不太可能发生。另外，普通公众没有能力准确描述干酪。为了克服这一困难，从一大群（50 ～ 500 人）未经训练的受试者中收集一个特殊样品集的可接受性评分。这些评分与经过培训的评分专家组在同一样品集上进行的测量得出的概括结果有关。由于目前无法获得干酪全面的消费者数据，因此这里使用汉娜培训专家组的可接受性评分来说明这项技术。在与成熟度建模类似的处理中，可接受性通过回归建模。在这种情况下，模型与数据的拟合较差（表 13.6）。

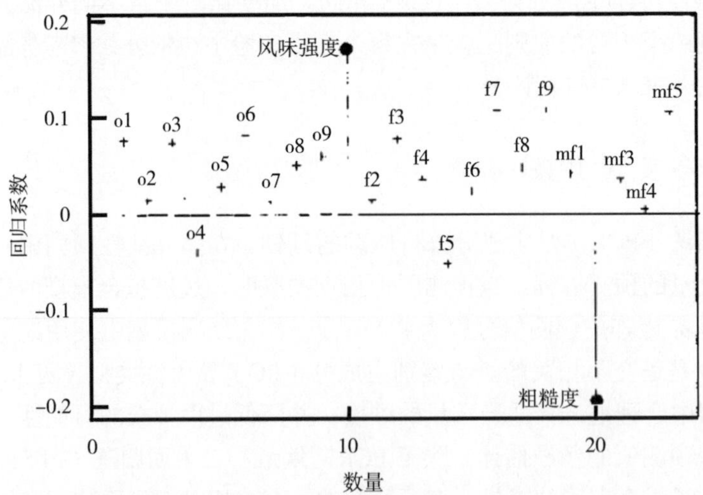

图 13.8 从特性评分预测感知成熟度模型的回归系数。基于双因素偏最小二乘回归模型，交叉验证后解释了 94.4% 的方差。

表 13.6 基于特性评分的可接受性预测模型（偏最小二乘回归）

因子数	校准	确认
1	71.7	37.1
2	80.8	57.5
3	84.5	68.7
4	95	66.2
5	97.6	67.1

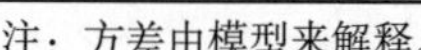
注：方差由模型来解释。

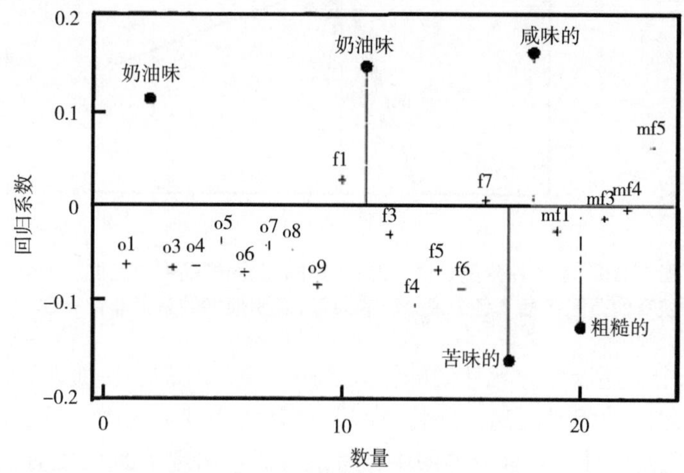

图 13.9 从特性评分预测可接受性的模型回归系数。基于三因素偏最小二乘回归模型，交叉验证后解释了 68.7% 的方差。

虽然 97.6% 的方差在 5 个因素校准中得到了拟合，但交叉验证后的结果表明拟合过度，并选择了使用 3 个因素（68.7% 方差）的预测模型。与成熟度相比，更广泛的特性有助于模型的可接受性（图 13.9）。奶油味和咸味是重要的正面特征，而苦味和粗糙的口感降低了可接受性。

虽然这个例子说明了探测消费者可接受性的方法，但必须谨慎。样品集包含有限范围的感官刺激，评分人员不能代表整个人群。关于消费者可接受性分析的更广泛讨论见 MacFie 和 Thomson（1994）。

13.9.9 评分员的表现

在一个单独的评测试验中，评分分级者的自我一致性相对简单。对每个特性的重复测量值进行分析，得出与评分员平均评分相关的置信限估计值。然而，对数据的解释并不简单，因为评分员可能在某些特性的评分中表现良好，但在其他特性中表现不佳。DDASPP 中的双图子程序允许针对术语表中的每个特性可视化单个评分者之间的响应分布（图 13.10）。这个图特别有用，因为广泛的个人回答可以精确地指出评分人员库中存在分歧的特性。这种分歧可能是由于对感觉刺激不熟悉、某些评分员的不一致或用于评分潜在特性的描述含糊不清所致。通过进一步培训或选择一个明确的术语来描述所讨论的特性，可以提高评分组的评分能力。

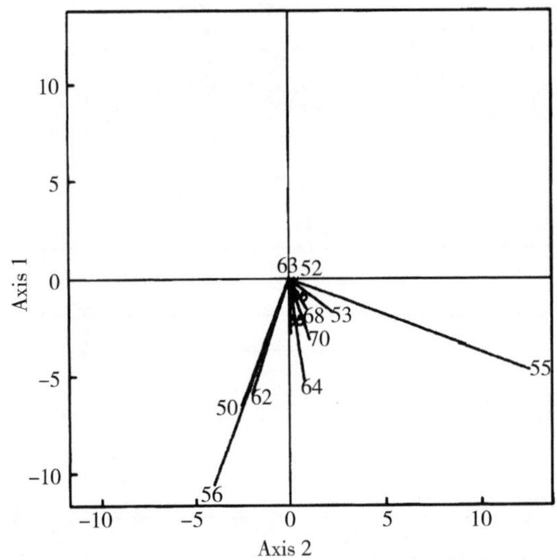

图 13.10　单个评分员在单一感官特性的双图样品中的定位。一个狭窄的范围包括了各个评分员的向量，表明他们的意见非常一致。

在 DDASPP 中，还以评分者计划的形式实施了更复杂的多层面方法。利用成对 GPA 计算每对评分者之间的相对距离，并将这些距离转化为评分者图，显示评分者之间的相对取向。对域的稳健估计，在评分器图中，可能会偶然出现（即 95% 置信限）也被计算。位于该域外的评分者被认为在该试验中具有非典型表现（图 13.11）。如果评分员经常在特定产品类型的评估图中落在预期的域之外，那么检查双标图（如上所述）是有价值的，以确定评分员是否对所有特性都有非典型的评分，或者特定的描述词是否造成了困难。补救措施采取培训的形式，或者在最坏的情况下，从专家组中排除。

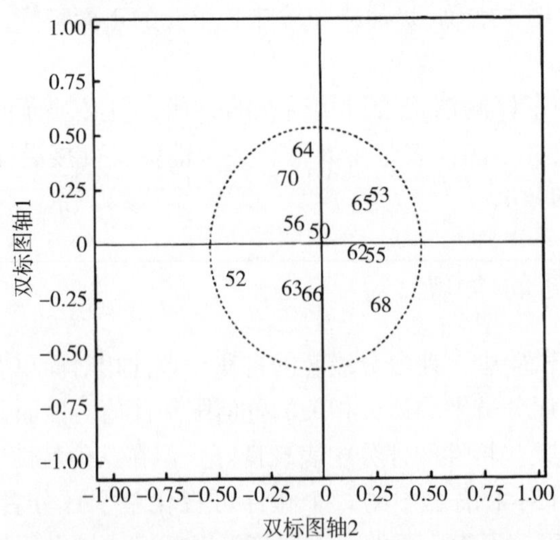

图 13.11　评分员图，显示评分员对干酪整体概括的相对校准。椭圆表示如果评分员之间的差异是随机的（95% 置信区间），那么评分员预计会落入的区域。

当一系列连续的感觉轮廓被测量（例如在干酪的成熟期）时，有必要使用一个独立于感官刺激（即样本集）的性能指标。在这种情况下，可以通过概括数据的 GPA 推导出每个评分者的各向同性降维因子（Hunter 和 Muir，1997）。为每个轮廓的每个评分者计算一个降维因子。评分者表现的时间一致性可以通过绘制适当的指标作为控制图进行有效的可视化。图 13.12 给出了一个典型的例子。降维指数被按顺序地绘制成图，并在期望偏离均值是偶然的情况下计算置信限。超出置信限的区间表示其他效应（例如评分者的表现可能受到疾病的影响）。一般来说，评分者在延长的时间段内是非常一致的。尽管如此，评分者之间在平均值的波动程度上存在差异。

评分人员同意协商一致意见也可以从 GPA 中推导出来。单个评分者的样品分数（关于重要因素）与共识配置的等效分数的相关性提供了性能的另一个稳健估计。另外，以控制图的形式排列相关数据具有启发性（图 13.12）。在所示的示例中，评分人员在试验系列开始时不熟悉产品（甜点苹果）。然而，有明确的证据表明，随着这些序列中的概况数量的增加，评分人员之间的意见更加一致。

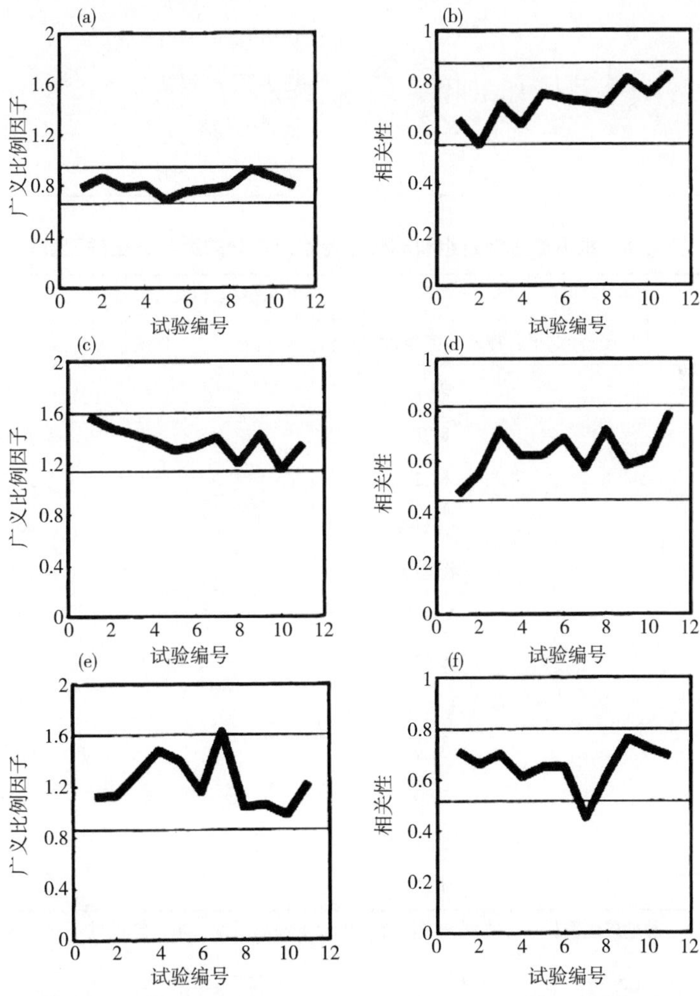

图 13.12 评分员绩效指数。（a，c，e）广义普鲁克分析得出的比例因子；（b，d，f）评分员概况与共识的相关性

最后，应确立专家组与其他熟悉感官剖析的专家小组的一致程度。这可以通过安排一个公共样品集由两个或多个专家组进行评分来估计。例如，一个苏格兰专家组（汉娜研究所）和一个挪威专家组（挪威食品研究所，Matforsk）评估了一套常见的 12 个品种的干酪（表 13.7，Hirst 等，1994）。在有限的时间内，只有有限数量的训练是可能的，因此，试验术语并不完全对齐（表 13.8，表 13.9）。专家组的对应关系可以通过两种方式进行判断。首先，基于挪威语词汇中每个特性的样品评分，可以为苏格兰语词汇中的每个特性构建预测模型（使用 PLS2）。等效过程可以重复，以根据苏格兰评分获得挪威数据的预测模型。这些预测所解释的差异（经过交叉验证）分别总结在表 13.8 和表 13.9 的味道和口感描述中。尽管在语言描述方面存在困难，但专家组之间显然达成了一定程度的协议。

表 13.7　用于挪威和苏格兰专家组感官评价对比的干酪样品

样品	编号	样品	编号
雅兹伯格干酪	A	挪威佳干酪	G
切达干酪，超成熟	B	切达干酪，成熟	H
雅兹伯格干酪，降脂	C	切达干酪，来自挪威	I
切达干酪，超成熟	D	切达干酪，降脂	J
挪威佳干酪	E	挪威佳干酪	K
切达干酪，轻度成熟	F	切达干酪，降脂	L

表 13.8　根据挪威专家组和苏格兰专家组评分的风味等级预测结果

味道	变量解释（%）	
	预测结果：挪威专家组针对苏格兰样品	预测：苏格兰专家组针对挪威样品
强烈的	94.1	82.6
奶油味	88.1	差的模型
酸味	61.2	93.1
硫味	未使用	80.7
果味	未使用	差的模型
酸败味	未使用	64.0
苦味	69.3	56.0
圈舍味	未使用	37.7
咸味	71.9	63.3
甜味	72.0	73.0
氨味	53.1	未使用
其他	47.2	未使用

注：交叉验证后，通过最优偏最小二乘回归方法 2（PLS2）预测模型对单个特性进行方差解释。

表 13.9 根据挪威专家组预测的口感评分（干酪）及根据苏格兰专家组预测的口感评分

口感	变量解释（%）	
	预测结果：挪威专家组针对苏格兰样品	预测：苏格兰专家组针对挪威样品
硬的	47.2	25.1
粗糙的	93.9	94.2
浆状的 / 面团状	87.9	32.1
颗粒状的	60.6	67.9
黏口感	未使用	88.7
黏状的	84.9	未使用

注：交叉验证后，通过最优偏最小二乘回归方法 2（PLS2）预测模型对单个特性进行方差解释。

图中所示的感官地图强化了这一观点（图 13.13，图 13.14）。通过 PCA（协方差矩阵）简化各个专家组的结果，并降维前两个 PC 上的样品分数（通过将分数除以方差），并将其叠加在公共感觉空间图中。根据味道和口感特征，显示了样品空间的地图（图 13.13，图 13.14）。尽管这种分析方法并不复杂，但它表明，尽管语言术语不同，专家组还是以非常相似的方式感知了干酪样品的基本特征。后来，更广泛的研究证实了这一观点。

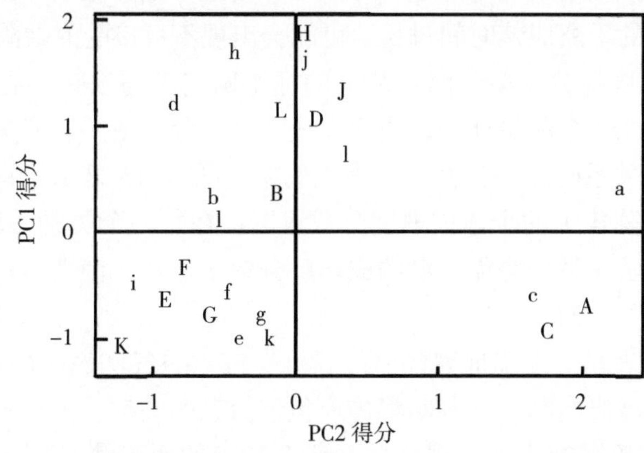

图 13.13 挪威专家组（小写字母）和苏格兰专家组（大写字母）评价干酪风味的叠加感官空间图。表 13.7 列出了样品代码。

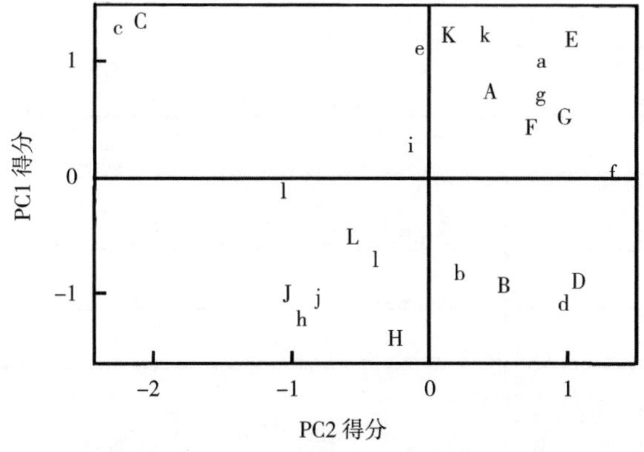

图 13.14 挪威专家组（小写字母）和苏格兰专家组（大写字母）评价干酪口感的叠加感官空间图。表 13.7 列出了样品代码。

13.10 商品干酪的感官特性

为了回答前面提出的一些主要问题，我们对切达干酪在最终销售给消费者时的感官特性进行了广泛的调查。虽然不可能将评分结果与详细的感官特性联系起来，但也出现了一些重要的（令人鼓舞的）观点。考虑到从苏格兰超市购买的254份切达干酪样品在三年期间收集的结果，可以说明这一点。感官专家组采用上述方法对干酪进行了分析。描述如表13.1所示。这里只考虑与香气（气味）和滋味有关的物质，因为这些物质对切达干酪的可接受性做出了最大的贡献。

13.10.1 干酪包装成熟度声明与感官评定的比较

消费者预期干酪包装上包含的信息应反映内容物的性质。就切达干酪而言，大多数消费者都熟悉成熟度指数——轻度、中等、成熟、超成熟和陈年。这在很大程度上取决于干酪评分者，他在干酪成熟早期对干酪进行分类，并确定干酪的销售年龄。这一判断至关重要，因为如果不合适的干酪成熟时间过长，可能会出现不可接受的缺陷。

消费者预期成熟度指数（由干酪包装上的标签确定）与滋味和香气强度之间应该存在关系。然而，对于254个测试样品，当比较成熟度评分（由感官专家组确定）与标签上的成熟度指数之间的关系时，一致性水平令人失望。图13.15显示了每个类别（轻度、中度、成熟、超成熟和陈年）的个体成熟度分数点图。在每一个类别（轻度、中度等）中，包装上的描述都包含了一系列毫无帮助的成熟度分数。显然，消费者经常被标签误导。模糊之处在于"成熟度"一词。

它可以被解释为表示"干酪成熟的时间长度"或"香气和滋味的强度"。一方面，评分者将根据成熟时间做出判断，该判断将构成包装信息的基础。另一方面，消费者通常将成熟时间与滋味强度等同起来——这种关系仅在特定的明确情况下有效，因为精通干酪加工技术的人通常会通过操纵一系列加工变量来影响成熟率，这显然是一个需要解决的问题。

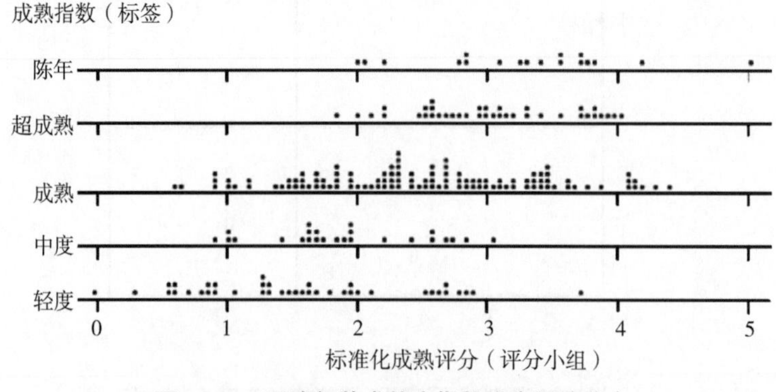

图13.15 干酪包装成熟度指数感官评分分布

13.10.2　干酪种类的区别

254 份样品的剖面图也提供了一个独特的机会来调查不同来源的切达干酪的风味多样性。感官分析和数据分析的方法已经很详细了。为了确定关键的判别因素，使用 PCA 和因子旋转（varimax 例程）分析了表 13.1 所示的 254 组特性（不包括整体香气和风味强度）的数据矩阵。对因子得分系数进行检查，以确定每个因子的个体特性的相对重要性。超过 75% 的变异是由 5 个因素造成的：因素 1 包括不干净、辛辣和酸辣的香气；因子 2 以硫 / 蛋风味和香气为主；因子 3 与奶油 / 牛奶味和香气有关；因子 4 带有水果 / 甜味和香气，因子 5 带有酸味 / 酸腐味。

因此，选择了 5 个特性来描述切达干酪的香气和风味：酸（酸味 / 酸腐味）、奶油（奶油状乳香味和味道）、农场味（不洁的香气和味道）、硫（硫 / 蛋香味和味道）和果味（水果 / 甜香味和味道）。加上成熟度，紧密地反映了整体的香气和风味强度，样品之间的大部分差异都被包含在内。

为了进一步帮助比较干酪类型，将每个关键特性的评分转换为通用分级标准。每个特性的感官评分被转换成一个通用的量化评分表，长度从 0 到 5 个单位。然后，将量化评分表的每个部分与分数和相应的描述相关联（表 13.10）。如果记录了同一基本特性（如水果味 / 甜味）的香气和风味分数，则计算平均值以给出特征分数。在酸味 / 酸腐味和感知成熟度的情况下，分数由评分或单一特性决定。不洁的特性被重新命名为“农场味”。结果，对每一块取样的干酪计算出一组 6 分。

表 13.10　用于干酪分类的分级标准

描述	范围（标准化后）
非常温和	0 ～ 0.499
温和	0.500 ～ 1.499
中等强度	1.500 ～ 2.499
强	2.500 ～ 3.499
非常强	3.500 ～ 5.000

表 13.11　干酪分类

组	酸味	奶油味	农场味	数量	百分含量（%）
1a	低	低	低	52	20.5
2a	低	高	低	75	29.5
3a	高	低	低	57	22.4
4a	高	高	低	31	12.2
1b	低	低	高	8	3.1
2b	低	高	高	1	0.4
3b	高	低	高	21	8.3
4b	高	高	高	9	3.5
合计				254	100

对评分表的初步审查表明，切达干酪可以根据酸味、奶油味和农场味干酪的评分分为8个任意类别。表13.11显示了各组干酪的种类和比例。归类于a组（农场味特性水平较低）的干酪比归类于该性状水平较高的干酪出现的频率要高得多。另外，酸味和奶油味的分布更加均匀。鉴于样品代表了消费者的需求，这一发现表明，农场味特性更为普遍的农家干酪（Muir等，1997）是一种专家口味。

表13.12显示了该干酪分类标准在选择单个干酪时的应用示例。干酪类型在生产国的分布显示出显著差异（表13.13）。例如，苏格兰生产的干酪分为第2组和第4组的比例（64%）高于英格兰生产的干酪（24%）。也就是说，苏格兰切达干酪以其奶油特性而著称。此外，苏格兰干酪中几乎没有农场味特性（仅4%的样本中出现），而威尔士干酪在56%的测试样品中具有农场味特性。英国干酪、爱尔兰干酪和加拿大干酪的对比数据分别为22%、18%和25%。在对奶酪进行感官评估期间，与一位积极参与奶酪选择的行业专家进行了讨论，确认了在苏格兰生产的奶酪中，为了尽可能降低谷仓评分水平，进行了积极的区别对待。这一发现证明基于感官特性的分级和选择在“品牌”标识发展中的价值。在苏格兰市场上，以口味为基础的品牌特性的最新例子是“非常强大”的品牌，它在零售市场上很受欢迎。其他例子包括英国农家乐品牌的发展。

13.11 风味词汇的发展

可以说，通过少量特性对切达干酪进行分类是不必要的限制，是北欧人（英国、德国、丹麦和挪威）方法的特点，他们支持对风味术语采用极简主义方法。这与南欧——法国、瑞士、意大利和西班牙——主张使用扩展术语形成鲜明对比。这一论点取决于潜在的方法，也就是说，是最好使用包含大多数变异的最受限制的术语，还是尽可能详细地包含尽可能多的干酪类型。

表13.12 干酪分类案例

组	零售店	描述	根据感官评分的分类					
			奶油味	硫黄味	水果味	泥土味	酸味	成熟
1a	ASDA	苏格兰淡黄色	2	0	1	0	2	1
1a	Tesco	淡干酪[a]	1	0	0	1	0	0
1a	M&S[b]	苏格兰淡黄色	2	1	2	0	2	2
1b	ASDA	爱尔兰成熟	2	2	1	2	2	2
1b	Tesco	成熟的色泽[a]	2	2	1	2	2	2
1b	Kerrygold	都柏林（爱尔兰）	2	1	4	2	2	2
2a	ASDA	苏格兰成熟	4	1	1	0	2	3
2a	Tesco	爱尔兰成熟	3	1	1	1	2	1
2a	M&S	艾尔郡柔软奶油（苏格兰）[a]	4	1	1	1	2	2

续表

组	零售店	描述	根据感官评分的分类					
			奶油味	硫黄味	水果味	泥土味	酸味	成熟
2b	Tesco	成熟而醇厚[a]	3	1	1	2	2	1
3a	ASDA	加拿大	2	2	1	1	3	4
3a	Tesco	苏格兰过度成熟	2	1	2	1	4	3
3a	Safeway	加拿大过度成熟	2	0	1	1	3	4
3b	ASDA	英格兰过度成熟	2	3	1	3	3	4
3b	Tesco	过度成熟[a]	2	2	1	3	3	2
3b	M&S	西部农村农舍（英格兰）	1	3	2	4	4	4
4a	ASDA	金泰尔特特熟啤酒（苏格兰）	4	2	3	1	3	4
4a	Tesco	加拿大过度成熟	3	2	2	1	4	4
4a	M&S	苏格兰柔和	4	2	3	1	3	4
4b	Tesco	经典成熟	3	2	2	2	3	3
4b	Morrisons	复古白[a]	3	3	1	3	3	4
4b	Tesco	非常强烈[a]	3	2	2	2	3	3

注：[a] 标签上没有列出原产国；[b] 马克斯宾塞酒店。

表 13.13　干酪感官类型在生产国的分布

酸度水平	分组				农场味	
	1	2	3	4		
	低		高			
奶油水平	低	高	低	高	低	升高的
英格兰	22	13	54	11	78	22
爱尔兰	24	29	29	18	82	18
苏格兰	18	43	17	21	96	4
威尔士	11	22	67	0	44	56
加拿大	8	8	58	25	75	25
自有品牌	33	31	21	15	87	13
合计	24	30	30	16	86	14

表 13.14　风味术语的比较

Drake 等（2001，2005)	苏格兰零售业调查
蒸煮味 / 奶味	奶油味 / 奶味
乳清味	奶油味 / 奶味
丁二酮味	奶油味 / 奶味

续表

Drake 等（2001，2005）	苏格兰零售业调查
乳脂肪 / 内酯味	奶油味 / 奶味
果味的	果味 / 甜味
硫黄味	硫黄味 / 鸡蛋
肉汤鲜味	
游离脂肪酸味	恶臭味
坚果味	
硫化味	
牛膻味 / 圈舍味	刺鼻的 / 霉味 / 不纯的
甜的	果味 / 甜味
酸的	酸味
咸的	咸的
苦的	苦的
鲜味	

例如，Drake 和她的同事描述了一种为切达干酪开发描述语言的“风味轮”方法（Drake 等，2001，2005；Singh 等，2003；Drake 和 Civille，2006；Drake 等，2007）。他们的语言包括大量只适用于特殊类型切达干酪的术语。然而，当 Drake 及其同事开发的词汇与本文报道的苏格兰零售店切达干酪调查中使用的词汇相比较时，相似之处是惊人的（表 13.14）。可以说，苏格兰调查中使用的词汇遗漏仅限于“公猫尿骚味”“生坚果味”和“浓肉汤”（“鲜味”）。然而，英国零售商的干酪买家认为，肉质味是一种缺陷，因此，在主要零售店很少发现这种类型的干酪。另外，坚果特性主要存在于农家干酪中（Muir 等，1997）。肉汤特征被认为是大多数切达干酪（如果不是所有的话）的背景特征，但尚未被广泛认为是一种鉴别特性。

总之，本章采用的极简主义术语提供了无复杂性的区分，并与其他独立开发并使用不同方法的风味术语进行了很好的比较。

13.12 总结

干酪评分分级和感官表征的总体目标是为消费者提供符合其期望的明确定义的产品。目前的等级标准已经被证明是相当可靠的，并根据干酪的最佳成熟时间提供了关于干酪初步分类的宝贵信息。然而，从销售的角度来看，并不是一切都是完美的。需要指出的是，标签上对干酪的描述是感官分析评价的感知成熟度的不可靠表述，例如图 13.15。

“成熟度”最好用成熟期或“成熟度”——一种完全客观的衡量标准来描述，而不是用目前使用的模棱两可的术语来描述。因此，与当前实践中使用的术语（轻度、中度等）相比，“本产品成熟期不少于 9 个月”的标签声明更有意义。可以在整个行业的基础上商定一项计划，设定适当的成熟期，以与轻度、中度、成熟、超成熟和陈年型一致。

消费者还将受益于基于训练有素的专家组评分的标准化风味强度（成熟度）评分。由于感官专家之间的标准化很难实现，因此风味强度的主要标准可以基于化学测量。众所周知，成熟过程中蛋白质分解程度的测量与风味强度和感知成熟度的感官评分高度相关（Sousa 等，2001）。因此，通过与一个或多个训练有素的专家组的感官评分仔细关联，化学测量可以转化为对风味强度的预测。这种客观的方法无疑会为消费者提供比当前标准提供的信息更有用的信息，这些标准提供的信息大多是随意的。

如果需要更高水平的复杂度来描述自然，而不是风味特征的强度，则推荐这项工作中使用的分组标准。干酪可以根据酸味、奶油味和农场味特性进行分类，这三种风味特征充分描述了目前零售市场上的大多数切达干酪。该标准清楚地识别了不同来源干酪的差异（表 13.13），并在开发品牌标识方面发挥了作用。

众所周知，小型农舍生产商经常生产风味不那么常见的优质切达干酪。然而，这些产品往往是从专业干酪店销售的，在主要零售店很少能找到。本章提出的分组标准仅将部分描述此类产品的特性，需要完整或扩展的轮廓来充分描述此类干酪的风味轮廓。尽管有这样的警告，问题还是应该被提出来：“什么时候产品的特性与标准有如此大的差异，以至于干酪不能再被描述为切达干酪了？”

13.13　致谢

感谢 Robert McBride 提供有关干酪等级标准的信息。D. D. Muir 希望感谢 E. A. Hunter 在开发试验策略和工具以推进干酪感官分析方面的专家合作。

参考文献

Banks, J.M., Hunter, E.A. & Muir, D.D. (1993) Sensory properties of low-fat Cheddar cheese: effect of salt content and adjunct culture. *Journal of the Society of Dairy Technology*, 46, 119–123.

Banks, J.M., Hunter, E.A. & Muir, D.D. (1994) Sensory properties of Cheddar cheese: effect of fat content on maturation. *Milchwissenschaft*, 49, 8–12.

Bérodier, F., Lavanchy, P., Zannoni, M., Casals, J., Herrero, L. & Adamo, C. (1997) *Guide to smell, Amma and Taste Evaluation of Hard and Semi-hard Cheeses,* G.E.CO.TE.F.T., Poligny.

Drake, M.A. (2007) Defining cheese flavour. *Improving Flavour of Cheese* (ed. B.C. Weimer), pp. 370–400, Woodhead Publishing, Cambridge, UK.

Drake, M.A. & Civille, G.V. (2006) Flavour lexicons. *Comprehensive Reviews in Food Science and Food Safety*, 2, 33–40.

Drake, M.A., Gerard, P.D., Kleinhenz, J.P. & Harper, W.J. (2003) Application of an electronic nose to correlate with descriptive sensory analysis of aged cheddar cheese. *Lebensmittel-Wissenschaft und-Technologie*, 36, 13–20.

Drake, M.A., McIngvale, S.C., Gerard, P.D., Cadwallader, K.R. & Civille, G.V. (2001) Development of a descriptive language for cheddar cheese. *Journal of Food Science*, 66, 1422–1427.

Drake, M.A., Yates, M.D., Gerard, P.D., Delahunty, C.M., Sheenan, E.M., Turnbull, R.P. & Dodds, T. M. (2005) Comparison of differences between lexicons for descriptive analysis of cheddar cheese flavour in Ireland, New Zealand, and the United States of America. *International Dairy Journal*, 15, 473–483.

Gains, N. & Thomson, D.M.H. (1990) Sensory–profiling of canned lager beers using consumers in their own homes. *Food Quality and Preference*, 2, 39–47.

Guy, C., Piggott, J.R. & Marie, S. (1989) Consumer–profiling of Scotch whisky. *Food Quality and Preference*, 1, 69–73.

Hirst, D., Muir, D.D. & Naes, T. (1994) Definition of the sensory properties of hard cheese: a collaborative study between Scottish and Norwegian panels. *International Dairy Journal*, 4, 743–761.

Horgan, G.W. & Hunter, E.A. (1992) *REML for Scientists*, Biomathematics and Statistics Scotland, The University of Edinburgh, Edinburgh.

Hunter, E.A. & McEwan, J.A. (1997) Evaluation of an international ring trial for sensory profiling of hard cheese. *Food Quality and Preference*, 9, 343–354.

Hunter, E.A. & Muir, D.D. (1993) Sensory properties of fermented milks: objective reduction of an extensive sensory vocabulary. *Journal of Sensory Studies*, 8, 213–227.

Hunter, E.A. & Muir, D.D. (1995) A comparison of two multivariate methods for analysis of sensory profile data. *Journal of Sensory Studies*, 10, 89–104.

Hunter, EA. & Muir, D.D. (1997) Assessor performance in a sequential series of sensory–profiling experiments. *Proceedings 5émes Journees Europe ennes Agro-Industrie et Methods Statistiques,* pp. 7.1–7.10, December 1977, Paris, France.

Jolliffe, I.T. (1986) *Principal Component Analysis*, Springer–Verlag, New York.

Lavanchy, P., Bérodier, F., Zannoni, M., Noeäl, Y, Adamo, C., Squella, J. & Herrero, L. (1994) *A Guide to the Sensory Evaluation of Texture of Hard and Semi-ham Cheeses*, INRA, Paris.

McBride, R.L. & Hall, C. (1979) Cheese grading versus consumer acceptability: in inevitable discrepancy. *Australian Journal of Dairy Technology*, 34, 66–68.

McEwan, J. A., Moore, J. D. & Colwill, J. S. (1989) The sensory properties of Cheddar cheese and their relationship with acceptability. *Journal of the Society of Dairy Technology*, 42, 112–117.

MacFie, H.J.H., Bratchell, N., Greenhoff, K. & Valliss, L.V. (1989) Designs to balance the effect of order of presentation and first order carry–over effects in hall tests. *Journal of Sensory Studies*, 4, 129–148.

MacFie, H.J.H. & Thomson, D.M.H. (1994) *Measurement of Food Preference*, Blackie Academic and Professional, London.

Muir, D.D. & Hunter, E.A. (1991/1992) Sensory evaluation of Cheddar cheese: order of tasting and carry–over effects. *Food Quality and Preference*, 3, 141–145.

Muir, D.D. & Hunter, E.A. (1992) Sensory evaluation of Cheddar cheese: the relation of sensory properties to perception of maturity. *Journal of the Society of Dairy Technology*, 45, 23–30.

Muir, D.D, Banks, J.M. & Hunter, E.A. (1992) Sensory changes during maturation of fat–reduced Cheddar cheese: effect of addition of enzymically active attenuated starter cultures. *Milchwissenschaft*, 47, 218–222.

Muir, D.D., Banks, J.M. & Hunter, E.A. (1996) Sensory properties of Cheddar cheese: effect of starter type and adjunct. *International Dairy Journal*, 6, 407–423.

Muir, D.D., Banks, J.M. & Hunter, E.A. (1997) A comparison of the flavour and texture of Cheddar cheese of factory and farmhouse origin. *International Dairy Journal*, 7, 479–485.

Muir, D.D., Hunter, E.A., Banks, J.M. & Horne, D.S. (1994) Sensory properties of hard cheese: identification of key attributes. *International Dairy Journal*, 5, 157–177.

Naes, T. & Risvik, E. (1996) *Multivariate Analysis of Dara in Sensory Science*. Elsevier, Amsterdam.

Nielsen, R.G., Zannoni, M., Bérodier, E., Lavanchy, P., Lorenzen, P.C., Muir, D.D. & Silvertsen, H.K. (1997) Progress in developing an international protocol for sensory profiling of hard cheese. *International Journal of Dairy Technology*, 51, 57–64.

Patterson, H.D. & Thompson, R. (1971) Recovery of inter–block information when block sizes are unequal. *Biometrika*, 58, 545–554.

Payne, J.S. (1998) Electronic nose technology. *Food Science and Technology Today*, 12, 196–200.

Singh, T.K., Drake, M.A. & Cadwallader, K.R. (2003) Flavour of Cheddar cheese: A chemical and sensory perspective. *Comprehensive Reviews in Food Science and Food Safety*, 2, 139–162.

Sousa, M.J., Ardo, Y. & McSweeney, P.L.H. (2001) Advances in the study of proteolysis during cheese ripening. *International Dairy Journal*, 11, 327–345.

Williams, A.A. & Langron, S.P. (1984) Use of free–choice profiling for evaluation of commercial ports. *Journal of Science and Food Agriculture*, 35, 558–568.

Williams, E.J. (1949) Experimental designs balanced for the estimation of residual effects of treatments. *Australian Journal of Science and Research*, A2, 149–168.

Williams, S.A.R, Hunter, E.A., Parker, T.G., Shankland, C.E., Brennan, R.M. & Muir, D.D. (1996) DDASP: a statistically–based system for design, data capture and analysis with the sensory profiling protocol. *Proceedings 3ème Congres Sensometrics*, 19–21 June 1996, pp. 48.1–48.3, Nantes.